JN222813

Linuxを
マスターしたい
人のための

実践Ubuntu

［第2版］

水野 源 著

秀和システム

■注意

1. 本書は著者が独自に調査した結果を出版したものです。
2. 本書は内容において万全を期して制作しましたが、万一不備な点や誤り、記載漏れなどお気づきの点がございましたら、出版元まで書面にてご連絡ください。
3. 本書の内容の運用による結果の影響につきましては、上記2項にかかわらず責任を負いかねます。あらかじめご了承ください。
4. 本書の全部または一部について、出版元から文書による許諾を得ずに複製することは禁じられています。

■商標等

・本書に登場するシステム名称、製品名等は一般に各社の商標または登録商標です。
・本書に登場するシステム名称、製品名等は一般的な呼称で表記している場合があります。
・本書では©、TM、®マークなどの表示を省略している場合があります。

まえがき

旧版となる『Linuxをマスターしたい人のための実践Ubuntu』の刊行から、2年が経ちました。

この2年間における注目のトピックといえば、何といっても生成AIの流行でしょう。そして、生成AIを動かすベースOSとしては、Linuxが広く利用されています。また、この2年間でクラウドの利用はさらに加速し、DXも声高に叫ばれるようになりました。ITインフラにおけるLinuxの重要性は、ますます高くなってきているといえます。

旧版のまえがきで、「知識という点を打ち、点と点を結び、線と線をつないで面を広げていくことが学習である」「だが、その場をしのぐためにWebで拾った知識は、横方向に広がりづらい」「そのため、初心者には、体系的に学べるガイドブックが必要である」と述べました。この考え方は今でも変わっていません。

そこで、最新の長期サポート版であるUbuntu 24.04 LTSに対応する改訂を加えたのが本書です。基本的な構成こそ旧版から大きく変わってはいませんが、Ubuntuのバージョンアップや仕様変更に合わせて600か所以上の変更を加えています。

最新バージョンに対応した一方で、ほとんど変更を加えていない部分もあります。たとえば、CLIについて解説している第3章です。なぜなら、LinuxのCLI自体が、20年前から大きく変わっていないためです。そして、こうした技術は、20年後も今日と同じに在り続けるでしょう。トレンドの技術を追うことも大切ですが、こうした「変わらない部分」こそが、技術力を支える「基礎体力」になると筆者は考えています。どんな建物も、土台がしっかりしていなければ建てられません。基礎体力のないボクサーに、必殺パンチは打てないのです。

Ubuntuは、2024年10月にリリース20周年を迎えました。長らくコミュニティで活動を続けてきた筆者にとっても、今年は節目となる、非常に感慨深い年となりました。そうした記念すべき年に、最新のガイドブックを上梓できたことを、とても光栄に思います。

本書が、読者のLinux入門の手助けとなれば幸いです。

2024年10月

水野 源

目次

まえがき iii

第1章 Ubuntuを始めよう 001

01.01 Linuxとは 002
- 01.01.01 OSとは 002
- 01.01.02 Linuxとは 004

01.02 Ubuntuとは 008
- 01.02.01 Linuxディストリビューションとは 008
- 01.02.02 Ubuntuの歴史 009
- 01.02.03 Ubuntuを使うメリット 013

01.03 Ubuntuコミュニティとは 017
- 01.03.01 UbuntuコミュニティとCanonical 017

第2章 Ubuntuデスクトップを始めよう 021

02.01 Ubuntuデスクトップのインストール 022
- 02.01.01 デスクトップとサーバーについて 022
- 02.01.02 実マシンと仮想マシン 023
- 02.01.03 VirtualBoxのインストールと仮想マシンの作成 025
- 02.01.04 実マシンにインストールするには 043
- 02.01.05 Ubuntuのインストール 050

02.02 Ubuntuデスクトップの利用 065
- 02.02.01 Ubuntuへのログイン 065
- 02.02.02 Ubuntuの初期設定 066
- 02.02.03 Ubuntuデスクトップの構成 070
- 02.02.04 アプリケーションの起動方法 074
- 02.02.05 デフォルトのアプリケーションを使う 078
- 02.02.06 Ubuntuのディレクトリツリーとファイルの管理 103
- 02.02.07 日本語入力の方法 116
- 02.02.08 ウィンドウの操作 119
- 02.02.09 ワークスペースの操作 123
- 02.02.10 Ubuntuの終了方法 126

02.03 Ubuntuデスクトップの設定と応用 128
02.03.01 Ubuntuの設定 128
02.03.02 Ubuntuのショートカットキー 152
02.03.03 GNOME Tweaksによるカスタマイズ 154
02.03.04 リムーバブルメディアの利用 159
02.03.05 アプリケーションのインストールとアンインストール方法 161
02.03.06 Ubuntuのアップデート 175
02.03.07 X.OrgとWayland 180

第3章 コマンドライン操作を習得しよう 183

03.01 コマンド入門 184
03.01.01 コマンドラインとは 184
03.01.02 コマンドの実行方法 188
03.01.03 引数とオプション 194
03.01.04 コマンドのマニュアルを読む方法 196
03.01.05 カレントディレクトリ 200
03.01.06 絶対パスと相対パス 202
03.01.07 コマンドライン上のテキストエディタ 204

03.02 シェルの活用 212
03.02.01 シェルとは 212
03.02.02 コマンドの連続実行 214
03.02.03 複雑なコマンドの記述方法 214
03.02.04 コマンドの終了コード 215
03.02.05 シェルのキーバインド 216
03.02.06 コマンドの強制終了 217
03.02.07 コマンド名や引数を効率よく入力するには 218
03.02.08 コマンド履歴 220
03.02.09 シェル変数と環境変数 223
03.02.10 特殊な変数 225
03.02.11 変数展開演算子 226
03.02.12 特殊な文字のクォート 230
03.02.13 コマンドサーチパス 231
03.02.14 エイリアス 233
03.02.15 シェル関数 235
03.02.16 標準入力と標準出力 237
03.02.17 シェル展開 240
03.02.18 sudoとroot権限 243
03.02.19 シェルのカスタマイズ 248

03.03 Git の活用 253
03.03.01 Git の基礎知識 253
03.03.02 Git の導入と設定 255
03.03.03 Git でバージョン管理を始める 256
03.03.04 Git の基本的な使い方 257
03.04 PowerShell の活用 264
03.04.01 PowerShell とは 264
03.04.02 PowerShell を使ってみる 267

第 4 章 Ubuntu を管理しよう 269

04.01 ユーザーとグループ 270
04.01.01 ユーザーの管理 270
04.01.02 グループの管理 278
04.02 パーミッションによるファイルの保護 283
04.02.01 所有者と所有グループ 283
04.02.02 パーミッション 285
04.03 プロセスとジョブの管理 294
04.03.01 プロセス 294
04.03.02 ジョブ 301
04.04 ストレージの管理 306
04.04.01 ストレージの追加 306
04.04.02 ストレージのマウント 309
04.05 ソフトウェア管理 313
04.05.01 APT によるパッケージ管理 313
04.05.02 PPA の活用 320
04.05.03 Snap パッケージシステム 323
04.05.04 Ubuntu のアップグレード 331
04.06 アーカイブファイルの管理 343
04.06.01 tar を用いた圧縮アーカイブファイルの管理 343
04.06.02 zip を用いた圧縮アーカイブファイルの管理 353
04.07 設定ファイルの管理 358
04.07.01 etckeeper を用いた設定ファイルのバージョン管理 358
04.08 Ubuntu Pro の活用 361
04.08.01 Ubuntu Pro による延長サポート (Extended Security Maintenance) を有効化する 361
04.08.02 Kernel Livepatch の活用 368

第5章 Ubuntuをサーバーとして使おう 371

05.01 Ubuntuサーバーのインストールとログイン 372
05.01.01 Ubuntuサーバーのインストール 372
05.01.02 Ubuntuサーバーへのログイン 389
05.01.03 サーバーの再起動とシャットダウン 392

05.02 VPSでUbuntuを使う 394
05.02.01 VPSとは 394
05.02.02 VPSを使うメリット 395
05.02.03 さくらのVPSでUbuntuサーバーを使う 396
05.02.04 Amazon LightsailでUbuntuサーバーを使う 412

05.03 クラウドでUbuntuを使う 422
05.03.01 クラウドとは 422
05.03.02 Amazon EC2でUbuntuサーバーを使う 424
05.03.03 Compute EngineでUbuntuサーバーを使う 433

第6章 Ubuntuサーバーの管理 443

06.01 LVMによるストレージの管理 444
06.01.01 LVMとは 444
06.01.02 論理ボリュームを拡張する 445
06.01.03 別のストレージを追加する 449
06.01.04 スナップショットを活用する 452

06.02 ネットワークの管理 454
06.02.01 ネットワークの確認 454
06.02.02 固定IPアドレスを設定する 458
06.02.03 ネットワーク関連コマンド 461

06.03 サービスの管理 468
06.03.01 Ubuntuサーバーにおけるサービス 468
06.03.02 systemctlによるサービスの制御 470
06.03.03 journalctlによるログの確認 474

06.04 サーバーへのリモートログイン 480
06.04.01 OpenSSHの活用 480
06.04.02 OpenSSHのセキュリティ 493

06.05 ネットワークのセキュリティ 505
06.05.01 Ubuntuサーバーのファイアウォール 505

06.06 サーバーのメンテナンス 511
06.06.01 サーバーの状態を確認する 511
06.06.02 サーバーのバックアップ 516
06.06.03 コマンドを定期的に実行する 527

第7章 コンテナでUbuntuを使おう 537

07.01 DockerでUbuntuを使う 538
07.01.01 コンテナとは 538
07.01.02 Dockerとは 541
07.01.03 コンテナの実行 544
07.01.04 独自のコンテナイメージを作成する 552
07.01.05 Docker互換のコンテナ実行環境Podmanを使う 555
07.02 LXDでUbuntuを使う 559
07.02.01 LXDとは 559
07.02.02 LXDのセットアップ 560
07.02.03 Ubuntuコンテナの起動 562
07.02.04 コンテナの操作 562
07.02.05 コンテナ内でのコマンドの実行 565
07.02.06 コンテナをネットワーク上に公開する 566

第8章 サーバーアプリケーションを動かそう 571

08.01 送信専用メールサーバーの構築 572
08.01.01 昨今のメールサーバー事情 572
08.01.02 Gmailへリレーする Postfixの構築 573
08.02 Nextcloudサーバーの構築 582
08.02.01 Nextcloudとは 582
08.02.02 Snapを使うメリット 583
08.02.03 Nextcloudサーバーの構築 584
08.02.04 NextcloudのHTTPS化 587
08.02.05 Nextcloudクライアントのインストール 591
08.03 コンテナによるWordPressサーバーの構築 599
08.03.01 Composeとは 599
08.03.02 Docker Composeを使ったWordPressサーバーの構築 600
08.03.03 リバースプロキシの構築 603
08.03.04 Let's EncryptによるSSL証明書の取得 606
08.03.05 Snap版NextcloudとWordPressを共存させるには 609

第9章 Windows上でUbuntuを使おう 615

09.01 WSLでUbuntuを使う 616
09.01.01 WSLとは 616
09.01.02 WSLのセットアップ 616
09.01.03 日本語ロケールの設定 621
09.01.04 WSLのディレクトリツリーについて 621
09.02 GUIアプリケーションの実行 623
09.02.01 WSLgとは 623
09.02.02 GUIアプリケーションのインストールと実行 623
09.02.03 日本語フォントの追加 625
09.02.04 日本語入力の設定 626
09.03 その他のWSLディストリビューション 629
09.03.01 異なるディストリビューションのインストール 629

第10章 Ubuntuでスクリプティング 633

10.01 シェルスクリプト 634
10.01.01 シェルスクリプトの基礎知識 634
10.01.02 シェルスクリプトの書き方 639
10.01.03 シェルスクリプトのデバッグ 652
10.02 PowerShell 659
10.02.01 PowerShellのスクリプト 659
10.03 Python 664
10.03.01 Pythonとは 664
10.03.02 Python開発環境の構築 666

付録 675

A.01 コマンドカタログ 676
A.02 デスクトップアプリカタログ 679
A.03 オンラインリソース 690

あとがき 692
索引 694

01

第1章

Ubuntuを始めよう

01.01 Linuxとは

01.01.01 OSとは

OSはコンピューターを動かすための基本ソフトウェア

コンピューター上で私たちが利用するソフトウェアは、**アプリケーションソフトウェア**（アプリケーション、アプリとも）と呼ばれています。私たちが日常的にPCやスマートフォン上で利用している、Webブラウザー、テキストエディタ、動画プレイヤーなどは、すべてアプリケーションの一種です。

アプリケーションを構成するプログラムは、コンピューターのメモリにロードされ、CPUによって実行されています。しかし、現代的なアプリケーションは、コンピューターのハードウェア上で直接動かすことはできません。なぜなら、アプリケーションが動作するための「基盤」を作るソフトウェアが必要だからです。この「アプリケーションとハードウェアの間に位置し、アプリケーションが動作するための基盤を作るソフトウェア」を**Operating System**（オペレーティング・システム）、略して**OS**と呼んでいます。たとえばMicrosoftのWindows、AppleのmacOSやiOS、スマートフォン向けのAndroidなどは、いずれもOSの一種です。OSは、アプリケーション（応用）ソフトウェアに対して、「基本ソフトウェア」と呼ばれることもあります。

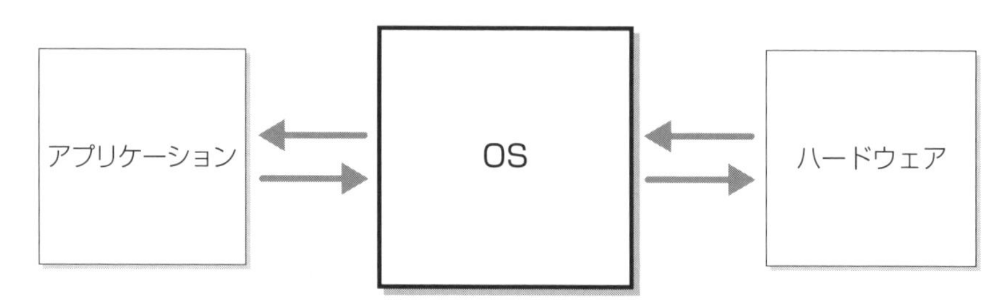

図1.1　OSはハードウェアとアプリケーションの橋渡し役となるソフトウェア

OSの役割

大昔のコンピューターにはOSが搭載されておらず、コンピューター上に個々のプログラムを直接ロードして実行していました。ハードウェアの制御はプログラムが自身で行わなければならなかったため、当時のプログラマーはハードウェアの仕様を理解している必要がありました。しかも、コンピューターは、機種によってハードウェアの構成が異なります。そのため、プログラムは動作させる対象のコンピューターを決めて作らなければならず、別の機種で動かすにはプログラムの「移植」が必要となりました。

OSの役割の1つが、ハードウェアを抽象化して統一的なインターフェイス(ルールや方法)を提供することです。たとえば、Windows用に作られたアプリケーションは、世界中のどのメーカーのPCであっても、Windowsが動いてさえいれば同じように動作します。これは、ハードウェアの差異をWindowsが吸収して隠蔽し、抽象化されたWindowsとしての機能(APIと呼びます)を提供しているためです。個々のアプリケーションはハードウェアの違いやその制御を意識することなく、「APIをコールする」という最小限の手続きによって、目的としている機能を実装できます。OSが存在することでアプリケーションの開発は容易になり、移植性も向上しました。そして、ユーザーはハードウェアの種類に縛られず、自由にコンピューターを選ぶことができるわけです。

ハードディスクドライブやSSDなどに記録されたデータを抽象化し、扱いやすくするのもOSの役割です。一般に、データはファイルという単位で管理されており、アプリケーションはファイルの名前を指定するだけで目的のデータにアクセスできます。しかし、ディスク上に記録されたデータの実体というのは、単なる「`0`」と「`1`」の羅列です。そのため、データを読み書きするには、ディスク上のどこに、どれだけの大きさのデータが記録されているかを常に把握しておかなければなりません。また、データを記録しているのがハードディスクドライブなのかDVD-ROMなのか、ネットワーク上の共有フォルダーなのかによって、アクセス方法すらも変える必要があるでしょう。こうした部分を隠蔽し、ファイル名という抽象的なアクセス手段を提供する仕組みを**ファイルシステム**と呼びます。

また、現代的なOSでは、複数のプログラムを同時に動かすことができます。これは、OSがCPUやメモリなどのハードウェアリソースを管理し、それぞれのプログラムにメモリ空間を適切に割り当てたり(メモリ管理)、CPUの利用時間をスケジューリングしたり(プロセス管理)することで実現されています。そうすることによって、プログラムの実行中であってもキーボードやマウスの操作が可能で、ネットワークとの通信も途切れません。こうしたハードウェアの制御や割り込み処理も、OSの重要な役割です。

現代のコンピューターは、ネットワークを通じてほかのコンピューターと通信するのが当たり前となっています。インターネットで利用される「TCP/IPプロトコルスタック」や、異なるプロセス同士での通信を実現する「ソケット機能」なども、OSによって提供されています。ちなみに、プロセスとは、OSが実行中のプログラムを管理する単位のことです。プロセスについては「**04.03 プロセスとジョブの管理**」で解説します。

01.01.02 Linuxとは

Linuxとは

Linuxとは、WindowsやmacOSと同じく、コンピューター用のOS(カーネル、後述)の一種です。開発したのは、当時、フィンランドのヘルシンキ大学の大学生であった**Linus Torvalds**(リーナス・トーバルズ)氏で、Linuxの最初のバージョンは1991年にリリースされました。1970年頃、AT&Tのベル研究所にて開発された**UNIX**というOSがあり、このUNIXの流れを汲むOSを「Unix」や「UnixライクなOS」と呼び、LinuxはこうしたUnixライクなOSの一種です。

図1.2 Linus Torvalds(出典:Wikipedia※1)

※1 https://ja.wikipedia.org/wiki/%E3%83%AA%E3%83%BC%E3%83%8A%E3%82%B9%E3%83%BB%E3%83%88%E3%83%BC%E3%83%90%E3%83%AB%E3%82%BA#/media/%E3%83%95%E3%82%A1%E3%82%A4%E3%83%AB:LinuxCon_Europe_Linus_Torvalds_03_(cropped).jpg

Linuxの特徴

LinuxがWindowsやmacOSといったOSと決定的に異なるのは、**GNU General Public License**(GPL)という自由なライセンスで配布されている、フリー(自由な)ソフトウェアである点です。

Linuxは、プログラムの設計図にあたる「ソースコード」をすべて無償で公開しています。誰もがソースコードを自由にダウンロードし、ソースコードを読んだり、コンパイルして実行したり、さらには改良することも許されています。それだけではなく、製品にLinuxを組み込んで販売することすら問題ありません。また、「GNU GPL」というライセンスの特徴として、**コピーレフト**(copyleft)という概念に基づいていることが挙げられます。簡単にいうと、「独自に変更したバージョンを配布するのであれば、変更した内容もGNU GPLで公開しなければならない」という考え方です。誰かがソフトウェアに対して行った変更は、秘匿されず皆に共有され、その変更もまた、自由に再利用できるのです※2。Linuxを始めとするフリーソフトウェアは、こうした世界中の人々の貢献を積み重ねて進化してきました。

Linuxのもう1つの特徴が、特定の企業の製品ではなく、世界中の開発者からなるLinuxコミュニティによって開発されているという点です。

コミュニティによって開発されている無償のソフトウェアと聞くと、企業が開発している製品と比較して、信頼性に劣るような印象を持つ人もいるかもしれません。確かに初期のLinuxは、Linus氏が個人で開発したプロダクトに過ぎませんでしたが、現在では、家電用の組み込みシステムからスーパーコンピューターまで、非常に幅広い用途でLinuxが活用されています。たとえば、世界のスーパーコンピューターの性能ランキングである**TOP500**では、2017年以降、ランクインしているスーパーコンピューターのすべてが、例外なくLinuxを採用しています(**図1.3**)。

※2 GNU GPLでライセンスされているコードを一部でも使用すると、そのソフトウェア全体をGNU GPLで公開しなければならないという影響があります。自由なソフトウェア同士であっても、こうした制限からライセンスに互換性がなく、組み合わせられないこともあります。そのため、もっと緩やかなライセンスや例外条項を備えたライセンスを選んでいるソフトウェアもあります。詳しくは、コラム「ライセンスとは？」を参照してください。

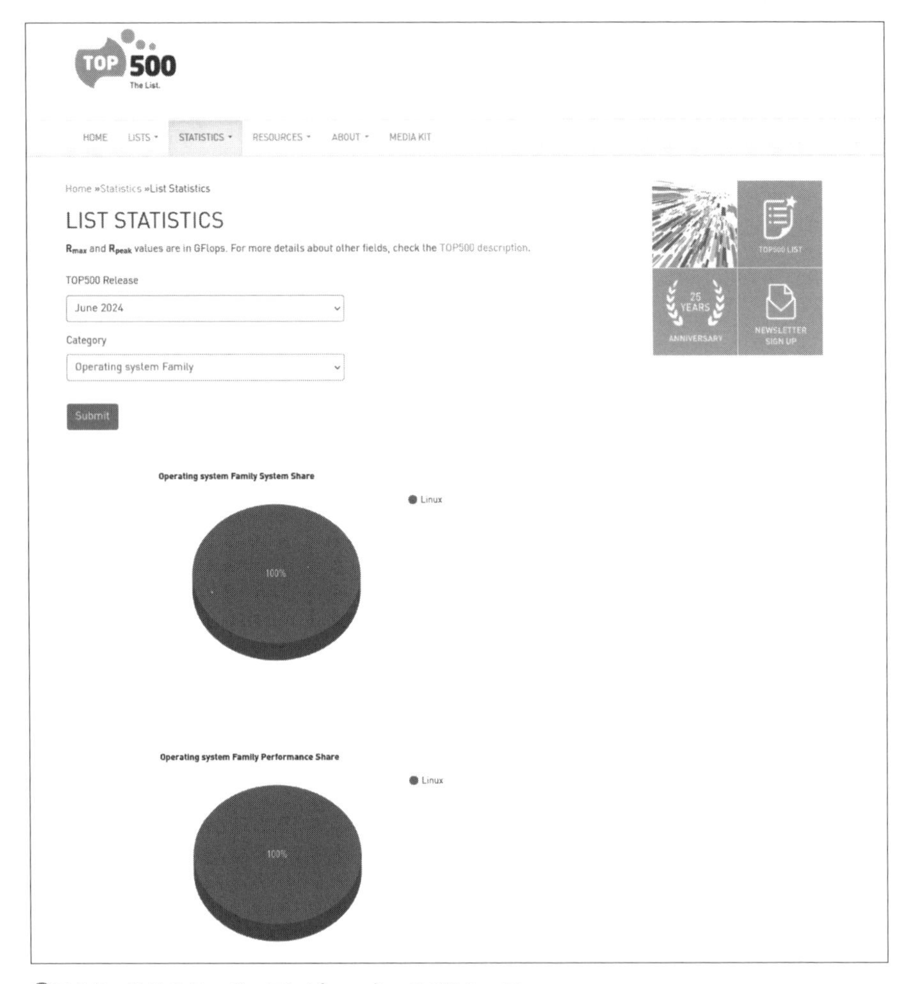

図1.3　世界のスーパーコンピューターのOSシェア
https://www.top500.org/

また、テレビやBlu-rayレコーダーといった家電から、Wi-Fiルーターや Androidのスマートフォンまで、LinuxをベースOSに採用している製品は私たちの身近に溢れています。

こうした事情もあって、Linuxの進化は企業にとっても非常に大きな意味を持っており、現在では自社で雇用した開発者をLinuxの開発に従事させている企業も増えています。具体的な例を挙げると、IBMやIntel、国内では富士通、NEC、日立といった企業の技術者も、Linuxの開発に参加しています。

Column

ライセンスとは？

Windowsがインストールされた市販のPCを始めて起動したときに、「End-User License Agreement（EULA）」と呼ばれる法的文書が表示され、同意を求められた経験がある人も多いでしょう。ソフトウェアの著作権者が、利用者に対して「どのように使ってよいか」という利用許諾条件を定めた決まりごとを、ソフトウェアの**ライセンス**と呼びます。ライセンスには、そのソフトウェアをどのように使ってよいのか、あるいはどのような行為が禁止されているのかが書かれています。インターネット上で公開されているソフトウェアをダウンロードして利用することが一般的になり、企業が製品に組み込むことすら珍しいことではなくなってきている現在、ソフトウェアのライセンスを熟知し、尊守することは非常に大切です。うっかりライセンスに違反してしまい、裁判となるようなケースも決して珍しくありません。

Windowsのような商用の製品だけではなく、無償で公開されているソフトウェアにもライセンスは定められています。前述の通り、Linuxは「GNU GPL（正確にはGPLのversion2)」でライセンスされています。また、WebブラウザーのMozilla Firefoxは「Mozilla Public License 2.0」、WebサーバーのApache HTTP Serverは「Apache License 2.0」、Linuxと同じくUnixライクなOSであるFreeBSDは「BSD Licenses（二条項BSDライセンス)」、ディスプレイサーバーのX.Orgは「MIT License」など、それぞれ異なるライセンスを採用しています。

これらのライセンスには、共通の特徴があります。それは、ソースコードが公開され、一定の条件の下であれば、誰もが改変や再配布といった自由な利用が許されているという点です。こうした自由に利用できるソフトウェアは**フリーソフトウェア**と呼ばれています。日本では、フリーソフトウェアと聞くと「無償で使える」と考えることが多いのですが、大切なのは**自由が保証されている**という点です。

また、「The Open Source Definition（オープンソースの定義）※3」と呼ばれる10か条が存在し、この定義を満たすライセンスを採用したソフトウェアを**オープンソースソフトウェア**と呼んでいます。ここで例として挙げたライセンスは、いずれもオープンソースの定義を満たしています。そのため、これらのソフトウェアはフリーソフトウェアであると同時に、オープンソースソフトウェアでもあります。実際に、オープンソースソフトウェアとは、フリーソフトウェアをリブランディングした呼び名に過ぎません。

Ubuntuを始めとする**Linuxディストリビューション**（後述）は、自由な改変や再配布が可能なオープンソースソフトウェアを組み合わせることで作られています。

※3 https://opensource.org/docs/osd

01.02 Ubuntuとは

01.02.01 Linuxディストリビューションとは

OSとカーネル

「OS」と聞くと、グラフィカルなデスクトップを環境を備え、ファイルマネージャーやWebブラウザーといったアプリケーションが動作している、Windowsのような画面を想像するかもしれません。これは、「広義のOS」という意味では間違いではありません。しかし、前述したOSの役割である「メモリ管理」「プロセス管理」「ハードウェア制御」といった機能を司っているのは、その内部で動作している**カーネル**と呼ばれるソフトウェアです。カーネルとは果物の種の中心にある「仁(じん)」を意味する英単語で、文字通りOSの核となる、最も重要なソフトウェアのことです。そして、**LinuxとはOSのカーネル**です。先の広義のOSを自動車に例えるなら、カーネルはエンジンに相当します。

ディストリビューションの登場

車はエンジンがないと走りませんが、逆にエンジンだけでも走れません。エンジン以外にも、エンジンを載せる車体、タイヤ、それらをつなぐシャフトやトランスミッション、人間が座るシート、操作するためのハンドルやペダル、快適にドライブしたいのであればエアコンやカーナビも必要でしょう。こうした無数のパーツを集め、正しく組み立てる必要があります。もちろん、組み立てるだけでは不十分で、安全基準も満たさなければなりません。

OSもこれと同じで、カーネルだけでは役に立ちません。実際にOSを利用するのであれば、カーネル以外にもさまざまなミドルウェアやライブラリ、ユーザーが実際に操作するアプリケーションなどを揃える必要があります。とはいえ、これらを自分で集め、適切に組み立てるには、高度に専門的な知識が必要となることは想像に難くないでしょう。そこで、OSがOSとして成立するために必要なソフトウェア一式を集め、簡単にインストールできるようにまとめた配布形態が誕生しました。これを**ディストリビューション**と呼びます。本書で解説する「Ubuntu」は、Linuxカーネルをベースとした「Linuxディストリビューション」の1つです。

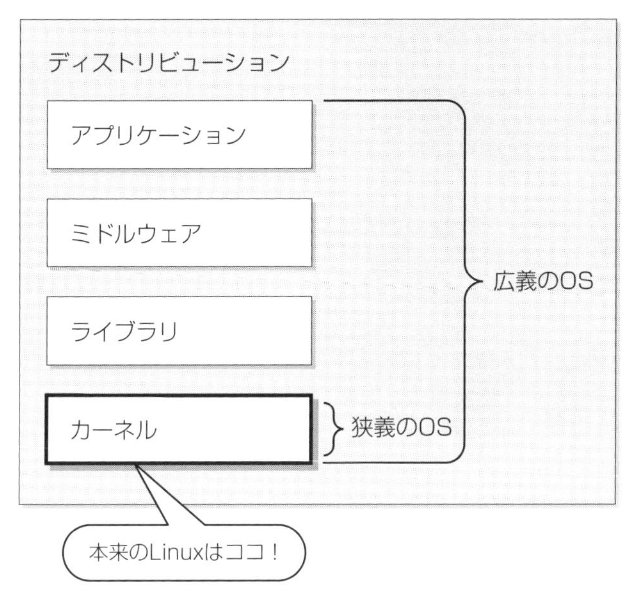

図1.4 カーネルが狭義のOSであるならば、ディストリビューションは広義のOS

Ubuntu以外のLinuxディストリビューションとしては、Ubuntuの派生元である「Debian GNU/Linux」、エンタープライズ向けの「Red Hat Enterprise Linux (RHEL)」や「SUSE Linux Enterprise Server」、シンプルさを重視した「Arch Linux」などが有名です。前述の通り、Linuxとはカーネルのみを指す名称ですが、Linuxディストリビューションのことを指して、(広義の) Linuxと呼ぶことも現在では一般的になっています。

01.02.02 Ubuntuの歴史

Ubuntuの誕生

Linuxの最初のバージョンがリリースされたのは1991年でした。その2年後の1993年に、「Debian GNU/Linux (Debian)」というディストリビューションが誕生します。Debianは現在でも活発に開発されている、人気で老舗のディストリビューションです。そして、もともとDebianの開発者でもあった**Mark Shuttleworth**(マーク・シャトルワース)氏が中心となって、Debianから派生する形で開発されたディストリビューションが「Ubuntu」です。

図1.5 Mark Shuttleworth(出典:Wikipedia※4)

Ubuntuプロジェクトは、その基盤として「人は、ソフトウェアを自分たちの言語で、あらゆる障害にかかわらず、無償で使用できるべきである」という理念を持っています。誰にでも使いやすいLinuxベースのOSを無償で提供することを目標に開発され、最初のバージョンは2004年10月にリリースされました。

Ubuntuが誕生した2004年頃は、Linuxデスクトップを使うのは一部の研究者やコンピューターマニアに限られていました。それゆえ、「初学者にとってのわかりやすさ」や「見た目のかっこよさ」といった部分は、本質的ではないとして軽視されがちでした。その状況に一石を投じたのがUbuntuです。Ubuntuは、使いやすく高品質なデスクトップ環境を提供することを目指し、美しい見た目や、誰もが簡単に操作できるインターフェイスの開発に注力します。その結果として、Windowsと遜色なく使えるデスクトップ環境が評価され、専門家以外のホビーユーザーにも人気を博しました。

※4 https://ja.wikipedia.org/wiki/%E3%83%9E%E3%83%BC%E3%82%AF%E3%83%BB%E3%82%B7%E3%83%A3%E3%83%88%E3%83%AB%E3%83%AF%E3%83%BC%E3%82%B9#/media/%E3%83%95%E3%82%A1%E3%82%A4%E3%83%AB:Mark_Shuttleworth_by_Martin_Schmitt.jpg

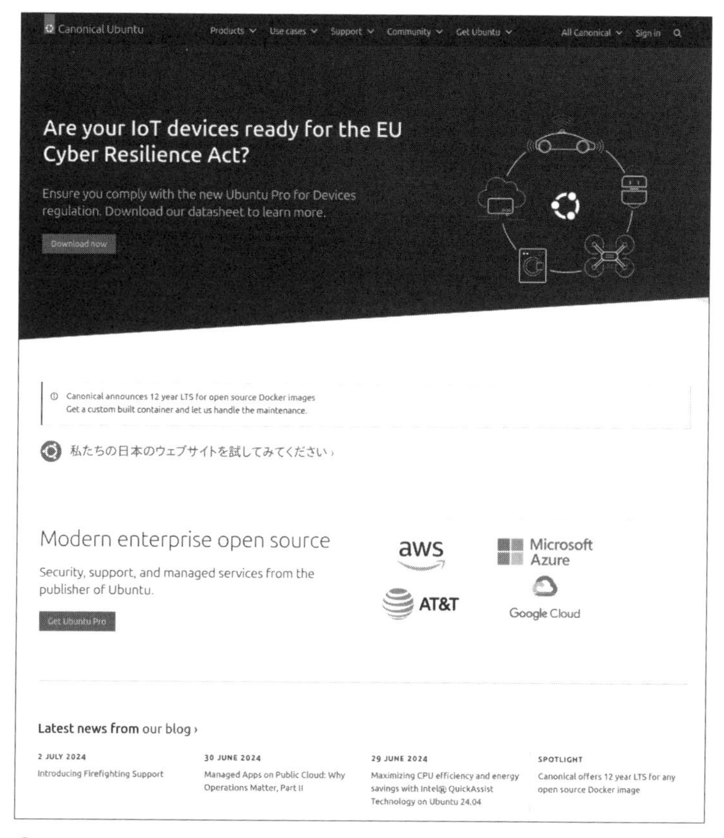

図1.6　UbuntuのWebページ
https://ubuntu.com/

01
02
03
04
05
06
07
08
09
10
A

サーバー版の登場と長期サポートの提供

2004年当初はデスクトップ版のみがリリースされていたUbuntuですが、2006年6月にリリースされたバージョン6.06から、サーバー版が登場しました。また、6.06はUbuntu初の長期サポート（LTS：Long Term Support）版として、デスクトップ版で3年、サーバー版で5年のサポートが提供されるようになりました。

Ubuntuは先進的な機能を積極的に取り込むという目標のため、6か月という比較的短い周期で新しいバージョンをリリースしています。短い周期のリリースは、進化の早いソフトウェアを常に提供できるというメリットがある一方で、サポート対象のリリースが増えるためにサポートコストが増大するといったデメリットも生じます。それゆえ、当初のUbuntuではサポート期間も短めの

18か月と定めていましたが、たった18か月では長期運用が前提となる商用サーバーとしての利用には適しません。しかし、5年のサポート期間を持つLTSの登場により、Ubuntuの商用利用も現実的となりました。6.06以降は2年ごとにLTSとなるバージョンがリリースされ続けており、本書で対象とする24.04は、2024年現在の最新LTSリリースです。

IoTやコンテナでの活用

リリース当初はサーバー版が存在せず、また使いやすいデスクトップが注目されたこともあり、Ubuntuはデスクトップ向けのOSであるという誤解を受けることがよくあります。しかし、2024年現在、Ubuntuはサーバーや組み込み機器、IoTといった分野でも非常に人気のあるOSに成長しています。特にサーバー、クラウド分野での伸びは著しく、世界中にあるLinuxで動作しているWebサーバーのうち、Ubuntuが24.6%でトップであるという**W3Techs**の調査も出ています。

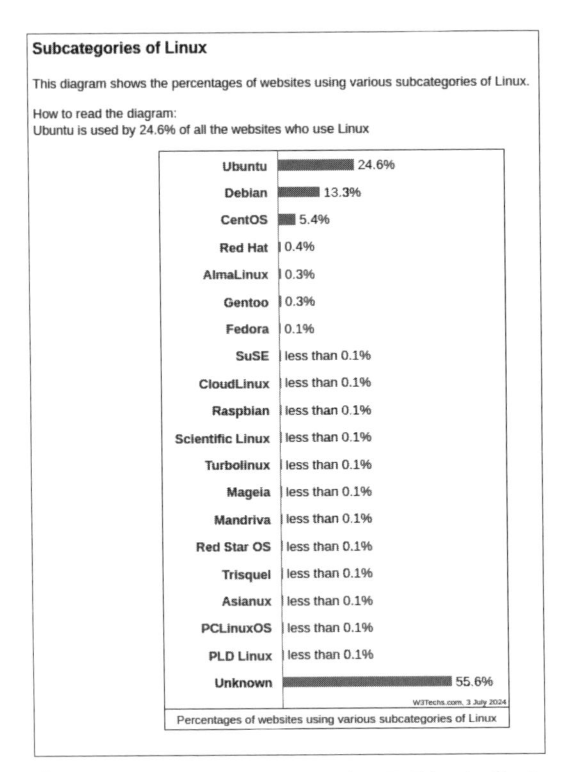

図1.7 W3Techsによる2024年7月現在のレポート
https://w3techs.com/technologies/details/os-linux
Ubuntuと、Ubuntuの派生元であるDebianで、Linux採用のWebサーバーの約40%を占めている。

「Robot Operating System(ROS)」という、定番のロボット開発プラットフォームがありますが、現行バージョンのROS 2がTier 1[※5]としてサポートしているLinuxディストリビューションがUbuntuのみであるため、Ubuntuはロボット開発の分野でも広く使われています。また、「Ubuntu Core」と呼ばれる、軽量かつ汎用的なUbuntuのインストール済みイメージが提供されており、IoTデバイスやアプライアンスへの組み込みを中心に利用されています。

01.02.03 Ubuntuを使うメリット

定期的なリリースと明確なサポート期間

Ubuntuは半年ごとのタイムベースリリースを採用しています。半年ごとという早い周期でリリースが行われるため、常に先進的な機能を取り込むことが可能です。リリースは毎年4月と10月に行われ、西暦の下2桁と月をバージョン番号とするルール(例:24.04→2024年4月リリース)になっています。

2024年現在、非LTS版のサポート期間はリリースから9か月、そしてLTS版のサポート期間はデスクトップ/サーバーともに5年となっています。非LTS版のサポート期間が従来の18か月から半分の9か月に短縮されていますが、LTS版はデスクトップでも5年のサポートが提供されるようになったため、トータルでは使いやすくなったと考えてよいでしょう。そのほかにも、リリースタイミングとサポートの終了時期がともに明確であるため、導入やリプレースの計画が立てやすく、企業でも採用しやすいというメリットもあります。

また、LTS版はサポート期間が長いため、リリースから時間が経過するとインストール後に必要なアップデートが溜まってしまったり、カーネルが新しいハードウェアに対応しておらずインストールができないといったことが起こり得ます。そのため、LTSでは、最新のパッケージやカーネルを取り込んだ新しいインストールイメージを定期的にリリースすることになっています。これを**ポイントリリース**と呼び、バージョン番号の末尾に「.1」「.2」といったポイント番号が付加され(例:24.04のポイントリリースは24.04.1、24.04.2……となります)、おおむね半年ごとにリリースされています。

※5 公式にサポートが行われ、推奨されているOSやソフトウェアを指しています。

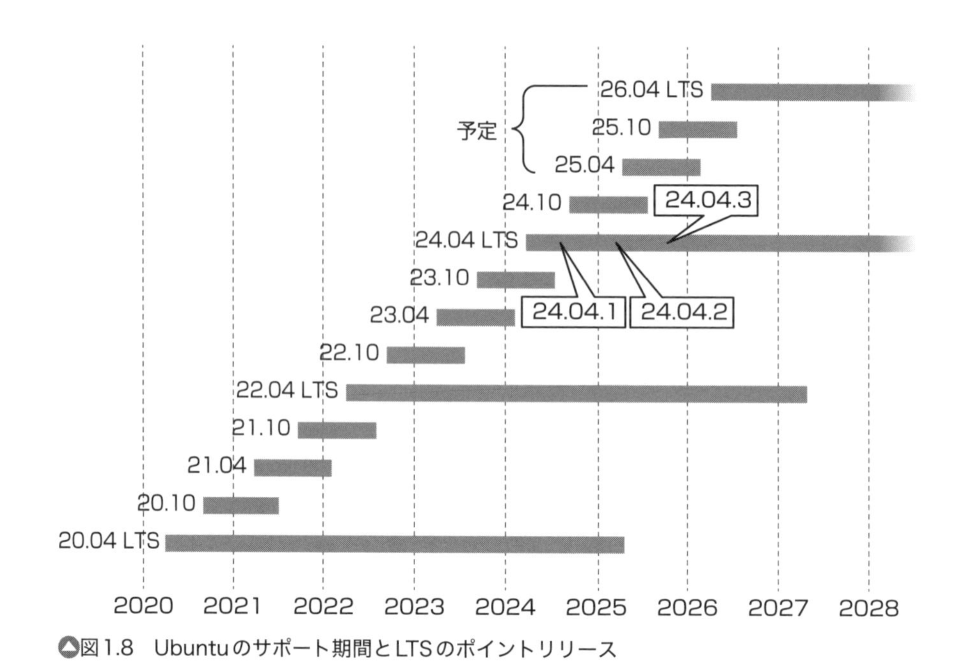

図1.8 Ubuntuのサポート期間とLTSのポイントリリース

自由なソフトウェアと豊富なパッケージ

Ubuntuは、ベースとなっているLinuxカーネルだけではなく、それ以外のさまざまなコンポーネントも、フリー(自由)なソフトウェアで構成されています。OSがフリーソフトウェアで構成されていることには、どんなメリットがあるのでしょうか。

ディストリビューションは、開発元がそれぞれ異なる、さまざまなソフトウェアを集めて組み立てられています。開発元が配布しているままの状態のソフトウェアは、ディストリビューションにとって都合が悪いこともよくあります。そこで、ディストリビューションの開発者は、自分たちのディストリビューションに合わせて、ソフトウェアに多少の変更を加えることが一般的です。

また、多くのディストリビューションは、ソフトウェアを**パッケージ**と呼ばれる単位で管理しています。パッケージとは、ソフトウェアを構成するファイル、インストール時に必要な作業を行うスクリプト、パッケージ自身についての情報などをまとめたアーカイブです。そのため、あるソフトウェアをUbuntu向けとして提供するには、Ubuntuのパッケージシステムに合わせた形に「パッケージング」する必要があります。パッケージングされたソフトウェアは、**リポジトリサーバー**と呼ばれるサーバーから、世界中のユーザーに対して配布されます。

こうしたディストリビューションのパッケージエコシステムが成立しているのは、フリーソフトウェアが自由な改良や再配布を許可しているからにほかなりません(パッケージやリポジトリについては「**02.03.05 アプリケーションのインストールとアンインストール方法**」を参照)。

Ubuntuの派生元であるDebianは、非常に豊富なパッケージがあることで有名です。Ubuntuでは、Debianの成果物であるパッケージを取り込んでいるため、数万を超えるパッケージが利用可能になっています。

無料で使える

フリーソフトウェアの最大のメリットは自由であることですが、やはりライセンス料がかからず、無料で利用できるというのは見逃せないポイントです。

現在、LinuxはITシステムの至るところで使われるようになってきています。特に、クラウド、コンテナ、IoTといったシステムに触れるのであれば、Linuxの知識や経験は必要不可欠といえるでしょう。実際にこうしたシステムを開発するためには、開発者の作業環境や動作確認のための検証環境が欠かせません。しかし、有償のソフトウェアで大規模なシステムを構築すると、作業環境や検証環境の分も必要となり、ライセンス費用だけでも非常に高額になってしまいます。こういった場合、Ubuntuであれば、目的のシステムと同じ機能を手元のPCに無料で構築することが可能です。学習目的などで高額な費用を支払えないようなケースにも最適です。

また、企業や大学などで大量のコンピューターにデスクトップ環境を導入するような用途にも、Ubuntuは向いています。

有償サポート

Ubuntuは、OSとしての機能は無料で利用できますが、その運用は、あくまでも自己責任となります。しかし、政府や企業、公的機関などがシステムを導入するのであれば、責任のあるサポートが必要不可欠でしょう。Ubuntuでは、そういったケースをカバーするために、OS本体とは別に、企業向けの有償サポートが提供されています。

Ubuntuの有償サポートは、**Ubuntu Pro**と呼ばれています。24時間のオンラインサポートや、ナレッジベースへのアクセスといったサービスのほか、多数のサーバーをまとめて管理できるツールや、システムの再起動なしでカーネルにセキュリティパッチを当てるといった便利機能が含まれています。さらに、「Extended Security Maintenance(ESM)」と呼ばれるサービスでは、LTSリリースに対して5年間の延長サポートが提供されます。これにより、有償ではあるものの、LTSを10年間に渡って運用することが可能になります。また、「Legacy Supportアドオン」と呼ばれるサポートを追加することで、さらに2年間、つまり最大で12年のセキュリティサポートを受けることもできるようになりました。

図1.9 エンタープライズ向けサポート「Ubuntu Pro」のWebページ
https://ubuntu.com/pro

01.03 Ubuntuコミュニティとは

01.03.01 Ubuntuコミュニティと Canonical

Ubuntuコミュニティとは

Ubuntuは、特定の企業が開発している製品ではありません。Ubuntuは**Ubuntuコミュニティ**という、世界中の有志の集まりによって開発が主導されています。Ubuntuコミュニティの意思決定は、評議会による合議制を採用しています。評議会のメンバーは、Ubuntuコミュニティのメンバーから定期的に選挙で選ばれます。ソフトウェアだけではなく、その開発プロセスまでがオープンになっているのがUbuntuの特徴です。

Ubuntuコミュニティには、誰でも参加することが可能です。Ubuntuは**Launchpad**というサイト上で開発が進められているので、Launchpadのアカウントさえ作成すれば、誰でもバグ報告や提案、翻訳といった作業に貢献できます。

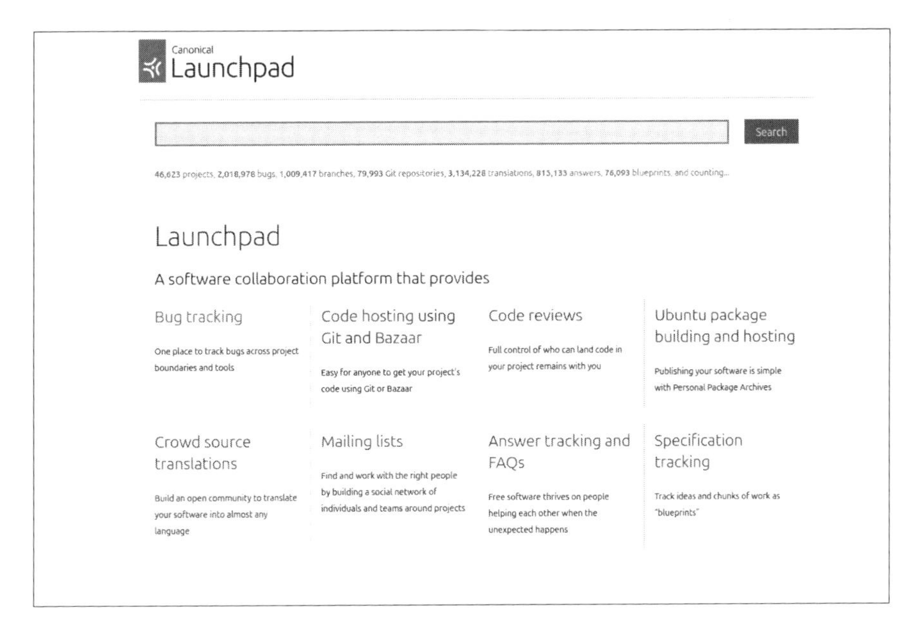

図1.10　Ubuntuの開発ポータル「Launchpad」のWebページ
https://launchpad.net/

Canonicalとは

Canonicalというイギリスの企業があります[※6]。Canonicalは、Ubuntuの開発支援やサポート提供を目的に、Ubuntuプロジェクトのリーダーでもある Shuttleworth氏によって創設された企業です。

勘違いされやすいのですが、前述したようにUbuntuはコミュニティによって開発されているOSで、Canonicalの製品ではありません。しかし、有志によるコミュニティに依存した開発では、開発者にとってあまり魅力的ではない機能が後回しにされたり、開発者個人の事情で作業が滞ったりすることも考えられます。たとえば、セキュリティアップデートのような欠かすことのできない重要なタスクが遅延しては大問題です。そこで、Canonicalが開発者を雇用し、重要なタスクにアサインするなど、コミュニティによる開発を支援しているわけです。いわば、CanonicalはUbuntuコミュニティを資金的・技術的に支援するパトロンのような存在だといえるでしょう。

Canonicalの支援により、Ubuntuはコミュニティによる自由でオープンな開発と、企業による手厚いサポートのいいとこ取りができているわけです。

Ubuntu Japanese Teamとは

Ubuntuコミュニティでは、世界各地にローカルコミュニティ(**LoCo**: Ubuntu Local Community)と呼ばれるチームが置かれています。日本で活動しているLoCoチームが**Ubuntu Japanese Team**です。もともと、Ubuntu上にきちんとした日本語環境を作ることを目標に、現チームリーダーの小林 準氏が立ち上げたものです。Ubuntu Japanese Teamは、Ubuntuコミュニティにおける日本のLoCoチームとして2005年11月に正式に承認されました。

Ubuntu Japanese Teamは営利団体ではなく、Ubuntuが好きなボランティアの集まりです。現在は、日本語メーリングリストと日本語フォーラムの管理、日本のリポジトリサーバーの管理、イベントへの参加や本書のような書籍の執筆をはじめとしたUbuntuの普及活動などを行っています。筆者も2008年から、Japanese Teamメンバーとして活動しています。

※6 https://canonical.com/

図1.11 Ubuntu Japanese TeamのWebページ
https://www.ubuntulinux.jp

02

第 2 章

Ubuntuデスクトップを始めよう

02.01 Ubuntuデスクトップのインストール

02.01.01 デスクトップとサーバーについて

デスクトップとサーバーの違い

「**第1章　Ubuntuを始めよう**」でも紹介したように、Ubuntuはデスクトップ版とサーバー版が提供されています[※1]。

デスクトップ版は、一般的なPCにインストールし、人間が対話的に操作することを前提としたUbuntuです。そのため、グラフィカルなインターフェイス(GUI、デスクトップ環境)を備え、Webブラウザーやオフィススイート、ミュージックプレイヤーといった、デスクトップ環境でよく利用されるアプリケーションを動かすことができます。市販のPCにプリインストールされているWindowsと同じような環境を提供していると考えると理解しやすいでしょう。

それに対して、サーバー版は、文字通りサーバー用に構成されたUbuntuです。人間が普段の作業に利用するのではなく、サービスを提供するための専用のコンピューターとして利用することを想定しているため、デスクトップ環境も搭載されていません。サーバー版について、「**第5章　Ubuntuをサーバーとして使おう**」で解説します。

なお、デスクトップ版とサーバー版は、デフォルトでインストールされるソフトウェアのセットや設定が一部異なるというだけで、個々のソフトウェアそのものは同一です。カーネルも同じものが使われており、OSとしての機能に差はありません。また、どちらもソフトウェアの追加が可能ですが、同一のリポジトリを参照しているため、インストールされるパッケージは同じものです。サーバー版に後からデスクトップ環境を追加したり、その逆でデスクトップ版にサーバー用のミドルウェアを追加してサーバー機能を持たせることも可能です。本書では、デスクトップ版Ubuntuのことを「Ubuntuデスクトップ」、サーバー版Ubuntuのことを「Ubuntuサーバー」と表記することがあります。

本章では、PCにデスクトップ版をインストールして、Ubuntuの操作を体験していきます。

※1　ほかにも、Ubuntu Coreやクラウド向けの構築済みマシンイメージといった形態も存在します。

02.01.02 実マシンと仮想マシン

実マシンとデュアルブート

Ubuntuはコンピューター用のOSです。したがって、いうまでもありませんが、インストールして利用するにはコンピューターが必要です。デスクトップ版のUbuntuを動かすのであれば、実マシン(一般的なPC)を1台用意するのがよいでしょう。しかし、Ubuntuをインストールするには、すでにインストールされているOS(たいていの場合はWindows)を消すことになってしまいます。初心者のうちは、Ubuntuでわからないことに遭遇したり、トラブルでUbuntuがうまく動かなくなってしまったりということもよくあります。そうしたときに、使い慣れたWindows PCがあれば、解決策をインターネットで調べることもできます。そのため、1台はWindows PCを手元に残しておくことをお勧めします。

1台のPC上にUbuntuとWindowsを共存させることも可能です。こうした構成は、2つのOSを起動できることから「デュアルブート」と呼ばれます。しかし、デュアルブートは構成が非常に複雑となるため、設定や操作を誤ると、Windowsが動かなくなるといったトラブルの元になりがちです。また、OSはそのコンピューターを専有して動作するため、デュアルブート構成にしたからといって、WindowsとUbuntuを同時に起動して使えるわけではありません。Ubuntuが不要になった場合、通常であればディスクを初期化してWindowsをインストールし直せば済む話ですが、デュアルブート構成ではUbuntuのアンインストールやディスクのWindows領域の拡張、ブートローダーの修復といった面倒な後始末が発生するというデメリットもあります。トラブルに遭遇する可能性が高い割にメリットの少ないデュアルブートは、よほど特殊な事情のある上級者を除いて、避けるべきというのが筆者の考えです。こうした理由から、本書でもデュアルブートについては解説しません。

そうなるとOSを消しても惜しくない、Ubuntu専用のPCを別途用意するのが最善ということになります。しかし、これはこれで、調達の予算や設置場所といった問題が出てきてしまいます※2。

仮想マシンとそのメリット

このようなときに便利なのが**仮想マシン**です。仮想マシンとは、ソフトウェアによって再現された仮想的なコンピューターの呼び名です。仮想マシンを使えば、

※2 2024年現在、安いものであれば2～3万円程度から購入できる、手のひらサイズのミニPCが流行しています。こうしたPCを調達できると、学習用途としては非常に便利です。

あるOS(たとえばWindows)上でアプリケーションを使うのと同じ感覚で、仮想的なコンピューターを動かし、そこにUbuntuをインストールできます※3。仮想マシンを動かす土台となるコンピューターを**ホストマシン**、ホストマシンのOSを**ホストOS**、仮想マシン内で動作しているOSを**ゲストOS**と呼びます。

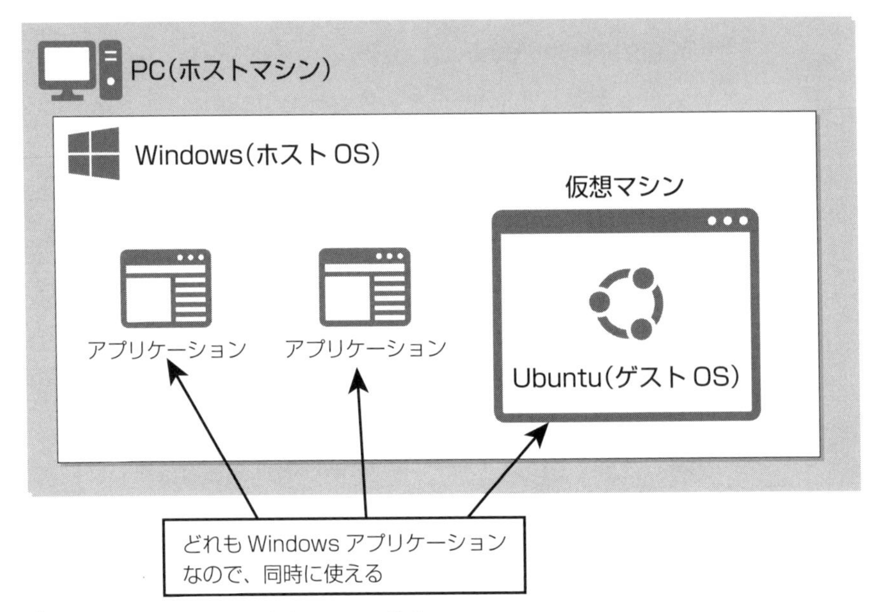

図2.1 ホストマシンと仮想マシンの構成

デュアルブートに対する仮想マシンの圧倒的なアドバンテージは、複数のOSを同時に使えることです。仮想マシン内のUbuntuで困った事態が起きても、ホストのWindowsに戻って解決策を調べることも簡単です。また、たとえUbuntuの環境を壊してしまうような事態が発生しても、あくまでも仮想マシンの中での出来事に過ぎず、ホストの環境には一切影響しません。仮想マシンに接続されている仮想ハードディスクは、ホスト上の単なる1ファイルに過ぎないので、Ubuntuが不要になったときも、仮想マシンを構成するこれらのファイルを削除するだけで後片付けが完了します。こうした理由から、学習用の環境としては、まず仮想マシンを使ってUbuntuを体験してみることを推奨します。

仮想マシンはソフトウェア的に再現されたコンピューターなので、「ハードウェアをソフトウェア的に制御できる」という、実マシンにはない絶大なメリットがあります。実マシンにOSをインストールしようと思ったら、ハードウェアを調

※3 もちろん、その逆(Ubuntu上に作った仮想マシン内でWindowsを動かす)ことも可能です。

達し、電源やネットワークに接続するといった作業が発生します。しかし、仮想マシンであれば、仮想マシンの新規作成、ネットワークへの接続、電源のオン・オフといった操作をプログラムから自動的に行うことも可能なのです。前述したように、仮想マシンの実体はホストOS上のファイルなので、ファイルをコピーする感覚で仮想マシンのバックアップを取ったり、仮想マシンそのものを複製することすら可能です。こうしたメリットから、仮想マシンはサーバーの分野でも広く利用されており、「**第5章 Ubuntuをサーバーとして使おう**」で紹介するVPSやクラウド上のサーバーも、その実体は仮想化技術を用いて作られた仮想マシンです。仮想化技術は、現在のITインフラの根幹を支える重要な技術となっています。

もちろん、仮想マシンにもデメリットは存在します。ホストOS上で別のOSを動かすことになるため、CPUやメモリ、ストレージには十分な余裕が必要です。さらに、仮想マシンによっては、一部のデバイスが動かなかったり、パフォーマンスが実マシンよりも低下する可能性がある点には留意してください。

02.01.03 VirtualBoxのインストールと仮想マシンの作成

● VirtualBoxとは

仮想マシンを扱うためには、仮想化ソフトウェアが必要です。現在では仮想化ソフトウェアは非常に一般的なものとなっており、有償・無償を問わず、さまざまな実装が存在しています。特に有名な仮想化ソフトウェアとしては、非常に大きなシェアを持つ老舗の「VMware」、Linuxカーネルの仮想化支援機構である「KVM」、効率のよい準仮想化に対応した「Xen」、macOS向けの「Parallels Desktop for Mac」などが挙げられます。また、Windowsの一部のエディションには、「Hyper-V」と呼ばれる仮想化ソフトウェアが標準で搭載されています。

数ある仮想化ソフトウェアの中でも、デスクトップ向けの仮想化ソフトウェアとして人気なのが「Oracle VM VirtualBox」（以降、VirtualBox）です。VirtualBoxの基本パッケージ部分は、Linuxカーネルと同じくGNU GPLでライセンスされているフリーソフトウェアです。VirtualBoxは、ホストOSとしてWindows／macOS／Linuxに対応しています。主要なデスクトップOS上で仮想マシンを無料で扱いたいのであれば、第一の選択肢となる仮想化ソフトウェアといってよいでしょう。

本書では、x64版のWindows 11にVirtualBoxをインストールし、VirtualBoxの仮想マシン内にゲストOSとしてUbuntu 24.04をインストールすることを前提に解説します。もし仮想マシンではなく実マシンを使いたい場合は、本項目の内容はスキップし、次の「**02.01.04 実マシンにインストールするには**」に進んでください。

Ubuntuの動作条件

デスクトップ版のUbuntu 24.04を動かすためには、2コア2GHz以上の64ビットCPUが必要です。古いPCを流用しようと考えている場合、32ビットCPUでは現在のUbuntuは動作しないので注意してください。また、VirtualBoxの仮想マシンにインストールする場合は、ホストマシンのCPUの仮想化支援機構(Intel VT-x／AMD-V)が有効になっている必要があります。仮想化支援機構の有効化については、お使いのPCのマニュアルなどを参照してください。

メモリは、最低でも4GB以上が必要です。8GB以上のメモリを割り当てることができれば、本書の範囲内ではUbuntuを快適に使えるでしょう。ストレージ(HDDやSSD)は25GB以上の容量が必要です。ただし、これは最低限のラインであり、実際に必要なストレージの容量はインストールしたいアプリケーションや保存したいデータの量に左右されます。とはいえ、Ubuntuの動作を体験するだけであれば、要件にある25GB程度でも十分に動作します。最近ではハードディスクドライブを搭載したPCはあまり見かけなくなったため、気にする必要はないかもしれませんが、ハードディスクドライブよりも、高速なSSDの使用を強く推奨します。

インターネットへのアクセスも必須です。Wi-Fiルーターなどを経由してインターネットに接続できている環境であれば問題ありません。本書では、ネットワーク内にルーターが存在し、DHCPでIPアドレスの取得が可能な環境を前提に解説していきます。

VirtualBoxのインストール

VirtualBox 7.1のダウンロードページ※4にアクセスします。「VirtualBox 7.1.2 paltform packages」※5の「Windows hosts」というリンクをクリックし、インストーラーをダウンロードします。

※4 https://www.virtualbox.org/wiki/Downloads
※5 バージョンはダウンロードする時期によって変わっている可能性があります。適宜読み替えてください。

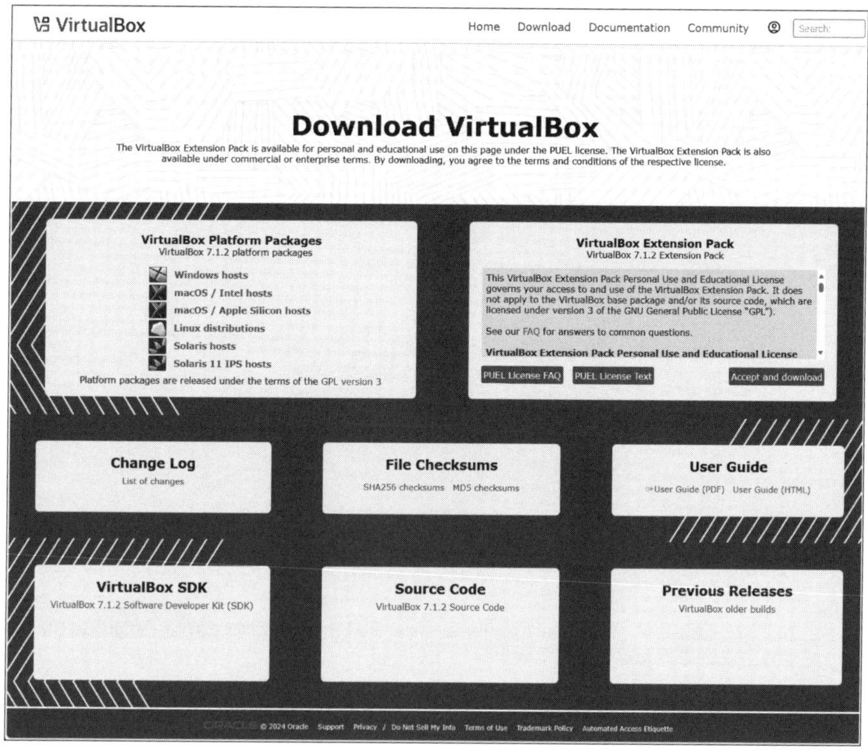

図2.2 VirtualBoxのダウンロードページ

ダウンロードした実行ファイル「VirtualBox-7.1.2-164945-Win.exe」[※6]を実行します。アプリケーションがデバイスに変更を加えることを許可するかの確認ダイアログが表示されるので、[はい]ボタンを押します。

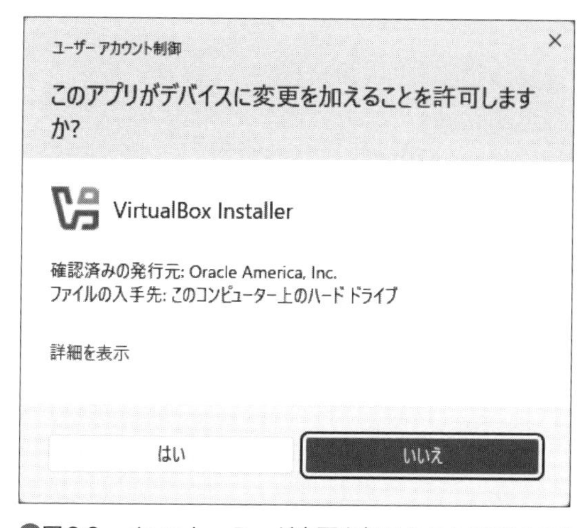

図2.3 インストーラーが変更を加えることを許可する

※6 ファイル名もダウンロードしたバージョンによって異なります。

お使いのPCの環境によっては、**図2.4**のようなメッセージが表示され、インストールが中断することがあります。その場合は、コラム「Microsoft Visual C++ Redistributable for Visual Studio 2022のインストール」を参照して、Visual C++ 再頒布可能パッケージのインストールを行ってから、VirtualBoxのインストールをやり直してください。

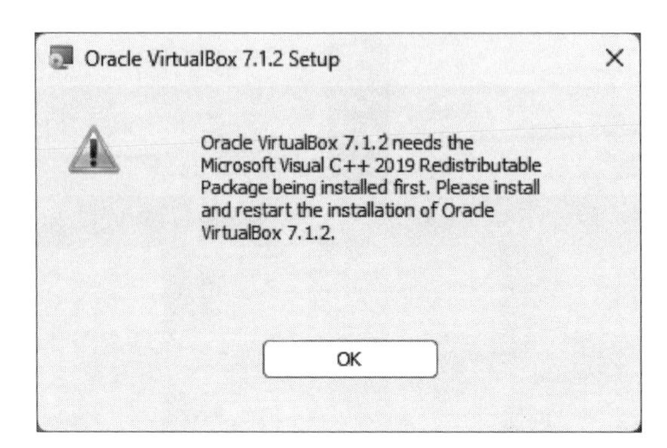

図2.4 「Microsoft Visual C++ 2019 Redistributable Package」のインストールを要求された場合のメッセージ

セットアップウィザードが起動するので、画面の指示に従ってください。[Next >]ボタンを押して進めます。

図2.5 インストーラーが起動する

VirtualBoxのライセンスが表示されるので、確認の上、[I accept the terms in the License Agreement]を選択し、[Next >]ボタンを押します。

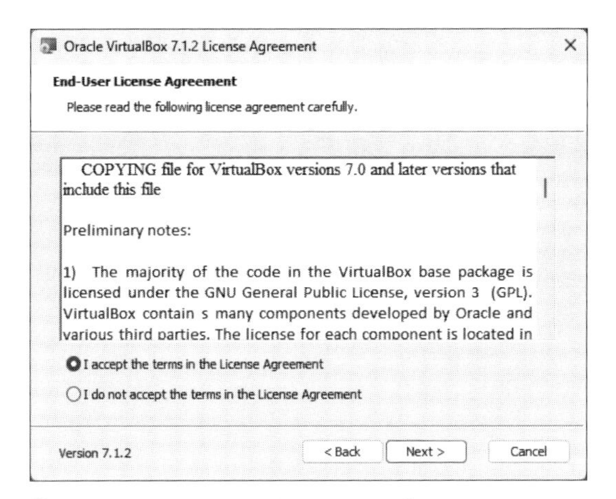

図2.6 ライセンスを確認の上、同意する

インストールする機能を選択します。デフォルトのままで問題ないので、そのまま[Next >]ボタンを押します。

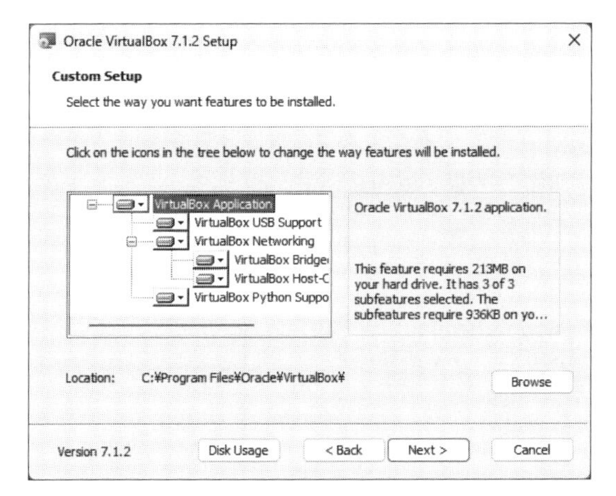

図2.7 インストールする機能の選択

VirtualBoxのネットワーク機能をインストールする際に、ネットワーク接続がリセットされ、一時的にネットワークが切断されるという警告が表示されます。問題なければ[Yes]ボタンを押します。

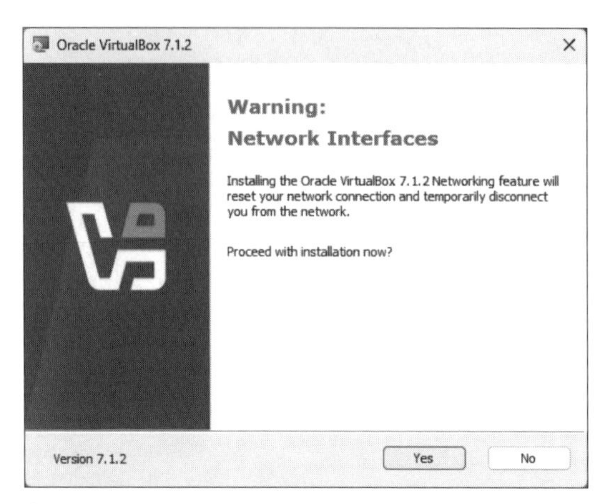

図2.8 ネットワーク接続に関する警告

VirtualBoxのPythonバインディングを利用するにあたり、Python Coreのインストールが必要である警告が表示されます。本書ではPythonバインディングは利用しないため、無視して構いません。[Yes]ボタンを押します。

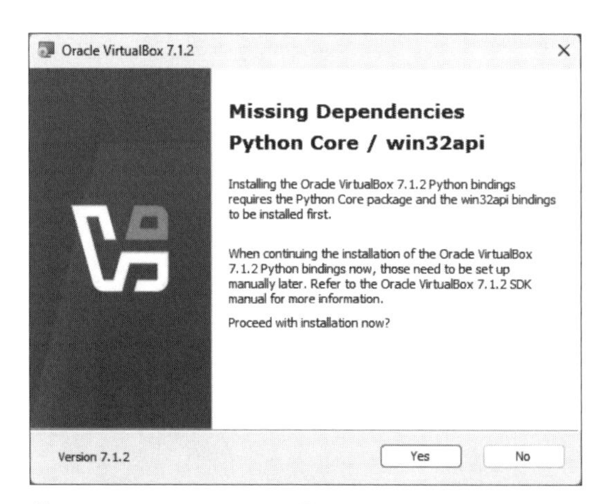

図2.9 Pythonに関する警告

VirtualBoxをスタートメニューに登録したり、デスクトップにアイコンを作成したりといったオプションを選択できます。デフォルトですべて有効になっていますが、もし不要であればチェックを外しても構いません。好みの設定が完了したら[Next >]ボタンを押します。

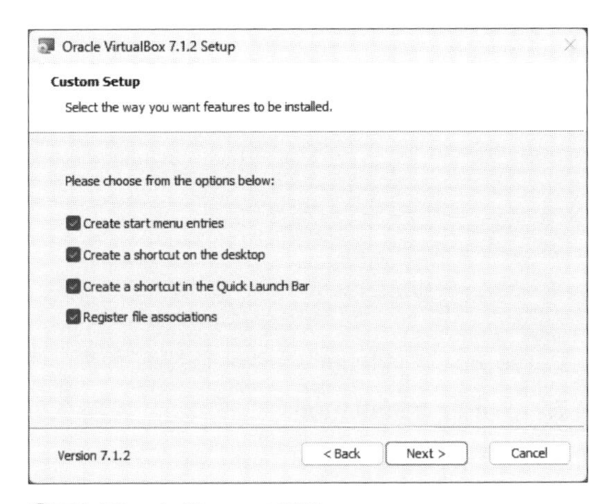

図2.10　オプションの選択

これでインストール前の設定は完了です。[Install]ボタンを押して、インストールを開始します。

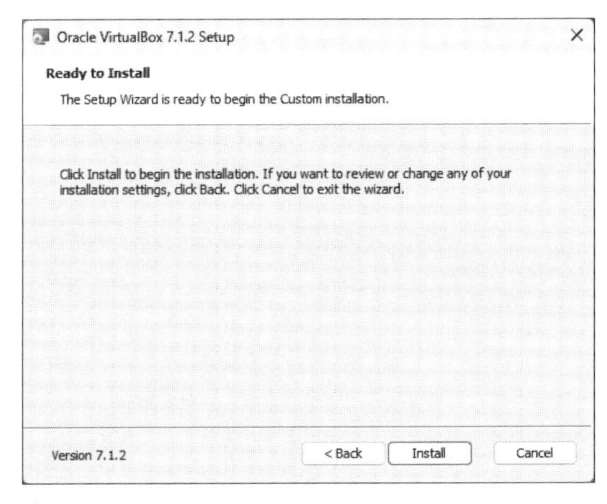

図2.11　インストールの開始

インストール完了までは、しばらく時間がかかります。

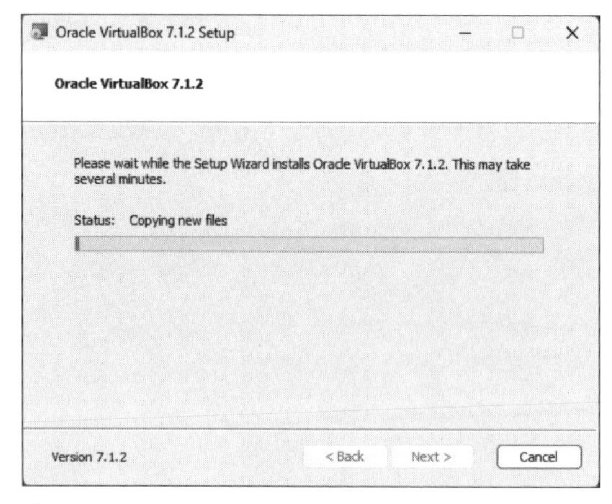

図2.12 VirtualBoxのインストール

インストールが完了したら、[Finish]ボタンを押します。この際、「Start Oracle VirtualBox 7.1.2 after installation」にチェックが入っていると、VirtualBoxが起動します。

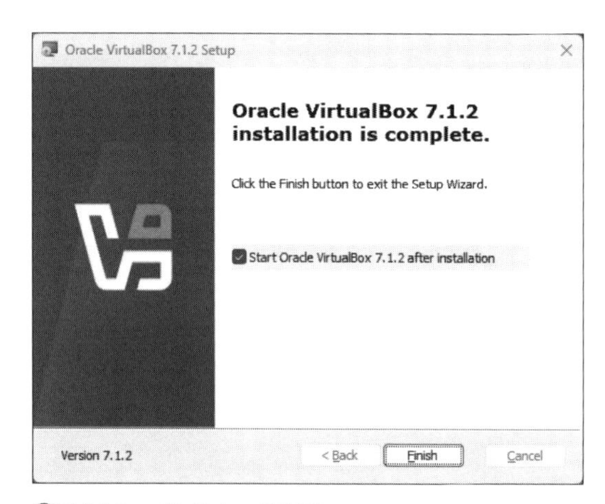

図2.13 インストール完了

Column Microsoft Visual C++ Redistributable for Visual Studio 2022のインストール

Windows上でVirtualBoxを動作させるためには、Microsoft Visual C++ 2019 Redistributable Packageをあらかじめシステムにインストールしておく必要があります。Microsoftのダウンロードページ※7にアクセスしてください。「その他のTools、Frameworks、そしてRedistributables」をクリックするとパッケージの一覧が表示されるので、「Microsoft Visual C++ Redistributable for Visual Studio 2022」の「x64」にチェックを入れて※8、[ダウンロード] ボタンを押してください。

Visutal Studioのダウンロードページ

ダウンロードした実行ファイル「VC_redist.x64.exe」を実行します。マイクロソフトのソフトウェアライセンス条項が表示されるので、確認の上、[ライセンス条項および使用条件に同意する] にチェックを入れて、[インストール] ボタンを押してください。

※7 https://visualstudio.microsoft.com/ja/downloads/

※8 VirtualBoxが要求しているバージョンは2019ですが、2024年7月現在、このバージョンをダウンロードするにはVisual Stduioサブスクリプションにログインする必要があります。そのため、ログインなしで入手できる最新の2022を利用していますが、動作に問題はありません。今後、さらにバージョンが更新される可能性がある点には注意してください。

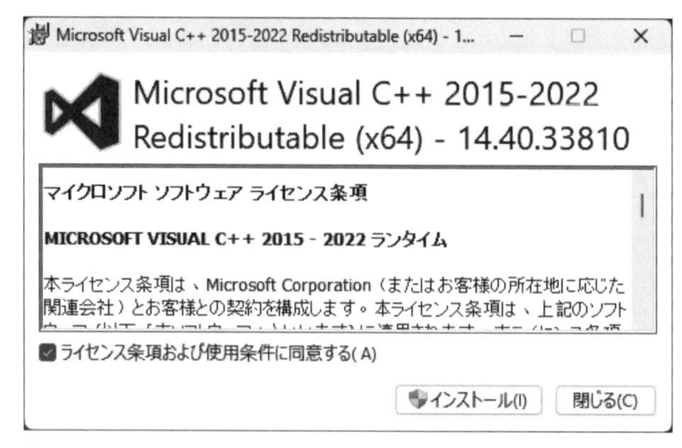

△ライセンス条項を確認する

続いて、アプリケーションがデバイスに変更を加えることを許可するかの確認ダイアログが表示されるので、「はい」ボタンを押してください。その後は、インストールが完了するまでしばらく待ちましょう。

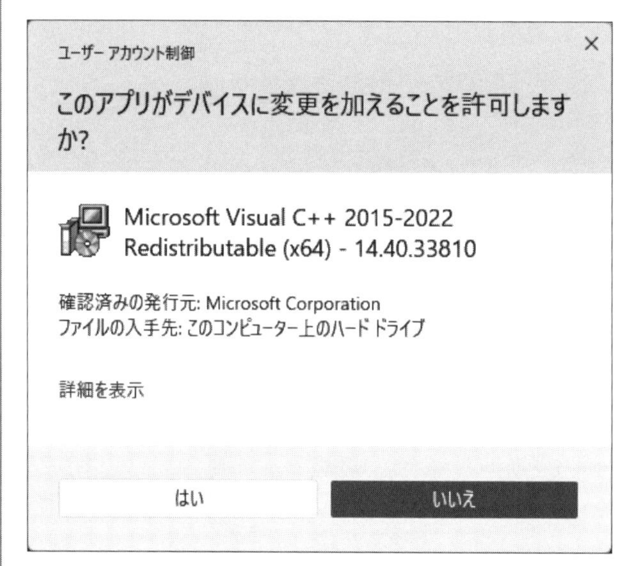

△インストーラーが変更を加えることを許可する

Ubuntuのインストールイメージの入手

仮想マシンにUbuntuをインストールするために、インストールイメージを入手しましょう。Ubuntuのインストールイメージは、ISO形式のファイルとして配布されています。Ubuntuのダウンロードページ※9を開き、「Ubuntu Desktop 24.04.1 LTS」をダウンロードしてください。なお、「**第1章　Ubuntuを始めよう**」で解説したように、さらなるポイントリリースがリリース済みの場合、ファイル名のバージョンは「24.04.2」や「24.04.3」となっている場合があるので、適宜読み替えて最新のバージョンをダウンロードしてください。

図2.14　Ubuntu Desktop 24.04.1 LTSのISOファイルをダウンロードする

仮想マシンの作成

スタートメニューやデスクトップのアイコンをクリックして、VirtualBoxを起動してください。「Oracle VM VirtualBox マネージャー」という画面が表示されます。これがVirtualBoxのメイン画面です。左側のペインには仮想マシンが登録されますが、インストールしたばかりでは仮想マシンがないので、何もない状態です。なお、インストールが完了した際のダイアログ（**図2.13**）で、[Start Oracle VirtualBox 7.1.2 aftert installation]にチェックを入れておくと起動するのは、この画面です。

※9 https://jp.ubuntu.com/download

新しい仮想マシンを作成するために、上部にある［新規(N)］ボタン(⚙)を押します。

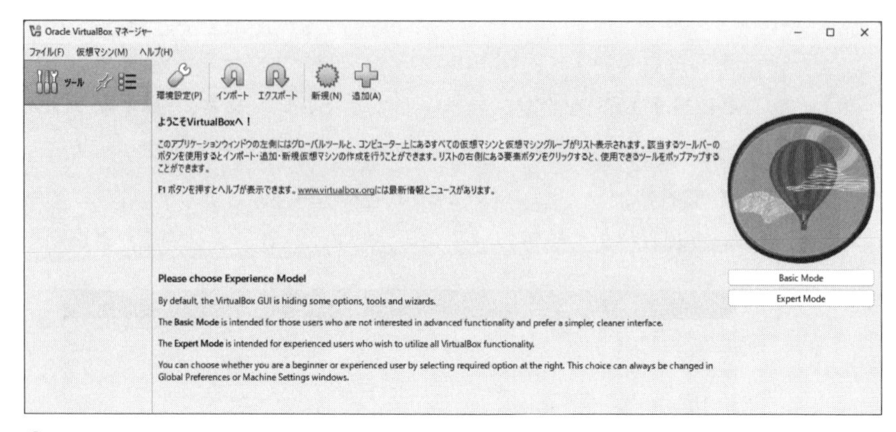

図2.15　VirtualBoxのメイン画面

仮想マシンの作成ダイアログが開きます。「名前」には仮想マシンの名前を入力します。複数の仮想マシンを作成した際に区別がしやすいように、インストールするOSの名前やバージョンを付けるとよいでしょう。ここでは「ubuntu_2404」としました。「ISOイメージ」には、OSのインストールに使用するISOファイルを指定します。プルダウンリストの右側にある下向きの矢印ボタンを押して「その他」を選択してください。

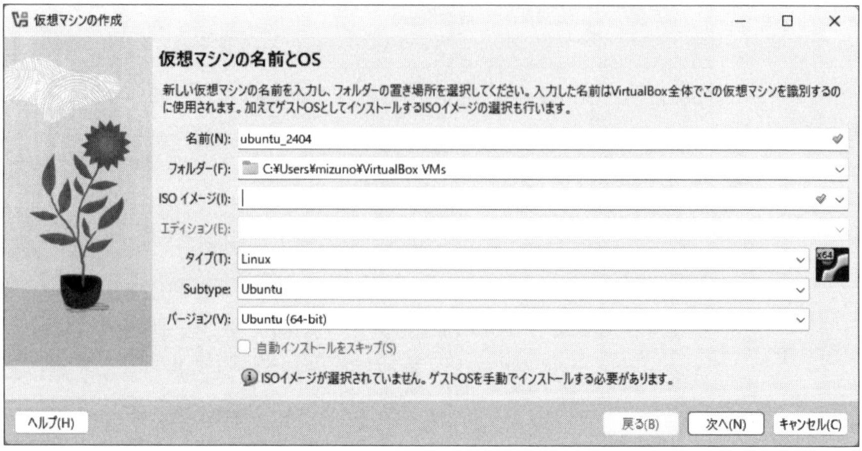

図2.16　仮想マシンに名前を付ける

ファイルを開くダイアログが表示されるので、先ほどダウンロードしたISOファイルを選択して、[開く]ボタンを押します。

図2.17 ダウンロードフォルダにあるISOファイルを選択する

[自動インストールをスキップ]にチェックを入れてから、[次へ]ボタンを押します。なお、ISOファイルを指定すると、[エディション][タイプ][バージョン]は自動的に決定され、選択できなくなります。

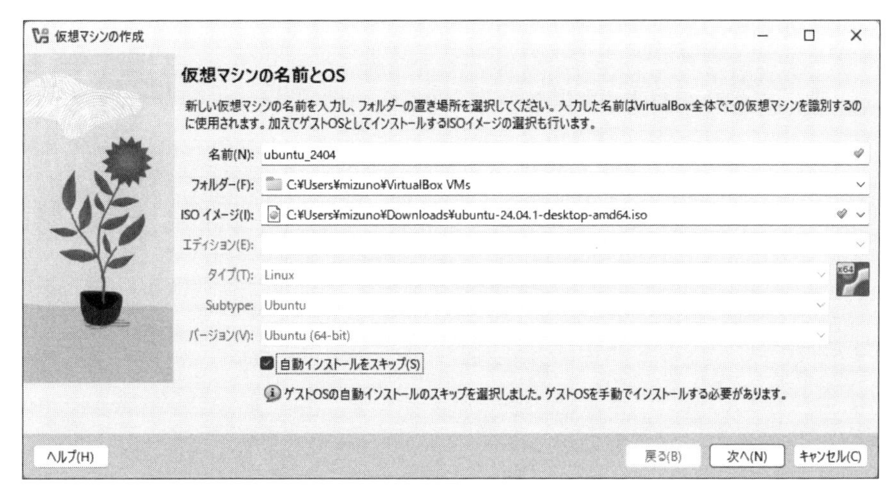

図2.18 [自動インストールをスキップ]にチェックを入れる

仮想マシンに割り当てるメモリとCPUの数を指定します。前述のように、デスクトップ版のUbuntuであれば、メモリは最低でも4GB以上、CPUは2コア以上を割り当ててください。ここでは8GBのメモリと2コアのCPUを割り当てていますが、利用しているホストマシンのスペックを考慮して決定してください。また、[EFIを有効化]にチェックを入れておきます。[次へ]ボタンを押して進めます。

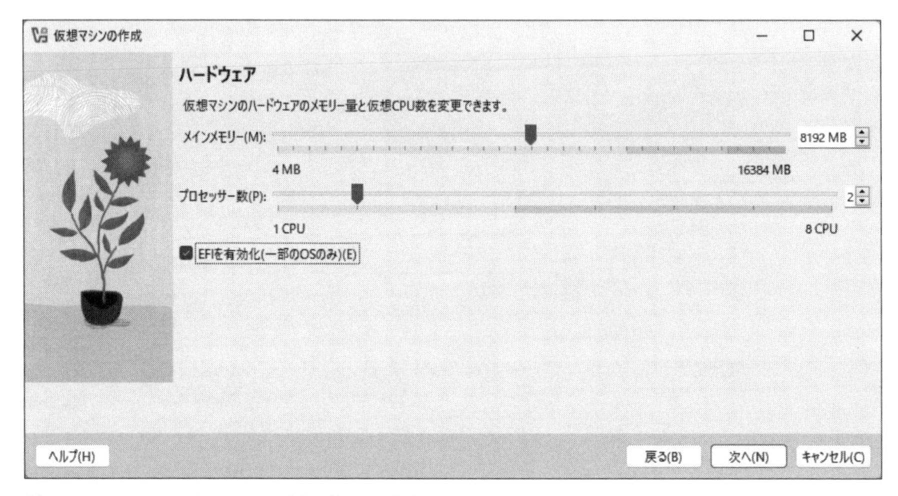

図2.19 メモリとCPUの割り当てを決定する

仮想ハードディスクの作成ダイアログが表示されたら、「仮想ハードディスクを作成する」にチェックを入れた上で、ディスクサイズを指定します。最低でも25GB以上の容量を指定してください。仮想ハードディスクはホストマシン上にファイルとして作成されるので、ホストマシンのストレージの空き容量にも注意が必要です。[次へ]ボタンを押して進めます。

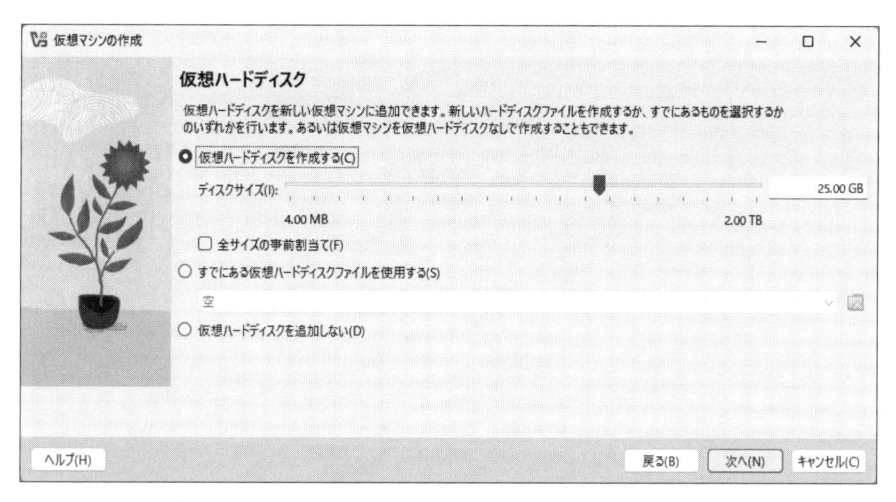

△図2.20　仮想ハードディスクの作成

最後に、作成される仮想マシンの内容の要約が表示されます。確認の上、間違いがなければ[完了]ボタンを押してください。

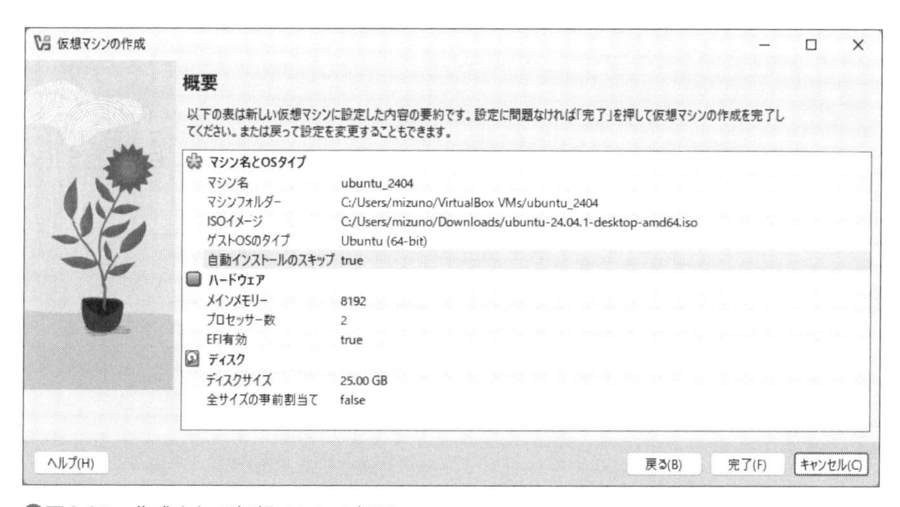

△図2.21　作成される仮想マシンの概要

仮想マシンが作成され、左ペインに表示されるようになりました。

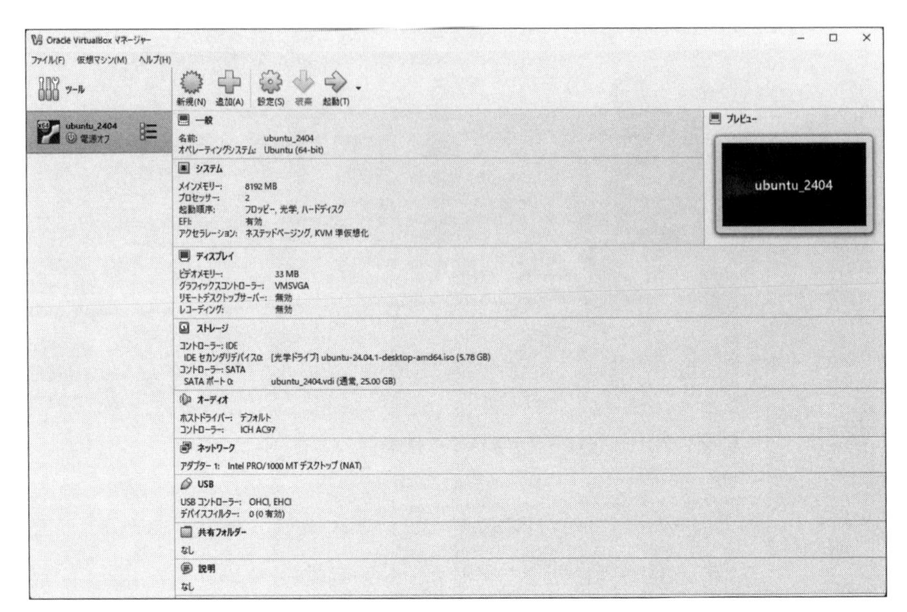

▲図2.22 作成された仮想マシンの設定を開くVirtualBoxのメイン画面にUbuntuの仮想マシンが登録された

続いて、仮想マシンの詳細な設定を変更します。左ペインで作成した仮想マシン(ここではubuntu_2404)を選択した状態で、上部にある[設定(S)]ボタン(⚙)を押します。

図2.23　作成された仮想マシンの設定

左のペインの「ネットワーク」を選択し、「アダプター1」の「割り当て」を、デフォルトの「NAT」から「ブリッジアダプター」に変更します。これで仮想マシンがホストと同じネットワークに直接接続できます。サーバーのようにほかのPCから接続される仮想マシンは、ネットワーク設定をブリッジアダプターにしておく必要があります（「**第6章　Ubuntu サーバーの管理**」参照）。設定の変更が完了したら、最後に[OK]ボタンを押します。

図2.24 ネットワークアダプターの「割り当て」を変更する

仮想マシンの起動

VirtualBoxのメイン画面に戻ったら、仮想マシンを選択して、上部にある[起動]ボタン(➡)を押してください。新しいウィンドウが開き、仮想マシンのディスプレイの内容が表示されます。このウィンドウにフォーカスした状態で、キーボード入力したりマウス操作したりすることで、本物のPCと同じように、仮想マシンを利用できます。

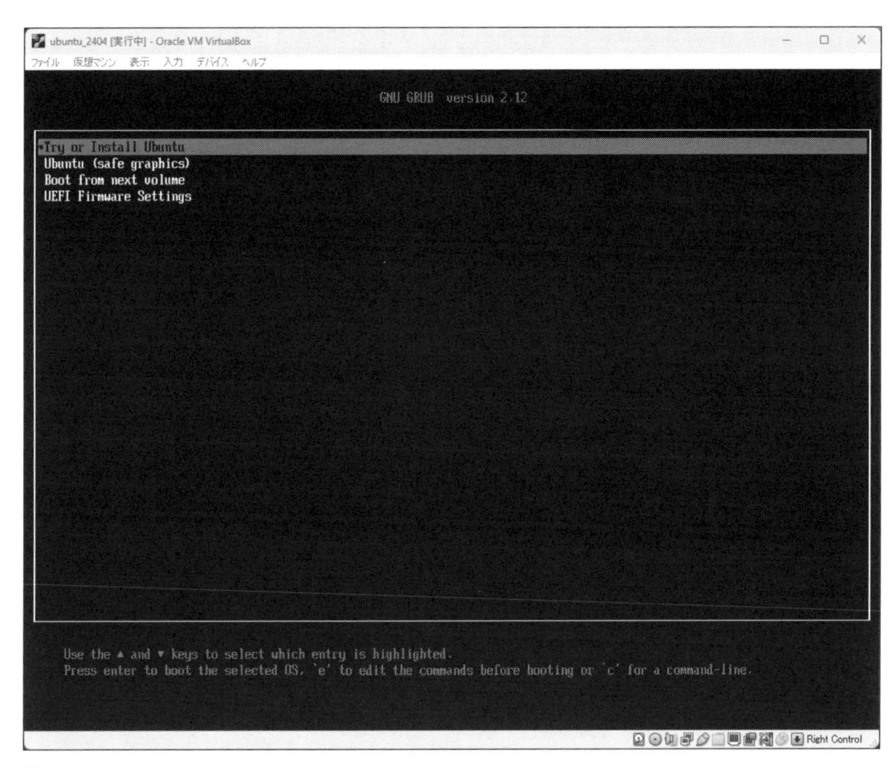

図2.25 ISOイメージから起動した仮想マシン

ここから先は、「**02.01.05 Ubuntuのインストール**」の内容に従ってください。

02.01.04 実マシンにインストールするには

インストールメディアの作成

本書では仮想マシンを使うことを前提に解説していますが、余っているPCがあるなど、Ubuntu専用の実マシンを用意できるのであれば、実際にUbuntuをインストールしてもよいでしょう。お試しの枠を越えて本格的にUbuntuを使うのであれば、パフォーマンス的に有利な実マシンを利用したほうが快適です。ここでは、仮想マシンではなく**実マシンにUbuntuをインストールする際の手順**を解説します。仮想マシンを使う場合は本項目の内容は行う必要はないので、次の「**02.01.05 Ubuntuのインストール**」まで進んでください。

実マシンにUbuntuをインストールするには、ダウンロードしたISOファイルをUSBメモリに書き込んで、**物理的なインストールメディアを作成する**必要があります。なお、ISOファイルを書き込むと、USBメモリに保存されていたデータはすべて失われてしまいます。内容を消去してもよい、8GB以上のUSBメモリを用意してください[※10]。また、UbuntuのISOファイル自体のダウンロードについては、前節の「**インストールイメージの入手**」を参照してください。

Windows上でISOファイルをUSBメモリに書き込むには、「balenaEtcher」[※11]というアプリケーションを利用します。balenaEtcherのWebページを開き、Windows用の最新バージョンをダウンロードしてください。なお、2024年7月現在の最新バージョンは1.19.21でした。

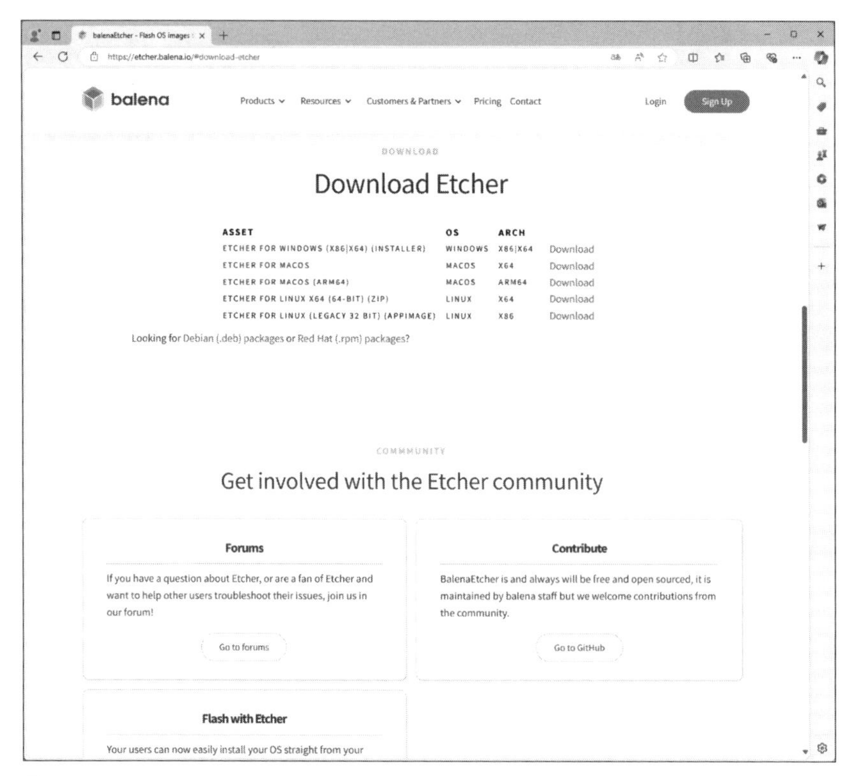

図2.26 balenaEtcherのダウンロードページ

ダウンロードした「`balenaEtcher-1.19.21.Setup.exe`」[※12]というファイルを実行すると、balenaEtcherの画面が表示されます。ここではISOファイルを書き込むので、[Flash from file]ボタンを押します。

※10 公式のチュートリアルでは12GB以上の容量を持つUSBメモリが推奨されていますが、24.04.1 LTSのデスクトップ版であれば、8GBのUSBメモリでもインストール可能です。
※11 https://etcher.balena.io/
※12 balenaEtcherも、ダウンロードする時期によってバージョンが変わっている可能性があります。こちらも適宜読み替えてください。

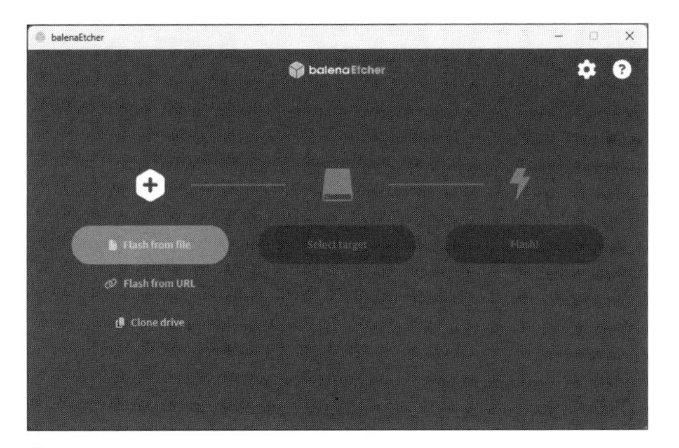

図2.27 ISOファイルから書き込む

ファイルを開くダイアログが表示されるので、ダウンロードしたISOファイルを選択して[開く]ボタンを押します。

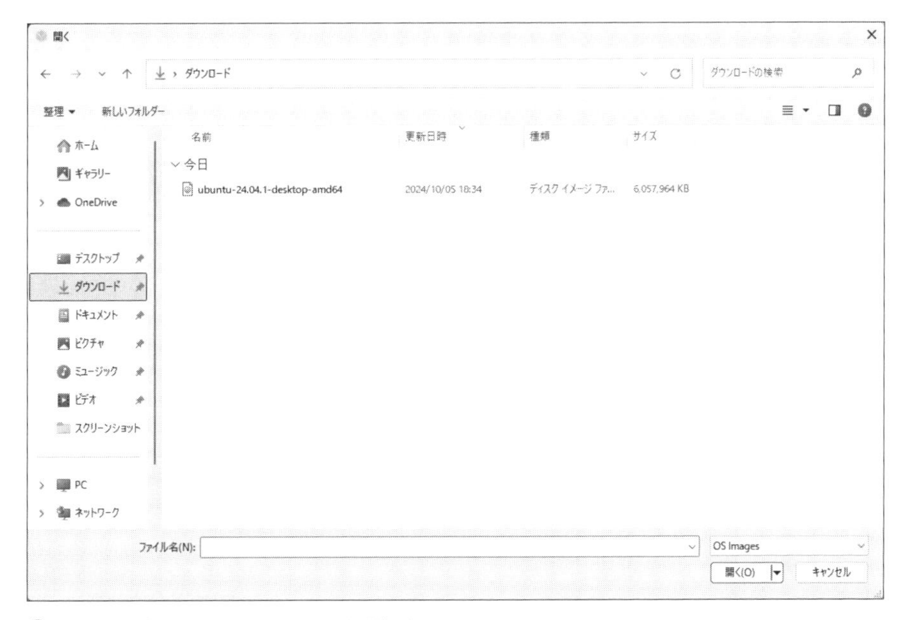

図2.28 書き込むISOファイルを選択する

USBメモリをPCに挿してから、[Select target]ボタンを押します。

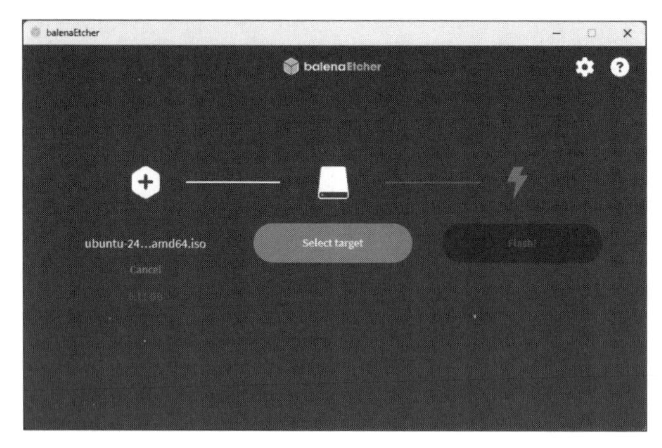

△図2.29　USBメモリに書き込む

PCに接続されているUSBメモリがリストアップされるので、対象のUSBメモリのチェックボックスにチェックを入れてから、[Select]ボタンを押します。繰り返しになりますが、ISOファイルを書き込んだUSBメモリは、既存の内容がすべて消去されるので、取り違えのないように注意してください。

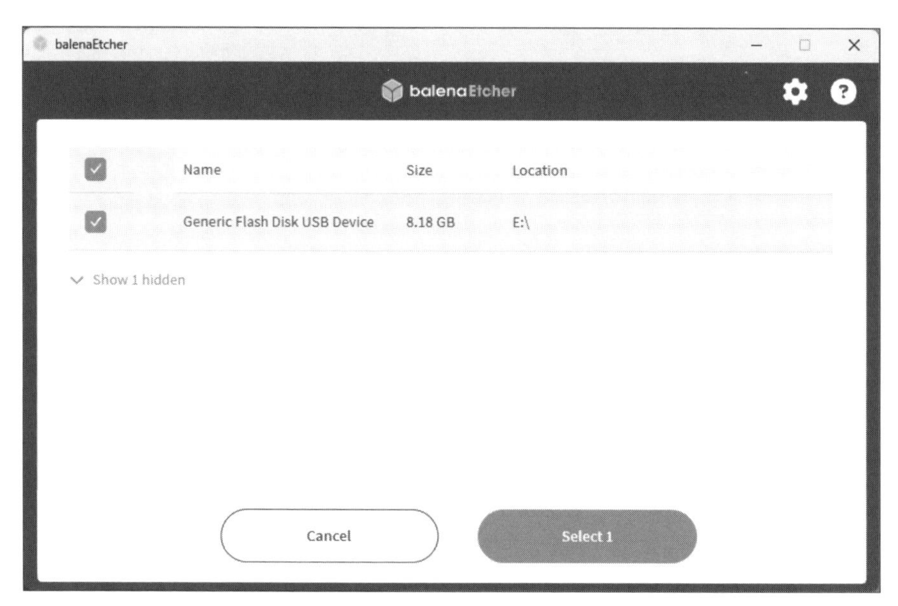

△図2.30　選択したUSBメモリの内容は消去される

［Flash!］ボタンを押します。

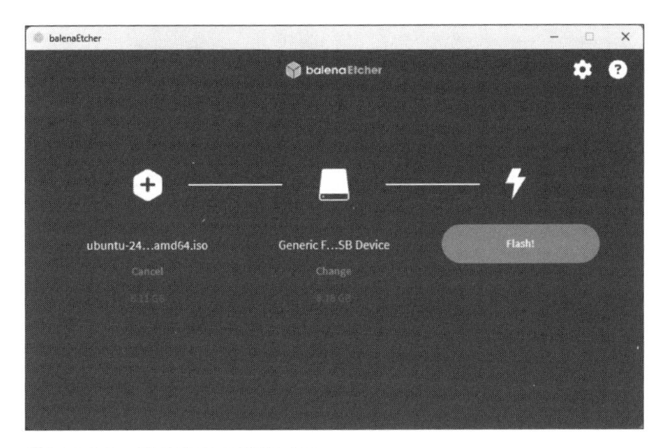

△図2.31　書き込みを実行する

USBメモリにISOファイルを書き込むには、管理者権限が必要です。アプリケーションがデバイスに変更を加えることを許可するかの確認ダイアログが表示されるので、［はい］ボタンを押して進めます。

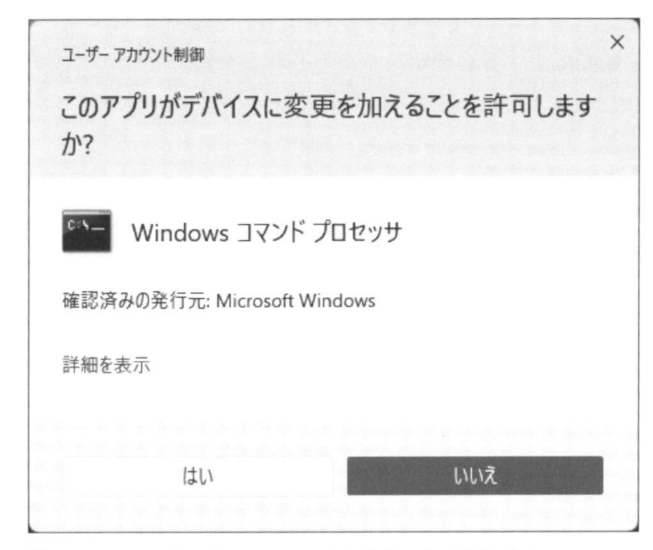

△図2.32　アプリがデバイスに書き込むことを許可する

書き込みが完了するまで、しばらく待ちましょう。書き込みにかかる時間は、USBメモリの速度によって変わります。「Flash Completed!」と表示されたら、USBメモリを取り外し、balenaEtcherを終了してください。

01
02
03
04
05
06
07
08
09
10
A

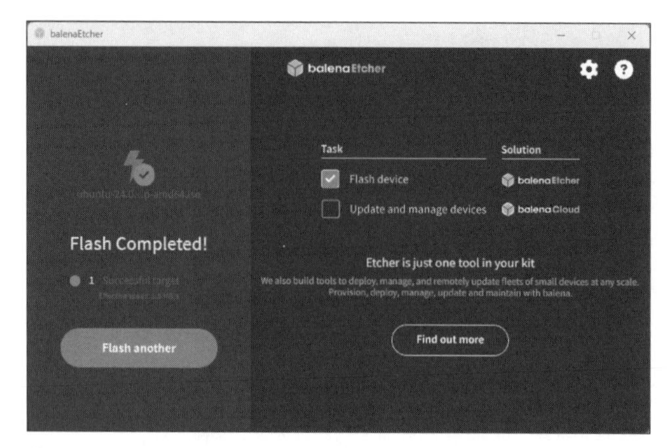

図2.33　書き込みの完了

これでインストールメディアの作成は完了です。

USBメモリからブートする

作成したインストールメディアから、PCを起動してみましょう。USBメモリを挿入した状態でPCの電源を入れると、そちらを優先的にブートデバイスとして使用してくれるケースもあります。しかし、場合によっては、PCのブートデバイスを手動で変更する必要があるかもしれません。

多くのPCでは、一時的なブートデバイスを選択できます。一般的には、電源投入直後にキーボードの特定のキーを押していると、ブートデバイスの選択メニューが表示されるので、ここからUSBメモリを選択してください。

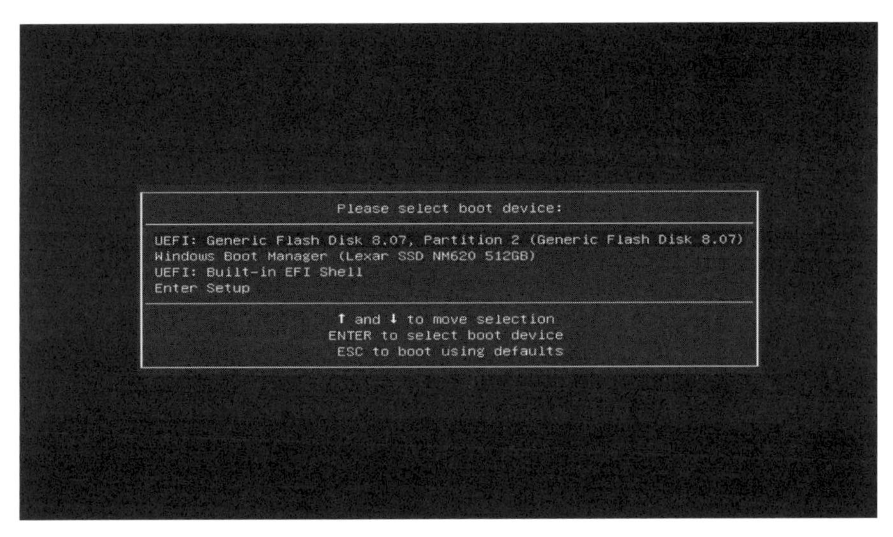

図2.34 ブートデバイスの選択画面の例

ブートデバイスの選択ができない場合は、BIOS(UEFI)の設定画面に入り、ブートデバイスの優先順位を変更する必要があります。こちらも、通常、電源投入直後にキーボードの特定のキーを押すことで、設定画面に入れます。[Boot]やそれに類するメニューから、USBメモリの優先順位を一番目に設定してください。

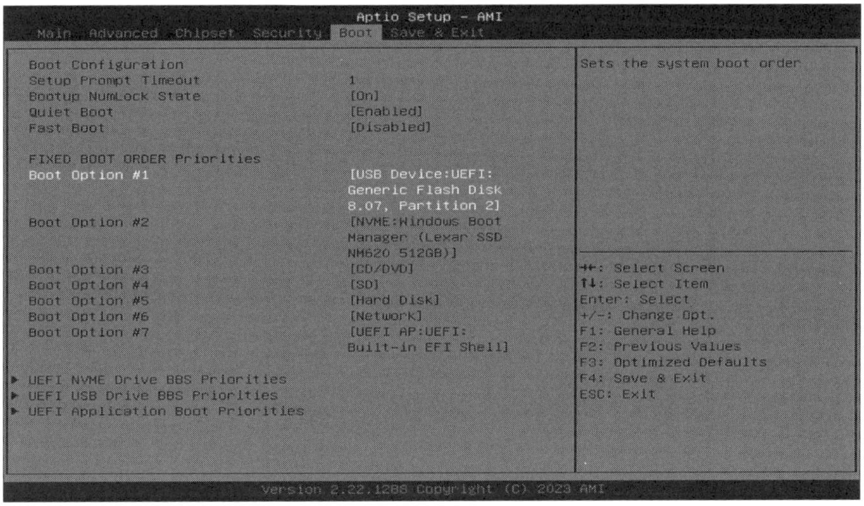

図2.35 UEFIでブートデバイスの優先順位を変更する例

どちらの設定も具体的な操作はPCのモデルによって異なるため、詳しくはお使いのPCのマニュアルを参照してください。

USBメモリからPCを起動できたら、以後は「**02.01.05 Ubuntuのインストール**」の内容に従ってください。

02.01.05 Ubuntuのインストール

Ubuntuのインストール手順

インストールメディアからPCを起動して、実際にUbuntuのインストールを行っていきます。これ以降の手順は、仮想マシンであっても実マシンであっても違いはありません。

最初に白黒の「ブートローダー」の画面が表示されます。しばらくそのまま待つか、[Try or Install Ubuntu]を選択して Enter を押します。

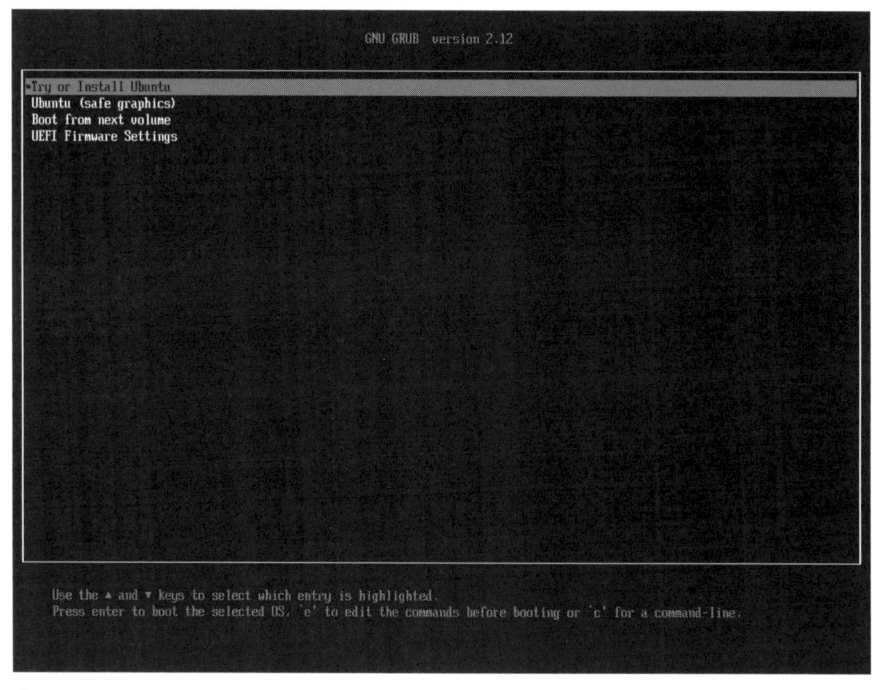

図2.36 ブートローダーの画面

しばらく待つと、Ubuntuのインストーラーが自動的に起動します。まずは使用する言語を選択してください。デフォルトでは[English]が選択されているので、リストを下にスクロールし、[日本語]を選択して[次]ボタンを押します。

図2.37　使用する言語の選択

必要に応じて、Ubuntuのアクセシビリティをカスタマイズできます。身体にハンディキャップを持った人向けに、画面を見やすくしたり、キーボード操作をしやすくしたりするためのサポート機能です。今回は特にカスタマイズは行わず、そのまま[次]ボタンを押します。

図2.38　アクセシビリティの設定

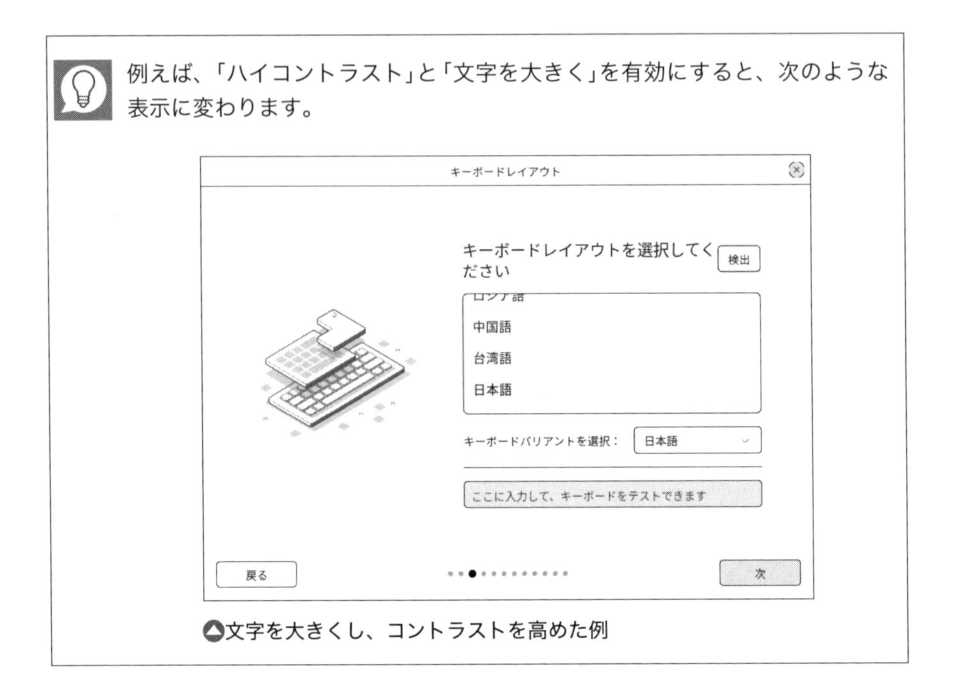

例えば、「ハイコントラスト」と「文字を大きく」を有効にすると、次のような表示に変わります。

文字を大きくし、コントラストを高めた例

Ubuntuで使用するキーボードのレイアウトを選択します。言語で日本語を選択した場合は、デフォルトで日本語キーボードが選択されています。日本語キーボードを使用している場合は、そのまま[次]ボタンを押して進めます。英語キーボードなど、異なる配列のキーボードを使用している場合は、使っているモデルに適したレイアウトを適宜選択してください。

図2.39 キーボードレイアウトの設定

ネットワークへの接続方法を選択します。仮想マシンを使用している場合、ホストのネットワークがWi-Fiを使用していたとしても、仮想マシン内の仮想的なネットワークインターフェイスは有線接続として扱われます。したがって、[有線接続を使用]を選択して[次]ボタンを押します。実マシンを使用していて、ルーターとLANケーブルで有線接続している場合も同様です。

図2.40 ネットワークの設定

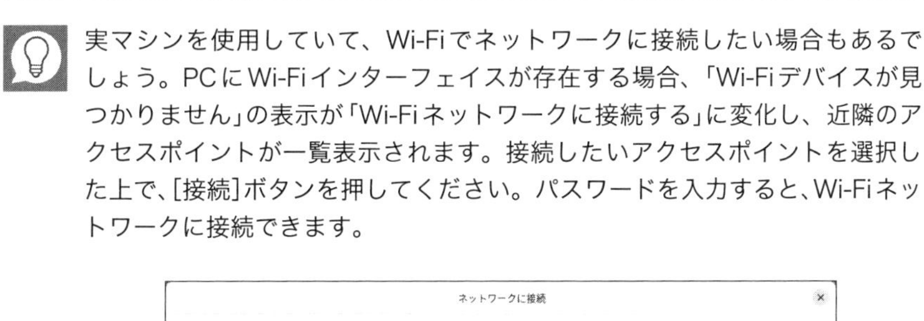

実マシンを使用していて、Wi-Fiでネットワークに接続したい場合もあるでしょう。PCにWi-Fiインターフェイスが存在する場合、「Wi-Fiデバイスが見つかりません」の表示が「Wi-Fiネットワークに接続する」に変化し、近隣のアクセスポイントが一覧表示されます。接続したいアクセスポイントを選択した上で、[接続]ボタンを押してください。パスワードを入力すると、Wi-Fiネットワークに接続できます。

Wi-Fiに接続したい場合の例

インストールイメージのISOファイルがリリースされてから時間が経過すると、インストーラーの開発が進み、より新しいバージョンがリリースされていることがあります。そのため、現在のUbuntuは、インストーラー内でインストーラー自体をバージョンアップすることが可能になっています。ISOファイルに含まれているインストーラーよりも新しいバージョンが存在する場合、[今すぐアップデート]を押すとインストーラーをアップデートできます。本書ではアップデートは行わず、そのまま[Skip]ボタンを押して進めます。

▲インストーラーのアップデート

インストールを行うか、Ubuntuを試してみるかの選択が表示されます。

実はUbuntuのインストールメディアには、すぐに利用できるUbuntuのデスクトップ環境一式が含まれています。これは**ライブセッション**と呼ばれており、PCへのインストールを行う前に、実際にUbuntuの動作を試してみることが可能です。PCの電源を切ると作業内容は失われてしまうので恒久的な利用には向きませんが、そのPCで実際にUbuntuが動作するかを確認してみるには最適な環境だといえるでしょう。特に実マシンでは、ハードウェアの相性によって問題が発生する可能性も否定できません。そのため実際にインストールを行う前に、ライブセッションで動作を確かめてみることを強く推奨します。また、OSが壊れてPCが起動しなくなってしまったような場合でも、ライブセッションからデータを救出したりなど、トラブルシューティングにも活用できます。

仮想マシンの場合は動作確認を行う必要もないので、ここでは[Ubuntuをインストール]を選択し、[次]ボタンを押して進めます。

図2.41　ライブセッションとインストールの選択

[Ubuntuを試してみる]を選択すると、ウィンドウの[次]が[閉じる]に変化します。このボタンを押すとインストーラーが終了し、ライブセッションのデスクトップが表示されます。Firefox(Webブラウザー)でWebページを閲覧するなど、プリインストールされているソフトウェアを試せます。デスクトップにある[Install Ubuntu 24.04.1 LTS]のアイコンをダブルクリックすると、再度インストーラーが起動し、言語の選択からやり直しが可能です。

ライブセッションのデスクトップ画面

01
02
03
04
05
06
07
08
09
10
A

Ubuntuのインストール方式を選択します。[自動インストール]は、設定ファイルを参照して、Ubuntuのインストール作業を自動化する設定です。主に企業などで同一のシステムを大量にセットアップするような場合に向いていますが、本書では解説しません。「対話式インストール」を選択して[次]ボタンを押します。

図2.42 インストール方式の選択

初期状態でインストールされるアプリケーションの構成を選択します。[規定の選択]では、Firefoxをはじめとした基本的なアプリのみがインストールされます。それに対して[拡張選択]では、LibreOffice(オフィススイート)や動画プレイヤーなど、その他のアプリが一通りインストールされます。ここでは[拡張選択]を選択し、[次]ボタンを押して進めます。

なお、従来のUbuntuでは、LibreOfficeをはじめとするさまざまなパッケージがインストールされる構成がデフォルトで、[最小インストール]がオプションという扱いでした。24.04では逆になっているため、以前からUbuntuを利用されている場合は違いに注意してください。

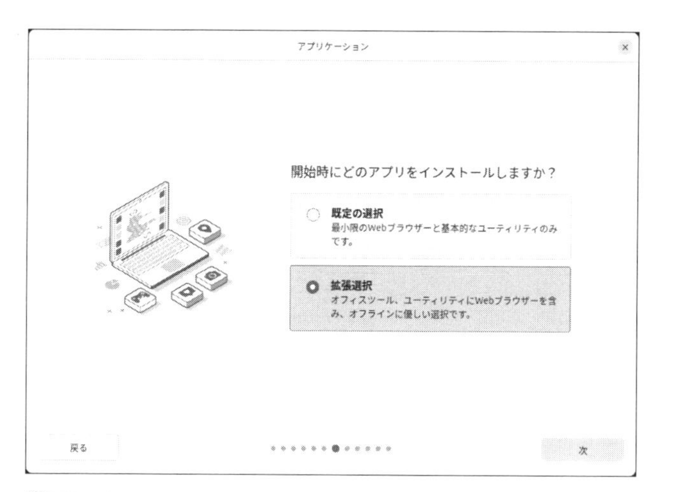

図2.43 インストールするアプリの選択

01 02 03 04 05 06 07 08 09 10 A

「**第1章 Ubuntuを始めよう**」で、Ubuntuは自由なソフトウェアで構成されていると説明しました。しかし、厳密にいえば、本当にすべてが自由なソフトウェアではありません。たとえば、グラフィックカードやWi-Fiアダプターのデバイスドライバ、動画を再生するためのコーデックの一部などは、提供元のライセンスや特許の制限があり、自由な改変や再配布ができません。そのため、こうしたソフトウェアは、Ubuntuのインストールメディアに収録できないのです※13。ここでは、そうしたソフトウェアをインターネットからダウンロードすることで、追加でインストールできます。それぞれの項目は、次のような内容です。

- **グラフィックスとWi-Fi機器用のサードパーティ製ソフトウェアをインストールする**
  プロプライエタリなデバイスドライバがインストールされる。NVIDIA製のグラフィックカードを搭載した実マシンを使用するような場合に利用する。
- **追加のメディアフォーマット用のサポートをダウンロードしてインストールする**
  MP4などの動画の再生用コーデックがインストールされる。

本書では、どちらにもチェックを入れずに[次]ボタンを押して進めます※14。

※13 こうした制限のあるソフトウェアは、フリーソフトウェアに対して「プロプライエタリソフトウェア」と呼ばれます。
※14 追加のメディアフォーマット用のソフトウェアは、後ほど手動でインストールする方法を説明します。

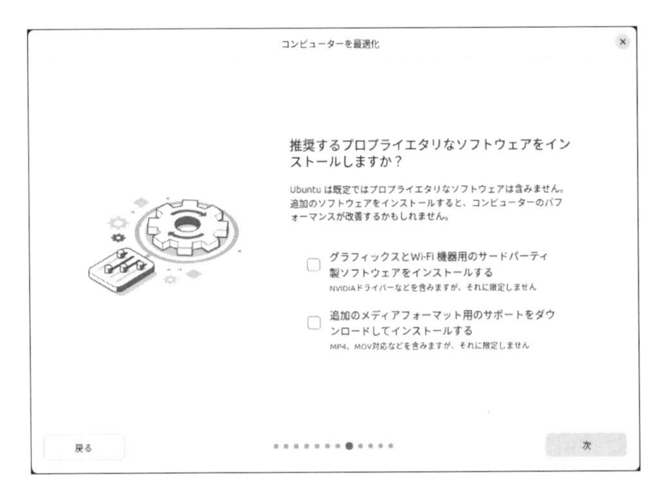

図2.44 プロプライエタリなソフトウェアのインストール

Ubuntuをどのようにインストールするかを選択します。本書では仮想マシンの仮想ハードディスク（あるいは、実マシンのディスク）を完全に初期化し、Ubuntu専用とすることを前提に解説するので、[ディスクを削除してUbuntuをインストールする]を選択して[次]ボタンを押します。[手動パーティショニング]を選択すると、複数のハードディスクを自由に組み合わせたり、ディスクのパーティションを自分好みにレイアウトしたりといったことが可能になりますが、上級者向けなので本書では解説しません。

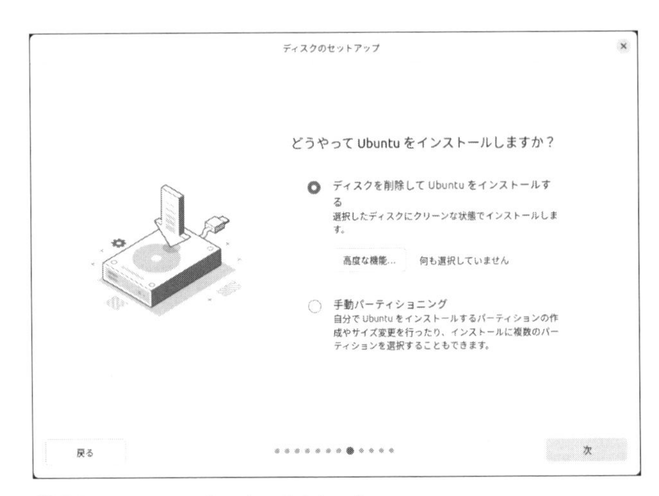

図2.45 ディスクのセットアップ

「高度な機能」を押すと、LVMやZFS、ハードウェアが対応している場合はハードウェアベースのディスク全体の暗号化(Full disk encryption)といった機能を利用できます。
LVMとは「Logical Volume Manager」の略で、複数のディスクをグループとして管理し、その上に論理的なボリュームを作成できるようにする機能です。複数のディスクを束ねて大容量のパーティションを作成したり、ディスクを追加して容量を「継ぎ足す」ことができるなど、柔軟なディスク管理が可能になります。LVMは、サーバー版のUbuntuではデフォルトで利用されるため、後ほど解説します。ZFSとは、Sun Microsystems(現Oracle)が開発した次世代の仮想化ファイルシステムです。LVMと同様に、物理的なディスクを直接扱うのではなく、複数のディスクをストレージプールという単位にまとめ、サイズを動的に変更できるファイルシステムをストレージプールの中に作成します。
いずれも上級者向けのため、本書では解説しません。

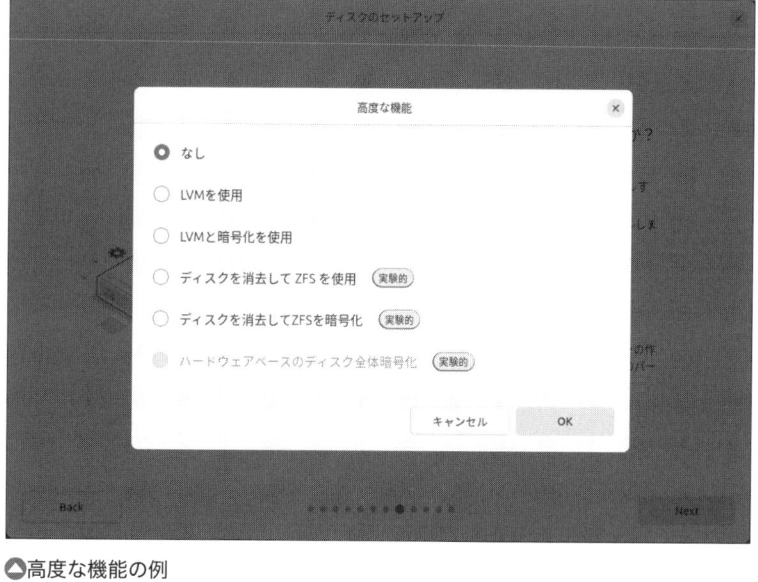

▲高度な機能の例

Ubuntuにログインするユーザーを作成します。

[あなたの名前]には、自分の名前を入力してください。これは後述する[ユーザー名]ではなく、画面の表示に使われる名前です。したがって、任意の名前を入力すればよく、姓名の間にスペースを含んでいても問題ありません。

[コンピューターの名前]には、ほかのコンピューターと通信する際に使われる名前を入力します。[あなたの名前]を入力していた場合、[名前-PCのハードウェ

ア名]というコンピューター名が自動的に入力されていますが、わかりやすい名前に変更して構いません。

[ユーザー名を入力]には、Ubuntuのログインに使うユーザー名を入力します。[あなたの名前]を入力していた場合、ここも名前が自動的に入力されていますが、自由に変更して構いません。なお、ユーザー名には「アルファベットの小文字、数字、ハイフン、アンダースコア」以外の文字を使うことはできず、頭文字はアルファベットの小文字でなければならないという制約があります。

[パスワードを決めてください]には、Ubuntuのログインに使うパスワードを設定します。ここで作成したユーザーは、このパスワードを使ってUbuntuの管理者権限を取得できるため、あまりにも短いパスワードや「1234」「password」のような単純なパスワードは避けてください。入力欄の右側に、入力したパスワード強度の目安が表示されるので、参考にするとよいでしょう。なお、入力欄の右側にある目のアイコンをクリックすると、マスクされているパスワードが表示されます。[パスワードをもう一度入力]には、確認のために同じパスワードをもう一度入力します。当然ですが、ここで設定したパスワードは忘れないようにしてください。

デフォルトではUbuntuへのログイン時にはユーザー名とパスワードが要求されますが、[ログイン時にパスワードを要求する]のチェックを外すと、パスワードの入力をスキップして、このユーザーでログインできます。とはいえ、セキュリティ上のリスクとなるため、特殊な環境以外では使用しないほうがよいでしょう。

なお、[アクティブディレクトリを使用する]にチェックを入れると、Active Directoryに登録されたユーザー情報でUbuntuにログインできるようになりますが、本書では解説しません。

必要な情報をすべて入力したら[次]ボタンを押します。

△図2.46 アカウントの設定

Ubuntuを使用する地域を選択します。インターネットに接続している場合、ネットワーク情報を元にして現在地が自動的に決定されます。日本国内に居住しているのであれば、デフォルトで現在地が[Tokyo]、タイムゾーンが[Asia/Tokyo]になっているはずなので、そのまま[次]ボタンを押してください。もしも異なる地域が選択されている場合や日本国外で使用するような場合は、住んでいる地域を地図上からクリックして選択します。

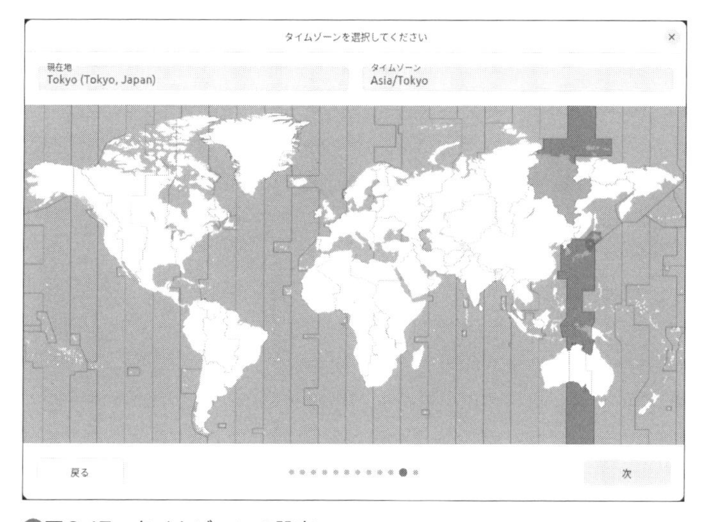

△図2.47 タイムゾーンの設定

これまでに選択してきた内容が表示されます。ここで[インストール]ボタンを押すと、実際にインストールが開始されます。PCのストレージデバイスに書き込みが行われるため、これ以降の作業は取り消すことができません。新規のPCや仮想マシンにインストールするのであれば気にする必要はありませんが、Winodwsがインストール済みのPCにUbuntuをインストールするような場合は、内容に間違いがないか、慎重に確認してください。

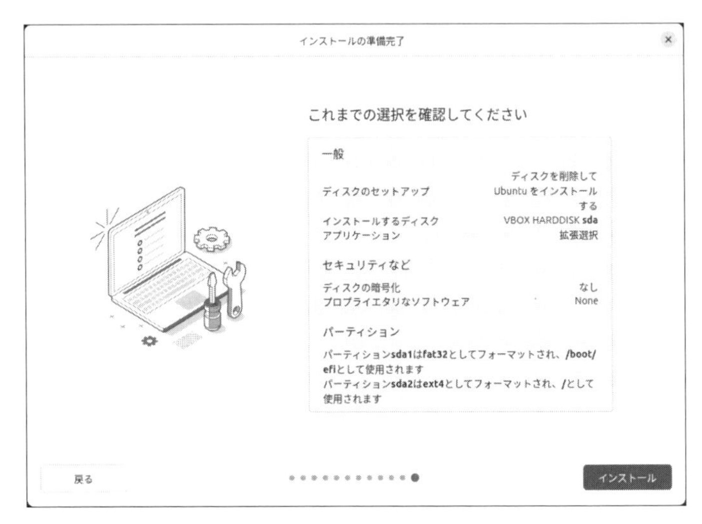

図2.48 インストールの準備完了

ファイルのコピーが行われている間、Ubuntuの機能を紹介するスライドショーが表示されます。インストールの完了まで、しばらく待ちましょう。

図2.49　インストール中のスライドショー

インストールが完了すると、**図2-50**のような画面が表示されます。インストーラーを終了し、インストールしたUbuntuの利用を始めるのであれば、[今すぐ再起動]ボタンを押してください。[試用を継続する]ボタンを押すと、インストーラーは終了しますが、ライブセッションを使い続けることができます。継続したライブセッションを終了したくなったら、デスクトップ右上の電源ボタンから[電源オフ/ログアウト]を実行し、手動で再起動を行ってください。

図2.50　インストールの完了

［今すぐ再起動］ボタンを押すと、デスクトップが終了した後、図2-51の画面で停止します。ここで Enter を押すと、PCが再起動します。なお、実マシンを使っている場合は、 Enter を押す前に、忘れずにUSBメモリを取り外しておいてください。そうしないと、マシンの再起動時に再びUSBメモリからインストーラーが起動してしまいます。

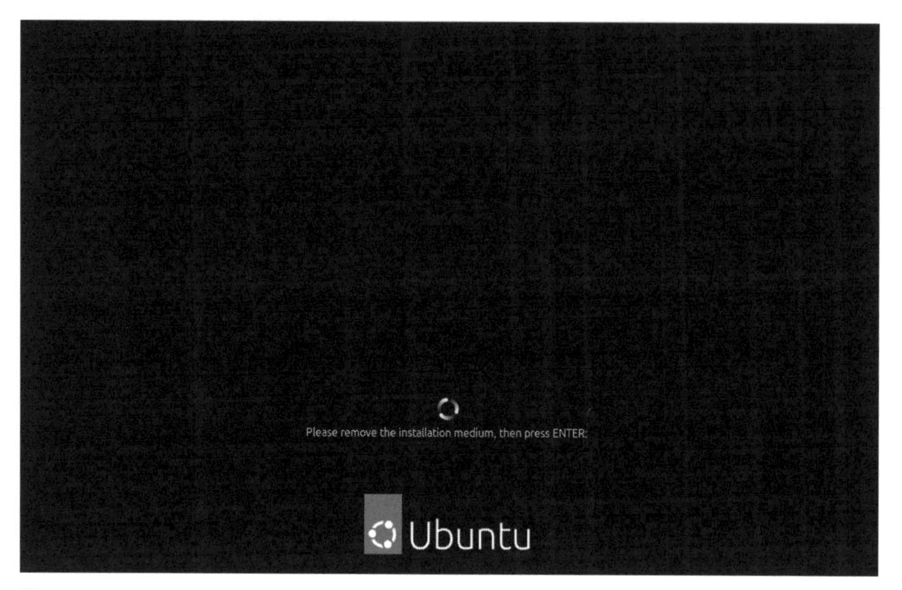

図2.51 インストーラーの終了

02.02 Ubuntuデスクトップの利用

02.02.01 Ubuntuへのログイン

ログインとは

Ubuntuを使うには、まず**ログイン**を行う必要があります。ログインとは、コンピューターの利用開始時に行われる、正規のユーザーであることを証明する手続きのことです。キーを持っていなければ車を動かせないのと同様に、OSも正規のユーザーであることを証明しなければ使えません。ログインなしで自由に使えるコンピューターは、たとえるならキーが挿しっぱなしの車のようなものです。ある意味では便利かもしれませんが、セキュリティ的には大きな問題です。

ログインによってユーザーの身元を明らかにすることには、複数のユーザーを区別するという意味もあります。詳しくは「**第4章　Ubuntuを管理しよう**」で解説しますが、Ubuntuはマルチユーザーのシステムです。複数のユーザーが同時にUbuntuにログインして利用できますが、個人用の設定やデータ、権限などはユーザーごとに区別しなければなりません。そのためにも、今からUbuntuを操作するのは誰なのかを、最初に明確にする必要があるのです。

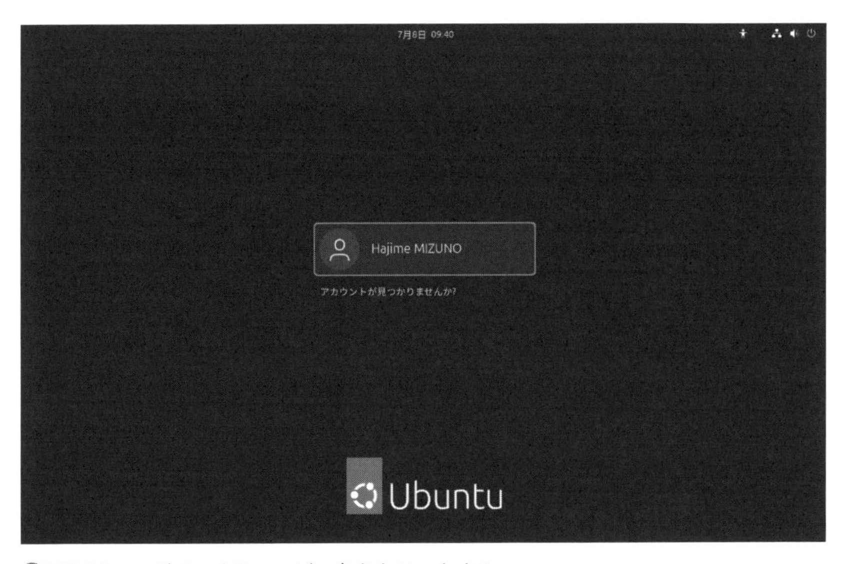

図2.52　ログインするユーザー名をクリックする

Ubuntuが起動すると、**図2.52**のようなログイン画面が表示されます。インストール時に作成したユーザー名をクリックするとパスワード入力欄が表示されるので、パスワードを入力して Enter を押します。パスワードが正しいと確認されたら、デスクトップ画面に遷移します。

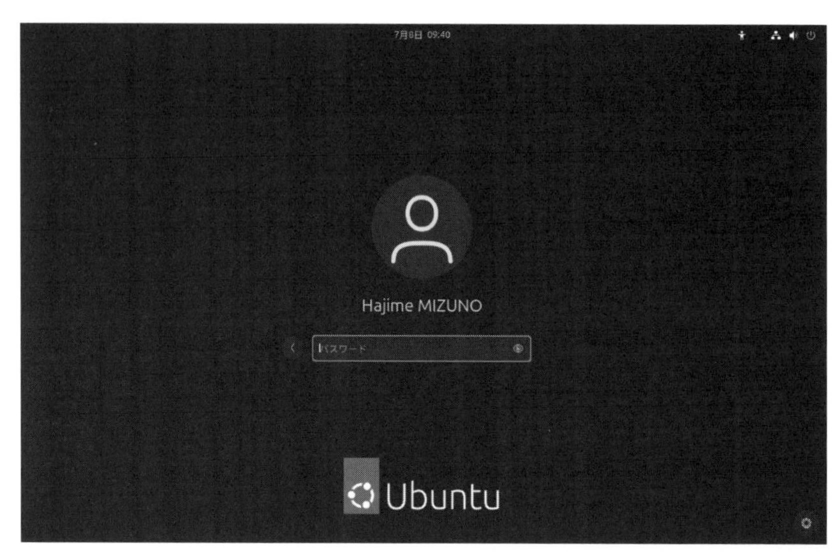

図2.53 ユーザーのパスワードを入力する

02.02.02 Ubuntuの初期設定

初期セットアップの実行

Ubuntuに初めてログインすると、初期セットアップが実行されます。いくつかの質問に答えて設定を完了してください。[View changelog]をクリックすると、Firefoxが起動して、Ubuntu 24.04 LTSのリリースノートを読むことができます。[次へ]ボタンを押します。

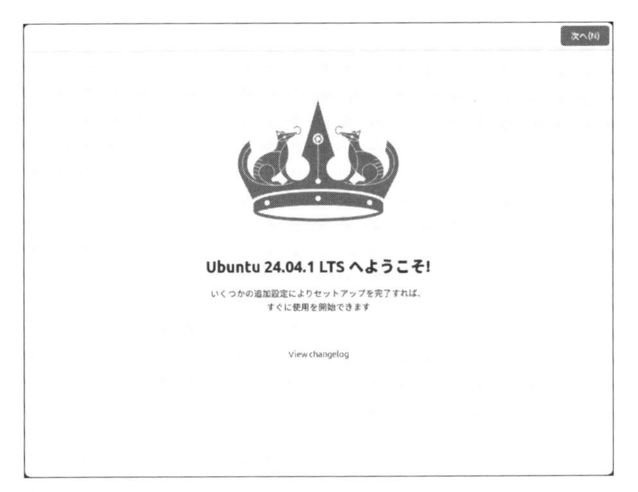

△図2.54 初回セットアップの画面

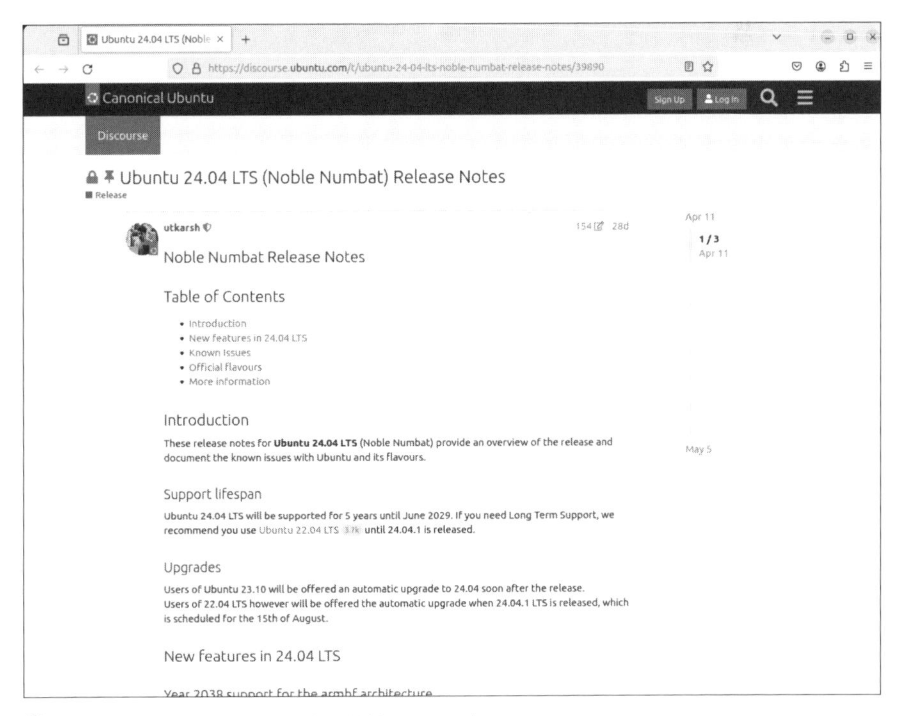

△図2.55 Ubuntu 24.04 LTSのリリースノート

Ubuntu Proの有効化

ここでUbuntu Proを有効にできます。個人ユースの場合、Ubuntu Proは5台までであれば無料で利用できるため、家庭用のサーバーなどの用途であれば、利用してみるのもお勧めです。Ubuntu Proについては後述するため、ここでは[Skip for now]を選択して[次へ]ボタンを押して進めます。

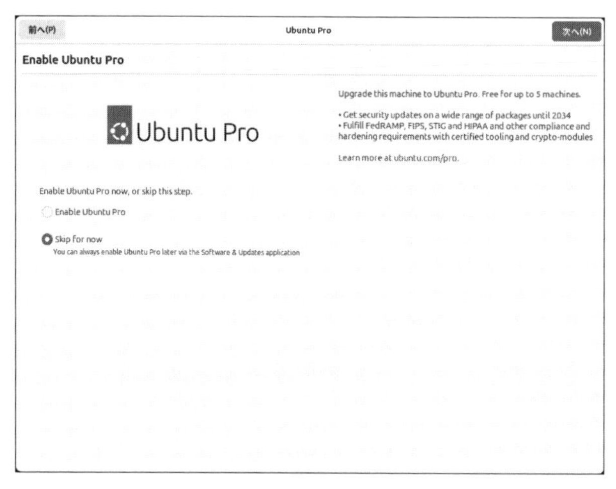

図2.56 Ubuntu Proの有効化

システム情報の送信

Ubuntuを動かしているマシンの情報を、Canonicalへ送信するかの設定です。マシンのハードウェア情報やUbuntuを利用している地域などの情報が含まれます。個人を特定する情報は含まれませんが、抵抗があるのであれば送信しなくても構いません。[レポートを表示]をクリックすると、送信される情報の詳細を確認できます。日本にUbuntuのユーザーが存在するということを知らせるだけでも意味があるので、Ubuntuの改善を支援するためにも、可能であれば情報の送信に協力してください。

図2.57　システム情報の送信

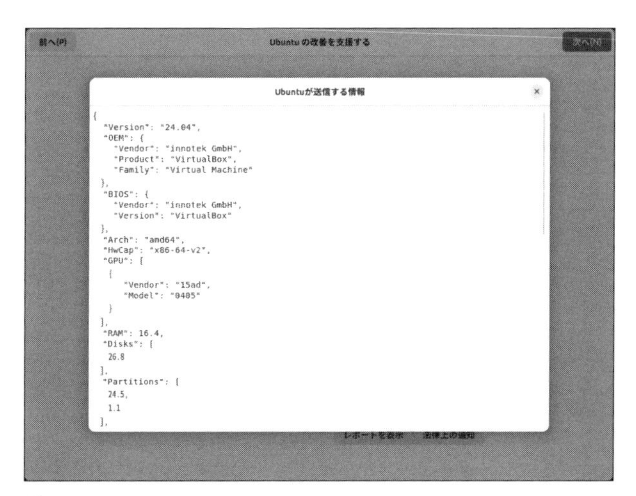

図2.58　実際に送信される情報の例

設定の完了

これで初期セットアップは完了です。最後に[完了]ボタンを押して、ウィンドウを閉じてください。

△図2.59 初期セットアップの終了

02.02.03 Ubuntuデスクトップの構成

Ubuntuでは、**GNOME**と呼ばれるデスクトップ環境と、その標準グラフィカルシェルである**GNOME Shell**を採用しています。ここでは、Ubuntuのデスクトップを構成する要素について解説していきます。

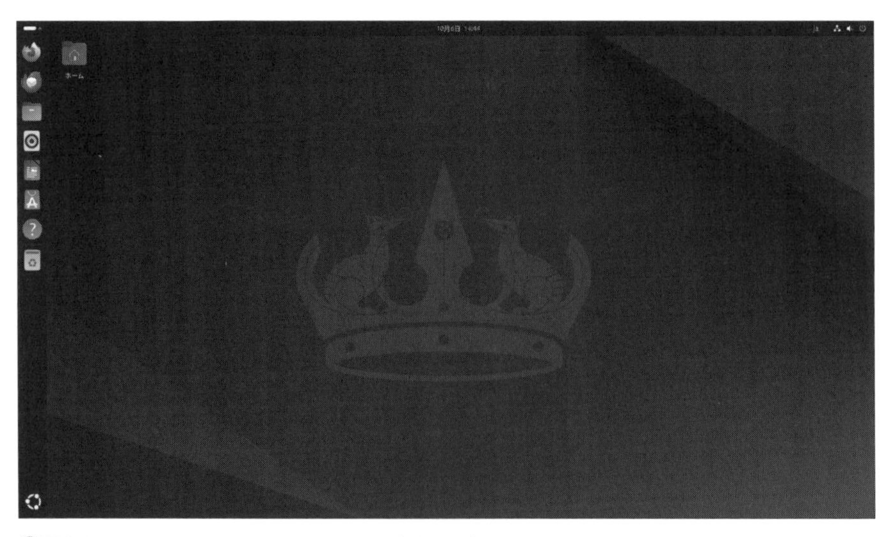

△図2.60 Ubuntu 24.04.1 LTSのデスクトップ

トップバー

デスクトップ上部にある、横長の帯状のインターフェイスが**トップバー**です。中央に現在の日付と時刻が表示され、右側には入力ソースとシステムメニュー、左側にはアクティビティがあります。また、アプリケーションがアクティブな場合は、アクティビティの右隣にアプリケーションメニューが表示されます。

図2.61　トップバー

入力ソース

トップバーの右側、システムメニューの左隣には、日本語入力の状態を表すアイコンが表示されています。このアイコンをクリックすると、**入力ソース**を切り替えることができます。

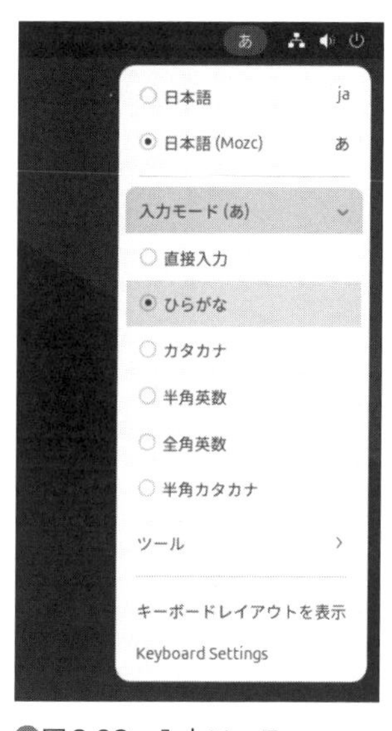

図2.62　入力ソース

システムメニュー

トップバーの右側にあるのが**システムメニュー**です。ネットワークの状態やスピーカーの音量が表示されており、音量の調整、ネットワークの接続・切断、設定の呼び出し、画面のロック、ログアウトや電源のオフなどをマウス操作で行えます。

図2.63　システムメニュー

アクティビティ

アプリケーションを起動したり、起動中のアプリケーションのウィンドウを操作したりするのが**アクティビティ**です。トップバーの左端にある、白い横線とグレーの●で構成されたボタン( )を押すと、アクティビティ画面を呼び出せます。アクティビティ画面を開くと、現在開いているウィンドウのサムネイルが一覧表示されます。サムネイルをドラッグ&ドロップしてアプリケーションのウィンドウを別の「ワークスペース」に移動させたり[×]ボタンを押してウィンドウを閉じたりできます。

また、アクティビティは、キーボードのSuper(一般的には)を押すことでも呼び出せます。

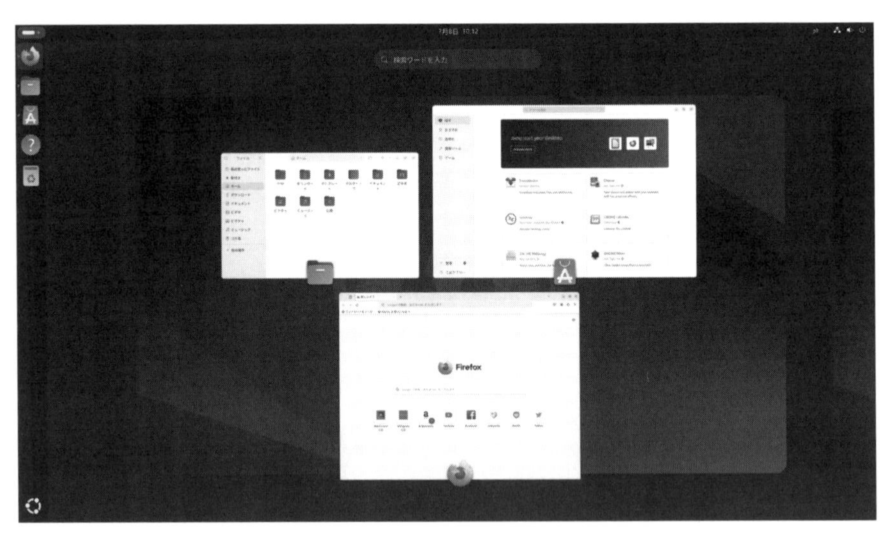

△図2.64 アクティビティ画面

Dock

デスクトップの左端にある、縦にアイコンが格納されているインターフェイスが**Dock**です。アプリケーションのアイコンを登録し、素早く起動できるランチャーと、起動中のアプリケーションを切り替えるタスクマネージャーとしての役割を兼ねています。

図2.65 Dock

アプリケーションリスト

Dockの最下部にあるUbuntuマークのボタンが**アプリケーションリスト**です。クリックすると、インストールされているアプリケーションの一覧が表示されます。

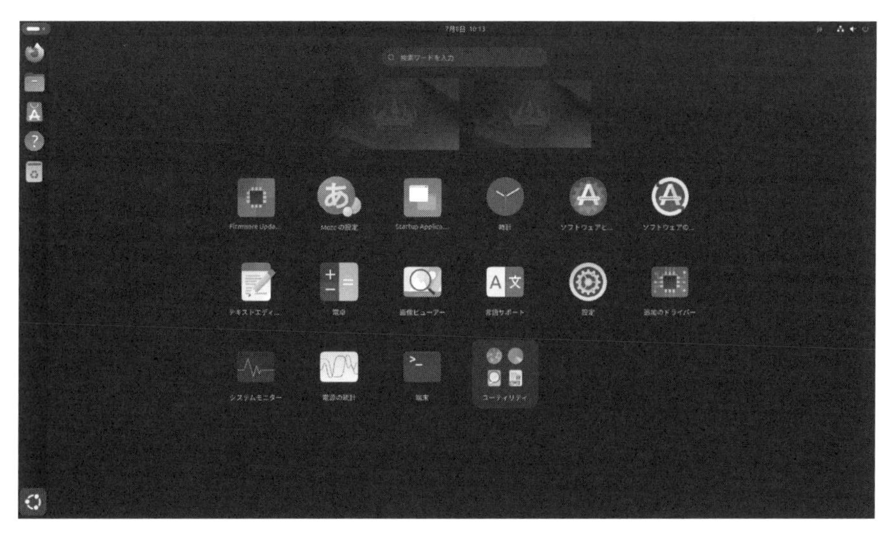

図2.66 アプリケーションリスト

02.02.04 アプリケーションの起動方法

Ubuntuには、デフォルトでさまざまなアプリケーションがインストールされています。ここでは、アプリケーションを起動する3つの方法を紹介します。

Dockからの起動

Dockに登録されているアイコンをクリックすると、そのアプリケーションが起動します。Dockには、上から順に、**Firefox**(Webブラウザー)、**Thunderbird**(メールクライアント)、**ファイル**(ファイルマネージャー)、**Rhythmbox**(ミュージックプレイヤー)、**LibreOffice Writer**(ワードプロセッサ)、**アプリセンター**　(アプリケーションのインストール)、**ヘルプ**がデフォルトで登録されています※15。

アプリケーションを起動すると、アイコンの左側にオレンジ色の「●」が表示されます。この状態のアイコンをクリックすると、アクティブなアプリケーションを切り替えることができます。同一のアプリケーションのウィンドウを複数開くと、ウィンドウの数に応じて「●」の数も増えていきます。この状態でアイコンをクリックするとの一覧がデスクトップに表示され、ウィンドウを切り替えたり、不要なウィンドウを閉じたりできます。また、アイコンを右クリックするか左クリックを長押しするとコンテキストメニューが表示され、ここからアプリケーションの新しいウィンドウを開いたり、Dockからアイコンを削除したりできます。なお、コンテキストメニュー内に表示されている「ウィンドウプレビュー」では、よりコンパクトな表示でウィンドウの切り替えができます。

※15 インストール時に「拡張選択」を選択した場合です。「規定の選択」を選択した場合、一部のアプリはインストールされません。

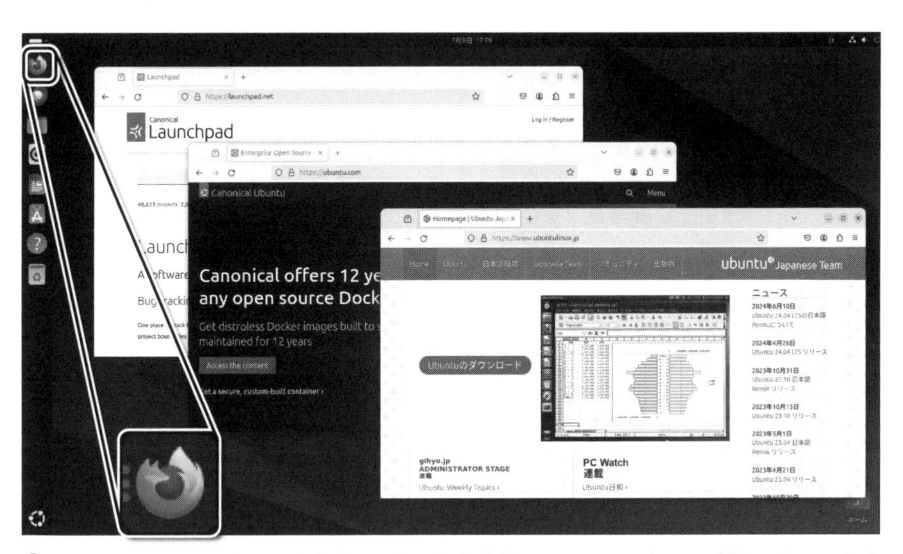

△図2.67　Firefoxのウィンドウを3つ表示した状態。Dockのアイコンの横に、ウィンドウの数に応じた「●」が表示されている

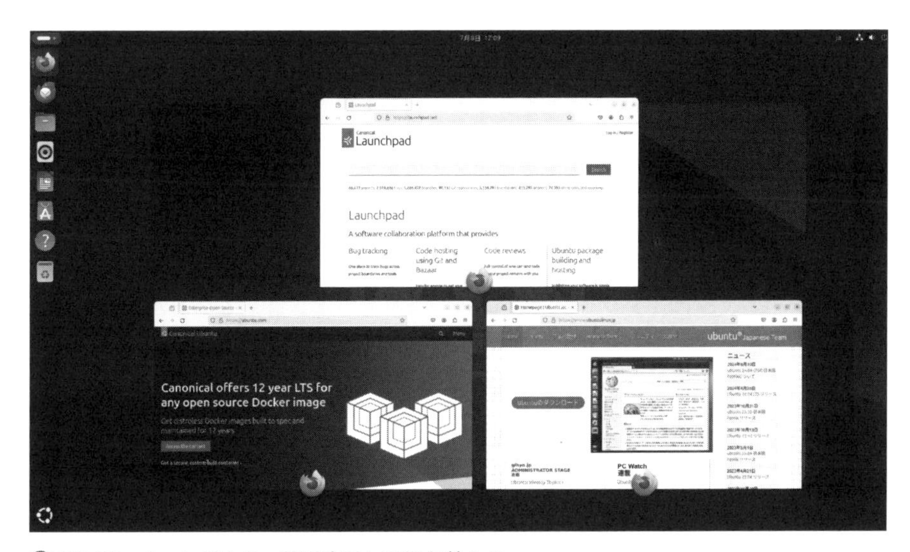

△図2.68　ウィンドウの一覧を表示して切り替える

図2.69 ウィンドウプレビューで複数のウィンドウを切り替える

また、Dockに登録されていないアプリケーションを後述する方法で起動した場合でも、アプリケーションの起動中は一時的にDockにアイコンが表示されます。この状態でアイコンを右クリックして「ダッシュボードにピン留め」を実行すると、アイコンをDockに追加できます。なお、Dockに登録されているアイコンは、ドラッグ&ドロップで順番を入れ替えることが可能です。

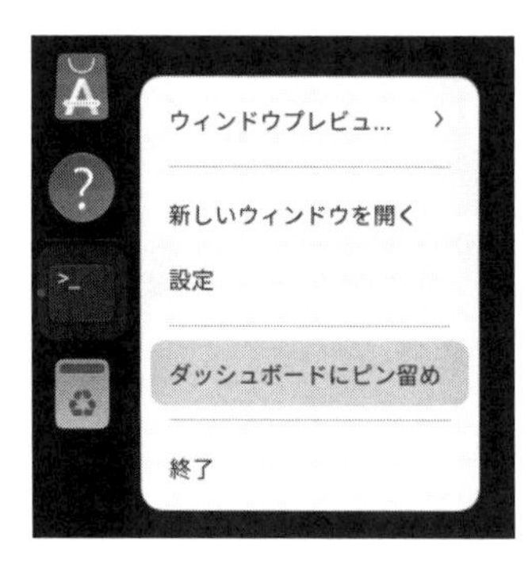

図2.70 Dockの右クリックメニュー

アプリケーションリストからの起動

Dockの最下部にあるUbuntuアイコンのボタンをクリックすると、**アプリケーションリスト**が表示されます。アプリケーションリストには、ワークスペースの一覧と、インストールされているアプリケーションのアイコン一覧が表示されています。アイコンをクリックすると、そのアプリケーションを起動できるほか、アプリケーションのアイコンをワークスペース上にドラッグ&ドロップすることで、そのワークスペースでアプリケーションのウィンドウを開きます。

また、検索窓に検索ワードを入力して、アプリケーションを絞り込むこともできます。起動したいアプリケーション名がわかっている場合には便利です。

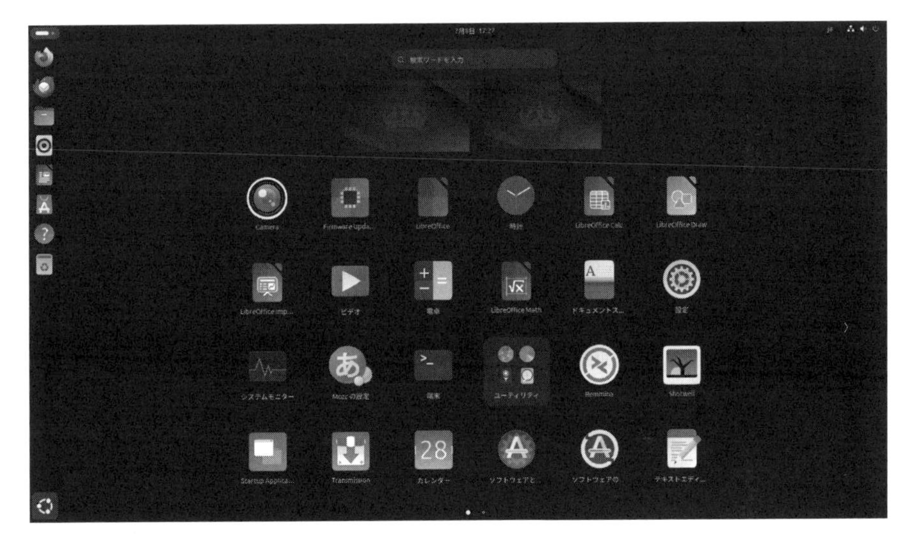

図2.71 アプリケーションリストの画面

コマンドを指定しての起動

Ubuntuでは、GUIのアプリケーションであっても、そのコマンド名をCLI(後述)から指定して起動できます。キーボードの Alt + F2 を押すと、[コマンドを実行]というダイアログが表示されるので、ここに実行したいコマンド名を入力して Enter を押します。

たとえば、Firefoxは「firefox」コマンドで起動できます。これだけだとDockのアイコンから起動するのと変わらないように思えますが、コマンドに「-P」オプションを付けて実行すると、使用するプロファイル[※16]を選択して起動させる

※16 プロファイルとは、Firefoxがブックマークやパスワード、ユーザーごとの設定といった個人情報を管理する単位です。複数のプロファイルを用意すると、こうした設定のセットを簡単に切り替えられます。

ことができます。コマンドを指定しての起動は、このように特別なオプションを付けて実行したい場合などに便利です。オプションについては後述します。

図2.72　コマンドにオプションを付けて実行する

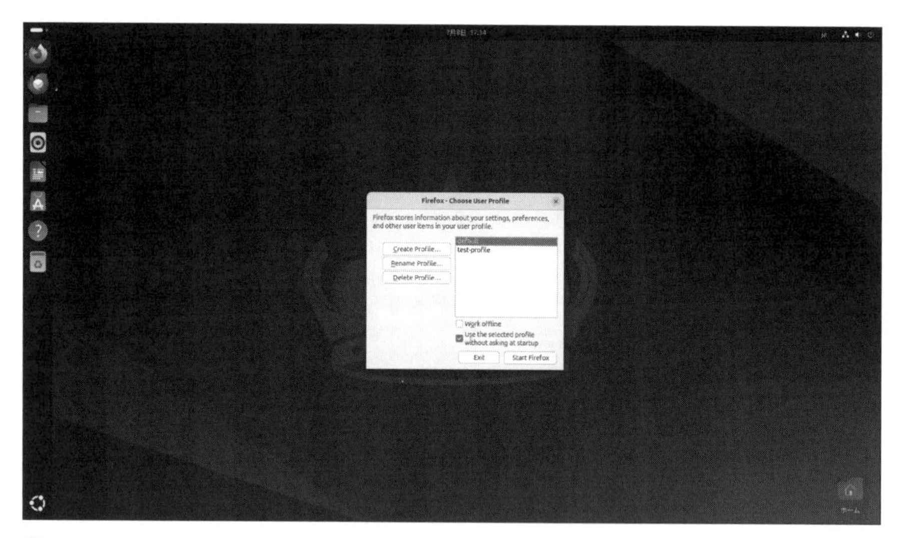

図2.73　Firefoxが、プロファイル選択ダイアログとともに起動する

02.02.05 デフォルトのアプリケーションを使う

Ubuntuを「拡張選択」の構成でインストールすると、一般的にデスクトップでよく利用されるアプリケーションが一通りインストールされています。ここでは、Ubuntuのデフォルトのアプリケーションを紹介します。

ファイル

ファイルは、WindowsのエクスプローラーやmacOSのFinderに相当するGNOMEの標準ファイルマネージャーです。GNOMEは、各アプリケーションに「ファイル」や「ビデオ」など、一般的な名称が付いているため、データとしてのファイルとの区別しづらいという問題があります。そこで、**ファイル**に改称される前の名称である「Nautilus(ノーチラス)」と呼ばれることもあります。使い方もエクスプローラーやFinderとほぼ同じなので、それらの使用経験があれば特に問題なく扱えるでしょう。

ウィンドウ内にファイルとフォルダーの一覧が表示されます。クリックでファイルやフォルダーを選択します。Ctrlを押しながらクリックするとそれぞれのアイテムを、Shiftを押しながらクリックすると連続した範囲のアイテムを、複数同時に選択できます。また、クリックしながらドラッグすると、範囲内にあるアイテムを一括して選択できます。

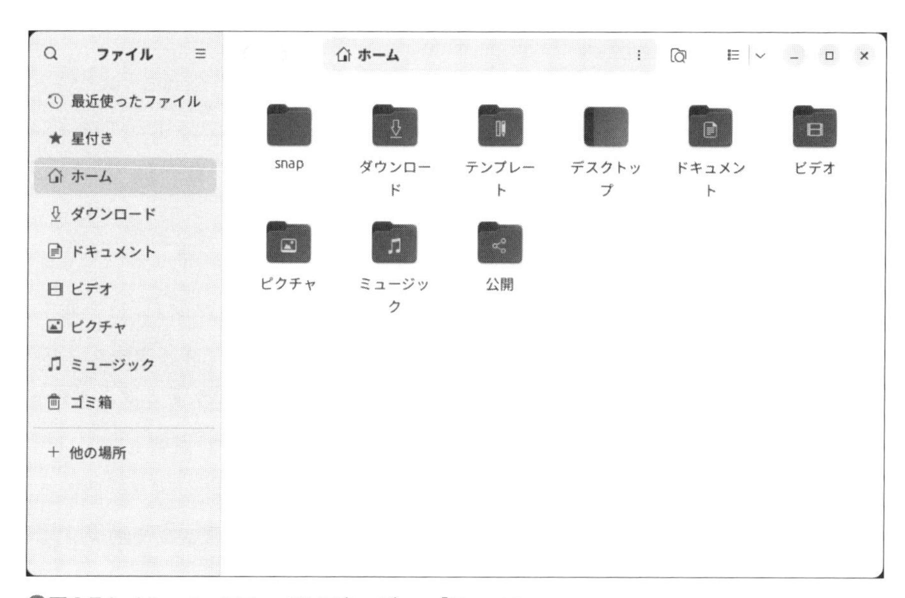

図2.74 Ubuntuのファイルマネージャー「ファイル」

フォルダーをダブルクリックすると、そのフォルダー内に移動できます。フォルダー内のファイルをダブルクリックすると、関連付けられたアプリケーションを起動して、そのファイルを開きます。右クリックするとコンテキストメニューが表示され、「削除」「切り取り」「コピー」「名前の変更」「圧縮」「プロパティの表示」などの操作が行えます。

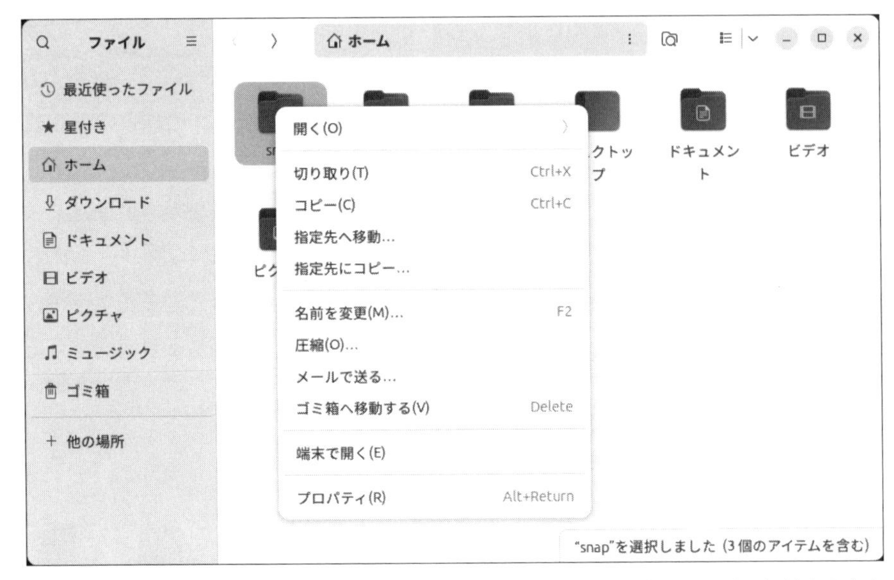

図2.75 Windowsのエクスプローラーと同じように、右クリックでファイルに対するさまざまな操作が行える

ファイルのツールバーには、現在のパスが表示されている「ボタンバー」があります。その右隣にある「フォルダに虫めがね」ボタン( )を押すと、ボタンバーが検索ボックスに変化します。ここにファイルやフォルダーの名前を入力すると、現在のフォルダー以下からマッチするファイルやフォルダーを検索できます。

ファイルはWebブラウザーのようなタブ表示に対応しています。複数のタブでそれぞれ異なるフォルダーの内容を表示し、素早く切り替えることができます。また、タブ間でドラッグ&ドロップによるファイルの移動やコピーも可能です。新しいタブを開くには、キーボードのCtrl+Tを押すか、フォルダーを右クリックして[開く]→[新しいタブで開く]を実行します。フォルダーをマウスの中クリック(ホイールクリック)するか、フォルダーを選択した状態でCtrl+Enterを押すことでも、新しいタブで開けます。

虫めがねアイコンの右側にあるボタンを押すと、ファイルやフォルダーのアイコン表示と一覧表示を切り替えることができます。その右側にある下向き矢印のボタンを押すと、アイコンのソート順を変更できます。

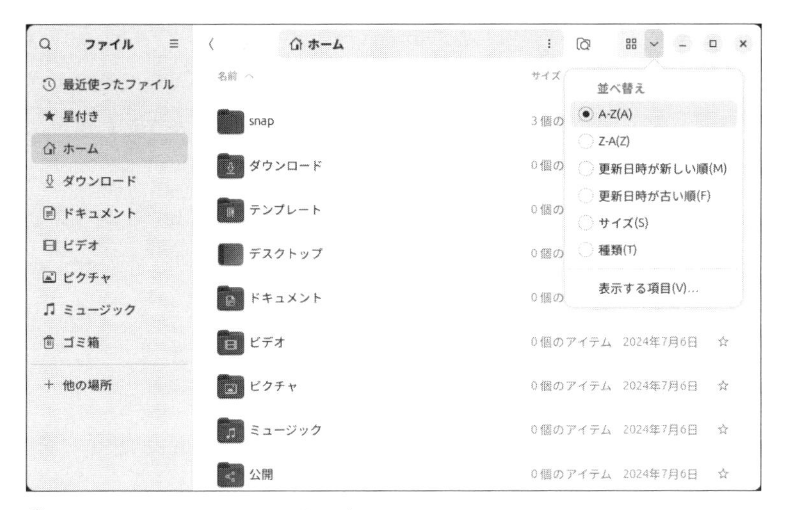

図2.76 ファイルのソート順を変更する

ボタンバーの左側にある、横線3本のボタンが「ハンバーガーメニュー」(≡)です。ここでは、**ファイル**の「新しいウィンドウを開く」「新しいタブを開く」「新しいフォルダーを作成する」といった操作のほか、隠しファイルの表示・非表示の切り替え、**ファイル**の各種設定、キーボードショートカットやヘルプの表示が行えます。

図2.77 ハンバーガーメニューから各種設定を行える

左側のサイドバーには「ダウンロード」や「ドキュメント」といったフォルダーが常に表示されています。どこのフォルダーを開いていても、サイドバーの該当フォルダーをクリックすれば、瞬時にこれらのフォルダーに移動できます。サイドバーには、標準のフォルダーに加えて、任意のフォルダーを「ブックマーク」として登録できます。ブックマークを登録するには、対象のフォルダーを開いた状態でCtrl＋Dを押すか、対象のフォルダーをサイドバー上にドラッグ&ドロップします。よく使うフォルダーはブックマークしておくと便利です。また、マウント中のリムーバブルメディアは、自動的にサイドバーに表示されます。

ファイルは、Ubuntu上のファイルだけではなく、ネットワーク上の共有フォルダーを表示することもできます。サイドバーの「他の場所」をクリックすると、ウィンドウ下部に「サーバーアドレスを入力」というテキストボックスが表示されます。ここにファイル共有プロトコルのスキーマと、サーバーのアドレスを入力します。たとえば「`file.example.com`」というファイルサーバー上にある、Windowsファイル共有の「`share`」という共有フォルダーに接続するのであれば「`smb://file.example.com/share`」と入力して、[接続]ボタンを押します。なお、Ctrl＋Lを押すと、パスが表示されているボタンバーがテキスト形式に変化します。アドレスは、ここに入力して接続することもできます。

図2.78 ネットワーク上の共有フォルダーに接続する

共有フォルダーのアクセスに認証が必要な場合は、ユーザー名とパスワードを入力するダイアログが開きます。

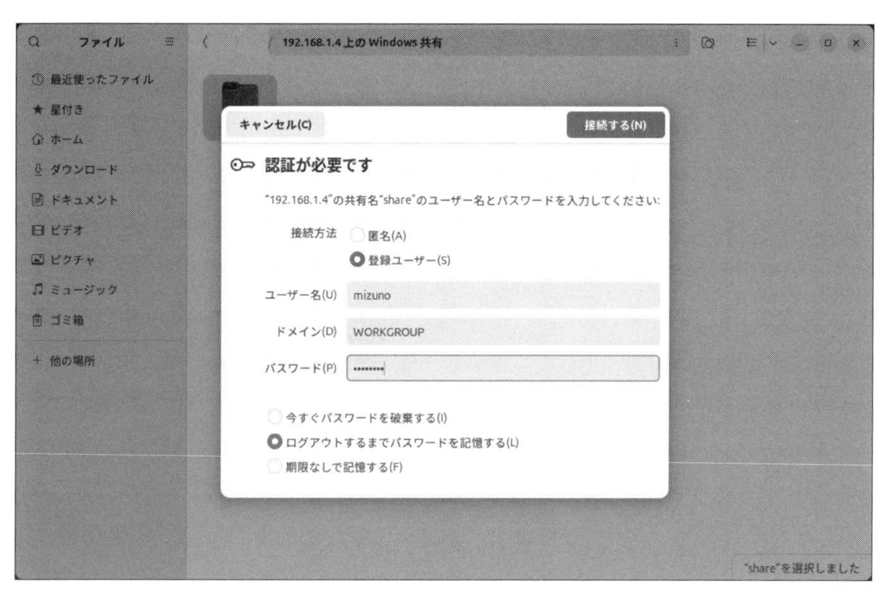

図2.79　共有フォルダーにパスワードがかかっている場合は、認証情報を入力する

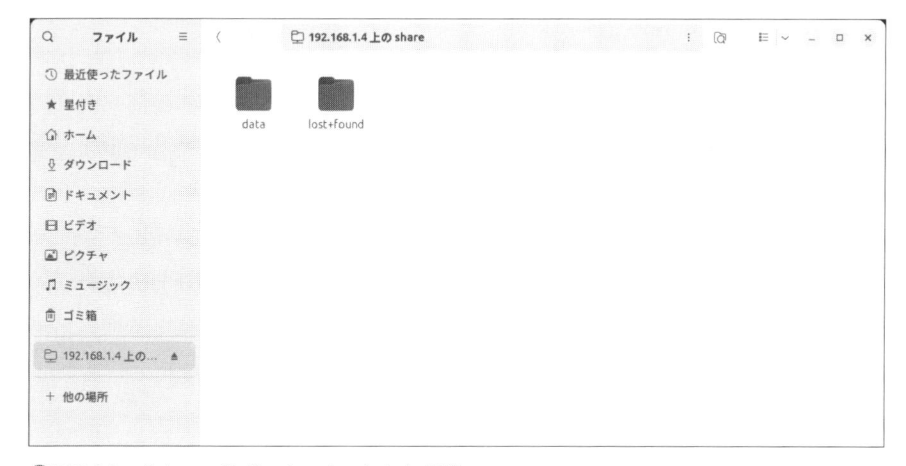

図2.80　共有フォルダーをマウントした状態

Firefox

Ubuntuの標準Webブラウザーが、**Firefox**です。FirefoxはWindowsやmacOS向けのバージョンも存在するため、使用経験のある人も多いでしょう。UbuntuにインストールされているFirefoxも、Windows／macOS版と基本的な使い方に違いはありません。

図2.81　Firefoxのウィンドウ

新しく開いたウィンドウのページ（スタートページ）は、中央に検索ボックスが表示されるとともに、いくつかのサイトへのショートカットアイコンがピン留めされています。

アドレスバーにURLを入力して Enter を押すと、Webページを表示できます。アドレスバーは検索ボックスを兼ねているので、URLの代わりに検索ワードを入力して Enter を押すと、選択した検索エンジンによる検索結果が表示されます。デフォルトの検索エンジンにはGoogleが設定されています。

図2.82　Google検索を行った状態

Firefoxの各種メニューは、ウィンドウ右上のハンバーガーメニューに集約されています。ブックマークや履歴の管理、記憶させたパスワードの管理、アドオンとテーマのインストールといった操作は、ここから行います。

図2.83 Firefoxのハンバーガーメニュー

Webページを開くと、アドレスバーの右端に星のマーク(☆)が表示されます。この星をクリックすると、表示しているページをブックマークできます。ブックマークツールバーに追加したブックマークは、アドレスバーの直下に表示されるようになります。頻繁にアクセスするページは、ブックマークツールバーに登録しておくと便利です。

図2.84 Webページをブックマークする

Firefoxは、タブで複数のWebページを同時に開くことができます。新しい空のタブを開くには、タブバーの右端にある[+]ボタンを押すか、Ctrl + T を押します。また、リンクを中クリックするか、Ctrl を押しながら左クリックすると、リンク先を新しいタブで開くことができます。

Firefoxの詳細な使い方は、Firefoxのヘルプ※17を参照してください。

Thunderbird

Ubuntu標準のメールクライアントが、Firefoxと同じくMozilla製のアプリケーションである**Thunderbird**です。ThunderbirdにもWindows／macOS版が存在し、非常に人気のあるメールクライアントの1つです。最近は、メッセンジャーアプリケーションやチャットアプリケーションの普及により、電子メールの重要性は以前よりも低くなってきました。とはいえ、企業や大学ではまだまだ手放せない、必須のツールでしょう。

Thunderbirdは、メールを送受信するので、メールアカウントの設定が必要です。初めてThunderbirdを起動すると、アカウントのセットアップ画面が表示されます。自分の名前とメールアドレス、パスワードを入力してください。

※17 https://support.mozilla.org/ja/products/firefox

Gmail※18など、Thunderbirdが対応しているメールサービスであれば、これだけで利用することが可能です。

図2.85 Thunderbirdのウィンドウ

企業や大学のメールサーバーなど、Thunderbirdの自動設定が対応していないメールシステムの場合は、手動設定を行います。[手動設定]をクリックして、受信サーバーと送信サーバーの設定を入力してください。

手動設定するサーバーのアドレスや使用するポート、認証方式などは、利用しているメールサーバーによって異なります。利用中のサービスのマニュアルを参照したり、ネットワーク管理者に問い合わせたりするなど、各自で確認してください。

※18 GmailをThunderbirdから利用するためには、Gmail側でIMAP／POPを有効にする必要があるほか、2段階認証を有効にしている場合はアプリパスワードを発行する必要もあります。詳しくはGmailのヘルプ(https://support.google.com/mail)を参照してください。

図2.86　メールアカウントを設定する

［再テスト］ボタンを押してアカウント設定の確認が完了したら、［完了］ボタンを押します。

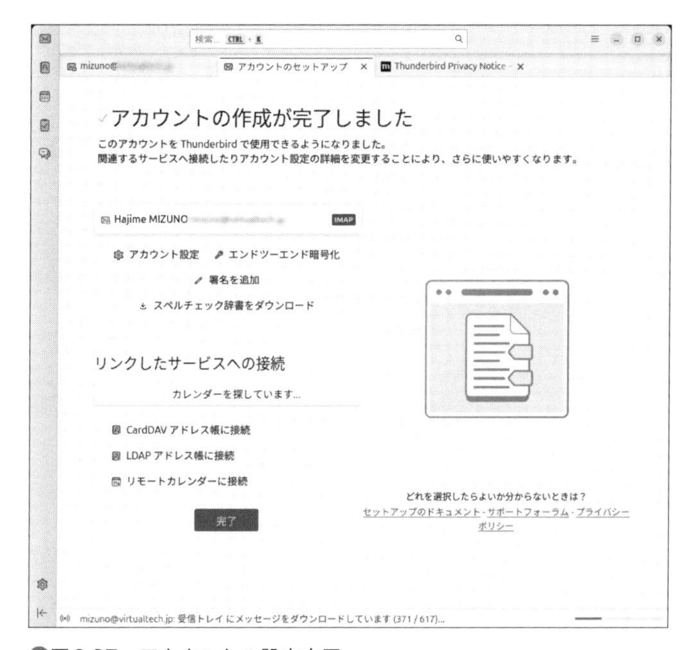

図2.87　アカウントの設定完了

Thunderbirdは3分割されたインターフェイスになっており、一番左側のペインにはアカウントとフォルダーの一覧が、真ん中のペインにはフォルダー内にあるメールの一覧が、右側のペインには選択したメールの内容が表示されます。

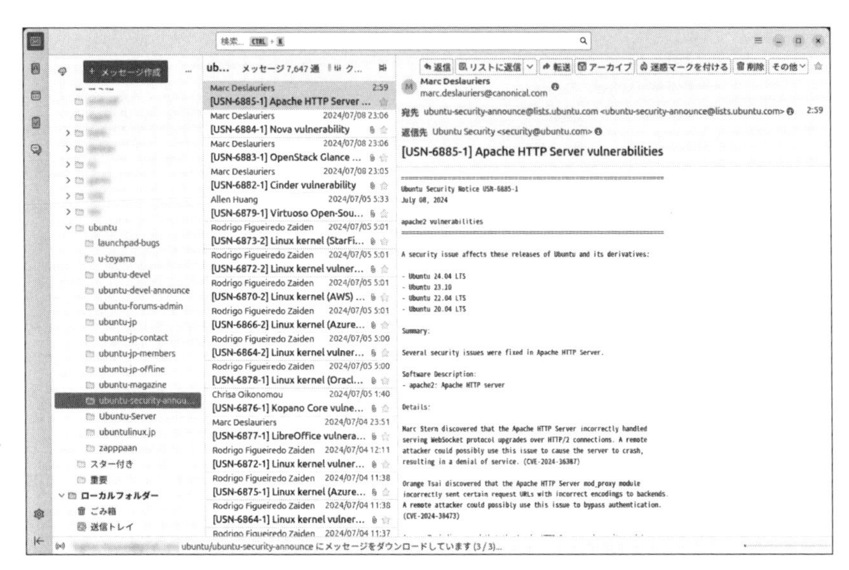

図2.88 Thunerbirdでメールを閲覧する

[メッセージ作成]ボタンを押すと、新規メールの作成ウィンドウが開きます。宛先、件名、本文を入力し、[送信]ボタンを押すとメールが送信されます。

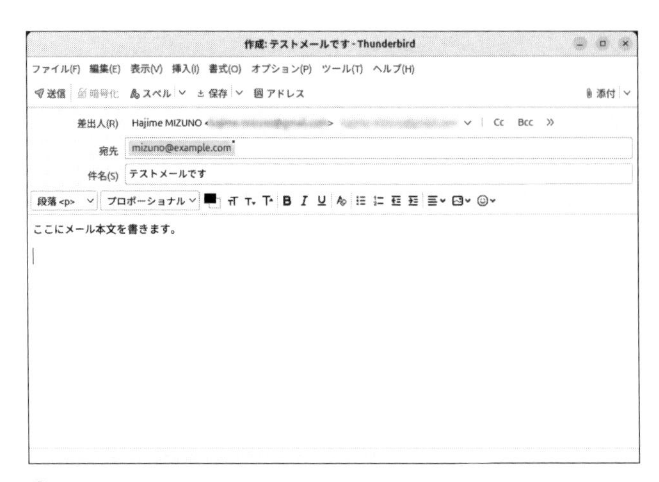

図2.89 Thunderbirdでメールを作成する

Thunderbirdは、多機能でカスタマイズ性も高いメールクライアントです。詳細な使い方は、Thunderbirdのヘルプ※19を参照してください。

※19 https://support.mozilla.org/ja/products/thunderbird

LibreOffice

LibreOfficeは、ワードプロセッサの「LibreOffice Writer」、スプレッドシートの「LibreOffice Calc」、プレゼンテーションスライドの「LibreOffice Impress」、数式を作成する「LibreOffice Math」、ベクター画像を描画する「LibreOffice Draw」、データベースの「LibreOffice Base」という6つのアプリケーションから構成されるオフィススイートです。Ubuntuを「拡張構成」でインストールすると、このうちのBase以外の5つがインストールされます[※20]。

LibreOfficeは、標準で「Open Document (ODF)」と呼ばれる形式でファイルを保存します。ODFはオフィススイート用のオープンなファイルフォーマットで、具体的なファイル形式としてワープロ用の「OpenDocument Text(拡張子 `.odt`)」、スプレッドシート用の「OpenDocument Spreadsheet(拡張子 `.ods`)」、プレゼンテーションスライド用の「OpenDocument Presentation(拡張子 `.odp`)」などがあります。

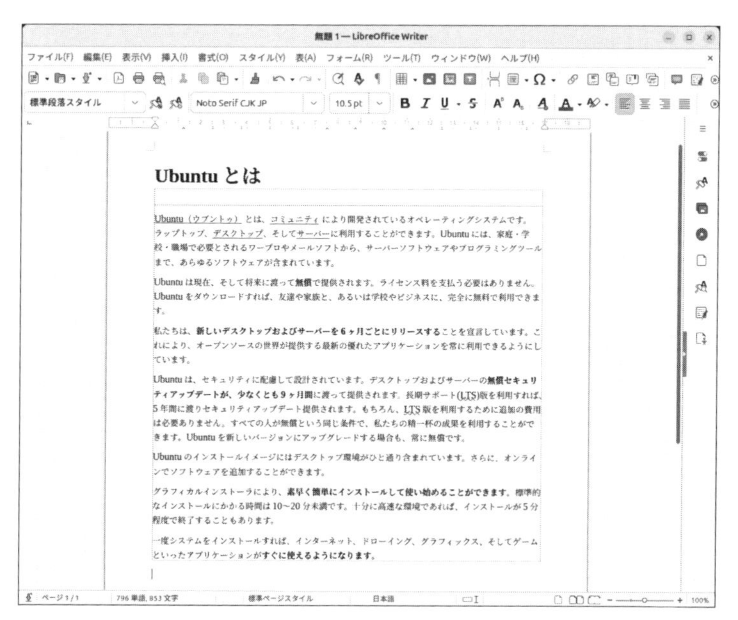

図2.90 ワードプロセッサのLibreOffice Writer

※20 Baseを使うには、`libraoffice-base`パッケージをインストールしてください。

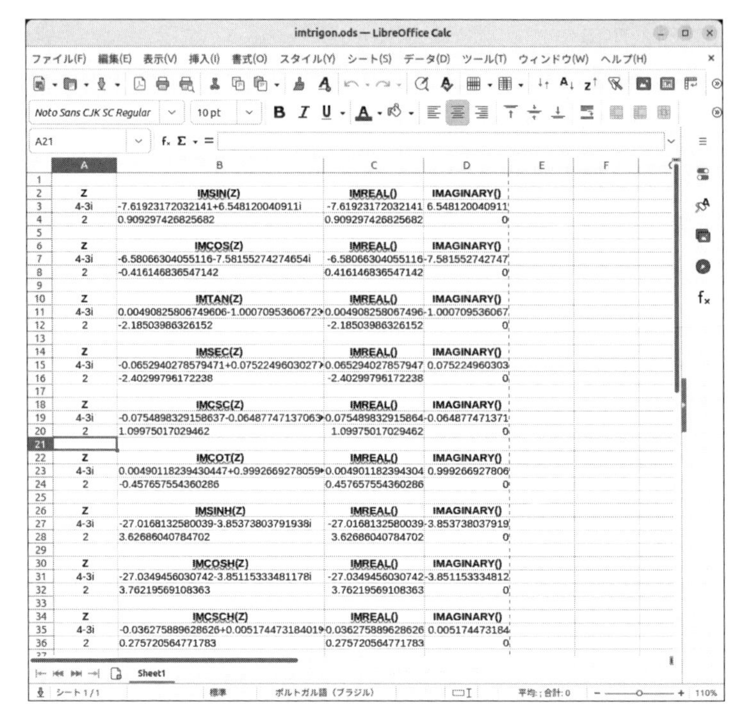

	A	B	C	D
1				
2	Z	IMSIN(Z)	IMREAL()	IMAGINARY()
3	4-3i	-7.61923172032141+6.548120040911i	-7.61923172032141	6.548120040911
4	2	0.909297426825682	0.909297426825682	0
5				
6	Z	IMCOS(Z)	IMREAL()	IMAGINARY()
7	4-3i	-6.58066304055116-7.58155274274654i	-6.58066304055116	-7.581552742747
8	2	-0.416146836547142	0.416146836547142	0
9				
10	Z	IMTAN(Z)	IMREAL()	IMAGINARY()
11	4-3i	0.00490825806749606-1.00070953606723	0.004908258067496	-1.000709536067
12	2	-2.18503986326152	-2.18503986326152	0
13				
14	Z	IMSEC(Z)	IMREAL()	IMAGINARY()
15	4-3i	-0.0652940278579471+0.0752249603027	0.065294027857947	0.075224960303
16	2	-2.40299796172238	-2.40299796172238	0
17				
18	Z	IMCSC(Z)	IMREAL()	IMAGINARY()
19	4-3i	-0.0754898329158637-0.06487747137063	0.075489832915864	-0.064877471371
20	2	1.09975017029462	1.09975017029462	0
21				
22	Z	IMCOT(Z)	IMREAL()	IMAGINARY()
23	4-3i	0.00490118239430447+0.9992669278059	0.004901182394304	0.999266927806
24	2	-0.457657554360286	0.457657554360286	0
25				
26	Z	IMSINH(Z)	IMREAL()	IMAGINARY()
27	4-3i	-27.0168132580039-3.85373803791938i	-27.0168132580039	-3.853738037919
28	2	3.62686040784702	3.62686040784702	0
29				
30	Z	IMCOSH(Z)	IMREAL()	IMAGINARY()
31	4-3i	-27.0349456030742-3.85115333481178i	-27.0349456030742	-3.851153334812
32	2	3.76219569108363	3.76219569108363	0
33				
34	Z	IMCSCH(Z)	IMREAL()	IMAGINARY()
35	4-3i	-0.036275889628626+0.005174473184019	0.036275889628626	0.005174473184
36	2	0.275720564771783	0.275720564771783	0

図2.91 スプレッドシートのLibreOffice Calc

オフィススイートとして、世界的に利用されているのは、何といってもMicrosoft Officeでしょう。LibreOfficeは、Microsoft Officeで作成したファイルを読み込んだり、逆にMicrosoft Officeの形式でファイルを保存したりもできるため、相互運用が可能です。

とはいえ、LibreOfficeはMicrosoft Officeの「互換ソフト」ではない点に注意してください。完全な互換性を保証しているわけではないため、「データの読み書きは不可能ではない」程度に考えておきましょう。データの内容によっては、保存時に一部が欠落したり、ドキュメントのレイアウトが崩れる可能性もあります。

ビデオ

ビデオはその名の通り動画プレイヤーアプリケーションです。**ファイル**と同様に、名称が一般的すぎて紛らわしいため、改称前の名前である「Totem」と呼ばれることもあります。再生したいファイルを**ファイル**上でダブルクリックすると、**ビデオ**が起動して再生が始まります。

ファイルの形式によっては、図2.92のようなエラーが表示され、再生できない場合があります。動画や音楽にはさまざまなファイル形式があり、**ビデオ**で再生するには、対応した「コーデック」がシステムにインストールされている必要があります。しかし、動画や音楽のコーデックには、特許によって保護されているものが少なくありません。こうしたコーデックは、国や地域によっては再配布や商用利用が禁止されているものもあります。

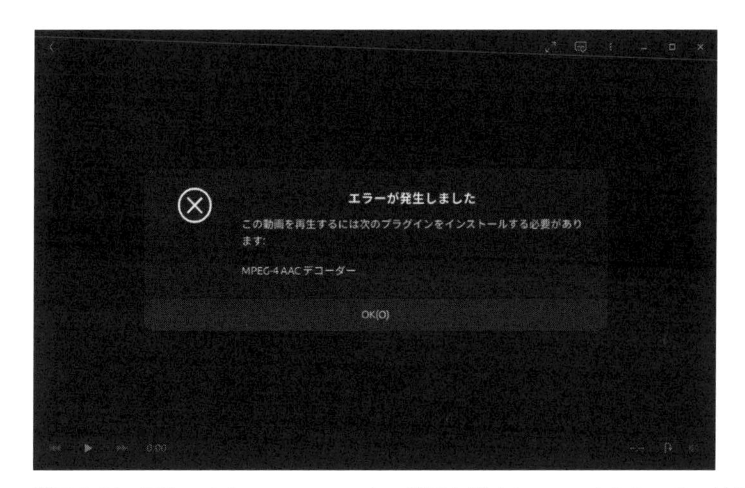

図2.92　再生できないフォーマットの動画を開くと、このようなエラーが表示される

Ubuntuはフリーソフトウェアで構成されたOSなので、自由にインストールしたり再配布したりできます。日本国内でもUbuntuのインストールメディアを付録に付けて販売している雑誌や書籍がありますが、これらはもちろん合法です。しかし、再配布に制限のあるコーデックがUbuntuにデフォルトで含まれていると、このような自由な利用の妨げになってしまいます。こうした理由から、Ubuntuでは制限のあるコーデックを敢えて同梱していません。デフォルト状態のUbuntuがごく一部の形式のファイルしか再生することができないのは、ユーザーの自由と安全を守るためなのです。

コーデックは、ファイルの形式ごとにインストールする必要があります。個別にインストールするのが面倒な場合は、ubuntu-restricted-extrasパッケージをインストールするのがお勧めです。このパッケージをインストールすることで、特許やライセンスなどの制限があるソフトウェアをまとめてインストールできます。

ubuntu-restricted-extrasパッケージをインストールすると、コーデックだけではなく、「Microsoft TrueType core fonts」も同時にインストールされます。そのため、インストール途中でMicrosoft TrueType core fontsのライセンスが表示されます。カーソルキーでライセンスの条文をスクロールして内容を確認したら、Tabを押して「了解」にフォーカス移動させて、Enterを押してください。続いてライセンスに同意するかの確認が表示されるので、問題がなければ「はい」をフォーカスさせてEnterを押してください。

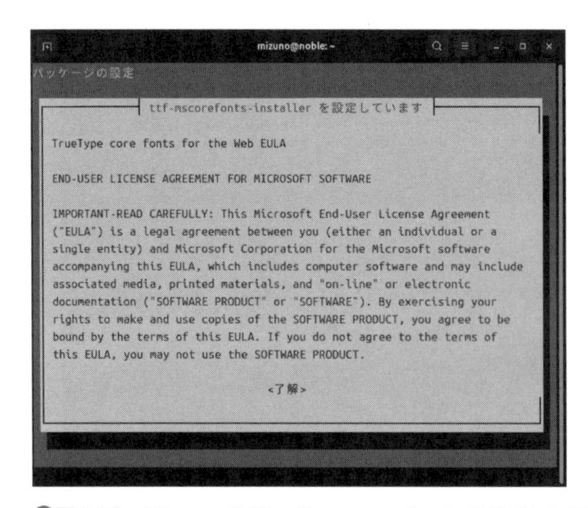

図2.93 Microsoft TrueType core fontsのライセンスの確認

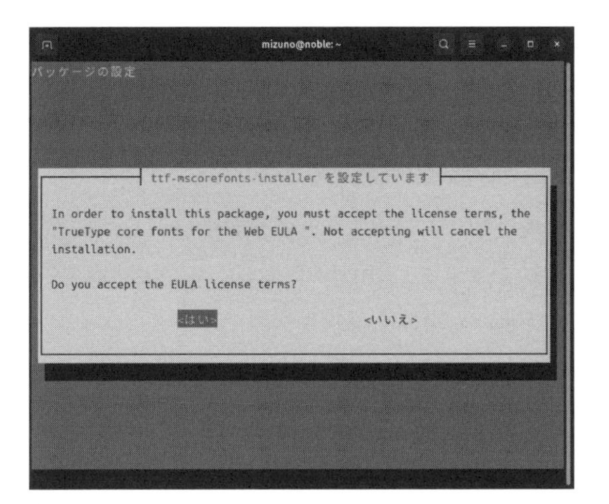

図2.94 Microsoft TrueType core fontsのライセンスへの同意

このようにしてコーデックをインストールすれば、デフォルトでは再生できなかった動画も再生可能になります※20。

図2.95 ビデオによる動画の再生

Rhythmbox

Rhythmboxは、**ビデオ**とは異なり、MP3などのオーディオファイルの扱いに特化したオーディオプレイヤーアプリケーションです。オーディオファイルの再生、音楽CDのリッピング、インターネットからのカバーアートの取得など、オーディオプレイヤーに必要と思われる機能を一通り備えています。

※20 Ubuntuのインストール時に、[追加のメディアフォーマット用のサポートをダウンロードしてインストールする]にチェックを入れておけば、パッケージを手動でインストールしなくても、さまざまなメディアの再生が可能になります。

Rhythmboxは、オーディオファイルをライブラリに登録して管理します。Rhythmboxはデフォルトで「ミュージック」フォルダーを監視しており、このフォルダー内にファイルを追加、あるいは削除すると、自動的にライブラリを更新します。

オーディオファイルには、アーティスト名やアルバム名、曲名、トラック数といったメタ情報を記録できます。Rhythmboxは、こうした「メタ情報」を読み取り、アーティストやアルバム単位で楽曲を管理できます。ウィンドウ上部に表示されているアーティスト名やアルバム名をクリックすると、そのアーティストやアルバムに含まれる楽曲のみを選択して再生できます。

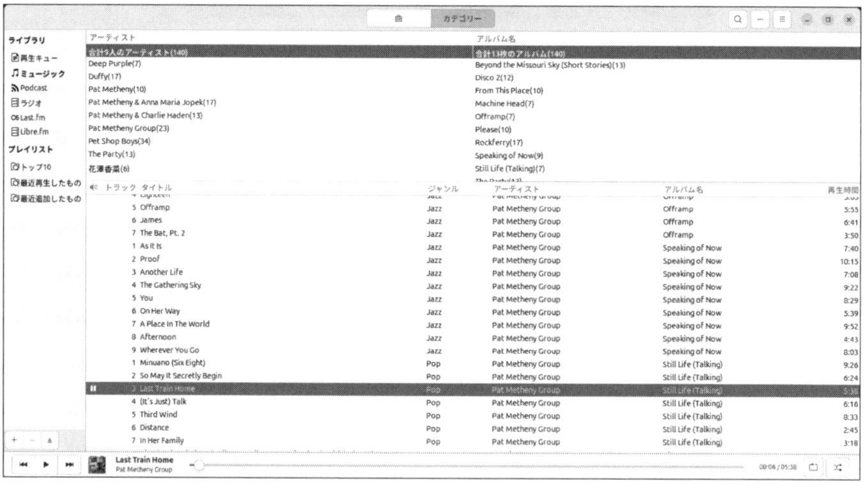

△図2.96 Rhythmboxのウィンドウ

Rhythmboxは、オーディオを再生するという特性上、アプリケーションのウィンドウを閉じても終了せず、バックグラウンドで再生を継続します。ウィンドウを閉じた状態では、トップバーの通知領域をクリックすることで、一時停止やスキップなどの操作が可能です。Rhythmboxを完全に終了したい場合は、ウィンドウを再度開いた状態でアプリケーションメニューをクリックして[終了]を選択します。

図2.97　通知領域に再生中の楽曲の情報が表示される

図2.98　Rhythmboxを完全に終了する場合は、アプリケーションメニューから行う

Shotwell

Shotwellは、デジタルカメラで撮影した写真や動画を管理するアプリケーションです。単に写真ファイルを閲覧するビューアーではなく、複数の写真をライブラリに登録して、イベントやタグを使って整理できます。

まずは、写真や動画をShotwellにインポートする必要があります。Shotwellはデフォルトで「ピクチャ」フォルダーを使用するため、あらかじめこのフォルダー内に写真ファイルをコピーしておいてください。Shotwellを起動すると、**図2.99**のようなダイアログが表示されます。["~/ピクチャ"フォルダーから写真をインポートする]にチェックを入れて[OK]ボタンを押すと、フォルダー内のすべての写真がライブラリにインポートされます。別のフォルダーを使いたい場合は、Shotwellの起動後に[ファイル]→[フォルダーからインポート]を選択し、使いたいフォルダーを指定します。また、Shotwellのウィンドウにファイルを直接ドラッグ&ドロップしたり、デジタルカメラをUSBで接続してインポートすることもできます。

図2.99 Shotwellへの写真のインポート

Shotwellは「イベント」という単位で写真を管理します。写真をインポートすると、写真の撮影日ごとのイベントが自動的に作成され、その日に撮影された写真が登録されます。サイドバーからイベントツリーの日付をクリックすると、撮影日で写真をフィルタリングできます。

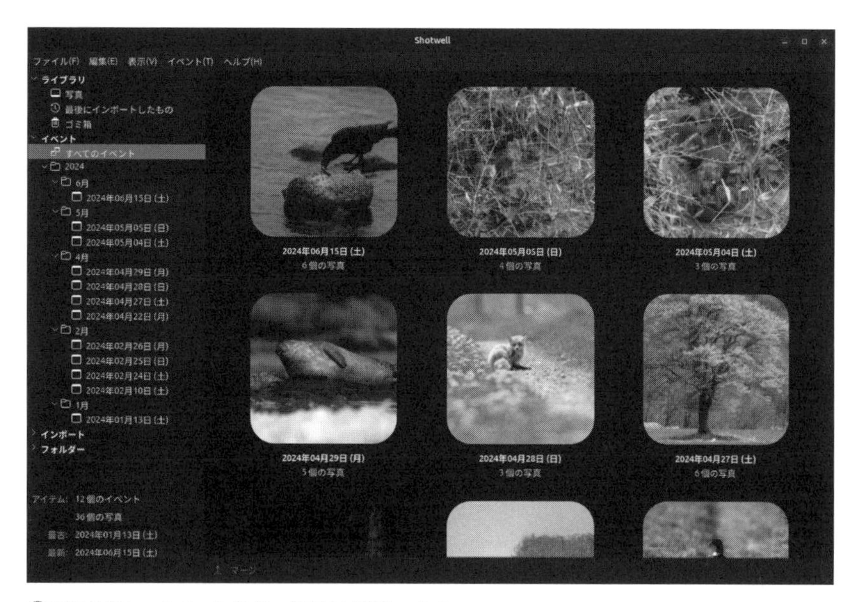

図2.100　イベント単位で写真を閲覧できる

「評価」と「タグ」を使うと、イベントよりも柔軟に写真を管理できます。写真には「0」(デフォルト)から「5」までの間で評価が付けられます。写真をクリックして選択してからキーボードの0～5を押すと、数字に応じた評価を付けることができます。付けられた評価は、写真のサムネイルの左下に星のアイコンの数で表されます。サイドバーの[ライブラリ]→[写真]をクリックしてすべての写真を表示した状態で、Ctrl＋1～5を押すと、指定された評価「以上」の写真のみをフィルタできます。たとえばCtrl＋3を押すと、評価が3～5までの写真のみに絞って表示できます。なお、Ctrl＋0を押すとすべての写真を表示します。

図2.101　評価で写真をフィルタリングする

写真にタグを付けるには、写真を選択した状態でメニューの[タグ]→[タグの追加]を選択します。タグを追加するダイアログが表示されたら、任意のタグ文字列を入力してください。タグ文字は、カンマで区切って複数を指定できます。登録されたタグはサイドバーのタグツリーに表示されるので、以降はサイドバーのタグをクリックすると、そのタグが付けられた写真のみを絞り込めます。

図2.102　タグで写真をフィルタリングする

テキストエディタ

LibreOffice Writerが文字のレイアウトや装飾までも含めた「文書」を作成するのに対し、**テキストエディタ**はプレーンなテキストを編集するためのアプリケーションです。Microsoft Wordに対するメモ帳の立ち位置のアプリケーションだと考えるとわかりやすいでしょう。

したがって、シンプルなメモ、アプリケーションなどの設定ファイル、プログラムのコードといった文字以外の情報がむしろ邪魔になるタイプのファイルを編集するのに向いています。

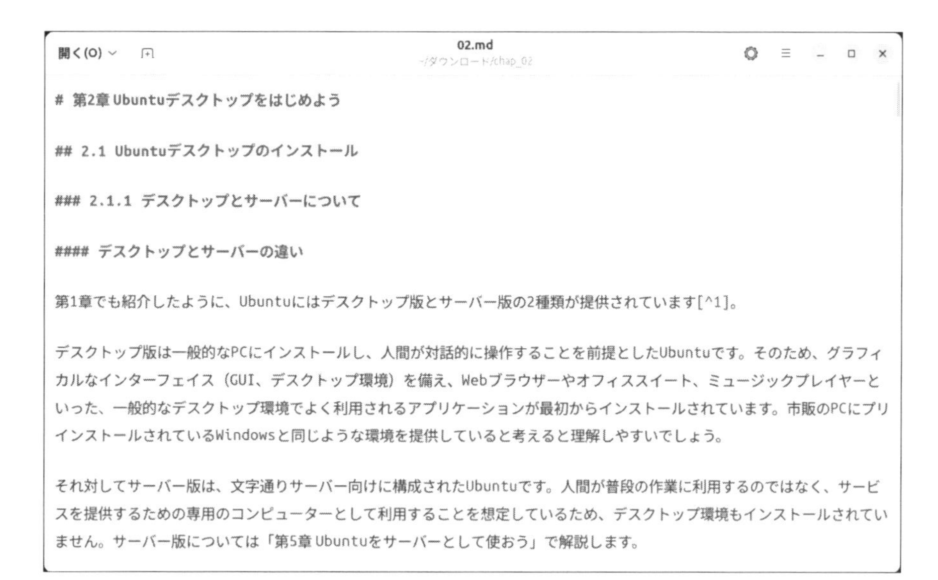

図2.103　テキストエディタでプレーンテキストを編集する

シンプルな見た目の**テキストエディタ**ですが、今時のアプリの例に漏れず、タブ表示やシンタックスハイライトに対応しています。タイトルバーの左側にある新規タブボタンを押すか、Ctrl＋Tを押すと、新しいタブを開いて新規テキストを編集できます。また、ファイルの種類を自動的に判別し、その内容に応じて、適切に文字を色分けして表示できます。

そのほかにも、行番号表示、自動インデント、タブのスペース数の変更、現在行のハイライト、文書全体のオーバービュー表示といったプログラミングに役立つ機能も数多く搭載されています。

```
開く(O) ∨                    setup.py                    行58, 列40
                  ~/ダウンロード/subiquity-main
46
47 class build_i18n(Command):
48
49     user_options = []
50
51     def initialize_options(self):
52         pass
53
54     def finalize_options(self):
55         pass
56
57     def run(self):
58         data_files = self.distribution.data_files
59
60         with open('po/POTFILES.in') as in_fp:
61             with open('po/POTFILES.in.tmp', 'w') as out_fp:
62                 for line in in_fp:
63                     if line.startswith('['):
64                         continue
65                     out_fp.write('../' + line)
66
67         os.chdir('po')
68         spawn([
69             'xgettext',
70             '--directory=.',
71             '--add-comments',
```

図2.104　プログラムのコードを開くと自動的に着色される

ドキュメントビューアー

ドキュメントビューアーは、文字通り、ドキュメントを閲覧するためのアプリケーションです。**ファイル**や**ビデオ**と同様に、「Evince」という名称で呼ばれることもあります。実際のところ、ドキュメントビューアーを単体で起動することは、ほとんどないでしょう。標準のPDFビューアーとしてPDFファイルに関連付けられているため、**ファイル**上でPDFファイルをダブルクリックすると、このアプリケーションが起動します。

図2.105　ドキュメントビューアーでPDFファイルを表示する

機能は非常にシンプルなので、使い方で特に迷うところはないでしょう。左側のペインには目次やサムネイルが表示され、右側にドキュメントの内容が表示されます。ドキュメントのズームレベルの変更、ドキュメントの回転、見開き表示、右開き／左開きの変更などが可能です。

02.02.06 Ubuntuのディレクトリツリーとファイルの管理

Linuxと Windowsとの違い

Linuxでは、ファイルをディレクトリ（フォルダー）で分類して管理します。ディレクトリの中には、さらに別のディレクトリ（サブディレクトリ）を作ることが可能で（入れ子構造）、「ルートディレクトリ」を頂点とする階層ツリー構造を構成しています。Linuxではルートディレクトリを「/」で、ディレクトリの階層は各ディレクトリ名をやはり「/」で区切って表します。たとえば、ルートディレクトリ直下にある「usr」ディレクトリは「/usr」、「/usr」ディレクトリの中にある「bin」サブディレクトリは「/usr/bin」となります。このように、文字でディレクトリの階層を表したものを**パス**と呼びます。

階層化されたディレクトリツリーを持っているのはWindowsも同様ですが、Windowsと Linuxのディレクトリツリーの構造には大きな違いがあります。

Windowsは、ハードディスクやUSBメモリといったデバイス(実際はデバイス内のパーティションに作成されたファイルシステム)に個別の「ドライブレター」を割り当て、ドライブごとに独立したディレクトリツリーを持ちます。これに対して、Linuxにはドライブという概念がなく、システム全体で単一のディレクトリツリーを持っています。

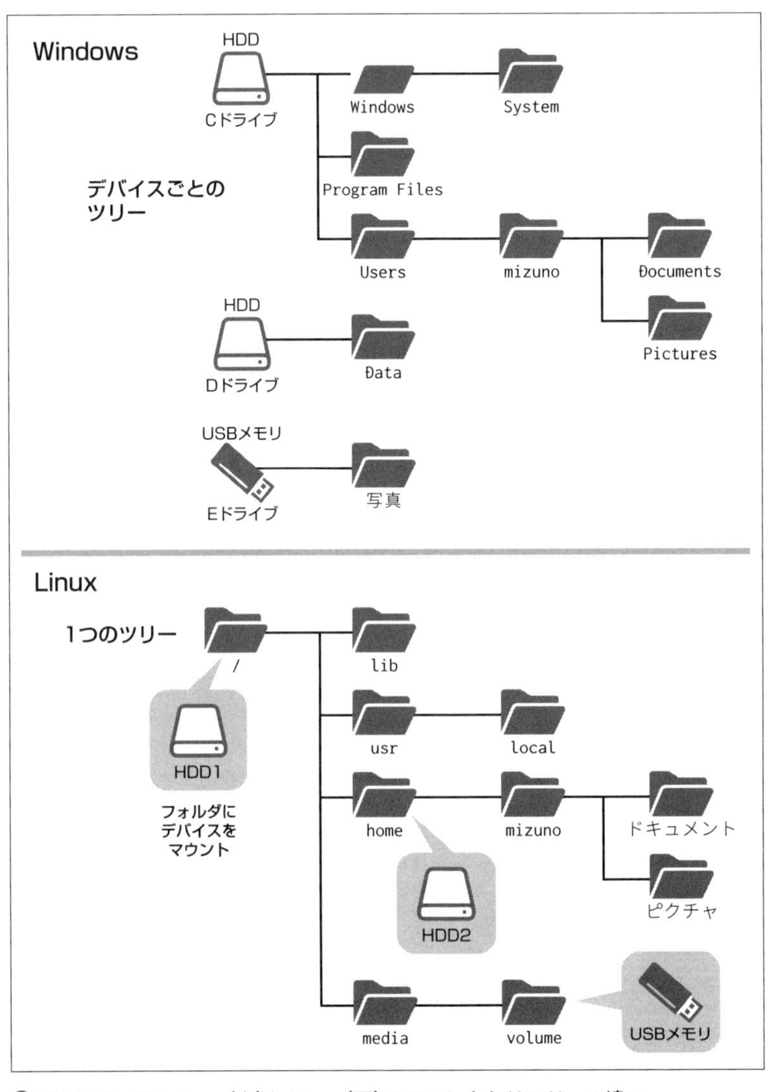

図2.106 Windows(上)とLinux(下)のディレクトリツリーの違い

物理的なデバイス内のファイルシステムにアクセスしたい場合は、ディレクトリツリー上の任意のディレクトリに、ファイルシステムを「マウント」して使用します(「**02.03.04 リムーバブルメディアの利用**」を参照)。OSの起動時には、OSがインストールされたファイルシステムを、ルートディレクトリにマウントします。

Linuxのディレクトリツリー上に存在するファイルやディレクトリが、すべて実体を持ったファイルであるとは限りません。Unixライクな OSには、「すべての計算機資源をファイルとして抽象化し、ファイルシステムを通して扱う」という考え方があります※21。そのため、Linuxでは、プリンターや端末といったデバイスも、特殊なファイルとしてディレクトリツリー上にマウントされています。たとえば、端末のデバイスファイルに文字を書き込むことで端末に文字を出力するといったように、異なるデバイスをファイル入出力として制御できるわけです。また、/procや/sysなどはファイルとしての実体を持たず、カーネルやデバイスドライバの情報にアクセスするための仮想的なインターフェイスです。

Column

ディレクトリとフォルダーの違い

ファイルを分類する容れ物である**ディレクトリ**ですが、環境によっては**フォルダー**と呼ばれることもあります。コマンドラインから操作する場合はディレクトリ、デスクトップから操作する場合はフォルダーと呼ぶケースが多く、Microsoftも MS-DOS時代はディレクトリ、Windows 95 以降のエクスプローラーではフォルダーと呼称しています。

この理解でも困ることはないのですが、厳密にいえば、ディレクトリとフォルダーは別の概念です。ディレクトリとは、ファイルを分類するためのファイルシステム上の機能であり、その実体は特殊なファイルです。それに対して、フォルダーとは、デスクトップ環境において、何らかのデータを分類する機能全般を指しています。たとえば、ネットワーク上のコンピューターをグループ分けして表示するワークグループ、最近使ったファイルをひとまとめにしてアクセスする機能はフォルダーと呼べますが、ディレクトリではありません。

※21 実際には、すべての資源を扱えるわけではありません。たとえば、TCP/IPソケットなどはファイルシステムを通じて扱えません。

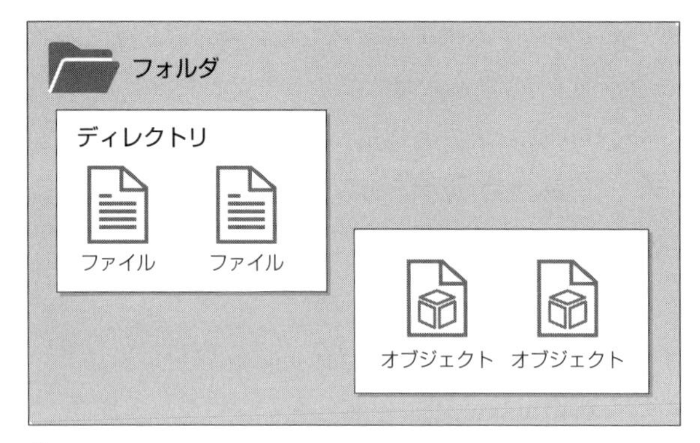

△フォルダーとディレクトリの概念の違い

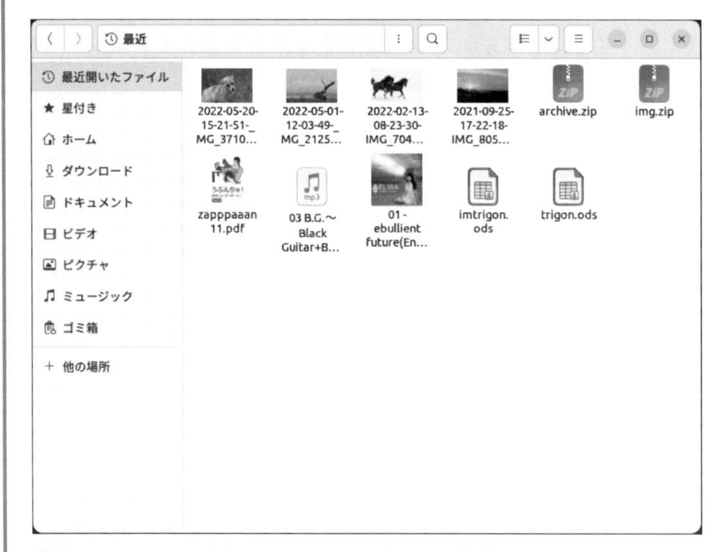

△「ファイル」の最近開いたファイルを表示する機能
サイドバーからフォルダーのようにアクセスでき、その中にファイルがあるように見えるが、ファイルシステム上にディレクトリが存在するわけではない。

ディレクトリはフォルダーの一種ですが、フォルダーとして見えるもののすべてがディレクトリであるとは限りません。本書では、ファイルシステム上の機能として見た場合やコマンドラインから操作するときは「ディレクトリ」、デスクトップ環境の機能として見た場合は「フォルダー」と表記を使い分けます。とはいえ、おおむね同じものを指していると考えて、実用上は差し支えありません。

Linuxにおけるディレクトリは、ファイルの一種として扱われます。そのため、本書ではファイルとディレクトリをまとめて「ファイル」と表記している場合もあります。

FHSとは

過去のUnix系OSのディレクトリツリー構造は、ある程度の慣習に従ってはいたものの、明文化された規則がありませんでした。そのため、OSによってファイルの置き場が微妙に異なり、混乱や不都合の元となっていました。こうした混乱を減らそうと、ディレクトリツリー構造の標準仕様が策定されました。それが「Filesystem Hierarchy Standard (FHS)」です。現在のLinuxディストリビューションは、おおむねこのFHSに従ったディレクトリツリーを構成しています※22。Ubuntuには、**表2.1**のようなディレクトリが存在します(ここに挙げたものがすべてではありません)。

表2.1 Ubuntuのディレクトリ構造

ディレクトリ	用途
/boot	ブートローダの設定やカーネルなど、システムの起動に必要なファイルがインストールされる
/home	ホームディレクトリのためのディレクトリ。各ユーザーのホームディレクトリは、/home以下のサブディレクトリとなる
/root	rootユーザーのホームディレクトリ。rootユーザーのホームディレクトリは/home以下ではなく、独立した場所に置かれる
/media	USBメモリやDVD-ROMなどを一時的にマウントするためのマウントポイント
/mnt	システム管理者が利用するマウントポイント
/bin	全ユーザーが実行できるコマンドがインストールされる。ただし、現在のUbuntuでは/usr/binに統合され、/binは/usr/binへのシンボリックリンクとなっている
/sbin	主にシステムの起動、回復、修復などに必要となる管理者用の重要なコマンドがインストールされる。ただし、現在のUbuntuでは/usr/sbinに統合され、/sbinは/usr/sbinへのシンボリックリンクとなっている
/lib	重要な共有ライブラリがインストールされる。ただし、現在のUbuntuでは/usr/libに統合され、/libは/usr/libへのシンボリックリンクとなっている
/usr/bin	全ユーザーが実行できるコマンドがインストールされる
/usr/sbin	重要ではない管理者用のシステムコマンドがインストールされる
/usr/lib	共有ライブラリがインストールされる

※22 完全にFHSと同一というわけではありません。たとえば、Ubuntuには、Snapパッケージシステム用にFHSに規定されていない/snapというディレクトリがあります。

/usr/local	システム管理者がホスト特有のソフトウェアをインストールするためのディレクトリ
/etc	システム全体で使用される設定ファイルをインストールするためのディレクトリ
/usr/share	ドキュメントやサンプルコード、アイコン、壁紙といったリソースをインストールするためのディレクトリ
/run	起動したプロセスのプロセスIDを記録したpidファイルやロックファイルなどの可変データを記録するディレクトリ
/dev	「デバイスファイル」と呼ばれる特別なファイル。デバイスドライバに対するインターフェイスとして機能する
/proc	カーネルやプロセスの情報を取得するために使われる仮想的なディレクトリ
/sys	デバイスドライバについての情報を、カーネル空間からユーザー空間にエクスポートするための仮想的なディレクトリ
/tmp	一時的なファイルを作成するためのディレクトリ。全ユーザーが書き込むことが可能だが、削除は作成者本人しかできない。/tmpの中身は定期的に削除される
/var/cache	アプリケーションのキャッシュデータが保存されるディレクトリ
/var/lib	データベースファイルなど、アプリケーションの動作中に書き換えられるデータが保存されるディレクトリ
/var/log	ログファイルが保存されるディレクトリ
/var/spool	メールや印刷のためのデータなど、アプリケーションのスプールデータが保存されるディレクトリ
/opt	サードパーティ製のアプリケーションをインストールするためのディレクトリ
/var/opt	/opt以下にインストールされたソフトウェアの可変データが保存されるディレクトリ

FHSの詳細な仕様は、FHSのWebサイト※23を参照してください。

ホームディレクトリとは

Linuxでは、各ユーザーごとに専用のディレクトリが用意されます。これを**ホームディレクトリ**と呼びます。ホームディレクトリは、持ち主のみがデータを書き込むことができるプライベートなディレクトリで、ユーザーが作成したデータやアプリケーションの設定などは、すべて自分のホームディレクトリ内に保存

※23 https://refspecs.linuxfoundation.org/fhs.shtml

されます。言い換えると、一般ユーザーがデータを書き込めるのは、一時データを書き込む/tmpなどの特殊なディレクトリを除けば、自分のホームディレクトリのみに限定されています。また、現在のUbuntuでは、パーミッションの設定(「**04.02 パーミッションによるファイルの保護**」参照)によって、ほかのユーザーのホームディレクトリは、見ることすら許可されていません。ホームディレクトリは、一般的に「/home/ユーザー名」に作成されますが、別のディレクトリを指定したり変更したりもできます(「**04.01.01 ユーザーの管理**」参照)。

データを書き込めるディレクトリが限定されているのは不便なようにも思えますが、データの置き場所が分散しないというメリットもあります。個人的なデータはすべてホームディレクトリに保存されているため、バックアップの対象が明確になり、重要なデータのバックアップ漏れを防げます。また、ほかのUbuntuマシンに引っ越す場合も、ホームディレクトリをまるごとコピーするだけで、個人的な環境をすべて再現できます。

隠しファイルとは

Linuxでは、名前がドット(.)で始まるファイルやディレクトリは特別な意味を持っています。こうした名前を持つファイルは「隠しファイル」や「ドットファイル」などと呼ばれており、ファイルの一覧を表示するlsコマンドや、GUIのファイルマネージャーでも、標準状態では表示されません。

アプリケーションの設定やキャッシュといったデータの多くは、ドットファイルとして隠蔽されています。なぜなら、こうしたデータは文書や画像データとは異なり、ユーザーに直接見せる必要がないからです。たとえば、個人的な設定ファイルの多くは、ホームディレクトリ直下に「.(ドット)」で始まる名前で作成されています。**ファイル**で隠しファイルを表示するには、ハンバーガーメニューを開いて[隠しファイルを表示]にチェックを入れます。

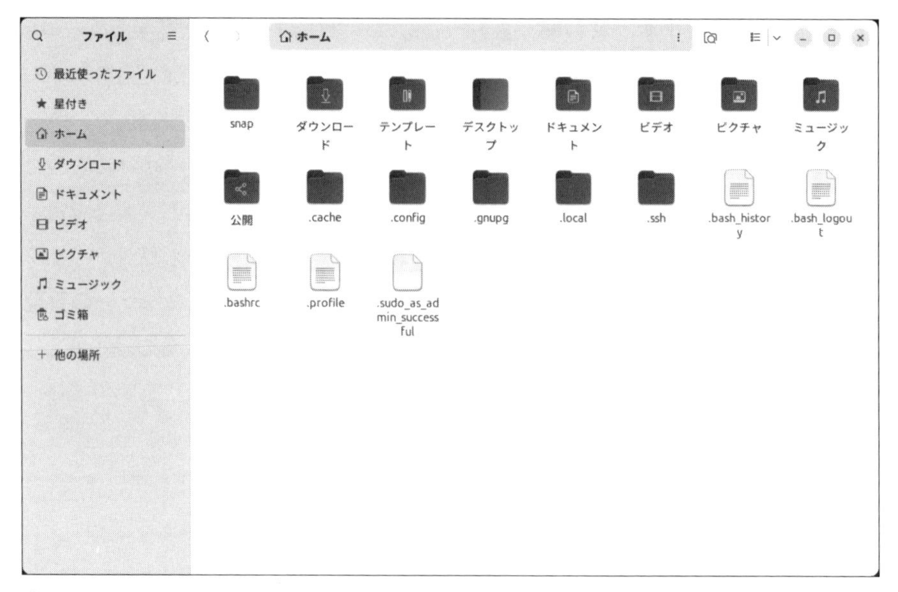

△図2.107 隠しファイルを表示した状態。なお、隠しファイルの表示／非表示は Ctrl ＋ H でも切り替えられる

なお、ドットファイルは、ファイルそのものが特別な属性を持っているわけではありません。単にアプリケーションやコマンドが、慣習としてドットで始まる名前を持つファイルを表示しないという動作をしているだけに過ぎないのです。そのため、自分で作成した画像ファイルであっても、先頭がドットで始まるファイル名を付ければ隠しファイルになります。また、ドットで始まる名前を付けても、アプリケーションでファイルが開けなくなったりすることもありません。

ハードリンクとは

ファイルシステムは、ディスク上のデータに対して、ファイル名という抽象化したアクセス手段を提供します。しかし、データとファイル名は常に1対1の関係であるとは限りません。Linuxのファイルシステムでは、同一のデータの実体に対して、複数の異なるファイル名(別名)を付けることができます。

Ubuntuはデフォルトで**ext4**と呼ばれるファイルシステムを使用していますが、ext4を始めとするLinux向けのファイルシステムでは、ディスク上のデータ(ファイル)について、ファイルの種類、所有者(「**04.02.01 所有者と所有グループ**」参照)、パーミッション(「**04.02.02 パーミッション**」参照)といったさまざまなメタ情報を持っています。このメタ情報は「iノード」と呼ばれ、それぞれの

iノードは**iノード番号**という固有の番号で識別されています。このiノードに対して付けられた名前がファイル名で、**ハードリンク**と呼びます。また、1つのiノードに対し、複数のハードリンクを関連付けることができます。

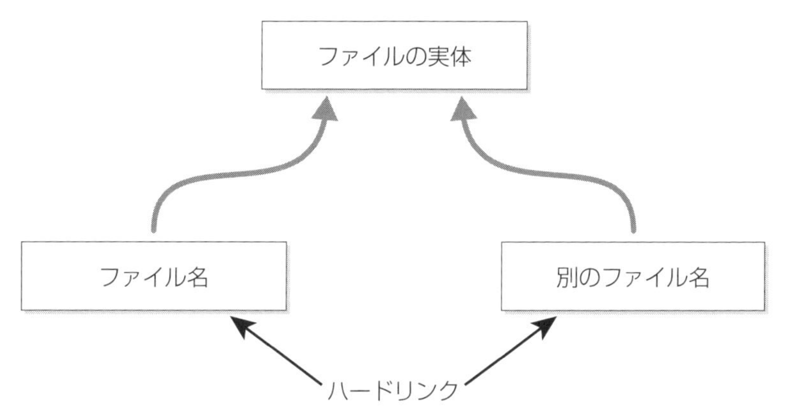

図2.108 ファイルの実体に対して付けられた名前がハードリンク

ファイルの一覧を表示するlsコマンドを使って、iノードとハードリンクの関係を確認してみましょう。具体的なコマンドの実行方法については、「**第3章 コマンドライン操作を習得しよう**」を参照してください。

まず、example1というファイルを新規作成し、「test」という文字列をechoコマンドで書き込みます。続いて、ハードリンクを作成するlnコマンドを使って、example1ファイル(の実体)に対してexample2というハードリンクを作ります。lsコマンドに-liオプション(オプションについては「**03.01.03 引数とオプション**」参照)を付けると、ファイル一覧の先頭にiノード番号が表示されます。example1とexample2が、同一のiノード番号であることが確認できます。

コマンド2.1 ハードリンクの作成

```
$ echo test > example1
$ ln example1 example2
$ ls -li
total 8
1310727 -rw-rw-r-- 2 mizuno mizuno 5 Aug  7 14:04 example1
1310727 -rw-rw-r-- 2 mizuno mizuno 5 Aug  7 14:04 example2
```

ファイルの内容を表示するcatコマンドで、それぞれのファイルの内容を表示してみましょう。当然ですが、ファイルの実体は同一なので、「test」という同じ文字列が表示されます。

▼コマンド2.2　ファイル内容の表示

```
$ cat example1
test
$ cat example2
test
```

example1の内容を、「modified」という文字列に書き換えます。その後、もう一度それぞれのファイルの内容を確認してみましょう。書き換えたのはexample1だけなのにもかかわらず、example2の内容も変更されていることがわかります。これが、同一の実体に複数のハードリンクを付けるということです。

▼コマンド2.3　変更したファイル内容の表示

```
$ echo modified > example1
$ cat example1
modified
$ cat example2
modified
```

あるファイルの実体が、いくつのハードリンクを持っているかを「リンクカウント」と呼びます。リンクカウントはlnコマンドで新しくハードリンクが作成されると加算され、ハードリンクが削除されると減算されていきます。example1（とexample2の実体）の例でいえば、この時点でリンクカウントは「2」になっています。statコマンドを実行すると、example1の「Links」が「2」になっていることを確認できます。

▼コマンド2.4　リンクカウントの確認

```
$ stat example1
  File: example1
  Size: 9          Blocks: 8          IO Block: 4096   regular file
Device: fc02h/64514d                  Inode: 1310727   Links: 2
Access: (0664/-rw-rw-r--)  Uid: ( 1000/  mizuno)   Gid: ( 1000/  mizuno)
```

```
Access: 2022-08-07 14:12:02.182572636 +0900
Modify: 2022-08-07 14:11:26.982242315 +0900
Change: 2022-08-07 14:11:26.982242315 +0900
 Birth: 2022-08-07 14:04:12.822187303 +0900
```

ファイルの実体は、リンクカウントが「0」になったときに削除されます。つまり、この例でいえば、example1を削除してもファイルの実体はまだ削除されず、残されたexample2という名前でアクセスが可能です。example1とexample2の両方が削除されたときに、ファイルの実体が削除されます。なお、あるiノードに対して付けられたすべてのハードリンクは等価です。ファイルの作成時に付けられた最初の名前(この例ではexample1)と、あとからlnコマンドで付けられた名前(この例ではexample2)は等価であり、どちらがオリジナルでどちらがコピーという区別はありません。

一部のアプリケーションでは、ファイルを保存する際に編集前のファイルを別の名前にリネームしてバックアップとし、編集後のファイルを新規作成することがあります。新規作成されたファイルには新しいiノード番号が割り当てられるため、編集前のファイルが複数のハードリンクを持っていた場合、それらのリンクはリネームされたバックアップのファイルを指し続けてしまうことになります。このように、意図せずハードリンクが切れてしまう可能性があることに注意してください。

01
02
03
04
05
06
07
08
09
10
A

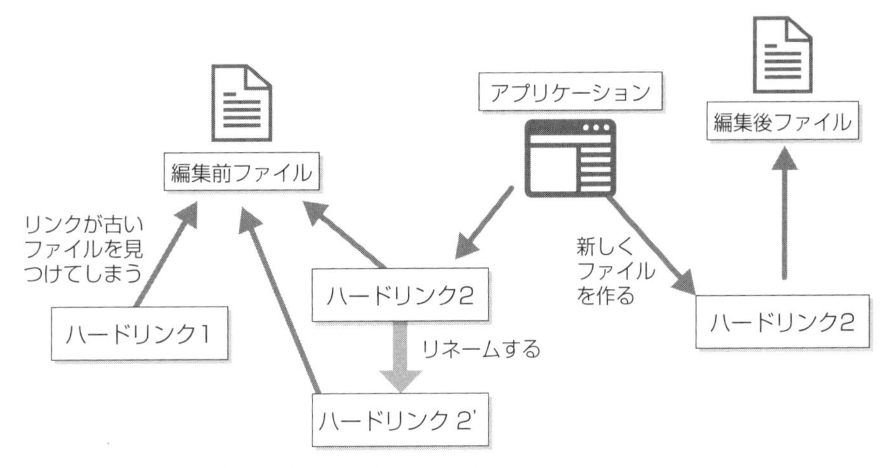

△図2.109 意図せずハードリンクが切れてしまう例
「ハードリンク1」と「ハードリンク2」が異なる実体を指すようになってしまう。

シンボリックリンクとは

ハードリンクはiノード番号を直接参照するため、ファイルシステムを跨いで作成できません。たとえば、USBメモリ上にあるファイルの別名をハードディスク上に作成するといったことはできないのです。こうした場合に便利なのが、iノード番号ではなく、リンク先のパス名(パスについては「**03.01.06 絶対パスと相対パス**」を参照)を指定する**シンボリックリンク**です。シンボリックリンクは、ハードリンクに対して「ソフトリンク」と呼ばれることもあります。

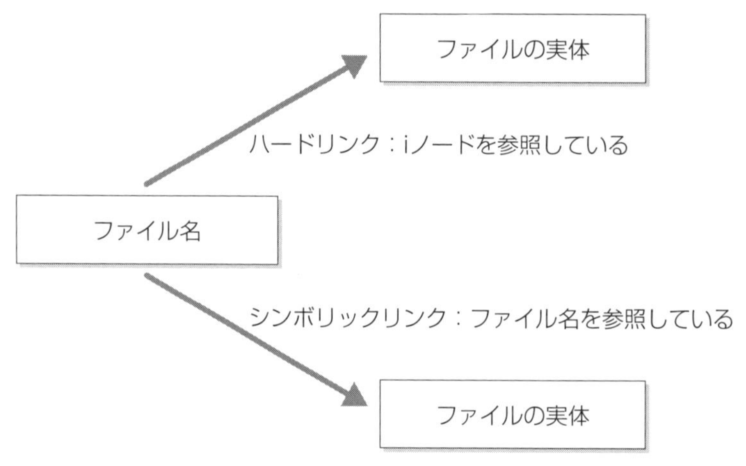

図2.110 ファイルのパスを指定してリンクする「シンボリックリンク」

シンボリックリンクは、`ln`コマンドに`-s`オプションを付けて作成します。ハードリンクの例と同様に、`example1`というテキストファイルに対して、`example2`というシンボリックリンクを作成してみましょう。`ls`コマンドを実行すると、「リンク名 -> リンク先のファイル名」という形式でシンボリックリンクが表示されます。

コマンド2.5 シンボリックリンクの作成

```
$ echo test > example1
$ ln -s example1 example2
$ ls -l
total 4
-rw-rw-r-- 1 mizuno mizuno 5 Aug  7 14:27 example1
lrwxrwxrwx 1 mizuno mizuno 8 Aug  7 14:27 example2 -> example1
```

内部的にiノードを参照するかパス名を辿るかという違いはあるものの、別名で同じファイルにアクセスできるという点ではハードリンクと同じです。

コマンド2.6 シンボリックリンクの内容確認

```
$ cat example1
test
$ cat example2
test
```

ただし、シンボリックリンクはパス名でリンクを辿るため、リンク先のファイル名が変更されたり削除されたりすると、リンク先を見失ってしまう（リンクが切れる）という点には注意が必要です。次の例では、リンク先のexample1のファイル名を「example_org」に変更しています。example2はexample1という**ファイル名を指し示し続けている**ため、結果としてリンク先を見つけられず、ファイルにアクセスできなくなってしまいます。

コマンド2.7 ファイル名変更によってリンク切れになる

```
$ mv example1 example_org
$ ls -l
total 4
lrwxrwxrwx 1 mizuno mizuno 8 Aug  7 14:27 example2 -> example1
-rw-rw-r-- 1 mizuno mizuno 5 Aug  7 14:27 example_org
$ cat example2
cat: example2: No such file or directory
```

ファイルに付ける別名やパスが重要で、ディスク上の実体を直接指定する必要がない場合は、ハードリンクよりも柔軟に使えるシンボリックリンクが便利です。後述するalternativesでは、シンボリックリンクを使って、特定の機能名に対する実装を切り替えています。

シンボリックリンクも、アプリケーションの挙動によっては、意図せずリンクを破壊してしまう可能性がある点に注意してください。具体的には、ファイルを書き換える際、編集後の内容を別名の一時ファイルに書き出してから、一時ファイルを編集前のファイルに上書きコピーするという挙動が問題になります。こうしたアプリケーションで、シンボリックリンクを経由してファイルを編集すると、編集後の通常ファイルでシンボリックリンク自体が上書きされてしまいます。

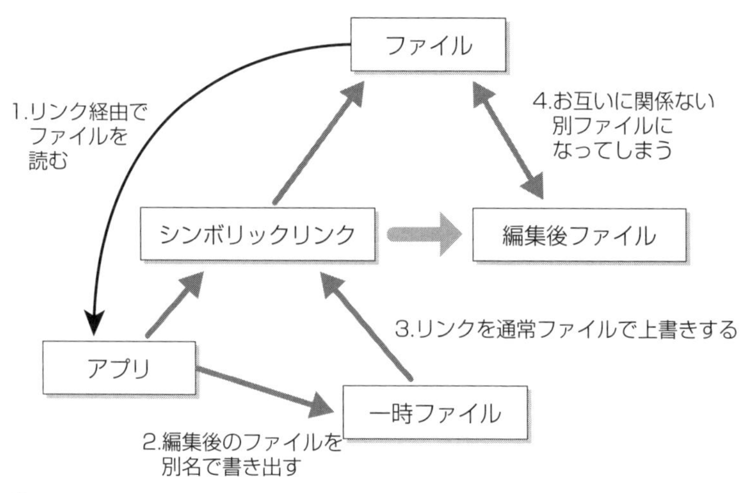

▲図2.111　意図せずシンボリックリンクが切れてしまう例
具体的にはsedコマンドの-iオプションなどが該当する。

02.02.07 日本語入力の方法

●Mozcとは

ひらがな、カタカナ、漢字で構成される日本語は、アルファベットだけで構成される英語と異なり、すべての文字をキーボードから直接入力することができません。そこで必要となるのが、キーボードから直接入力できない文字を入力するためのソフトウェアである「インプットメソッド」と、かなを漢字に変換する変換エンジンです。Ubuntuでは、インプットメソッドに「IBus（アイバス）」、日本語変換エンジンに「Mozc（もずく）」を採用しています。MozcはGoogleが開発した「Google日本語入力」のオープンソース版ですが、インターネット上から収集された語彙データを含んでいないため、変換品質はGoogle日本語入力と異なっています。

Windowsでは、インプットメソッドと変換エンジンを区別することはありません。Linuxでは、それぞれ別のアプリケーションであり、ユーザーの好みに合わせて組み合わせを変えて使うことができます。IBus以外のインプットメソッドには「uim」や「Fcitx」、Mozc以外の変換エンジンには「Anthy」や「SKK」などがあります。

Mozcによる日本語入力

図2.112 入力ソースの切り替え

GNOMEでは、キーボードレイアウトとインプットメソッドの組み合わせを「入力ソース」として管理しています。Ubuntuを日本語設定でインストールした環境では、デフォルトで日本語キーボードからの直接入力(キーボードに印字されたアルファベットが直接入力される)と、Mozcの2つが登録されています。現在使用中の入力ソースは、トップバーの右上にアイコンとして表示されます。アイコンが「ja」と表示されている状態が、日本語キーボードによる直接入力モードです。Super + Space を押すか、アイコンをクリックして入力ソースを「日本語(Mozc)」に切り替えてください。

入力ソースをMozcに切り替えると、アイコンが「A」に変化します。これは、入力ソースがMozcにはなっているものの、入力モードが「直接入力」になっている状態です。日本語を入力するには、この状態でさらに 半角/全角 を押します。入力モードが「ひらがな」になり、アイコンも「あ」に変化します。この状態になれば、一般的な日本語の入力と漢字変換が可能です。入力モードは、直接入力とひらがな以外に「カタカナ」「半角英数」「全角英数」「半角カタカナ」が用意されており、入力ソースのアイコンから切り替えることができます。

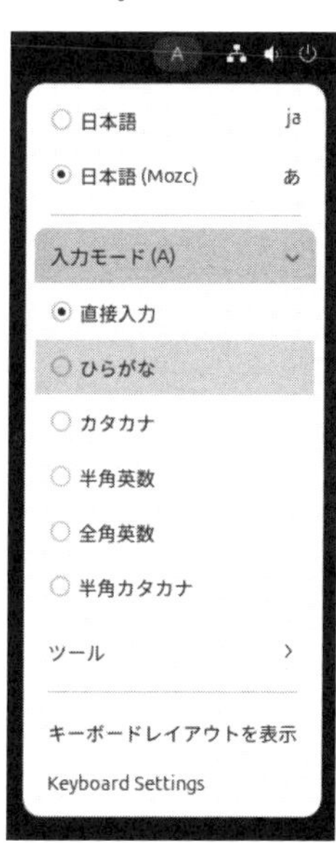

図2.113 Mozcの入力モードの切り替え

また、切り替えた入力ソースは保存されます。したがって、入力ソースは常にMozcにしたまま、アルファベットと日本語はMozcの入力モードで切り替えるのがお勧めです。

デフォルトでは、MozcはWindowsなどに搭載されているMicrosoft IMEに倣ったキー設定になっています。ローマ字でひらがなを入力し、Spaceで変換を行い、Enterで確定させます。長い文章を連文節変換する際は、←と→で変換する文節の選択、Shift＋←／→で文節の長さが変更できます。また、文字を入力していると予測変換候補が表示され、候補はTabで選択できます。少ないキー入力で文章を変換できるため、うまく使いこなせれば非常に便利です。

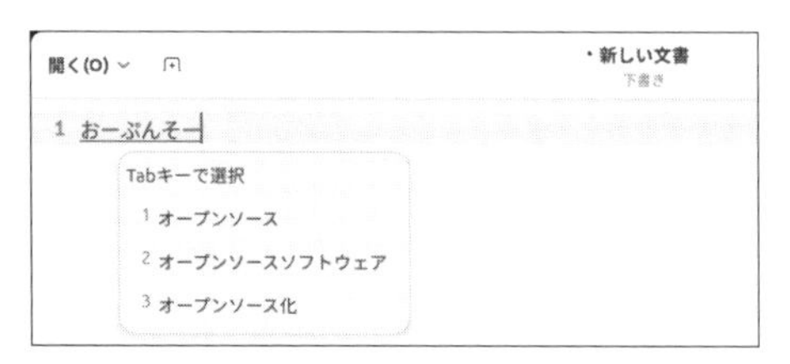

図2.114 Mozcによる予測変換

キーボードに半角/全角キーがない場合

前述の通り、Mozcでは入力モードの切り替えに半角/全角を使います。したがって、半角/全角がない英語配列のキーボードなどを使っている場合は、入力モードを切り替えるたびに、いちいちマウスでアイコンをクリックしなければなりません。英語キーボードは記号の配置が規則的で使いやすいといった理由で、日本語話者であってもプログラマーを中心に利用者の多いキーボードなので、これでは少々不便です。そこで、英語キーボードでMozcを使う場合は、キーバインドを変更し、別のキーで入力モードを切り替えられるようにするのがお勧めです。

それには、アプリケーションリストから[Mozcの設定]を起動し、[一般]タブの[キー設定の選択]の右側にある[編集]ボタンを押して、キーの設定画面を開きます。ここで、**表2.2**に示した[Hankaku/Zenkaku]が割り当てられている4つの項目を探してください。それぞれの[入力キー]の部分をダブルクリックすると、Mozcキーバインディングという設定ダイアログが開きます。ここで新しく割り当てるキーを入力してから[OK]ボタンを押します。新しく割り当てるキーは、Ctrl＋Spaceなどがよいでしょう。Ubuntuを再起動すれば、割り当てたキー(ここではCtrl＋Space)でMozcの入力モードを切り替えれられるようになります。

▼表2.2　変更するMozcのキー設定

モード	コマンド
変換前入力中	IMEを無効化
変換中	IMEを無効化
直接入力	IMEを有効化
入力文字なし	IMEを無効化

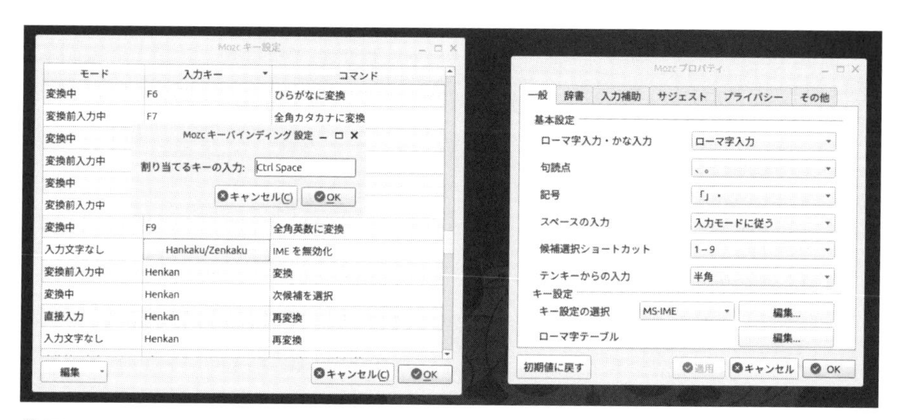

▲図2.115　Mozcのキーバインディング設定

02.02.08 ウィンドウの操作

ここでは、Ubuntuのデスクトップにおけるウィンドウの操作方法について解説します。とはいえ、UbuntuのウィンドウのはWindowsやmacOSと大差ないので、これらのOSの使用経験があれば、特に問題なく扱えるでしょう。

ウィンドウの移動

ウィンドウの最上部にあるタイトルバーをドラッグすると、ウィンドウを任意の位置に移動できます。

また、タイトルバーを右クリックして「移動」を実行するか、Alt + F7 を押すと、マウスの移動やキーボードのカーソルキーでウィンドウを任意の位置に移動させることができます。ウィンドウの位置を決めたら、マウスをクリックするか Enter を押して確定します。なお、Esc を押すと、ウィンドウを元の位置に戻せます。

ウィンドウのリサイズ

ウィンドウの外枠やコーナーにマウスカーソルを重ねると、カーソルの形状が2つの三角形を並べた形(⇕や⤡など)に変化します。この状態でドラッグすると、ウィンドウの大きさを変えることができます。三角形の頂点の向きがウィンドウの大きさを変化させられる方向です。たとえば、ウィンドウの右側の外枠ではカーソルの三角形は左右を向いています(◂▸)。この状態ではウィンドウの上下のサイズを変更することはできません。

タイトルバーを右クリックして「サイズを変更」を実行するか、Alt+F8を押すと、マウスの移動やキーボードのカーソルキーでウィンドウを自在にリサイズできます。好みの大きさに変更できたら、マウスをクリックするかEnterを押します。Escを押すと、ウィンドウを元のサイズに戻せます。

最大化、最小化

Windowsと同じく、タイトルバーの右側にある最大化ボタンをクリックすると、ウィンドウをデスクトップ全体に表示できます。同じボタンをもう一度クリックすると、ウィンドウは元の大きさに戻ります。キーボードではSuper+↑でウィンドウを最大化し、Super+↓でウィンドウを元の大きさに戻せます。また、Alt+F10を押すたびに、最大化と元の大きさを切り替えることができます。

タイトルバーをドラッグし、ウィンドウをデスクトップの上端に押しつけるようにドラッグすることでも、ウィンドウを最大化できます。

タイリングアシスト

通常、ウィンドウは重ね合わせて表示されますが、これを隙間なく敷き詰めることで、デスクトップのスペースを最大限に有効活用できます。これを「ウィンドウをタイル状に配置する」などと呼びます。Ubuntuには、ウィンドウをタイル状に配置するためのサポート機能が備わっています。

ウィンドウをデスクトップの左右に押しつけるようにドラッグすることで、ウィンドウをデスクトップの右半分、あるいは左半分の大きさにできます。デスクトップにウィンドウが2つある場合、その片方をタイル化し、もう片方のウィンドウを逆サイドに同様に配置することもできます。

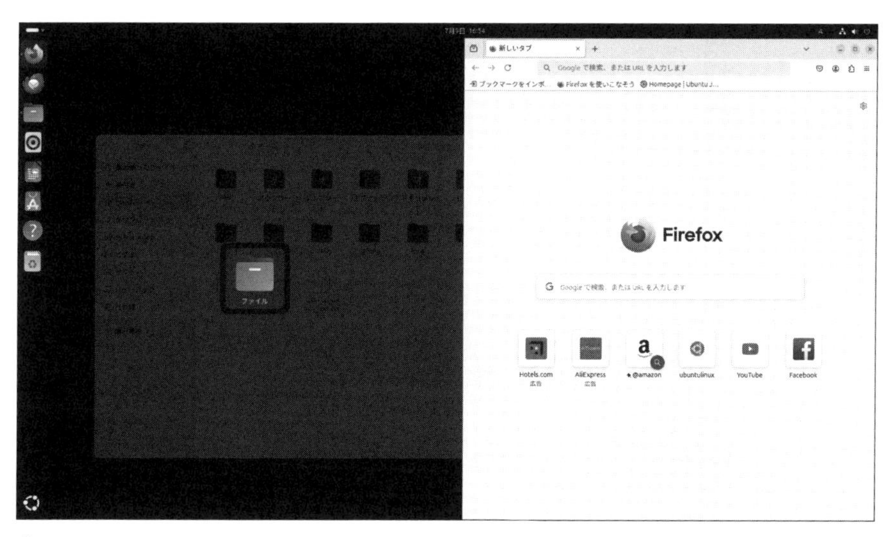

図2.116 Firefoxをデスクトップの右側に、1/2サイズでタイル化した例。もう1つのウィンドウをどうするかを提案されている

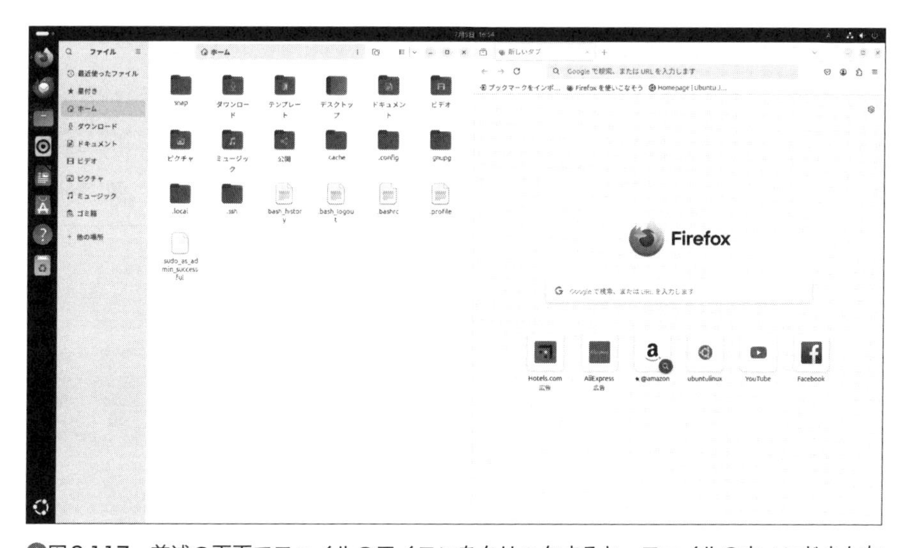

図2.117 前述の画面でファイルのアイコンをクリックすると、ファイルのウィンドウも左側に1/2でタイル化される

前述のように、ウィンドウをデスクトップの上端にドラッグすると最大化できますが、その状態でマウスのボタンを離さずにしばらく待つと、上側に1/2サイズでタイル化できます。また、デスクトップの下端にドラッグすると、下側に1/2サイズでタイル化できます。

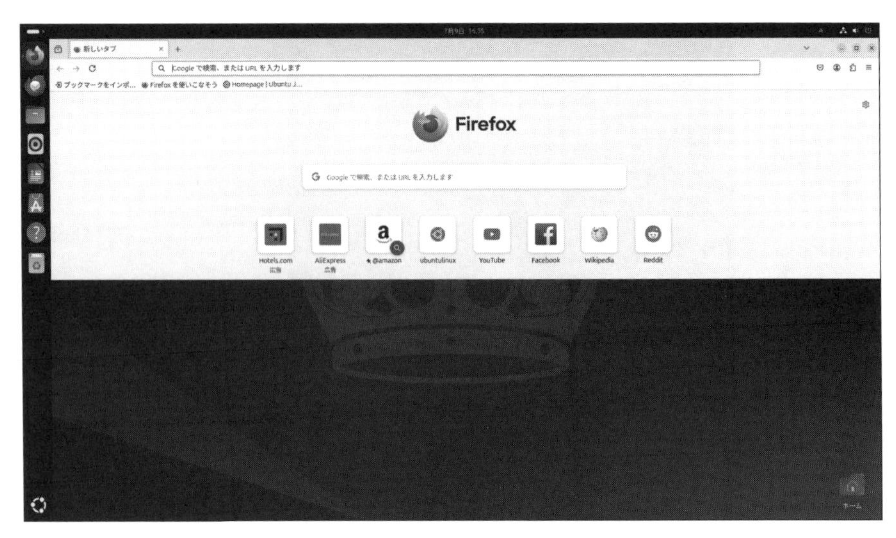

図2.118 上下1/2サイズのタイル化

ウィンドウをデスクトップの四隅に押しつけるようにドラッグすると、1/4サイズでタイル化できます。

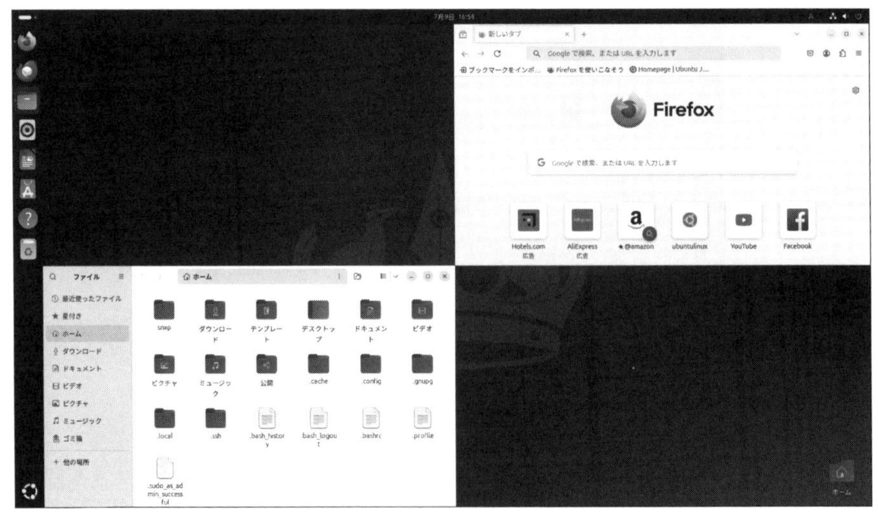

図2.119 1/4サイズのタイル化

02.02.09 ワークスペースの操作

ワークスペースとは

通常、画面上に表示されているデスクトップ画面は1つだけですが、GNOMEでは複数の仮想的なデスクトップを作り、ユーザーが任意に切り替えて使う機能が提供されています。これを**ワークスペース**と呼びます。複数のワークスペースを活用し、実際の画面サイズよりも広いデスクトップを使うことができるわけです。

「Webブラウザーを最大化して表示するワークスペース」「エディタや端末で作業するワークスペース」といったように、用途ごとにワークスペースを決めてアプリケーションを配置すれば、いわば複数のウィンドウをグループ化して切り替えることが可能になります。ワークスペースを活用することで、アプリケーションの切り替え効率が劇的に向上します。特に単一のデスクトップで複数のアプリケーションを起動したときにありがちな「ウィンドウが別のウィンドウに隠されてしまって、目当てのアプリケーションを見つけられない」といった問題も解決できます。

ワークスペースの切り替え方

ワークスペースを切り替えるには複数の方法が用意されているので、自分にとって使いやすい方法で切り替えてください。

ワークスペースの一覧は、アプリケーションリストの画面に表示されます。ワークスペースのサムネイルをクリックすると、目当てのワークスペースに移動できます。また、アプリケーションリスト画面では、ワークスペース内のウィンドウのサムネイルをドラッグ&ドロップして、ウィンドウを別のワークスペースに移動させることもできます。

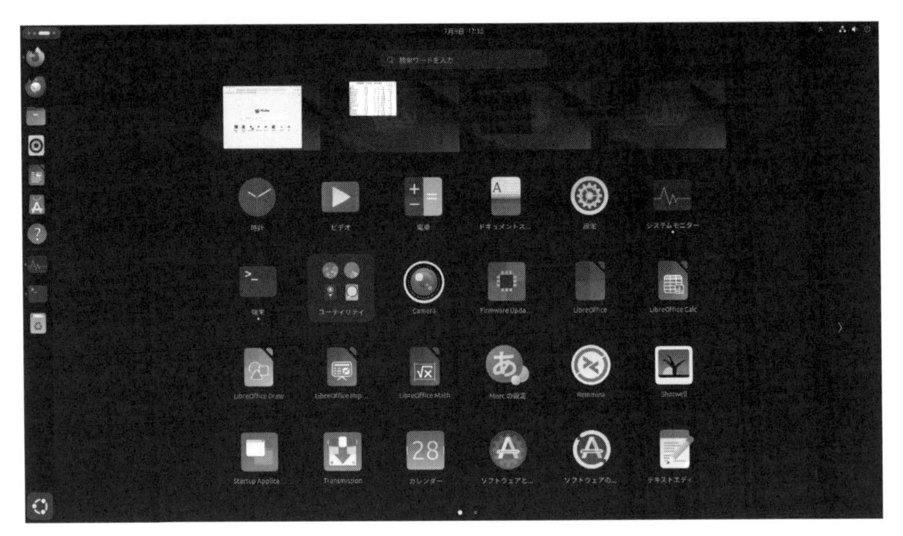

図2.120 アプリケーションリスト画面の上部に表示されているワークスペース

アクティビティ画面でもワークスペースを切り替えられます。アクティビティ画面の上部に表示されているワークスペースのサムネイルをクリックするか、アクティビティ画面でマウスのホイールを回転させます。また、アクティビティ画面のサムネイルも、アプリケーションリストのサムネイルと同様に、ウィンドウを移動させる機能を持っています。

キーボードでは、Ctrl＋Alt＋←／→で、隣のワークスペースに切り替えることができます。マウスカーソルをDockの上に置いた状態で、マウスホイールを回転させることでも切り替えられます。

ワークスペースはデフォルトで2つ用意されていますが、空の(ウィンドウが表示されていない)ワークスペースがなくなると、自動で新しいワークスペースが追加されます。

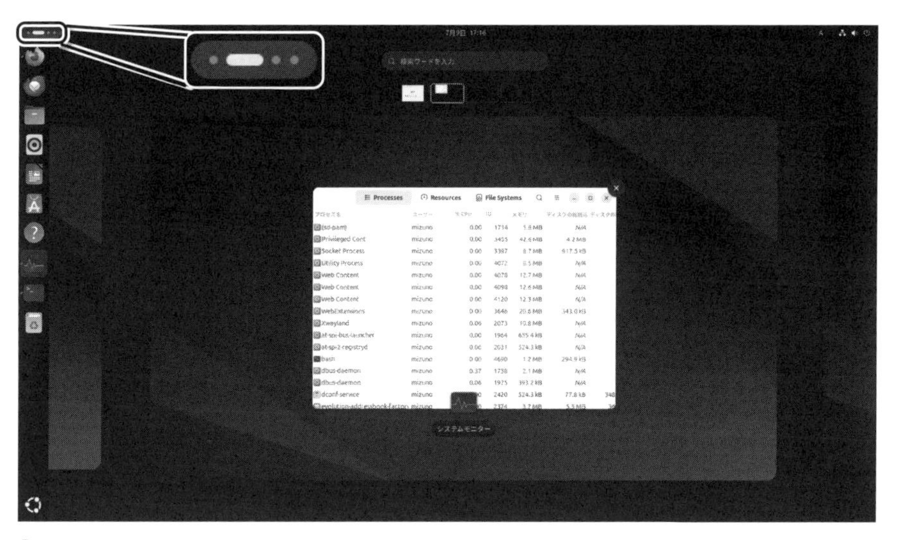

△図2.121　アクティビティ画面でのワークスペースの切り替え

なお、デスクトップ左上にあるアクティビティ画面を呼び出すボタンは、現在のワークスペースの状態を表しています。白い楕円形が現在のワークスペースを、灰色の●がその他のワークスペースを意味します。たとえば、**図2.121**の画面の場合、ワークスペースが全部で4つあり、そのうち左から2番目のワークスペースを表示していることを表しています。

ウィンドウをすべてのワークスペースに表示するには

ワークスペースごとにアプリケーションを配置するとウィンドウを整理できて便利ですが、言い換えると「特定のアプリケーションを使う場合は、そのワークスペースに切り替えなければならない」ということでもあります。そのため、使用頻度の高いファイルマネージャーや端末といったアプリケーションの場合、ワークスペースを活用することで逆に不便になる場合もあります。

そういったときにはウィンドウのタイトルバーを右クリックし、「すべてのワークスペースに表示する」にチェックを入れます。すると、ワークスペースを切り替えても、同じ位置にそのウィンドウが表示されるようになります。どのワークスペースでも常に使う可能性のあるアプリケーションは、すべてのワークスペースに表示しておくと便利です。

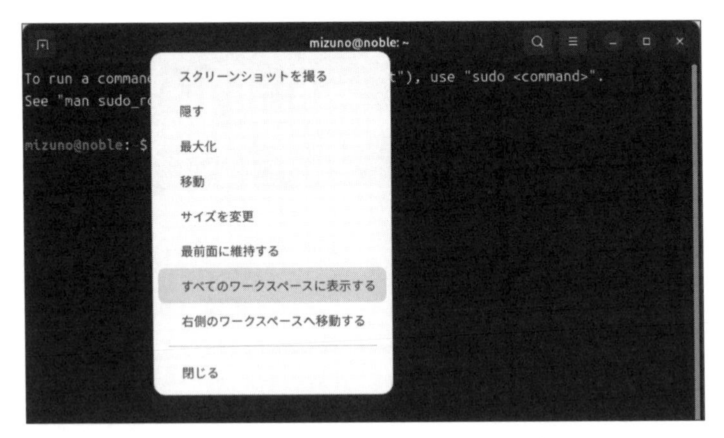

図2.122 タイトルバーを右クリックしてメニューを表示する

02.02.10 Ubuntuの終了方法

Ubuntuを使い終わっても、いきなりPCの電源を切ってはいけません。ここでは、Ubuntuを終了する「正しいお作法」を説明します。

ログアウト

Ubuntuを開始する際には、パスワードを入力して「ログイン」しました。その逆が「ログアウト」です。ログイン中のユーザーによる操作を終了し、ログイン前の状態に戻ります。Ubuntuを使い終えたけれどPCの電源は切りたくないというような場合には、必ずログアウトしておきましょう。ログインしたままPCを放置してしまうと、第三者に不正に利用されてしまう危険があるからです。

トップバー右端のシステムメニューをクリックすると、その中の右上に電源を表すアイコンのボタン( )があります。これを押すと、[サスペンド][再起動...][電源オフ...][ログアウト...]というメニューが表示されるので、[ログアウト...]をクリックします。確認ダイアログが表示されたら[ログアウト]をクリックするか、60秒間待機してください。デスクトップが終了し、ログイン画面に戻ります。

別のユーザーとして改めてログインする際も[ログアウト]を使います。

図2.123 システムメニューから[ログアウト]を選択する

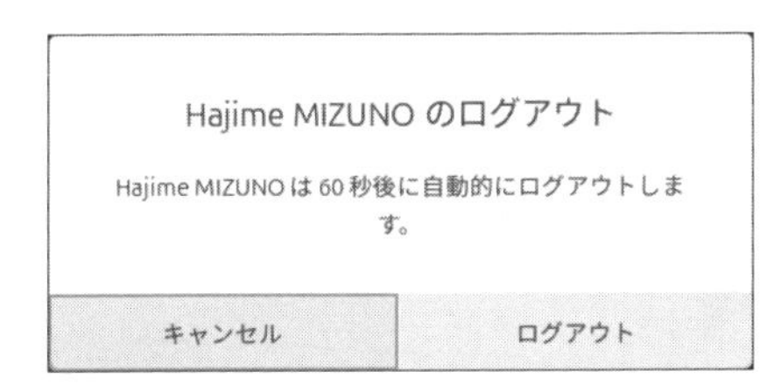

図2.124 ログアウトの確認ダイアログ

再起動

ログアウトと同様に、電源オフのメニューから[再起動...]をクリックします。確認ダイアログで[再起動]をクリックするか、60秒間待機するとUbuntuが再起動します。カーネルの更新後などは、Ubuntuの再起動が必要です。

電源を切る

電源オフのメニューから[電源オフ...]をクリックします。確認ダイアログで[電源オフ]をクリックするか、60秒間待機するとPCの電源がオフになります。PCの使用を終了するときは、必ずここから電源を切るようにしてください。

02.03 Ubuntuデスクトップの設定と応用

02.03.01 Ubuntuの設定

Ubuntuデスクトップの各種設定は、システムメニューから呼び出せる**設定**アプリケーションに集約されています。ここでは、設定アプリケーションで行える各種設定について解説します。

「設定」の開き方

設定アプリケーションを開くには、トップバー右上のシステムメニューから歯車のボタン( )を押します。

図2.125　Ubuntuの設定を開く

Wi-Fi

Wi-Fi機能のオン／オフの切り替え、Wi-Fiアクセスポイントへの接続／切断、現在の接続状態の表示、IPアドレスの設定などを行います。なお、PCにWi-Fi機能が搭載されていない場合、この項目は設定アプリケーション上には表示されません。

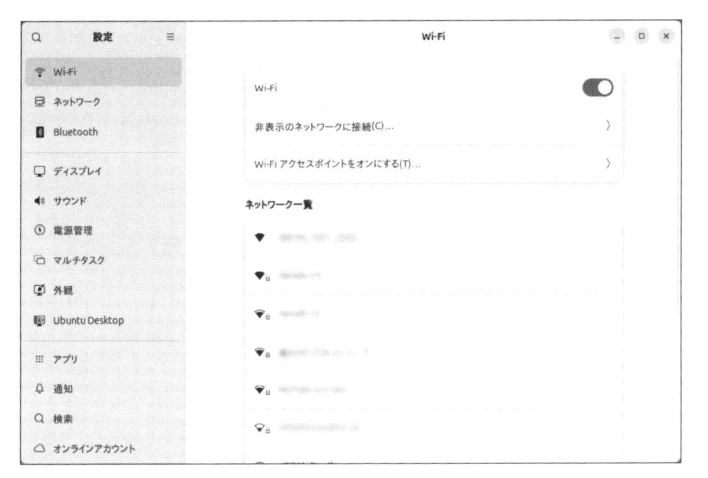

図2.126　Wi-Fi

ネットワーク

有線ネットワーク機能のオン／オフの切り替え、現在の接続状態の表示、IPアドレスの設定、VPNの設定、ネットワークプロキシの設定などを行います。

図2.127　ネットワーク

Bluetooth

Bluetooth機能のオン／オフの切り替え、Bluetoothデバイスとのペアリング、ペアリング済みのデバイスの管理などを行います。ペアリングモードにしたBluetoothデバイスをPCの側に置くと、自動的にデバイスが検出され、デバイス一覧に表示されます。「設定されていません」と表示されているデバイスをクリックすると、ペアリングが完了します。この際、デバイスの種類によってはPINコードの入力を促される場合があります。

図2.128 Bluetooth

接続済みのデバイスをクリックすると、デバイスの切断や削除が行えます。なお、デバイスの接続や削除は、システムメニューからも行えます。

図2.129 Bluetoothデバイスの管理

ディスプレイ

ディスプレイの向き、解像度、リフレッシュレート、スケーリングなどを設定します。[夜間モード]は目の疲れを防ぐため、夜の間に限って、画面の色をやや暖色にする機能です。

PCを一般的なテレビにつないだとき、テレビの種類によっては画面端が表示されず、欠けてしまうことがあります。[TV向けに調整]をオンにすると、Ubuntu側で出力する画面を一回り小さくすることで、欠けを防止します。

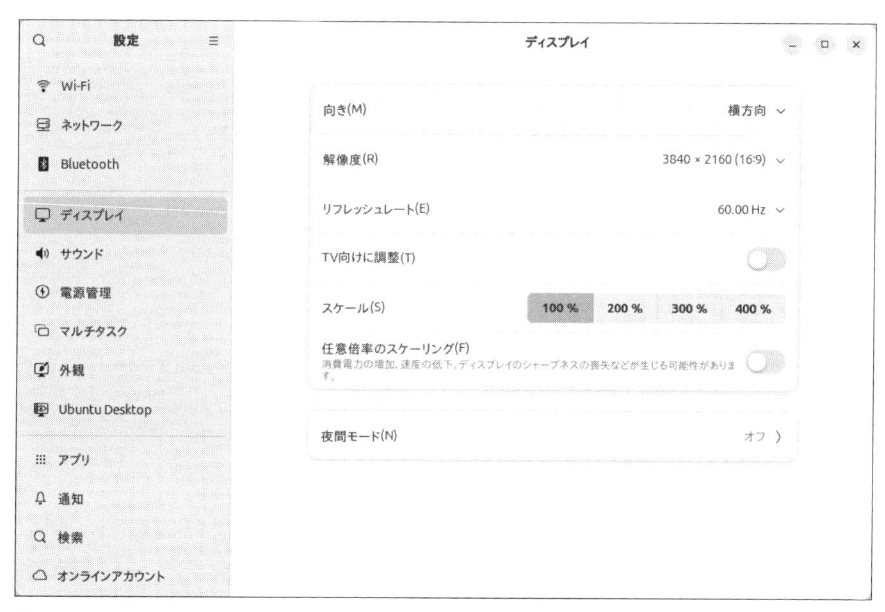

図2.130　ディスプレイ

サウンド

サウンドの出力デバイスの選択と設定(音量や左右バランスなど)、マイクなどの入力デバイスの選択、システムの警告音の種類などを設定します。正しくサウンドが出力できるかのテストも行えます。

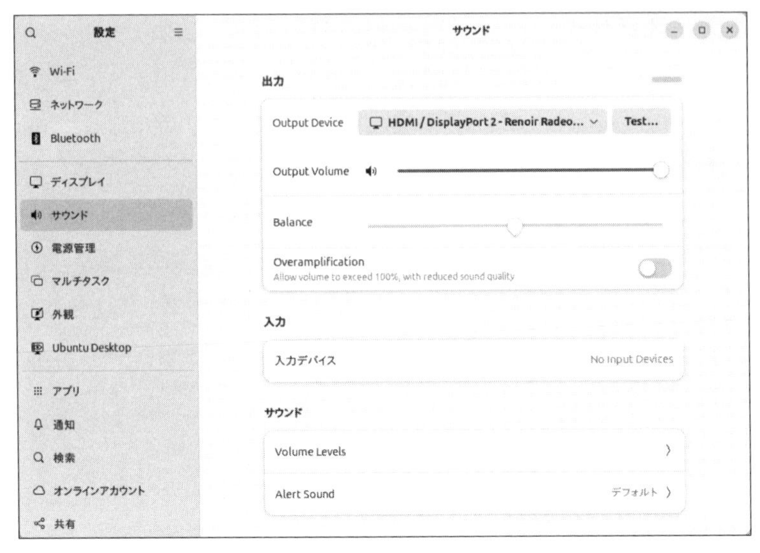

図2.131　サウンド

電源管理

システムのパフォーマンスと消費電力の設定、省電力オプション、電源ボタンを押したときの挙動などを設定します。ワイヤレスマウスなどを使用している場合は、デバイスのバッテリー残量も表示されます。

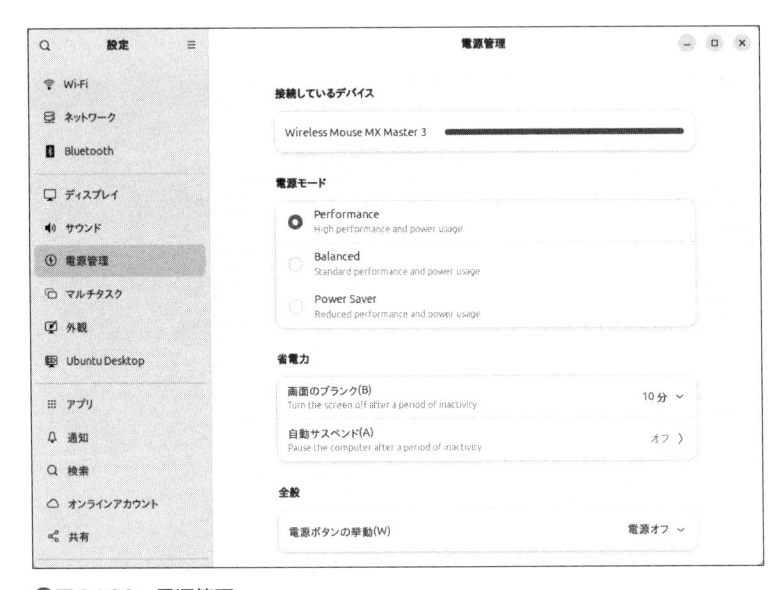

図2.132　電源管理

マルチタスク

ホットコーナー(デスクトップの左上にマウスカーソルを移動させると、自動的にアクティビティ画面を開く)機能の有効/無効、ワークスペース数の調整、マルチモニター環境でのワークスペースの挙動などを設定します。

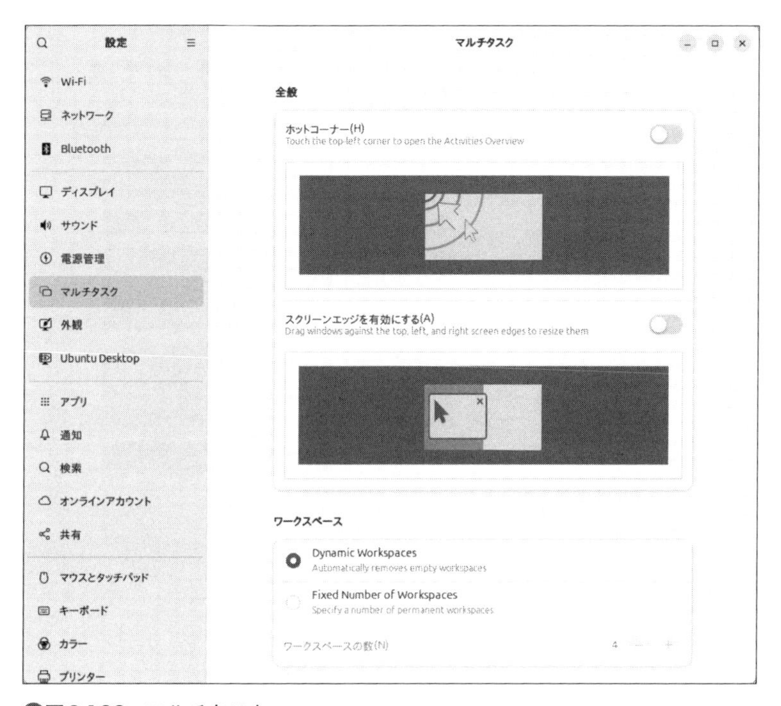

図2.133 マルチタスク

外観

システムテーマ、ウィンドウの色、壁紙といったデスクトップの外観を設定します。[スタイル]は、デスクトップテーマに関する設定です。デフォルトの明るいテーマと、暗いテーマを切り替えられます。また、[カラー]でフォーカスやスライドバーなどの色を変更できます。

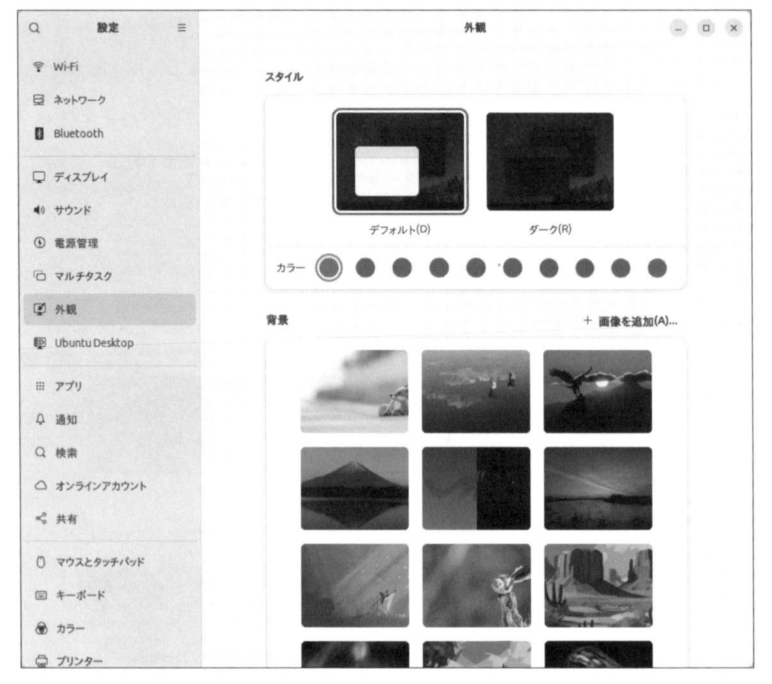

図2.134 外観

Ubuntu Desktop

デスクトップのアイコン、Dockの挙動、タイリングアシストの挙動などを設定します。

[デスクトップアイコン]では、アイコンのサイズや新しいアイコンが表示される位置、デスクトップにホームフォルダのアイコンを表示するかどうかを設定します。

[Dock]では、Dockの挙動を変更できます。自動的に隠す、画面の端まで表示する、アイコンのサイズ、表示するディスプレイ(マルチディスプレイ使用時)、表示する位置、リムーバブルデバイスやネットワークボリュームを表示するかどうかといった設定が可能です。たとえば、パネルモードをオフ、表示位置を下にすると、macOSのDockと同様の表示にできます。

[Enhanced Tiling]では、タイリングアシストの挙動を変更できます。[Tiling Popup]は、タイリングアシストの項で説明したように、デスクトップにウィンドウが2つ存在し、その片方をタイル化した際に、残ったウィンドウをどうするかを提案してくれる機能です。[Tile Groups]は、同じアプリの複数のウィンド

ウをタイル化したときに、自動的にそれらをグループ化する機能です。グループ化されたウィンドウのいずれかがアクティブになると、グループ内のほかのウィンドウも同時にアクティブになります。

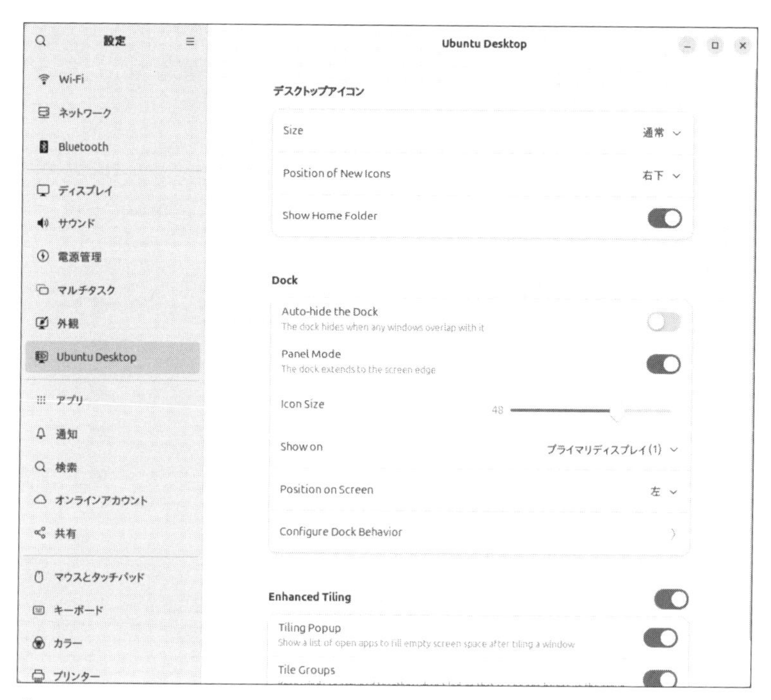

図2.135 Ubuntu Desktop

アプリ

各アプリケーションが使用するシステムの機能を設定します。たとえば、[Firefox]であれば、システムの通知機能を利用するかどうかや、Firefoxに関連付けられているファイルの管理が行えます。

ファイルブラウザ上でファイルを右クリックして[Open With...]を実行したときにリストアップされるアプリケーションは、ここでファイルタイプとアプリケーションが関連付けられているものになります。

01
02
03
04
05
06
07
08
09
10
A

△図2.136　アプリの詳細（Firefox）

通知

アプリケーションは、イベントが発生すると、デスクトップ上に通知を表示してユーザーに通知します。具体的には、Webブラウザーがファイルのダウンロードを完了したとき、ミュージックプレイヤーが次の曲の再生を開始したときなどです。こうしたデスクトップ通知のオン／オフや、アプリケーション単位での通知の許可を設定します。

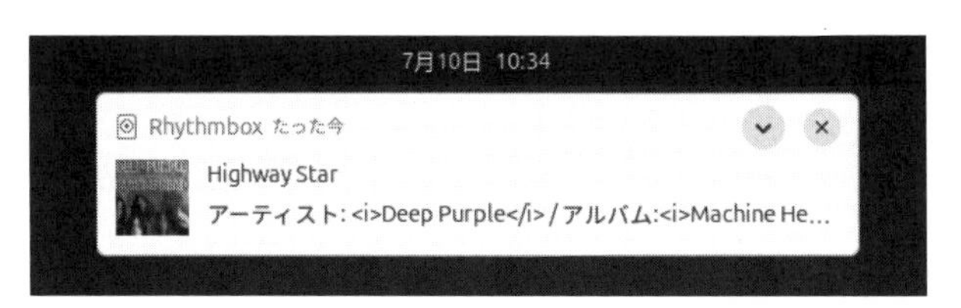

△図2.137　通知の例

図2.138 通知

図2.139 通知のカスタマイズ

検索

アクティビティ画面に表示する検索結果をカスタマイズできます。

図2.140 検索

オンラインアカウント

Googleアカウントや Microsoftアカウントにログインし、連携する設定を行います。

図2.141 オンラインアカウント

共有

Ubuntu上にあるオーディオやビデオを、ネットワーク越しに共有する設定を行います。

図2.142 共有

マウスとタッチパッド

マウスカーソルの速度と加速、左右クリックの入れ替え、スクロール方向を設定します。

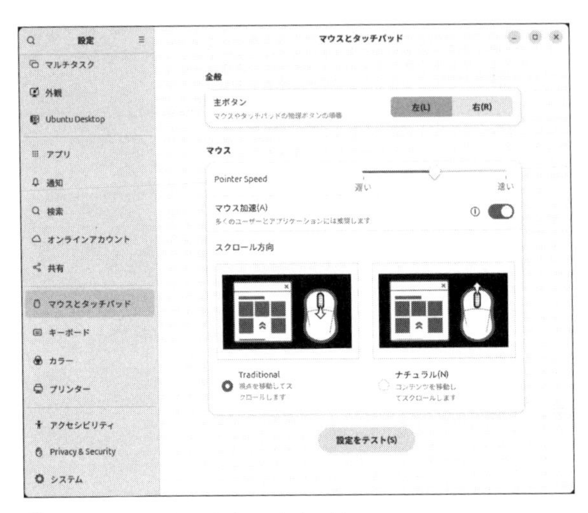

図2.143　マウスとタッチパッド

キーボード

入力ソースの管理、ウィンドウごとの入力ソースの扱い、特殊文字の入力方法などの設定や、キーボードショートカットのカスタマイズを行います。

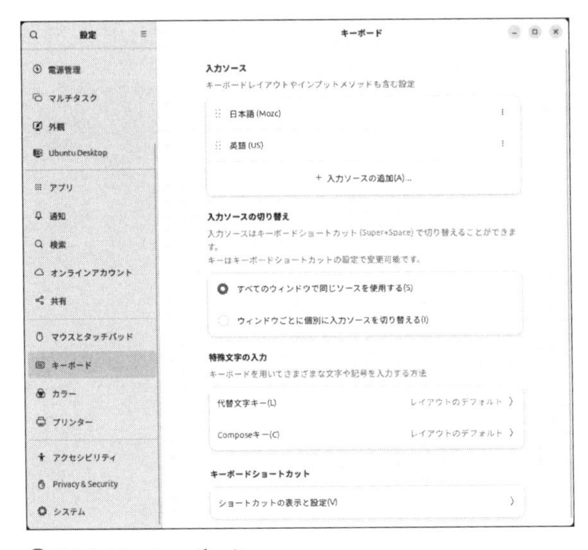

図2.144　キーボード

カラー

カラーマネジメントを行うため、ディスプレイなどの各デバイスのカラープロファイルを管理します。

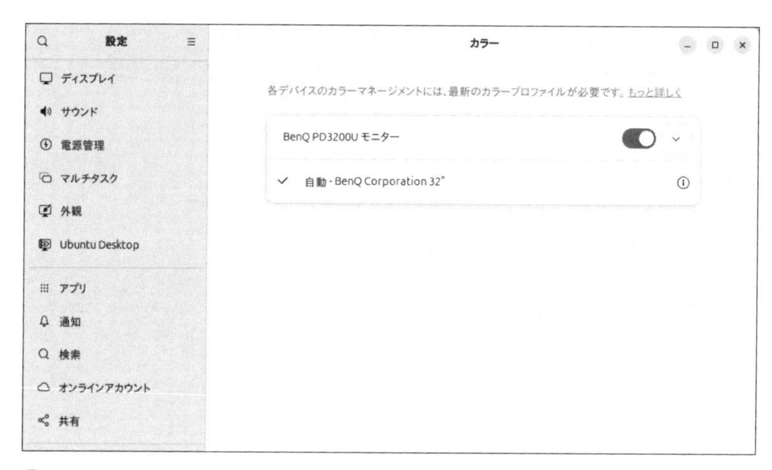

図2.145　カラー

プリンター

プリンターの追加や管理を行います。

図2.146　プリンター

アクセシビリティ

ハンディキャップや特別なニーズを持つユーザー向けに、「見る」「聞く」「タイピング」「ポインター操作とクリック」「ズーム」の5つのカテゴリで各種アクセシビリティの設定を行います。

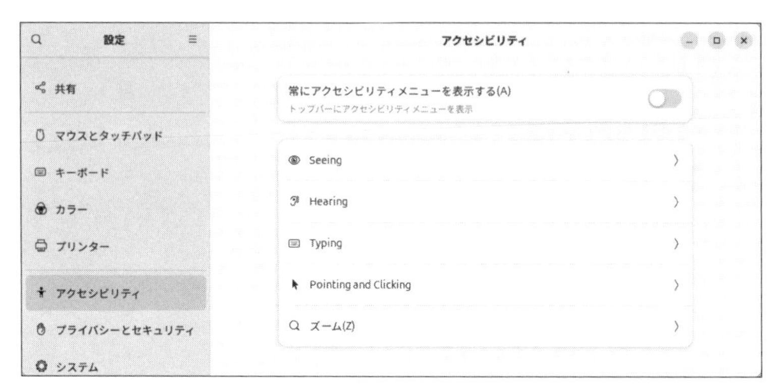

図2.147 アクセシビリティ

たとえば、[Seeing]では、ハイコントラスト表示、文字やデスクトップの拡大、文字を読み上げるスクリーンリーダーなどの設定が行えます。

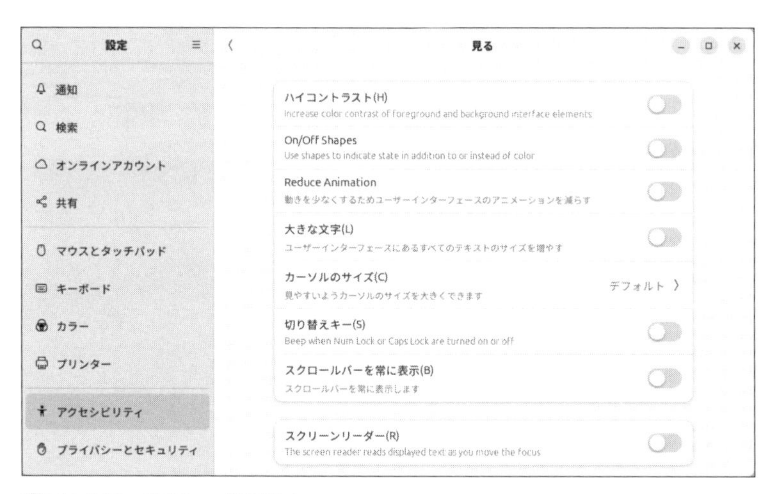

図2.148 「見る」の詳細設定

プライバシーとセキュリティ

［プライバシーとセキュリティ］以下には、［システム］の5つと、［デバイス］の1つのサブ項目があります。

図2.149 プライバシーとセキュリティ

■システム

［接続性］では、ネットワーク接続性の確認機能のオン／オフを設定します。

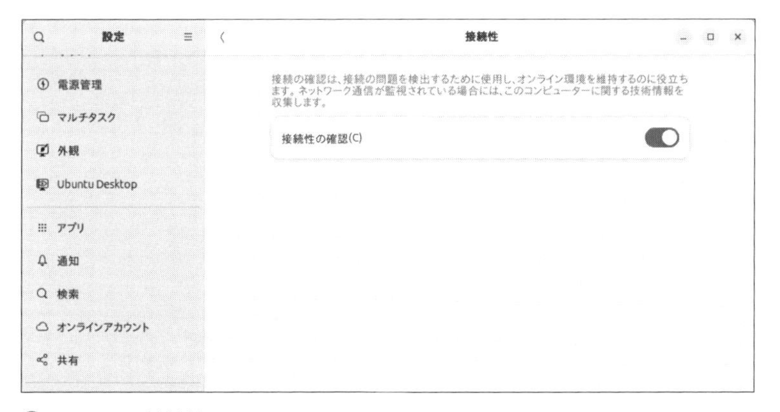

図2.150 接続性

[画面ロック]では、一定時間操作が行われなかったときに画面をブランクにするまでの時間、ブランクスクリーン時に画面をロックするか、サスペンド時に画面をロックするか、ロック画面に通知を表示するかといった設定を行います。

図2.151 画面ロック

［場所］では、位置情報サービスの有効／無効を切り替えます。

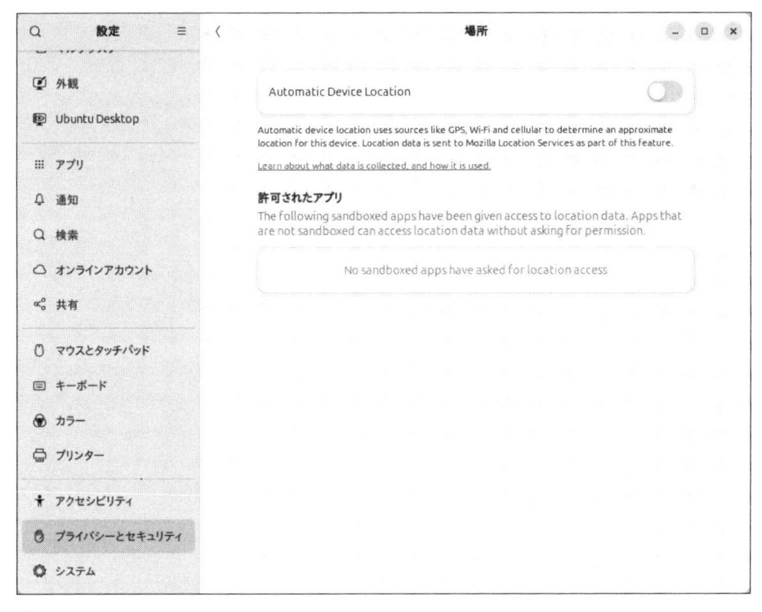

▲図2.152　場所

［ファイルの履歴と削除］では、最近使ったファイルの履歴の削除や、履歴を保持する期間の変更、ゴミ箱の自動削除といった設定を行います。

▲図2.153　ファイルの履歴と削除

［診断］では、Canonicalへのエラーレポートの送信の有効／無効を切り替えます。

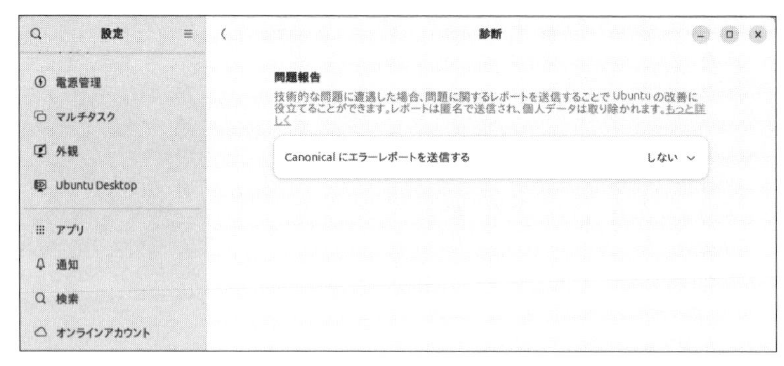

図2.154　診断

■デバイス

［Device Security］では、そのデバイスのSecure Bootの状況やセキュリティイベントを確認できます。

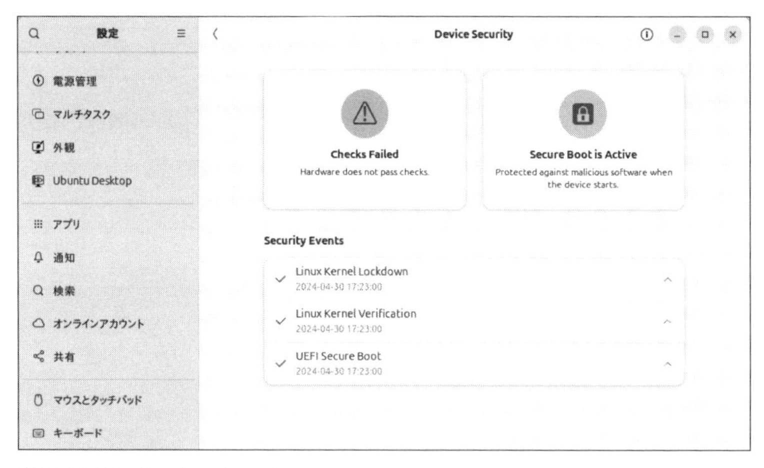

図2.155　Device Security

システム

［システム］以下には、6つのサブ項目があります。また、［ソフトウェアのアップデート］をクリックすると、Ubuntuのアップデートが行えます。Ubuntuのアップデートについては後述します。

図2.156　システム

［地域と言語］では、使用する言語や数値、日時、通貨のフォーマットを設定します。

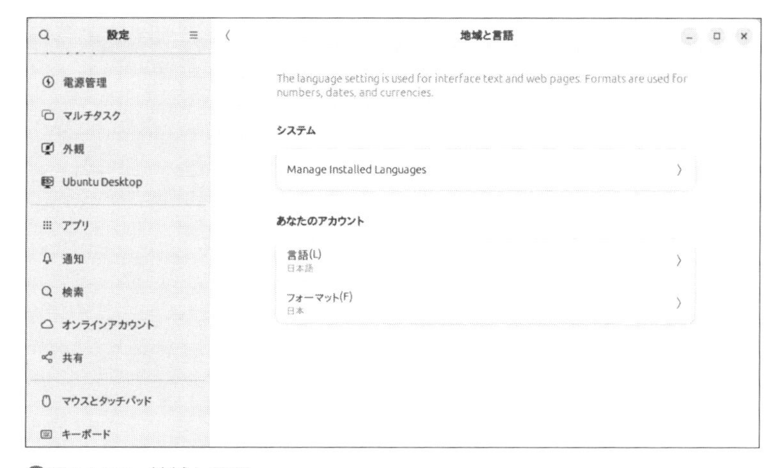

図2.157　地域と言語

［日付と時刻］では、インターネットを利用した自動時刻合わせ機能のオン／オフ、日付と時刻の調整、タイムゾーンの変更、日時の書式、トップバーの時刻と日付の表示形式などの設定を行います。

図2.158　日付と時刻

［ユーザー］では、ログイン中のユーザーのパスワード変更、自動ログインのオン／オフの切り替えのほか、新規ユーザーの追加や削除を行います。

図2.159　ユーザー

［Remote Desktop］では、別のPCからUbuntuを遠隔操作する「リモートデスクトップ」機能に関する設定を行います［Desktop Sharing］と［リモートログイン］の2つの項目に分かれています。

Desktop Sharingは、現在ログイン中のデスクトップ画面を、別のPCと共有する機能です。［Desktop Sharing］を有効にすると、別のPCに対し、ネットワーク越しにデスクトップ画面を見せることができます。また、［リモートコントロール］を有効にすると、見せるだけではなく、リモートからの操作も許可します。

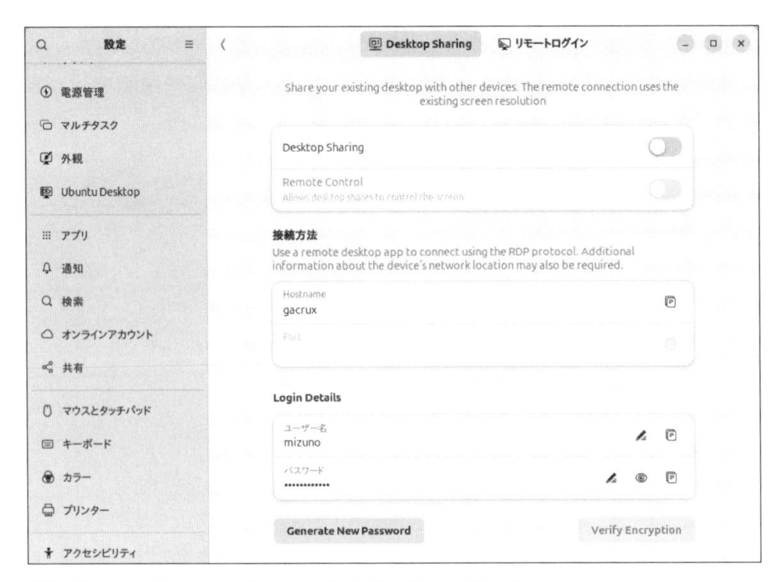

図2.160 [Remote Desktop]の[Desktop Sharing]

Desktop Sharingは、ログイン中のデスクトップを共有するものであるため、あらかじめUbuntuに直接ログインしておく必要があります。それに対して、リモートログインは、Ubuntuにログインしていない状態でも利用できるという違いがあります※24。

図2.161 [Remote Desktop]の[リモートログイン]

※24 Desktop Sharingは従来のVNCに近く、リモートログインはWindowsのリモートデスクトップ機能に近いと考えるとわかりやすいかもしれません。

［Secure Shell］では、SSHサーバーの有効／無効を切り替えます。ただし、この機能を使うには、あらかじめSSHサーバーをインストールしておく必要があります。SSHサーバーについては後述します。

図2.162 セキュアシェル

［About］では、ハードウェアモデルやプロセッサー、OSのバージョンなど、システムについての詳細な情報を表示します。

図2.163 About

02.03.02 Ubuntuのショートカットキー

●ショートカットキーを使うメリット

ここまでにもいくつか紹介していますが、OSやアプリケーションの機能には、ショートカットキーが割り当てられていることがあります。GUIは直感的にマウスで操作できることが魅力ですが、クリックすべき場所を探し、そこまでマウスカーソルを動かさなくてはなりません。特に初めて使うアプリケーションでは、クリックすべき場所をすぐに見つけられないことも珍しくありません。

そんなときに便利なのが、ショートカットキーです。WindowsやmacOSでも、コピー(Ctrl+C)やペースト(Ctrl+V)を使っている人も多いでしょう。システムに慣れてきたら、マウスよりも的確に素早くUbuntuを操作できるキーボードショートカットを活用してみましょう。コピーやペーストのような主なショートカットキーは、WindowsとUbuntuで共通となっています。

●Ubuntuの主なショートカットキー

Ubuntuで使える主なショートカットキーは、**表2.3**の通りです。これらのショートカットキーの一部は、設定アプリケーションの**キーボード**から変更できます。

▼表2.3 Ubuntuのショートカットキー

カテゴリ	ショートカットキー	用途
アクセシビリティ	Alt + Super + 8	ズーム機能のオン／オフを切り替る
	Alt + Super + -	画面をズームアウトする
	Alt + Super + =	画面をズームインする
ウィンドウ	Super + ↑	ウィンドウを最大化する
	Alt + F4	ウィンドウを閉じる
	Super + H	ウィンドウを非表示にする
	Alt + F8	ウィンドウサイズを変更する
	Alt + F7	ウィンドウを移動する
	Alt + Space	ウィンドウメニューを開く
	Alt + F10	最大化／最小化を切り替える
	Super + →	ウィンドウをデスクトップ右半分に表示する
	Super + ←	ウィンドウをデスクトップ左半分に表示する

システム	Super + A	アプリケーション一覧を表示する
	Super + S	システムメニューを表示する
	Alt + F2	コマンド実行プロンプトを表示する
	Ctrl + Alt + Delete	ログアウトする
	Super + L	画面をロックする
	Super + V	通知リストを表示する
スクリーンショット	PrintScreen	対話的にスクリーンショットを撮影する
	Shift + Ctrl + Alt + R	対話的にスクリーンキャストを撮影(画面録画)する
	Alt + PrintScreen	ウィンドウのスクリーンショットを撮る
	Shift + PrintScreen	デスクトップのスクリーンショットを撮る
タイピング	Super + Space	次の入力ソースに切り替る
	Shift + Super + Space	前の入力ソースに切り替る
ナビゲーション	Ctrl + Super + D	すべてのウィンドウを隠す
	Alt + Tab	ウィンドウを切り替える
	Alt + Esc	ウィンドウを直接切り替える
	Super + Tab	アプリケーションを切り替える
	Super + `	アプリケーション内でウィンドウを切り替える
	Alt + F6	アプリケーション内でウィンドウを直接切り替える
	Super + PageDown	右側のワークスペースに移動する
	Super + PageUp	左側のワークスペースに移動する
	Shift + Super + ↑	ウィンドウを上側のディスプレイに移動する
	Shift + Super + ↓	ウィンドウを下側のディスプレイに移動する

	Shift + Super + ←	ウィンドウを左側のディスプレイに移動する
	Shift + Super + →	ウィンドウを右側のディスプレイに移動する
	Shift + Super + PageUp	ウィンドウを左側のワークスペースに移動する
	Shift + Super + PageDown	ウィンドウを右側のワークスペースに移動する
ランチャー	Ctrl + Alt + T	端末を起動する
	Super + F1	ヘルプブラウザーを起動する
アプリケーション	Ctrl + C	選択範囲をコピーする
	Ctrl + X	選択範囲を切り取る
	Ctrl + V	クリップボードの内容をペーストする
	Ctrl + A	すべてを選択する
	Ctrl + Z	直前の操作を取り消す
	Ctrl + N	新しいウィンドウを開く
	Ctrl + T	新しいタブを開く
	Ctrl + W	タブを閉じる
	Ctrl + S	ファイルを保存する
	Ctrl + O	ファイルを開く
	Ctrl + P	印刷する
	Ctrl + F	検索する

02.03.03 GNOME Tweaksによるカスタマイズ

GNOME Tweaksとは

設定アプリケーションで基本的な設定は一通りできるものの、あまり細かいカスタマイズはできません。より細かく、「かゆいところに手が届く」カスタマイズを可能にするツールが**GNOME Tweaks**です。ここでは、GNOME Tweaksを使ってカスタマイズできる項目を紹介します。

GNOME Tweaksのインストールと起動

GNOME Tweaksは、Ubuntuのリポジトリからインストールできます。「**02.03.05 アプリケーションのインストールとアンインストール方法**」を参考にgnome-tweaksパッケージをインストールしてください。

▼コマンド2.8 GNOME Tweaksのインストール

```
$ sudo apt install -y gnome-tweaks
```

インストールが完了したら、アプリケーションリストから「Tweaks」を起動します。GNOME Tweaksは「ユーティリティ」の中にあります。見つけにくいのであれば、名前で検索してもよいでしょう。

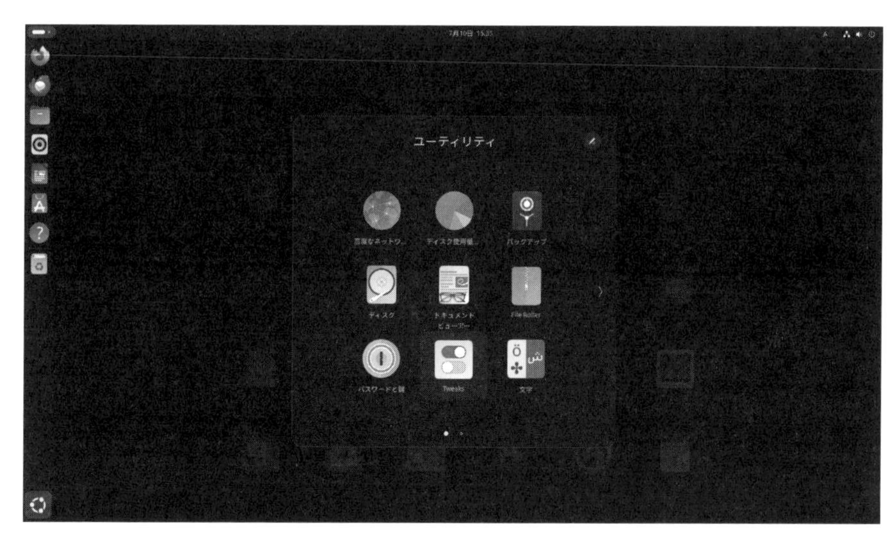

▲図2.164 GNOME Tweaksの起動

フォント

フォントに関する設定を行います。インターフェイスやドキュメントで使用するフォントを変更したり、アンチエイリアスやヒンティングといったレンダリングの設定が可能です。

△図2.165 フォント

外観

マウスカーソルやアイコンのセットと、壁紙を設定します。壁紙は、ライトモード時とダークモード時を別々に設定できます。

△図2.166 外観

サウンド

システムのサウンドテーマを設定します。

図2.167 サウンド

Mouse & Touchpad

マウスの中クリック(ホイールクリック)によるペースト機能の有効/無効を設定します。

図2.168 Mouse & Touchpad

キーボード

キーボードに関連する設定を行います。Emacs風の入力を有効にしたり、アクティビティ画面を呼び出すショートカットや追加のオプションを設定したりします。たとえば、追加のオプションでは、[Caps Lock]を無効にしたり、[Caps Lock]を[Ctrl]として使うなどの設定が可能です。

図2.169　キーボード

ウィンドウ

ウィンドウに関する設定を行います。ウィンドウのタイトルバーをクリックしたときの挙動や、表示するタイトルバーボタンと、その位置を変更できます。

図2.170　ウィンドウ

スタートアップアプリケーション

ログイン時に自動で起動するアプリケーションを設定します。

図2.171 スタートアップアプリケーション

02.03.04 リムーバブルメディアの利用

リムーバブルメディアと自動マウント

Ubuntuでは、USBメモリやSDカード、外付けのSSDといったリムーバブルメディアも扱えます。リムーバブルメディアを挿入すると、「/media/ユーザー名/デバイス名」というマウントポイントが作成され、自動でマウントされます。マウントされて使用可能になったリムーバブルメディアは、Dockにアイコンが表示されます。このアイコンをクリックすると、リムーバブルメディアの内容を**ファイル**で開けます。リムーバブルメディアは**ファイル**のサイドバーにも表示されているので、そこからアクセスすることも可能です。

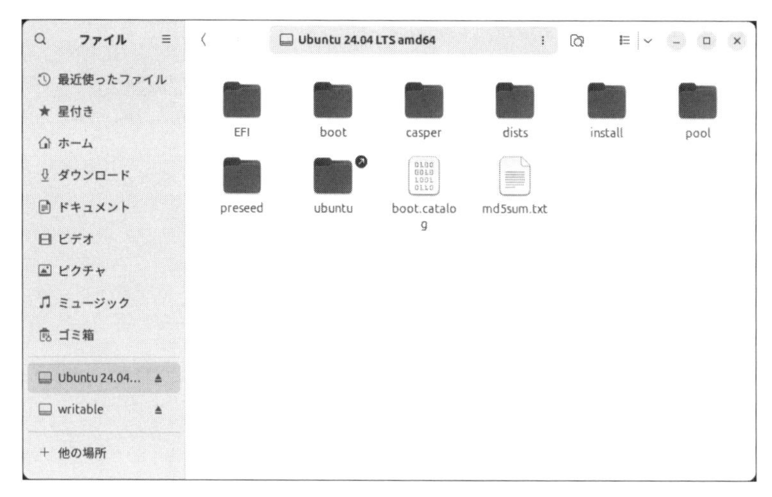

図2.172　USBメモリが自動マウントされた状態

マウントポイントとは

「**02.02.06　Ubuntuのディレクトリツリーとファイルの管理**」で解説したように、Linuxは単一のディレクトリツリーを持っており、ツリーを構成するディレクトリにファイルシステムを**マウント**して使います。この「ファイルシステムをマウントするディレクトリ」を**マウントポイント**と呼びます。前述のリムーバブルメディアの例でいえば、メディアの挿入時にマウントポイントとなる「/media/ユーザー名/デバイス名」というディレクトリが自動で作成されてから、マウント処理が行われています。

マウントポイントにファイルシステムをマウントすると、マウント前のディレクトリの中身は隠蔽されてしまいます。マウントポイントとなるディレクトリは、あくまでもマウントのためだけに使用し、ファイルやディレクトリを作成しないようにするのがよいでしょう。

リムーバブルメディアのアンマウント

リムーバブルメディアを取り外すには、ディレクトリツリーからファイルシステムを**アンマウント**しなくてはなりません。**ファイル**のサイドバーに表示されているイジェクトボタン（⏏）を押すか、Dockのアイコンを右クリックして「アンマウント」を選択します。「アンマウントしました」という通知メッセージが表示されたらアンマウントが完了なので、リムーバブルメディアを取り外せます。

図2.173　Dockのアイコンを右クリックしてアンマウントする

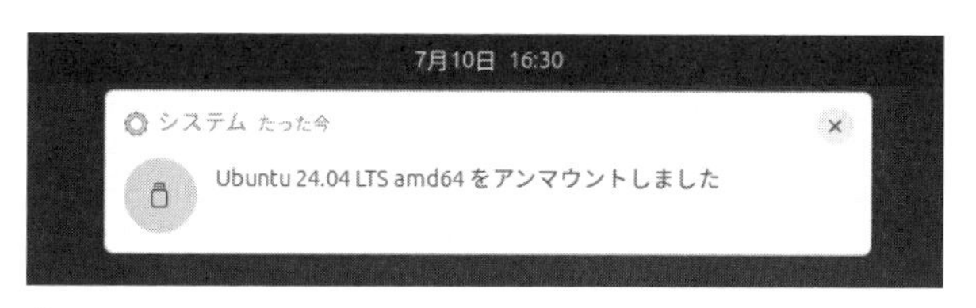

図2.174　アンマウントの完了

02.03.05 アプリケーションのインストールとアンインストール方法

パッケージとリポジトリ

「**第1章　Ubuntuを始めよう**」でも説明しましたが、Ubuntuはさまざまなソフトウェアの「パッケージ」の集合体です。パッケージとは、インストールすべきファイル（プログラム本体、ライブラリ、画像やドキュメントなどのリソース）と、インストールやアンインストール時に実行する処理用のスクリプト、メタデータなどをまとめたアーカイブです。Ubuntuでは、Debian GNU/Linuxに由来する**Deb**と呼ばれる形式のパッケージを採用しています。

パッケージは、インターネット上の**リポジトリ**と呼ばれるサーバーに集められています。リポジトリとは「貯蔵庫」などを意味する英単語です。Ubuntuにソフトウェアをインストールするときは、このリポジトリサーバーからインターネットを経由して、必要なパッケージをダウンロードします。WindowsのMicrosoft StoreやAndroidのGoogle Playと同じような仕組みだと考えるとわかりやすいでしょう。パッケージの形式や管理ツールなどの違いはあれども、たいていのLinuxディストリビューションでこういったパッケージ管理システムを利用しています。

ソフトウェアをパッケージ化する最大のメリットは、新しいソフトウェアのインストールやアップデートが容易になる点です。システムにインストールしたいすべてのソフトウェアを、ユーザー自身がインターネット上に散らばる無数のサイトからダウンロードし、自分のシステム向けにビルドしてインストールするのは現実的ではありません。また、これらのソフトウェアには、脆弱性が見つかるかもしれません。そんな状態でシステムを常に最新の状態に保つことは、困難を極めます。そもそも、Ubuntuのユーザー全員が同じソフトウェアを個別にビルドするのは、無駄以外の何物でもありません。

そういった背景もあり、Ubuntuではシステムを構成するすべてのソフトウェアがパッケージ化されています。リポジトリサーバーから最新のバージョンが提供されていれば、クリック1つでOS全体を最新の状態に保つことが可能です。OSを最新の状態に保つというのは、脆弱性に対する備えとしては最低限のラインです。つまり、現在の複雑なシステムを管理する上において、パッケージ化によるソフトウェアの一元管理は欠かせないのです。

Ubuntuのリポジトリとコンポーネント

Ubuntuのリポジトリは、サポートされる範囲やソフトウェアのライセンスなどによって、大きく「main」「universe」「restricted」「multiverse」という4つのコンポーネントに分かれています。

「main」には、Canonicalによってメンテナンスされるフリーソフトウェアが収録されています。カーネルやデスクトップ環境を始めとして、各種ライブラリや主要なアプリケーションなど、Ubuntuを構成する上で基本的で重要なパッケージが収められます。

「restricted」には、mainと同様にCanonicalによってメンテナンスされているものの、フリーソフトウェアではないパッケージが収録されています。具体的には、グラフィックカードのドライバなどが該当します。

「universe」には、Ubuntuコミュニティによってメンテナンスされるフリーソフトウェアが収録されています。Debian GNU/Linuxからインポートしたパッケージのほとんどは、universeに所属しています。

「multiverse」には、利用条件や再配布条件に制限があるソフトウェアが収録されています。Ubuntu開発チームによるサポートはありません。

mainとrestrictedに含まれるパッケージは、Canonicalのセキュリティチームによるセキュリティアップデートの対象となります。こうした理由から、Ubuntuのインストールメディアには、このコンポーネントに所属するパッケージのみが収録されています。それに対して、universeとmultiverseに所属するパッケージには、コミュニティによるアップデートのみが提供されることになっています※25。

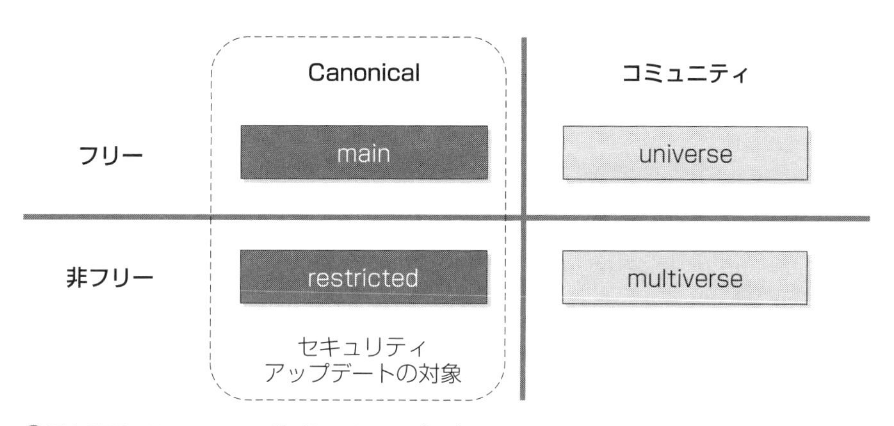

図2.175 Ubuntuのリポジトリとコンポーネント

各コンポーネントの有効／無効は、[ソフトウェアとアップデート]の[Ubuntuのソフトウェア]タブで切り替えられます。

図2.176 各コンポーネントの有効／無効を切り替える

※25 Ubuntu Proを契約すると、プランによっては、Universeのパッケージに対しても10年間の延長セキュリティアップデートが提供されます。

また、ターミナルからは、apt-add-repositoryコマンドの引数にコンポーネント名を指定することで、そのコンポーネントを有効にできます。コンポーネントを無効にしたい場合は-rオプションを付けて同様に実行します。これはシステムに対する変更作業となるため、sudoが必要です。sudoについては「**03.02.18 sudoとroot権限**」を参照してください。

コマンド2.9 apt-add-repositoryコマンドによるコンポーネントの有効/無効を切り替え

```
$ sudo apt-add-repository universe ――――― universeを有効にする
$ sudo apt-add-repository -r universe ――― universeを無効にする
```

セキュリティ修正やバグ修正といった理由で、パッケージは日々新しいバージョンが公開されています。しかし、これらを同一のリポジトリ上に混在させてしまうと都合が悪いため、Ubuntuでは「リリース時のパッケージ」「リリース後に更新されたパッケージ」「セキュリティアップデートが行われたパッケージ」など、用途ごとにリポジトリを分離しています。

Ubuntuでは、リリースごとに「リリース名」「リリース名-update」「リリース名-security」「リリース名-backports」「リリース名-proposed」という5つのリポジトリが用意されています。それぞれの用途は**表2.4**の通りです。リポジトリの有効/無効は個別に切り替えられるので、「セキュリティアップデートは適用するが、アプリケーションの動作に影響するかもしれない更新は適用しない」といった柔軟な運用が可能になっています。なお、propesed以外の4つは、デフォルトで有効になっていますが、proposedは開発者向けのリポジトリであるため、特別な理由がない限りは有効にしないほうがよいでしょう[※26]。

表2.4 Ubuntu 24.04(コードネーム:noble)のリポジトリの種類

リポジトリ	内容
noble	リリース時のパッケージ
noble-updates	リリース後に更新されたパッケージ
noble-security	リリース後にセキュリティアップデートが行われたパッケージ
noble-backports	新しいリリースからバックポートされたパッケージ
noble-proposed	テスト中で未リリースのパッケージ

※26 proposedは、ほかのリポジトリよりも優先度が下げられているため、明示的に指定しない限り、システムが開発中のパッケージで上書きされてしまうといったことはありません。ただし、意図しないトラブルを防止するためにも、デバッグなどの明確な目的がない限りは、リポジトリそのものを無効にしておくべきです。

Ubuntuのリリースごとのリポジトリとコンポーネントは、図2.177のようになります。

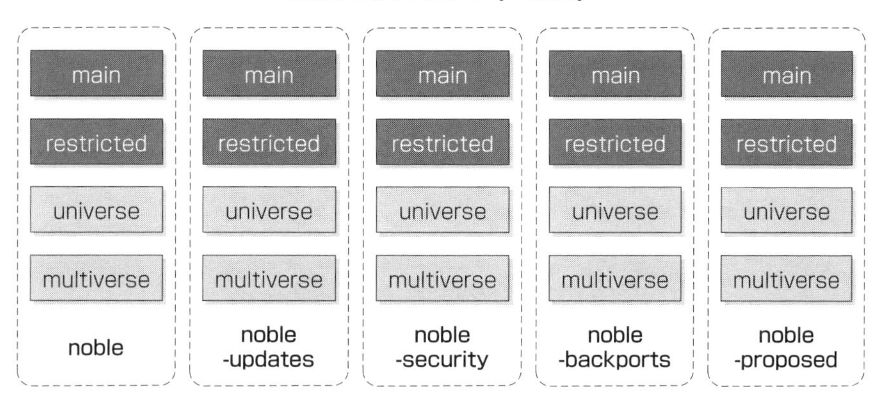

図2.177 Ubuntuのリポジトリの関係

各リポジトリの有効／無効は、［ソフトウェアとアップデート］の［アップデート］タブの［確認対象］で行います。設定の内容は表2.5の通りです。リリース時のリポジトリは必ず有効になります。securityリポジトリは、この画面からは無効にすることはできません。また、proposedリポジトリは「開発者向けオプション」タブから有効にできます。

表2.5 アップデートの確認対象

確認対象	有効になるリポジトリ
すべてのアップデート	update、backports、security
セキュリティ＆推奨アップデート	update、security
セキュリティアップデートのみ	security

図2.178 リポジトリごとの有効／無効を切り替える

Column

Ubuntuのリリース名について

Ubuntuはリリース時の（西暦下2桁）.（月2桁）がバージョン番号になっていますが、それとは別に、リリースごとに「コードネーム」が付けられています。Ubuntuのコードネームは頭韻を踏んだ英単語で、「形容詞＋動物名」をアルファベット順に付けるのが慣習になっています。そして、開発者間の会話やリポジトリのディレクトリ名などには、コードネームの形容詞部分が頻繁に使われます。24.04 LTSのコードネームは「Noble Numbat」なので、前述のリポジトリ名は「noble」となるわけです。ちなみに、24.04の次のバージョンである24.10のコードネームは「Oracular Oriole」です。「N」の次なので「O」が頭文字になっているわけです。

Ubuntu関連のドキュメントでは、コードネーム（の形容詞部分のみ）が使われることもよくあります。Ubuntuの文脈においては、一般の形容詞ではなく固有名詞であることを知っておくと、ドキュメントの意味が掴みやすくなるでしょう。ここ数年のUbuntuのコードネームは、次の表のようになっています。

Ubuntuのバージョンとコードネーム

Ubuntuのバージョン	コードネーム
22.04 LTS	Jammy Jellyfish
22.10	Kinetic Kudu
23.04	Lunar Lobster
23.10	Mantic Minotaur
24.04 LTS	Noble Numbat
24.10	Oracular Oriole

「ソフトウェア」を使ったアプリケーションのインストール

繰り返しになりますが、Ubuntuにアプリケーションをインストールするには、パッケージをダウンロードしてインストールすることになります。Webブラウザーでリポジトリサーバーから Debファイルをダウンロードして手動でインストールすることも可能です。しかし、通常は、そのような手動インストールは行わず、パッケージ管理ツールを使用します。

Ubuntuデスクトップには、**アプリセンター**という、お勧めのアプリをインストールするためのストアアプリが標準で用意されています。しかし、アプリセンターはすべてのアプリをインストールできるわけでもないため、本書では**ソフトウェア**の利用を推奨します。

次のコマンドで、gnome-softwareパッケージをインストールしてください。

コマンド2.10 aptコマンドによるgnome-softwareのインストール

```
$ sudo apt install -y gnome-software
```

インストールが完了したら、アプリケーションリストから**ソフトウェア**を起動します。

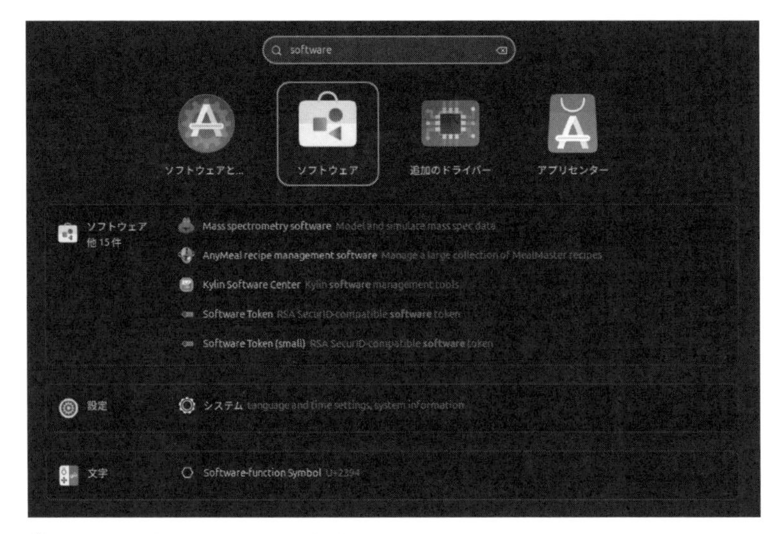

図2.179 「ソフトウェア」を起動する

ソフトウェアを起動すると、**図2.180**のような画面が表示されます。「クリエイト」「仕事」といったアプリケーションのカテゴリーと、お勧めのアプリケーションがいくつか表示されます。ここからカテゴリーごとに分類されたアプリケーションを探し、クリックしてインストールができます。

図2.180 「ソフトウェア」の画面

ウィンドウ左上にある虫めがねのアイコンをクリックすると、検索ボックスが表示されます。アプリケーション名が判明している場合は、ここから検索するとスムーズにアプリケーションを見つけることができます。ここでは、人気のフォトレタッチツールである「GIMP」をインストールしてみます。検索ボックスに「gimp」と入力して「GNU Image Manipulation Program」を探してください。見つかったアプリケーション名をクリックすると、アプリケーションの個別詳細ページが表示されます。

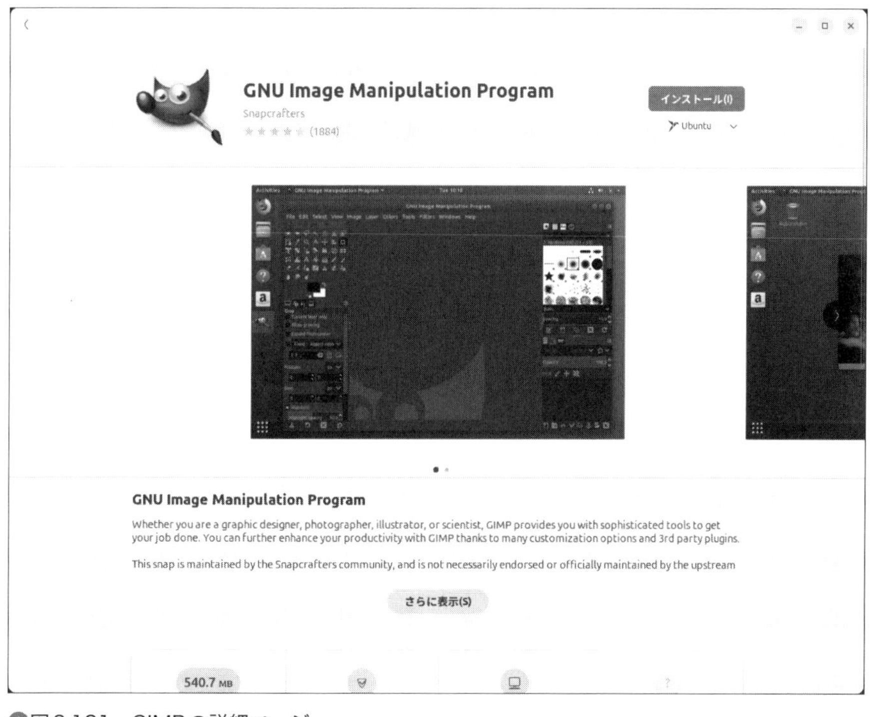

図2.181　GIMPの詳細ページ

アプリによっては、Debパッケージ版に加えて、後述するSnapパッケージ版が並行して配布されていることもあります。また、Snap版は、リリース版と開発版のように、複数のバージョンが提供されていることもあります。[インストール]ボタンの下にある[Ubuntu]と書かれたボタンに注目してください。ここを押すと、インストールするバージョンを切り替えることができます※27。ここではDeb版をインストールしたいので、[Ubuntu DEB]を選択します。

※27　これは、DebとSnapの双方で提供されているアプリケーションに限った話です。アプリケーションによっては単一のバージョンしか提供されておらず、選択の必要のないものも存在します。

その後、[インストール]ボタンを押すと、認証が要求されるので、ユーザーのログインパスワードを入力します。正しく認証されると、アプリケーションが実際にインストールされます。インストールされたGIMPは、アプリケーションリストに登録され、そこから起動できるようになります。

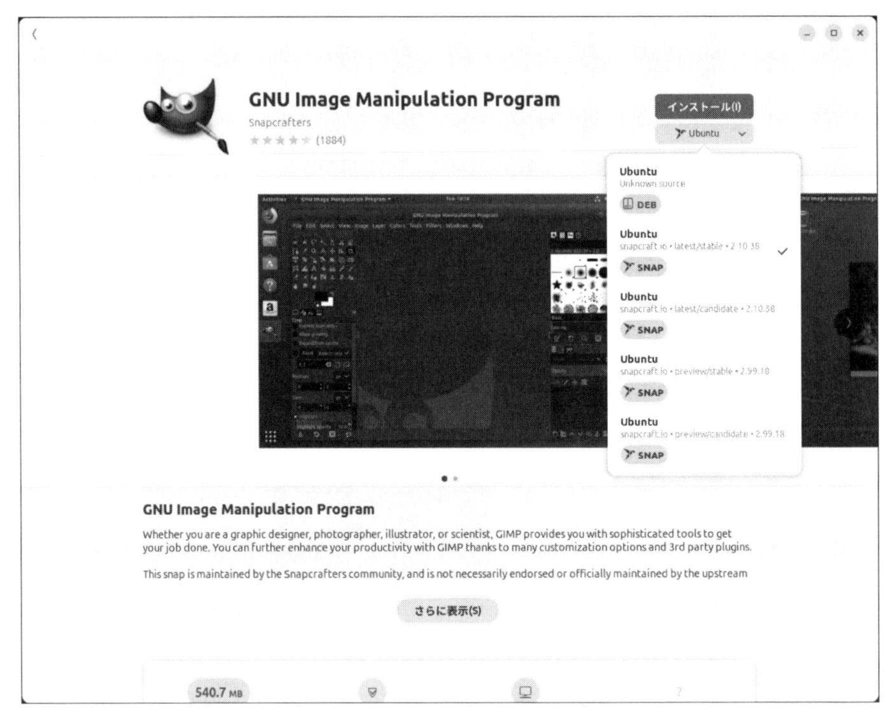

図2.182 インストールするバージョンを選択する

認証が必要です

Authentication is required to install, update, or remove packages

Hajime MIZUNO

パスワード

キャンセル 認証

図2.183 アプリケーションのインストールには認証が必要になる

図2.184 インストール中の状態

[ソフトウェア]のタイトルバーにある[Installed]をクリックするとをクリックすると、インストール済みアプリケーションの一覧を表示できます。ここから各アプリケーションの詳細ページを開けるほか、[Uninstall]ボタンをクリックすることで、アプリケーションのアンインストールが行えます。また、インストール済みのアプリケーションは、詳細ページの[インストール]ボタンが赤いゴミ箱のアイコンに変化します。このアイコンをクリックすることでもアンインストールが行えます。

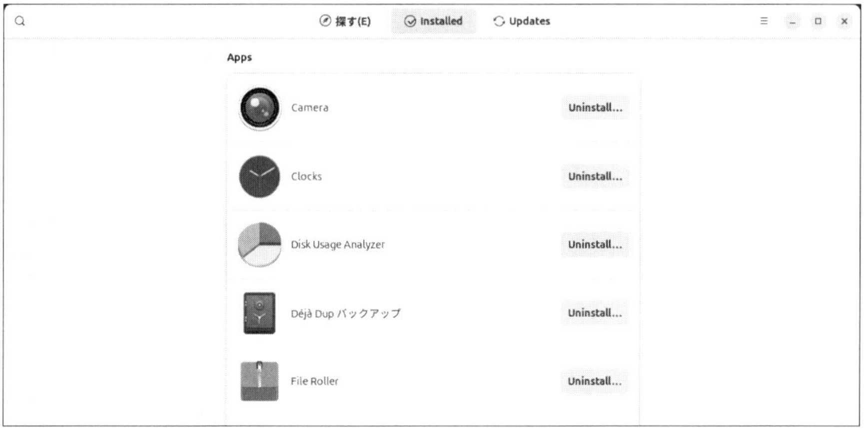

図2.185 ここからインストール済みのアプリケーションを管理できる

アップデート可能なアプリケーションが存在する場合は、[Updates]タブに一覧が表示されます。[すべて更新]ボタンですべてのアプリケーションを、個別の[アップデート]ボタンでアプリケーション単位で、アップデートが可能です。ただし、「ソフトウェア」には、Ubuntuを構成するすべてのパッケージのアップデートが表示されるわけではないので、アップデートには「**02.03.06 Ubuntuのアップデート**」で解説する「ソフトウェアの更新」を使うほうがよいでしょう。

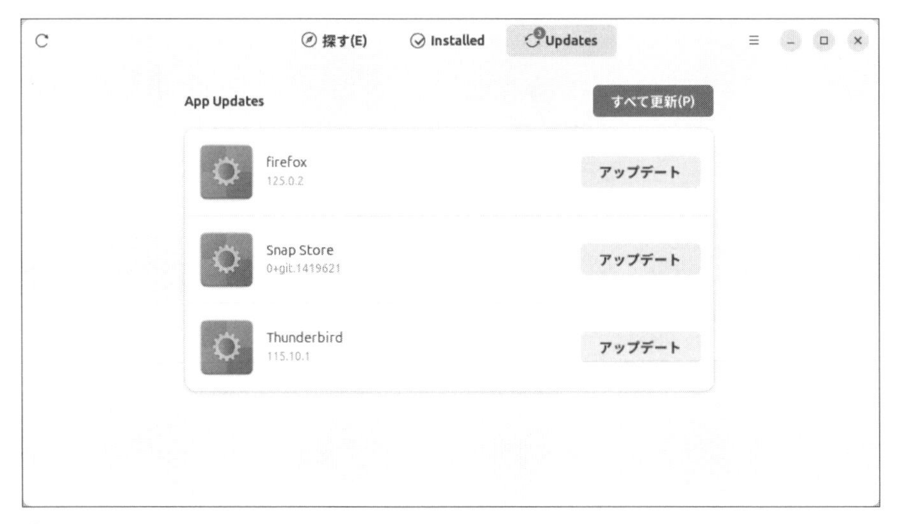

図2.186　アップデート可能なアプリケーションのアップデートを行える

aptコマンドを使ったパッケージのインストール

すでに何度か紹介していますが、コマンドラインでは、aptコマンドを使ってパッケージのインストールができます。まず最初に「apt update」を実行して、パッケージ情報を更新します。続いて「apt install パッケージ名」を実行します。先ほどと同様にGIMPをインストールしたい場合は、GIMPのパッケージ名である「gimp」を指定します。本当にインストールしてよいかの確認が表示されたら「y」と入力して Enter を押します。なお、「apt install」に-yオプションを付けると、この確認をスキップできます。

aptコマンドでパッケージを操作するにはroot権限が必要となるため、コマンドの前に「sudo」を付ける必要があります。sudoについては「**03.02.18 sudoとroot権限**」を参照してください。aptコマンドのより詳細な使い方は「**04.05 ソフトウェア管理**」を参照してください。

コマンド2.11　aptコマンドを使ったgimpパッケージのインストール

```
$ sudo apt update
$ sudo apt install gimp
パッケージリストを読み込んでいます... 完了
依存関係ツリーを作成しています... 完了
状態情報を読み取っています... 完了
以下の追加パッケージがインストールされます:
```

```
(...略...)
92.5 MB のアーカイブを取得する必要があります。
この操作後に追加で 386 MB のディスク容量が消費されます。
続行しますか? [Y/n]
```

ミラーサーバーの変更

「archive.ubuntu.com」というサーバーがUbuntuの公式リポジトリサーバーです。しかし、世界中にある無数のUbuntuマシンのすべてが、このサーバーからダウンロードするのは得策ではありません。サーバーやネットワークの能力には限界があるため、1か所のサーバーにアクセスが集中すると、正常にパッケージがダウンロードできなかったり、最悪の場合はサーバーダウンの原因となる可能性があるためです。また、地理的に遠い場所からではネットワークの速度が問題になり、パッケージのダウンロードが遅くなってしまいます。

そこで、リポジトリーサーバーのコピーが世界中に用意されています。これを**ミラーサーバー**と呼びます。快適にパッケージのダウンロードを行うためにも、メインサーバーではなく、自分の居住地域に近いミラーサーバーを使うのが基本です。日本国内では、公式なミラーとして、Ubuntu Japanese Teamが「jp.archive.ubuntu.com」を管理しています。また、それ以外にも、いくつものミラーサーバーが有志によって用意されています。提供されているミラーの一覧は「Official Archive Mirrors for Ubuntu」※28で確認できます。日本国内の代表的なミラーは**表2.6**の通りです。

表2.6 国内の代表的なミラーサーバー

山形大学	http://ftp.yz.yamagata-u.ac.jp/pub/linux/ubuntu/archives/
北陸先端科学技術大学院大学	http://ftp.jaist.ac.jp/pub/Linux/ubuntu/
理化学研究所	http://ftp.riken.go.jp/Linux/ubuntu/
KDDI研究所	http://www.ftp.ne.jp/Linux/packages/ubuntu/archive/
つくばWIDE	http://ftp.tsukuba.wide.ad.jp/Linux/ubuntu/

※28 https://launchpad.net/ubuntu/+archivemirrors

Ubuntuのインストーラーは、地理的な情報から、自動的にミラーサーバーを選択します。日本国内でインストールしたのであれば、デフォルトで「jp.archive.ubuntu.com」が指定されているはずです。海外のサーバーが設定されているような場合は、国内のサーバーに変更しておきましょう。また、日本国内の全Ubuntuユーザーが、同じ「jp.archive.ubuntu.com」にアクセスするのも好ましくありません。日本国内には他のミラーサーバーも用意されているので、別のミラーに変更することも検討してみてください。

使用するミラーサーバーは、[ソフトウェアとアップデート]の[Ubuntuのソフトウェア]タブにある[ダウンロード元]で変更できます。[その他]を選択するとミラーサーバーを選択するダイアログが開くので、[日本]以下にある使いたいサーバーを選択してください。

▲図2.187　ダウンロード元のサーバーを変更する

図2.188　日本国内からミラーサーバを選択する

02.03.06 Ubuntuのアップデート

OSのアップデートとは

世の中のソフトウェアにはさまざまなバグやセキュリティホールが存在し、残念ながらUbuntuも例外ではありません。こうした不具合は、見つけ次第修正しなければなりません。Ubuntuでも、バグやセキュリティの修正に対応したアップデートを日々リリースし続けています。

Ubuntuは、自動的にパッケージ情報を確認し、アップデートできるパッケージを発見すると、**ソフトウェアの更新**を起動して通知します。[今すぐインストールする]ボタンを押すと、パッケージのアップデートが始まります。アップデートの通知が表示されたら、特別な理由がない限り、すみやかにアップデートを適用するように心がけてください。[News]には修正される大きな脆弱性などの情報が、[アップデートの詳細]にはアップデートされるパッケージの一覧が、表示されます。

図2.189 パッケージのアップデートが可能な際には通知が表示される

手動でのアップデート

アップデートの通知を待たず、**ソフトウェアの更新**を手動で起動してアップデートを行うこともできます。アプリケーションリストやアクティビティ画面から**ソフトウェアの更新**を起動して[今すぐインストールする]ボタンを押してしてください。

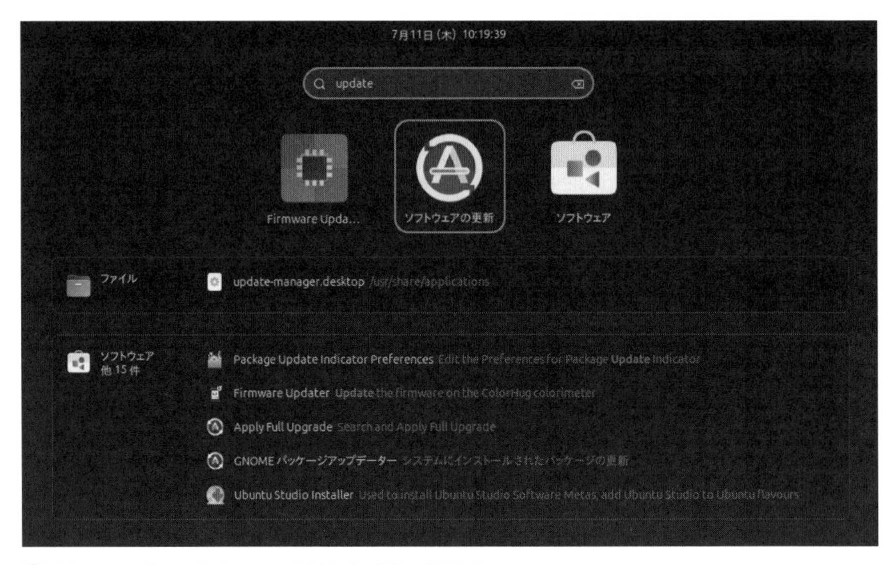

図2.190 「ソフトウェアの更新」を手動で起動する

aptコマンドによるアップデート

aptコマンドでもパッケージの一括更新が可能です。パッケージインストール時と同様に「apt update」でパッケージ情報を更新した後、「apt upgrade」を実行します。本当にアップグレードしてよいかの確認が表示されるので、「y」と入力して Enter を押してください。なお、installと同様に、-yオプションや-Uオプションを併用できます。

コマンド2.12 aptコマンドによるOSのアップデート

```
$ sudo apt update
$ sudo apt upgrade
パッケージリストを読み込んでいます... 完了
依存関係ツリーを作成しています... 完了
状態情報を読み取っています... 完了
アップグレードパッケージを検出しています... 完了
以下のパッケージはアップグレードされます:
  accountsservice apparmor apport apport-gtk apt apt-utils base-files
(...略...)
564 MB 中 0 B のアーカイブを取得する必要があります。
この操作後に追加で 3,625 kB のディスク容量が消費されます。
続行しますか? [Y/n] y ――― yを入力してEnterを押す
```

Unattended-Upgradeとは

Ubuntuでは、Unattended-Upgradeという、バックグラウンドでパッケージを自動的に更新する仕組みが動作しています。デフォルトでは、毎日「セキュリティアップデートのみ」を自動でインストールする設定になっており、実は手動でアップデートを適用しなくても、OSは最低限の安全な状態に保たれています。

Unattended-Upgradeは、systemd.timerというスケジューラーを経由して実行されています(systemd-timerについては、「**06.06.03 コマンドを定期的に実行する**」参照)。内部的に「apt-daily.service」と「apt-daily-upgrade.service」というsystemdサービスが用意されており、これらがそれぞれapt-daily.timerとapt-daily-upgrade.timerというタイマー経由で起動されています。これらのサービスは、内部的に/usr/lib/apt/apt.systemd.dailyというスクリプトを実行しており、このスクリプト内でセキュリティアップデートのダウンロードとインストールを行っています。

どのリポジトリのパッケージを自動更新するかは、/etc/apt/apt.conf.d/50unattended-upgradesのUnattended-Upgrade::Allowed-Originsというセクションで設定されています。このセクションには、アップデートを自動適用するリポジトリが列挙されています。「"${distro_id}:${distro_codename}-security";」という行があるため、セキュリティアップデートが自動で適用されるというわけです※29。updatesリポジトリの更新も自動適用したいのであれば、「"${distro_id}:${distro_codename}-updates";」という行のコメントを解除します(行頭の「//」を削除します)。

ただし、セキュリティ以外のアップデートを自動適用すると、意図せずにアプリケーションの挙動に違いが起きるといった問題が出る可能性も否定できません。したがって、安定性を重視するシステムでは、設定の変更はお勧めしません。

▼リスト2.1 50unattended-upgradesのUnattended-Upgrade::Allowed-Originsセクション

```
Unattended-Upgrade::Allowed-Origins {
  "${distro_id}:${distro_codename}";
  "${distro_id}:${distro_codename}-security";
  // Extended Security Maintenance; doesn't necessarily exist for
  // every release and this system may not have it installed, but if
  // available, the policy for updates is such that unattended-upgrades
  // should also install from here by default.
  "${distro_id}ESMApps:${distro_codename}-apps-security";
  "${distro_id}ESM:${distro_codename}-infra-security";
//  "${distro_id}:${distro_codename}-updates";
//  "${distro_id}:${distro_codename}-proposed";
//  "${distro_id}:${distro_codename}-backports";
};
```

PhasedUpdatesとは

更新されたパッケージは、「-updates」リポジトリにリリースされます。現在のUbuntuでは、パッケージがリリースされたタイミングで全ユーザーにアップデートが通知されるわけではなく、アップデートは時間の経過とともに、段階的に利用できるようになっています。なぜならば、パッケージをいきなり全ユーザーに対して展開してしまうと、リリースされたパッケージに不具合が見

※29 Ubuntu Proを契約している場合は、ESMのリポジトリのアップデートも自動的に適用されます。

つかった場合の影響が非常に大きくなってしまうためです。そこで、段階的にリリースし、不具合が見つかった場合は更新の提供を停止することで、影響を最小限に抑えられるようになっているわけです。この段階的なリリースの仕組みは**PhasedUpdates**と呼ばれています。

リリースされたパッケージは、最初は全体のうち10%のユーザーに対してのみに提供されます。この割合は6時間ごとに10%ずつ増加し、リリースから54時間後に100%となります。この期間中にパッケージの不具合が確認された場合、割合が0%にセットされ、更新の提供が停止されます。

PhasedUpdates中のパッケージがインストールできるかどうかは、そのUbuntuのマシンIDをもとに計算されます。そのため、複数のUbuntuマシンを動作させている場合、タイミングによってはパッケージがインストールできるマシンと、インストールが保留されるマシンが出てくることになります。

コマンド2.13　caption="アップデートが保留される例

```
$ sudo apt upgrade
パッケージリストを読み込んでいます... 完了
依存関係ツリーを作成しています... 完了
状態情報を読み取っています... 完了
アップグレードパッケージを検出しています... 完了
The following upgrades have been deferred due to phasing:
  apparmor libapparmor1 lxd-installer
アップグレード: 0 個、新規インストール: 0 個、削除: 0 個、保留: 3 個。
```

これらのパッケージはPhased Updatesによって保留されている

なお、次のコマンドを実行すると、PhasedUpdatesを無効にし、常に最新のパッケージに更新できるようになります。

コマンド2.14　PhasedUpdatesを無効にする

```
$ echo 'Update-Manager::Always-Include-Phased-Updates true;\
nAPT::Get::Always-Include-Phased-Updates true;' | sudo tee -a /etc/
apt/apt.conf.d/99-Phased-Updates
```

02.03.07 X.OrgとWayland

ディスプレイサーバーとは

Ubuntuのデスクトップ環境のような「ウィンドウシステム」を構築するためのキーとなるソフトウェアが**ディスプレイサーバー**です。ディスプレイサーバーは、キーボードやマウスからの入力イベントを受信してアプリケーションを操作したり、アプリケーションからのデータを処理して画面を合成し、カーネルに送信してディスプレイに出力させるといった機能を担っています。ディスプレイサーバーが存在しなかったら、Ubuntuはサーバー版のコンソールのようなCLIの画面しか表示できないでしょう。

Linuxを始めとする多くのUnixライクなOSでは、従来、ウィンドウシステムを描画するプロトコルに「X Window System」、ディスプレイサーバーの実装として「X.Org」を採用していました。現在のX Window Systemのバージョンは11で、通称**X11**と呼ばれています。しかし、X11の登場は1987年と非常に古いプロトコルであるため、設計上のさまざまな問題や、現代の事情にそぐわない非効率な部分が多く存在しています。そこで、Ubuntuでは、より現代的なディスプレイサーバーである**Wayland**への移行を進めてきました。Waylandは、X11と同様に通信プロトコルの名前であり、実装としてのディスプレイサーバーは別に存在します。Ubuntuでは、ディスプレイサーバー(Waylandコンポジター)として、GNOME製のプロダクトである「Mutter」が使われています。

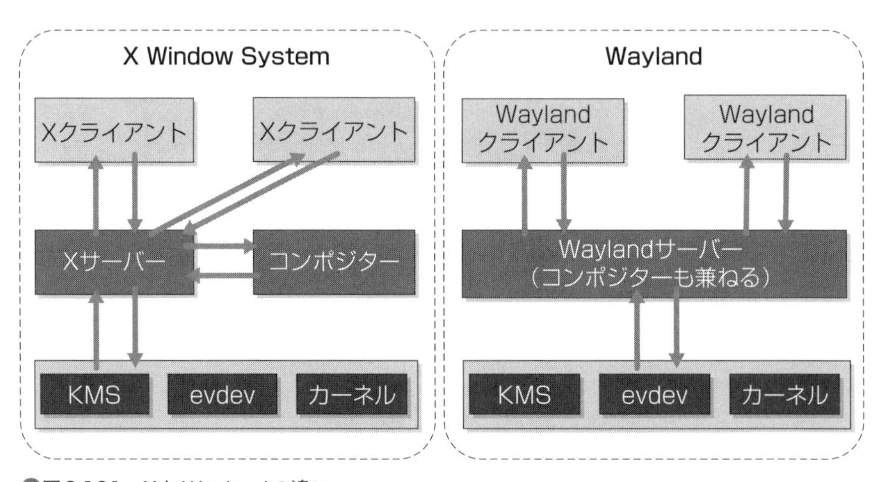

図2.191 XとWaylandの違い

Ubuntu 24.04 LTSには、X11とWaylandの両方がインストールされており、デフォルトではWaylandが使われるようになっています。

Waylandの特徴

X11もWaylandも、クライアントサーバー方式のプロトコルです。クライアント（WebブラウザーなどのGUIアプリケーション）がサーバーに対して画面描画の要求を送信し、コンポジターが実際の描画を行います。X11ではXサーバーとコンポジターは別に用意されていましたが、WaylandではWaylandサーバーがコンポジターを兼ねています。

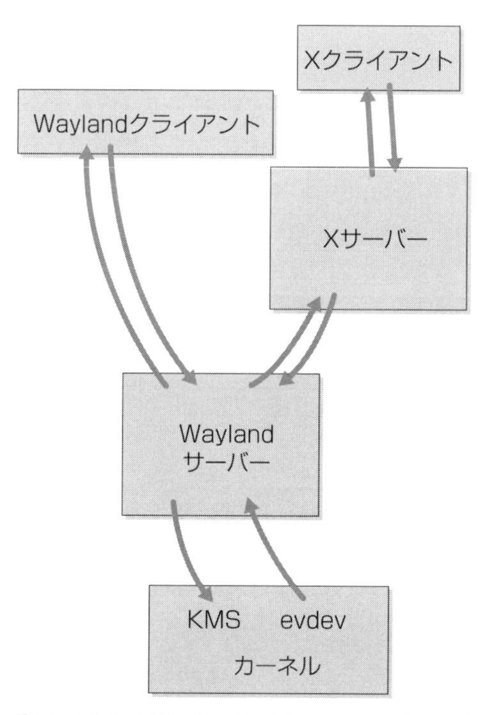

図2.192 XWaylandによりWayland上でXクライアントを動かせる

また、WaylandはX11を置き換える新しいプロトコルであるため、X11に存在するさまざまな問題の解決に取り組んでいます。X11は歴史的な事情から非常に複雑な構成となっていましたが、Waylandはよりシンプルな設計となっています。そのため、X11と比較して軽量で高速というメリットもあります。

なお、X11とWaylandの間にプロトコル的な互換性はないので、X11用のアプリケーションをWayland上で直接動かすことはできません。しかし、それでは不便なので、Wayland上で動作するXサーバー(XWayland)も用意されています。それによって、従来のX11用アプリケーションを透過的にXWaylandを通して実行することが可能になり、X11との下位互換性を確保しています。

X.Orgへの切り替え

Ubuntuでは Waylandの採用に10年以上の期間をかけて取り組んできました。前回のLTSである22.04で、デフォルトセッションをXからWaylandへ変更しましたが、その段階でほとんどのアプリケーションは問題なく動く状態に仕上がっていました。しかしながら、Wayland対応が進んでいないアプリケーションも存在し、環境によっては不具合が起きる可能性もわずかながらあります。そのような場合は、セッションを従来のX.Orgに切り替えることもできます。

使用するディスプレイサーバーは、ログイン画面で切り替えることが可能です。X.Orgに切り替えたい場合は、パスワードを入力する段階で、右下にある歯車のアイコンをクリックして「Ubuntu on Xorg」を選択してからログインします。少しわかりにくいのですが、「Ubuntu」がWaylandセッションとなっています。

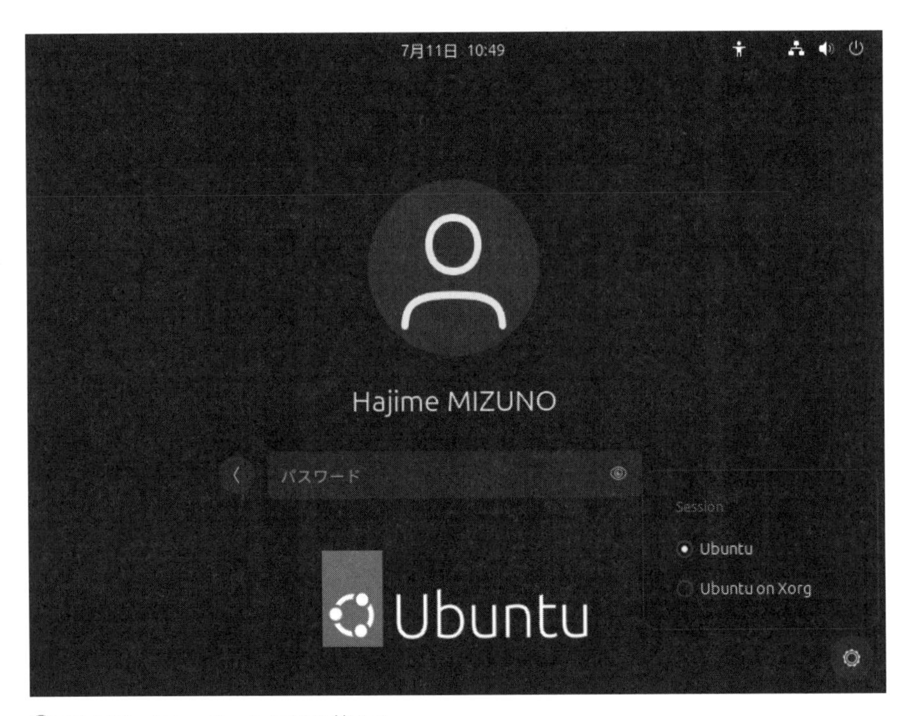

図2.193 Xセッションに切り替える

03

第3章

コマンドライン操作を習得しよう

03.01 コマンド入門

03.01.01 コマンドラインとは

CLIとは

Ubuntuのデスクトップやスマートフォンのように、マウスやタッチパネルでアイコンやウィンドウを操作するインターフェイスを「**Graphical User Interface**（GUI）」と呼びます。GUIは直感的で使いやすいため、PCからスマートフォン、駅の券売機からコンビニのコピー機まで、ありとあらゆる場所で採用されています。現代的なコンピューターにおける、主流のインターフェイスといえるでしょう。

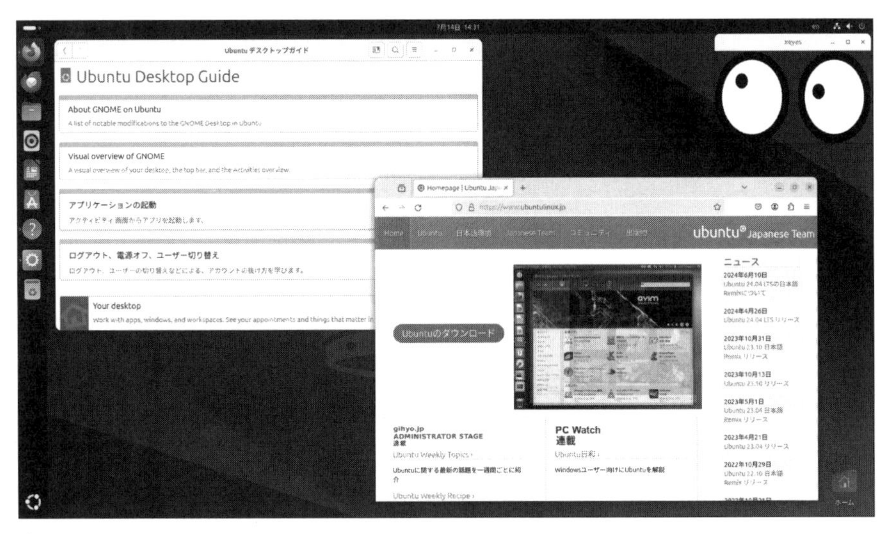

図3.1　GUIであるUbuntuのデスクトップ。グラフィカルなアイコンやウィンドウをマウスで直感的に操作できる

これに対し、キーボードから文字を入力することで、コンピューターに命令を与えて操作するインターフェイスを「**Command Line Interface**（CLI）」と呼んでいます。文字だけで操作するCLIは、GUIが普及する以前から存在しているインターフェイスでもあり、古くさく、時代遅れの印象があるかもしれません。

しかし、後述するように、現代においても積極的にCLIを使うべき理由が存在します。ちなみに、CLIは「Character User Interface（CUI）」と呼ぶこともありますが、本書ではCLIに統一します。

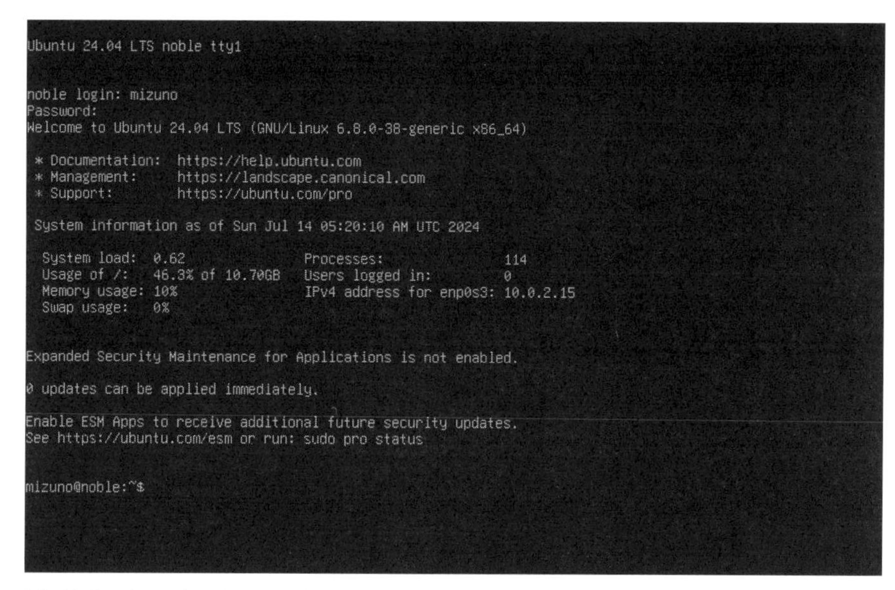

図3.2　CLIであるサーバー版Ubuntuの画面。真っ暗な画面に白い文字を入力することで操作する

CLIを使うメリット

GUIは非常に直感的なインターフェイスを提供するため、ある程度PCを使い慣れている人であれば、初めて触れるアプリケーションであっても、見た目で何となく操作方法の見当が付くでしょう。これに対して、CLIでは、打ち込むべきコマンドの知識がなければ、一切の操作ができません。つまり、CLIは、GUIに比べて初期の学習コストが高く、ハードルの高いインターフェイスであることは間違いありません。

20年ほど昔のLinuxはデスクトップ環境もまだまだ成熟しておらず、少し凝った作業をするときにはCLIが必要になるのが当たり前でした。そのため、「Linuxを使うには面倒なコマンド操作が必須」や「CLIは前時代的なインターフェイス」などといった印象を持っている人もいるかもしれません。しかし、Linuxのデスクトップ環境が洗練され、ほとんどすべての操作をGUIのみで行えるようになった現在において、わざわざハードルの高いCLIを使う意味はあるのでしょうか？答えは**Yes**です。

CLIの最大の特徴は、GUIよりも効率よく、複雑な操作が行える点にあります。たとえば、デジタルカメラで撮影した写真のサイズを変更することを考えてみましょう。GUIであれば、GIMPやPhotoshopのようなフォトレタッチツールで画像ファイルを開き、サイズを変更して上書き保存することになるでしょう。写真が数枚であれば、こうした手作業でも大きな問題はありません。しかし、写真が100枚、あるいは1,000枚あったら、手作業で行うのは現実的とはいえません。ですが、CLIであれば、たった1行のコマンドを実行するだけで、写真をリサイズすることが可能です。しかも、対象の写真が何百枚、何千枚あったとしても、実行するコマンドは同じ1行で済むのです。CLIは、このようなマウスの手作業では難しい大量のデータの一括処理などに向いています。

CLIは、実行する内容を文字だけで正確に表現できます。たとえば、GUIアプリケーションの操作を言葉だけで説明するのは非常に難しく、スクリーンショットや、場合によっては動画などを使って説明する必要があるでしょう。しかし、CLIはコマンドの文字列を伝えるだけで同じ作業を再現できるので、GUIに比べて作業の内容を第三者に伝えやすいのです。作業手順書やWebページから実行するコマンドをコピー&ペーストすることも簡単です。そのため、技術系のブログなどでは、手順を敢えてコマンド化して解説しているものも少なくありません。業務で作業手順書を作成するような場合にも有効です。

日常の作業において、GUIアプリケーションの間違った部分をうっかりクリックしてしまい、アプリケーションが意図しない動作をしてしまった経験はないでしょうか。何とか元の状態に戻そうと思っても、そもそも自分が何をしてしまったかすら不明なため、どうにもならないということも往々にして起こります。CLIは実行したコマンドがすべて履歴として残るため、万が一間違ったコマンドを実行してしまったとしても、何をどう間違えたのかが明確で、原因究明や復旧作業がしやすいのです。

CLIは、用途が異なる複数のコマンドを組み合わせて、複雑な処理を組み立てることが可能です(「**03.02.16 標準入力と標準出力**」参照)。こうした柔軟性では、GUIよりもCLIに軍配が上がります。そして、一度組み立てたコマンドの再利用や、処理の自動化もしやすくなっています。処理の自動化については「**第10章 Ubuntuでスクリプティング**」で解説します。

また、CLIは文字だけで動作するため、グラフィカルな画面を表示するGUIに比べて、少ないリソースで動作させることができます。したがって、非力なコンピューターや細いネットワーク回線越しに作業するような場合にも有効です。また、仕組みがシンプルであるため、GUIよりもインストールするソフトウェアが少なくて済みます。これは、アップデートやセキュリティ対策の面での大きなアドバンテージとなります。

これらの理由から、「**第5章　Ubuntuをサーバーとして使おう**」で解説するUbuntuのサーバー版は、デフォルトではデスクトップ環境はインストールされません。もちろん、サーバーに後からデスクトップ環境をインストールすることも可能ですが、リソースやセキュリティといった理由から、サーバーにはGUIをインストールせず、CLIだけで操作するのが一般的です。

つまり、**CLIは決して時代遅れのインターフェイスではなく、GUIが苦手とする領域の作業を効率よく実行できるツール**なのです。それゆえ、デスクトップ環境上で、CLIを併用しているIT技術者も数多く存在します。目的に応じて、GUIとCLIをうまく使い分けられると理想的です。

▲図3.3　よくある開発者のデスクトップ画面。GUIのアプリでコードを書きつつ、CLIを併用してサーバーの監視や操作を行っている。

上で述べたように、Linuxサーバーを運用するのであれば、事実上、CLIは必須の知識となります。

03.01.02 コマンドの実行方法

端末とは

CLIは、**ターミナル**と呼ばれる画面内に、キーボードで文字(コマンド)を打ち込んで操作するのが基本です。ターミナルは「端末」とも呼ばれます。

大昔のコンピューターは非常に大きく、専用の部屋に設置されていました。その巨大なコンピューターを別室から遠隔操作するために、キーボードとディスプレイだけを備えた装置が用意されました。コンピューターとシリアル接続されていた、この装置が「端末」です。

図3.4　端末のデファクトスタンダードであった、DEC(Digital Equipment Corporation)のVT100(出典：Wikipedia※1)

コンピューターが小型化し、PCが机上に設置されるようになった現在でも、コンピューターと文字列を使ってやり取りするという方式自体は変わっていません。とはいえ、現在のPCはキーボードとディスプレイを備えているので、「物理的な端末」は不要です。そこで、現在のOS上では「ターミナルエミュレーター(略して「ターミナル」とも呼びます)」というソフトウェアを使ってCLIを操作します。ターミナルは、ユーザーからキーボードの入力を受け付けたり、コマンドの実行結果を表示したりするアプリケーションです。

ただし、ターミナルは、あくまでもキーボードやディスプレイの入出力を行う装置に過ぎません。実際にコマンドを解釈して実行しているのは、ターミナルの中で起動している**シェル**と呼ばれるプログラムです。シェルについては「**03.02 シェルの活用**」で解説します。

※1　https://en.wikipedia.org/wiki/VT100#/media/File:DEC_VT100_terminal.jpg

実際にコマンドを実行するには

コマンドを実行するためには、まず「ターミナル」を起動します。Ubuntuデスクトップには、**GNOME端末**と呼ばれるターミナルがデフォルトでインストールされています。アプリケーションリストやアクティビティ画面から「端末」を起動してください。あるいは、デスクトップ上でCtrl＋Alt＋Tを押すことでも起動できます（慣れたら、このほうが便利です）。

GNOME端末を起動すると、黒いウィンドウ内に文字が表示され、カーソルが点滅しています。ウィンドウの左上には緑色の文字で「ユーザー名@ホスト名」が表示されています。その右側はコロン（:）で区切られ、カレントディレクトリと「$」記号が表示されています（カレントディレクトリについては「03.01.05 カレントディレクトリ」参照）。この文字を**プロンプト**と呼び、シェルがコマンドの入力を待機している状態を表しています。CLIでは、ここに実行したいコマンドを入力し、Enterを押して実行します。

慣習的に、一般ユーザーのプロンプトは「$」で、rootユーザーのプロンプトは「#」で表します。本書でもコマンドの入力例であることを明確にするため、ユーザーが入力すべきコマンドの前には「$」を表記しています。

プロンプトに続いて、キーボードから「ls」と入力して、Enterを押してみましょう。lsは、ファイルとディレクトリの一覧を表示するコマンドです。コマンドの入力中は、テキストエディタのようにカーソルを動かし、DeleteやBackSpaceでカーソル位置の文字を削除したり、カーソル位置に別の文字を挿入したりといった編集が可能です。

コマンドが実行されると、ホームディレクトリ内にあるファイルの一覧がターミナル内に表示された後、再びプロンプトが表示され、次のコマンドの入力を待機します。このように、コマンドの入力、実行、出力を1つずつ繰り返してコンピューターを操作するのがCLIの基本です。

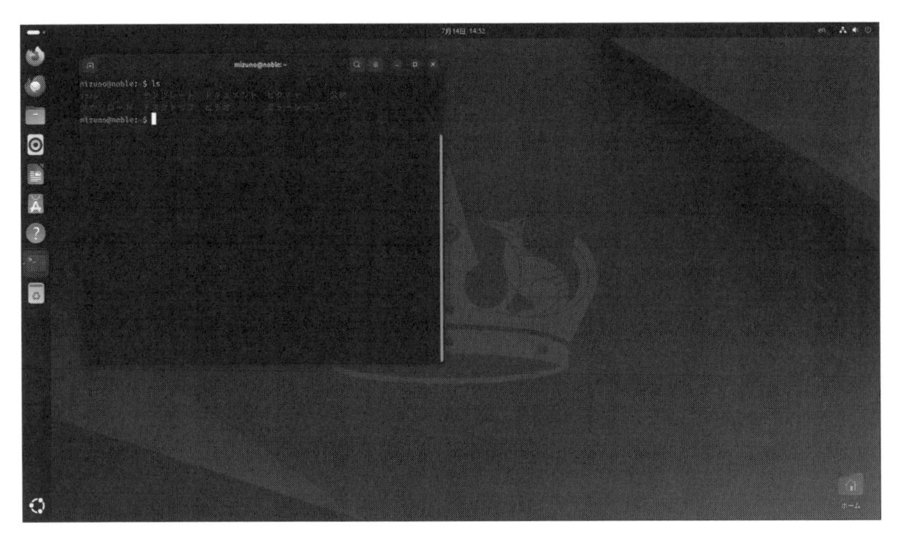

図3.5　Ubuntuデスクトップ上でも、GNOME端末を使うことでCLIを利用できる

GNOME端末の基本操作

GNOME端末の基本的な操作方法を紹介します。GNOME端末はCLIのための環境を提供しますが、それ自体はデスクトップ上で動作するGUIアプリケーションです。したがって、Webブラウザーなどと同様に、マウスによるスクロール、各種GUIメニューによる操作、コピー＆ペーストなどが可能です。

GNOME端末は、Firefoxや**ファイル**と同様に、タブ表示に対応しています。CLIでさまざまな作業を行うようになると、複数のシェルを同時に使いたいことがよくあります。複数のGNOME端末のウィンドウを開いても構いませんが、タブ機能を使うと複数のターミナルをコンパクトに管理できます。新しいタブを開くには、ウィンドウ左上の新規タブボタン（）を押すか、Ctrl＋Shift＋Tを押します。2つ以上のタブが存在する状態になると、ウィンドウ上部にタブバーが表示されるようになります。タブを切り替えるには、マウスで目的のタブをクリックするか、Ctrl＋PageUp／PageDownを押します。また、タブの右側にある[×]ボタンを押すか、Ctrl＋Shift＋Wを押すと、タブを閉じることができます。

図3.6 タブを開いて2つのターミナルを表示した例

ターミナル内に表示された文字のコピーや、逆にクリップボードの内容をターミナル内にペーストできます。たとえば、コマンドの出力をコピーして保存したり、作業手順書からコマンドをペーストして実行するといった活用が可能です。文字をコピーするには、ターミナル内のコピーしたい領域をドラッグで選択した後に、Ctrl＋Shift＋Cを押します。ターミナル内に文字をペーストするには、ペーストしたい位置にカーソルを移動した状態でCtrl＋Shift＋Vを押します。気を付けなければならないのは、コピー&ペーストのショートカットキーが、一般的なGUIアプリケーションとは異なる点です。これは、シェルがCtrl＋Cなどのキーに特別な機能を割り当てているため、それらと衝突するショートカットキーが使えないためです。そのため、GNOME端末では、コピーはCtrl＋Shift＋C、ペーストはCtrl＋Shift＋Vのように、Shiftを併用するようになっています。なお、CLIにおけるCtrl＋Cの役割は「**03.02.06 コマンドの強制終了**」で解説します。

コマンドによっては、その出力が一画面に収まり切らない場合があります。GNOME端末では、ターミナル内の表示をスクロールバックさせて、画面外に流れてしまった出力を遡って読むことができます。Webブラウザーなどと同じく、ウィンドウ右端のスクロールバーをドラッグするか、マウスのホイールを回転させてください。デフォルトでは、スクロールバックの限界値は10,000行に設定されています。この値を変更したい場合は、タイトルバーにあるハンバーガーアイコンの[設定]から行えます。「名前なし」というデフォルトのプロファイルが存在するので、これを選択した上で、「スクロール」タブを開いてください。

△図3.7　GNOME端末の各種設定を変更できる

Ctrl ＋ + ／ − で、表示される文字の拡大縮小が可能です。特に、拡大は、プロジェクターに画面を投影したりビデオ会議で端末の操作をデモしたりするような場合に役立ちます。変更した文字のサイズを元に戻すには Ctrl ＋ 0 を押してください。

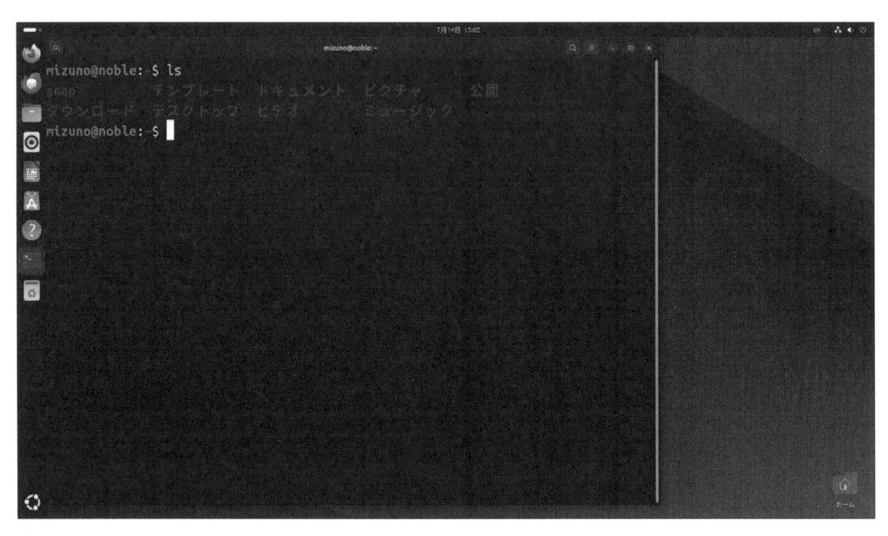

△図3.8　文字を拡大した例

タイトルバーの文字と比べて、かなり大きくなっていることがわかる。高解像度のデスクトップ全体にターミナルを表示するようなこともできるターミナル内に表示された文字を検索することもできます。タイトルバーにある「虫めがね」ボタン（🔍）をクリックするか、Ctrl ＋ Shift ＋ F を押すと検索ダイアログが表示されるので、ここに検索したいキーワードを入力して Enter を押します。キーワードにマッチする文字列が見つかると、ターミナル上で該当部分がハイライトされます。マッチする文字列が複数見つかった場合は、検索ダイアログの右側にある上下の矢印ボタン（⌃⌄）を押すと、前後の該当部分をハイライトできます。なお、一般的な検索機能のショートカットは Ctrl ＋ F ですが、Ctrl ＋ F もシェル上で特別な意味を持つため、コピーやペーストと同様に Shift が必要となっています。

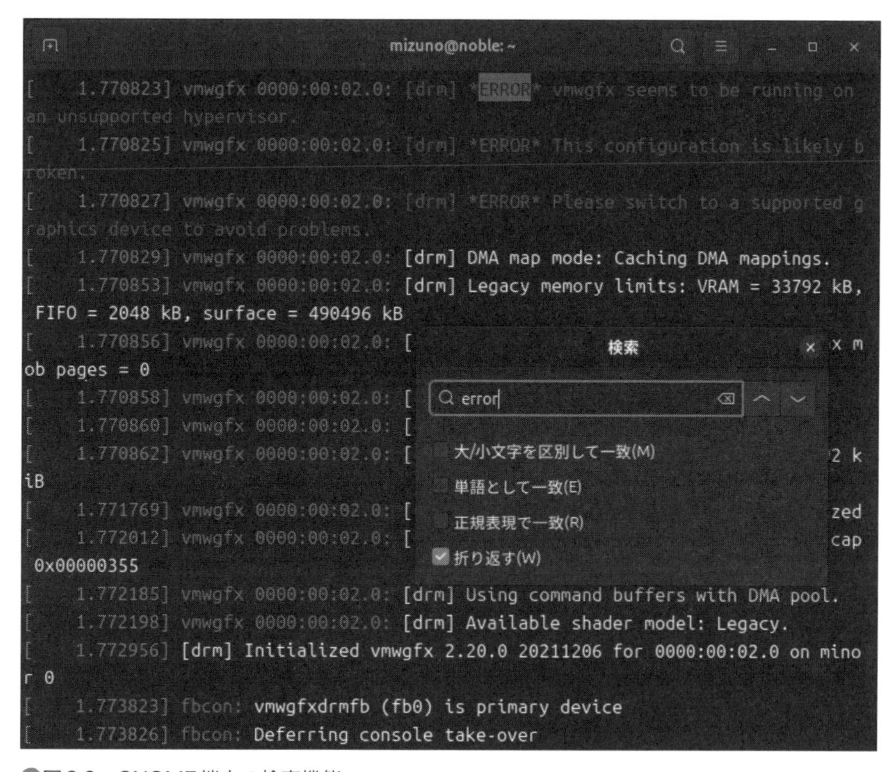

△図3.9　GNOME端末の検索機能

03.01.03 引数とオプション

引数とは

コマンドには、**引数**(ひきすう)を渡すことができます。先ほども使ったファイルの一覧を表示するlsコマンドを使って、具体的な例を説明していきます。lsコマンドは、引数なしで実行すると、カレントディレクトリの内容を表示します。ターミナルを起動した直後のカレントディレクトリはユーザーのホームディレクトリになっているので、ホームディレクトリの内容が表示されます。**ファイル**で表示されるフォルダと同じ内容が表示されることを確認してみてください。

コマンド3.1　ホームディレクトリでlsコマンドを実行

```
$ ls
snap        テンプレート  ドキュメント  ピクチャ      公開
ダウンロード  デスクトップ  ビデオ        ミュージック
```

引数とはコマンドに対して与える値で、**パラメータ**とも呼びます。コマンドは受け取った引数を解釈し、それに応じて挙動を変化させます。lsコマンドの引数として、ディレクトリツリー上のパス名を渡すことができます。その場合、lsコマンドはカレントディレクトリではなく、指定されたパスの内容を表示します。たとえば、引数として「/(ルートディレクトリ)」を指定すると、ルートディレクトリ直下にあるファイルの一覧が表示されます。

コマンド3.2　lsコマンドの引数として「/」を渡して実行

```
$ ls /
bin                home               mnt   sbin.usr-is-merged  usr
bin.usr-is-merged  lib                opt   snap                var
boot               lib.usr-is-merged  proc  srv
cdrom              lib64              root  swap.img
dev                lost+found         run   sys
etc                media              sbin  tmp
```

コマンド名と引数は、スペースで区切って入力します。複数の引数を指定できるコマンドもあります。具体的にどのような引数を受け取れるかは、コマンドによって異なります。

オプションとは

引数が「コマンドに渡す値」であるならば、オプションは「コマンドの挙動を変更するスイッチ」です。ここでもlsコマンドを例として、オプションによる挙動の変化を見てみましょう。lsコマンドはデフォルトではファイル名のみを表示しますが、-lオプションを付けると、パーミッションや所有者(「**04.02 パーミッションによるファイルの保護**」参照)、タイムスタンプなどが含まれる、詳細なリスト形式で表示します。

コマンド3.3 lsコマンドに「-l」オプションを付けて実行

```
$ ls -l
合計 36
drwx------ 5 mizuno mizuno 4096  8月  9 13:32 snap
drwxr-xr-x 3 mizuno mizuno 4096  8月  9 13:32 ダウンロード
drwxr-xr-x 2 mizuno mizuno 4096  8月  9 13:16 テンプレート
drwxr-xr-x 2 mizuno mizuno 4096  8月  9 13:16 デスクトップ
drwxr-xr-x 2 mizuno mizuno 4096  8月  9 13:16 ドキュメント
drwxr-xr-x 2 mizuno mizuno 4096  8月  9 13:16 ビデオ
drwxr-xr-x 2 mizuno mizuno 4096  8月  9 13:16 ピクチャ
drwxr-xr-x 2 mizuno mizuno 4096  8月  9 13:16 ミュージック
drwxr-xr-x 2 mizuno mizuno 4096  8月  9 13:16 公開
```

-aオプションを付けると、「.(ドット)」で始まる隠しファイルも表示されます。また、オプションはスペースで区切って複数を同時に指定できるため、-lオプションと組み合わせることもできます。次に示したのは、隠しファイルを含むすべてのファイルを、詳細なリスト形式で表示する例です。なお、複数のオプションは、この例のように個別に指定することも、ハイフンの後にまとめて書くこともできます。たとえば、「-l -a」は「-la」と書いても構いません。

コマンド3.4 lsコマンドに「-l -a」オプションを付けて実行

```
$ ls -l -a
合計 80
drwxr-x--- 16 mizuno mizuno 4096  8月  9 15:16 .
drwxr-xr-x  3 root   root   4096  8月  9 13:12 ..
-rw-------  1 mizuno mizuno   44  8月  9 14:32 .bash_history
-rw-r--r--  1 mizuno mizuno  220  8月  9 13:12 .bash_logout
```

```
-rw-r--r--  1 mizuno mizuno 3771  8月  9 13:12 .bashrc
drwx------  8 mizuno mizuno 4096  8月  9 15:17 .cache
drwx------ 13 mizuno mizuno 4096  8月  9 13:17 .config
drwx------  2 mizuno mizuno 4096  8月  9 13:17 .gnupg
drwx------  3 mizuno mizuno 4096  8月  9 13:16 .local
-rw-r--r--  1 mizuno mizuno  807  8月  9 13:12 .profile
drwx------  2 mizuno mizuno 4096  8月  9 13:17 .ssh
-rw-r--r--  1 mizuno mizuno    0  8月  9 15:16 .sudo_as_admin_successful
drwx------  5 mizuno mizuno 4096  8月  9 13:32 snap
drwxr-xr-x  3 mizuno mizuno 4096  8月  9 13:32 ダウンロード
drwxr-xr-x  2 mizuno mizuno 4096  8月  9 13:16 テンプレート
drwxr-xr-x  2 mizuno mizuno 4096  8月  9 13:16 デスクトップ
drwxr-xr-x  2 mizuno mizuno 4096  8月  9 13:16 ドキュメント
drwxr-xr-x  2 mizuno mizuno 4096  8月  9 13:16 ビデオ
drwxr-xr-x  2 mizuno mizuno 4096  8月  9 13:16 ピクチャ
drwxr-xr-x  2 mizuno mizuno 4096  8月  9 13:16 ミュージック
drwxr-xr-x  2 mizuno mizuno 4096  8月  9 13:16 公開
```

オプションはハイフン1つと1文字の英数字で表されますが、ハイフン2つと英単語から構成される「ロングオプション」というオプションも存在します。たとえば、lsコマンドには表示順を逆転させる-rオプションが存在しますが、--reverseというロングオプションは、これと同等の機能を持っています。通常のオプションとロングオプションの両方が提供されているオプションは、どちらを利用しても機能に違いはありません。ただし、オプションの中には、ロングオプションでしか提供されていないものや、その逆も存在します。どんなオプションが用意されているかはコマンドによって異なるので、各コマンドのマニュアルを参照してください。マニュアルの読み方は「**03.01.04 コマンドのマニュアルを読む方法**」で解説します。

03.01.04 コマンドのマニュアルを読む方法

manコマンドの使い方

ほとんどのコマンドには、CLI上から参照できるマニュアルが用意されています。このマニュアルを読むためのコマンドが「man」です。引数に読みたいマニュアルの名前を指定して実行します。たとえば、lsコマンドのマニュアルを読むには、**コマンド3.5**のように実行します。なお、manで表示されるマニュアルのことを「manページ」と呼びます。

コマンド3.5 lsコマンドのmanページを表示

```
$ man ls
```

lsコマンドは結果がターミナル上に出力されてコマンドの実行が終了しましたが、**図3.10**に示すように、manコマンドの出力は、1画面で停止します。

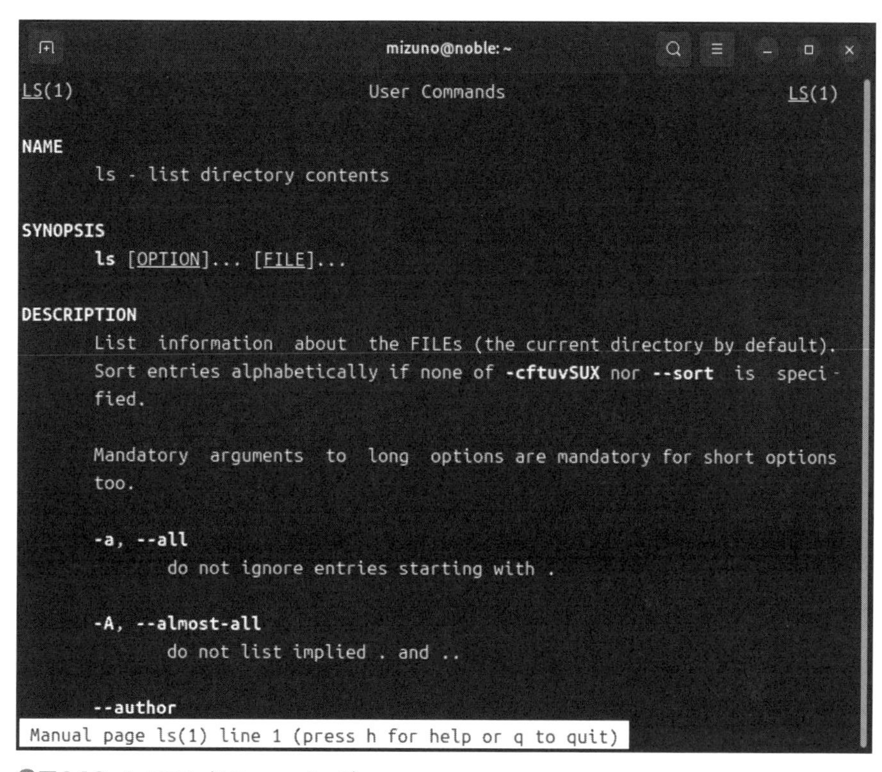

図3.10 lsコマンドのmanページ

これは、manコマンドはテキスト表示のために、内部で「less」という別のコマンドを実行しているためです。lessはキーボードから対話的に操作してテキストを閲覧するコマンドで、明示的に終了するまでプロンプトには復帰しません。

lessコマンドは、一画面に収まりきらないテキストを上下にスクロールして表示したり、任意の単語を検索する機能を備えています。lessの主な操作方法は**表3.1**のようになっています。

01 02 03 04 05 06 07 08 09 10 A

表3.1 lessの操作

キー	動作
k、↑	上に1行スクロールする
j、↓	下に1行スクロールする
b	上に一画面スクロールする
f	下に一画面スクロールする
u	上に半画面スクロールする
d	下に半画面スクロールする
g	テキストの先頭に移動する
G	テキストの末尾に移動する
/検索文字列 Enter	文字列を検索する
n	前回の検索を繰り返す
N	逆方向に検索を繰り返す
h	lessのヘルプを表示する
q	lessを終了する

lessのように、CLI上でテキストを表示するためのプログラムを**ページャ**と呼びます。ページャは、manに限らず、CLIのさまざまなシーンで暗黙的に利用されているコマンドです。使用頻度が高いコマンドなので、基本的な操作方法は覚えておきましょう。

マニュアルのセクション

manのマニュアルは、対象ごとにセクション分けがなされています。

表3.2 manページのセクション

セクション	内容
1	実行プログラムやシェルコマンド
2	カーネルが提供するシステムコール
3	ライブラリ関数
4	スペシャルファイル
5	ファイルのフォーマット(たとえば/etc/passwdなど)

6	ゲーム
7	その他(マクロパッケージや慣習など、雑多なこと)
8	システム管理用のコマンド
9	カーネルルーチン

実行したいコマンドのマニュアルを読むだけであれば、セクションは特に意識する必要はありません。しかし、異なるセクションに同名のマニュアルが存在する場合は、セクション番号を省略すると番号の小さいセクションのマニュアルが表示されてしまいます。たとえば、crontabというマニュアルは、セクション1にcrontabコマンドのマニュアルが、セクション5にcrontab形式のファイルフォーマットについてのマニュアルが存在します(crontabについては「**06.06.03　コマンドを定期的に実行する**」を参照)。セクション1のcrontabコマンドのマニュアルを読むのであればセクション番号は省略できますが、セクション5のcrontabファイルのマニュアルを読むには、セクション番号を明示的に指定する必要があります。セクション番号は、manコマンドの引数として、マニュアル名前に入力します。

▼コマンド3.6　crontabのmanページを表示

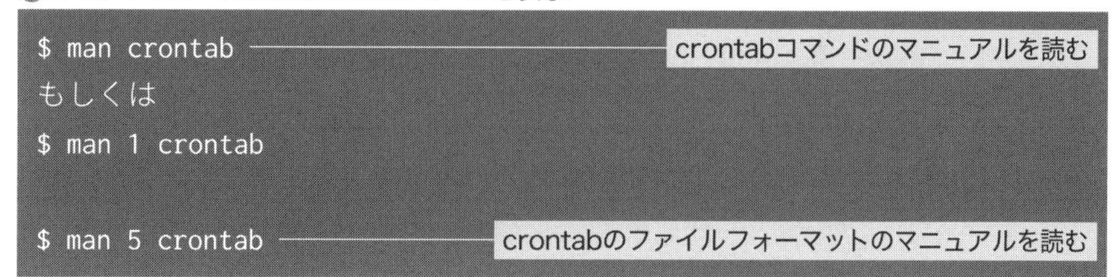

マニュアルを検索する

manコマンドでは、キーワードでマニュアルを検索することもできます。-kオプションに、検索したいキーワードを指定してください。「該当するマニュアル名（セクション番号）- 概要」が表示されます。

▼コマンド3.7　manページを検索

```
$ man -k ubuntu        「ubuntu」というキーワードが含まれるマニュアルを検索する
pro (1)              - Manage Ubuntu Pro services from Canonical
```

```
ua (1)                - Manage Ubuntu Pro services from Canonical
ubuntu-advantage (1) - Manage Ubuntu Pro services from Canonical
ubuntu-bug (1)        - file a bug report using Apport, or update an
existing report
ubuntu-distro-info (1) - provides information about Ubuntu's distribu
tions
ubuntu-report (3)     - Report metrics from your system, install and
upgrades
ubuntu-report-interactive (3) - Interactive mode, alias to running
this tool without any subcommands.
ubuntu-report-send (3) - Send or opt-out directly from metric reports
without interactions
ubuntu-report-show (3) - Only collect and display metrics without sen
ding
usb-creator-gtk (8)   - Ubuntu startup disk creation tool for Gtk+
```

03.01.05 カレントディレクトリ

カレントディレクトリとは

ファイルマネージャーの**ファイル**を起動すると、ウィンドウ内にホームディレクトリの内容が表示されます。適当なディレクトリをダブルクリックすると、今度はそのディレクトリが開かれ、ウィンドウ内に表示されるファイルの一覧も変化します。このように、ファイルマネージャーは常にどこかのディレクトリを開いており、そのディレクトリの中身に対して操作を行っています。そして、別のディレクトリに対して操作を行いたい場合は、クリック操作によってディレクトリを移動します。

ファイルマネージャーと同様に、シェルも常にどこか1つのディレクトリを開いています。この「現在開いているワーキングディレクトリ」を**カレントディレクトリ**と呼びます。シェル上での自分の現在位置と考えるとわかりやすいでしょう。pwdコマンドを実行すると、現在のカレントディレクトリを表示できます。Ubuntuでは、シェルのプロンプト記号($)の前に、常にカレントディレクトリが表示されています。カレントディレクトリがホームディレクトリの場合は、ここに「~(チルダ)」が表示されます。これは、~がホームディレクトリを表す特別な記号だからです。

「pwd」は「Print Working Directory」の略です。

図3.11 カレントディレクトリを表示する

lsのように、引数としてファイルのパスを指定するタイプのコマンドは、引数を省略した場合、暗黙的にカレントディレクトリを対象とすることがよくあります。また、シェル上では相対パス(「**03.01.06 絶対パスと相対パス**」参照)でファイルのパスを指定することも多く、現在のカレントディレクトリがどこかを常に意識することは非常に重要です。

なお、カレントディレクトリは「.(ピリオド)」で表します。前述のlsコマンドは、引数を省略するとカレントディレクトリが指定されたものとして動作しましたが、引数にピリオドを指定して「ls .」としても、同じ挙動をします。

コマンド3.8 明示的にカレントディレクトリを指定して実行

```
$ ls
$ ls .
```

どちらもカレントディレクトリのファイル一覧を表示する

カレントディレクトリを変更する

カレントディレクトリを変更するには、cdコマンドを使用します。cdコマンドに引数を指定して実行すると、指定されたディレクトリにカレントディレクトリを変更します。シェルでは、「..」で上位の(親)ディレクトリを表せます。つまり、1つ上位のディレクトリへとカレントディレクトリを変更するには「cd ..」のように実行します。

cdコマンドには、いくつか特殊なディレクトリの指定方法があります。引数に「-(ハイフン)」を指定すると、「1つ前のカレントディレクトリに戻る」という挙動になります。つまり、「cd -」を繰り返し実行することで、2つのディレクトリを行き来することができるのです。また、引数を省略すると、カレントディレクトリをホームディレクトリに変更します。ホームディレクトリは「~(チルダ)」で表せるので、これは「cd ~」と入力しても同じ挙動となります。

▼コマンド3.9　カレントディレクトリの変更

```
$ cd /          ― 引数に「/」を指定して、カレントディレクトリをルートディレクトリに変更
$ pwd           ― 現在のカレントディレクトリは「/」
/
$ cd            ― 引数を省略してcdコマンドを実行
$ pwd           ― カレントディレクトリは「/home/mizuno」(ホームディレクトリ)
/home/mizuno
# cd ..         ― 1つ上位のディレクトリへ移動
# pwd           ― カレントディレクトリは「/home」
/home
$ cd -          ― カレントディレクトリを「-」(ハイフン=1つ前のカレントディレクトリ)に変更
$ pwd           ― カレントディレクトリは「/home/mizuno」(ホームディレクトリ)に戻っている
/home/mizuno
```

03.01.06 絶対パスと相対パス

パスとは

「**02.02.06　Ubuntuのディレクトリツリーとファイルの管理**」で解説したように、システム上に存在するファイルは、階層化されたディレクトリツリー上に分類され保存されています。アプリケーションがファイルを読み書きするには、「どこにある何というファイル」であるかを一意に特定する方法が必要です。それが、ディレクトリツリー上のファイルまでの経路(システム上のファイルの位置)を表す**パス**です。

パスの表記方法には、**絶対パス**と**相対パス**の2種類が存在します。

絶対パスとは

ディレクトリツリーの頂点であるルートディレクトリから目的のファイルまで、経由するディレクトリの階層をすべて記述するのが**絶対パス**です。絶対パスのメリットは、現在のカレントディレクトリといった環境に依存せず、システム上でのファイルの絶対的な位置を一意に特定できる点です。絶対パスの起点はルートディレクトリなので、「/」から始まり、ファイルまでの経路のディレクトリ名を「/」で区切って表記します。

たとえば、ホームディレクトリ(/home/mizuno)内にdocumentsというディレクトリがあり、その中にexample.txtというファイルがあるとします。このファイルを絶対パスで表記すると、「/home/mizuno/documents/example.txt」となります。

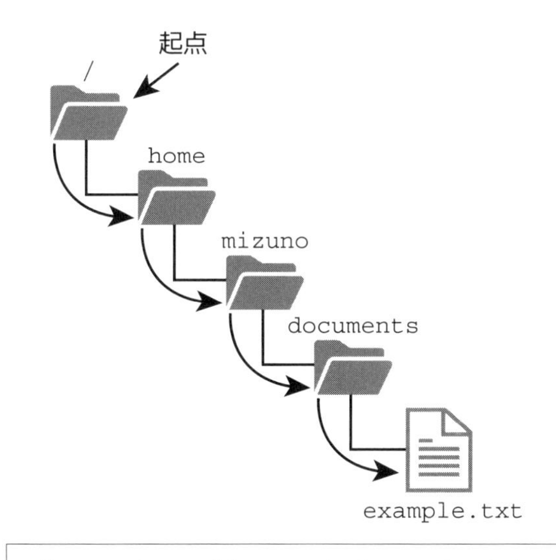

図3.12　絶対パスの表記方法

相対パスとは

絶対パスに対して、カレントディレクトリからの相対的な位置を記述するのが**相対パス**です。ファイルまでの経路のディレクトリ名を「/」で区切って表記する点は絶対パスと同じですが、起点がルートディレクトリ(/)ではなく、カレントディレクトリ(.)になる点が異なります。

相対パスのメリットは、カレントディレクトリと対象の位置関係さえ変わらなければ、システム上のどこに配置してもよいという点です。たとえば、ユーザーのホームディレクトリに配置されたファイルの絶対パスは、ホームディレクトリ名(ユーザー名)によって変化します。つまり、環境に依存するため、パスを一意に特定できないことになります。しかし、ホームディレクトリからの相対パスであれば、どんな名前のディレクトリにインストールされていたとしても、関係なく位置を特定できます。

カレントディレクトリがホームディレクトリ(/home/mizuno)であった場合、前述のファイルは「./documents/example.txt」と表記できます。

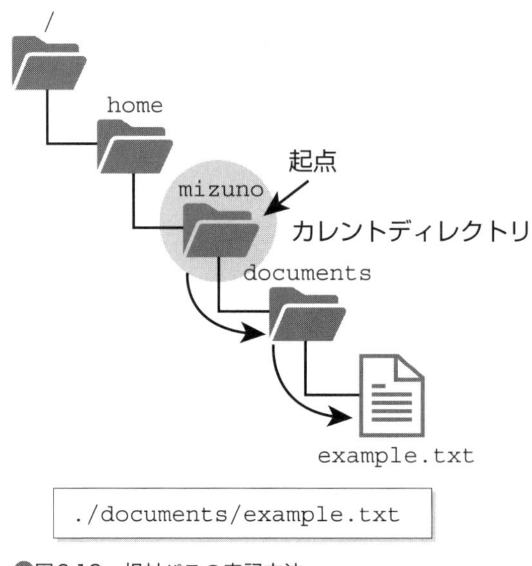

図3.13 相対パスの表記方法

03.01.07 コマンドライン上のテキストエディタ

nanoテキストエディタとは

LinuxではOSの設定ファイルを始めとして、さまざまなデータをテキストファイルで扱うのが基本です。そのため、テキストエディタによるテキスト編集は避けて通れません。特に、サーバーの設定作業においては、ターミナル上でテキストを編集する必要が出てきます。

Ubuntuデスクトップに GUIのテキストエディタが用意されているように、CLIにはCLI用のテキストエディタが存在します。従来のUnixライクなOSでは、「vi」と呼ばれるエディタが一般的に利用されてきました。しかし、viは非常に独特な操作性を持っているため、初めて使うユーザーはほぼ間違いなく「文字が入力できない」「カーソルが動かない」「終了の仕方がわからない」といった問題に悩まされてしまいます。そこで、Ubuntuでは、一般的なテキストエディタに近い操作感を持った**nano**というエディタがCLI用の標準エディタとして採用されています。

nanoテキストエディタの使い方

nanoは、その名の通り、nanoコマンドで起動します。

nanoの操作は、一般的なGUIのテキストエディタとほぼ同じです。起動すると新しいバッファ(編集領域)が開くのので、カーソルキーでカーソルを動かし、テキストの入力や削除を行います。ファイルへの書き込みや終了といった操作は、キーボードショートカットで行います。nanoの画面の下部には、主なショートカットが表示されています。たとえば、nanoを終了するショートカットは「^X」と表示されています。「^」は Ctrl を押すことを意味するため、これは Ctrl + X を押すという意味になります。利用できるショートカットキーの一覧は、ヘルプ(Ctrl + G)でも確認できます。

デスクトップ環境でマウスが使えるターミナルを利用している場合は、nanoに-mオプションを付けてマウスモードを有効にして起動すると、これらのメニューをマウスクリックで操作できるようになります。

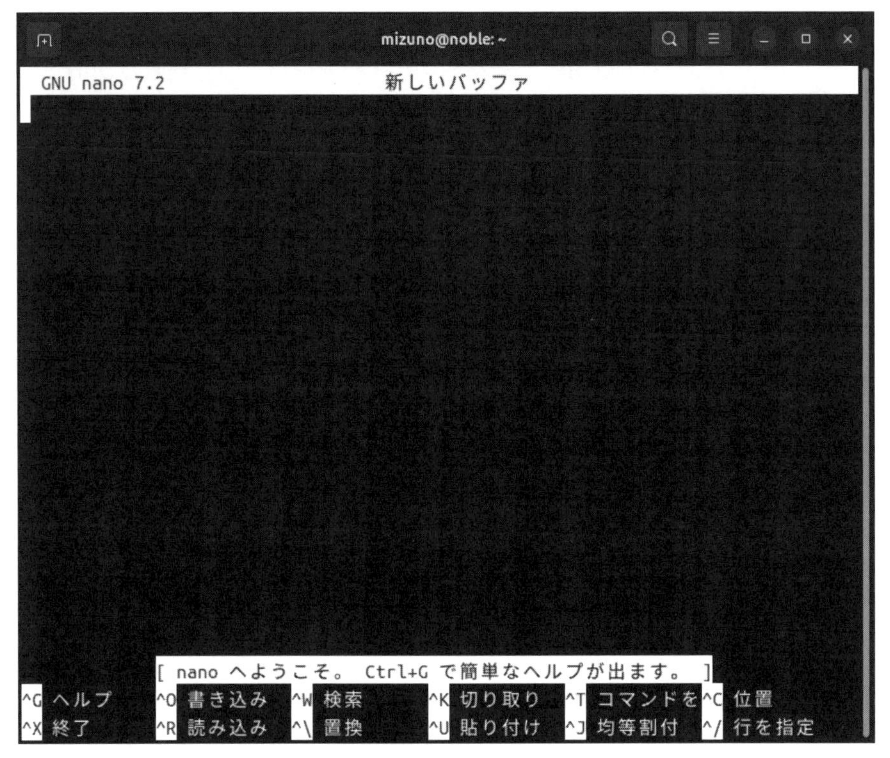

△図3.14 nanoテキストエディタの編集画面

既存のファイルを編集する場合は、Ctrl＋Rを押します。読み込むファイルを指定するミニバッファが開くので、対象のファイルのパスを入力します。なお、nanoコマンドの引数にファイル名を指定して実行すると、起動と同時に指定したファイルを開けます。設定ファイルを編集するような場合は、nanoを起動してからファイルを開くよりも、この方法で起動するほうが一般的です。

同様に、ファイルを保存する場合は、Ctrl＋Oを押します。ファイル名を入力するミニバッファが開くので、ファイル名を入力します。既存のファイルを開いて編集した場合は、ミニバッファ内にファイル名がすでに入力されているので、上書きしてよいならば、そのままEnterを押してください。

Vimとは

プログラマーを中心に非常に高い人気を誇るテキストエディタが**Vim**です。名前から想像できるように、前述のviエディタから派生、発展した高機能なエディタです。viが持つ独特な操作性を継承しており、一般的なテキストエディタとはまったく異なる操作が必要になります。そのため、予備知識なしではまず使いこなせないエディタですが、操作に習熟すると、非常に高い生産性を発揮します。Ubuntuではnanoが標準エディタとなっていますが、Vimが標準エディタに採用されているディストリビューションも存在します。

ちなみに、viとVimは別のエディタですが、現在では、起源となった本物のviがインストールされている環境はおそらく存在しないでしょう。今どきのLinuxでは、viという名前でもVimが起動するのが一般的です。Ubuntuでも、デフォルトでvim-tinyというパッケージがインストールされており、viコマンドを実行すると、実際はvim.tinyコマンドが起動するようになっています。

ただし、vim-tinyは、その名の通り、非常に機能を限定したVimです。軽量ではあるものの、カーソルキーでカーソルを動かせなかったり、BackSpaceで文字を消せなかったりなど、不便な点もあります。そこで、Vimを使いたいのであれば、vimパッケージを別途インストールすることをお勧めします。vimパッケージをインストールすると、vim.tinyに代わってvim.basicコマンドが起動するようになります。

01 02 03 04 05 06 07 08 09 10 A

コマンド3.10　vimパッケージのインストール

```
$ sudo apt install -y vim
```

Vimの使い方

Vimは、viあるいはvimコマンドで起動できます。nanoと同様に、引数にファイル名を指定して起動すると、そのファイルを直接開けます。設定ファイルの編集などに使う際に便利です。

Vimの特徴は**コマンドモード**と**挿入モード**を持っている点で、この2つのモードを切り替えて操作を行います。起動直後はコマンドモードになっています。コマンドモードでは、さまざまな「コマンド」を入力することでVimを操作します。たとえば、編集中のファイルを保存するならコマンドモードで「:w」というコマンドを入力してEnterを押します。同様にVimの終了は「:q」というコマンドを使います。

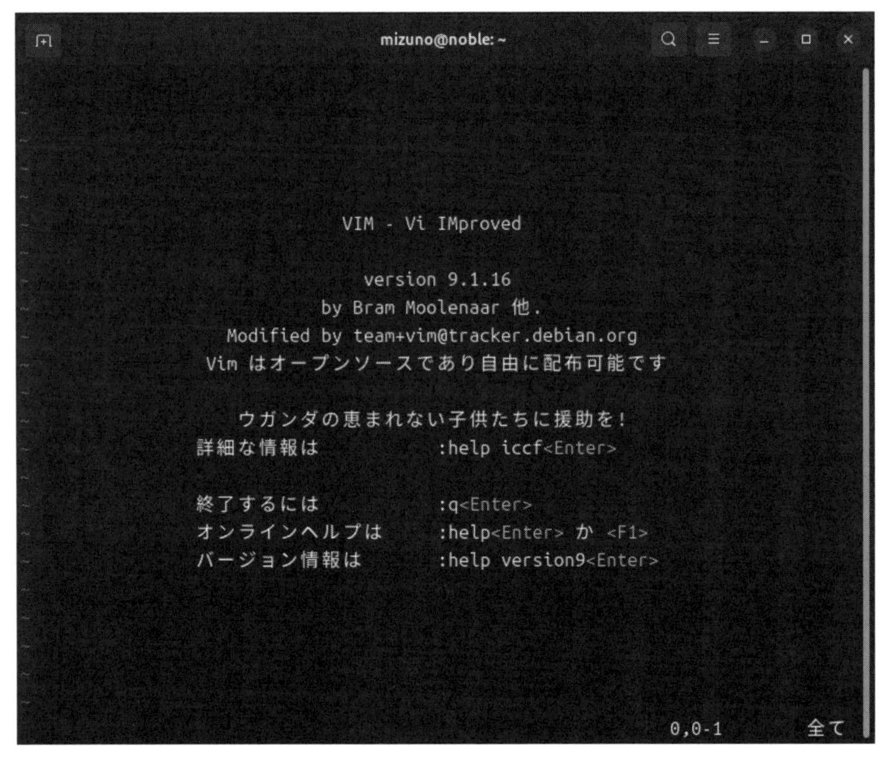

図3.15 Vimの起動画面

カーソルはカーソルキーでも動かせますが、キーボードのhjklを使うほうが一般的でしょう。それぞれが←↓↑→に対応しており、ホームポジションから手を動かさずに入力できるため、慣れれば非常に楽にカーソルを動かすことができます。

コマンドモードでIやAを押すと、挿入モードに切り替わります。挿入モードでは、一般的なテキストエディタのように文字を編集することが可能です。コマンドモードに戻るには、Escを押します。

なお、vimパッケージをインストールしていると、vimtutorというコマンドが使えるようになります※2。初心者向けのVimのチュートリアルなので、一度目を通しておくとよいでしょう。

※2 厳密にはvimパッケージではなく、vimパッケージが依存しているvim-runtimeパッケージに含まれているコマンドです。

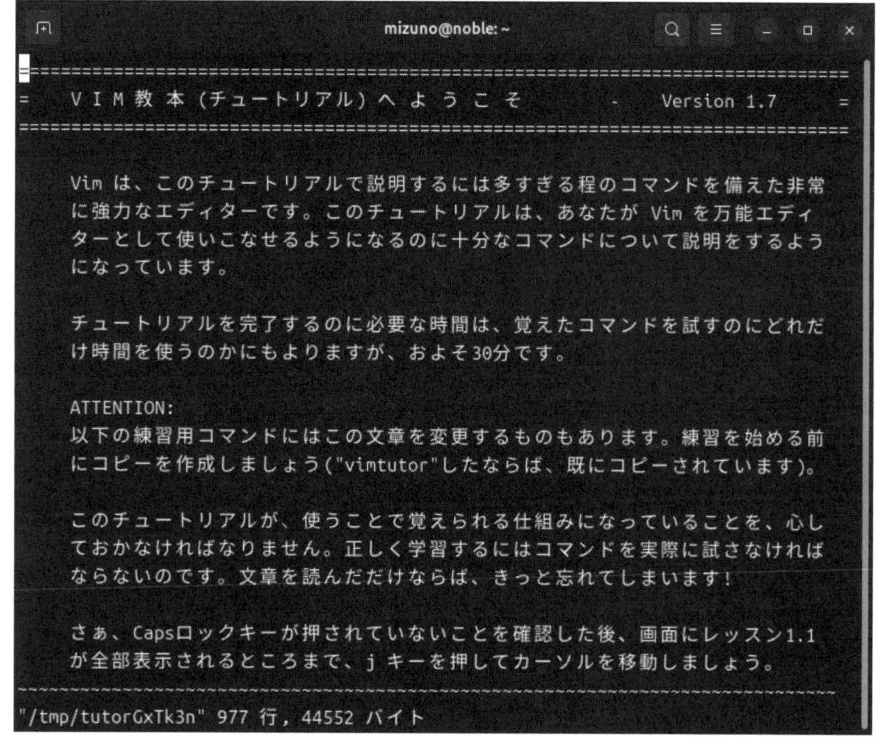

図3.16 Vimのチュートリアル

デフォルトのテキストエディタをVimに変更する

Linuxには、さまざまなコマンドやアプリケーションが用意されています。ある機能に対して、その機能を提供する複数の実装があることも珍しくありません。たとえば、前述のVimでいえば、viというコマンド(機能)に対してvim.tinyやvim.basicという複数の実装が用意されていました。Ubuntuには、このような同一の機能を提供する複数の実装をシステム上に共存させ、実際に使われる実装を切り替える仕組みが用意されています。これを**alternatives**と呼びます。alternativesは、/etc/alternatives以下に機能ごとのシンボリックリンクを作り、リンク先を切り替えることで実現されています。

Ubuntuにはeditorというコマンドがありますが、正確にはコマンドではなく、テキストエディタを起動するためのシンボリックリンクです。「ls -l」で、シンボリックリンクのリンク先を辿ってみましょう。

▼コマンド3.11 editorコマンドの実体を表示する

```
$ ls -l /usr/bin/editor
lrwxrwxrwx 1 root root 24  3月 31 09:15 /usr/bin/editor -> /etc/alter
natives/editor
$ ls -l /etc/alternatives/editor
lrwxrwxrwx 1 root root 9  4月 24 19:48 /etc/alternatives/editor -> /
bin/nano
```

/usr/bin/editorは、/etc/alternatives/editorを指しています。これはalternativesが提供しているシンボリックリンクで、リンクを辿ると最終的に呼び出される実体は/usr/bin/nanoとなっています。そのため、editorコマンドを実行すると、nanoエディタが起動するわけです。

ここで設定したエディタは、明示的にeditorコマンドを実行したときだけではなく、たとえばGitのコミットログ(「**03.03.04　Gitの基本的な使い方**」参照)を記述する際などにも利用されます。したがって、Vimをメインのテキストエディタとするなら、ここでnanoから切り替えておくと便利です。alternativesのリンク先を切り替えるには、update-alternativesコマンドを使います。--configオプションに続いて、設定を変更したい機能名を指定します。なお、/etcディレクトリ以下にあるシンボリックリンクを更新するため、sudoが必要となります。指定した機能に割り当てられるターゲットの一覧が表示されるので、番号を入力して[Enter]を押してください。この例では、vim.basicを指定するので、「3」を入力します。

▼コマンド3.12 標準エディタを切り替える

```
$ sudo update-alternatives --config editor
alternative editor (/usr/bin/editor を提供) には 4 個の選択肢があります。

  選択肢    パス                  優先度  状態
------------------------------------------------------------
* 0            /bin/nano            40        自動モード
  1            /bin/ed             -100       手動モード
  2            /bin/nano            40        手動モード
  3            /usr/bin/vim.basic   30        手動モード
  4            /usr/bin/vim.tiny    15        手動モード
```

```
現在の選択 [*] を保持するには <Enter>、さもなければ選択肢の番号のキーを押
してください: ―――――――――――「3(vim.basic)」を入力して Enter を押す
update-alternatives: /usr/bin/editor (editor) を提供するためにマニュアル
モードで /usr/bin/vim.basic を使います
```

リンク先が切り替わり、以後はeditorコマンドを実行するとVimが起動するようになります。

▼コマンド3.13 editorコマンドの実体が切り替えられた

```
$ ls -l /etc/alternatives/editor
lrwxrwxrwx 1 root root 18  7月 14 15:27 /etc/alternatives/editor -> /
usr/bin/vim.basic
```

03.02 シェルの活用

03.02.01 シェルとは

シェルとはOSを包むもの

「**03.01.02　コマンドの実行方法**」で説明したように、コマンドはターミナルのウィンドウ内にキーボードで入力し、コマンドの実行結果もターミナル内に表示されます。しかし、ターミナルは、あくまでもコマンドを実行するプログラムとユーザーの橋渡しをする「窓」のような存在に過ぎません。実際にコマンドを解釈して実行しているのは、その中で実行されている**シェル**と呼ばれる**コマンドインタプリタ**※3です。シェルとは「貝殻」を意味する英単語で、複雑なOSの機能を貝殻のように包んで隠蔽し、ユーザーに使いやすいインターフェイスを提供するプログラムという意味で、この名が付けられています。

グラフィカルシェルとコマンドラインシェル

シェルは、**グラフィカルシェル**と**コマンドラインシェル**に分けられます。具体的な例を挙げると、WindowsのエクスプローラーやUbuntuデスクトップのGNOME Shellなどはグラフィカルシェルの一種です。

これに対し、ターミナル内でコマンドの解釈を行っているのがコマンドラインシェルです。Linuxの文脈で単に「シェル」と呼んだ場合は、コマンドラインシェルのことを指すのが一般的です。Ubuntuを始めとする多くのLinuxディストリビューションで標準シェルとなっているのが、**Bash**（バッシュ）です。ここではCLIを便利に使うため、Bashのさまざまな機能を紹介します。

※3　ユーザーがキーボードから入力した文字列をコマンドとして解釈し、OSやプログラミング言語処理系などに受け渡すプログラムのことです。

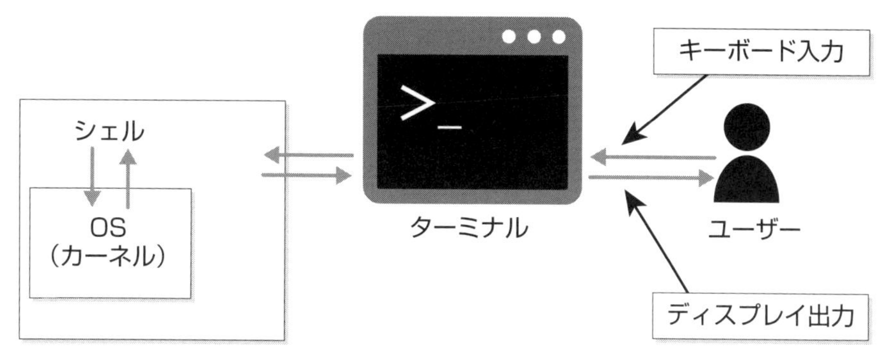

図3.17 シェルとは、カーネルを包み込み、人間にとって使いやすいインターフェイスを提供するソフトウェア

コマンドラインシェルの種類

コマンドラインシェルには、さまざまな実装が存在しています。

まずBashの元にもなった、Unixにおいて最も基本的なシェルが「sh (Bourne Shell)」です。Unixライクな OSが起動するためには必須といえるシェルであり、/bin/shにインストールされています※4。しかし、現在では、本物のshがインストールされている環境は、ほぼ存在しないでしょう。Ubuntuでは/bin/shの実体として、**Dash**と呼ばれるシェルが採用されています。もともとshの代替として、BSD系のOSを中心に使われているシェルに「Ash (Almquist Shell)」がありました。このAshをベースに、Linux版として作られたのがDash (Debian Almquist Shell)です。Bashのタイプミスのように見えることから勘違いされることが多いシェルですが、Bashとは別物です。Bashよりも軽量であり、特にシェルスクリプト(「**10章 Ubuntuでスクリプティング**」参照)を実行する場合はBashよりも高速なのが特徴です。

それ以外では、BSD系のOSでよく利用されていた、C言語によく似たスタイルを持つ**Csh** (C Shell)、shにCsh由来の便利な機能を追加した**ksh** (KornShell)、究極のシェルとも呼ばれ、現在のmacOSの標準シェルでもある多機能な**zsh** (Z Shell)などがあります。これらのシェルは、別途インストールして、ユーザーの好みによって変更することもできます。

なお、Windowsのcmd.exeやPowerShellもコマンドラインシェルの一種です。PowerShellはUbuntuでも利用できるので、「**03.04 PowerShellの活用**」で解説します。

※4 現在のUbuntuでは/binが/usr/binに統合され、/binは/usr/binへのシンボリックリンクとなっています。そのため、/bin以下にはインストールされていません。

03.02.02 コマンドの連続実行

複数のコマンドを連続して実行するには

シェルでは1コマンドを1行で入力し、Enterで1つずつ実行するのが基本です。それゆえ、「コマンドライン」と呼ばれるわけです。しかし、セミコロン(;)で区切って、1行に複数のコマンドを入力することもできます。Enterを1度押すだけで、列挙された複数のコマンドが順番に実行されます。

コマンド3.14　複数のコマンドを「;」で区切って順次実行する

```
$ date; hostname; whoami        ← 現在の日時を表示するdateコマンド、ホスト名を表示するhostnameコマンド、自分のユーザー名を表示するwhoamiコマンドを連続して実行する

2024年  7月 14日 水曜日 16:54:06 JST   ← 現在日時が表示される
noble                                  ← ホスト名が表示される
mizuno                                 ← 自分のユーザー名が表示される
```

03.02.03 複雑なコマンドの記述方法

コマンドは複数行に分けて入力できる

逆に、1つのコマンド内で改行し、複数行に分けて入力することもできます。

コマンドによっては非常に多くのオプションや引数を必要とし、入力するコマンド文字列が非常に長大となるものがあります。こうしたコマンドを1行に記述すると見通しが悪く、必要なオプションを見落とすといったミスの原因となることもあります。通常、コマンドライン上でEnterを押すとコマンドが実行されてしまいますが、「\(バックスラッシュ、あるいは、環境によっては円記号)」を入力すると、その直後にEnterで改行を入れることができます。次に示したのは「/home/mizuno」内にある「ドキュメント」「ビデオ」「ピクチャ」「ミュージック」ディレクトリをアーカイブ(「**04.06　アーカイブファイルの管理**」参照)してバックアップするコマンドの例です。このように、複数のディレクトリを1行にまとめて入力するよりも、改行して列挙することでコマンドの可読性が向上します。

コマンド3.15　1つのコマンドを「\」で区切って複数行に分けて入力する

```
$ tar zcvf /home/mizuno/backup.tar.gz \
  /home/mizuno/ドキュメント \
  /home/mizuno/ビデオ \
  /home/mizuno/ピクチャ \
  /home/mizuno/ミュージック
```

03.02.04 コマンドの終了コード

正常終了と異常終了

コマンドは終了時に「終了コード」という数字を呼び出し元に返します。これまで実行してきたコマンドもその例に漏れず、終了時に終了コードをシェルに返しています。Bashの場合、終了コードが「0」であれば正常終了、「1～255」であれば異常終了（エラーなど）として扱っています。具体的にどんなエラーが起きたときに何番の終了コードが返されるかはコマンドによって異なりますが、0であれば正常、0以外であれば何らかの異常が起きていると覚えておきましょう。

直前のコマンドの終了コードは、特殊なシェル変数「$?」に格納されています。この変数を調べることで、直前のコマンドの結果次第で処理を分岐させたり、エラー発生時に後処理を行うといったことが可能になります。こうしたエラーハンドリングは、一連の処理を自動的に実行する「シェルスクリプト」において重要なテクニックです。シェル変数については「03.02.09 シェル変数と環境変数」で、シェルスクリプトについては「第10章　Ubuntuでスクリプティング」で解説します。

次に示したのは、必ず成功（終了コード0）を返すtrueコマンドと、必ず失敗（終了コード1）を返すfalseコマンドそれぞれを実行し、終了コードをechoコマンドで表示させた例です。

コマンド3.16　trueコマンドとfalseコマンドの実行例

```
$ true
$ echo $?
0

$ false
$ echo $?
1
```

03.02.05 シェルのキーバインド

シェルのキーバインド

シェル上では、カーソルキーでカーソル移動、Delete やBackSpaceで文字の削除といった一般的な操作のほかに、便利なショートカットキーが用意されています。

▼表3.3 シェルのショートカットキー

キー操作	動作
←またはCtrl + B	カーソルを左に移動する
→またはCtrl + F	カーソルを右に移動する
HOME またはCtrl + A	カーソルを行頭に移動する
END またはCtrl + E	カーソルを行末に移動する
↑またはCtrl + P	1つ古い履歴を呼び出す
↓またはCtrl + N	1つ新しい履歴を呼び出す
Delete またはCtrl + D	カーソル位置の文字を削除する
BackSpace またはCtrl + H	カーソルの前の文字を削除する
Tab またはCtrl + I	補完を行う(「03.02.07　コマンド名や引数を効率よく入力するには」参照)
Ctrl + R	履歴を後方検索する(「03.02.08　コマンド履歴」参照)
Ctrl + S	履歴を前方検索する
Ctrl + K	カーソル位置から行末までの文字をカットする
Ctrl + W	カーソル位置の直前の1単語をカットする
Ctrl + Y	カットした文字をカーソル位置にペーストする
Ctrl + L	ターミナル画面を消去する
Enter またはCtrl + M	入力したコマンドを実行する
Ctrl + O	コマンドを実行した後、履歴の次のコマンドが入力された状態にする

「03.01.02　コマンドの実行方法」で解説したCtrl＋Shift＋C／Vでのコピー＆ペーストなどのショートカットはGNOME端末のショートカットとGNOMEデスクトップの機能であり、シェルの機能とは異なる点に注意してください。したがって、ターミナル内でマウスを使ってドラッグして文字列を選択し、Ctrl＋Shift＋Cでコピーしたものを、Ctrl＋Yでシェル内にペーストすることはできません。その逆も同様です。

03.02.06 コマンドの強制終了

シグナルとは

シグナルとは、実行中のプロセス(「04.03　プロセスとジョブの管理」参照)に対して、何らかのイベントの発生を通知する機能の呼び名です。実行中のプロセスはシグナルを受信すると、シグナルの種類に応じて一時停止、再開、終了など、さまざまな処理を実行します。

killコマンドを使うと、任意のプロセスに対して任意のシグナルを送信できます。killコマンドの詳細も「04.03　プロセスとジョブの管理」で解説します。

コマンドを終了するシグナル

コマンドが常に正常に終了するとは限りません。処理の内容によっては、時間がかかりすぎて長時間停止したように見えてしまったり、コマンドが暴走してしまったりすることもあります。こうしたコマンドは、Ctrl＋Cを押すことで終了できます[※5]。

Ctrl＋Cが押されると、シェルは現在実行中のコマンド(フォアグラウンドのプロセス)に対して、SIGINT(割り込み)というシグナルを送信します。一般に、SIGINTを受信したプロセスは終了するように作られていますが、絶対ではありません。シグナルを受け取ったときにどういう挙動をするかは、プログラム側で決められるため、このシグナルを無視することも可能なのです。たとえば、ページャのlessは、閲覧中にCtrl＋Cが押されても無視しますし、シェル自身(Bash)もCtrl＋Cでは終了しません。逆に、Ctrl＋Cが押されるまで終了しない(ほかの終了方法が存在しない)コマンドも存在します。具体的には、ネットワークの疎通を確認するpingコマンドや、指定した文字列を表示し続けるyesコマンドが、これに該当します。

※5　GNOME端末のコピーのショートカットが一般的なCtrl＋CではなくCtrl＋Shift＋Cになっているのは、これが理由です。

コマンド3.17　pingコマンドを終了する

```
$ ping 192.168.1.1 ―――――― pingコマンドを実行する(無限にpingを送信し続ける)
PING 192.168.1.1 (192.168.1.1) 56(84) bytes of data.
64 bytes from 192.168.1.1: icmp_seq=1 ttl=255 time=1.67 ms
64 bytes from 192.168.1.1: icmp_seq=2 ttl=255 time=1.81 ms
64 bytes from 192.168.1.1: icmp_seq=3 ttl=255 time=2.03 ms
^C ―――――― Ctrl+Cを入力することで、pingコマンドを終了する
--- 192.168.1.1 ping statistics ---
5 packets transmitted, 5 received, 0% packet loss, time 4624ms
rtt min/avg/max/mdev = 1.497/1.708/2.031/0.194 ms
```

また、コマンドが完全に暴走してしまい、Ctrl＋Cで終了できない場合は、killコマンドでSIGTERMやSIGKILLといった強制終了シグナルを送信することもあります。

03.02.07 コマンド名や引数を効率よく入力するには

Tab補完

コマンドライン上でTabを押すと、入力中のコマンド名やファイル名などを文脈に応じて補完できます。コマンドをすべて手で入力する必要がなくなるため、とても効率的です。また、単に手間を減らすだけはでなく、可能な限り補完入力に任せることで、タイプミスをなくすことにもつながります。積極的に利用していきましょう。

たとえば、コマンドラインに「lsc」と入力した状態でTabを押してみましょう。Ubuntuにデフォルトでインストールされているコマンドのうち、「lsc」で始まる名前を持つコマンドは、CPUの情報を表示するlscpuコマンドのみです。したがって、シェルはコマンドを一意に特定できるため、残りの部分を自動的に補完します。

コマンド3.18　tab補完(一意に判別)

```
$ lsc ―――――― Tabを押す
↓
$ lscpu ―――――― 残りの部分が自動的に補完される
```

今度は「ls」と入力した状態で Tab を押してみましょう。先ほどとは異なり、Tab ーを一度押しても何も補完されません。「ls」で始まる名前を持つコマンドが複数存在するため、補完する候補を特定できないからです。この状態で再度 Tab を押すと、補完候補である「lsb_release」「lscpu」「lsinitramfs」といったコマンドの一覧が表示されます。候補一覧を見ながら、対象を一意に絞り込める程度までコマンド名を追加で入力しましょう。たとえば、追加で「u」と入力すれば、接続されているUSBデバイスの一覧を表示するlsusbコマンドが補完可能になります。

コマンド3.19　tab補完（候補を一覧表示）

```
$ ls ──── 補完候補が複数存在する場合は、Tabを2回押すことで候補の一覧を表示できる
ls          lscpu        lslocks     lsns        lspgpot
lsattr      lshw         lslogins    lsof        lspower
lsb_release lsinitramfs  lsmem       lspci       lsusb
lsblk       lsipc        lsmod       lspcmcia
```

bash-completion

Bashは、単にコマンド名を補完するだけではなく、現在入力中の文脈から判断して、コマンドのオプションや引数なども賢く補完を行います。たとえば、シグナルを送信するkillコマンドを入力した状態で Tab を押してみましょう。表示する候補が多い場合は本当に表示してよいかの確認プロンプトが表示されるので、「y」を入力します。killコマンドは、引数にシグナルを送信するプロセスIDを指定する必要があります（kill、シグナル、プロセスIDについては「**04.03 プロセスとジョブの管理**」参照）。そのため、現在起動中のプロセスIDの一覧が補完候補として表示されます。

コマンド3.20　文脈による引数のtab補完

```
$ kill ──────────────────────────────── Tabを押す
Display all 211 possibilities? (y or n) ──── yを押す
1      112    131    135    15     1572   1631   1659   18     19159
23     258    299    33     42     55132  55503  637    859    98
10     113    1317   1384   1500   1576   1633   1665   1807   192
23511  26     3      35     43     55147  55514  648    861    9923
(...略...)
```

もう一度、今度は「kill」の後に半角スペースを空けて「-」と入力してから Tab を押してみましょう。killコマンドはオプションとして送信するシグナルの種類を指定できます。そのため、ハイフンが入力されていると、シグナルの一覧が補完候補として表示されます。

▼コマンド3.21 文脈によるオプションのtab補完

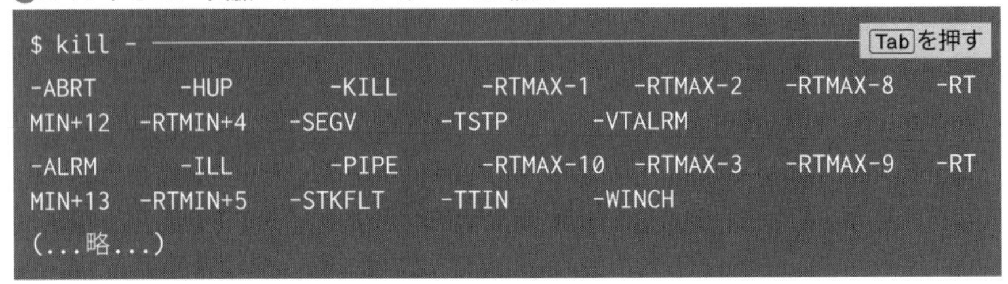

```
$ kill - ――――――――――――――――――――――――――――― Tabを押す
-ABRT       -HUP        -KILL       -RTMAX-1    -RTMAX-2    -RTMAX-8    -RT
MIN+12  -RTMIN+4    -SEGV       -TSTP       -VTALRM
-ALRM       -ILL        -PIPE       -RTMAX-10   -RTMAX-3    -RTMAX-9    -RT
MIN+13  -RTMIN+5    -STKFLT     -TTIN       -WINCH
(...略...)
```

こうした文脈に応じた補完は、「bash-completion」という機能で実現されています。Ubuntuではデフォルトでbash-completionパッケージがインストールされており、主要なコマンドのオプションや引数を補完することが可能になっています。ただし、すべてのコマンドのすべてのオプションの補完候補が用意されているわけではないので、補完できない場合もあることに注意してください。

03.02.08 コマンド履歴

過去に実行したコマンドを再利用する

シェル上で実行したコマンドは、コマンド履歴として記録されています。キーボードの ↑ か Ctrl ＋ P を押すと、直前に実行したコマンドを呼び出せます。続けて ↑ を何度も押すと、押した回数に応じて過去に実行したコマンドを遡ります。↑ を押しすぎて過去に戻り過ぎてしまった場合は、↓ か Ctrl ＋ N で1つ新しい履歴へ戻ります。

呼び出した履歴はコマンドラインに入力済みの状態となり、Enter のみで再実行できます。また、呼び出した履歴を実行前に編集することもできるので、引数だけ書き換えて使い回すといったことも可能です。補完よりもさらに効率よくコマンドを実行できるので、一度でも実行したコマンドは再入力せず、積極的に履歴から再利用しましょう。Ubuntuの場合、直近の2,000件の履歴がファイルに保存され、そのうち新しいほうから1,000件がシェルの起動時に読み込まれるようになっています。

コマンド履歴を検索する

履歴からコマンドを再利用できるといっても、1,000件もの履歴の中から目当てのコマンドを探すのは大変です。最悪の場合では、目を皿のようにして履歴を調べながら、↑を1,000回押す必要が出てきます。

そこで役に立つのが「履歴の検索機能」です。プロンプトが表示されている状態でCtrl＋Rを押すと、プロンプトが「reverse-i-search」という表示に変わります。この表示に続いて、検索したい文字列を入力します。履歴の中からその文字列を含むコマンドが検索され、コマンドラインに表示されます。検索はインクリメンタルサーチ※6であるため、文字を長く入力していくほどに候補が絞り込まれていきます。また、履歴の中に複数の候補がある場合、入力中の状態でさらにCtrl＋Rを押すと、次の候補が表示されます。目的のコマンドが見つかったら、Enterを押してコマンドを実行できます。目的の履歴を見つけた状態で←を押してカーソルを移動し、コマンドを編集することも可能です。

履歴の検索を利用すれば、どんなに昔に実行したコマンドであっても、わずかな時間で呼び出すことができます。名前の一部だけしか覚えていないコマンドや、あるファイルを操作したコマンドを探したいような場合でも、検索を駆使すれば「コマンドの断片」から完全なコマンドを探し出せます。↑による履歴の呼び出しは、直前に実行したコマンドを繰り返したいときに留め、過去の履歴を再利用するときは検索を活用していきましょう。

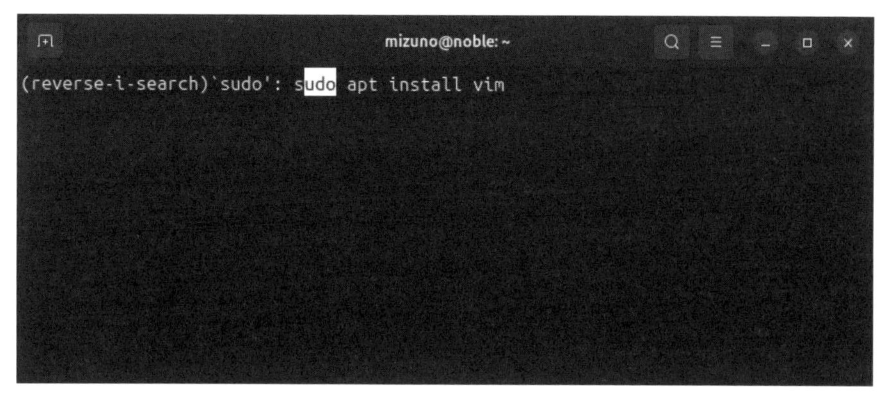

図3.18　コマンド履歴を検索する

※6　文字を入力するごとに検索を行う方式のことです。「逐次検索」とも呼ばれます。

なお、コマンド履歴機能は、直前に検索した文字列を記憶しています。プロンプトの状態から Ctrl ＋ R を2回続けて押すだけで、同一の文字列で検索が行われます。同じ文字列での検索を繰り返したい場合に活用しましょう。検索を途中でやめたい場合は、Ctrl ＋ G を押します。

順方向の検索が動作しないときは

Ctrl ＋ R での検索は、「reverse-i-search」という表示からもわかるように、新しい履歴から古い履歴に向かって（逆方向へ）検索していきます。Ctrl ＋ R を押しすぎて履歴を遡りすぎてしまった場合は、順方向へ検索するための Ctrl ＋ S を押してください。Ctrl ＋ R と Ctrl ＋ S の関係は、↑ と ↓ の関係によく似ています。

ただし、Ctrl ＋ S は、シェルの設定によっては動かないこともあります。これは、Ctrl ＋ S がターミナルの出力の停止に割り当てられているためです。このような設定がなされている環境で Ctrl ＋ S を押すと、ターミナルの表示が一切更新されなくなってしまいます。この状態になってしまったら、Ctrl ＋ Q を押すと、ターミナルの出力を再開できます。

なお、「stty stop undef」を実行すると、この機能を無効にし、Ctrl ＋ S で履歴を検索することが可能になります。

▼コマンド3.22　ターミナルの出力の停止を無効にする

```
$ stty stop undef ――― Ctrl+Sによるターミナルの出力の停止を無効にする
```

▼コマンド3.23　履歴検索の再開

```
(reverse-i-search)`cat': cat example.txt ――― Ctrl+Rを何度か押し、履歴を
                                              遡った状態でCtrl+Sを押す
(i-search)`cat': cat README.md ――― 順方向の検索が行われた
```

このようにすることで、Ctrl ＋ R で行きすぎてしまった場合でも、Ctrl ＋ S で戻ってこれるようになります。なお、sttyコマンドで変更した内容は、シェルを再起動すると元に戻ってしまいます。必要であればBashの設定ファイル（「03.02.19 シェルのカスタマイズ」参照）に追記するとよいでしょう。

03.02.09 シェル変数と環境変数

シェル変数とは

シェルは一般的なプログラミング言語のような「変数」を持っています。環境によって変化する値を代入して実行するコマンドに埋め込んだり、コマンドの実行結果を代入して別のコマンドから参照するといった使い方をします。

Bashで変数に文字列を代入するときには「変数名=文字列」と入力します。オプションや引数の区切りにスペースを使ってきたことからもわかるように、シェルではスペースによる区切りが特別な意味を持っています。そのため、イコールの前後にスペースを入れないということに注意してください。また、変数名にはアルファベット、数字、アンダースコアが使えますが、頭文字は数字以外で始まる必要があり、変数名の大文字と小文字は区別されます。

変数を参照するときは、変数名に「$」記号を付けて「$変数名」もしくは波括弧で変数名を囲って「${変数名}」とします。変数に値を代入するときは変数名のみで、参照するときは「$」を付けるというように、文脈によって記述方法が変化する点に気を付けましょう。

波括弧はあってもなくても構いませんが、どこからどこまでが変数名なのかの判断がしやすくなるため、なるべく付けることを推奨します。また、後述する変数展開演算子(「**03.02.11　変数展開演算子**」参照)を利用する場合は、波括弧を省略することはできません。

コマンド3.24　変数への代入

```
$ VAR=hello                    変数VARにhelloという文字列を代入する
```

コマンドに変数を埋め込むことができます。次に示した例では、コマンドの実行前にシェルが変数を展開し、展開結果をechoコマンドの引数として渡しています。つまり、「echo hello」を実行した場合と、内部的には同じことが起こっています。

コマンド3.25　コマンドの引数に変数を利用する

```
$ echo $VAR                    echoコマンドで変数の内容を表示する
hello
```

環境変数とは

シェル変数は、現在のシェル内のみで有効です。つまり、現在のシェルから起動した別のプロセス(子プロセス)には、その値は引き継がれません。

▼コマンド3.26　変数の内容は、子プロセスには引き継がれない

```
$ VAR=hello
$ echo $VAR          変数VARには「hello」が代入されている
hello
$ bash               Bashの中から別のBashを起動する
$ echo $VAR
                     何も表示されない(変数VARの中身は空)
```

しかし、子プロセスに引き継げる特別なシェル変数も存在します。これを**環境変数**と呼び、シェル変数を**エクスポート**することで設定します。子プロセスから参照できるという特性を利用し、ユーザーや環境固有の値を代入し、アプリケーションに設定を伝える手段として使うことがよくあります。たとえば、ページャのlessは、ファイルの閲覧中にVを押すことで、開いているファイルを編集用にテキストエディタで開き直します。このときに使用するエディタは、環境変数「VISUAL」もしくは「EDITOR」で設定できます。

▼コマンド3.27　環境変数の内容は、子プロセスに引き継がれる

```
$ VAR=hello
$ export VAR         変数VARをエクスポート(環境変数化)
$ bash               Bashの中から別のBashを起動する
$ echo $VAR
hello                子プロセスであるbashにシェル変数の内容が引き継がれている
```

printenvコマンドを実行すると、現在設定されている環境変数の一覧を確認できます。

▼コマンド3.28　環境変数の一覧を表示する

```
$ printenv
SHELL=/bin/bash
SESSION_MANAGER=local/noble:@/tmp/.ICE-unix/3274,unix/noble:/tmp/.
```

```
ICE-unix/3274
QT_ACCESSIBILITY=1
COLORTERM=truecolor
(...略...)
```

03.02.10 特殊な変数

シェルが持つ特殊な変数

「**03.02.04 コマンドの終了コード**」で紹介した終了コードのように、シェルには特殊な変数があります。これらの変数は設定値や結果を参照するためのもので、シェルが自動的に設定します。ユーザーが値を代入することはできません。そういった特殊な変数には、**表3.4**のようなものがあります。

▼表3.4 特殊な変数

変数	内容
$?	直前のコマンドの終了コード
$$	現在のシェルのプロセスID(「04.03 プロセスとジョブの管理」参照)
$#	コマンドライン引数の数
$0	呼び出されたコマンド名
$1 ～ $9	それぞれの引数の内容
$@	$0以外のすべての引数の内容

呼び出されたコマンド名や引数は、主にシェルスクリプトの内部で利用します。シェルスクリプトについては、「**第10章 Ubuntuでスクリプティング**」で解説します。

デフォルトで設定されている環境変数

環境変数の中にも、環境の情報が格納されたり、シェルや各種コマンドの動作に影響を与える特殊な変数があります。デフォルトで設定されている環境変数には、**表3.5**のようなものがあります。

▼表3.5　環境変数

変数	内容
$HOME	ホームディレクトリのパスを表す
$PWD	カレントディレクトリのパスを表す
$IFS	シェルが区切り文字として認識する「フィールドセパレータ」を設定する
$PATH	コマンドを検索するパス（「03.02.13　コマンドサーチパス」参照）を設定する
$HOSTNAME	ホスト名を表す
$PS1	Bashのプロンプトに表示する文字列を設定する
$LANG	使用する言語や文字コード
$USER	現在ログインしているユーザーのユーザー名を表す
$UID	現在ログインしているユーザーのユーザーIDを表す

たとえば、言語を日本語に設定してインストールした環境であれば、環境変数LANGは「ja_JP.UTF-8」に設定されています。これを「en_US.UTF-8」に変更すると、コマンドの出力を英語に切り替えることができます。

▼コマンド3.29　環境変数の内容を変更する

```
$ date
2024年  7月 14日 日曜日 16:11:19 JST ── dateコマンドの結果が日本語で表示される
$ export LANG=en_US.UTF-8 ── 環境変数LANGをen_US.UTF-8に変更
$ date
Sun Jul 14 16:11:28 JST 2024 ── dateコマンドの結果が英語で表示される
```

03.02.11 変数展開演算子

変数から特定の文字列を削除する

変数は、単に名前を指定して中身を展開表示するだけでなく、変数展開演算子を使うことで、展開する際にさまざまな処理を行えます。変数展開演算子を使う場合は、変数名を「{}」で囲って、その中でパターンの指定を行う必要があるため、「{}」は省略できません。

表3.6に示したのは、変数の展開時にパターンにマッチする文字列を削除する演算子です。パターンには、任意の複数の文字にマッチする「*」や、任意の1文字にマッチする「?」を使うこともできます。

▼表3.6　変数展開演算子による文字列の削除

演算子	意味
${変数名#パターン}	変数の先頭からパターンにマッチする最も短い部分を削除する
${変数名##パターン}	変数の先頭からパターンにマッチする最も長い部分を削除する
${変数名%パターン}	変数の末尾からパターンにマッチする最も短い部分を削除する
${変数名%%パターン}	変数の末尾からパターンにマッチする最も長い部分を削除する

たとえば、絶対パスのファイル名を変数に代入した上で、ディレクトリ名や拡張子を削除するといった用途に利用できます。なお、変数展開演算子は変数の展開時に処理を行うものであり、変数の中身は変更されません。

▼コマンド3.30　変数展開演算子を使ったパターンにマッチした文字列削除

```
$ FILE=/home/mizuno/work/example.tar.gz ── 変数FILEに「/home/mizuno/work/example.tar.gz」というファイルのフルパスを代入

$ echo ${FILE}
/home/mizuno/work/example.tar.gz

$ echo ${FILE#/*/} ── 変数FILEの先頭から「/*/」にマッチする部分を削除
mizuno/work/example.tar.gz

$ echo ${FILE##/*/} ── 変数FILEの先頭から「/*/」にマッチする最も長い部分を削除
example.tar.gz

$ echo ${FILE%.*} ── 変数FILEの末尾から「.*」にマッチする部分を削除
/home/mizuno/work/example.tar

$ echo ${FILE%%.*} ── 変数FILEの末尾から「.*」にマッチする最も長い部分を削除
/home/mizuno/work/example
```

変数の存在を確認する

変数に値が代入済みかどうかを確認し、それによって異なる値を返します。シェルスクリプトにおいて「変数が設定済みであればそのまま使い、そうでなかったらデフォルト値で初期化する」といった用途に利用できます。

▼表3.7 変数展開演算子による代入済みかどうかの判別

演算子	意味
${変数名:-文字列}	変数に値を代入済みの場合はその値を、そうでない場合は文字列を返す
${変数名:=文字列}	変数に値を代入済みの場合はその値を、そうでない場合は文字列を返した上で、変数に文字列を代入する
${変数名:+文字列}	変数に値を代入済みでない場合は文字列を返し、そうでない場合はnullを返す

▼コマンド3.31 変数が代入済みかを判別する

```
$ echo ${HELLO}            HELLO変数は未設定のため、何も表示されない
$ echo ${HELLO:=hello}     HELLO変数が未設定のため、指定した文字列が表示される
hello
$ echo ${HELLO}            HELLO変数に値が代入されている
hello
```

変数から文字列を抜き出す

位置と長さを指定して、変数から一部分を抜き出します。

▼表3.8 変数展開演算子による文字列の取り出し

演算子	意味
${変数名:オフセット}	変数のオフセット位置からの内容を表示する
${変数名:オフセット:長さ}	変数のオフセット位置から長さ分の内容を表示する

▼コマンド3.32 変数から文字列の取り出し

```
$ MESSAGE='abcdefghijklmn'
$ echo ${MESSAGE:4}     変数MESSAGEの先頭から4文字をスキップし、以降を表示する
efghijklmn
```

```
$ echo ${MESSAGE:4:6}      変数MESSAGEの先頭から4文字をスキップし、そこから6文字を表示する
efghij
```

変数の長さを調べる

変数の長さを調べます。

▼表3.9 変数展開演算子による文字列の長さの取得

演算子	意味
${#変数名}	変数の長さを取得する

▼コマンド3.33 変数の長さを調べる

```
$ MESSAGE='123456789'
$ echo ${#MESSAGE}
9
```

変数の内容を置換する

変数の内容のうち、パターンにマッチする部分を指定した文字列に置き換えます。

▼表3.10 変数展開演算子による文字列の置き換え

演算子	意味
${変数名/パターン/文字列}	変数の内容のうち、パターンにマッチする部分を文字列に置き換える
${変数名//パターン/文字列}	変数の内容のうち、パターンにマッチする部分すべてを文字列に置き換える

▼コマンド3.34 変数の内容の一部を置換する

```
$ MESSAGE='alpha beta gamma'
$ echo ${MESSAGE/gamma/delta}      gammaをdeltaに置換する
alpha beta delta
$ echo ${MESSAGE// /-}      すべてのスペースをハイフンに置換する
alpha-beta-gamma
```

03.02.12 特殊な文字のクォート

特殊な意味を持つ文字とは

変数を表示する際に使う「$」や、パターンの指定に使う「*」などの文字は、シェル上で特別な意味を持ちます。こうした文字は、「その文字そのもの」ではなく、特殊な意味としてシェルに解釈されてしまうため、これらの文字そのものを使いたい場合は、シェルに解釈されないように**エスケープ**する必要があります。

リスト3.1 エスケープが必要な文字一覧

```
~ . * ? $ ^ | & ; ! ( ) { } [ ] < > \ ' " ` スペース
```

特殊文字のエスケープ

文字をエスケープするには、その文字の前にバックスラッシュ(\)を置きます。たとえば、「~(チルダ)」はホームディレクトリとして解釈される特殊な文字なので、チルダを表示しようと「echo ~」を実行しても、シェルによってホームディレクトリのパスに展開されてしまいます。バックスラッシュでエスケープすることで、この展開を抑制できます。

コマンド3.35 特殊文字をエスケープして表示する

```
$ echo ~
/home/mizuno

$ echo \~ ― チルダの前に「\」を書いてエスケープすることで、チルダそのものを表示できる
~
```

また、文字列全体を「'(シングルクオート)」で括ると、その中身は単なる文字として扱われます。たとえば、スペースを含むファイル名を使いたい場合、そのまま記述するとスペースが区切り記号として認識されてしまうので、ファイル名全体を「'」で括ります。先にスペースを含む複数の単語を変数に代入する例を示しましたが、これも同様の理由です。

コマンド3.36 「hello world.txt」というファイルをcatコマンドで表示する

```
$ cat hello world.txt
cat: hello: そのようなファイルやディレクトリはありません
cat: world.txt: そのようなファイルやディレクトリはありません

$ cat 'hello world.txt'
Hello World
```

スペースによって引数が区切られてしまい、「hello」と「world.txt」という2つのファイルとしてシェルに解釈されてしまう

全体をクオートすることで、スペースによる区切りを抑制できる

クオート文字による違い

文字列のクオートには、「"(ダブルクオート)」も使えます。ダブルクオートは、シングルクオートと異なり、「$」「\」「`」の3文字はエスケープせずに解釈します。前述のシングルクオートでクオートした場合は「$」が解釈されないため、文字列中での変数展開が行われません。つまり、文字列中に変数を埋め込みたい場合は、シングルクオートでなくダブルクオートを使う必要があるということです。別のコマンドの結果を文字列中に埋め込みたい場合も同様です。

コマンド3.37 シングルクオートとダブルクオートによるエスケープの違い

```
$ echo '私の名前は${USER}です'
私の名前は${USER}です
$ echo "私の名前は${USER}です"
私の名前はmizunoです
```

シングルクオートの中では変数展開が行われない

ダブルクオートの中では変数が展開される

03.02.13 コマンドサーチパス

コマンドサーチパスとは

シェル上でコマンドを実行するには、コマンドが保存されているパスを、絶対パスもしくは相対パスで指定しなくてはなりません。しかし、今まで見てきた例では、パスを省略して、コマンド名のみで実行してきました。

これは、**コマンドサーチパス**というシェルの機能が使われているためです。コマンド名のみが指定された場合、シェルはコマンドサーチパスに指定されたディレクトリを順番に走査し、該当するファイルが見つかった場合はそれを実行します。コマンドサーチパスのことを略して、単に「パス」と呼ぶこともあります。

コマンドサーチパスの設定方法

コマンドサーチパスは、環境変数PATHで設定されています。コマンドを探すディレクトリのパスを、「:(コロン)」で区切って1行で列挙します。Ubuntuのデフォルトの環境変数PATHは次のようになっています。

▼コマンド3.38 環境変数PATHのデフォルト設定

```
$ echo ${PATH}
/usr/local/sbin:/usr/local/bin:/usr/sbin:/usr/bin:/sbin:/bin:/usr/gam
es:/usr/local/games:/snap/bin
```

つまり、環境変数PATHに含まれるディレクトリ内にコマンドをインストールしておけば、コマンド名のみで実行できるということです。Ubuntuでは、ユーザーのホームディレクトリ内に「bin」というディレクトリが存在した場合、Bashの起動時にこのディレクトリを環境変数PATHに追加します。したがって、個人的なコマンドやスクリプトをインストールする場合は、ホームディレクトリにbinディレクトリを作成して格納するのがお勧めです。その際にBashを起動すると、環境変数PATHは以下のように変化します。

▼コマンド3.39 ホームディレクトリ内にbinディレクトリが存在する場合の環境変数PATH

```
$ echo ${PATH}
/home/mizuno/bin:/usr/local/sbin:/usr/local/bin:/usr/sbin:/usr/bin:/
sbin:/bin:/usr/games:/usr/local/games:/snap/bin
```

先頭に/home/mizuno/binが追加されている(当然だが、このパスは実行するユーザーによって変化する)

コマンドサーチパスは環境変数によって設定するので、ユーザーが自由に書き換えることが可能です。それには、PATH変数にディレクトリを書き加えた上で、環境変数としてエクスポートします。このときに変数展開を利用すると、簡単に既存のPATH変数にディレクトリを追加できます。

▼コマンド3.40 変数展開を利用して、環境変数PATHにディレクトリを追加する

```
$ PATH=/opt/example/bin:${PATH}

$ export PATH
```

既存のPATHの先頭に「/opt/example/bin」ディレクトリを追加する例

独自のディレクトリにインストールしたアプリケーションを呼び出したい場合などに、環境変数PATHを変更することも一般的です。これを「パスを通す」と呼びます。しかし、便利だからといって誰もが書き込めるディレクトリにパスを通してしまうと、セキュリティインシデントにもつながるため、十分に注意する必要があります。特にWindowsのコマンドプロンプトではカレントディレクトリにあるコマンドをパスなしで呼び出せるため、Linuxでも同じように、カレントディレクトリ(.)にパスを通したいと考える人が少なからず存在します。しかし、不正なスクリプトなどを意図せず実行してしまうという事故が起きる可能性につながるため、カレントディレクトリにパスを通す設定は推奨しません。

03.02.14 エイリアス

エイリアスとは

コマンドには任意の別名を付けることができ、この別名を**エイリアス**と呼びます。エイリアスには、コマンド名だけではなく、オプションを含めることもできます。そのため、「あるコマンドにはいつも特定のオプションを付けて実行したい」というような場合は、オプション付きのコマンド文字列をエイリアスとして定義してしまうと便利です。実際に、Ubuntuではデフォルトで次のようなエイリアスが定義されています。

表3.11 Ubuntuでデフォルトで定義されているエイリアス

<table>
<tr><th>エイリアス名</th><th>実行されるコマンド</th></tr>
<tr><td>alert</td><td>notify-send --urgency=low -i "$([$? = 0] && echo terminal || echo error)" "$(history|tail -n1|sed -e '\''s/^\s*[0-9]\+\s*//;s/[;&|]\s*alert$//'\'')"</td></tr>
<tr><td>egrep</td><td>egrep --color=auto</td></tr>
<tr><td>fgrep</td><td>fgrep --color=auto</td></tr>
<tr><td>grep</td><td>grep --color=auto</td></tr>
<tr><td>l</td><td>ls -CF</td></tr>
<tr><td>la</td><td>ls -A</td></tr>
<tr><td>ll</td><td>ls -alF</td></tr>
<tr><td>ls</td><td>ls --color=auto</td></tr>
</table>

コマンド名と同名のエイリアスも定義できます。たとえば、今まで実行してきたlsコマンドは、ファイルの種類やディレクトリに色が付いて表示されていました。これは、結果をカラー表示する「--color=auto」オプションを付けたlsコマンドに、同名の「ls」というエイリアスが定義されているためです。エイリアスはコマンドよりも優先して呼び出されます。つまり、今まで実行していたlsコマンドは、エイリアスを経由してオプションが付加された状態で実行されていたわけです。絶対パスで「/bin/ls」を直接実行すると、その違いがよくわかるでしょう。

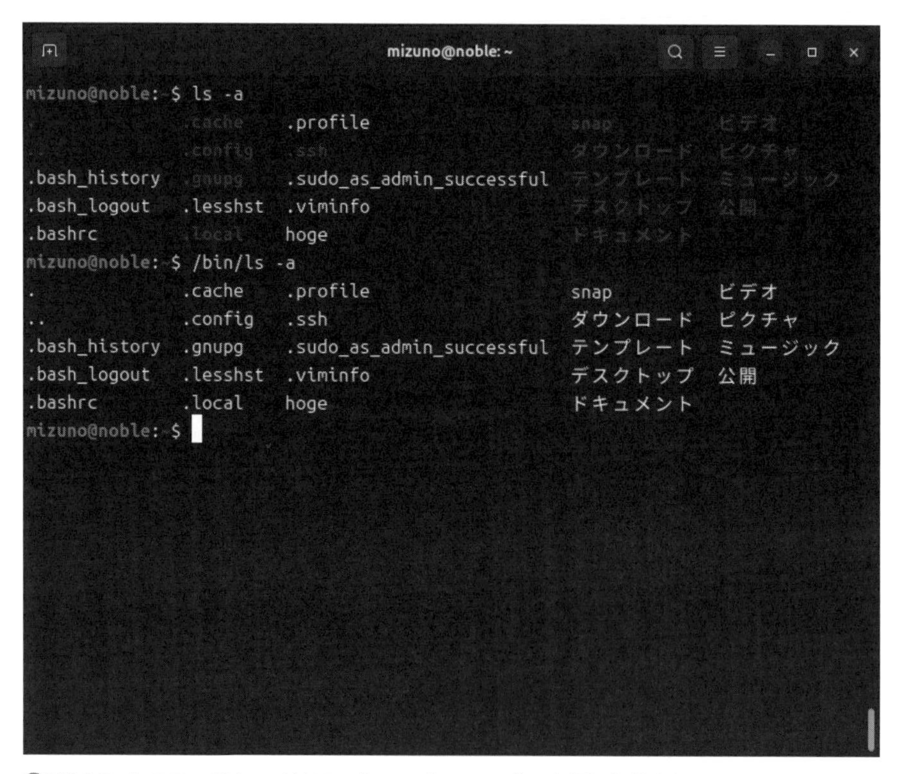

図3.19　lsコマンドをエイリアス（ls --color=auto）で実行した場合と、/bin/lsコマンドを直接実行した場合の違い

同様に、文字列を検索するgrepやegrepといったコマンドにも、カラー表示するオプションを付加したエイリアスが定義されています。また、lsコマンドのよく使うオプションを付加したエイリアスも定義されています。

エイリアスの定義方法

エイリアスの定義や確認にはaliasコマンドを使います。引数なしでaliasコマンドを実行すると、現在定義されているエイリアスの一覧が表示されます。

新しいエイリアスを定義するには、「alias エイリアス名=コマンド」を実行します。変数の代入と同様に、イコールの前後にスペースは入れないでください。たとえば、すべてのファイルをリスト形式で、古い順に時系列で表示するエイリアス「lt」を定義するには、次のように実行します。

▼コマンド3.41 エイリアスを定義する

```
$ alias lt='ls -latr'
$ lt
合計 92
-rw-r--r--  1 mizuno mizuno  807  3月 31 17:41 .profile
-rw-r--r--  1 mizuno mizuno  220  3月 31 17:41 .bash_logout
drwxr-xr-x  3 root   root   4096  7月 14 14:27 ..
drwx------  4 mizuno mizuno 4096  7月 14 14:27 .local
drwxr-xr-x  2 mizuno mizuno 4096  7月 14 14:27 公開
drwxr-xr-x  2 mizuno mizuno 4096  7月 14 14:27 ミュージック
drwxr-xr-x  2 mizuno mizuno 4096  7月 14 14:27 ピクチャ
(...略...)
```

定義したエイリアスはシェルを終了すると失われてしまうため、よく使うものはシェルの設定ファイルに記述しておくとよいでしょう。シェルの設定ファイルについては「03.02.19 シェルのカスタマイズ」を参照してください。

03.02.15 シェル関数

シェル関数とは

シェルには複数のコマンドを連続して実行したり、条件によって処理を分岐したりといった一連の処理に名前を付けて、実行と再利用をしやすくする仕組みが用意されています。プログラミング言語におけるサブルーチンのような、この機能を**シェル関数**と呼びます。

シェル関数の定義方法

シェル関数は、**リスト3.2**のどちらかの形式で定義します。定義したシェル関数は、エイリアスと同じように、関数名で呼び出せます。

リスト3.2　シェル関数の定義

```
関数名()
{
    実行するコマンド
}

function 関数名
{
    実行するコマンド
}
```

次に示したのは、カーネルの情報を表示するunameコマンド、ディストリビューションの情報を表示するlsb_releaseコマンド、システムが起動してからの時間を表示するuptimeコマンド、現在ログイン中のユーザーを表示するwhoコマンドを連続して実行するsysinfoシェル関数を定義する例です。出力の見やすさを考慮して、各コマンドの間にechoコマンドを挟んでいます（echoコマンドは、引数を省略すると改行のみを表示します）。

リスト3.3　sysinfoシェル関数の定義

```
function sysinfo
{
    uname -a
    echo
    lsb_release -a
    echo
    uptime
    echo
    who
}
```

sysinfoシェル関数を実行すると、次のように各コマンドが連続して実行されます。「**10.01　シェルスクリプト**」で解説するシェルスクリプトの技法を使って、もっと複雑なルーチンを実装することもできます。

コマンド3.42　sysinfoシェル関数の実行結果

```
$ sysinfo
Linux noble 6.8.0-38-generic #38-Ubuntu SMP PREEMPT_DYNAMIC Fri Jun
7 15:25:01 UTC 2024 x86_64 x86_64 x86_64 GNU/Linux

No LSB modules are available.
Distributor ID:    Ubuntu
Description:    Ubuntu 24.04 LTS
Release:    24.04
Codename:    noble

 16:26:28 up  1:25,  2 users,  load average: 0.05, 0.02, 0.00

mizuno   seat0        2024-07-14 15:01 (login screen)
mizuno   tty2         2024-07-14 15:01 (tty2)
mizuno   pts/1        2024-07-14 16:21 (192.168.1.107)
```

なお、setコマンドを実行すると、現在定義されているシェル関数とシェル変数の一覧を表示できます。シェル関数もエイリアスと同様に、シェルを終了すると失われてしまいます。再利用したいものは、設定ファイルに記述しておくとよいでしょう。シェルの設定ファイルについては「**03.02.19　シェルのカスタマイズ**」を参照してください。

03.02.16 標準入力と標準出力

標準入力と標準出力とは

コマンドは、キーボードから入力を受け取り、ディスプレイに結果を出力します。これは厳密にいえば正しい表現ではなく、Linuxのコマンドの入出力は**標準入力**と**標準出力**という形で抽象化されています。デフォルトでは、標準入力にキーボード、標準出力にディスプレイが割り当てられているに過ぎないのです。

入出力を抽象化するメリットは、実際に入出力を行う対象を自由に切り替えられる点です。たとえば、標準入力をファイルに切り替えれば、キーボードから入力する代わりにファイルの中身を読み込むことができます。出力も同様に、ディスプレイに出力している内容をファイルに書き出すことも簡単です。OSが抽象化を行うため、プログラムは標準入出力の先に何がつながっているかを意識する必要はありません。

なお、標準出力とは別に**標準エラー出力**という出力も存在します。これにより、通常の出力とエラーメッセージを分離し、それぞれを別の場所に出力することが可能になります。標準エラー出力も、デフォルトではディスプレイが割り当てられています。

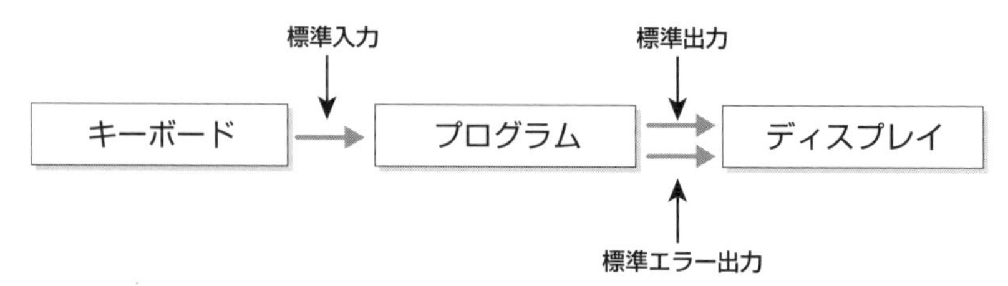

図3.20 プログラムは標準入力から入力を受け取り、標準出力へ出力するのが基本

リダイレクトとパイプ

標準入力や標準出力を別のものに切り替えることを**リダイレクト**と呼びます。コマンドの出力結果を保存するため、標準出力をディスプレイからファイルに切り替える**出力リダイレクト**がよく使われます。

コマンド3.43 出力リダイレクトの例

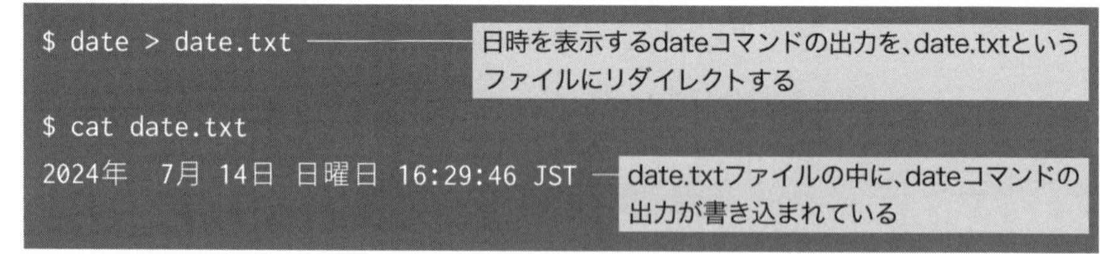

「>」でリダイレクトされるのは、標準出力のみです。したがって、出力をファイルにリダイレクトしていても、コマンドが標準エラー出力に出力したエラーメッセージは、ターミナル上に表示されます。つまり、標準エラー出力は標準出力とは別にリダイレクトする必要があるということです。標準エラー出力もファイルにリダイレクトする場合は、通常のリダイレクトの後に「2>ファイル名」を追記します。

たとえば、次に示したのは、rootユーザーのホームディレクトリをlsコマンドで表示し、内容をroot.txtにリダイレクトしようとした例です。一般ユーザーは/rootの内容を読み出すことはできないため、エラーメッセージが表示されますが、標準出力をリダイレクトしていてもターミナル上に表示されてしまいます。

そこで、「2>error.txt」とすることで、標準エラー出力を別ファイルにリダイレクトしています。エラー内容は、error.txtに書き出されています。

コマンド3.44 エラー出力のリダイレクト

```
$ ls /root > root.txt
ls: ディレクトリ '/root' を開くことが出来ません: 許可がありません
$ ls /root > root.txt 2>error.txt
$ cat error.txt
ls: ディレクトリ '/root' を開くことが出来ません: 許可がありません
```

ここで利用されている「2」という表記は、**ファイルディスクリプタ番号**と呼ばれるものです。ファイルディスクリプタとは、プロセスに関連付けられた入出力に付けられた番号です。デフォルトで標準入力には「0」、標準出力には「1」、標準エラー出力には「2」が関連付けられています。ここでは標準エラー出力を標準出力とは別のファイルにリダイレクトしましたが、同じファイルにリダイレクトすることもできます。その場合は「2>&1」と指定します。「&1」は1、すなわち標準出力と同じということを表します。

また、標準入力と標準出力をつなげることもできます。この機能を**パイプ**と呼び、あるコマンドの出力結果を別のコマンドに流し込むことで、複数のコマンドを直列につないで、複雑な処理の連鎖を組み立てることが可能になります。たとえば、Ubuntu上のユーザー情報が記録されている/etc/passwdファイルの内容を表示し(cat)、その結果からコロンで区切られた1番目のフィールド(ユーザー名)のみを抽出し(cut)、その結果をアルファベット順にソートする(sort)コマンドを、パイプで順につないで実行する例は**コマンド3.45**のようになります。

コマンド3.45 パイプとして実行する例

```
$ cat /etc/passwd | cut -d: -f1 | sort
_apt
avahi
backup
bin
colord
(...略...)
```

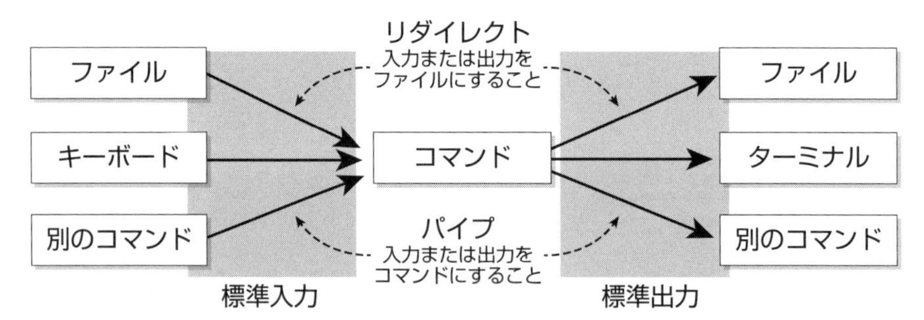

図3.21　Linuxでは標準入出力を抽象化することで、そのつなぎ先を自由に切り替えることができる

03.02.17 シェル展開

変数展開

シェルには、特定のパターンを記述し、それを展開して文字列を生成する機能があります。最も基本的なのが、ここまで何度も登場している変数展開です。「**03.02.09　シェル変数と環境変数**」で説明したように、シェルは「${変数名}」と書かれた部分を変数の中身に置き換えます。

ディレクトリ展開

「**03.01.05　カレントディレクトリ**」でも述べた通り、「~」はホームディレクトリを表す特殊な記号です。変数と同様に、これもホームディレクトリの絶対パスに展開されます。したがって、「cd ~」でホームディレクトリへ移動できたり、絶対パスとして「~/example.txt」のような記述が可能になるわけです。

ブレース展開

少し特殊な展開記法としては、**ブレース展開**があります。これは、ブレース（波括弧、{}）の中に展開したい要素や範囲を記述することで、文字列に展開する機能です。最もシンプルな使い方は、「,（カンマ）」で区切って要素を列挙することです。

コマンド3.46　ブレース展開の例（,）

```
$ echo {alpha,beta,gamma}
alpha beta gamma
```

範囲を指定して展開することもできます。範囲は「{開始文字..終了文字}」というように、始点と終点を2つのドットでつないで表記します。また、「{開始文字..終了文字..インクリメント数}」と記述することで、範囲内の要素を指定した数ぶん飛ばして展開できます。

コマンド3.47　範囲指定したブレース展開

```
$ echo {a..z}
a b c d e f g h i j k l m n o p q r s t u v w x y z
$ echo {1..9..2}
1 3 5 7 9
```

算術式展開

算術式展開は、シェル中に計算式を記述し、計算結果を展開する機能です。「$(( ))」の中に計算式を記述します。

コマンド3.48　算術式展開の例

```
$ echo $((2+2))
4
```

算術式展開の中では、**表3.12**に挙げた演算子が使用できます。

表3.12　算術式展開で利用できる演算子

演算子	用途
+	加算
++	インクリメント
-	減算
--	デクリメント
*	乗算
**	冪乗
/	除算（余りは切り捨て）
%	剰余
<<	左ビットシフト

>>	右ビットシフト
&	ビットごとの論理積
		ビットごとの論理和
~	ビットごとの論理否定
!	論理否定
^	ビットごとの排他的論理和

「*」など、シェル上で特殊な意味を持つ文字が含まれていますが、算術式展開の中ではエスケープする必要はありません。

コマンド置換

別のコマンドを実行し、その結果を展開する機能が**コマンド置換**です。コマンドの実行結果を変数に代入したり、あるいは変数を経由せず、文字列の中に直接コマンドの実行結果を埋め込むことができます。コマンド置換を行うには、「`（バッククォート）」もしくは「$()」の中に実行したい任意のコマンドを記述します。どちらの書き方でも構いませんが、バッククォートではコマンド置換の中に別のコマンド置換を入れ子にできない上、開始点と終了点がわかりづらいという欠点があります。そのため、本書では「$()」の書き方を推奨します。

▼コマンド3.49　コマンド置換の例

```
$ echo "今日は$(date +%a)曜日です"
今日は木曜日です
```

dateコマンドで今日の曜日を出力し、文字列中に埋め込む

グロブ展開

「**03.02.11　変数展開演算子**」で簡単に触れましたが、シェルには「任意の文字にマッチする」というパターンの記述方法があります。「*」が任意の複数の文字を、「?」が任意の1文字を表しており、これらのパターンを**ワイルドカード**と呼びます。また、ワールドカードをファイルパスとして展開する機能を**グロブ**と呼びます。

たとえば、「cat *.txt」と書くと、アスタリスクの部分がカレントディレクトリにある「.txt」という拡張子を持つすべてのファイルにグロブ展開されます。グロブ展開は、複数のファイルをまとめて処理したり、ファイル名が一意に特定

できない場合などに便利な機能です。次の例では、カレントディレクトリにある拡張子が「.bak」のファイルをすべて削除しています。

▼コマンド3.50　グロブ展開の例

```
$ rm *.bak
```

グロブも変数展開と同様に、コマンド実行時にシェルによって自動的に展開されます。しかし、コマンド入力中の段階では、ユーザーが展開結果を目視確認できないということでもあります。そのため、迂闊に「*」を使うと、うっかり消してはいけないファイルを消してしまうといった事故につながります。そのようなことを防ぐには、コマンド入力中に Ctrl ＋ X を押してから * を押すと、コマンドライン上でワイルドカードを展開できます。

▼コマンド3.51　コマンドライン上でグロブ展開する

```
$ ls *
$ ls snap ダウンロード テンプレート デスクトップ ドキュメント ビデオ
ピクチャ ミュージック 公開
```

ここでCtrl＋Xを押してから*を押す

*がコマンドライン上で、カレントディレクトリにある全ファイルに展開される

03.02.18 sudoとroot権限

rootユーザーとは

「**第2章　Ubuntuデスクトップを始めよう**」でも解説したように、Ubuntuはマルチユーザーのシステムです。Ubuntuの内部には多くのユーザーが存在し、ユーザーごとに権限が分かれています。その中でも、システムの管理者でありあらゆる操作が許可されているrootユーザーと、それ以外の一般ユーザーに大きく分けられます※7。

現在、Ubuntuにログインしているのは一般ユーザーです。一般ユーザーは、自分のホームディレクトリにしかデータを書き込めません。そのため、アプリケーションのインストールなど、システム全体に影響するような作業を行う場合は、システムの変更権限を持つrootユーザーとして作業を行う必要があります。

※7 実は現在のLinuxでは、「常にあらゆる権限を持つrootとそれ以外のユーザー」という、従来の単純な構造ではなくなっています。なぜなら、このような0か1かという構造の場合、一般ユーザーでは行えない特定のコマンドを実行したいだけであっても、システムに対する全権限を持つrootを行使する必要があり、セキュリティ的にリスクがあるためです。現在では、rootが持つ権限を細かく分割し、必要な権限のみを与えることで、より柔軟なセキュリティ制御を実現しています。これを「ケイパビリティ」と呼びます。

sudoでroot権限を行使する

昔のLinuxシステムでは、こうした作業はrootユーザーとしてログインして行っていました。ところが、Ubuntuのような現代的なシステムでは、rootユーザーはロックされており、直接的にログインすることはできなくなっています。root権限が必要なときは「sudo」というコマンドを使い、一時的にrootユーザーに「昇格」してコマンドを実行します。

sudoは、実行したいコマンドの前に付加して使います。パスワードを入力するプロンプトが表示されるので、現在のユーザーのログインパスワードを入力します。パスワードを正しく入力すると、rootユーザーとしてコマンドが実行されます。この際、入力したパスワードのエコーバック(●などが表示されること)はされません。そのため、パスワードが入力できていないと勘違いしやすいのですが、きちんと入力されているので、気にせず Enter を押してください。

▼コマンド3.52 sudoでrootユーザーとして実行する例

```
$ sudo id ―――― idコマンドをrootとして実行する例
[sudo] mizuno のパスワード:
uid=0(root) gid=0(root) groups=0(root)
―――― rootとして実行されたため、rootユーザーのユーザーIDとグループが表示された
```

当然ですが、誰もが自由にsudoを実行できては、セキュリティ的に問題です。Ubuntuでは、sudoを実行できるのはsudoグループに所属しているユーザーのみに限定されています(グループについては「**04.01 ユーザーとグループ**」を参照)。インストール時に作成したユーザーは、自動的にsudoグループに所属しています。

なお、sudoに-sオプションを付けて実行すると、root権限のシェルを起動できます。また、-iオプションを付けて実行すると、rootユーザーとしてログインした状態のシェル(ログインシェル)を取得できます。こうしたシェル上では、root権限であらゆる操作が可能なため、非常に危険です。しかし、rootユーザーとして一連の作業を行いたい場合には便利な機能です。こうして取得したシェルを終了するには、exitコマンドを実行します。

▼コマンド3.53 ログインシェルの取得

```
$ sudo -s ―――― root権限でシェルを起動する
$ sudo -i ―――― rootのログインシェルを取得する
```

root権限はシステムを簡単に破壊することも可能なので、使用にあたってはくれぐれも注意してください。

sudoeditで安全に設定ファイルを書き換える

「**03.01.07　コマンドライン上のテキストエディタ**」でも述べたように、Linuxでは OSやアプリの設定をテキストファイルで扱うのが基本です。そのため、専用の設定用インターフェイスを持つアプリを除けば、設定の変更にはテキストを編集しなければなりません。そして、OSの設定ファイルを書き換えるには、root権限が必要です。つまり、root権限でテキストエディタを起動することになります。

sudoを使ってnanoを起動する例を紹介していますが、ある問題が発生します。それは、テキストエディタがテキスト編集以外の機能を持っている場合、その機能をroot権限で行使できてしまうという点です。

たとえば、次のコマンドで、root権限でnanoを起動し、/etc/hostsファイルを編集しようとしたとしましょう。Linuxの管理を行っていると、こうしたコマンドを実行する機会には、頻繁に遭遇します。

▼コマンド3.54　root権限でnanoを起動する

```
$ sudo nano /etc/hosts
```

▲図3.22　sudoを使ってnanoエディタを起動した状態

設定ファイルを書き換えるためにroot権限でエディタを起動すること自体は問題ないように思えますが、実はnanoはエディタ内から任意のコマンドを実行できるのです。

ファイルを読み込むために Ctrl + R を押すと、読み込むファイル名を指定するミニバッファが開くので、Ctrl + X を押します。

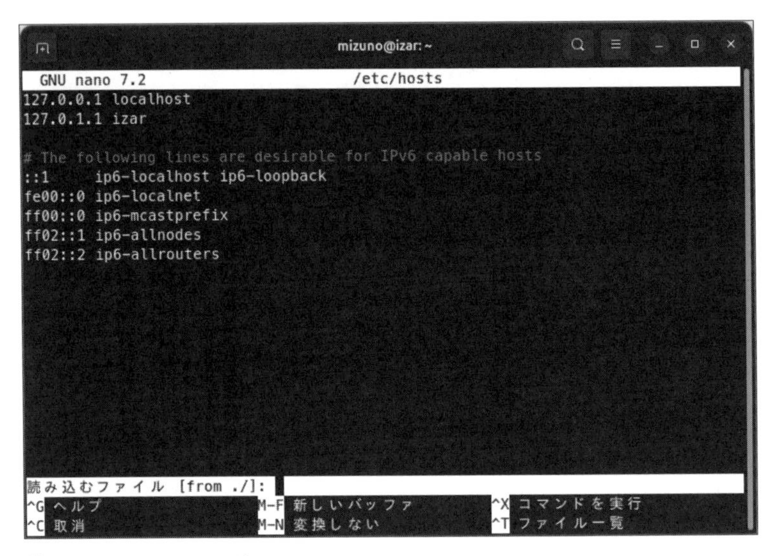

図3.23 ファイルを読み込む

こうすると、実行するコマンドを指定するミニバッファが開きます。これは、外部コマンドを実行し、その標準出力をエディタのバッファに読み込む機能です。つまり、「date」と入力して Enter にを押すと、外部でdateコマンドが実行され、その出力である現在の日付と時刻がnanoの編集中のバッファに入力されます。

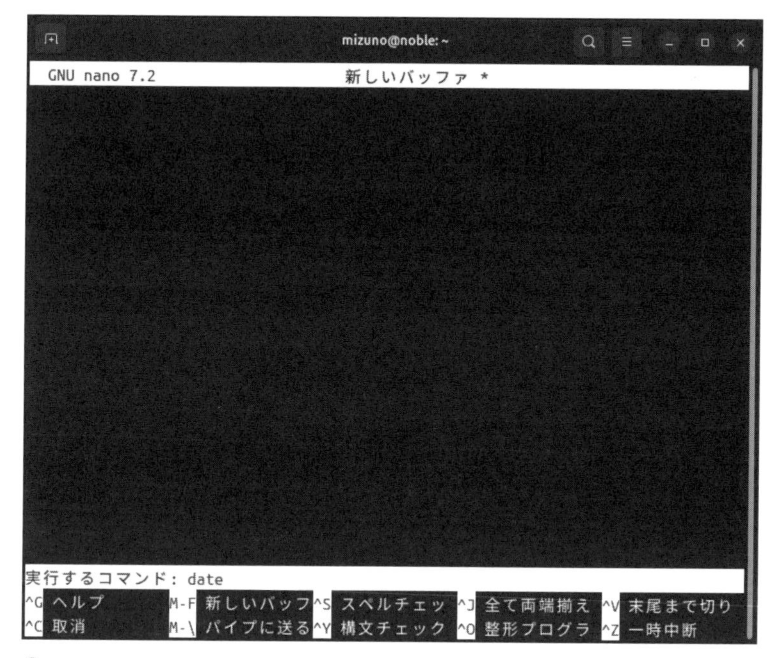

図3.24　dateコマンドを実行

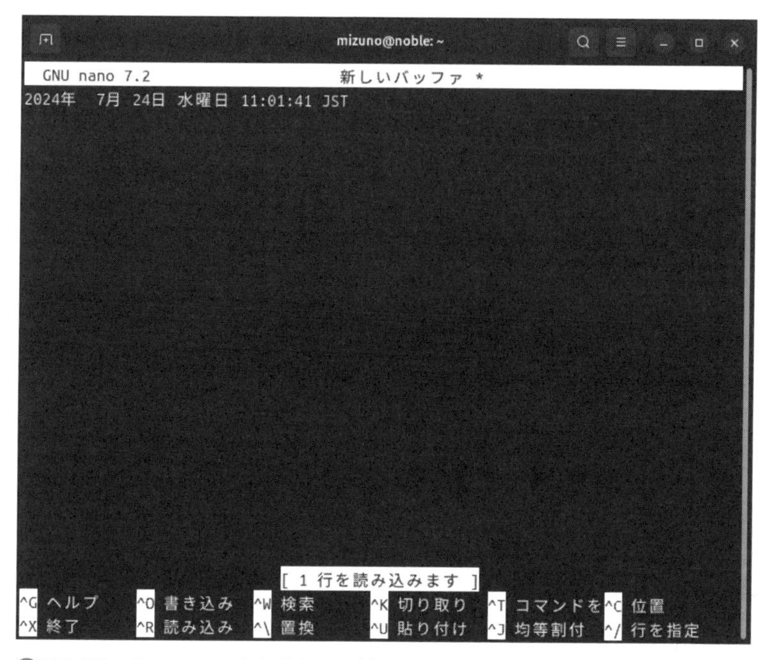

図3.25　dateコマンドを実行した結果がバッファに読み込まれる

Linuxの強力なコマンド群を実行し、その出力結果を直接エディタに読み込めるというのは、非常に便利です。しかし、このようにして実行されるコマンドは、すべてnanoを実行したユーザーの権限で起動するのです。つまり、sudoを使ってnanoを起動している場合、root権限であらゆるコマンドを実行できてしまうことになります。たとえば、ここからrmコマンドを実行すれば、システム上のあらゆるファイルを削除することも可能です。これでは、非常に危険です。

そこで、sudoには、「sudoedit」という機能が用意されています。簡単に説明すると、一般ユーザーの権限で起動したテキストエディタで、root権限が必要なファイルの書き換えを実現するためのコマンドです。次のように、sudoeditコマンドの引数に、編集したいファイル名を指定して実行します。

▼コマンド3.55 sudoeditでファイルを編集する

```
$ sudoedit /etc/hosts
```

こうすると、編集対象のファイルが、内部的に/var/tmp以下のディレクトリにコピーされます。このコピーされた一時ファイルは、sudoeditを実行した一般ユーザーが所有し、そのパーミッションは600に設定されます。つまり、一般ユーザーの権限で、自由に編集できるわけです。

エディタを終了すると、sudoeditは元のファイルと一時ファイルを比較します。一時ファイル側に変更があると、ここでroot権限を行使し、元ファイルを上書きして置き換えるという挙動になっています。

このように、sudoeditを使えば、不必要に強力な権限をテキストエディタに与えることなく、安全にシステムの設定ファイルを書き換えられます。安全性を重視するのであれば、sudoを使ってテキストエディタを起動するのではなく、sudoeditを使うとよいでしょう。

03.02.19 シェルのカスタマイズ

シェルの設定ファイル

シェルは、自分が使いやすいようにカスタマイズすることもできます。ここまでにもいくつかの設定を紹介しましたが、シェルの設定は、そのシェル内でさまざまなコマンドを実行することで行います。しかし、シェルを終了すると、その設定は失われてしまうため、起動時に毎回行わなければなりません。これを手動で行うのは面倒なので、シェルには起動時に読み込まれる設定ファイルが用意されています。Bashの設定ファイルには、システムワイドな設定ファイルである「/etc/profile」※8と、ホームディレクトリにある個人用な設定ファイルとして「.bash_profile」「.bash_login」「.profile」「.bashrc」などがあります。

起動するBashは、**ログインシェル**と、それ以外の**対話的シェル**に大別できます。ログインシェルとは、仮想コンソールやSSHでログインしたときに起動されるシェルのことです。それに対してUbuntuデスクトップでGNOME端末を起動した際に実行されているのは、ログインシェルではない対話的シェルです。

Bashはログインシェルとして起動されると、/etc/profileを読み込んだ後に、ホームディレクトリから「.bash_profile」「.bash_login」「.profile」の順にファイルの存在を調べ、最初に見つかったもの**だけ**を読み込みます。ログインシェルではない対話的シェルとして起動した場合、代わりにホームディレクトリの.bashrcを読み込みます。

Ubuntuにおけるシェルの設定

Ubuntuでは、ユーザーのホームディレクトリに.profileと.bashrcがデフォルトで作成されています。Ubuntuでは、.profileの内部で.bashrcを追加で読み込んでいるため、ログインシェルかそうでないかにかかわらず、.bashrcに設定を記述しておけば問題ないでしょう。手動で.bash_profileや.bash_loginというファイルを作成してしまうと、.profileが読み込まれなくなってしまうので注意してください。

設定ファイルを分割する

Ubuntuの~/.bashrcは、その中で~/.bash_aliasesというファイルが存在する場合は読み込むように設定されています。これは、その名の通り、エイリアスの定義を記述することを想定した設定ファイルです。自分でエイリアスを定義したい場合は、このファイルに分離して設定しておくとよいでしょう。

シェルに限らず、設定ファイルは時間が経つにつれて設定項目が増えて、管理がしづらくなってきます。適度な粒度でファイルを分割することで、見通しのよい設定ファイルを作成できます。

※8 Ubuntuでは、/etc/profileの内部で、/etc/profile.dディレクトリ内にある*.shというファイルを読み込むように設定されています。そのため、システムワイドな設定は/etc/profile.d以下に、拡張子を.shとした別ファイルとして分割できます。

履歴の保存件数を増やすカスタマイズ

それでは、実際にBashの設定をカスタマイズしてみましょう。まずは、テキストエディタで~/.bashrcを開いてください。19行目付近に、変数「HISTSIZE」「HISTFILESIZE」を設定している記述があります。

図3.26　テキストエディタで.bashrcを編集する

これは「**03.02.08　コマンド履歴**」で解説した履歴の設定で、HISTFILESIZEが履歴ファイル(~/.bash_history)に記録される履歴の数、HISTSIZEがそのうちBashの起動時に読み込まれる履歴の数を表しています。シェルを使い込んで行くと、1,000件ではとても足りないことに気付くでしょう。履歴が充実すればするほどコマンドの再利用による効率は高まります。そのため、この設定を書き換えて、履歴は可能な限り大きくすることをお勧めします。とはいえ、あまりにも大きい履歴を確保するとBashのパフォーマンスにも影響してくるので、10万件程度にしておくのが無難でしょう。それぞれ**リスト3.4**のように書き換えて、ファイルを保存しておきます。

▼リスト3.4 HISTSIZEとHISTFILESIZEを書き換える

```
HISTSIZE=100000
HISTFILESIZE=100000
```

ターミナルを閉じて再起動するか、「source ~/.bashrc」を実行して設定ファイルを読み込み直すことで、設定が反映されます。

▼コマンド3.56 設定が反映されたことを確認する

```
$ source ~/.bashrc
$ echo $HISTSIZE
100000
```

変数HISTSIZEの値が変更されていることがわかる

履歴のあいまい検索を有効にするカスタマイズ

Bashの履歴検索機能は非常に便利で、過去に実行したコマンドを手軽に再実行できます。たとえ名前の一部だけしか覚えていないコマンドであっても、検索を駆使すれば「コマンドの断片」から完全なコマンドを探し出すこともできます。しかし、この検索は、前方一致検索でしか行なわれません。したがって、検索文字列が実際の履歴と少しでも違ってしまうと、検索できないという問題があります。たとえば、実行したコマンドが「ls -la」だった場合、「ls -al」で検索しても、マッチしないのです。

オプションの順番が入れ替わってしまっただけでも、正しく検索できないのは不便です。また、Bashの履歴検索は1行ずつしか表示されないため、複数の候補を遡る際の視認性は、お世辞にもよいとはいえません。そこで、より柔軟で使いやすい履歴検索を実現するカスタマイズを紹介します。

まず、次のコマンドで、fzfパッケージをインストールします。

▼コマンド3.57 fzfパッケージのインストール

```
$ sudo apt install -y fzf
```

続いて、テキストエディタで~/.bashrcを開き、末尾に次の1行を追記します。

▼リスト3.5 ~/.bashrcに追記する内容

```
source /usr/share/doc/fzf/examples/key-bindings.bash
```

先ほどと同様に、ターミナルを再起動するか、「source ~/.bashrc」を実行して設定ファイルを読み込み直してください。これでBashのキーバインディングが変更され、Ctrl＋Rを押すと、通常の履歴検索の代わりに「__fzf_history__」というシェル関数が呼び出されます。

fzfは、標準入力の内容をリストアップし、ユーザーが対話的に絞り込みや選択を行える「あいまい検索フィルタ」です。__fzf_history__関数は、Bashの履歴を表示するhistoryコマンドの結果をfzfでフィルタしています。そのため、ここでキーボードから検索したいワードを入力すると、読み込まれた履歴の内容に対して、あいまい検索が行われます。たとえば、**図3.27**は「apt up」で履歴をあいまい検索した例ですが、「apt update」だけではなく「apt-get upgrade」や「apt full-upgrade」などもマッチしていることがわかります。

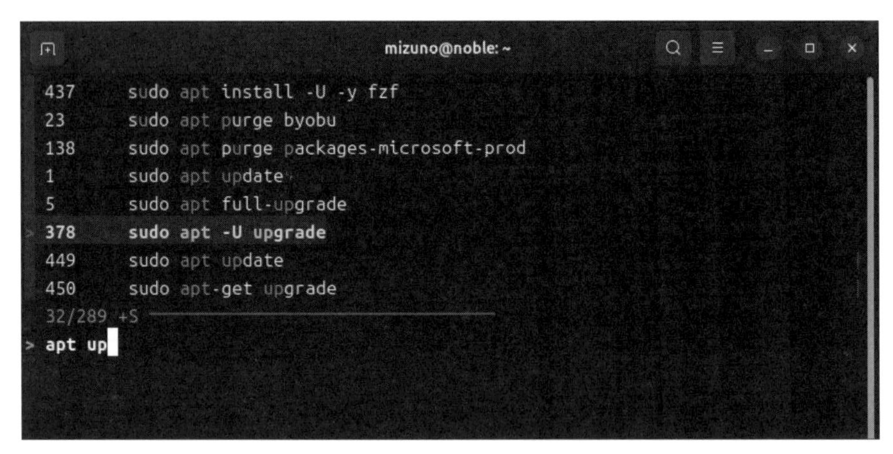

図3.27 履歴をあいまい検索可能にした例

また、ここから、↑と↓で履歴を選択し、Enterで実行することもできます。検索にマッチした複数の候補からカーソルキーで選択できるのは、1行ずつしか表示できなかった標準の履歴検索に比べて、視認性も大幅に向上しています。

一度実行したコマンドを使い回せる履歴は、シェルを使い込めば使い込むほどに効率を高めてくれます。このカスタマイズは履歴検索を飛躍的に使いやすくしてくれるため、筆者お勧めのカスタマイズの1つです。

ほかにも、Ctrl＋Sを無効にするsttyコマンドやエイリアス(「**03.02.14 エイリアス**」参照)など、シェルに恒久的に設定したい内容は、設定ファイルに記述しましょう。

03.03 Gitの活用

03.03.01 Gitの基礎知識

Gitとは

コンピューターの上で動いているソフトウェアは、テキストで記述された**ソースコード**から作られます。つまり、ソフトウェア開発は、ソースコードを追加したり編集したりする作業が中心となります。しかし、巨大で複雑なコードに対して、複数の開発者がそれぞれ勝手に修正を加えていくと、意図せぬ不具合が混入したり、直したはずのバグが直っていなかったり、追加した機能同士が衝突してしまったり、古いバージョンを間違えてリリースしてしまったりと、さまざまなトラブルの元になりかねません。

そこで、プロジェクト内のソースコード一式を管理し、コードに対して、誰が、いつ、どんな修正を行ったのかを記録・管理するツールが登場しました。これを**バージョン管理システム**と呼びます。バージョン管理システムは、商用のものからオープンソースのものまで、世の中に数多く存在します。たとえば、古典的なUnix環境では「Revision Control System(RCS)」や「Concurrent Versions System (CVS)」が使われていました。また、CVSの問題を改良した「Subversion (SVN)」や、2000年代に入ってからは分散型バージョン管理システムである「Mercurial」や「Bazzar」が登場しました。

Gitも、そういったバージョン管理システムのうちの1つです。もともとは、Linux開発者のLinus氏が、Linuxカーネルのソースコードを管理するために開発したツールです。現在では、Linuxカーネルだけではなく、オープンソースソフトウェアを中心に、世界的に広く利用されています。その普及度は群を抜いており、2024年現在、新規で開発プロジェクトを立ち上げるのであれば、特別な事情がなければ、おそらくGitがバージョン管理の第一候補になるでしょう。

01 02 03 04 05 06 07 08 09 10 A

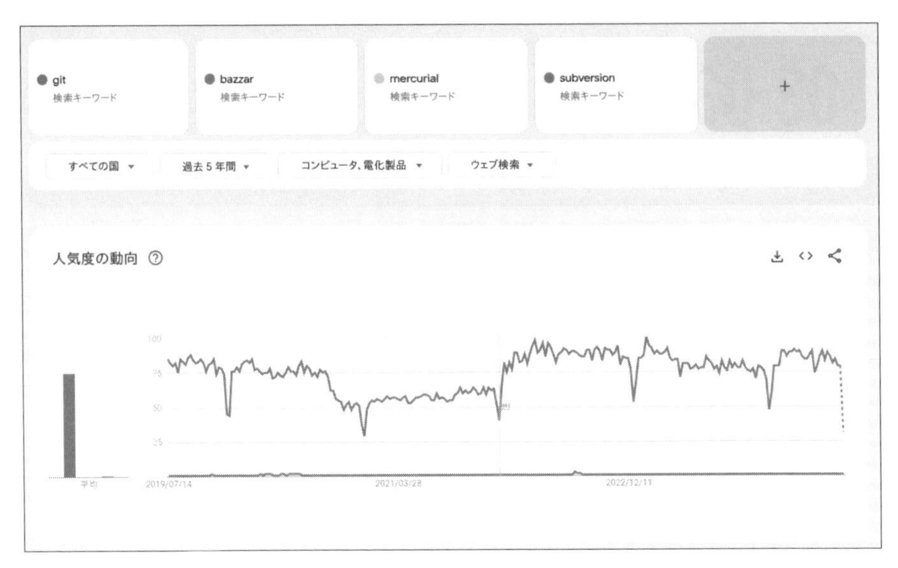

図3.28 Google Trendsで各バージョン管理システムを比較した結果。Git以外はほぼ存在しないといってもよい状態

バージョン管理システムは、その情報をリポジトリ(「**03.03.03 Gitでバージョン管理を始める**」参照)に格納します。したがって、チームで開発するのであれば、全員がアクセスできる場所に、開発の中心となるリポジトリサーバーを設置しなくてはなりません。Gitの強みとして、「GitHub」「GitLab」「Bitbucket」といったクラウド型のソースコードホスティングサービスが充実している点が挙げられます。これらのサービスは、利便性の高さや無料で使い始められることから、オープンソースソフトウェアの開発を中心に、非常に多くのプロジェクトで利用されています。

こうした背景から、オープンソースソフトウェアに限らず、現代的なシステムやソフトウェアの開発に関わるのであれば、Gitの知識は避けては通れません。

Gitの活用例

ソフトウェアの開発を例に解説しましたが、Gitはあらゆるデータを管理下におけるため、プログラム開発の現場以外でも役に立ちます。たとえば、HTMLやCSSを管理したいWebデザイナー、書籍の原稿を管理したい作家や編集者などにとっても、Gitは有用なツールとなります。実際に、本書の原稿はGitでバージョンを管理し、GitHubを経由してチェックやレビューを行うことで執筆されています。

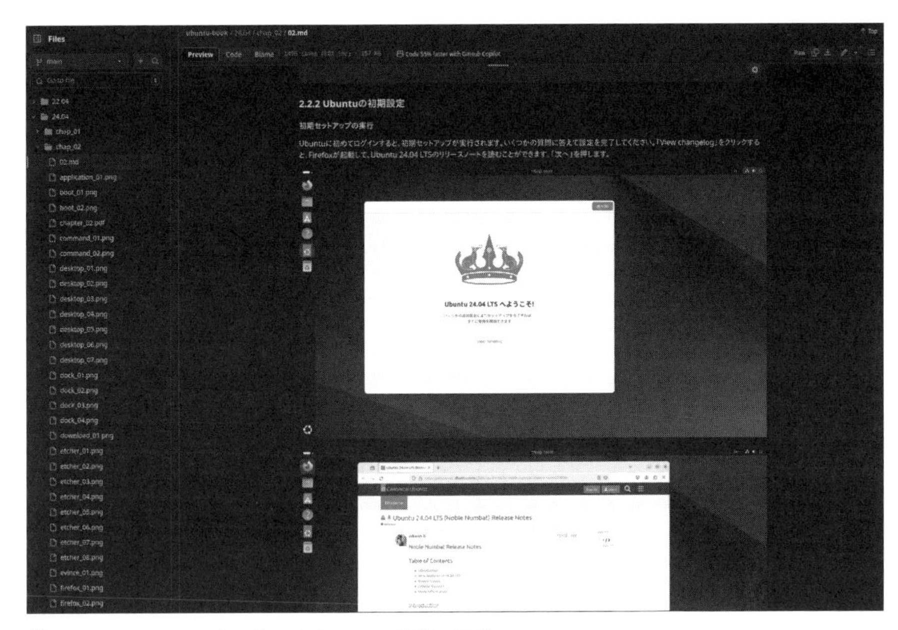

図3.29　GitHub上で管理されている本書の原稿

03.03.02 Gitの導入と設定

Gitのインストール

Ubuntuでは、パッケージからGitをインストールできます。aptコマンドでgitパッケージをインストールします※9。

コマンド3.58　aptコマンドによるgitパッケージのインストール

```
$ sudo apt install -y git
```

Gitの基本設定

Gitは、gitコマンドを使って操作します。

まず最初に、自分自身の名前とメールアドレスを設定するために、次のコマンドを実行します。名前とメールアドレスは、自分のものに適宜読み替えてください。

※9　パッケージ名が明確な場合は、aptコマンドを使用するのが最も簡単で確実です。本書では、解説のしやすさも考慮して、ソフトウェアのインストールにはaptコマンドを使用します。

▼コマンド3.59 名前とメールアドレスの登録

```
$ git config --global user.name 'Hajime MIZUNO'
$ git config --global user.email 'mizuno-as@example.com'
```

03.03.03 Gitでバージョン管理を始める

●リポジトリとは

Gitは、すべてのデータを**リポジトリ**内に保存しています。先に解説したUbuntuのパッケージリポジトリと同じ名前であることに気付いたかもしれません。どちらも「データを貯めておく場所」という意味では同じものです。パッケージリポジトリがパッケージを集めて保存しているのに対し、Gitのリポジトリは、Gitが管理しているデータや、その変更履歴を保存する場所の呼び名です。

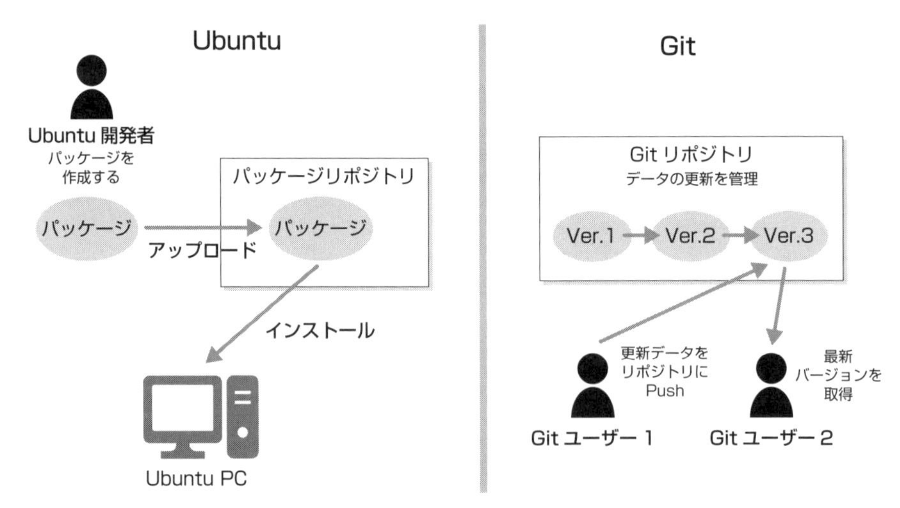

△図3.30 UbuntuのパッケージリポジトリとGitのリポジトリの概念図

●リポジトリの作成

それでは実際にリポジトリを作成し、Ubuntu上でデータのバージョン管理を試してみましょう。まずホームディレクトリ内に作業用のディレクトリを作成し、Gitを初期化します。ディレクトリの作成にはmkdirコマンドを、Gitの初期化には「git init」を使用します。

▼コマンド3.60 作業用ディレクトリの作成とGitの初期化

```
$ cd
$ mkdir work
$ cd work
$ git init
```

「git init」に成功すると、ディレクトリ内に.gitという隠しディレクトリが作成されます。.gitは、バージョンを管理するために必要な情報を始めとして、Gitに関連するすべてのデータが格納されているディレクトリです。このディレクトリの中身を手動で変更することは絶対にしないでください。また、このディレクトリを削除すると、過去のバージョンを含めて、Gitに関するすべての情報が失われてしまうため注意してください。

これでリポジトリの作成は完了し、このディレクトリ内でGitの作業が行えるようになりました。

03.03.04 Gitの基本的な使い方

初めてのコミット

Gitの基本な使い方は、ファイルに対して何か変更を行うたびに、その変更内容をリポジトリに登録することです。試しにテキストファイルを作成し、先ほど初期化したGitの管理下に置いてみましょう。ここでは例として、「example.md」という名前のMarkdown形式※10のテキストを作成しました※11。

※10 文書を記述するための軽量マークアップ言語です。プレーンテキストを手軽にHTML化するために考案されましたが、簡単な記法で文章構造を明示でき、さまざまな形式に変換可能であるため、エンジニアを中心に広まっています。また、最近のエディタであれば何らかの形で対応しており、GitHubを始めとしてMarkdown記法が使えるサイトも数多くあります。

※11 nanoでは、デフォルトで1画面に収まらない長い行が折り返されず、画面外に表示されてしまいます。画面端での折り返しを有効にするには、Escを押してからSを押してください。

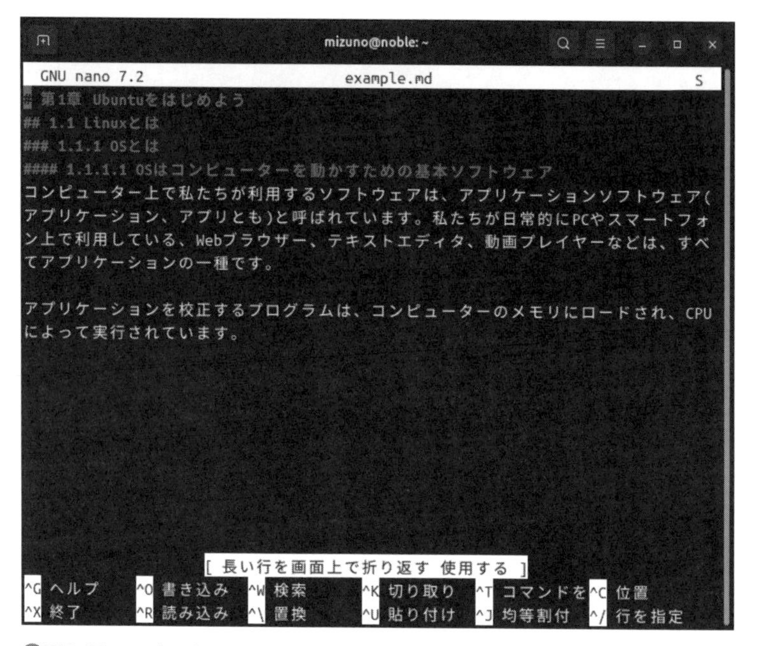

図3.31 テキストエディタでMarkdown文書を作成する

ファイルの更新をGitに登録するには、最初にファイルを「ステージングエリア」に登録する必要があります。ステージングエリアとは、リポジトリへ実際にデータを登録する前に、その内容を整える準備をする場所のことです。ファイルをステージングするには、「git add」を使います。引数に対象のファイル名を指定してください。

コマンド3.61 ステージングエリアへの登録

```
$ git add example.md
```

「git status」で、現在の状態を見てみましょう。example.mdが新規ファイルとして、コミット(後述)が予定されていることがわかります。

コマンド3.62 登録したファイルの現在の状態

```
$ git status
ブランチ master

No commits yet

```

```
コミット予定の変更点:
  (use "git rm --cached <file>..." to unstage)
  new file:   example.md
```

ステージング状態のファイルは、まだコミットされていません。本来であれば、この状態で「変更点に間違いはないか」「登録するファイルに漏れはないか」など、コミットの内容を精査し、必要であれば追加で変更を加えますが、本書では正しいものとして省略します。

ステージングエリアにあるファイルを実際にリポジトリへ登録しましょう。この行為を**コミット**と呼びます。コミットには「git commit」を実行します。

▼コマンド3.63　コミットする

```
$ git commit
```

「git commit」を実行すると、テキストエディタが開き、コミットログの編集画面になります※12。コミットログとは、コミットに関連付けられた付加情報です。

▲図3.32　コミットログを記述する

※12　デフォルトではnanoが起動しますが、update-alternativesを実行している場合は、nanoに代えて変更したエディタが使用されます。

そのコミットにおいて、コードにどのような変更が行われたかの差分は、Gitの機能で追跡できます。しかし、「なぜそんな変更が必要だったのか」という意図を、変更差分だけから読み取ることは困難です。意図が不明な変更がコード内に混入すると、将来的に「この部分を修正したいが、本当に修正してしまってよいかの判断がつかない」という事態を招く恐れがあります。そこで、変更を行った人間が、コミットログに「なぜこの変更を行ったのか」をしっかり記述することが**開発における作法**とされています。

コミットログを保存してエディタを終了すると、コミットは完了です。

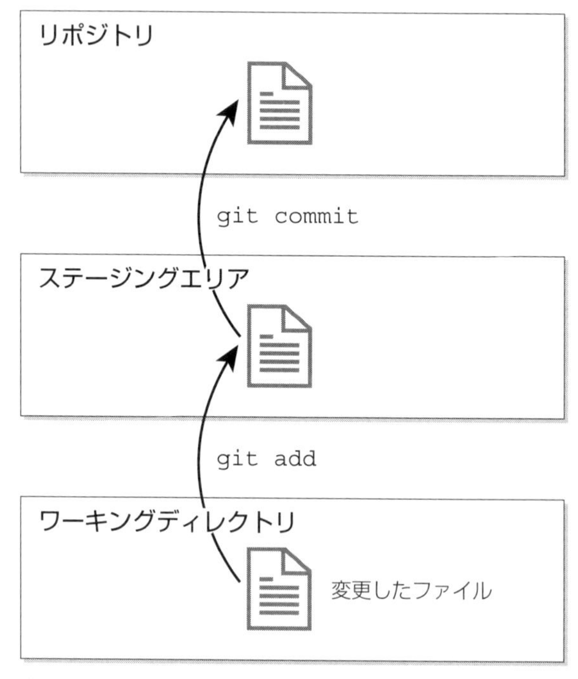

図3.33 git addとgit commitの動作

ファイルの変更

example.mdの内容を変更し、Gitに新しいバージョンを登録してみましょう。先ほどの例では、最後の行に「構成」を「校正」と書いてしまった漢字の変換ミスがあったので、この部分をテキストエディタで修正することにします。

リスト3.6 修正内容(太字部分)

アプリケーションを**校正**するプログラムは、コンピューターのメモリにロードされ、CPUによって実行されています。
↓
アプリケーションを**構成**するプログラムは、コンピューターのメモリにロードされ、CPUによって実行されています。

修正と保存が終了したら、差分を確認してみましょう。リポジトリの状態と現在のワーキングコピーの差分は「git diff」で表示できます。行頭に「-」が表示されているのが削除された行で、赤い文字で表示されます。行頭に「+」が表示されているのが新しく追加された行で、緑の文字で表示されます。白い文字で表示されているのは、前のバージョンから変更されていない行です。これで、変更されたのは最終行のみだったことがわかります。データに修正を加える場合は、追加した場所や削除した場所と同様に、「変更する予定のない場所には一切手を触れていないこと」を確認するのも大切です。修正を行ったら、コミット前に差分の確認を行うように習慣付けましょう。

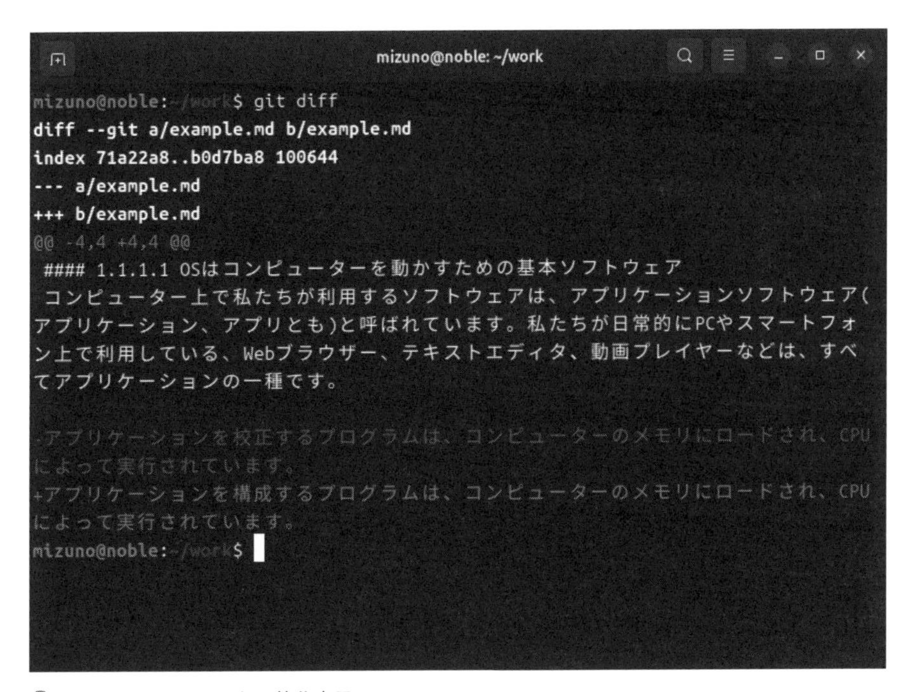

図3.34 git diffによる差分表示

修正をコミットするには、先ほどと同様に対象ファイルを「git add」でステージングし、「git commit」でコミットします。もちろん、コミットログの記述も必要です。なお、コミットログは、「git commit」の-mオプションで指定することもできます。毎回テキストエディタを操作するのが面倒なときに便利な機能です。

▼コマンド3.64 修正をコミットする

```
$ git add example.md
$ git commit -m '漢字の変換ミスを修正'
[master 4bb4077] 漢字の変換ミスを修正
 1 file changed, 1 insertion(+), 1 deletion(-)
```

「git log」を実行すると、コミットの履歴をコミットログとともに確認できます。その際に-pオプションを付けると、実際の変更内容も表示できます。

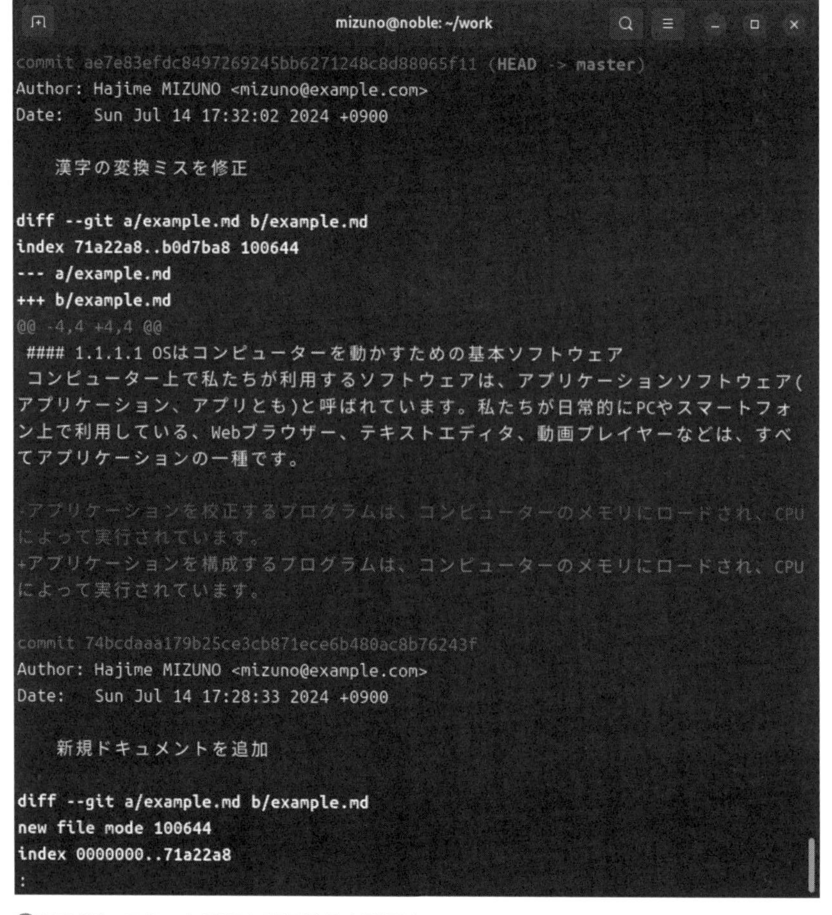

▲図3.35 コミット履歴と変更差分を確認する

このように、ファイルへの変更を積み重ねていくのがGitの基本です。Gitは非常に多機能であるため、より詳しい使い方はドキュメントや専門の書籍を参照してください。

Gitは、サーバーの設定ファイルを管理する目的にも便利に利用できます。Linuxにおいて設定ファイルは/etcディレクトリ以下に集められていますが、Ubuntuにはこのディレクトリ全体を自動でバージョン管理するGitのラッパー「etckeeper」が用意されています。etckeeperについては「**第4章　Ubuntuを管理しよう**」で解説します。

03.04 PowerShellの活用

03.04.01 PowerShellとは

PowerShellとは

PowerShellは、Microsoftが開発したコマンドラインシェルです。Windows 11ではデフォルトでインストールされており、非常に強力な機能を持つため、愛用しているWindows系のシステム管理者も多く存在します。

Microsoft製のプロダクトなのでWindowsでしか動かないように思えるかもしれません。しかし、PowerShellはオープンソースとして公開されており、LinuxやmacOSに対応したバイナリも配布されています。もちろん、Ubuntu上でも、PowerShellを利用できます。

PowerShellのメリット

PowerShellを、単にキーボードからコマンドを実行するためだけに使うのであれば、すでにBashというシェルを持つLinuxにとっては、あまりメリットはないかもしれません。ところが、PowerShellはシェルとは呼ばれているものの、単なるコマンドインタプリタではありません。PowerShell最大の特徴は、その中身が「.NET Framework」上に構築されたオブジェクト指向プログラミング言語であるという点です。

UnixライクなOSでは、すべてをテキストとして扱うという考え方があります。コマンド間のパイプも、標準入出力を介して、単なる文字列をやり取りするということに過ぎません。PowerShellも、コマンドの出力を見る限りは文字列を扱っているように見えます。しかし、人間にが理解しやすいように情報の一部をテキストに変換しているためにそう見えるのであって、その実体はオブジェクトなのです。コマンド間のパイプも、単なる文字列ではなくオブジェクトをやり取りしています。

たとえば、ファイルの一覧から、特定のユーザーが所有しているファイルのみをフィルタすることを考えてみましょう。Bashであれば、`ls`コマンドに`-l`オプションを付けてリスト形式で出力し、awkコマンドなどにパイプして条件で絞り込むのが一般的でしょう。

コマンド3.65　ファイルの一覧から、特定のユーザーが所有者のファイルのみをフィルタする（Bashの場合）

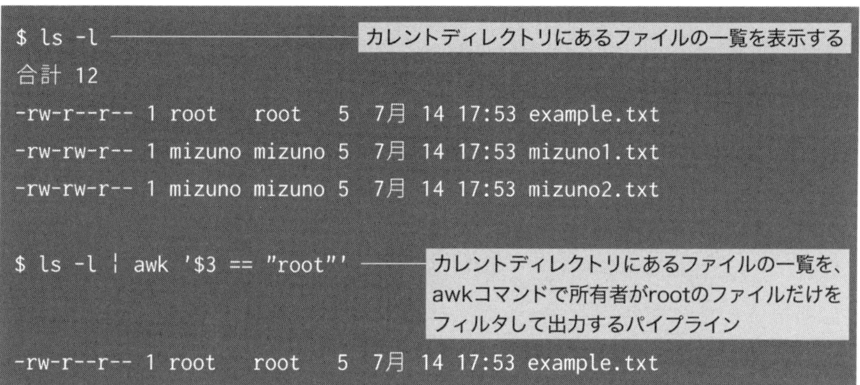

繰り返しになりますが、Bashのパイプラインでは出力された文字列を操作することしかできません。lsコマンドの出力は単なる文字列に過ぎず、そこにはファイルの所有者を表す情報はありません。このやり方でファイルをフィルタできるのは、実際のファイルの所有者情報を参照しているわけではなく、「ls -lコマンドの出力の3番目のカラムにはファイルの所有者を表す文字列がある」ことを知っていて、該当箇所の文字列を検索するコマンドを組み立てているからです。

PowerShellでファイルの一覧を表示するコマンドは「Get-ChildItem」ですが、出力だけを見ると、lsコマンドと変わらないように思えます。しかし、この出力の実体はオブジェクトなので、出力された文字列以外にも、さまざまなプロパティを持っているのです。したがって、このオブジェクトのプロパティを参照し、条件によってフィルタすることが可能です。

コマンド3.66　Powershellにおけるファイル一覧の表示（Get-ChildItem）

```
$ Get-ChildItem    ← lsコマンドと同様に、Get-ChildItemでファイルの一覧を表示する

    Directory: /home/mizuno/work

UnixMode         User Group         LastWriteTime         Size Name
--------         ---- -----         -------------         ---- ----
-rw-r--r--       root root       2024/07/14 17:53            5 example.txt
-rw-rw-r--     mizuno mizuno     2024/07/14 17:53            5 mizuno1.txt
-rw-rw-r--     mizuno mizuno     2024/07/14 17:53            5 mizuno2.txt
```

パイプラインを経由して渡されたオブジェクトをテストし、条件を満たしたオブジェクトのみを受け取るコマンドが「Where-Object」です。次に示したのは、Get-ChildItemの出力をWhere-Objectに渡し、所有者でフィルタするパイプラインの例です。

▼コマンド3.67　ファイルの一覧から、特定のユーザーが所有者のファイルのみをフィルタする（PowerShellの場合）

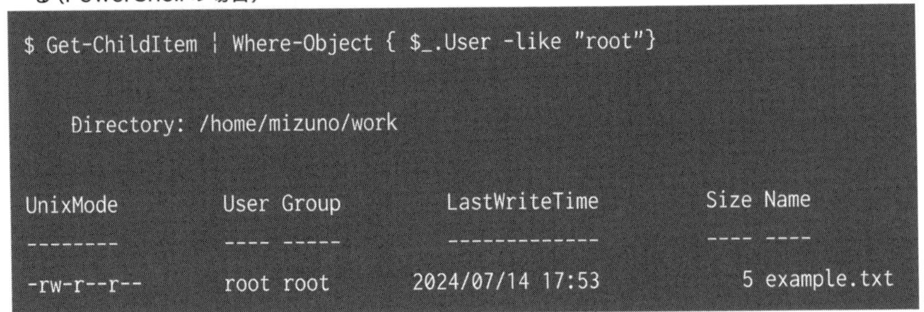

```
$ Get-ChildItem | Where-Object { $_.User -like "root"}

    Directory: /home/mizuno/work

UnixMode         User Group         LastWriteTime          Size Name
--------         ---- -----         -------------          ---- ----
-rw-r--r--       root root       2024/07/14 17:53             5 example.txt
```

ほかにも、Format-Listコマンドにパイプし、ファイルオブジェクトのプロパティを表示するといった処理も可能です。

このように、単なるコマンドラインシェルではなく、強力なオブジェクト指向プログラミング言語として考えれば、LinuxユーザーであってもPowerShellを使うメリットは十分あるといえるでしょう。

PowerShellのインストール

PowerShellは、Ubuntu向けのパッケージもリリースされています。Debファイルをインストールするためのリポジトリも用意されているのですが、2024年7月現在、Ubuntu 24.04向けのリポジトリには、PowerShellのパッケージが用意されていません。そこで、本書ではSnapパッケージを使ったインストール方法を紹介します。次のコマンドを実行してください。

▼コマンド3.68　snapによるPowerShellのインストール

```
$ sudo snap install powershell --classic
```

03.04.02 PowerShellを使ってみる

PowerShellを使ってみる

GNOME端末を起動し、pwshコマンドを実行してください。PowerShellが起動します。

コマンド3.69 PowerShellの起動

```
$ pwsh
```

図3.36 GNOME端末内で起動したPowerShell

PowerShellのコマンドは、正しくは**コマンドレット**と呼びます。コマンドレットは、すべて「動詞-名詞」というルールに則ってで命名されているため、混沌としたLinuxコマンドに比べて体系的に整理されており、名前を見ただけで動作も理解しやすくなっています。たとえば、カレントディレクトリを変更するコマンドレットは「Set-Location」です。

とはいえ、cdコマンドに慣れたユーザーにとって、カレントディレクトリを変更するたびに「Set-Location」と入力するのは耐えられないでしょう。実は、「Set-Location」には「cd」というエイリアスが設定されており、Bashと同じ感覚で使えるように配慮されています。

これ以上のPowerShellの機能やコマンドレットの詳細については本書の範囲を越えてしまうため、Microsoftのドキュメントなどを参照してください。

01 02 03 04 05 06 07 08 09 10 A

04

第4章

Ubuntuを管理しよう

04.01 ユーザーとグループ

04.01.01 ユーザーの管理

ユーザーとは

OSにおける**ユーザー**とは、ファイルを所有したりプログラムを実行したりする「実体」のことです。OSを使う利用者や、使用目的ごとに個別のユーザーを作成するのが一般的です。利用者ごとに作られたユーザーのことを「ユーザーアカウント」と呼ぶこともあります。ユーザーアカウントはパスワードなどで保護されており、正しくない利用者が勝手にシステムを悪用することがないように、OSの利用にあたっては認証を通過し、アカウントの持ち主であることを証明しなければなりません。この手続きが「ログイン」(**「02.02.01　Ubuntuへのログイン」**参照)です。

Linuxはマルチユーザーのです。Ubuntuのインストール時にもユーザーを作成しましたが、それとは別のユーザーを、後からいくつでも作ることができます。ホームディレクトリもユーザーごとに個別のものが割り当てられるため、家族それぞれのユーザーを作成し、設定やデータなどを混ぜることなく、1台のPCを共有するといったことも可能です。

また、Linuxでは、**パーミッション**(**「04.02　パーミッションによるファイルの保護」**参照)によって、ユーザーごとに読み書きできるファイルに制限が設けられています。自分のホームディレクトリ以下は自由に読み書きが可能ですが、他人のホームディレクトリは見ることすらできません[※1]。システムの設定ファイルやアプリケーションは、中身を読んだり実行することはできますが、書き換えることはできません。したがって、システムの設定変更やアプリケーションのインストールは、システムに対する全権限を持つ特別なユーザーである「root」でなければできないようになっています(**「03.02.18　sudoとroot権限」**参照)。

※1　他人のホームディレクトリも、見ることだけなら可能なディストリビューションも存在します。

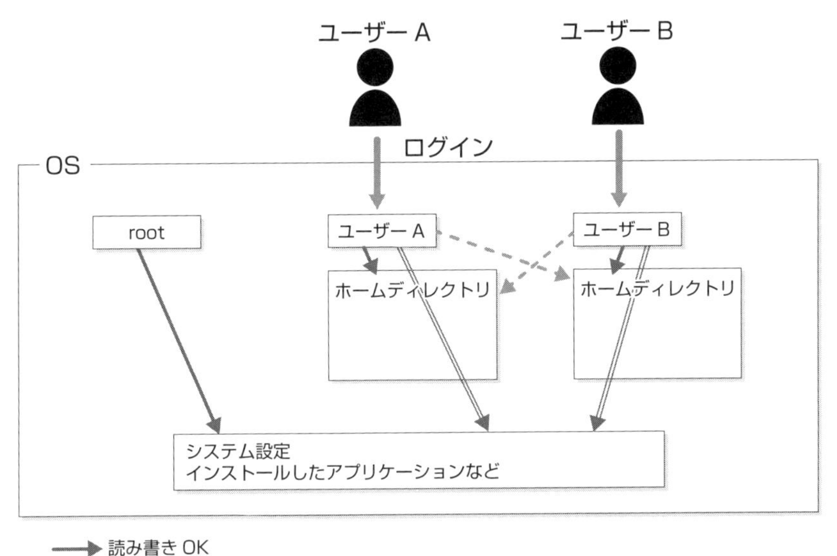

図4.1　ユーザーごとに権限は決まっている

人間が直接利用しないユーザー

人間がログインして利用するユーザー(アカウント)のほかにも、特定のプログラムを動かすためだけに作られた専用のユーザーというものも存在します。たとえばWebサーバーであれば、Webサーバーを動かすための専用のユーザーを作り、サーバーのプロセスはそのユーザーの権限で動作させるというのが一般的です。

Linuxにおいて、プロセス(「**04.03　プロセスとジョブの管理**」参照)は、基本的にはプログラムを実行したユーザーの権限を引き継いで動作します。つまり、Webサーバーをrootユーザーの権限で実行してしまうと、Webサーバーのプロセスがシステム上のすべてのファイルを読み書きできるなど、非常に強力な権限を持ってしまうのです。通常、Webサーバーは、HTMLファイルや画像ファイルなど、提供するコンテンツのみにアクセスできれば十分で、rootのような強力な権限は必要ありません。それどころか、Webサーバー上で動作しているアプリケーションに任意のコマンドを実行できるような脆弱性があった場合、root権限で外部からコマンドを実行されてしまいます。これでは、Webサーバーに対する攻撃が、システムの完全掌握につながってしまいます。しかし、Webサーバーを専用のユーザー権限で起動し、そのユーザーの権限を必要最小限に絞っておけば、仮に悪意のある攻撃者によってWebサーバーが乗っ取られてしまった場合でも、そのユーザーの権限を越える操作はできません。このように、ユーザーを細分化してその権限を最小に抑えることを**最小権限の原則**と呼びます。

ほかの具体的な例としては、Ubuntuではシステムのログを記録するrsyslogdというプロセスが、syslogユーザーの権限で動作しています。

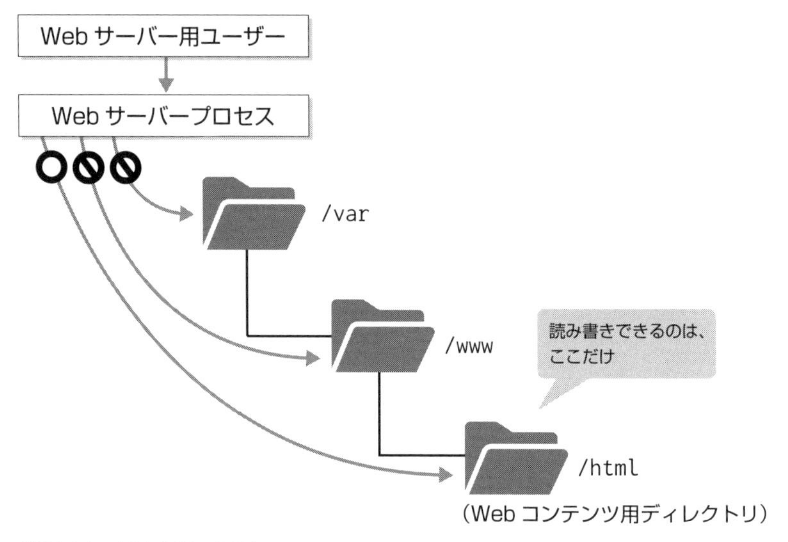

図4.2 最小権限の原則

ユーザーの作成

Linuxにおけるユーザー名は、アルファベット小文字、数字、アンダースコア(_)、ハイフン(-)の組み合わせです。頭文字はアルファベットの小文字かアンダースコアにするのが一般的です。また、末尾のみはドル記号($)が使えます。

Ubuntuでは少々ルールが異なり、頭文字にハイフン(-)、プラス(+)、チルダ(~)が使えないことと、ユーザー名にコロン(:)、カンマ(,)、スペースを含んではならないということ、数字のみの名前は付けられないという以外に制約はありません。ただし、ユーザー名はホームディレクトリのディレクトリ名にもなるため、特殊な文字を含めると、アプリケーションが意図通りに動作しないといったトラブルが起こりかねません。ユーザー名はLinuxの一般的な慣習に倣っておくことを推奨します。

ユーザーは、adduserコマンドで作成できます※2。もちろん、ユーザーの

※2 「02.03.01 Ubuntuの設定」で紹介した「システム」内の「ユーザー」の設定でも、ユーザーの作成やパスワードの変更を行うことができます。

作成にはroot権限が必要です。たとえば「user1」というユーザーを作成するには、**コマンド4.1**のように実行します。ユーザーのパスワードと名前、その他の情報を聞かれるので、対話的に入力してください。

▼コマンド4.1　ユーザーを作成する

```
$ sudo adduser user1
info: ユーザ `user1' を追加しています...
info: Selecting UID/GID from range 1000 to 59999 ...
info: 新しいグループ `user1' (1001) を追加しています...
info: Adding new user `user1' (1001) with group `user1 (1001)' ...
info: ホームディレクトリ `/home/user1' を作成しています...
info: `/etc/skel' からファイルをコピーしています...
新しい パスワード: ―――――――――― user1のパスワードを入力
新しい パスワードを再入力してください: ―――― user1のパスワードを再入力
passwd: パスワードは正しく更新されました
user1 のユーザ情報を変更中
新しい値を入力してください。標準設定値を使うならリターンを押してください
    フルネーム []: ―――――――― 各種ユーザー情報を入力(省略可能)
    部屋番号 []:
    職場電話番号 []:
    自宅電話番号 []:
    その他 []:
以上で正しいですか? [Y/n] ―――――――――― yを入力
```

これで「user1」というユーザーが作成されました。ユーザー名の後ろに表示されている「(1001)」という数字がユーザーIDです。また、ホームディレクトリも自動的に作成され、デフォルトのシェルの設定ファイルなどが、テンプレートとなる/etc/skelディレクトリからコピーされています。

「useradd」というよく似た名前のコマンドも存在します。これもユーザーを作成するコマンドなのですが、useraddは、オプションを指定しないとホームディレクトリが作られなかったり、パスワードを別途設定する必要があったりなど、使いにくいところがあります。そのため、通常は、必要な初期設定一式が自動的に行われるadduserコマンドを使うことを推奨します※3。なお、Ubuntuにおけるadduserは、Perl言語で書かれたスクリプトで、内部的にはuseraddコマンドをオプション付きで呼び出しています。つまり、適切なオプションを指定できる

※3 adduserコマンドがインストールされていないLinuxディストリビューションも存在します。

のであれば、useraddを使っても結果は同じになります。このように、複雑なコマンドを使いやすくするためのスクリプトを**ラッパースクリプト**と呼びます。

ユーザーIDとは

Linuxでは、ユーザーには**ユーザーID**(UID)という個別の番号が割り当てられています。これは、OSがユーザーを識別するための番号で、ユーザー名とはユーザーIDに付けられた、わかりやすい別名に過ぎません。OSはユーザーIDとユーザー名の対応表を持っており、ユーザーIDに対応した名前を表示しているだけなのです。

Ubuntuでは、特別に指定しない限り、一般ユーザーのユーザーIDは1000から順に割り当てられます。インストール時に作成したユーザーのUIDが1000で、それから新しいユーザーを作るごとに1ずつ増えていきます※4。たとえば、ホームディレクトリで「ls -l」を実行すると、左から3番目のカラム(「ファイルタイプ」と「ファイルモード」が1つになっているので、実際には4番目の項目です)にファイルの所有者名が表示されますが、-nオプションを追加して実行すると、所有者はユーザー名ではなくUIDで表示されます。

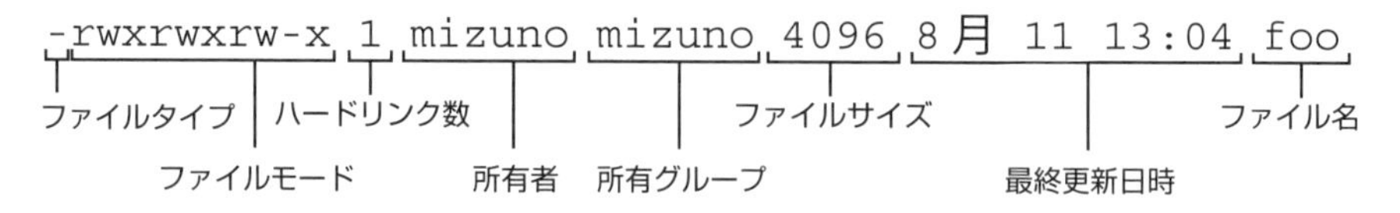

図4.3 ls -lコマンドの表示

コマンド4.2 ファイルの所有者を表示する例

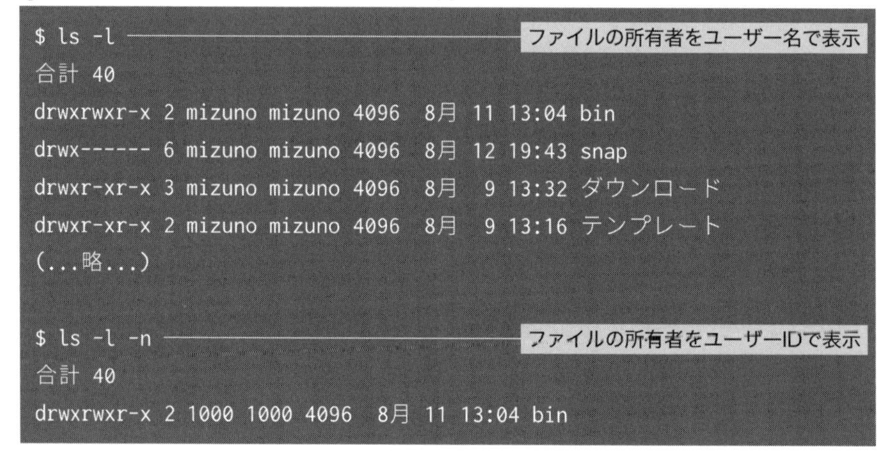

```
$ ls -l                                ファイルの所有者をユーザー名で表示
合計 40
drwxrwxr-x 2 mizuno mizuno 4096  8月 11 13:04 bin
drwx------ 6 mizuno mizuno 4096  8月 12 19:43 snap
drwxr-xr-x 3 mizuno mizuno 4096  8月  9 13:32 ダウンロード
drwxr-xr-x 2 mizuno mizuno 4096  8月  9 13:16 テンプレート
(...略...)

$ ls -l -n                             ファイルの所有者をユーザーIDで表示
合計 40
drwxrwxr-x 2 1000 1000 4096  8月 11 13:04 bin
```

※4 rootユーザーのユーザーIDは「0」(後述するグループIDも0)となっています。また、システムが利用する(ユーザーが直接ログインしない)特殊なユーザーには、1000未満のユーザーIDが割り当てられます。

```
drwx------ 6 1000 1000 4096  8月 12 19:43 snap
drwxr-xr-x 3 1000 1000 4096  8月  9 13:32 ダウンロード
drwxr-xr-x 2 1000 1000 4096  8月  9 13:16 テンプレート
(...略...)
```

OSはユーザーをUIDで管理しており、ユーザー名は別名に過ぎません。そのため、1つのUIDに2つのユーザー名を紐付けることで、同一のユーザーとして扱うこともできます。ただし、混乱やトラブルの元になるため、特別な理由がなければユーザーには個別のUIDを割り当てるべきでしょう。また、adduserコマンドでは、自動的に割り当てられる連番のUIDではなく、UIDを任意に指定できますが、すでに存在するUIDを指定するとエラーになります。

ユーザーアカウントの変更

作成済みのユーザーの情報は、usermodコマンドで変更できます。主に、ユーザーが所属するグループの変更、ホームディレクトリの変更、ユーザー名の変更、ユーザーのロックなどに使われます。-dオプションを指定すると、ユーザーのホームディレクトリを変更します。この際に-mオプションを併用すると、現在のホームディレクトリの中身を新しいホームディレクトリへ移動させます。**コマンド4.3**を実行すると、user1のホームディレクトリを「/home/new_home_dir」に変更し、現在のホームディレクトリ(おそらく/home/user1でしょう)の中身を移動させます。

コマンド4.3　usermodコマンドでホームディレクトリを変更する

```
$ sudo usermod -d /home/new_home_dir -m user1
```

-lオプションを指定すると、ユーザー名を変更できます。**コマンド4.4**を実行すると、user1のユーザー名をuser2に変更します。UIDは変化しないので、あくまでも人間から見た名前が変わるだけです。

コマンド4.4　usermodコマンドでユーザー名を変更する

```
$ sudo usermod -l user2 user1
```

-Lオプションを指定すると、そのユーザーをロックしてログインできない状態にします。**コマンド4.5**を実行すると、user1をロックします。企業などで、プロジェクトから外れた人や退職者が出た場合など、ユーザーにはサーバーを使わせたくないものの、ただちに削除はできないといった場合に有効です。

コマンド4.5　usermodコマンドで特定ユーザーをロックする

```
$ sudo usermod -L user1
```

なお、ロックしたユーザーは、-Uオプションでアンロックできます。

コマンド4.6　usermodコマンドでロックを解除する

```
$ sudo usermod -U user1
```

ロックは、暗号化されたパスワードデータに本来使用されない「!」という文字を挿入し、パスワードを使用不能にすることで実現されています。そのため、ロックされたユーザーは、パスワードでのログインは不可能になりますが、SSH公開鍵といったパスワードを利用しない方法でのログインはできてしまいます。つまり、登録された公開鍵を削除するなど、すべてのログイン方法について対策が必要であることには注意してください。

クラウドやRaspberry PiなどのUbuntuがプリインストールされた環境では、デフォルトのユーザー名に「ubuntu」が使用されているケースが多くあります。ユーザー名が広く知られているということもセキュリティリスクになるため、新しいユーザーを作成した上で、デフォルトのユーザーはロックやリネームしておくのがよいでしょう。

-Gオプションを指定すると、ユーザーをグループ（「**04.01.02　グループの管理**」参照）に追加できます。ただし、-Gオプションの引数には、所属するセカンダリグループを**すべて**列挙する必要があります。「追加したいグループのみ」を指定したため、それ以外の既存の所属グループすべてから抜けてしまい、その結果、sudoができなくなってしまうといったトラブルは、よく起きています。

コマンド4.7　usermodコマンドでユーザーをグループに追加する

```
$ id user1
uid=1001(user1) gid=1001(user1) groups=1001(user1),4(adm),24(cdrom),2
7(sudo),30(dip),46(plugdev),100(users),114(lpadmin)
  ― user1はプライマリグループ(user1)のほかに、これだけのセカンダリグループに所属している

$ sudo usermod -G vboxusers user1 ―― VirtualBoxを使用可能にするため、user1を
                                      vboxusersグループに追加しようとした例
                                      (間違いの例)

$ id user1
```

```
uid=1001(user1) gid=1001(user1) groups=1001(user1),124(vboxusers)
```
vboxusers以外のセカンダリグループから抜けてしまった状態

この問題は-aオプションを併用し、-aGとすることで回避できます。しかし、うっかりミスに起因するトラブルを避けるためにも、グループの管理にはusermodコマンドではなく、後述するgpasswdコマンドを使うことを推奨します。

ユーザーのパスワードの変更

ユーザーのパスワードは、後から変更することができます。passwdコマンドを使うと、自分自身のパスワードを変更できます。たとえば、システム管理者からユーザーアカウントを発行され、初回ログイン後にパスワードを変更するような場合や、パスワードが漏洩した危険がある場合などに使います。

コマンド4.8　自分自身のパスワードを変更する

```
$ passwd
mizuno 用にパスワードを変更中
Current password:                          現在のパスワードを入力
新しい パスワード:                          新しいパスワードを入力
新しい パスワードを再入力してください:       新しいパスワードを再入力
passwd: パスワードは正しく更新されました
```

rootユーザーは、ほかのユーザーのパスワードを強制的に変更できます。パスワードを失念してしまったユーザーのために、システム管理者がパスワードを初期化するような場合に使います。その性質上、現在のパスワードを入力する必要はありません。passwdコマンドの引数に、パスワードを変更したいユーザー名を指定します。次に示したのは、user1のパスワードを変更する例です。

コマンド4.9　rootユーザーは一般ユーザーのパスワードを変更できる

```
$ sudo passwd user1
新しい パスワード:                          新しいパスワードを入力
新しい パスワードを再入力してください:       新しいパスワードを再入力
passwd: パスワードは正しく更新されました
```

なお、パスワードの設定時は、sudoと同様に、入力したパスワードのエコーバックは行われません。

ユーザーの削除

不要になったユーザーは、deluserコマンドで削除できます。**コマンド4.10**のようにを実行すると、user1ユーザーを削除します。

▼コマンド4.10 ユーザーを削除する

```
$ sudo deluser user1
```

ただし、この場合はユーザーアカウントが削除されるだけで、ホームディレクトリはディスク上に残ります。ユーザーが作成したデータの中に重要なものが残っている可能性もあるため、安全側に倒した仕様といえるでしょう。とはいえ、サーバーのディスク容量が枯渇したというときに原因を調べたら、過去の退職者のデータがすべて残っていたというトラブルも起きがちです。--remove-homeオプションを付けて実行すると、ユーザーと同時にホームディレクトリを削除できます。必要に応じて使い分けるとよいでしょう。

adduser／useraddの関係と同様に、deluserにも対になるuserdelというコマンドが存在します。deluserもadduserと同じように、内部的にはuserdelコマンドを呼び出すPerlスクリプトです。2つのコマンドに本質的な違いはありませんが、Ubuntuではマニュアルでもラッパースクリプトであるdeluserを使うことを推奨しているため、本書もそれに倣います。

04.01.02 グループの管理

グループの作成

グループとは、OSが複数のユーザーをまとめて管理する単位のことです。グループに対しても、ユーザーと同様のパーミッション(「**04.02 パーミッションによるファイルの保護**」参照)を設定できるので、グループを活用して、同じような用途に使われるユーザーの効率よい管理が実現できます。たとえば、ある開発プロジェクトに参加するユーザーアカウントをグループにまとめ、グループに対してプロジェクト用のディレクトリの読み書き権限を付けるといった具合です。ユーザーと同様に、グループもグループID(GID)という固有のIDでOSは管理しており、GIDに対してグループ名が関連付けられています。設定できるグループ名には、ユーザー名と同じ制約があります。

グループは、addgroupコマンドで作成できます。次のコマンドを実行すると、group1というグループが作成されます。

コマンド4.11　グループを作成する

```
$ sudo addgroup group1
グループ `group1' (GID 1002) を追加しています...
完了。
```


Column

groupaddとaddgroup

adduserスクリプトに対してuseraddコマンドが存在するように、groupaddというコマンドも存在します。実は、addgroupコマンドの実体はadduserコマンドへのシンボリックリンクであり、adduserと同一のPerlスクリプトが呼び出されています。

このスクリプト（adduser）は、自分が何という名前で呼び出されたのかを判断し、名前によって処理を分岐しています。addgroupという名前で呼び出された場合は、内部的にgroupaddコマンドを呼び出し、グループの作成を行っています。

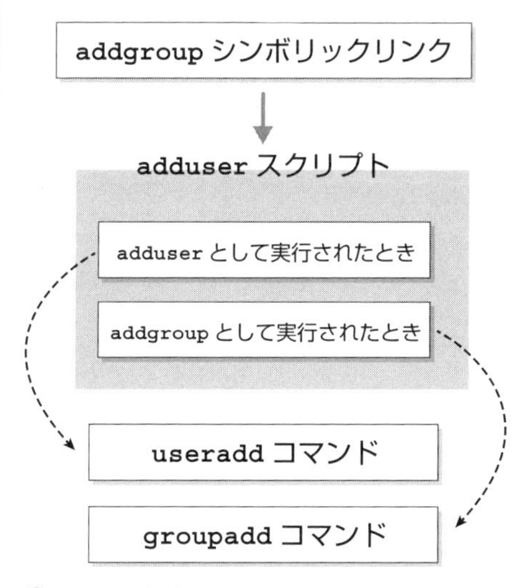

呼び出す名前の違いによる、adduserスクリプトの挙動の変化

ただし、さまざまなオプションが必要となるため、ラッパースクリプトを使うことが推奨されていたadduser／useraddに比べて、addgroup／groupaddはグループを作

成するだけなので、どちらを使っても大差はありません。とはいえ、addgroupでは作成したグループ名や割り当てられたGIDが標準出力に出力されるため、人間が対話的に使うならこちらのほうがわかりやすいでしょう。ユーザーの作成とともに、「add ●●」という名前で統一されているのも、覚えやすいポイントです。

グループへのユーザーの追加と削除

すべてのユーザーは、最低でも1つのグループに所属していなければなりません。これを**プライマリグループ**と呼びます。adduserコマンドでユーザーを作成すると、自動的にユーザー名と同名のグループが作成され、このグループがユーザーのプライマリグループとなります。

ユーザーはプライマリグループ以外にも複数のグループに所属することが可能で、それらを**セカンダリグループ**と呼びます。adduserで作成したユーザーは、デフォルトではプライマリグループにしか所属していません。それに対して、インストール時に作成したユーザーは、デフォルトでさまざまなセカンダリグループにも所属しています。所属しているグループは、idコマンドやgroupsコマンドで確認できます。

コマンド4.12 所属グループを確認する

```
$ id
uid=1000(mizuno) gid=1000(mizuno) groups=1000(mizuno),4(adm),24(cdrom
),27(sudo),30(dip),46(plugdev),100(users),114(lpadmin)
```

uidがユーザーID、gidがプライマリグループ、groupsに列挙されているのが、プライマリグループとすべてのセカンダリグループを意味する

先にも触れましたが、ユーザーをグループに追加するにはgpasswdコマンドを使うのがお勧めです。次のコマンドを実行すると、user1ユーザーをgroup1グループに追加します。

コマンド4.13 ユーザーをグループに追加する

```
$ sudo gpasswd -a user1 group1
ユーザ user1 をグループ group1 に追加
```

逆にグループからユーザーを削除(脱退)するには、-aオプションを-dオプションに変えて、同様にgpasswdコマンドを実行するだけです。

▼コマンド4.14　グループからユーザーを削除する

```
$ sudo gpasswd -d user1 group1
ユーザ user1 をグループ group1 から削除
```

このように、gpasswdコマンドは、追加(-a／--add)と削除(-d／--delete)をオプションで切り替え、対象のユーザーとグループを順に指定するだけなので、usermodコマンドに比べて、非常にシンプルで直感的に使えます。

なお、Perlスクリプトであるadduserコマンドには、さらにシンプルにユーザーをグループに追加する独自機能が用意されています。adduserコマンドを使ってuser1ユーザーをgroup1グループに追加するには、次のように実行します。

▼コマンド4.15　adduserコマンドでユーザーをグループに追加する

```
$ sudo adduser user1 group1
ユーザー `user1' をグループ `group1' に追加しています...
ユーザ user1 をグループ group1 に追加
完了。
```

追加されたグループを反映するには、一度ログアウトしてからログインし直すか、newgrpコマンドを使って現在のグループIDを変更してください。

管理者グループ

インストール時に作成したユーザーは、sudoで管理者権限を行使できます。しかし、adduserで追加したユーザーは、そのままではsudoを使えません。なぜなら、Ubuntuのsudoはすべてのユーザーに開放されているわけではなく、sudoを使うにはsudoグループに所属していなければならないからです。そのため、追加したユーザーにもsudoを許可するのであれば、別途sudoグループに追加しておきます。user1ユーザーにsudoを許可するには、次のように実行します。

▼コマンド4.16　ユーザーをsudoグループに追加する

```
$ sudo gpasswd -a user1 sudo
```

グループの削除

不要になったグループは、delgroupコマンドで削除できます。次のコマンドを実行すると、group1グループを削除します。addgroupがadduserの別名であったのと同様に、やはりdelgroupもdeluserコマンド(Perlスクリプト)へのシンボリックリンクになっています。

コマンド4.17 delgroupコマンドでグループを削除する

```
$ sudo delgroup group1
```

ただし、delgroupでは、特定のユーザーのプライマリグループとなっているグループは削除できません。こうしたグループを削除するには、まず先にそのユーザーを削除しておく必要があります。

04.02 パーミッションによるファイルの保護

04.02.01 所有者と所有グループ

ファイルの所有者とは

Linuxのファイルシステムでは、すべてのファイルに所有者と所有グループが設定されています。これは、**パーミッション**（「04.02.02　パーミッション」参照）によって、ファイルやディレクトリを保護するための仕組みです。通常は、ファイルを作成したユーザーがデフォルトで所有者になり、そのユーザーのプライマリグループが所有グループになります。

具体的な例を挙げると、ユーザーがホームディレクトリ内に作成したファイルは、ほかのユーザーが勝手に書き換えたり削除したりできないようになっています。Ubuntuの場合は、見ることすら許可されていません。ほかにも、/etc以下にあるシステムの設定ファイルは、rootでないと書き換えることはできません。/usr以下にコマンドをインストールすることも、同様にroot権限が必要です。それらのファイルが、所有者以外に対して読み込みや書き込みを制限しているためです。

先にも触れましたが、「ls -l」を実行すると、ファイルの所有者と所有グループを確認できます。左から3番目のカラムが所有者、4番目のカラムが所有グループを表しています。

▼コマンド4.18　ls -lで所有者と所有グループを確認する

```
$ ls -l
合計 40
drwxrwxr-x 2 mizuno mizuno 4096  8月 11 13:04 bin
drwx------ 6 mizuno mizuno 4096  8月 12 19:43 snap
drwxr-xr-x 3 mizuno mizuno 4096  8月  9 13:32 ダウンロード
drwxr-xr-x 2 mizuno mizuno 4096  8月  9 13:16 テンプレート
(...略...)
```

01 02 03 04 05 06 07 08 09 10 A

所有者の変更

デフォルトではファイルの所有者はファイルの作成者となりますが、後から変更することもできます。しかし、誰でも勝手に所有者を変更できてしまっては、所有者とパーミッションが意味を成しません。そのため、所有者の変更にはroot権限が必要となっています。ファイルの所有者の変更はchownコマンドで行います。たとえば、次のコマンドを実行すると、カレントディレクトリにあるexample.txtというファイルの所有者をuser1ユーザーに変更します。

▼コマンド4.19 ファイルの所有者を変更する

```
$ sudo chown user1 example.txt
```

chownコマンドは、所有者と所有グループをコロン(:)で区切って指定することで、所有者と所有グループを同時に変更できます。たとえば、**コマンド4.20**を実行すると、example.txtというファイルの所有者をuser1ユーザーにすると同時に、所有グループをgroup1グループに変更します。

▼コマンド4.20 ファイルの所有者と所有グループを同時に変更する

```
$ sudo chown user1:group1 example.txt
```

また、コロンの後のグループ名を省略すると、所有グループは指定された所有者のプライマリグループに設定されます。次の例では、example.txtの所有者をuser1ユーザーにすると同時に、所有グループをuser1ユーザーのプライマリグループ(通常はuser1グループ)に変更します。

▼コマンド4.21 グループ名を省略すると、所有者のプライマリーグループが設定される

```
$ sudo chown user1: example.txt
```

なお、-Rオプションを併用すると、指定したディレクトリ内のすべてのファイルやサブディレクトリの所有者を、再帰的に変更できます。次の例では、workディレクトリとその中にあるすべてのファイルの所有者をuser1ユーザーに変更します。

▼コマンド4.22 ディレクトリとその中にあるファイルの所有者を変更する

```
$ sudo chown user1 -R work
```

所有グループの変更

ファイルの所有ユーザーはそのままに、所有グループだけを変更することもできます。次のようにコロンの前のユーザー名を空白にすれば、example.txtの所有グループだけをgroup1グループに変更します。

コマンド4.23　ファイルの所有グループだけを変更する

```
$ sudo chown :group1 example.txt
```

グループのみの変更はchgrpコマンドでも可能です。**コマンド4.23**と同様の操作を行うchgrpコマンドの実行例は、次のようになります。

コマンド4.24　chgrpコマンドでファイルの所有グループだけを変更する

```
$ sudo chgrp group1 example.txt
```

なお、所有ユーザーの変更とは異なり、所有グループの変更は、現在自分が所有しているファイルで、変更後のグループに自分も所属している場合に限り、sudoなしでも行えます。

04.02.02 パーミッション

ファイルのパーミッションとは

パーミッションとは、「許可」を意味する英単語です。Linuxのファイルシステムの文脈では、誰がファイルに対して、どのようなアクセスが許可されているかという**ファイルのアクセス権限**のことを指します。ファイルのパーミッションには、そのファイルの中身を読めるかどうかを表す「読み込み権限(read)」、そのファイルを書き換えられるかどうかを表す「書き込み権限(write)」、そのファイルを実行できるかどうかを表す「実行権限(execute)」の3つがあり、これらがそれぞれ「所有者」「所有グループ」「第三者」に対して設定されています。パーミッションを適切に設定することで、「所有者しか読み書きできないファイル」「同じグループ間で共有できるファイル」「誰でも自由に読めるが、変更はできないファイル」などを作成できるのです。

パーミッションは、**ファイルモード**という形で保存されています。ファイルモードは「ls -l」を実行すると、一番左のカラムにファイルタイプと合わせて表示されます。

▼コマンド4.25 ls -lでパーミッションを確認する

```
$ ls -l /usr/bin/bash
-rwxr-xr-x 1 root root 1446024  3月 31 17:41 /usr/bin/bash
```

「rwx」という文字列が、そのファイルのファイルモードです。ファイルモードは9文字の文字列で、左から順に所有者、所有グループ、第三者それぞれの読み込み(r)、書き込み(w)、実行権限(x)の有無を表しています。rwxの文字が表示されている部分は、その権限があること、逆にハイフン(-)で表示されている部分は、その権限が与えられていないことを意味します。上の例でいえば、所有者であるrootユーザーは読み書き実行のすべてが可能(rwx)ですが、それ以外のユーザーは読み込みと実行はできるものの、書き込みはできません(r-x)。

▲図4.4 ファイルタイプとファイルモード

ファイルタイプとは

「ls -l」の実行結果で、1番左のカラムの左端の1文字は、そのファイルの種類を表しています。これを**ファイルタイプ**と呼びます。主なファイルタイプは**表4.1**の通りです。

▼表4.1 主なファイルタイプ

ファイルタイプ	意味
-	通常ファイル
d	ディレクトリ

l	シンボリックリンク
b	ブロックデバイスファイル（ストレージなど）
c	キャラクタデバイスファイル（キーボードやコンソールなど）
s	ソケットファイル

ディレクトリのパーミッションとは

ファイルと同様に、ディレクトリにもパーミッションが設定されています。ただし、ディレクトリの場合、ファイルモードがファイルとは異なる意味を持つため注意が必要です。

ディレクトリの読み込み権限とは、そのディレクトリの中身をlsコマンドなどで表示できるかどうかということです。また、ディレクトリの書き込み権限とは、そのディレクトリ内にファイルを作成したり削除したりできるかどうかを表します。そして、ディレクトリの実行権限とは、そのディレクトリ内にcdコマンドで移動できるかどうかを示しています。各パーミッションにおける、ファイルとディレクトリの違いを表にまとめると**表4.2**のようになります。

表4.2　ファイルとディレクトリのパーミッション

パーミッション	ファイル	ディレクトリ
読み込み（r）	ファイルの中身を読める	ディレクトリ内のファイルを一覧できる
書き込み（w）	ファイルを変更できる	ディレクトリ内にファイルを作成したり削除したりできる
実行（x）	ファイルを実行できる	ディレクトリの中に移動できる

気を付けなければならないのは、ファイルを変更できるかどうかはファイルの書き込み権限に依存しているのに対して、ファイルを削除できるかどうかはディレクトリの書き込み権限に依存しているという点です。第三者にファイルを変更されないように書き込み権限を剥奪することがよくあります。しかし、ディレクトリの書き込み権限を見落としていると、ファイルの削除はできてしまうため、注意が必要です。

数値によるファイルモードの変更

ファイルモードはchmodコマンドで変更できます。最も単純な方法は、変更後のファイルモードを3桁の8進数で表記して指定する方法です。

まず「rwx」のそれぞれの権限の有無を、権限あり(1)と権限なし(0)の3桁の2進数として表します。そして、この3桁の2進数を、1桁の8進数に変換します。これを所有者、所有グループ、第三者それぞれに対して行い、3桁の8進数で表します。たとえば、モードが「rwxr-xr-x」であれば、2進数では「111101101」となり、これを8進数に変換すると最終的には「755」となります。

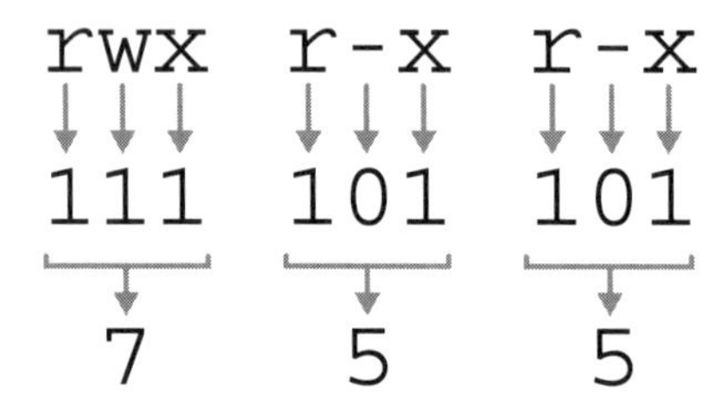

図4.5 ファイルモードの8進数表記

chmodコマンドの引数にこの数値を指定することで、ファイルモードをその値に変更できます。次の例では、example.txtのファイルモードを「rwxr-xr-x」に変更します。

コマンド4.26 ファイルモードを変更する

```
$ chmod 755 example.txt
```

また、chmodコマンドでも、chownコマンドと同様に、-Rオプションでディレクトリ内のすべてのファイルのファイルモードを再帰的に変更できます。

シンボルによるファイルモードの変更

chmodコマンドは、8進数だけではなく、シンボル(文字)でファイルモードを指定することもできます。シンボルは、対象、演算子、設定したいファイルモードを組み合わせて指定します。指定できる対象は「所有者(u)」「所有グループ(g)」「第三者(o)」「すべて(a)」の4種類で、演算子は「権限を追加する(+)」「権限を削除する(-)」「権限を設定する(=)」の3種類、ファイルモードは「読み込み(r)」

「書き込み(w)」「実行(x)」の3種類と、後述する「SUID ／ SGID」(s)」と「スティッキービット(t)」です。

表4.3　シンボルによるファイルモード

対象		演算子		モード	
所有者	(u)	追加	(+)	読み込み(r)	(r)
所有グループ	(g)	削除	(-)	書き込み(w)	(w)
第三者	(o)	設定	(=)	実行(x)	(x)
すべて	(a)			suid	(s)
				sgid	
				スティッキービット	(t)

具体的な例を示しましょう。次のコマンドを実行すると、所有者グループに対してexample.txtの書き込み権限を追加できます。

コマンド4.27　所有者グループに書き込み権限を付与する

```
$ chmod g+w example.txt
```

次のコマンドを実行すると、第三者に対してexample.txtのすべての権限を剥奪できます。

コマンド4.28　第三者の権限をすべて剥奪する

```
$ chmod o-rwx example.txt
```

演算子の「+ ／ -」は、現在のファイルモードをベースに、必要な部分だけの権限を足し引きできるのが特徴です。たとえば、ディレクトリ内のすべてのファイルに、グループへの書き込み権限を追加したいとします。このときに「rw-」、すなわち8進数で「6」を指定すると、ディレクトリ内にサブディレクトリがあった場合、実行権限が剥奪されてしまい、サブディレクトリ内に入れなくなってしまいます。しかし、「g+w」というシンボル指定であれば、現在の読み込み権限と実行権限はそのままに、書き込み権限だけを足すことができるのです。数値の直接指定よりも使い勝手がよい部分があるので、用途に応じて使い分けるとよいでしょう。

特殊なファイルモード

読み込み、書き込み、実行の3種類以外にも、「SUIDビット」「SGIDビット」「スティッキービット」という特殊なファイルモードが存在します。

SUIDビットは、主に実行可能なファイルに設定するファイルモードです。通常、コマンドは起動したユーザーの権限を引き継いで実行されます。そのため、一般ユーザーの権限で起動しているテキストエディタでは、書き換えにroot権限が必要となる、システムの設定ファイルは編集できません。

コマンドの中には「一般ユーザーの権限で実行させたいが、動作にはroot権限が必要となる」ものが存在します。たとえば、先に説明したpasswdコマンドは、自分自身のパスワードを変更するため、誰でも実行できなくてはなりません。しかし、パスワードを変更するということは、システムのパスワードファイル(/etc/shadow)を書き換える必要があります。そして当然ですが、パスワードが記録されたこのファイルは、一般ユーザー権限では書き換えるどころか、読み込むことすら許されていません。

SUIDビットが設定されたコマンドは、誰が実行しても「ファイルの所有者の権限で実行される」ようになります。例に挙げたpasswdコマンドのファイルモードは、次のようになっています

コマンド4.29　passwdコマンドのファイルモード

```
$ ls -l /usr/bin/passwd
-rwsr-xr-x 1 root root 64152  4月  9 16:01 /usr/bin/passwd
```

SUIDビットが設定されているため、所有者の実行権限が、通常の「x」ではなく「s」になっています。したがって、passwdコマンドは、誰が実行しても所有者であるrootの権限で動き、/etc/shadowファイルを書き換えることができるわけです。

ファイルにSUIDビットを設定するには、chmodコマンドで「u+s」を指定します。数値で指定する場合は、通常の3桁の数値の前に「4」を付加します。つまり、4桁の8進数でファイルモードを指定することになります。

▼コマンド4.30 SUIDを付与する

```
$ chmod u+s example ―――― exampleというファイルにSUIDビットを付与する
$ chmod 4755 example ―――― ファイルモードが755のファイルにSUIDビットを付与する
```

SGIDビットは、名前から想像できる通り、SUIDビットのグループ版です。実行可能なファイルに付与することで、誰が実行しても所有グループの権限で動作するようになります。ただし、SGIDビットがこの目的で使われることは、ほとんどありません。

SGIDビットは、付与する対象がファイルかディレクトリどうかで、その動作が大きく異なります。SGIDが付与されたディレクトリ内にファイルが作成されると、そのファイルの所有者グループは、自動的に上位の(SGIDが指定された)ディレクトリと同じものに設定されます。サブディレクトリが作成されると、所有グループを設定した上で、さらにSGIDビットも自動的に付与されます。つまり、グループで共有しているディレクトリは、SGIDビットを設定しておくことで、その中に新しく作成されたファイルやディレクトリも、自動的にグループ内で共有することが可能になります。このようなケースでSGIDビットを付与していない場合、新しく作成されたファイルの所有者グループは、作成者のプライマリグループとなってしまうため、その都度所有者グループを変更しなければなりません。

SGIDビットを設定するには、chmodコマンドで「g+s」を指定します。数値で指定する場合は、4桁目に2を指定します。

▼コマンド4.31 SGIDを付与する

```
$ chmod g+s work ―――― workというディレクトリにSGIDビットを付与する
$ chmod 2775 work ―――― 数値で指定する例。グループに書き込み権限をつけるため、
                        ファイルモードは775としている
```

SGIDを設定すると、所有グループの実行権限がxからsに変わります。

▼コマンド4.32 SGIDを確認する

```
$ ls -l
drwxrwsr-x 2 mizuno mizuno 4096  8月 15 17:40 work
```

スティッキービットは、ディレクトリに対して設定したときのみに意味を持つ、やや特殊なファイルモードです。スティッキービットが設定されたディレクトリ内では、ファイルの削除はrootと所有者しかできなくなります。スティッキービットが活用されている典型的な例は、一時ファイルを書き込むための/tmpディレクトリでしょう。

/tmpディレクトリは、すべてのユーザーが自由にファイルを作成することができるため、ディレクトリのファイルモードは777になっています。しかし、ディレクトリに書き込み権限があるということは、ディレクトリ内のファイルを誰もが自由に削除できることを意味します。それでは都合が悪いため、スティッキービットが設定されています。こうすることで、/tmpディレクトリは、誰でも自由にファイルを作成できるものの、既存の他人のファイルを削除することはできないようになっています。

スティッキービットを設定するには、「+t」を指定します。SUIDやSGIDと異なり、所有者を指定しない点がポイントです。数値で指定する場合は、4桁目に「1」を指定します。

▼コマンド4.33 スティッキービットを設定する

```
$ chmod +t work ———— workディレクトリに対してスティッキービットを設定する
$ chmod 1777 work ———— 数値で指定する例
```

スティッキービットが設定されたディレクトリは、第三者の実行権限がxの代わりにtに変化します。

▼コマンド4.34 スティッキービットを確認する

```
$ ls -l
drwxrwxrwt 2 mizuno mizuno 4096  8月 15 17:46 work
```

デフォルトのファイルモード

ファイルを作成した際に自動的に設定されるデフォルトのファイルモードは、自分で指定できます。この設定を**umask**と呼びます。umaskコマンドを実行すると、現在のumask値が確認できます。

▼コマンド4.35 umask値を確認する

```
$ umask
0002
```

「ファイルモードの666からumask値を引いた値」がデフォルトのファイルモードになります。Ubuntuにおけるデフォルトのumask値は「0002」なので、結果として新規作成されたファイルのファイルモードは「0666 - 0002」で「664」になります。

▼コマンド4.36 新規作成したファイルのumask値を確認する

```
$ touch example ―――― 空のファイルを新規作成する
$ ls -l example
-rw-rw-r-- 1 mizuno mizuno 0  8月 15 17:50 example
―――― ファイルモードを確認すると664(rw-rw-r--)となっていることがわかる
```

umaskコマンドの引数に数値を指定し、umask値を変更することもできます。次のコマンドを実行するとumask値が「266」にセットされ、結果として作成されるファイルはグループや第三者が一切アクセスできないファイルモード(666-266=400、つまりr--------)になります。

▼コマンド4.37 umask値を設定する

```
$ umask 266
$ touch example
$ ls -l example
-r-------- 1 mizuno mizuno 0  8月 15 17:52 example
```

04.03 プロセスとジョブの管理

04.03.01 プロセス

プロセスとは

プロセスとは、OSが実行中のプログラムを管理する単位です。ディスク上にインストールされているプログラムを実行すると、プログラムはメモリ上にロードされ、実際に動き出します。これがプロセスです。Linuxを始めとする現代的なOSは、複数のプロセスが並行して動く「マルチプロセス」なOSです。ユーザーが複数のアプリケーションを同時に動かしたり、複数のユーザーが同時にログインしてシステムを利用できるのも、マルチプロセスの恩恵によるものです。実行中の各プロセスは、プロセス生成時に割り当てられた固有の番号によって管理され、この番号を**プロセスID**(PID)と呼びます。プロセスIDは、プロセスが生成されてから終了するまで変化しません。

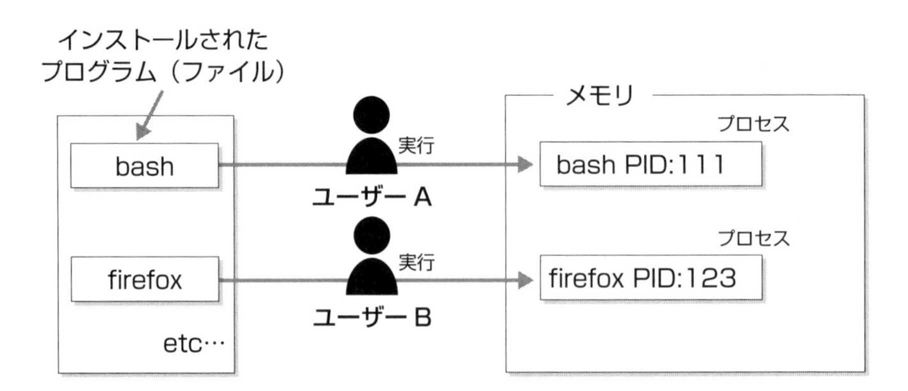

図4.6　プログラムとプロセス

各プロセスには、カーネルによって独立したメモリ空間が割り当てられます。プロセスはメモリ空間の境界を越えて、外部のメモリにアクセスすることはできません。そのため、あるプロセスからほかのプロセスのメモリを書き換えるようなことは、原則としてできません。この機能を**メモリ保護**と呼びます。

プロセスには**実ユーザー**と**実効ユーザー**という概念があります。先に説明したように、プロセスはプログラムを実行したユーザーの権限で動きます。この「プログラムを起動したユーザー」がプロセスの実ユーザーです。このように、プロセスはユーザーごとに区別されており、root以外のユーザーは、ほかのユーザーが実行してるプロセスを強制終了することはできません。実効ユーザーは、通常は実ユーザーと同一です。しかし、実効ユーザーを変化させることで、別のユーザーの権限で動作するプロセスも存在します。具体的には、SUIDビットが設定されたプログラムが該当します。たとえば、passwdコマンドをユーザーAが実行すると、実ユーザーはユーザーAであるものの実効ユーザーはrootになり、root権限でファイルの書き換えが可能になるというわけです。

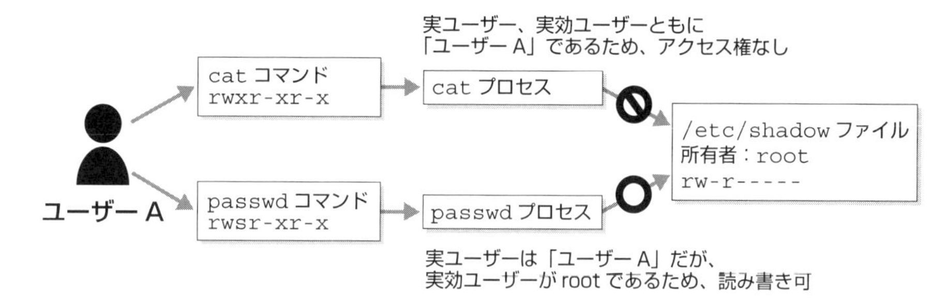

図4.7　プロセスの実ユーザーと実効ユーザー

プロセスは別のプロセスによって作られます。新しいプロセスが作られるときは、まず元となるプロセスが自分自身のコピーを作成します。これを**fork**と呼びます。forkされた新しいプロセスは、実行したいプログラムを自身のメモリ空間上に読み込みます。これを**exec**と呼びます。そして、呼び出し元のプロセスを**親プロセス**、作られた新しいプロセスを**子プロセス**と呼びます。これまで何度もシェルからコマンドを実行してきましたが、この際のOSの内部では、シェルのプロセスが新しいプロセスをforkし、各コマンドのプログラムがforkされた子プロセスの空間内にロードされ、シェルの子プロセスとして実行されていたのです。

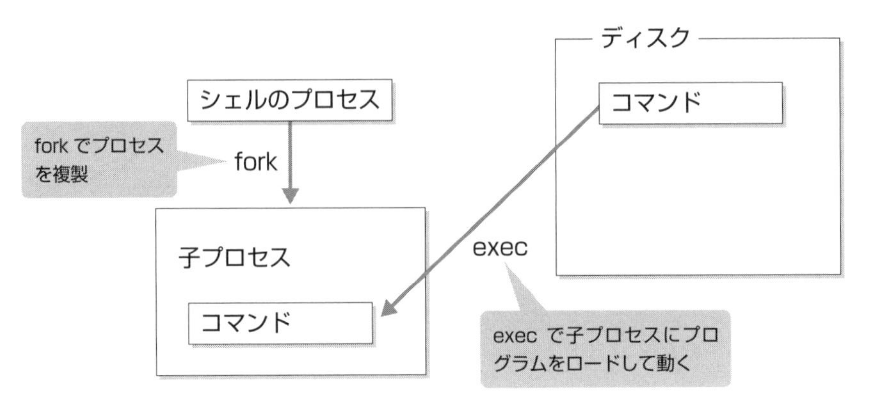

図4.8 プロセスのfork

プロセスは別のプロセスによって作られると述べましたが、それでは最初のプロセスはどうやって起動するのでしょうか。Linuxでは、カーネルが起動した際に、最初にinitと呼ばれるプロセスが起動するようになっています。initはプロセスIDとして常に「1」が割り当てられ、すべてのプロセスの親となる特別なプロセスです。そのため、Linux上で動作するプロセスは、initを頂点としたツリー状の親子関係を持っています。プロセスツリーはpstreeコマンドで表示することもできます。

コマンド4.38 pstreeコマンドの実行結果

```
$ pstree
systemd─┬─ModemManager───2*[{ModemManager}]
        ├─NetworkManager───2*[{NetworkManager}]
        ├─accounts-daemon───2*[{accounts-daemon}]
        ├─acpid
        ├─avahi-daemon───avahi-daemon
        ├─colord───2*[{colord}]
        ├─containerd───10*[{containerd}]
(...略...)
```

実行中のプロセスを調べる

現在実行中のプロセスは、psコマンドで確認できます。

オプションなしでpsコマンドを実行すると、開いているターミナルで自分が実行中のプロセスのみが表示されます。PIDはそのプロセスのプロセスID、

TTYはそのプロセスが実行されたターミナル、TIMEは使用したCPU時間、CMD(COMMAND)は実行されたコマンドを表しています。aオプションを付けて実行すると、自分以外のユーザーが実行しているプロセスも合わせて表示されます。また、xオプションを付けると、ターミナルに関連付けられていない、バックグラウンドで動作しているプロセスも表示されます。uオプションを付けると、プロセスが使用しているCPUやメモリといった詳細情報を、fオプションを付けると、プロセスの親子関係をツリー状に表示できます。「ps aux」で、システム上で動作しているすべてのプロセスの情報を表示できるので、定型句として覚えておくと便利です。

コマンド4.39 オプションを付けたpsコマンドの実行結果

```
$ ps u ――――――――――――――― 自分がターミナル上で実行しているプロセスを詳細表示する
USER        PID %CPU %MEM    VSZ   RSS TTY      STAT START   TIME COMMAND
mizuno    13032  0.0  0.0  13296  6544 pts/1    Ss   12:55   0:00 -bash
mizuno    26801  0.0  0.0  13716  1604 pts/1    R+   21:28   0:00 ps u

$ ps au ――――――――――――――――――――― 自分以外のユーザーのプロセスも表示する
USER        PID %CPU %MEM    VSZ   RSS TTY      STAT START   TIME COMMAND
mizuno    13032  0.0  0.0  13296  6544 pts/1    Ss   12:55   0:00 -bash
user1     25895  0.0  0.0 163604  6312 tty2     Ssl+ 21:27   0:00 /usr/libex
ec/gdm-wayland-session env GNOME_SHELL_SESSION_MODE=ubuntu /usr/bin
user1     25899  0.0  0.1 224248 15508 tty2     Sl+  21:27   0:00 /usr/libex
ec/gnome-session-binary --session=ubuntu
mizuno    26817  0.0  0.0  13716  1580 pts/1    R+   21:28   0:00 ps au

$ ps aux ―――――――――――――――――――――――――― すべてのプロセスを表示する
USER        PID %CPU %MEM    VSZ   RSS TTY      STAT START   TIME COMMAND
root          1  0.0  0.1 167992 13208 ?        Ss   12:22   0:04 /sbin/init
splash
root          2  0.0  0.0      0     0 ?        S    12:22   0:00 [kthreadd]
root          3  0.0  0.0      0     0 ?        I<   12:22   0:00 [rcu_gp]
root          4  0.0  0.0      0     0 ?        I<   12:22   0:00 [rcu_par_
gp]
root          5  0.0  0.0      0     0 ?        I<   12:22   0:00 [netns]
(...略...)
```

実行例を見て、オプションにハイフンがないことに違和感を覚えたかもしれません。実は、psコマンドは歴史的な経緯から非常に複雑なオプションを持っており、アルファベット1文字で表す「BSDオプション」、ハイフン1つとアルファベットで表す「UNIXオプション」、ハイフン2つと文字列で表す「GNUロングオプション」が混在しています。ここではハイフンの不要なBSDオプションでの実行例を紹介しましたが、それ以外のオプションについてはマニュアルなどを参照してください。

プロセスへシグナルを送信する

「**03.02.06　コマンドの強制終了**」で、実行中のコマンドを終了させるシグナルについて紹介しました。killコマンドを使うと、指定したPIDのプロセスに任意のシグナルを送信できます。送信できるシグナルの一覧は「kill -l」で確認できます。

▼コマンド4.40　kill -lの実行結果

```
$ kill -l
 1) SIGHUP       2) SIGINT       3) SIGQUIT      4) SIGILL       5) SIGTRAP
 6) SIGABRT      7) SIGBUS       8) SIGFPE       9) SIGKILL     10) SIGUSR1
11) SIGSEGV     12) SIGUSR2     13) SIGPIPE     14) SIGALRM     15) SIGTERM
16) SIGSTKFLT   17) SIGCHLD     18) SIGCONT     19) SIGSTOP     20) SIGTSTP
21) SIGTTIN     22) SIGTTOU     23) SIGURG      24) SIGXCPU     25) SIGXFSZ
26) SIGVTALRM   27) SIGPROF     28) SIGWINCH    29) SIGIO       30) SIGPWR
31) SIGSYS      34) SIGRTMIN    35) SIGRTMIN+1  36) SIGRTMIN+2  37) SIGRTM
IN+3
38) SIGRTMIN+4  39) SIGRTMIN+5  40) SIGRTMIN+6  41) SIGRTMIN+7  42)
SIGRTMIN+8
43) SIGRTMIN+9  44) SIGRTMIN+10 45) SIGRTMIN+11 46) SIGRTMIN+12
47) SIGRTMIN+13
48) SIGRTMIN+14 49) SIGRTMIN+15 50) SIGRTMAX-14 51) SIGRTMAX-13
52) SIGRTMAX-12
53) SIGRTMAX-11 54) SIGRTMAX-10 55) SIGRTMAX-9  56) SIGRTMAX-8  57)
SIGRTMAX-7
58) SIGRTMAX-6  59) SIGRTMAX-5  60) SIGRTMAX-4  61) SIGRTMAX-3  62)
SIGRTMAX-2
63) SIGRTMAX-1  64) SIGRTMAX
```

この中でも、サーバープロセスを再起動させて設定ファイルを読み込み直させる「SIGHUP」、Ctrl＋Cを押した際に送信される「SIGINT」、プロセスを終了させる「SIGTERM」、プロセスを強制終了させる「SIGKILL」などは頻繁に使うことになるでしょう。

特定のコマンドが暴走し、Ctrl＋Cを押しても終了できなくなってしまったため、やむなく強制終了したい場合を例として解説します。まず、別のターミナルを開き、psコマンドで対象のプロセスのプロセスIDを確認します。「ps aux」の実行結果から探しても構いませんが、目的のプロセスの名前がわかっている場合は、pgrepコマンドでプロセス名からプロセスIDを検索することもできます。

コマンド4.41　プロセス名からプロセスIDを調べる

```
$ pgrep (プロセス名)
12345
```

killコマンドは、デフォルトでプロセスにSIGTERMシグナルを送信します。SIGTERMはプロセスの終了命令であるため、受け取ったプロセスは終了します。

コマンド4.42　SIGTERMシグナルを送信する

```
$ kill 12345 ―――― PID 12345のプロセスにSIGTERMシグナルを送信する
```

プロセスは、シグナルを受信すると、通常の処理に割り込む形でシグナルに対する処理を行います。ただし、シグナルを受信した際の処理をプログラム側で定義したり、あるいはシグナルの種類によっては無視することも可能です。SIGTERMは無視することが許されているシグナルなので、プロセスの種類によってはkillコマンドで終了できない場合もあります。そのようなときにSIGKILLシグナルを送信します。SIGKILLシグナルは絶対に無視できないシグナルであるため、対象のプロセスを確実に終了させることができます。送信するシグナルはkillコマンドのオプションに「-シグナル番号」もしくは「-シグナル名」で指定します。あくまでも最後の手段ですが、覚えておいて損はないコマンドです。

コマンド4.43　SIGKILLシグナルを送信する

```
$ kill -9 12345 ―――― PID 12345のプロセスにSIGKILLシグナルを送信する
もしくは
$ kill -KILL 12345
```

少し変わったシグナルの使い方

killコマンドは、その名の通り、プロセスを終了させるためのコマンドだと誤解されがちです。確かにプロセスの強制終了に使われることが多いのは事実ですが、シグナルにはそれ以外にも、あまり知られていない便利な使い方が存在します。その中の一例を紹介しましょう。

ddコマンドはファイルの変換とコピーを行います。主に、ディスク全体のバックアップイメージを作成したり、ディスク全体をゼロで消去したり、ISOイメージファイルをUSBメモリに書き込んだりといった用途で使用されます。その特性上、処理に時間が(場合によっては数時間の単位で)かかるコマンドですが、処理の進捗を表示するプログレスバーのようなものは存在しません。そのため、単に時間がかかっているだけなのか、コマンドが暴走しているのかの判断がつかない場合があります。

実は、ddコマンドには、「USR1シグナルを受信すると現在の入出力の状況を表示する」という機能があります。別のターミナルを起動してddコマンドのPIDを調べて、SIGUSR1を送信してみましょう。

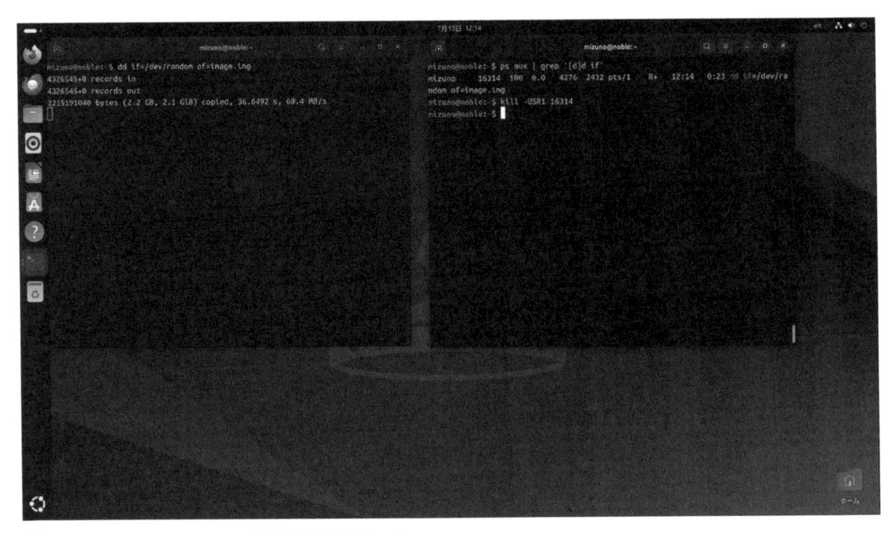

図4.9 ddコマンドの進捗状況を調べる

左のターミナルでddコマンドを実行中に、右のターミナルでddのプロセスIDを調べ、SIGUSR1シグナルを送信した様子。シグナルを受信するたびに、ddを実行中のターミナル上に、現在の入出力状況が表示される。

シグナルをトラップする方法

trapコマンドを使うと、指定したシグナルを受信したときの動作を定義できます。trapコマンドは、引数に実行したい処理とトラップしたいシグナルを指定して使います。たとえば、次のコマンドを実行すると、このシェルがSIGINTシグナルを受信した際に「Signal Trapped!!」というメッセージを表示するようになります。

コマンド4.44 trapコマンドでシグナルをトラップする設定

```
$ trap 'echo Signal Trapped!!' SIGINT
```

この状態で、killコマンドでシェルにSIGINTシグナルを送信するか、Ctrl+Cを押してみましょう。。なお、「$$」はシェル自身のPIDを表す特殊な変数です(「03.02.10 特殊な変数」参照)。

コマンド4.45 シグナルをトラップした結果

```
$ kill -INT $$
Signal Trapped!!
```

シグナルのトラップ(「10.01.03 シェルスクリプトのデバッグ」参照)は、シェルスクリプトの中でエラーハンドリングの用途で活用できます。

04.03.02 ジョブ

ジョブとは

プロセスはOSから見た処理の単位です。これに対して、シェルから見た処理の単位を**ジョブ**と呼びます。具体的には、シェルから入力されたコマンドラインが1つのジョブになります。ジョブは単一のプロセスで構成されることもあれば、複数のプロセスで構成されることもあります。たとえば、パイプでつながれた複数のコマンドは、複数のプロセスから構成されますが、ジョブとしては1つになります。

01 02 03 04 05 06 07 08 09 10 A

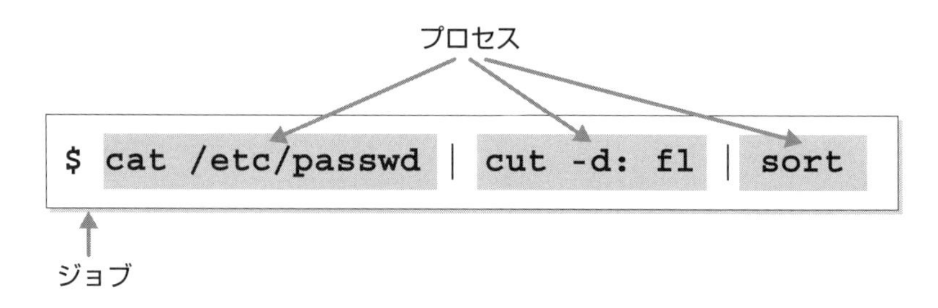

図4.10　プロセスとジョブの関係

フォアグラウンドジョブとバックグラウンドジョブ

ジョブは**フォアグラウンドジョブ**と**バックグラウンドジョブ**に分けられます。

フォアグラウンドジョブとは、シェル上で実行中のジョブのことを指す呼び名です。通常、シェルからコマンドを実行すると、そのコマンドはフォアグラウンドジョブとして実行されます。フォアグラウンドジョブが終了するまで、プロンプトは表示されず、次のコマンドを入力することはできません。つまり、フォアグラウンドジョブは、完了するまでシェルを専有してしまうということです。すぐに終わるタイプのコマンドであれば気にする必要はありませんが、ファイルのダウンロードのように、時間のかかるコマンドにシェルを専有されるのは不便です。そういう場合に便利なのが「バックグラウンドモード」です。

コマンド4.46　長時間に渡ってシェルを占有する例（wget）

```
$ wget 'https://releases.ubuntu.com/24.04/ubuntu-24.04-desktop-amd64.
iso' ──── wgetコマンドでUbuntu 24.04 LTSのISOイメージファイルを
          ダウンロードしようとすると、ダウンロードが完了するまでwget
          コマンドにシェルを占有されてしまう

--2024-07-15 12:18:31--  https://releases.ubuntu.com/24.04/ubuntu-
24.04-desktop-amd64.iso
releases.ubuntu.com (releases.ubuntu.com) をDNSに問いあわせていま
す... 2620:2d:4000:1::17, 2620:2d:4000:1::1a, 2001:67c:1562::28, ...
releases.ubuntu.com (releases.ubuntu.com)|2620:2d:4000:1::17|:443 に
接続しています... 接続しました。
HTTP による接続要求を送信しました、応答を待っています... 200 OK
長さ: 6114656256 (5.7G) [application/x-iso9660-image]
'ubuntu-24.04-desktop-amd64.iso.1' に保存中


ubuntu-24.04-desktop-amd64.iso.1      0%[
]  31.45M  8.42MB/s    eta 31m 23s
```

コマンド名の後ろに半角スペースを挟んで「&」を付けると、バックグラウンドモードでジョブを実行できます。バックグラウンドモードのジョブは、文字通り、シェルの「背後」で実行されるため、そのジョブの実行中もシェルが専有されず、別のコマンドを実行できます。

▼コマンド4.47　コマンドをバックグラウンドで実行する

```
$ wget 'http://cdimage.ubuntulinux.jp/releases/22.04/ubuntu-ja-22.04-desktop-amd64.iso' &   ← コマンドの末尾に「&」を付けて実行する
[1] 30721   ← プロセスIDが表示される
'wget-log' に出力をリダイレクトします。
$   ← 即座にプロンプトに復帰する
```


ジョブの一時停止と切り替え

テキストエディタのようにターミナルを占有するタイプのコマンドを実行している際や、時間のかかるジョブをフォアグラウンドで実行している際に、一時的にシェルに戻りたいけれども、実行中のジョブを終了はさせたくはないという場合があります。そのようなときは、Ctrl＋Zを押すと、フォアグラウンドジョブにSIGTSTPシグナルが送信されます。これによってジョブを一時停止し、シェルのプロンプトに戻ることができます。例として、テキスト編集中のviエディタを一時停止してみましょう。

▼コマンド4.48　viを起動し、一時的停止させる

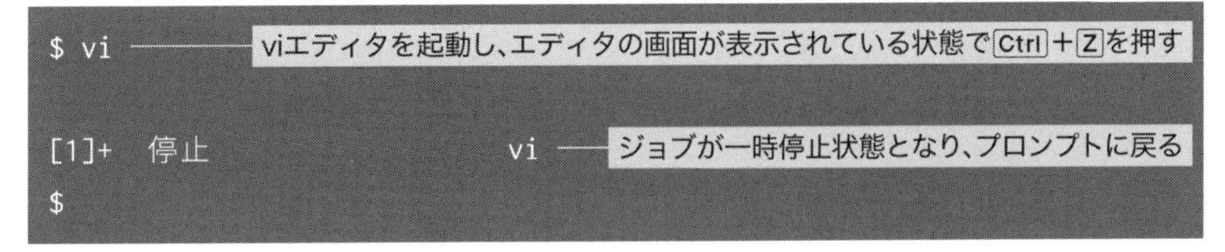

プロンプトに戻ったら、今度はtopコマンドを実行してみましょう。topコマンドは、システムモニターのコマンドライン版とも呼べるコマンドで、ターミナルの全画面を占有し、CPUやメモリの使用率といった現在のシステムの情報と、プロセスの一覧をリアルタイムに表示します。こうしたコマンドも、一時停止することが可能です。

▼コマンド4.49 topコマンドを起動し、一時的停止させる

```
$ top ――― topコマンドを実行し、システムの情報が表示されている状態でCtrl+Zを押す
top - 15:57:25 up 1 day,  3:34,  3 users,  load average: 0.26, 0.25,
0.16
Tasks: 277 total,   1 running, 274 sleeping,   2 stopped,   0 zombie
%Cpu(s):  0.0 us,  0.1 sy,  0.0 ni, 99.9 id,  0.0 wa,  0.0 hi,  0.0
si,  0.0 st
MiB Mem :  7949.6 total,  4412.7 free,  1187.2 used,  2349.7
buff/cache
MiB Swap:  1497.1 total,  1497.1 free,     0.0 used.  6461.1 ava
il Mem
(...略...)

[2]+  停止            top ――― ジョブが一時停止状態となり、再びプロンプトに戻る
```

jobsコマンドで、現在実行中のジョブの一覧を表示できます。次に示したのは、**コマンド4.49**のようにviエディタとtopを一時停止した状態でjobsコマンドを実行した例です。

▼コマンド4.50 一時停止中のジョブがあるときのjobsコマンドの実行結果

```
$ jobs
[1]-  停止                    vi
[2]+  停止                    top
```

プロセスがプロセスIDで管理されるのと同様に、ジョブは**ジョブ番号**という番号で管理されています。ここで各行の先頭に表示されているのが、それぞれのジョブのジョブ番号です。

一時停止中のジョブを再開するには、fgコマンドを使います。fgコマンドの引数にジョブ番号を指定して実行すると、そのジョブをフォアグラウンドで再開できます。引数を省略すると、暗黙的に**カレントジョブ**を指定したと見なされます。カレントジョブとは、直前に実行、あるいは一時停止状態となったジョブのことで、jobsコマンドでは「+」の記号で表されます。

▼コマンド4.51 一時停止中のジョブをフォアグラウンドで再開する

```
$ fg 2 ――― ジョブ番号2(ここの例ではtopコマンド)のジョブをフォアグラウンドで再開する
```

また、bgコマンドを使うと、指定したジョブをバックグラウンドで再開できます。うっかり「&」を付け忘れて起動してしまったジョブを、あとからバックグラウンドに持っていきたい場合は、一時停止してからbgコマンドで再開するとよいでしょう。fgコマンドと同様に、ジョブ番号で対象のジョブを指定します。

次に示したのは、フォアグラウンドで起動したwgetコマンドを、Ctrl＋Zで一時停止してからバックグラウンドで再開させる例です。

▼コマンド4.52　ジョブを一時停止し、バックグラウンドで再開する

```
$ wget 'https://releases.ubuntu.com/24.04/ubuntu-24.04-desktop-amd64.iso'
--2024-07-15 12:22:53--  https://releases.ubuntu.com/24.04/ubuntu-24.04-desktop-amd64.iso
releases.ubuntu.com (releases.ubuntu.com) をDNSに問いあわせています... 2620:2d:4000:1::1a, 2620:2d:4000:1::17, 2001:67c:1562::25, ...
releases.ubuntu.com (releases.ubuntu.com)|2620:2d:4000:1::1a|:443 に接続しています... 接続しました。
HTTP による接続要求を送信しました、応答を待っています... 200 OK
長さ: 6114656256 (5.7G) [application/x-iso9660-image]
'ubuntu-24.04-desktop-amd64.iso' に保存中


ubuntu-24.04-desktop-amd64.iso         0%[
]   2.30M   306KB/s    eta 5h 42m    ダウンロード中にCtrl+Zを押して一時停止する
[1]+  停止                    wget 'https://releases.ubuntu.com/24.04/ubuntu-24.04-desktop-amd64.iso'

$ jobs ―――――――――――――――― ジョブが停止されたことを確認
[1]+  停止                    wget 'https://releases.ubuntu.com/24.04/ubuntu-24.04-desktop-amd64.iso'

$ bg ―――――――――――――――― カレントジョブをバックグラウンドで再開する
[1]+ wget 'https://releases.ubuntu.com/24.04/ubuntu-24.04-desktop-amd64.iso' &
'wget-log.1' に出力をリダイレクトします。

$ jobs ―――――――――― ジョブがバックグラウンドで実行中になった(&がついている)
[1]+  実行中                  wget 'https://releases.ubuntu.com/24.04/ubuntu-24.04-desktop-amd64.iso' &
```

04.04 ストレージの管理

04.04.01 ストレージの追加

●ストレージとは

ストレージとは、「保管場所」を意味する英単語で、コンピューターの文脈においては、ハードディスクドライブやSSD、USBメモリやSDカードといった補助記憶装置の総称です。ストレージは、主にファイルを保存するために利用されます。

Linuxはルートディレクトリを頂点とする単一のディレクトリツリーを持っており、ストレージはこのツリー上の任意のポイントに**マウント**して使用します(「**02.02.06　Ubuntuのディレクトリツリーとファイルの管理**」参照)。Ubuntuデスクトップの場合は、USBメモリなどのリムーバブルメディアが接続されたことを認識すると、このマウント作業を自動的に行います(「**02.03.04　リムーバブルメディアの利用**」参照)。しかし、ファイルシステムが作成されていない新品のストレージは、自動マウントできません。サーバーに新しいSSDを増設するような場合も、ファイルシステムの作成とマウントポイントの指定を手動で行う必要があります。

●パーティションとファイルシステムの作成

例として、Ubuntuサーバーに新しいSSDを増設する際の手順を紹介します。

まっさらのSSDをPCに接続したら、まずは**パーティション**を作成する必要があります。パーティションとは、1台のストレージを複数に分割できる「区画」のことです。たとえば、1TBのSSDを「300GBのパーティション1」と「700GBのパーティション2」に分割し、あたかも2台のSSDが存在するかのように利用するといったことが可能です。Windowsでは、1台のSSDを「OSをインストールするCドライブ」と「データ置き場のDドライブ」として使うケースがよくありますが、これもパーティション分割によるものです。ただし、今回は増設したSSD全体をデータ置き場とするという設定で、ストレージ全体にわたる1つのパーティションを作ることにします。

パーティションの作り方として、大きく「MBR方式」と「GPT(GUIDパーティションテーブル)方式」が存在します。どちらでもよいというものではなく、2TBを越えるストレージやUEFIベースのシステムから起動するOSをインストールするストレージでは、必ずGPT方式でパーティションを作成しなければなりません。今どきのPCに内蔵するストレージであれば、通常はGPTを選択しておけばよいでしょう。

PCに新しいSSDを接続してUbuntuを起動したら、lsblkコマンドを実行します。これは、システムに接続されているブロックデバイス※5の一覧を表示するコマンドです。このうち「TYPE」が「disk」になっているものがSSDなので、表示される容量やマウント済みかどうかといった情報を手がかりに、対象のSSDの「デバイス名」を確認します。ここでは、40GBの容量を持ち、どこにもマウントされていない「sdb」が、追加されたSSDであることがわかります。

コマンド4.53 lsblkコマンドを実行する

```
$ lsblk
NAME                        MAJ:MIN RM  SIZE RO TYPE MOUNTPOINTS
sda                           8:0    0   25G  0 disk
├─sda1                        8:1    0    1G  0 part /boot/efi
├─sda2                        8:2    0    2G  0 part /boot
└─sda3                        8:3    0 21.9G  0 part
  └─ubuntu--vg-ubuntu--lv   252:0    0   11G  0 lvm  /
sdb                           8:16   0   40G  0 disk
sr0                          11:0    1 1024M  0 rom
```

Linuxでは、接続されたデバイスを**デバイスファイル**という特殊なファイルを通して扱います。デバイスファイルは/devディレクトリ以下に集められており、このSSDのデバイスファイルは「/dev/sdb」となります。

パーティションの作成は、partedコマンドで行います。まず、次に示すコマンドで、/dev/sdbに対し、GTP方式のパーティションテーブルを作成します。

コマンド4.54 partedコマンドでパーティションテーブルを作成する

```
$ sudo parted -s /dev/sdb mklabel gpt
```

※5 データを一定の大きさ(ブロック)の単位にまとめて扱うデバイス全般の呼び名です。ハードディスクドライブやUSBメモリは、ブロックデバイスの一種です。これに対して、キーボードのように文字単位でデータを扱うデバイスを「キャラクタデバイス」と呼びます。

続いて、次のコマンドでSSD全体に単一のパーティションを作成します。なお、パーティションごとに新しいデバイスファイルが作成されるのですが、そのデバイスファイル名はストレージのデバイスファイルにパーティションの番号を足したものになります。今回の例であれば、**コマンド4.55**で作成されるデバイスファイル名は「/dev/sdb1」となります。

▼コマンド4.55　partedコマンドでパーティションを作成する

```
$ sudo parted -s /dev/sdb -- mkpart primary 0% 100%
```

最後に、パーティション内にファイルシステムを作成します。ファイルシステムにはさまざまなものが存在し、WindowsであればNTFS、USBメモリであればFATやexFATなど、Linuxではext3／4やBtrfs、xfsなどが使われています。Ubuntuのインストール時のデフォルトファイルシステムはext4なので、ここでもext4ファイルシステムを作成します。ファイルシステムを作成する対象は、ストレージではなくパーティションであるため、デバイスファイルとして「/dev/sdb1」を指定することに注意してください。

▼コマンド4.56　mkfsコマンドでファイルシステムを作成する

```
$ sudo mkfs -t ext4 /dev/sdb1
```

これでSSDの初期化は完了です。

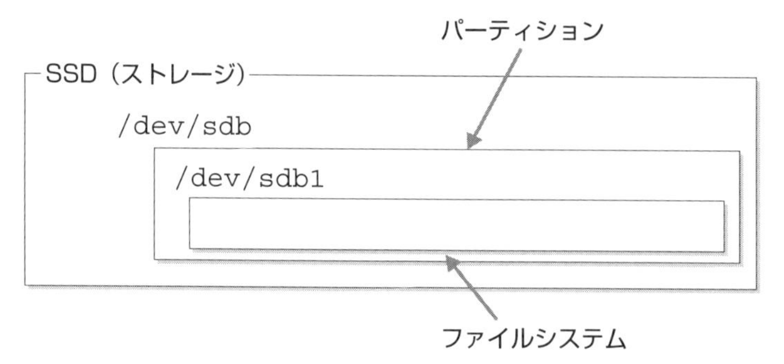

▲図4.11　ストレージとパーティションの関係

04.04.02 ストレージのマウント

マウントポイントの作成と手動マウント

繰り返しになりますが、Linuxではディレクトリツリー上の「マウントポイント」にファイルシステムをマウントして、始めて利用できるようになります。リムーバブルメディアは頻繁に挿抜されるという特性上、マウントポイントには/media以下のディレクトリを一時的に使用しました。しかし、恒久的にマウントされる内蔵SSDは、/media以下を使うわけにはいきません。ここでは手動で独自のマウントポイントを作成し、増設したSSDを常時使用可能にする設定を行います。

/shareというディレクトリをマウントポイントにする例を考えてみましょう。まずはディレクトリを作成します。

コマンド4.57 mkdirコマンドでディレクトリを作成する

```
$ sudo mkdir /share
```

ファイルシステムのマウントを行うには、mountコマンドを使用します。引数にマウントするデバイスファイルとマウントポイントを指定します。ここでも、マウントするのはストレージではなくパーティション内のファイルシステムなので、デバイスファイルは/dev/sdb1であることに注意してください。

コマンド4.58 mountコマンドでマウントする

```
$ sudo mount /dev/sdb1 /share
```

マウントが成功したかどうか、dfコマンドを使って確認してみましょう。引数として、対象のディレクトリを指定します。-hオプションは人間にとって見やすい出力を行い、-Tオプションはファイルシステムタイプを表示するオプションです。

コマンド4.59 dfコマンドでマウントを確認する

```
$ df -hT /share/
Filesystem     Type  Size  Used Avail Use% Mounted on
/dev/sdb1      ext4   40G   24K   38G   1% /share
```

これ以降は、/shareディレクトリ以下に書き込んだデータは、新しいSSD(/dev/sdb1)に保存されます。

このように、Linuxでは、任意のディレクトリに、別のストレージを自由に割り当てることが可能です。よくある応用例としては、ユーザーのホームディレクトリである/homeを別のストレージにすることが挙げられます。こうすることで、OSを再インストールした場合でも、ユーザーのデータをそのまま引き継げるためです。また、マウントできるのは、ローカル接続されたストレージだけではありません。ネットワーク共有されたファイルシステムを/homeにマウントすることで、複数のサーバーでホームディレクトリを共有することも珍しくありません。

自動マウントの設定

ここで追加したSSDは、リムーバブルメディアと異なり、自動マウントは行われません。しかし、Ubuntuを起動するたびに、毎回手動でマウント作業を行うのは現実的ではないでしょう。恒久的に使用するストレージは、起動時に自動的にマウントされるように設定するのが基本です。システムの起動時にマウントするファイルシステムの設定は、/etc/fstabというファイルで行います。

まず最初に、対象となるパーティションのUUIDを確認します。UUIDとは、「Universally Unique IDentifier」の略で、オブジェクトを一意に特定するために使われる128ビットの数値です。UUIDは、ファイルシステムを作成する際に、mkfsコマンドによって生成されています。

lsblkコマンドに-fオプションを付けて実行すると、UUIDが表示されるので、/dev/sdb1のUUIDを控えておきます。次の例では「15e9～」で始まる文字列がUUIDです。なお、lsblkコマンドは、デバイスファイルを引数に指定することで、そのデバイスの情報のみを表示できます。

▼コマンド4.60 lsblkコマンドでUUIDを確認する

```
$ lsblk -f /dev/sdb1
NAME FSTYPE FSVER LABEL UUID                                 FSAVAIL
FSUSE% MOUNTPOINTS
sdb1 ext4   1.0         15e94432-929c-4582-afc1-7106c47ac841
```

root権限でテキストエディタを起動し、/etc/fstabファイルを編集します。

▼コマンド4.61 /etc/fstabファイルを編集する

```
$ sudoedit /etc/fstab
```

ファイルの末尾に、次の1行を追記します。なお、「UUID=」の部分は、実際に出力されたUUIDに読み替えてください。

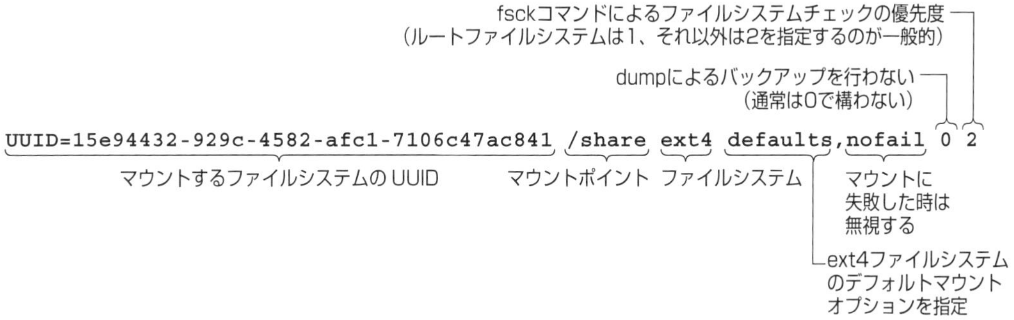

```
UUID=15e94432-929c-4582-afc1-7106c47ac841 /share ext4 defaults,nofail 0 2
```


▲図4.12 追記するUUIDの情報

fstabの設定ができたら、自動マウントのテストを行います。すでにマウント済みであれば、テストのため一旦アンマウントしておきましょう。アンマウントにはumountコマンドを使います。

▼コマンド4.62 umountコマンドでアンマウントする

```
$ sudo umount /share
```
/shareディレクトリにマウントされているファイルシステムをアンマウントする

/etc/fstabを書き換えた後は、次のコマンドでsystemdに設定を反映する必要があります。

▼コマンド4.63 systemdに変更を反映する

```
$ sudo systemctl daemon-reload
```

mountコマンドに-aオプションを指定して実行します。これで、fstabに記述されている内容通りにマウントが行われます。dfコマンドを用いて、正常にマウントが行われたかどうかを確認してみてください。以降は、Ubuntuを起動すると、自動的にマウントが行われるようになります。

コマンド4.64 マウントされているかを確認する

```
$ sudo mount -a
$ df -hT /share/
Filesystem     Type  Size  Used Avail Use% Mounted on
/dev/sdb1      ext4   40G   24K   38G   1% /share
```

04.05 ソフトウェア管理

04.05.01 APTによるパッケージ管理

Ubuntuのパッケージファイル名

繰り返しになりますが、Ubuntuはさまざまなソフトウェアの「パッケージ」の集合体です（「**02.03.05　アプリケーションのインストールとアンインストール方法**」参照）。アプリケーションのインストールやアンインストールは、つまるところパッケージのインストールやアンインストールと同義です。パッケージにはバージョン番号が付いており、同名パッケージの新しいバージョンがリリースされれば、アップデートも簡単にできるようになっています。

図4.13　Ubuntuのパッケージファイル名のフォーマット

ここでは24.04 LTSのbashパッケージファイルのバージョン（bash_5.2.21-2ubuntu4_amd64.deb）を例に解説します。パッケージのファイル名は「パッケージ名_バージョン_アーキテクチャ.deb」という形式になっています。つまり、このパッケージのパッケージ名は「bash」です。

ベースとなったDebianのパッケージバージョンに、Ubuntuでのバージョンを足したものがパッケージのバージョンです。ここでは「5.2.21-2ubuntu4」がパッケージのバージョンとなります。パッケージ管理システムは、このバージョン番号の大小を比較して、パッケージのアップデートを行っています。

アーキテクチャは、そのパッケージが動作する対象のアーキテクチャを表しています。プログラムによっては、ターゲットとなるCPUに合わせてバイナリをビルドする必要があります。こうしたプログラムを含むパッケージは、Ubuntuが動作するアーキテクチャごとに個別のパッケージファイルが用意されているためです。この例ではamd64(一般的なPCで利用されているIntel/AMDの64ビットCPU)向けにビルドされたパッケージであることを表しています。なお、アーキテクチャに依存しないパッケージも存在します。たとえば、壁紙画像を提供するubuntu-wallpapersパッケージは、対象マシンのCPUに依存しないため、全アーキテクチャ共通のパッケージファイルが1つだけ用意されており、アーキテクチャ表記は「all」となっています。

パッケージ管理システムとは

さまざまなアプリケーションが必要とする、ありがちな処理というものがあります。たとえば、「ファイルを圧縮してzipファイルにする」「JPEG形式の画像を読み込む」といった具合です。こうした処理は**ライブラリ**という形で実装されています。アプリケーションはライブラリの機能を呼び出すことで、頻出する機能を自前で再実装することなく実現しています。このようにさまざまなアプリケーションで共有されるライブラリを**共有ライブラリ**と呼びます。共有ライブラリがあることでアプリケーション開発の効率が上がり、同様のコードを再実装しないことでバグや脆弱性が入り込む可能性を減らしているわけです。

Ubuntuにも数多くの共有ライブラリがインストールされています。ライブラリは、それのみで独立したパッケージになっているため、「あるアプリケーションのパッケージをインストールするには、あるライブラリのパッケージが必要」ということがよくあります。これを**パッケージの依存関係**と呼びます。特に多機能なGUIアプリケーションは複雑な依存関係を持っており、あるアプリケーションAのパッケージはパッケージBに依存し、パッケージBはパッケージCに依存し……と、芋蔓式にパッケージが要求され、場合によっては1つのアプリケーションをインストールするだけで、100を超える依存パッケージが同時にインストールされることも珍しくありません。

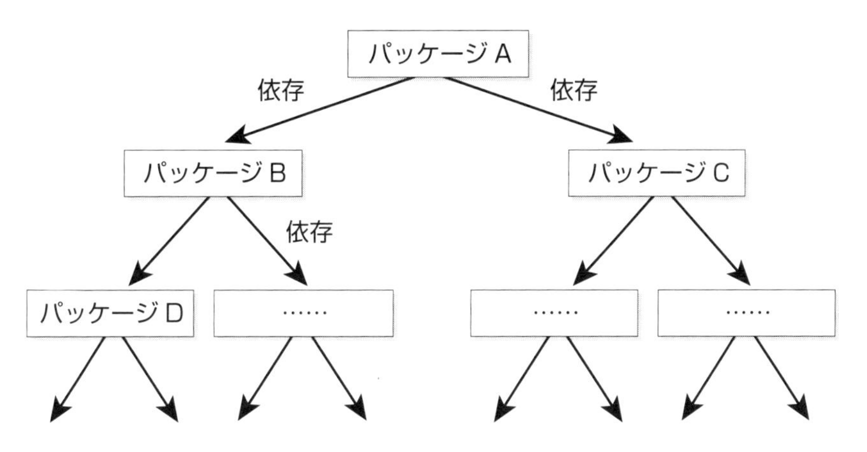

図4.14 パッケージの依存関係

こうした複雑な依存関係を自分で解決し、要求されるすべてのDebパッケージを手動でダウンロードしてインストールするのは、とても現実的ではありません。そこで、こうした依存関係を自動的に解決し、必要なパッケージを簡単にインストールしたり、不要なパッケージを削除したり、更新可能なパッケージをアップデートしたりなど、パッケージを管理しやすくするシステムが作られました。これが**パッケージ管理システム**です。

UbuntuではDeb形式のパッケージを**APT**というパッケージ管理システムで管理しています。APTはもともと、Ubuntuの派生元であるDebian GNU/Linuxで採用されていた、歴史あるパッケージ管理システムです。

aptコマンドの使い方

APTのフロントエンドになっているのが、すでに何度も登場したaptコマンドです。aptコマンドは、以降で紹介するさまざまなサブコマンドを指定して使います。aptコマンドでパッケージのインストールやアップデートといった作業を行う前には、まずローカルのパッケージ情報を更新するために「apt update」を実行します。

aptコマンドはリポジトリ上にあるパッケージの情報を、ローカルにキャッシュしています。このローカルにある情報を基にパッケージ本体のダウンロードやインストールを行うのですが、新しいバージョンのパッケージがリリースされた場合、リポジトリ上に存在するパッケージ本体とローカルにキャッシュされたパッケージ情報が不整合を起こし、正しくパッケージのインストールが行えなくなってしまうのを防ぐためです。とはいえ、aptコマンドを実行するたびに律儀に行う必要はありません。「その日にまだ実行していなければしておく」くらいの頻度で十分です※6。

▼コマンド4.65 パッケージ情報を更新する

```
$ sudo apt update
```

「apt upgrade」は、パッケージを実際にアップデートするためのコマンドです。システムにインストールされているパッケージのうち、より新しいバージョンがリポジトリ上に見つかった場合、保留されるパッケージ(後述)を除き、すべてをインストールします。

▼コマンド4.66 更新されたすべてのパッケージをインストールする

```
$ sudo apt upgrade
```

パッケージを個別にインストールするには、「apt install」に引数としてパッケージ名を指定します。

▼コマンド4.67 個別のパッケージをインストールする

```
$ sudo apt install (パッケージ名)
```

インストール済みのパッケージをアンインストールするには、「apt remove」に引数としてパッケージ名を指定します。

▼コマンド4.68 個別のパッケージをアンインストールする

```
$ sudo apt remove (パッケージ名)
```

なお、「apt install」や「apt remove」に指定するパッケージ名は、複数を列挙して同時に処理することもできます。

aptコマンドの主なサブコマンドは**表4.4**の通りです。より詳しい使い方はaptのマニュアルなどを参照してください。

※6 Ubuntu 24.04のaptコマンドには、-Uオプションが追加されました。「apt install」や「apt upgrade」に-Uオプションを付けると、パッケージのインストール前に、自動的に「apt update」を行います。そのため、このオプションを併用するのであれば、手動でのupdateは省略できます。

表4.4 aptの主なサブコマンド

サブコマンド	用途
update	パッケージ情報を更新する
upgrade	すべてのパッケージを最新のものに更新する。ただし、パッケージの削除が発生する場合は操作を保留する
full-upgrade	upgradeで保留される処理も含めて、すべてのパッケージを更新する
install	パッケージをインストールする
remove	パッケージをアンインストールする
purge	パッケージをアンインストールし、設定ファイルも削除する
autoremove	依存関係によって自動インストールされ、後に不要になったパッケージをアンインストールする
search	キーワードを基にパッケージを検索する
list	指定した条件を満たすパッケージの一覧を表示する
show	パッケージの詳細情報を表示する

update／upgrade／full-upgradeの違い

aptコマンドには、「update」「upgrade」「full-upgrade」という、よく似た意味合いを持つ名前のサブコマンドが存在しています。勘違いしやすいポイントなので、これらの違いについて詳しく解説しておきましょう。

前述のように、updateはリポジトリ上にあるパッケージの情報を取得するだけのサブコマンドです。インストールされているパッケージそのものに対しては、何も変更を行いません。あくまでもパッケージをインストールするための、前準備をするためのサブコマンドです。

upgrade／full-upgradeはどちらも、インストール済みのパッケージそのものを最新のバージョンへ更新するサブコマンドです。言い換えると、Ubuntu全体が最新の状態になるということを意味します。

upgradeとfull-upgradeの違いは、パッケージの削除を伴う場合にどうするかという一点です。パッケージが更新される際、機能の変更などの理由で、パッケージの依存関係が変更されることが稀にあります。このとき、新しいパッケージが追加でインストールされる場合と、インストール済みのパッケージが削除される場合があります。パッケージが追加される場合は特に問題はありません。

upgrade／full-upgradeのどちらも依存関係に従ってパッケージをインストールしますが､問題は削除されるパッケージがある場合です。upgradeは､パッケージを削除する必要がある場合は、そのパッケージの更新作業を保留します。つまり、そのパッケージはアップデートされない状態のままとなります。それに対してfull-upgradeでは、不要になったパッケージの削除を行った上で、すべてのパッケージを最新の状態に更新します。この挙動の違いが問題となることはほとんどありませんが、サードパーティのパッケージをインストールしているような場合は、想定外の問題を引き起こす可能性も否定できません。挙動の違いについて、念頭においておくとよいでしょう。

apt-getとaptの違い

古くからDebian GNU/LinuxやUbuntuを使っていた人は、「apt-get」というコマンドを知っているかもしれません。もともとAPTのフロントエンドは、パッケージの検索を行う「apt-cache」と、パッケージの操作を行う「apt-get」の2つのコマンドで構成されていました。この2つのコマンドの機能を統合し、新しく登場したのがaptコマンドだという経緯があります。

apt-getは、インストールやアップデートなど、パッケージの操作を行うコマンドです。そのため、apt-getにも「upgrade」と「dist-upgrade」という、aptの「upgrade」と「full-upgrade」に相当するサブコマンドが存在します。

apt-getのdist-upgradeサブコマンドは、aptのfull-upgradeと同じ挙動をするため、特に問題はありません。それに対して、同名のサブコマンドであるupgradeは、aptとapt-getで挙動が異なります。apt-getのupgradeサブコマンドは、パッケージの削除だけではなく、新規パッケージのインストールも保留するという違いがあります。

▽表4.5 apt-getとaptの挙動の違い

コマンド	サブコマンド	パッケージの更新	パッケージのインストール	パッケージの削除
apt	upgrade	する	する	しない
	full-upgrade	する	する	する
apt-get	upgrade	する	しない	しない
	dist-upgrade	する	する	する

ここで問題となるのがカーネルの更新です。Ubuntuでは、複数のバージョンのカーネルを同時にインストールして切り替えられるように、カーネルパッケージはカーネル自体のバージョン番号もパッケージ名に含んでいます。つまり、「カーネルX.Y.Z」と「カーネルX.Y.Z+1」は、同名パッケージの新バージョンではなく、別名のパッケージとして提供されているわけです。しかし、これでは、パッケージバージョンの更新による自動アップデートの恩恵に与れないという問題があります。そこで、Ubuntuでは、「カーネルメタパッケージ」という「カーネルの実体パッケージに依存するだけのパッケージ」を用意し、メタパッケージのバージョンが更新されると、依存関係が変化して新しいバージョンのカーネルパッケージを追加インストールするという方法を採用しています。

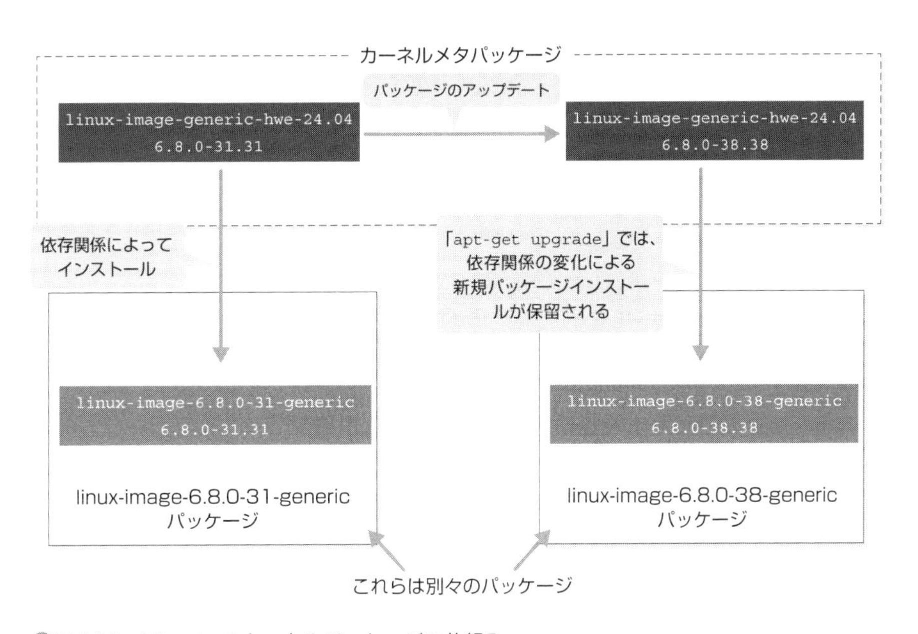

図4.15 Ubuntuのカーネルパッケージの仕組み

こうした仕組みの都合上、カーネルの更新は、常に新規パッケージのインストールを伴うことになります。そのため、「apt-get upgrade」では、カーネルが更新できないわけです。「apt upgrade」であれば新規パッケージのインストールは保留されないため、この問題は起きません。apt-getコマンドを使う場合は、アップデートしているつもりがカーネルが古いままだったということにならないように、留意してください。

▽コマンド4.69 apt-getによってパッケージ更新が保留された例

```
$ sudo apt-get upgrade
パッケージリストを読み込んでいます... 完了
依存関係ツリーを作成しています... 完了
状態情報を読み取っています... 完了
アップグレードパッケージを検出しています... 完了
以下のパッケージは保留されます:
  linux-generic-hwe-24.04 linux-headers-generic-hwe-24.04 linux-
image-generic-hwe-24.04
以下のパッケージはアップグレードされます:
  apparmor apport apport-core-dump-handler apport-gtk cloud-init cups
cups-bsd cups-client cups-common cups-core-drivers cups-daemon
(...略...)
```

apt-get upgradeは新規パッケージのインストールを伴うカーネルの更新を保留する

04.05.02 PPAの活用

PPAとは

Ubuntuのリポジトリには、Debian GNU/Linux譲りの豊富なパッケージが用意されています。とはいえ、世の中のあらゆるソフトウェアが提供されているというわけではありません。たとえば、Ubuntuのリリース後に新しく登場したソフトウェアが、リポジトリに追加されることは基本的にありません。また、パッケージによっては、ビルドオプションが自分の好みに合わなかったりバージョンが最新でなかったりなど、不都合な場合もあるでしょう。

パッケージが用意されていないソフトウェアを使いたい場合は、自分でUbuntu向けにパッケージをビルドすることもできます。しかし、パッケージをビルドするにはUbuntuのパッケージシステムに関する深い知識が必要となりますし、パッケージを公開するリポジトリサーバーを個人で用意するのも大変です。そんな場合に役立つのが、Ubuntuの開発ポータルである「Launchpad」(「01.03 Ubuntuコミュニティとは」参照)に用意されている「**Personal Package Archive**」、略して**PPA**と呼ばれる機能です。

PPAとは、パッケージをビルドし、公開用のリポジトリを簡単に作成できるサービスです。そのため、多くの個人や開発チームが、未リリースのバージョンのテスト用パッケージや個人的にパッチを当てたカスタマイズパッケージなどをPPAで公開しています。PPAを使うと、公式にはUbuntu向けに提供されていないアプリケーションやリリースされたばかりの最新版などを簡単に試せることもあります。

ただし、PPAのパッケージの質は、公開している人によって玉石混合なのが現実です。もちろん、Ubuntu開発チームによる品質の保証などもされていませんし、セキュリティアップデートが提供される保証もありません。もしかしたら、悪意のあるパッケージが配布されている可能性も否定できません。したがって、PPAの導入はくれぐれも慎重に、自己責任で行ってください。

PPAの追加

PPAの追加は、add-apt-repositoryコマンドを使用します。引数として「ppa:PPA提供者/PPAの名称」を指定します。実は、筆者は自分で撮影した写真を壁紙にして、PPAで独自パッケージとして配布しています※7。例として、このPPAを追加してみましょう※8。次のようにコマンドを実行します。リポジトリの概要が表示され、追加してよいかの確認プロンプトが表示されるので Enter を押して続行します。

コマンド4.70 add-apt-repositoryコマンドの実行例

```
$ sudo add-apt-repository ppa:mizuno-as/wallpapers
リポジトリ: 'Types: deb
URIs: https://ppa.launchpadcontent.net/mizuno-as/wallpapers/ubuntu/
Suites: noble
Components: main
'
概要:
This package contains the wallpapers for Ubuntu Desktop. All photogra
phs were photographed by mizuno-as.
より詳しい情報: https://launchpad.net/~mizuno-as/+archive/ubuntu/wall
papers
リポジトリを追加しています。
続けるには「Enter」キーを、中止するにはCtrl-cを押してください。  ← Enterを押す

ヒット:1 http://security.ubuntu.com/ubuntu noble-security InRelease
ヒット:2 http://jp.archive.ubuntu.com/ubuntu noble InRelease
(...略...)
```

※7 筆者はUbuntu公式の壁紙コンテストにも何度か入賞しており、24.04 LTSのデスクトップ版にも、筆者の写真がデフォルトで収録されています。

※8 https://launchpad.net/~mizuno-as/+archive/ubuntu/wallpapers

これ以降、Ubuntuが提供しているパッケージと同様に、PPAで提供されているパッケージもaptコマンドでインストールやアンインストールが可能になります。このPPAで筆者が提供している壁紙パッケージをインストールするには、次のコマンドを実行します。

コマンド4.71 筆者製の壁紙パッケージをPPAからインストールする

```
$ sudo apt install -y mizuno-as-wallpapers
```

当然ですが、PPAからインストールしたパッケージも、「apt upgrade」によるアップデートの対象になります。

なお、2024年7月現在、PPAの追加時に次のような警告が表示されます。

```
W: https://ppa.launchpadcontent.net/mizuno-as/wallpapers/ubuntu/dists/noble/InRelease: Signature by key 586C2C86B76393DA19CC0D4AAEC75AD1D1E5D3D2 uses weak algorithm (rsa1024)
```

これは、Ubuntu 24.04 LTSから、1,024ビットのRSA鍵によるリポジトリ署名が非推奨になったことによるものです。現時点では無視しても構いません。将来的にLaunchpad PPA側で鍵が更新され、再署名が行われると、この警告は表示されなくなる予定です。ただし、すでにシステムに追加済みのPPAに対しては、再署名の完了後に、PPA鍵の更新が必要になります。

図4.16 「mizuno-as-wallpapers」パッケージをインストールした状態
いくつかの壁紙が追加されていることがわかる。

04.05.03 Snapパッケージシステム

Snapとは

Ubuntuのパッケージは、Ubuntuの各リリースごとにビルドし直され、リリースごとに独立したリポジトリで提供されています。つまり、Ubuntuのパッケージは、すべて「OSを構成する一部」といってもよいでしょう。

パッケージは一旦リリースされると、一部の例外はあるものの、バージョンアップは原則として行われません。たとえば、Aというアプリケーションのバージョン1.0が、24.04 LTSでパッケージが提供されたとしましょう。開発元では、開発が進むごとにバージョン1.1、1.2、1.3……と新しいバージョンをリリースします。しかし、24.04 LTSのパッケージは、1.0のまま更新されません。セキュリティ修正などが発生した場合は、1.0をベースに修正パッチのみを適用していきます。24.04 LTSは5年のサポートが約束されていますが、5年後でもAのパッケージは原則として1.0のままです。たとえ開発元で1.0のサポートを終了してしまい、「セキュリティ修正は1.1以降のみに提供します」といった事態が起こっても、必要な修正を「バックポート」して1.0のパッケージメンテナンスを継続します。

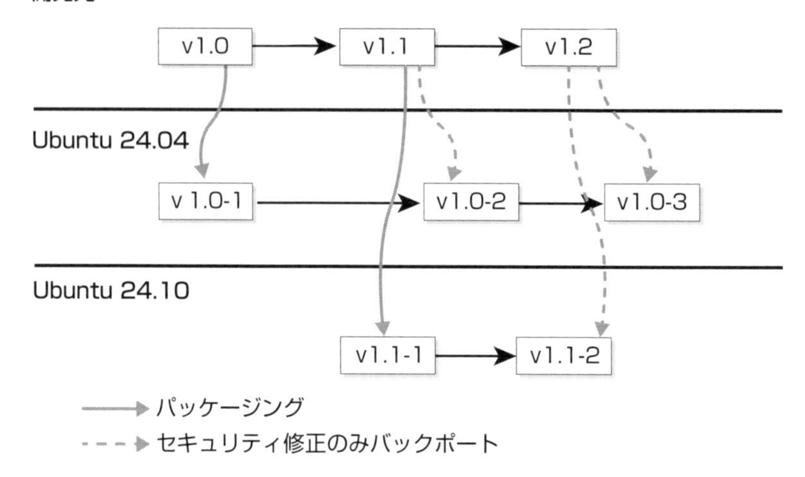

図4.17 Ubuntuにおけるパッケージのメンテナンス

Ubuntuが提供しているパッケージは「OSの一部」なので、十分にテストされていないパッケージを投入するわけにはいきません。また、アプリケーションのバージョンを上げるには、依存しているライブラリのバージョンも上げなければならないことがありますが、迂闊に共有ライブラリのバージョンを変更すると、依存しているほかのアプリケーションやOSの機能を壊してしまうかもしれません。こうした理由により、リリース後にアプリケーションの新バージョンを投入することは、基本的にはできなくなっています※9。

これは、開発元の動向にかかわらず、長期間に渡って同じバージョンを使い続けられるという点では大きなメリットです。しかし、言い換えると、アプリケーションのバージョンがOSのライフサイクルに縛られてしまうというデメリットでもあります。長期間安定した運用が求められるサーバーであればともかく、進化の速いデスクトップでは、5年後も今のバージョンを使い続けなければならないというのは現実的ではないでしょう。

こうしたジレンマが発生するのは、ひとえにパッケージ間に依存関係があるためです。そこで、依存関係をなくした新しいパッケージシステムが考え出されま

※9 ただし、リリース後に新バージョンを投入する例外プロセスも存在します。このプロセスを「Stable Release Update(SRU)」と呼んでいます。

した。このようなパッケージを**ユニバーサルパッケージ**と呼んでいます。

ユニバーサルパッケージでは、アプリケーションが動作するために必要なものをすべて単一のパッケージ内に取り込んでいます。これによってパッケージ間の依存関係がなくなり、どのような環境であってもパッケージを1つインストールするだけでアプリケーションを動かせます。つまり、OSの一部であったアプリケーションをOSから切り離すことができ、結果としてOSのライフサイクルに縛られない、自由なバージョンアップが可能になるというわけです。

また、パッケージ内ですべてが完結しているため、環境によって変化する部分がなく、常に開発者の想定した条件でアプリケーションを動かせるというメリットもあります。従来のパッケージシステムは、その作りがディストリビューションの設計と深く結び付いているため、RHEL(Red Hat Enterprise Linux)向けのパッケージをUbuntu向で動かすといったことは、原則としてできませんでした※10。しかし、ユニバーサルパッケージであれば、Linuxカーネルが動作さえしていれば、ディストリビューションの違いやバージョンの違いを意識せずとも、同じパッケージでアプリケーションを動かすことができるのです。

ユニバーサルパッケージの実装としては、「Snap」「AppImage」「Flatpak」などが有名です。現在のUbuntuはデフォルトでSnapがインストールされ、Deb(APT)とSnapが併用可能となっています。実際に、Ubuntu 24.04のデスクトップでは、標準WebブラウザーのFirefoxや、標準メールソフトのThunderbirdがSnapからインストールされています。

なお、Snapがインストールされているからといって、ほかのユニバーサルパッケージ(AppImage、Flatpak)が使えないといったことはありません。好みに応じて、併用することもできます。

snapコマンドの使い方

Snapパッケージは、snapコマンドで操作します。snapもaptと同様に、インストールやアンインストール用のサブコマンドを指定するのが基本です。たとえば、「snap list」でインストール済みのパッケージの一覧を表示できます(**コマンド4.72**)。デスクトップ版の24.04 LTSでは、デフォルトでこれだけのパッケージがインストールされており、前述の通りFirefoxやThunderbirdもSnapで提供されていることがわかります。

※10 無理矢理インストールすれば、動いてしまうということはあります。

▼コマンド4.72 snap listの実行結果

```
$ snap list
Name                         Version           Rev    Tracking
Publisher   Notes
bare                         1.0               5      latest/stable
canonical✓  base
core22                       20240408          1380   latest/stable
canonical✓  base
firefox                      125.0.2-1         4173   latest/stable/…
mozilla✓    -
firmware-updater             0+git.5007558     127    latest/stable/…
canonical✓  -
gnome-42-2204                0+git.510a601     176    latest/stable/…
canonical✓  -
gtk-common-themes            0.1-81-g442e511   1535   latest/stable/…
canonical✓  -
snap-store                   0+git.1419621     1124   latest/stable/…
canonical✓  -
snapd                        2.62              21465  latest/stable
canonical✓  snapd
snapd-desktop-integration    0.9               157    latest/stable/…
canonical✓  -
```

パッケージをインストールするには、「snap install」に、引数としてパッケージ名を指定します。Vimと並んで人気のテキストエディタ「Emacs」をインストールするには、次のコマンドを実行します[※11]。

▼コマンド4.73 snapによるEmacsのインストール

```
$ sudo snap install emacs --classic
```

「snap find」は、引数に指定した検索ワードをもとに、パッケージを検索できます。「Emacs」に関連するパッケージを検索するには、次のコマンドを実行します。

▼コマンド4.74 「Emacs」に関連するパッケージを検索

```
$ snap find emacs
Name               Version                               Publisher        No
tes    Summary
```

※11 セキュリティ的な理由から、Snapではアプリからホストのリソースへのアクセスが制限されています。しかし、ホストのリソースへのアクセスが必要なアプリも存在します。こうしたアプリは、インストール時にclassicオプションの指定が必要になります。

```
emacs              29.4                              alexmurray✪      cl
assic  GNU Emacs is the extensible self-documenting text editor
emacs-tealeg       24.5                              tealeg           -
GNU Emacs 24.5
maildir-utils      1.10.7                            alexmurray✪      -
Maildir indexer/searcher with an Emacs UI
(...略...)
```

「snap reflesh」で、インストール済みのパッケージをアップデートします。引数にパッケージ名を指定した場合はそのパッケージを、引数を省略した場合はすべてのパッケージが対象となります。ただし、Snapは定期的に自動でアップデートが行われるため、明示的にrefreshしないといけないシーンはほとんどないでしょう。

▼コマンド4.75　インストール済みのパッケージをアップデートする

```
$ sudo snap refresh
```

Snapでよく使うサブコマンドを**表4.6**にまとめました。

▼表4.6　Snapでよく使うサブコマンド

カテゴリー	サブコマンド	用途
基本	instal	パッケージをインストールする
	remove	パッケージをアンインストールする
	list	インストール済みのパッケージの一覧を表示する
	find	パッケージを検索する
	info	パッケージの詳細な情報を表示する
	refresh	パッケージをアップデートする
	switch	パッケージのチャネルを切り替える
	disable	インストール済みのパッケージを無効にする
	enable	無効になっているパッケージを有効にする
履歴	changes	システムに対して行われた変更の一覧を表示する
	tasks	システムに対して行われた変更の詳細を表示する

デーモン	services	サービスに関する情報を表示する
	start	指定されたサービスを開始する
	stop	指定されたサービスを停止する
	restart	指定されたサービスを再起動する
	logs	指定されたサービスのログを表示する
設定	set	指定されたパッケージに対してオプションを設定する
	get	指定されたオプションを表示する
	unset	指定されたオプションを削除する
エイリアス	alias	Snapで提供されているコマンドにエイリアスを設定する
	aliases	設定されているエイリアスの一覧を表示する
	unalias	設定されているエイリアスを無効にする

その他のサブコマンドについては「snap help --all」を、各サブコマンドの詳細については「snap help サブコマンド名」として確認してください。

▼コマンド4.76 Snapのサブコマンドについて調べる

```
$ snap help --all
$ snap help サブコマンド名
```

リリースチャネルとは

Snapには、**リリースチャネル**と呼ばれる概念があります。簡単にいえば、リポジトリを分割することで、チャネルごとに異なるバージョンを並行して提供できる仕組みです。基本的に「edge」「stable」「candidate」「beta」の4つのチャネルが用意されており、チャネルを特に指定しない場合は、デフォルトでstableチャネルが使用されます。そのため、stableチャネルでは、いわゆる「安定板」のリリースが配布されるのが一般的です。それ以外では、edgeチャネルでは開発中の最新版のパッケージを、betaチャネルではリリース前のベータ版を提供するといった具合に利用されています。

チャネルの情報は、「snap info」で確認できます。先ほどの例と同様に、Emacsのパッケージのチャネル情報を見てみましょう※12。latest/stableチャネルでは、バージョン29.4が提供されています。latest/candidateチャネルと

※12 2024年7月現在の状況です。

latest/betaチャネルでも同じバージョン29.4が提供されていますが、betaチャネルはstableチャネルよりもリビジョン番号が大きいため、より新しいビルドが試験的に提供されているものと推測できます。latest/edgeチャネルでは、より新しいバージョン31.0.50が提供されています。これはバージョン番号にGitのブランチ名やコミットハッシュが入っていることから、まさに開発中のソースコードからビルドしていることが推測できます。また、デフォルトのlatestとは別に28.xというチャネルがあり、こちらではバージョン28.2(過去のバージョン)が提供されています。

コマンド4.77 Emacsのリリース情報

```
$ snap info emacs
name:      emacs
summary:   GNU Emacs is the extensible self-documenting text editor
(...略...)
channels:
  latest/stable:    29.4                     2024-06-25 (2504) 376MB classic
  latest/candidate: 29.4                     2024-06-25 (2504) 376MB classic
  latest/beta:      29.4                     2024-06-25 (2513) 376MB classic
  latest/edge:      31.0.50-master-7c8d4e9 2024-07-01 (2516) 349MB classic
  pgtk/stable:      –
  pgtk/candidate:   –
  pgtk/beta:        –
  pgtk/edge:        30.0.50-master-a470dfb 2024-01-30 (2385) 357MB classic
  28.x/stable:      28.2                     2023-09-23 (2192) 241MB classic
  28.x/candidate:   ↑
  28.x/beta:        28.2                     2023-12-10 (2306) 241MB classic
  28.x/edge:        ↑
```

ユーザーは、チャネルを指定することで、インストールするバージョンを簡単に切り替えられます。この仕組みを利用すれば、手軽に開発中のバージョンを試したり、ベータ版のテストに参加することも可能です。Emacsのパッケージのチャネルをlatest/edgeチャネルに切り替えるには、「snap switch」を次のように実行します。

▼コマンド4.78　Emacsをlatest／edgeチャネルに切り替える

```
$ sudo snap switch emacs --channel latest/edge
"emacs" switched to the "latest/edge" channel
```

チャネルが切り替わったら、「snap refresh」を実行してパッケージを更新します。

▼コマンド4.79　Snapのパッケージを更新する

```
$ sudo snap refresh
```

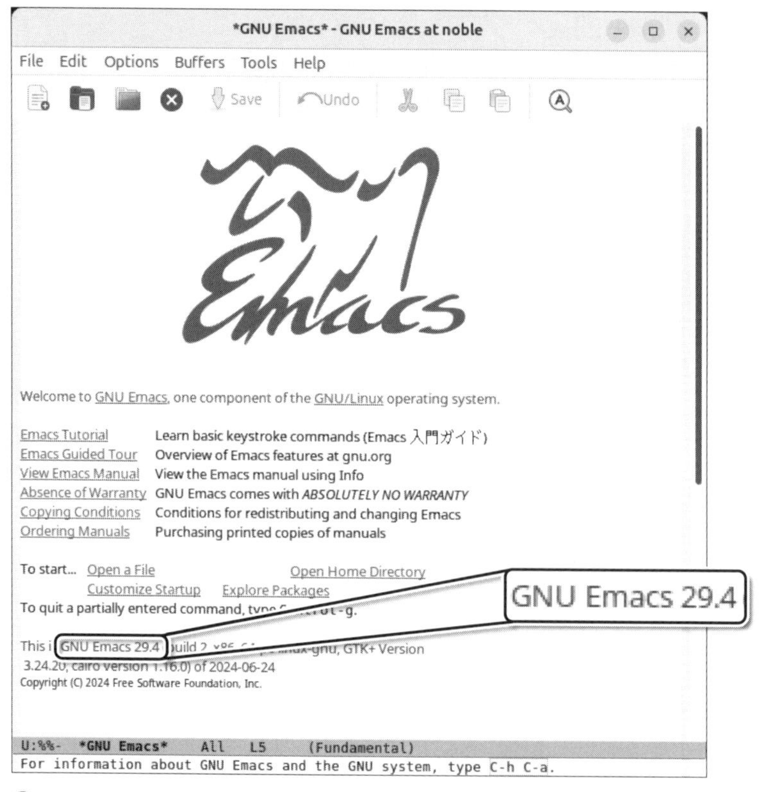

▲図4.18　latest/stableチャネルからインストールしたEmacs

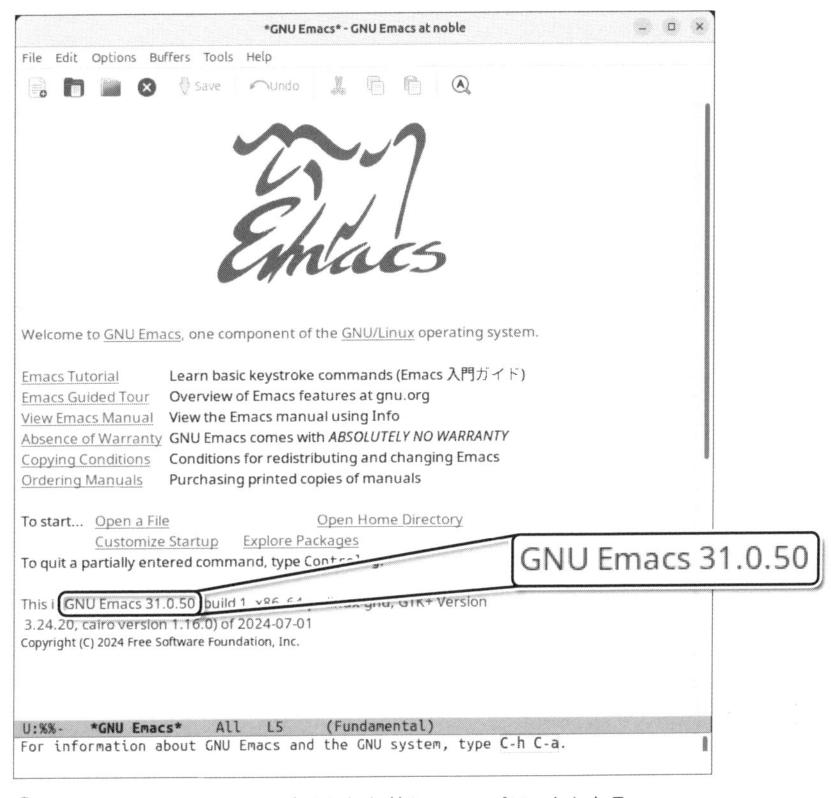

▲図4.19 latest/edgeチャネルに切り替えてアップデートしたEmacs

もちろん、latest/stableチャネルに戻して、再度「snap refres」を実行すれば、バージョンを巻き戻すことも可能です。

04.05.04 Ubuntuのアップグレード

●ディストリビューションのアップグレード

Ubuntuは、半年ごとに新しいバージョンがリリースされます。非LTS版のUbuntuのサポート期間は9か月なので、新しいバージョンがリリースされたら、3か月以内にUbuntu自体のアップグレードを行わなくてはなりません。5年のサポートが提供されているLTS版は、わざわざサポート期間の短い非LTS版にアップグレードする必要はありませんが、2年後に次のLTS版がリリースされたら、残りの3年以内に、どこかのタイミングでアップグレードを行う必要があるという点は同様です。

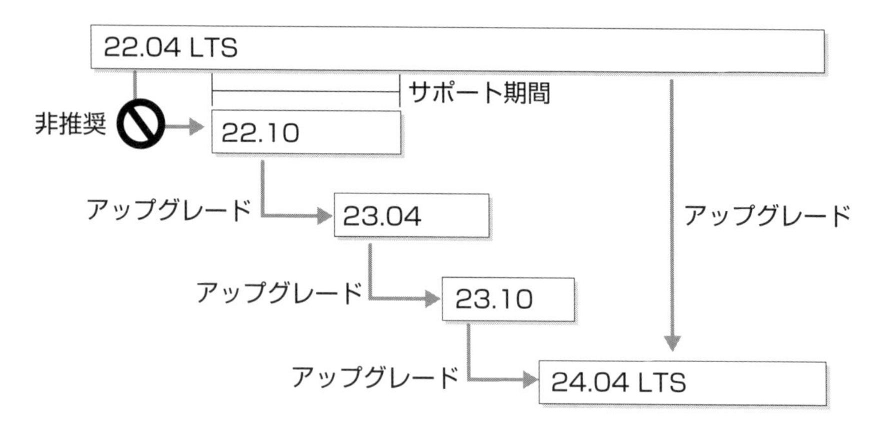

図4.20 Ubuntuのサポート期間とアップグレード

非LTS版の場合は次のバージョン、LTS版の場合は次のLTS版の最初のポイントリリースがリリースされてしばらくすると、**図4.21**のようなダイアログが表示されます※13。これは1つ前のLTSである22.04 LTS上に表示された、24.04.1へのアップグレードを促すダイアログです。[今すぐアップグレードする]ボタンを押すと、アップグレード作業が始まります。なお、Ubuntuのアップグレードは問題なく完了できるように作られていますが、すべての環境で確実に成功すると保証しているわけではありません。大切なデータは必ずバックアップした上で作業を行ってください。

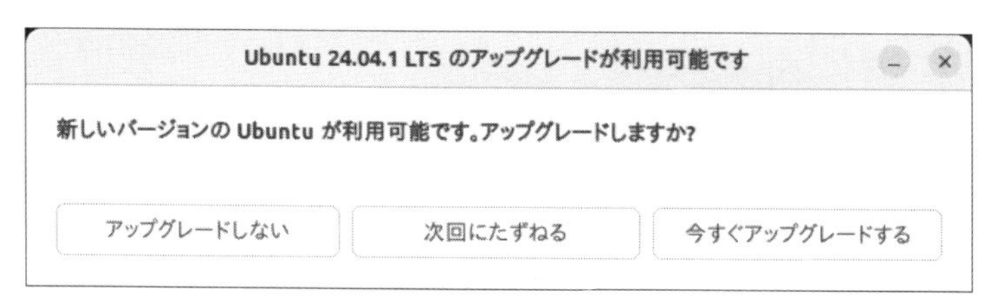

図4.21 アップグレードの通知

Ubuntuでは、新しいバージョンがリリースされるたびに、リリースの概要が記述されたリリースノートが作られます。変更点や既知の問題点を知るため、アップグレードを行う前には、内容をよく確認してください。英語では読みづらいという場合は、日本国内の有志によって翻訳された日本語訳※14を参照するとよいでしょう。問題がなければ[アップグレード]ボタンを押します。

※13 このダイアログを手動で表示させるには、Alt + F2 を押して「コマンドを実行」ダイアログを開き「/usr/lib/ubuntu-release-upgrader/check-new-release-gtk」を実行します。
※14 https://wiki.ubuntu.com/NobleNumbat/ReleaseNotes/Ja

リリースノートの日本語訳も、リリースごとに作成されています。Ubuntu Japanese TeamのWebページ※15からリンクされているので、アップグレードするバージョンに応じて参照してください。

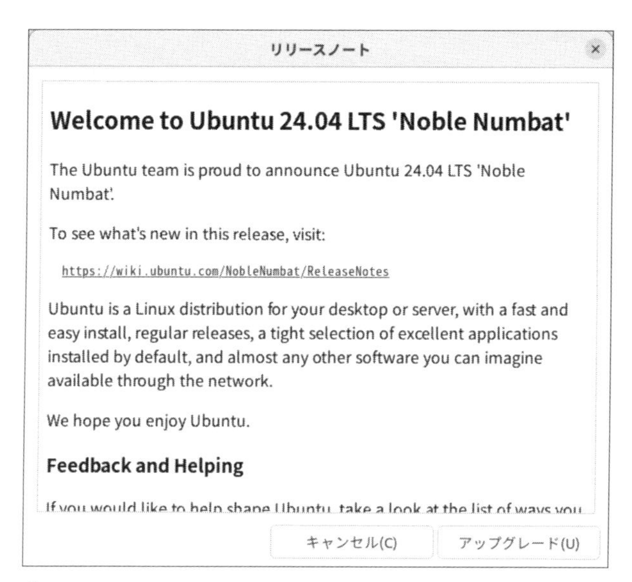

図4.22　リリースノートの表示

［アップグレード］ボタンを押すと、アップグレードの準備が進行します。そのまま待機してください。

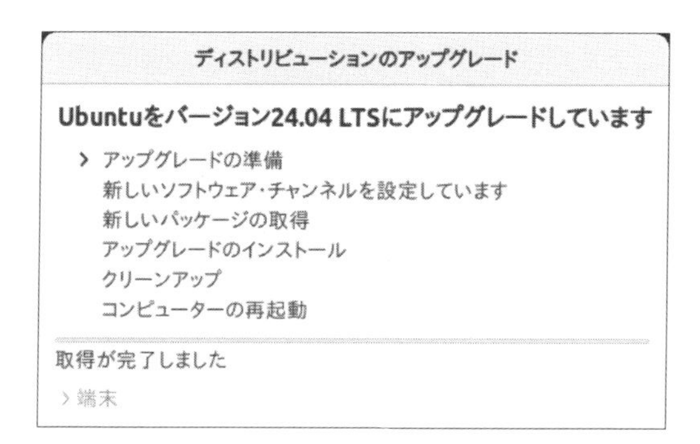

図4.23　アップグレードの準備

削除されるパッケージや、新規にインストールされるパッケージの情報が表示されます。［アップグレードを開始］ボタンを押すと、実際にアップグレードが始まります。

※15　https://www.ubuntulinux.jp/

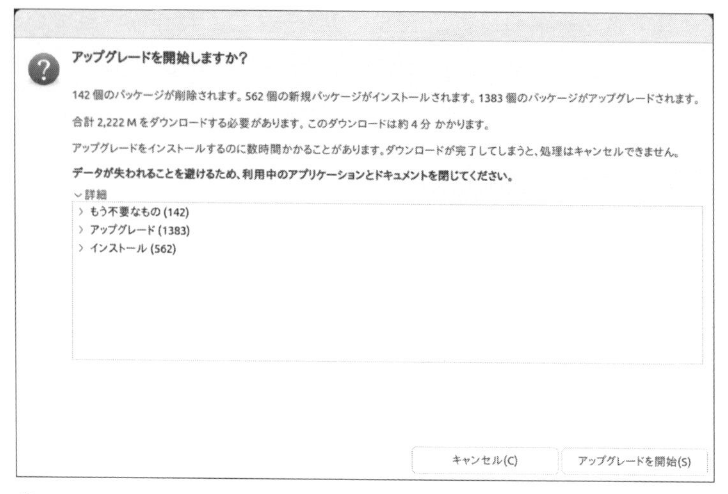

図4.24　アップグレードを開始する

Ubuntu 24.04では、メールソフトであるThunderbirdのDeb版パッケージは提供されなくなり、Snap版のみの提供となりました。そのため、Deb版のThunderbirdをインストールしている場合、次のようなウィンドウが表示され、Snap版への移行が行われます。[Next]ボタンを押してください。

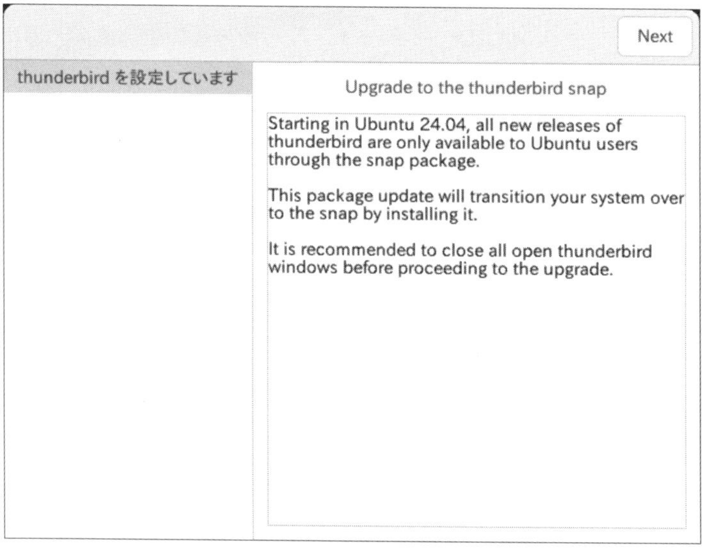

Next
thunderbird を設定しています
Upgrade to the thunderbird snap
Starting in Ubuntu 24.04, all new releases of thunderbird are only available to Ubuntu users through the snap package.
This package update will transition your system over to the snap by installing it.
It is recommended to close all open thunderbird windows before proceeding to the upgrade.

図4.25　Snap版への移行を促される

カスタマイズ済みの設定ファイルがシステムに存在し、かつアップグレードによって新しいバージョンの設定ファイルが提供される場合、設定ファイルを置き換えるかどうかが確認されます。差分を確認した上で、現在のファイルを保持するか、新しいファイルで置き換えるかを選択してください。

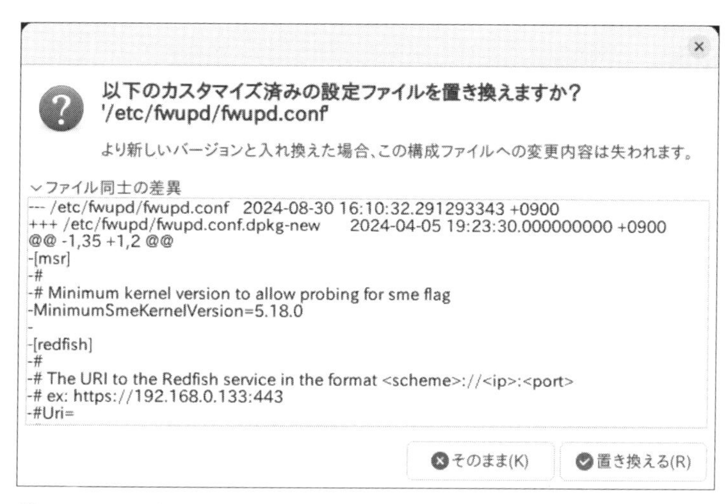

図4.26 設定ファイルの選択

サポートが中止されたパッケージやリポジトリに存在しなくなったパッケージを削除するかどうかの確認が表示されます。[そのまま][削除]のどちらを選択しても構いませんが、ここでは[削除]を選択しました。

サポートが中止された(あるいはリポジトリに存在しない)パッケージを削除しますか?
321 個のパッケージが削除されます。
パッケージの削除に数時間かかることがあります。
データが失われることを避けるため、利用中のアプリケーションとドキュメントを閉じてください。
詳細
もう不要なもの (320)
削除 (1)
そのまま(K) 削除(R)

図4.27 古いパッケージの削除

最後のクリーンナップ作業が終了すると、再起動を行うダイアログが表示されます。[すぐに再起動]ボタンを押すと、新しいバージョンのUbuntuで再起動します。

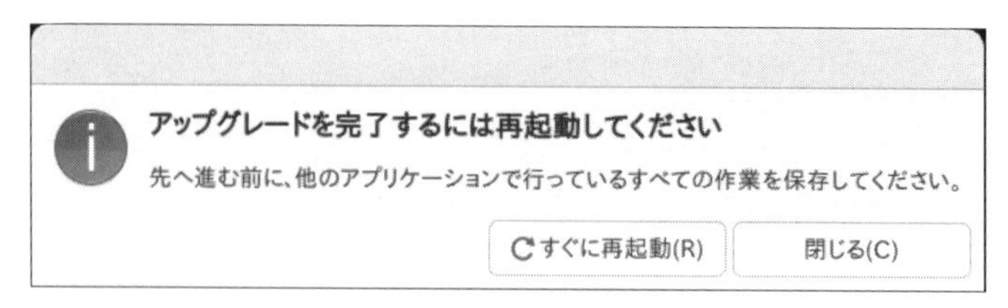

図4.28　アップグレードの完了

なお、[ソフトウェアとアップデート]の[アップデート]タブにある[Ubuntuの新バージョンの通知]を[長期サポート(LTS)版]から[すべての新バージョン]に変更すれば、LTS版でも非LTS版へのアップグレード通知を表示させることができます。ただし、繰り返しになりますが、LTS版から非LTS版へのアップグレードは、特別な理由がない限り推奨しません。

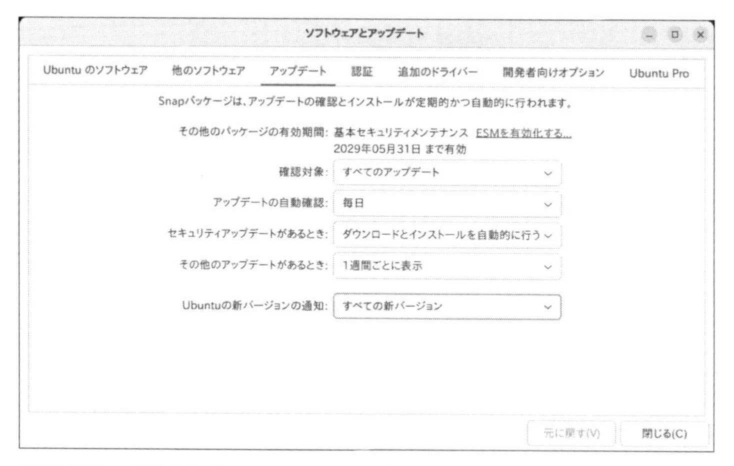

図4.29　LTSから非LTSへのアップグレードを有効にするには、[Ubuntuの新バージョンの通知]を[すべての新バージョン]に変更する

do-release-upgradeによるアップグレード

GUIを持たないUbuntuサーバーでは、`do-release-upgrade`コマンドを使ってOSをアップグレードします。次のようにコマンドを実行します。

▼コマンド4.80　do-release-upgradeコマンドによるOSのアップグレード

```
$ sudo do-release-upgrade
```

アップグレードに関する情報が表示されます。続けてよいかの確認が表示されるので、「y」を入力して Enter を押します。

```
can imagine available through the network.

We hope you enjoy Ubuntu.

== Feedback and Helping ==

If you would like to help shape Ubuntu, take a look at the list of
ways you can participate at

  http://www.ubuntu.com/community/participate/

Your comments, bug reports, patches and suggestions will help ensure
that our next release is the best release of Ubuntu ever.  If you feel
that you have found a bug please read:

  http://help.ubuntu.com/community/ReportingBugs

Then report bugs using apport in Ubuntu.  For example:

  ubuntu-bug linux

will open a bug report in Launchpad regarding the linux package.

If you have a question, or if you think you may have found a bug but
aren't sure, first try asking on the #ubuntu or #ubuntu-bugs IRC
channels on Libera.Chat, on the Ubuntu Users mailing list, or on the
Ubuntu forums:

  http://help.ubuntu.com/community/InternetRelayChat
  http://lists.ubuntu.com/mailman/listinfo/ubuntu-users
  http://www.ubuntuforums.org/


== More Information ==

You can find out more about Ubuntu on our website, IRC channel and wiki.
If you're new to Ubuntu, please visit:

  http://www.ubuntu.com/


To sign up for future Ubuntu announcements, please subscribe to Ubuntu's
very low volume announcement list at:

  http://lists.ubuntu.com/mailman/listinfo/ubuntu-announce


Continue [yN]
```

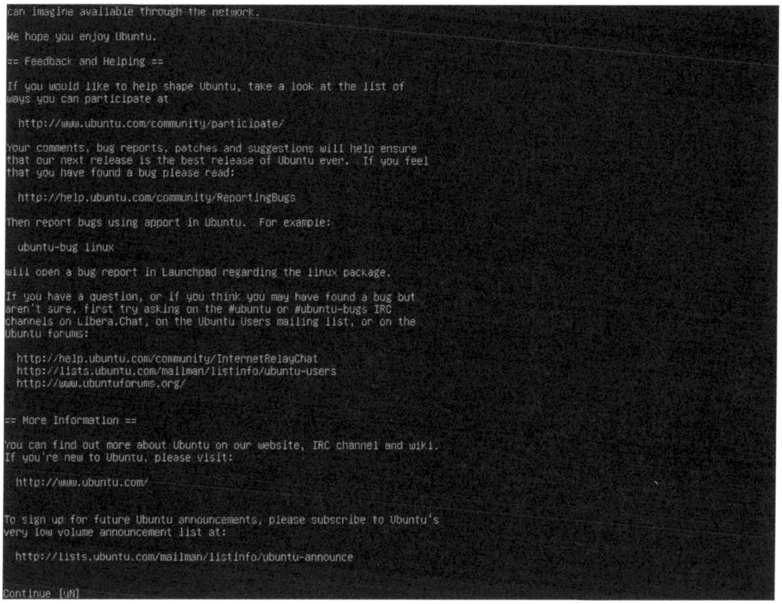

▲図4.30　アップグレードに関する情報確認

続いて、アップグレードを開始してよいかの確認が表示されるので、「y」を入力して Enter を押します。なお、「d」を入力して Enter を押すと、新規にインストールされるパッケージやアップグレードされるパッケージの一覧をページャで確認できます。

```
Get:24 http://jp.archive.ubuntu.com/ubuntu noble/universe Translation-en [5,982 kB]
Get:25 http://jp.archive.ubuntu.com/ubuntu noble/universe amd64 c-n-f Metadata [301 kB]
Get:26 http://jp.archive.ubuntu.com/ubuntu noble/multiverse amd64 Packages [269 kB]
Get:27 http://jp.archive.ubuntu.com/ubuntu noble/multiverse Translation-en [118 kB]
Get:28 http://jp.archive.ubuntu.com/ubuntu noble/multiverse amd64 c-n-f Metadata [8,328 B]
Get:29 http://jp.archive.ubuntu.com/ubuntu noble-updates/main amd64 Packages [469 kB]
Get:30 http://jp.archive.ubuntu.com/ubuntu noble-updates/main Translation-en [117 kB]
Get:31 http://jp.archive.ubuntu.com/ubuntu noble-updates/main amd64 c-n-f Metadata [7,768 B]
Get:32 http://jp.archive.ubuntu.com/ubuntu noble-updates/restricted amd64 Packages [280 kB]
Get:33 http://jp.archive.ubuntu.com/ubuntu noble-updates/restricted Translation-en [54.8 kB]
Get:34 http://jp.archive.ubuntu.com/ubuntu noble-updates/restricted amd64 c-n-f Metadata [416 B]
Get:35 http://jp.archive.ubuntu.com/ubuntu noble-updates/universe amd64 Packages [337 kB]
Get:36 http://jp.archive.ubuntu.com/ubuntu noble-updates/universe Translation-en [142 kB]
Get:37 http://jp.archive.ubuntu.com/ubuntu noble-updates/universe amd64 c-n-f Metadata [13.7 kB]
Get:38 http://jp.archive.ubuntu.com/ubuntu noble-updates/multiverse amd64 Packages [14.1 kB]
Get:39 http://jp.archive.ubuntu.com/ubuntu noble-updates/multiverse Translation-en [3,608 B]
Get:40 http://jp.archive.ubuntu.com/ubuntu noble-updates/multiverse amd64 c-n-f Metadata [532 B]
Get:41 http://jp.archive.ubuntu.com/ubuntu noble-backports/main amd64 c-n-f Metadata [112 B]
Get:42 http://jp.archive.ubuntu.com/ubuntu noble-backports/restricted amd64 c-n-f Metadata [116 B]
Get:43 http://jp.archive.ubuntu.com/ubuntu noble-backports/universe amd64 Packages [10.3 kB]
Get:44 http://jp.archive.ubuntu.com/ubuntu noble-backports/universe Translation-en [10.5 kB]
Get:45 http://jp.archive.ubuntu.com/ubuntu noble-backports/universe amd64 c-n-f Metadata [1,016 B]
Get:46 http://jp.archive.ubuntu.com/ubuntu noble-backports/multiverse amd64 c-n-f Metadata [116 B]
Fetched 27.0 MB in 0s (0 B/s)

Checking package manager
Reading package lists... Done
Building dependency tree... Done
Reading state information... Done

Calculating the changes

Calculating the changes

Do you want to start the upgrade?


53 packages are going to be removed. 192 new packages are going to be
installed. 544 packages are going to be upgraded.

You have to download a total of 1,044 M. This download will take
about 3 minutes with a 40Mbit connection and about 27 minutes with a
5Mbit connection.

Fetching and installing the upgrade can take several hours. Once the
download has finished, the process cannot be canceled.

 Continue [yN]  Details [d]_
```

図4.31 CLIによるアップグレードの開始

インストールされているパッケージによっては、さまざまな確認が行われる可能性があります。その際は、適宜選択してください。ここではキーボードのレイアウトを聞かれているので、使用しているキーボードのモデルを選択します。

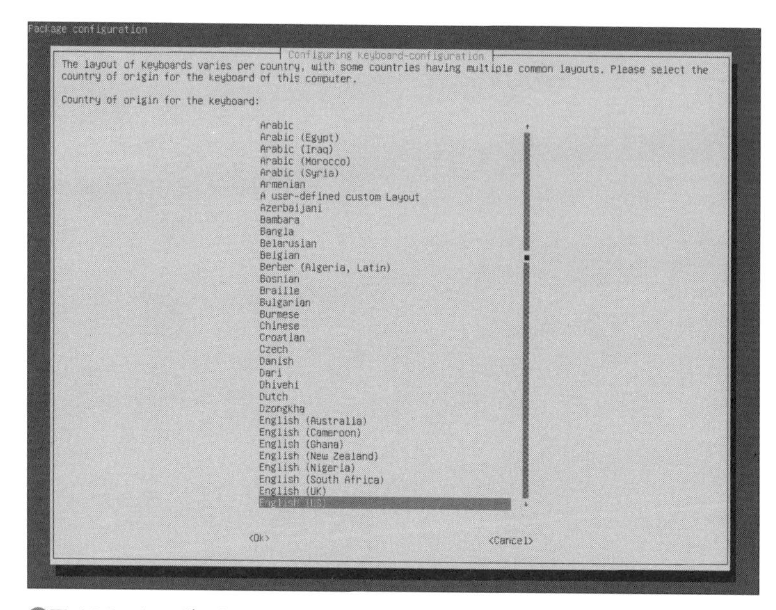

図4.32 キーボードのモデルを選択

古いパッケージの削除を行うかどうかの確認が表示されるので、「y」を入力して Enter を押します。

```
Setting up policykit-1 (124-2ubuntu1) ...
Setting up packagekit-tools (1.2.8-2build3) ...
Setting up software-properties-common (0.99.48) ...
Processing triggers for initramfs-tools (0.142ubuntu25.1) ...
update-initramfs: Generating /boot/initrd.img-5.15.0-119-generic
Setting up ubuntu-server (1.539.1) ...
Processing triggers for linux-image-6.8.0-41-generic (6.8.0-41.41) ...
/etc/kernel/postinst.d/initramfs-tools:
update-initramfs: Generating /boot/initrd.img-6.8.0-41-generic
/etc/kernel/postinst.d/zz-update-grub:
Sourcing file `/etc/default/grub'
Generating grub configuration file ...
Found linux image: /boot/vmlinuz-6.8.0-41-generic
Found initrd image: /boot/initrd.img-6.8.0-41-generic
Found linux image: /boot/vmlinuz-5.15.0-119-generic
Found initrd image: /boot/initrd.img-5.15.0-119-generic
Warning: os-prober will not be executed to detect other bootable partitions.
Systems on them will not be added to the GRUB boot configuration.
Check GRUB_DISABLE_OS_PROBER documentation entry.
Adding boot menu entry for UEFI Firmware Settings ...
done
Processing triggers for ca-certificates (20240203) ...
Updating certificates in /etc/ssl/certs...
0 added, 0 removed; done.
Running hooks in /etc/ca-certificates/update.d...
done.
packages have been installed but needrestart is suspended
packages have been installed but needrestart is suspended
packages have been installed but needrestart is suspended
Reading package lists... Done
Building dependency tree... Done
Reading state information... Done

Processing snap replacements

refreshing snap lxd

Searching for obsolete software
Reading state information... Done

Remove obsolete packages?


105 packages are going to be removed.

Removing the packages can take several hours.

 Continue [yN]  Details [d]_
```

△図4.33　古いパッケージの削除

アップグレードが終了すると、再起動を要求されます。「y」を入力して Enter を押し、Ubuntuを再起動します。

```
Processing triggers for systemd (255.4-1ubuntu8.4) ...
Processing triggers for man-db (2.12.0-4build2) ...
Processing triggers for dbus (1.14.10-4ubuntu4.1) ...
Processing triggers for libc-bin (2.39-0ubuntu8.3) ...
(Reading database ... 96567 files and directories currently installed.)
Purging configuration files for tpm-udev (0.6ubuntu1) ...
Purging configuration files for udisks2 (2.10.1-6build1) ...
Purging configuration files for irqbalance (1.9.3-2ubuntu5) ...
Purging configuration files for ssh-import-id (5.11-0ubuntu2) ...
Purging configuration files for binutils-common:amd64 (2.42-4ubuntu2) ...
Purging configuration files for isc-dhcp-client (4.4.3-P1-4ubuntu2) ...
Purging configuration files for libblockdev2:amd64 (2.26-1) ...
Purging configuration files for python3.10-minimal (3.10.12-1~22.04.5) ...
Purging configuration files for libblockdev3:amd64 (3.1.1-1) ...
dpkg: dependency problems prevent removal of libwrap0:amd64:
 openssh-server depends on libwrap0 (>= 7.6-4~).

dpkg: error processing package libwrap0:amd64 (--purge):
 dependency problems - not removing
Purging configuration files for libpython3.10-minimal:amd64 (3.10.12-1~22.04.5) ...
Purging configuration files for usb-modeswitch (2.6.1-3ubuntu3) ...
Purging configuration files for ubuntu-advantage-tools (33.2~24.04.1) ...
Purging configuration files for modemmanager (1.23.4-0ubuntu2) ...
Purging configuration files for policykit-1 (124-2ubuntu1) ...
Purging configuration files for bolt (0.9.7-1) ...
Errors were encountered while processing:
 libwrap0:amd64
needrestart is being skipped since dpkg has failed
packages have been installed but needrestart is suspended
packages have been installed but needrestart is suspended
Exception during pm.DoInstall():  E:Sub-process /usr/bin/dpkg returned an error code (1)

Error during commit

A problem occurred during the clean-up. Please see the below message
for more information.

installArchives() failed


System upgrade is complete.

Restart required

To finish the upgrade, a restart is required.
If you select 'y' the system will be restarted.

Continue [yN] _
```

△図4.34　アップグレードの完了

SSH経由のdo-release-upgrade

サーバーOSは、SSH(「**06.04.01　OpenSSHの活用**」参照)を経由して操作するのが一般的です。しかし、ネットワークトラブルなどにより、アップグレード作業中にSSHの接続が切れてしまう可能性もあります。そのため、SSH経由でdo-release-upgradeコマンドを実行すると、**コマンド4.81**のような警告が表示され、確認が行われます。

SSH経由でのアップグレード中のサーバートラブルに備え、do-release-upgradeコマンドは、1022番ポートで別のSSHサーバーを起動するようになっています。アップグレード中に通常のSSHサーバーが応答しなくなった場合でも、この一時的なSSHサーバーを経由してサーバーにログインすることで、復旧作業を可能にしているわけです。したがって、UFWなどのファイアウォールを使っている場合は、アップグレード前に1022番ポートを開放する必要があります(「**06.05.01　Ubuntuサーバーのファイアウォール**」参照)。ポートの開放はセキュリティ的なリスクとなるため、自動的には行われません。また、アップグレード終了後はポートを閉じることを忘れないでください。VPSやクラウドで、事業者が提供するファイアウォール機能を利用している場合も同様です。

Enter を押すと、アップグレードプロセスが開始されます。内容自体はコンソールから行った場合と同じです。

コマンド4.81　SSH経由によるdo-release-upgradeコマンドによるOSのアップグレード

```
$ sudo do-release-upgrade
Checking for a new Ubuntu release

= Welcome to Ubuntu 24.04 LTS 'Noble Numbat' =

The Ubuntu team is proud to announce Ubuntu 24.04 LTS 'Noble Numbat'.
(...略...)

Continue [yN]  ←アップグレードに関する情報を確認し、続けてよければ「y」を入力して Enter を押す

Reading cache

Checking package manager
```

```
Continue running under SSH?

This session appears to be running under ssh. It is not recommended
to perform a upgrade over ssh currently because in case of failure it
is harder to recover.

If you continue, an additional ssh daemon will be started at port
'1022'.
Do you want to continue?

Continue [yN]
Starting additional sshd

To make recovery in case of failure easier, an additional sshd will
be started on port '1022'. If anything goes wrong with the running
ssh you can still connect to the additional one.
If you run a firewall, you may need to temporarily open this port. As
this is potentially dangerous it's not done automatically. You can
open the port with e.g.:
'iptables -I INPUT -p tcp --dport 1022 -j ACCEPT'

To continue please press [ENTER]
```

SSH経由であることを確認し、続けてよければ「y」を入力して Enter を押す

ファイアウォールの設定が完了し、続行してよければ Enter を押す

通常、SSHの接続が切れると、そのセッション上で実行されているプロセスはすべて終了してしまいます。アップグレード中のプロセスが強制終了されると、サーバーに回復不能な障害が発生する可能性もあり、非常に危険です。そこで、do-release-upgradeコマンドは、**GNU Screen**というターミナルマルチプレクサ上でアップグレードプロセスを実行し、万が一のトラブルに備えています。Screenは、その中で実行されているプロセスとターミナルを分離する機能を持っており、万が一接続されているターミナルが終了してしまった場合でも、実行中のプロセスを保護することができるようになっています。

アップグレード作業中にSSH接続が切れてしまったら、1022番ポートでSSHサーバーに再接続し、デタッチされているScreenにアタッチし直すことで、アップグレード作業を続行できます。Screenへのアタッチには次のコマンドを実行してください。

コマンド4.82　Screenにアタッチする

```
$ sudo screen -d -r
```

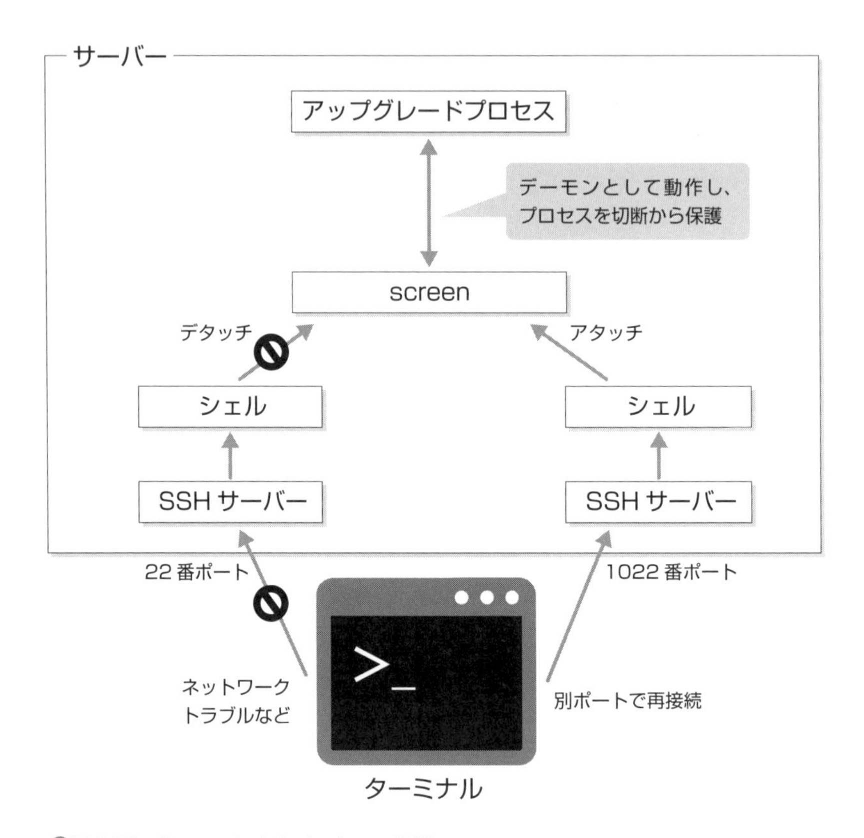

図4.35　Screenによるプロセスの保護

04.06 アーカイブファイルの管理

04.06.01 tarを用いた圧縮アーカイブファイルの管理

tarとは

プログラムのソースコードやWebサイトのコンテンツといったデータは、数多くのファイルで構成されています。こうしたデータをメールでやりとりしたり、あるいはWebからダウンロードしたりする際、細かいファイルが沢山あると、扱いが面倒です。また、モバイルネットワークを経由してデータを送るような場合は、ファイルのサイズは少しでも小さいほうが望ましいでしょう。このような場合、複数のファイルを1つにまとめ、圧縮して扱うのが一般的です。

複数のファイルをまとめる処理を**アーカイブ**、ファイルサイズを小さくすることを**圧縮**と呼びます。アーカイブと圧縮は同時に行うことが多いために混同されがちですが、実はそれぞれ異なる概念です。Linuxでは、「tar」と呼ばれる形式でアーカイブを行い、それを必要に応じて圧縮するのが一般的です。

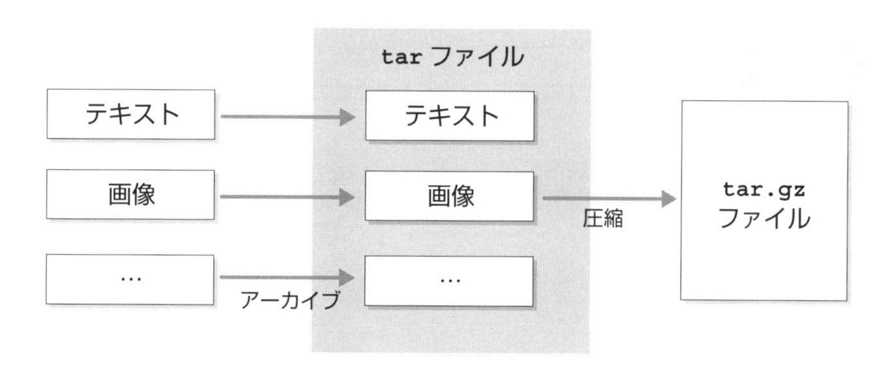

図4.36　tar+gzipによる圧縮アーカイブの例

Ubuntuデスクトップにおけるアーカイブの作成

Ubuntuデスクトップでは、ファイルブラウザから直接アーカイブを作成できます。アーカイブしたいファイルやフォルダを右クリックして、[圧縮]を選択してください。このとき、複数のファイルやフォルダを選択して、まとめてアーカイブすることもできます。

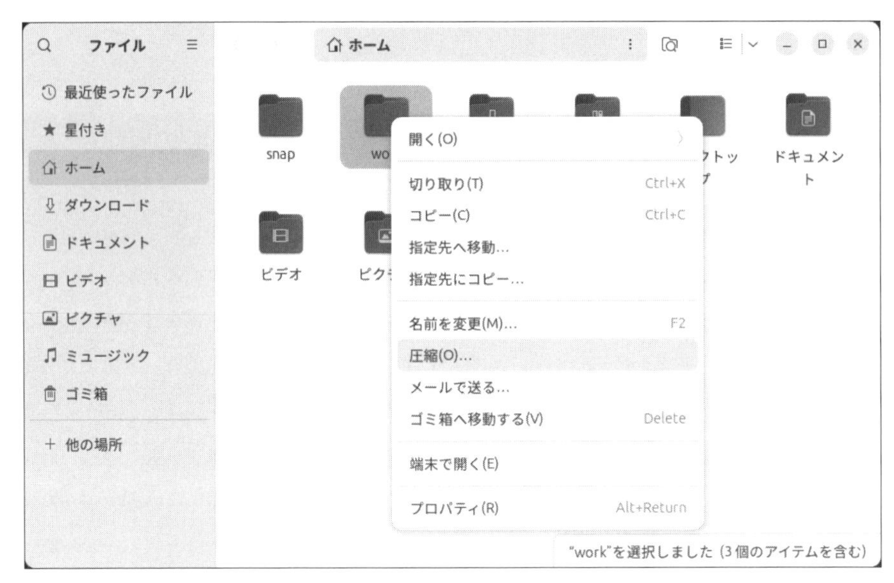

図4.37 アーカイブしたいフォルダを右クリックする

アーカイブを作成するダイアログが開くので、作成するアーカイブファイル名を入力します。ファイルの拡張子部分はドロップボックスになっており、アーカイブの形式を「zip」「パスワード付きzip」「tar.gz」「7z」から選択できます。

図4.38 アーカイブ形式としてtar.gzを選択する

最後に[作成]ボタンを押すと、現在開いているフォルダ内にアーカイブが作成されます。

File Rollerによるアーカイブの作成

このように、Ubuntuデスクトップでは簡単にファイルやフォルダを圧縮できます。しかし、いくつかの問題もあります。まずウィンドウ内でファイルやフォルダをクリックして選択する都合上、まったく異なるフォルダに散らばったファイルを、拾い集めてアーカイブすることができません。次に、アーカイブファイルが、現在開いているフォルダ内に作成される点です。すなわち自分に書き込み権限のないフォルダ内のファイルをアーカイブすることができないのです。

図4.39 /usr/binフォルダをアーカイブしようとした例
/usrフォルダに書き込み権限がないため、右クリックしても「圧縮」の項目が出てこない。

もう少し柔軟にアーカイブファイルを扱いたい場合は、専用のアプリである**File Roller**を使うとよいでしょう。Ubuntuを「拡張選択」でインストールした場合は、デフォルトでインストールされています。そうでない場合は、次のコマンドでインストールしてください。

コマンド4.83 File Rollerのインストール

```
$ sudo apt install -y file-roller
```

アプリケーションリストからFile Rollerを起動してください。

Extract...
File Roller
No Archive Opened
Open an archive or create a new one.

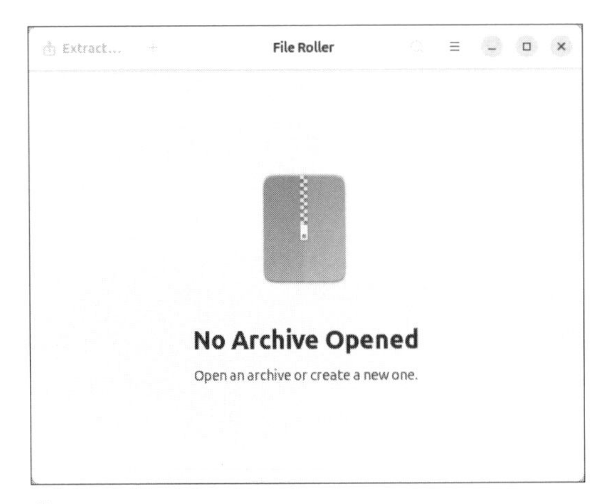

図4.40 File Rollerの画面

このウィンドウ内に、アーカイブしたい任意のファイルやフォルダをドラッグ&ドロップします。新しいアーカイブを作成する確認ダイアログが表示されるので、[新しいアーカイブを作成]ボタンを押します。

これらのファイルを含んだ新しいアーカイブを作成しますか?
キャンセル(C)
新しいアーカイブを作成(A)

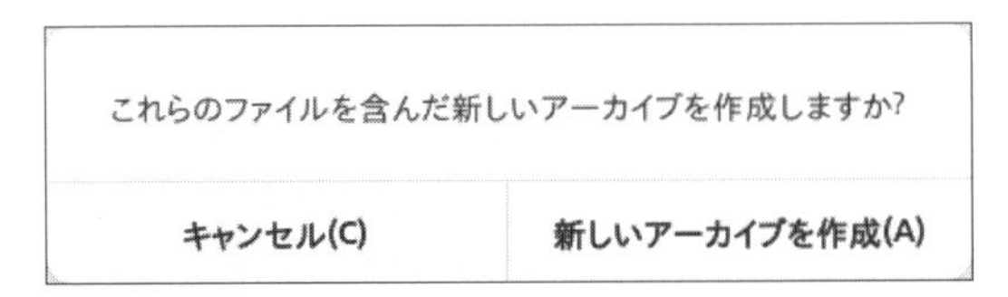

図4.41 新しいアーカイブを作成

新しいアーカイブのファイル名、アーカイブの形式、作成するフォルダを入力して[保存]ボタンを押します。

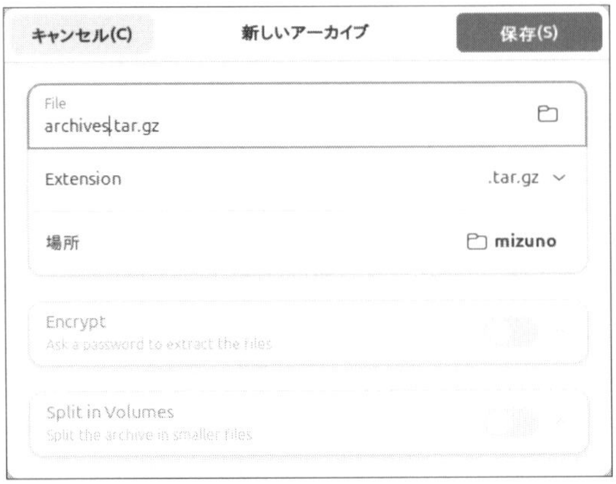

キャンセル(C)
新しいアーカイブ
保存(S)
File
archives.tar.gz
Extension
.tar.gz
場所
mizuno
Encrypt
Ask a password to extract the files
Split in Volumes
Split the archive in smaller files

図4.42 新しいアーカイブの設定

アーカイブが完了すると、File Rollerのウィンドウ内にアーカイブされたファイルの一覧が表示されます。この時点でアーカイブ作業は完了しているので、アーカイブファイルを改めて上書き保存する必要はありません。

Extract… ＋ archives.tar.gz

場所(L): /

名前	サイズ	種類	更新日時
Pictures	49.0 kB	フォルダー	2024年7月3日 16:13
Music	177.4 MB	フォルダー	2024年5月27日 22:02
silversearcher-ag-el_…	1.2 kB	不明	2021年10月19日 14:59
silversearcher-ag-el_…	49.0 kB	不明	2021年10月19日 15:01
silversearcher-ag-el_…	1.0 kB	不明	2021年10月19日 14:59
silversearcher-ag-el_…	3.2 kB	Tar アーカイブ (XZ…	2021年10月19日 14:59
silversearcher-ag-el_…	263.1 kB	Tar アーカイブ (gzi…	2021年10月19日 14:58

図4.43 アーカイブファイル一覧

アーカイブ内にファイルをさらに追加したい場合は、File Rollerのウィンドウに追加でファイルをドロップします。これだけで再アーカイブが行われ、アーカイブファイルが更新されます。また、特定のファイルをクリックしてから Delete を押すことで、そのファイルをアーカイブ内から除外することもできます。アーカイブファイル内へのファイルの追加や削除は、何度でも行えます。

Ubuntuデスクトップにおけるアーカイブの展開

Ubuntuデスクトップでは、アーカイブファイルをダブルクリックするだけで、その場に展開できます。そのディレクトリに書き込み権限がなかった場合は、展開先を選択するダイアログが開きます。

図4.44 展開先の選択

File Rollerによるアーカイブの展開

巨大なアーカイブファイルの中の一部のファイルのみを展開したような場合もあるでしょう。そのような操作は、File Rollerから行います。まずアーカイブファイルを右クリックしてコンテキストメニューを開き、[Open With...]を選択します。

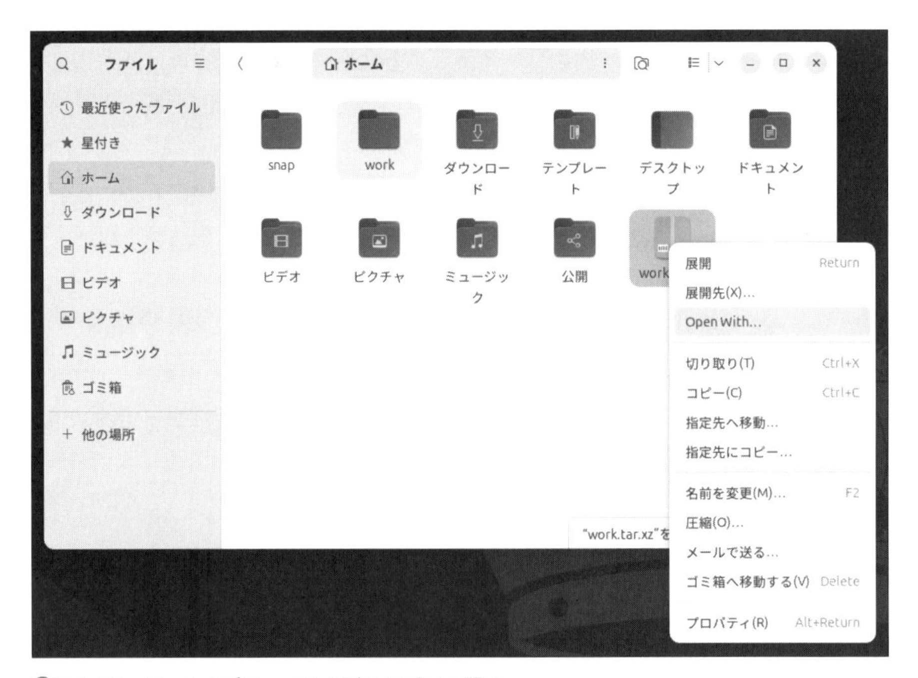

図4.45 アーカイブファイルを別のアプリで開く

アプリの一覧が表示されるので、「File Roller」を選択して[開く]ボタンを押します。

図4.46　File Rollerで開く

File Rollerのウィンドウで、展開したいファイルを右クリックしてコンテキストメニューを開き、[展開]を選択します。

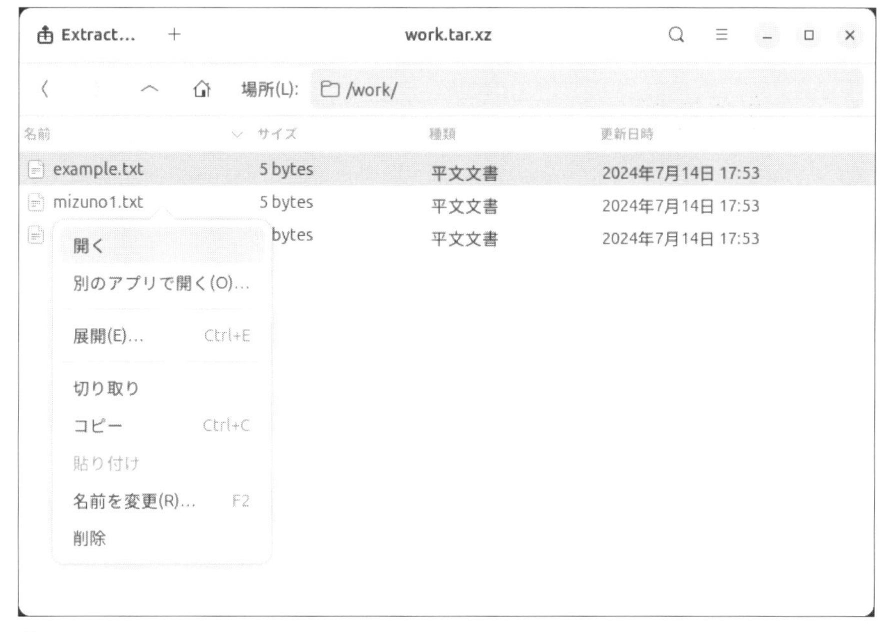

図4.47　ファイルを選択して展開する

展開先を選択するウィンドウが開くので、ファイルを展開したいフォルダを選択して[展開]ボタンを押します。

図4.48 展開先を選択する

tarコマンドによるアーカイブの作成

前述したように、Ubuntuデスクトップであれば、アーカイブは「ファイル」やFile Rollerで簡単に扱えますが、Ubuntuサーバーではコマンドで操作しなくてはなりません。サーバーを運用していると、バックアップ目的でファイルを圧縮したり、ダウンロードしてきたアーカイブを展開する必要に迫られることがよくあります。コマンドによるアーカイブ操作は必ず身に着けておきましょう。

tar形式のアーカイブは拡張子が「.tar」のファイルで、同名のtarコマンドで作成や展開を行います。

たとえば、カレントディレクトリにある「example1.txt」と「example2.txt」を「archive.tar」というtarファイルにアーカイブするには、**コマンド4.84**のように実行します。-cオプションがアーカイブの作成、-fオプションが作成するtarファイル名の指定です。作成するアーカイブファイルを先に指定する点に注意してください。アーカイブする対象は、このように複数のファイルを列挙することができ、ディレクトリを指定することも可能です。-vオプションを指定すると、処理されているファイルの一覧を冗長に表示します。

コマンド4.84 tarコマンドでアーカイブする

```
$ tar -cvf archive.tar example1.txt example2.txt
example1.txt
example2.txt
```

tarコマンドは、前述の通り、アーカイブのみを行うため、tarファイルは別途圧縮するのが一般的です。Linuxで圧縮に使われる形式には「gzip」「bzip2」「xz」「zstd」などがあり、自由に選択できます。それぞれ圧縮効率や圧縮速度が異なるため、用途に応じて選ぶとよいでしょう。圧縮されたtarファイルの名前は、その圧縮形式によって「.tar.gz」「.tar.bz2」「tar.xz」「tar.zst」といった二重拡張子となります。また、「.tar.gz」は「.tgz」、「.tar.bz2」は「.tbz」と省略されることもあります。

圧縮は、それぞれの圧縮形式に合わせた圧縮コマンドに、tarファイルを渡すことで行います。たとえば、archive.tarファイルをgzipで圧縮し、archive.tar.gzとするには、次のように実行します。

コマンド4.85 tarファイルをgzipで圧縮する

```
$ gzip archive.tar
```

しかし、アーカイブと圧縮を2段階の工程に分けて行うのは面倒です。そこで、tarコマンドには、圧縮形式をオプションとして渡すことで、アーカイブと同時に圧縮する機能が用意されています。オプションと圧縮形式の対応は**表4.7**の通りです。zstdのみは、ロングオプションで指定する必要がある点に注意してください。

表4.7 tarコマンドで実行可能な圧縮形式

オプション	圧縮形式
-z	gzip
-j	bzip2
-J	xz

--zstd	zstd
-a	拡張子から判断

▼コマンド4.86 tarコマンドで圧縮も同時に行う例

```
$ tar -zcvf 圧縮ファイル名.tar.gz アーカイブ対象のファイル一覧
                                    gzip形式で圧縮したtarファイルを作成する
$ tar -jcvf 圧縮ファイル名.tar.bz2 アーカイブ対象のファイル一覧
                                    bzip2形式で圧縮したtarファイルを作成する
$ tar -Jcvf 圧縮ファイル名.tar.xz アーカイブ対象のファイル一覧
                                    xz形式で圧縮したtarファイルを作成する
$ tar --zstd -cvf 圧縮ファイル名.tar.zst アーカイブ対象のファイル一覧
                                    zstd形式で圧縮したtarファイルを作成する例
```

なお、個別の圧縮形式を指定するオプションの代わりに-aオプションを指定すると、作成する圧縮ファイル名の拡張子から自動で圧縮形式を判断します。つまり、**コマンド4.86**のすべては次のように書くこともできます。

▼コマンド4.87 tarコマンドで圧縮形式を自動判別する

```
$ tar -acf 圧縮ファイル名.tar.圧縮形式ごとの拡張子 アーカイブ対象の
ファイル一覧
```

また、tarコマンドのオプションは、歴史的な事情でハイフンを省略しても動作します。したがって、次のように書くこともできます。

▼コマンド4.88 tarコマンドで圧縮形式を自動判別する(2)

```
$ tar acf 圧縮ファイル名.tar.圧縮形式ごとの拡張子 アーカイブ対象の
ファイル一覧
```

このように、ハイフンを省略した実行例を載せている参考書やWebサイトも多く存在します。

tarコマンドによるアーカイブの展開

tarコマンドでは、アーカイブの展開も可能です。展開の際は、-cオプションの代わりに-xオプションを指定します。

コマンド4.89 tarコマンドによるアーカイブの展開

```
$ tar -xf 展開する圧縮ファイル名
```

展開の際は、tarコマンドが自動でファイルの圧縮形式を判別し、適した方法で展開するため、圧縮形式を指定する必要はありません(指定しても構いませんが、ファイルの圧縮形式と異なるオプションを指定するとエラーになります)。

また、アーカイブの中身はデフォルトではカレントディレクトリに展開されますが、-Cオプションを併用すると、展開先のディレクトリを指定できます。

コマンド4.90 アーカイブを指定ディレクトリに展開する

```
$ tar -xf archive.tar.gz -C /tmp
```
archive.tar.gzの中身を/tmp以下に展開する

04.06.02 zipを用いた圧縮アーカイブファイルの管理

zipとは

zipとは、主にWindowsを中心に広く使われている圧縮アーカイブの形式と、それを取り扱うコマンドです。前述のgzipやbzip2も「zip」という名前を含んでいますが、それぞれ別物であるため、混同しないようにしてください。zipは、単体でアーカイブ処理と圧縮処理を同時に行います。

zipコマンドによるアーカイブの作成

zip形式でファイルをアーカイブするには、zipコマンドを使います。前述のtarと同じく、カレントディレクトリにある「example1.txt」と「example2.txt」を「archive.zip」というzipファイルにアーカイブするには、次のようにコマンドを実行します。作成するzipファイル名を先に指定する点や、アーカイブの対象となるファイルをその後に列挙する点はtarコマンドと同じです。-rオプションは、アーカイブ対象がディレクトリだった場合、中身を再帰的にアーカイブするオプションです。この例ではディレクトリを指定していないため不要ですが、指定しておいても特にデメリットはありません。

▼コマンド4.91　zipコマンドによるアーカイブと圧縮

```
$ zip -r archive.zip example1.txt example2.txt
  adding: example1.txt (stored 0%)
  adding: example2.txt (stored 0%)
```

unzipコマンドによるアーカイブの展開

tarコマンドとは異なり、zipコマンドは圧縮しかできません。展開には、unzipコマンドを使います。使い方はシンプルで、展開したいzipファイルを引数に指定して実行するだけです。

▼コマンド4.92　zipファイルの展開

```
$ unzip 展開したいzipファイル名
```

unzipコマンドも、デフォルトではアーカイブの中身をカレントディレクトリに展開します。展開先を指定したい場合は、-dオプションに続いて、展開先のディレクトリのパスを入力します。

▼コマンド4.93　指定したディレクトリにzipファイルを展開する

```
$ unzip archive.zip -d /tmp
```
archive.zipを/tmp以下に展開する

unzipと日本語ファイル名について

Windows上で名前が日本語のファイルをzip形式で圧縮し、そのzipファイルをUbuntu上で展開すると、展開されたファイル名が文字化けしていることがあります。これは、Windowsが日本語ファイル名を「CP932」というエンコードで扱うのに対し、Ubuntuでは「UTF-8」で扱うために起こる問題です。こうした場合は、ファイル名のエンコードを変更する処理が必要となるのですが、デフォルト状態のunzipコマンドはCP932の文字列を正しくハンドリングできないため、結果として文字化けしたファイルが展開されてしまいます。

この問題は、unzipコマンドに、-Oオプションで明示的にエンコードを指定することで回避できます。

コマンド4.94 文字コードを指定してzipファイルを展開する

```
$ unzip -O cp932 対象のzipファイル名
```

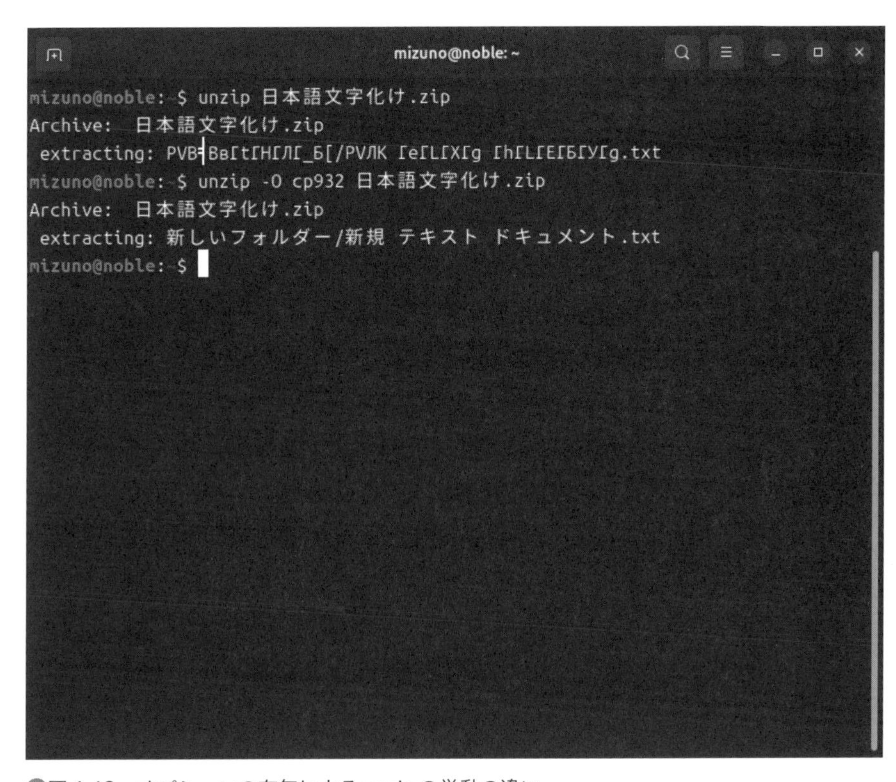

図4.49 オプションの有無によるunzipの挙動の違い

このオプションは、環境変数で指定することもできます。シェル上で次のように環境変数をエクスポートしてください。

コマンド4.95 環境変数による文字コードの指定

```
$ export UNZIP='-O cp932'
$ export ZIPINFO='-O cp932'
```

Column

Ubuntu日本語Remixについて

Ubuntu Japanese Teamでは、カスタマイズしたインストールイメージである「Ubuntu日本語Remix」を、長年提供してきました。

Ubuntuは今から20年前の2004年に最初のバージョンがリリースされました。しかし、当初のUbuntuは、まだまだ日本語を含む各種言語への対応が十分とはいえない状況でした。そこで、誰もが簡単にUbuntu上で日本語が扱えることを目指して誕生したのが、Ubuntu日本語ローカライズ版です。これを作成したのは、Japanese Teamの立ち上げ人であり、現在もチームのリーダーを勤めている小林準氏です。Ubuntu誕生の翌年、2005年の出来事でした。

Ubuntu日本語ローカライズ版は、その後、「Ubuntu日本語Remix」と名前を変え、Ubuntu 23.10まで欠かさずリリースされてきました。ところが、24.04 LTSにおいて、まったく新しいインストーラーが採用されたことにより、インストールメディアのカスタマイズが困難となってしまいました。また、Ubuntu日本語Remixには、日本語でライブセッションを利用可能にするという目的があったのですが、24.04 LTSの公式イメージは英語以外のライブセッションに対応していません。それゆえ、日本語ライブ環境を実現するためには非常に大きな変更が必要となってしまい、現時点でのリリースは現実的ではないと判断しました。誤解されがちですが、これは日本語Remixが終了したというわけではなく、そういったさまざまな問題から、24.04 LTSでは一旦スキップするという判断を下したということです。

過去の日本語Remixには、日本語環境をサポートするための独自パッケージなどが追加されていたこともありました。そのため、日本語Remixが提供されないことで、Ubuntu上の日本語利用に何か不都合があるのではないかと心配する人もいるかもしれません。しかし、Ubuntu自体の日本語環境の整備が進んだこともあり、ここ10年ほどの日本語Rexmiで加えていた変更は、実は「**unzipと日本語ファイル名について**」で説明したzipの文字化け対応のカスタマイズ程度でした。

また、日本語Remixからインストールしたのと同等の環境は、Japanese Teamのリポジトリを追加し、「ubuntu-defaults-ja」パッケージをインストールすることでも構築可能です。インストールメディアとしての日本語Remixはリリースされませんでしたが、Remix化するためのリポジトリは、24.04 LTSでも引き続き提供しています。

インストール後のUbuntuを日本語Remix化するには、次のコマンドを実行してください。

```
$ sudo wget https://www.ubuntulinux.jp/sources.list.d/noble.sources -O /etc/apt/sources.list.d/ubuntu-ja.sources
$ sudo apt -U upgrade
$ sudo apt install -y ubuntu-defaults-ja
```

これにより、前述の環境変数が自動的に設定され、unzipコマンドの文字化けも発生しなくなります。

△Japanese Teamのリポジトリを追加してパッケージをインストールした状態。File Rollerでも文字化けは解消する

04.07 設定ファイルの管理

04.07.01 etckeeperを用いた設定ファイルのバージョン管理

● etckeeperとは

「03.03　Gitの活用」では、プログラムのソースコードをGitでバージョン管理することの大切さを紹介しました。しかし、ソースコードに限らず、変更される可能性のある重要なデータは、すべてバージョン管理の恩恵を享受できます。

サーバーの設定ファイルも、その変更履歴を管理するべきデータの1つです。サーバーの設定を行っていると、設定ファイルをテキストエディタで編集しなければならないことはよくあります。しかし、手作業で設定の変更を行っていると「試行錯誤しているうちにサーバーが動かなくなったので元の状態に戻したいが、編集前の状態がわからなくなってしまった」「うっかりファイルを消してしまった」といったトラブルも起きがちです。

個人用のサーバーであれば、最悪の場合、サーバーそのものを再インストールしてもよいでしょう。ですが、業務用のサーバーでは、そのようなことは許されません。古典的な方法として、設定ファイルを変更する際には必ずバックアップを取るというやり方があります。しかし、これもまた、手作業を行っているとうっかり失念しがちです。ファイルのバックアップがあったとしても、いつの状態のコピーなのか、そのコピーから現在まで変更点は何で、その時点に戻しても問題ないのかという情報がなければ、実際問題としてファイルを書き戻すことはできません。そして、戻せないバックアップに価値はありません。

そこで、ソースコードと同様に、サーバーの設定ファイルをすべてGitの管理下に置いてしまうのがお勧めです。

Linuxの設定ファイルは、/etcディレクトリ以下に集められています。/etc全体を、Gitでバージョン管理するための仕組みが**etckeeper**です[※16]。

※16　厳密には、Gitだけでなく、mercurial、bazaar、darcsといったバージョン管理システムをバックエンドとして選択することが可能です。しかし、デフォルトはGitに設定されていますし、Git以外を使う特別な理由もないでしょう。

etckeeperのインストールと初期設定

etckeeperを使うには、etckeeperパッケージをインストールします。次のコマンドでパッケージをインストールするだけで、/etcディレクトリ内で自動的に「git init」が実行され、リポジトリの初期化と最初のコミットが行われます。使い始めるだけならば、特別な設定は一切必要ありません。

コマンド4.96 etckeeperパッケージのインストール

```
$ sudo apt install -y etckeeper
```

手動による変更のコミット

etckeeperはバックエンドにGitを使用していますが、通常はgitコマンドを直接使うのではなく、etckeeperコマンドを経由して操作します。/etc以下のファイルを変更したら、次のコマンドでコミットを行いましょう。gitコマンドとは異なり、ステージング操作は必要ありません。テキストエディタが起動するので、コミットログを記入して保存終了してください。

コマンド4.97 etckeeperコマンドでコミットする

```
$ sudo etckeeper commit
```

また、コマンドラインから直接コミットログを指定することもできます。gitコマンドとは異なり、-mオプションは必要ありません。

コマンド4.98 etckeeperコマンドでコミットログを指定する

```
$ sudo etckeeper commit '●●の機能を有効にするため、××の設定を追加'
```

「etckeeper vcs」を使うと、バックエンドであるGitのコマンドを直接投入すできます。たとえば、etckeeperには差分を表示したり、コミットログを表示する機能がありません。こうしたGitの機能を使いたい場合は、次のようにコマンドを実行してください。「etckeeper vcs」がgitコマンドと同等の動きをします。

▼コマンド4.99 etckeeper vcsを使う

```
$ sudo etckeeper vcs log ―――― /etc以下のコミットログを表示する
$ sudo etckeeper vcs diff ―――― 最新のコミットと現在の/etc以下の差分を表示する
```

etckeeperの自動コミット

etckeeperパッケージをインストールすると、「apt install」や「apt upgrade」などを実行したタイミングで、etckeeperが自動的に実行されるようになります。具体的には、パッケージのインストール時、削除時、アップグレード時に、/etc以下に未コミットの変更があった場合、自動的にコミットが行われます。また、etckeeperはCron（「**06.06.03　コマンドを定期的に実行する**」参照）やsystemd.timerを使って毎日自動的にコミットを行うようになっています。したがって、設定ファイルを変更した後の手動コミットを忘れていたとしても、それほど大きな問題にはなりません。とはいえ、手を抜かず、変更のたびに手動でコミットを行い、可能な限りコミットログを記録するように心がけましょう。

etckeeperをインストールしてさえおけば、存在を意識しなくても自動的に変更履歴が保存されていくというのは、サーバー運用において非常に大きなメリットです。etckeeperをインストールするデメリットはないので、とりあえずお守り代わりにインストールしておくだけでも、いざというときの助けになるかもしれません。

04.08 Ubuntu Proの活用

04.08.01 Ubuntu Proによる延長サポート(Extended Security Maintenance)を有効化する

Ubuntuのリポジトリとサポート

「**第2章　Ubuntuデスクトップを始めよう**」で解説したように、Ubuntuのリポジトリはmain／restricted／universe／multiverseの4つのコンポーネントに分かれています。そして、Canonicalによってセキュリティアップデートが提供されるのは、mainとrestrictedに含まれるパッケージに限定されています。そのため、エンタープライズ用途などで、Ubuntuをよりセキュアに運用することが求められる場合は、universeとmultiverseに含まれるパッケージを使用するかどうかを慎重に検討する必要がありました。これらのパッケージには、コミュニティによるベストエフォートのサポートしか提供されないためです。豊富なパッケージ群を簡単に扱えるのは、Ubuntuを使う大きなメリットの1つです。しかし、そのセキュリティサポートがmainとrestrictedに限定されていたのは、従来のUbuntuにおける弱点であったといってよいでしょう。

有償サポートであるUbuntu Proを有効にすると、universeとmultiverseのパッケージに対しても、Canonicalによるセキュリティアップデートが10年間提供されるようになります※17。これはUbuntuの歴史においても非常に画期的な出来事で、ミッションクリティカルな用途においても、よりUbuntuが使いやすくなったといえるでしょう。

universe／multiverse	Ubuntu Pro	
main／restricted	Ubuntu LTS	Ubuntu Pro(Infra-Only)
	5年	10年

図4.50　Ubuntuのサポート範囲と期間
LTSではmainとrestrictedのパッケージのみに対して、5年間のサポートが約束されている。だがUbuntu Proでは、すべてのパッケージが10年間サポートされる。

※17　延長サポートは必要としているものの、universe／multiverseのパッケージは不要というユーザー向けに、main／restrictedのパッケージのみを10年間サポートする、限定的なプラン(Infra-Only)も提供されています。

Ubuntu Proのアタッチ

Ubuntu Proは有償サポートですが、5台まででであれば誰でも無償で利用できます。個人宅のサーバーなど、数台の規模であれば、とりあえず導入してみるというのもお勧めです。

まず、Ubuntu Proのサイトにアクセスしてください※18。上部にある「Your subscriptions」をクリックします。

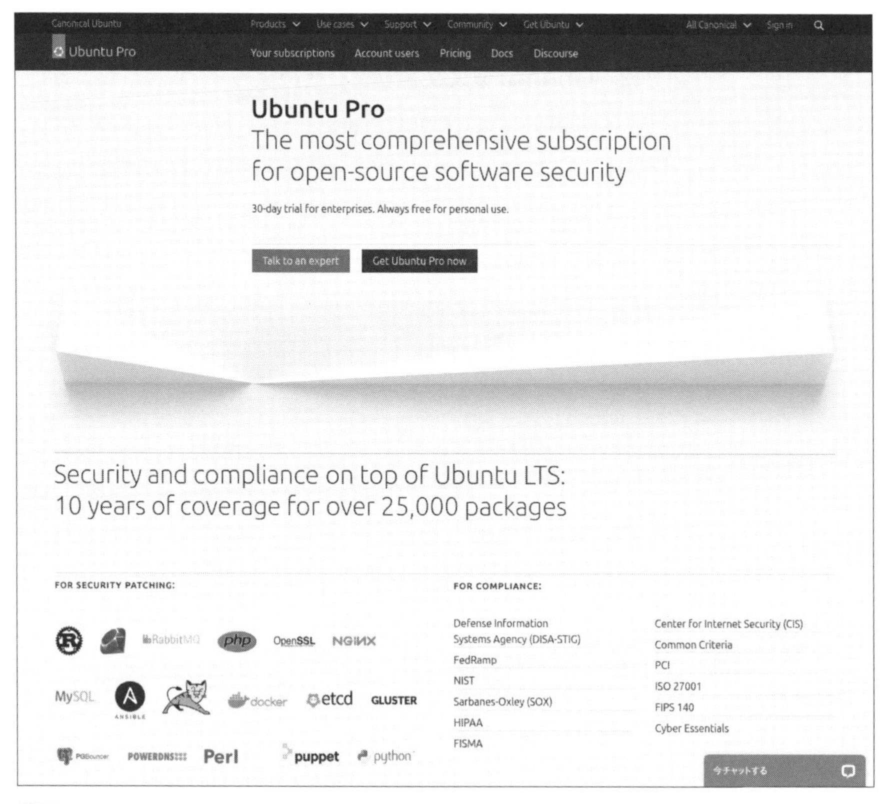

図4.51　Ubuntu Proのサイト

Ubuntuにおけるシングルサインオンサービスである「Ubuntu One」のログインページに遷移します。Ubuntu Oneのアカウントを持っている場合は、「I have an Ubuntu One account and my password is」を選択した上で、メールアドレスとパスワードを入力してログインします。

※18　https://ubuntu.com/pro

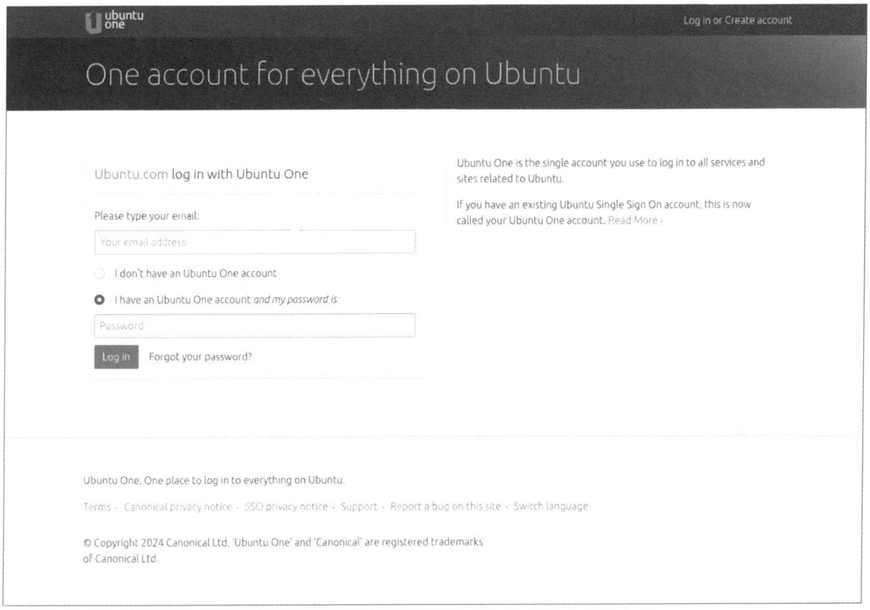

図4.52 Ubuntu Oneへのログイン

アカウントを持っていない場合は、まずはアカウントを作成しましょう。Ubuntu Oneのアカウントは、Ubuntu Proだけではなく、Ubuntuの開発サイトである「Launchpad」※19での活動や、Ubuntuのディスカッションサイトである「Discourse」※20へのメッセージの投稿などにも利用します。Ubuntuコミュニティで活動するには必須となるアカウントなので、この機会に作成しておくとよいでしょう。「I don't have an Ubuntu One account」を選択した上で、メールアドレス、フルネーム、ユーザー名、パスワードを入力して、「Create account」をクリックします。アカウントを作成すると、登録したメールアドレス宛てに、確認用のリンクが書かれたメールが届きます。指示に従ってリンクをクリックし、アカウントの確認を完了してください。アカウントが作成できたら、再度Ubuntu Proのページに戻って、Ubuntu Oneにログインしてください。

※19 https://launchpad.net/
※20 https://discourse.ubuntu.com/

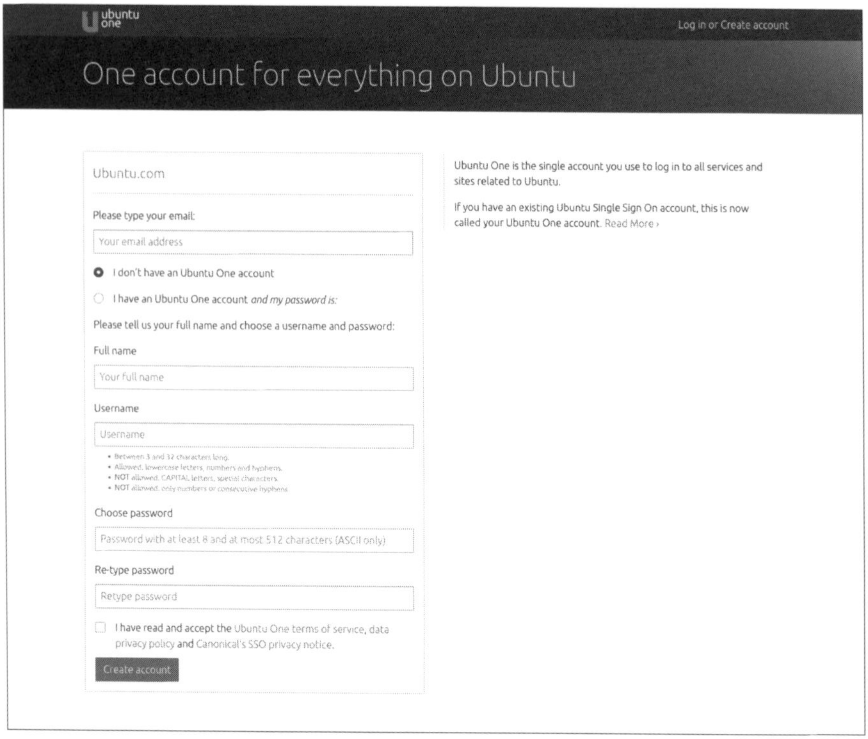

ubuntu one
Log in or Create account

One account for everything on Ubuntu

Ubuntu.com

Please type your email:

Your email address

I don't have an Ubuntu One account

I have an Ubuntu One account *and my password is:*

Please tell us your full name and choose a username and password:

Full name

Your full name

Username

Username

- Between 3 and 32 characters long.
- Allowed: lowercase letters, numbers and hyphens.
- NOT allowed: CAPITAL letters, special characters.
- NOT allowed: only numbers or consecutive hyphens.

Choose password

Password with at least 8 and at most 512 characters (ASCII only)

Re-type password

Retype password

I have read and accept the Ubuntu One terms of service, data privacy policy and Canonical's SSO privacy notice.

Create account

Ubuntu One is the single account you use to log in to all services and sites related to Ubuntu.

If you have an existing Ubuntu Single Sign On account, this is now called your Ubuntu One account. Read More ›

図4.53 Ubuntu Oneアカウントの作成

ログインすると、現在のUbuntu Proのサブスクリプションの状況が表示されます。5台まで無料で利用できる「Free Personal Token」が作成されていることを確認してください。画面右には、アタッチに利用するトークンが表示されていますので、これを控えておきましょう。このトークンは機密情報なので、第三者の目に触れないように十分注意してください。

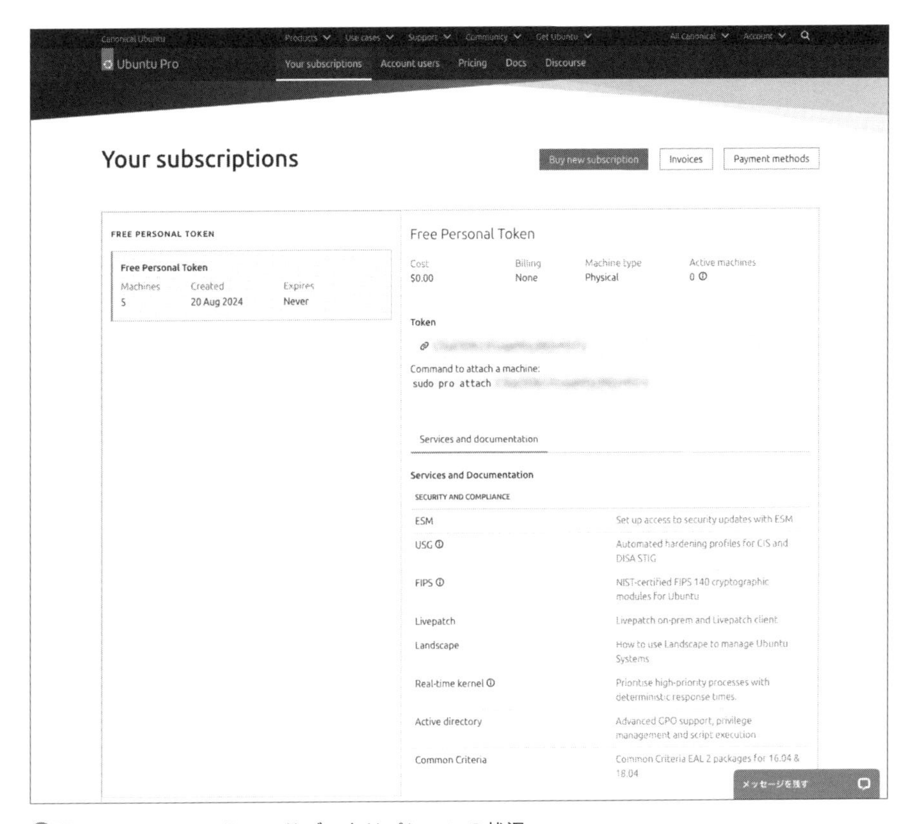

図4.54　Ubuntu Proのサブスクリプションの状況

Ubuntu Proは、proコマンドで管理します。Ubuntu ProをアタッチしたいUbuntuマシン上で[※21]、次のコマンドを実行してください。

コマンド4.100　Ubuntu Proを有効化する

```
$ sudo pro attach トークン
```

Ubuntu Proには、さまざまなサービスが内包されています。このコマンドを実行すると、main／restrictedへの10年サポートである「esm-infra」、同じくuniverse／multiverseへの10年サポートである「esm-apps」、そして後述するKernel Livepatchが有効化されます。

※21　Ubuntu ProはLTS版のUbuntu向けにしか提供されていません。そのため、Ubuntu 23.10や24.10などでは実行できません。

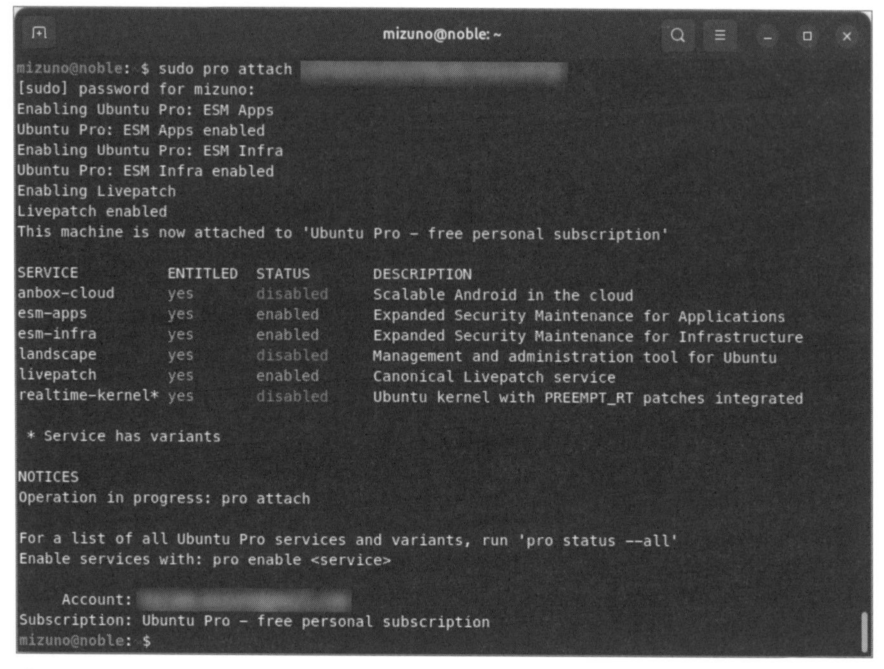

図4.55 Ubuntu Proのアタッチ

ESMが有効になると、ESM用のリポジトリサーバー※22がシステムに追加されます。以後はaptコマンドで、このサーバーからセキュリティアップデートを入手可能となります。

GUIを使ったUbuntu Proのアタッチ

デスクトップ版Ubuntuでは、GUIからUbuntu Proを管理することもできます。アプリケーション一覧から「ソフトウェアとアップデート」を起動して、[Ubuntu Pro]タブを開き、[Ubuntu Proを有効化]ボタンを押します。

※22 https://esm.ubuntu.com/

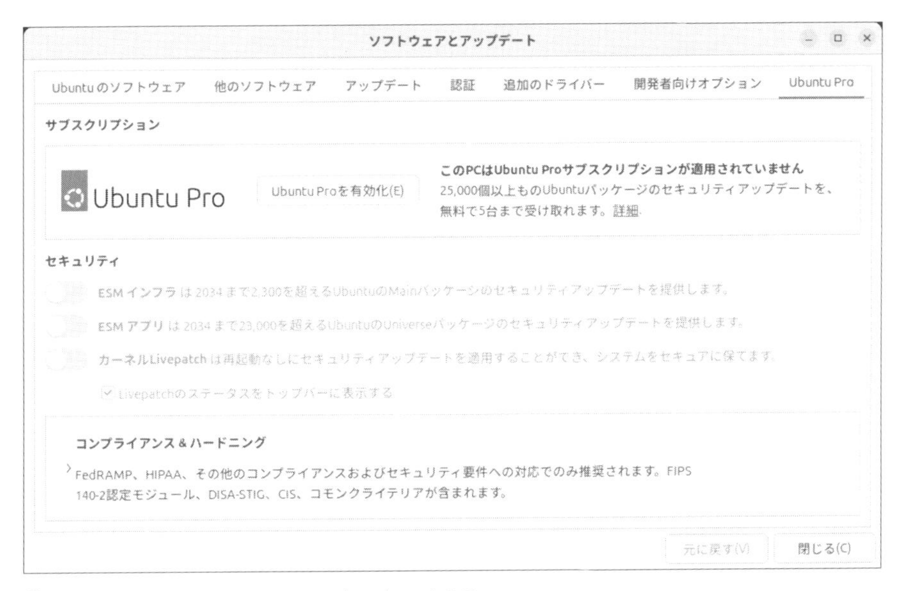

図4.56　GUIからUbuntu Proをアタッチする

［Ubuntu Proの有効化］のウィンドウが開くので、［または手動でトークンを追加］を選択し、テキストボックスに控えておいたトークンを入力します。［確認］ボタンを押すと、Ubuntu Proのアタッチは完了です。esm-infra、esm-apps、Kernel Livepatchの各機能は、個別に有効／無効を切り替えることもできます。

Ubuntu Proの有効化
Ubuntu Proにアップグレードするには、個人用、あるいは会社のUbuntu Oneアカウントを使用するか、トークンを提供してください。アカウントの新規作成
ubuntu.com/pro/attachでコードを入力
KZRGS9
または手動でトークンを追加
トークン
管理者から、またはubuntu.com/proから取得
キャンセル
確認

図4.57　トークンを入力する

図4.58 Ubuntu Proがアタッチされた状態

04.08.02 Kernel Livepatchの活用

世の中のソフトウェアの多くと同様に、Ubuntuのカーネルにも、それなりの頻度で脆弱性が見つかっています。カーネルはOSを司る重要なプログラムであり、その特性上、特権を持って動作しているので、万が一脆弱性が悪用されてしまうと、その影響範囲も無視できません。そのため可能な限り早く、アップデートを適用することが求められます。

しかし、ここで問題があります。カーネルをアップデートするには、OSそのものを再起動がする必要があるという点です。個人のPCであれば問題にはなりませんが、再起動によるサービスの停止が許容できないケースも、企業の基幹システムなどでは珍しくありません。

こうしたケースで役に立つのが、**Kernel Livepatch**です。これはカーネルに対する修正をモジュール化し、動作中のカーネルに読み込ませることで、問題のある処理を修正する機能です。文字通り、壊れた部分に「パッチ（つぎはぎ）」を当てることをイメージするとよいでしょう。OSを再起動することなくカーネルの脆弱性を修正できるため、再起動できないサーバー等では、特に有効です。

なお、Livepatchの仕組み自体は、Linuxカーネルが本来持っている機能であり、Ubuntuに固有のものではありません。Ubuntu Proを有効にすることで、

Canonicalが作成したモジュールの提供を受けられるようになるというわけです。Kernel Livepatchは、有効になっていれば自動的に動作するため、ユーザー側で行うことは特にありません。Livepatchの状況は、canonical-livepatchコマンドで確認できます。次のように、status --verboseオプションを付けて実行してください。適用されたパッチの詳細が表示されます。

▼コマンド4.101　Livepatchの詳細

```
$ canonical-livepatch status --verbose
last check: 1 minute ago
kernel: 6.8.0-31.31-generic
server check-in: succeeded
kernel state: ✓ kernel series 6.8 is covered by Livepatch
patch state: ✓ all applicable livepatch modules inserted
patch version: 106.1
tier: updates (Free usage; This machine beta tests new patches.)
machine id: 334433570ab04be3bcd76b5eccba6285
client version: 10.8.3
architecture: amd64
cpu model: AMD Ryzen 5 5500U with Radeon Graphics
boot time: 1 minute ago
fixes:
  * cve-2023-6270

    It was discovered that the ATA over Ethernet (AoE) driver in the
Linux
    kernel contained a race condition, leading to a use-after-free
    vulnerability. An attacker could use this to cause a denial of se
rvice
    or
    possibly execute arbitrary code.
  * cve-2024-26924
    LP bug:
  * cve-2024-36016
    LP bug:
```

ただし、Livepatchで、すべてのカーネルの脆弱性を修正できるわけではありません。また、Canonicalも、すべてのカーネルの不具合に対し、モジュールを提供するわけでもありません。あくまでも、Livepatchは、緊急性の高い脆弱性があるにもかかわらず、すぐに再起動ができない場合の一時しのぎであると考えるべきでしょう。そのため、状況が許すのであれば、すみやかにカーネルパッケージのアップデートと再起動を行うことが推奨されています。

05

第 5 章

Ubuntuをサーバーとして使おう

05.01 Ubuntuサーバーのインストールとログイン

05.01.01 Ubuntuサーバーのインストール

インストールメディアの用意

先に説明しましたが、Ubuntuにはデスクトップ版とサーバー版が存在しています。ここまではデスクトップ版Ubuntuを使い、さまざまなUbuntuの機能を解説してきました。

「**02.01.01　デスクトップとサーバーについて**」で述べたように、デスクトップ版とサーバー版はデフォルトでインストールされるパッケージのセットが異なるだけで、カーネルを始めとして、インストールされるソフトウェア自体は同一のものです。そのため、デスクトップ版にサーバー向けのソフトウェアをインストールして、サーバー用途として使うことも不可能ではありません。特に学習用途であれば、WebブラウザーやGUIのアプリケーションをすぐに使えるデスクトップ環境で、サーバーの動作を試してみるというのは非常によい考えでしょう。

しかし、サーバーとデスクトップでは根本的に用途が違うため、必要なソフトウェアは大きく異なります。サーバーの構築においては**大は小を兼ねない**のが原則で、サーバーは必要最低限のソフトウェアのみをインストールして構築します。なぜなら、余計なソフトウェアは必要ないどころか、セキュリティ的なリスクが増えるといったデメリットを生むためです。デスクトップには、サーバーにとっては不要なソフトウェアが数多くインストールされています。したがって、本格的に運用するサーバーを構築するのであれば、サーバー版のUbuntuをベースに構築することを推奨します。

サーバー版のUbuntuは、デスクトップ版とは違うインストールイメージからインストールします。24.04のサーバー版のインストールイメージも、デスクトップ版と同じダウンロードページ※1からダウンロードできます。

「Ubuntu Server 24.04.1 LTS」をダウンロードしてください。なお、「**第1章　Ubuntuを始めよう**」で解説したポイントリリースがリリース済みの場合、ファイル名のバージョンが「24.04.2」や「24.04.3」となっている場合があるので、適宜読み替えて最新のバージョンをダウンロードしてください。

※1　https://jp.ubuntu.com/download

図5.1 Ubuntu Serverのインストールイメージをダウンロードする

Ubuntuサーバーのインストール

ここでは、VirtualBoxの仮想マシンにUbuntuサーバーをインストールする手順を紹介します。

まず新しい仮想マシンを作成します（「**02.01.03 VirtualBoxのインストールと仮想マシンの作成**」参照）。サーバー版が要求するリソースはデスクトップ版よりも少なく、最低1GB以上のメモリと、5GB以上のディスクがあれば動作します。ただし、場合によっては、それ以上のメモリやディスクを要求されることもあります。そのため、3GB以上のメモリと25GB以上のディスクが推奨されています。メモリが不足していても、仮想マシンの設定からすぐに増やすことができますが、ディスクの拡張は少々面倒な手順が必要となります。そのため、最初から余裕を見たディスク容量を割り当てておきましょう。とはいえ、公式が推奨している25GBの容量があれば本書の内容を試すには十分です。CPUも動作クロックが1GHz以上あれば十分です。

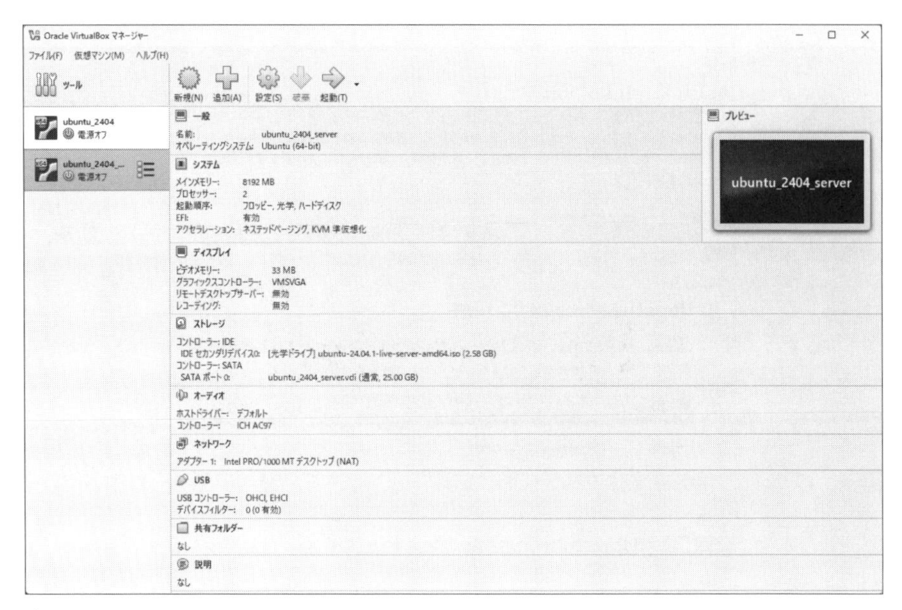

図5.2 新規仮想マシンの作成

仮想マシンが作成できたら[設定]ボタン( )を押して設定ダイアログを開き、[ネットワーク]→[アダプター 1]の[割り当て]を、デフォルトの[NAT]から[ブリッジアダプター]に変更します。ネットワークがNATのままでは、ほかのPCからサーバーに接続できないため、サーバー版の場合は設定を変更しておくことを強く推奨します。

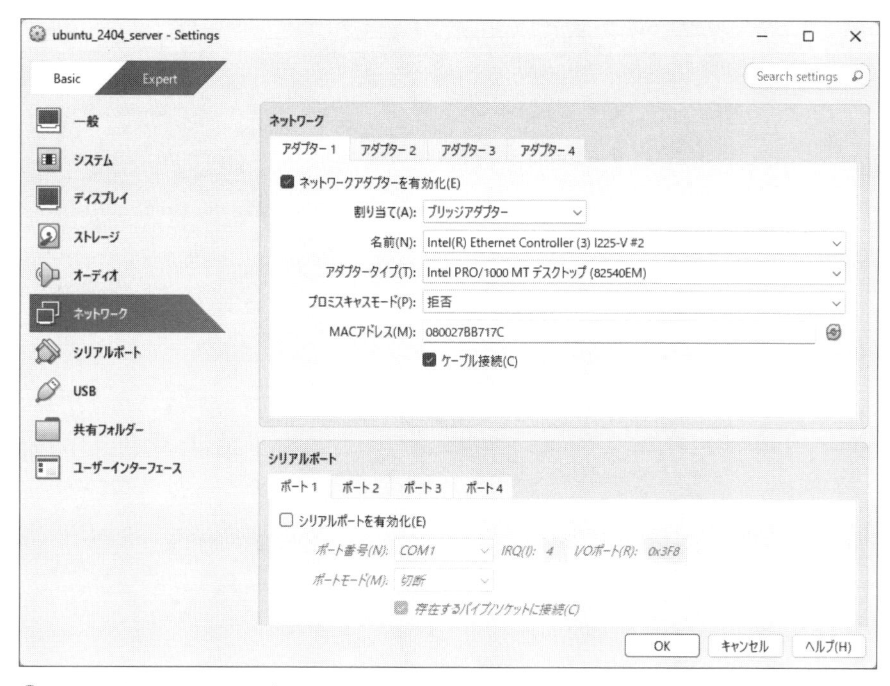

図5.3 ネットワークアダプターの割り当ての変更

設定が完了したら、仮想マシンを起動させると、自動的にインストーラーが実行されます。ブートローダーのメニューが表示されたら、何もせずしばらく待つか、[Try or Install Ubuntu Server]を選択して Enter を押してください。

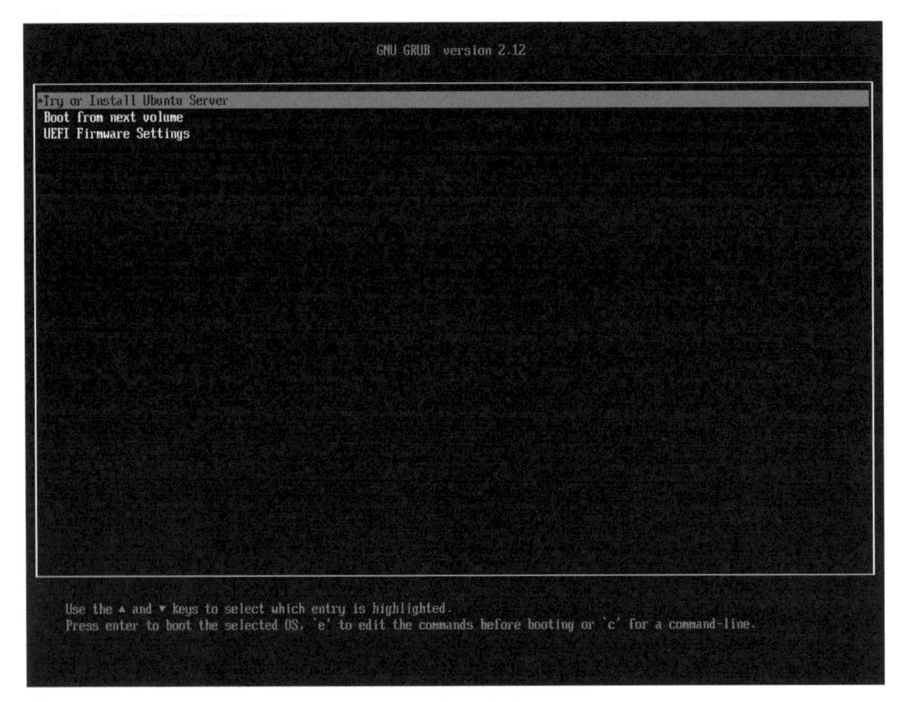

図5.4 仮想マシンをインストールイメージから起動する

サーバー版Ubuntuでは、CLIベースの**Subiquity**と呼ばれるインストーラーが採用されています※2。マウスは使えないので、キーボードで操作します。Subiquityの主な操作方法を**表5.1**にまとめました。基本的には、カーソルキーで項目を選択、Tabでフォーカスを移動、Enterで決定です。チェックボックスはEnterでオン／オフの切り替え、ドロップダウンリストもEnterでリストを開き、カーソルキーの上下で項目を選択してEnterで決定します。

表5.1 Subiquityインストーラーにおけるキー操作

キー操作	用途
カーソルキー	項目の選択
Tab	フォーカスの移動（正順）
Shift＋Tab	フォーカスの移動（逆順）
Enter	選択肢の選択、決定

※1 デスクトップ版のインストーラーも、GUIの裏側ではSubiquityが動作しています。

まずは使用する言語を選択します。インストール中は日本語が使用できないので、[English]を選択するのが無難でしょう。

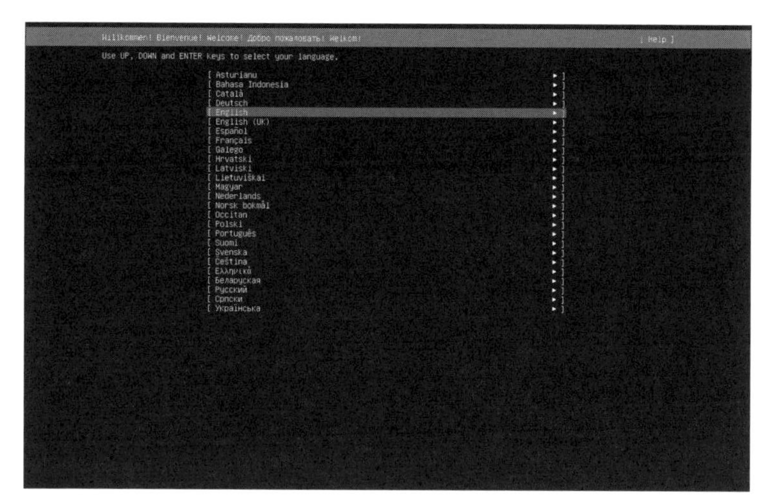

図5.5　言語の選択

次に、キーボードレイアウトを選択します。キーボードレイアウトは[Layout]と[Variant]の組み合わせで決定します。Layoutとは、「日本語キーボード」「英語キーボード」といった、言語によって異なるレイアウトの指定です。また、キーボードには、言語が同じであっても配列が異なるバリエーションが存在します。たとえば、一般的なキーボードはQWERTY配列を採用していますが、Dvorak配列やColemak配列といった特殊な配列を採用しているキーボードも存在します。こうしたバリエーションの違いをVariantで指定します。

言語の選択で[English]を選択した場合、LayoutとVariantはともに[English]となっています。日本語キーボードを使いたい場合は、[Layout]を[Japanese]に変更します。Layoutを変更すると、[Variant]も自動的に[Japanese]に変わります。これは一般的なQWERTY配列の日本語キーボードの指定ですが、Dvorak配列などの特殊なキーボードを使いたい場合は、[Variant]も併せて変更しておきます。

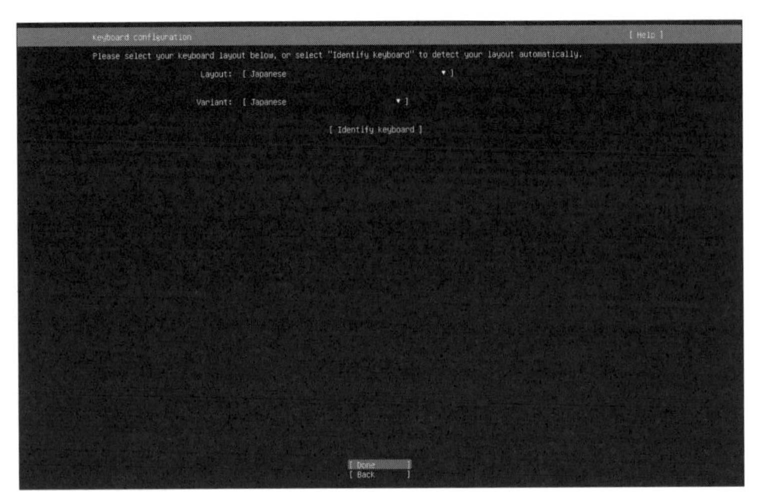

図5.6　キーボードレイアウトの選択

サーバーのインストールタイプを選択します。最近では、コンテナやIoTデバイスのように「人間がログインして直接操作しない」タイプのサーバーも増えてきています。[minimized]は、そういった用途を前提に、不要なパッケージを削除することで軽量なフットプリントを実現したインストールタイプです。人間が直接操作することを前提としていないため、viエディタのような基本的なコマンドすらインストールされていない点には注意してください。また、[Search for third-party drivers]にチェックを入れると、サードパーティ製のドライバが利用可能な場合、追加でインストールを行います。ここでは、デフォルトの[Ubuntu Server]を選択し、サードパーティ製のドライバはインストールしない設定を前提に解説していきます。

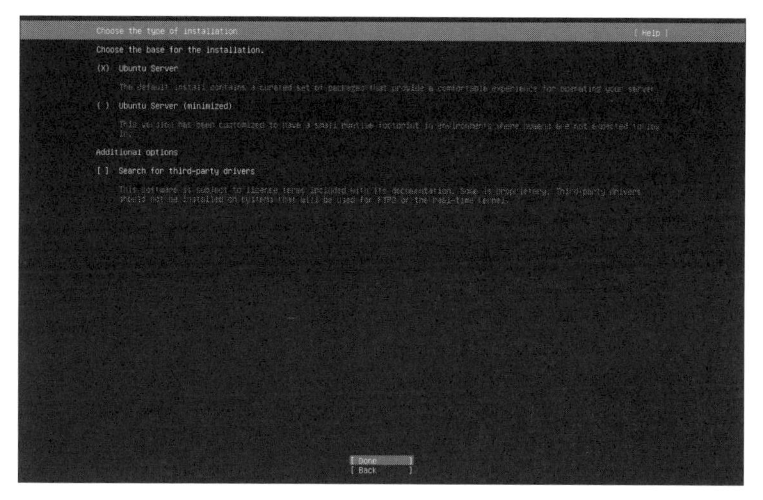

図5.7 インストールタイプの選択

ネットワークの設定を行います。デフォルトではDHCPによるネットワーク設定が行われているので、そのままでよい場合は[Done]を選択して Enter を押します。DHCPが存在しないネットワークや、この時点で固定IPアドレスを設定したい場合(「**06.02.02 固定IPアドレスを設定する**」参照)は、手動でネットワーク設定を行います。

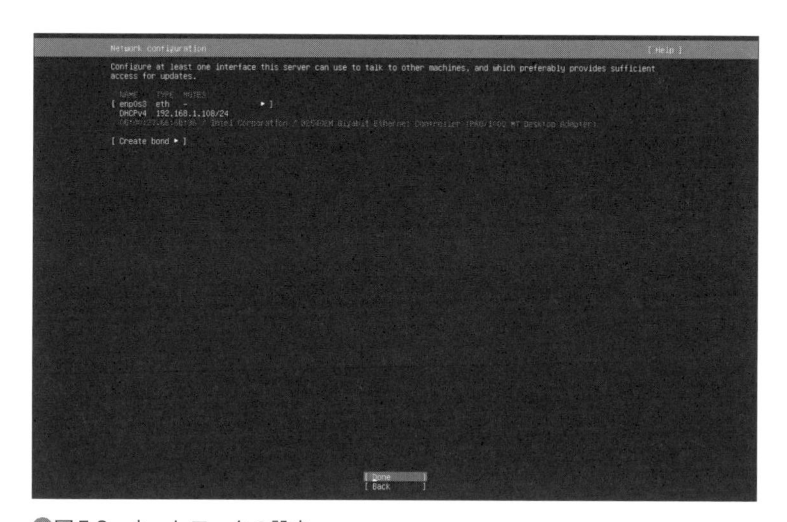

図5.8 ネットワークの設定

設定を変更したいインターフェイスを選択し、Enter を押します。ここでは、サブメニューが表示されたら、[Edit IPv4]を選択します。

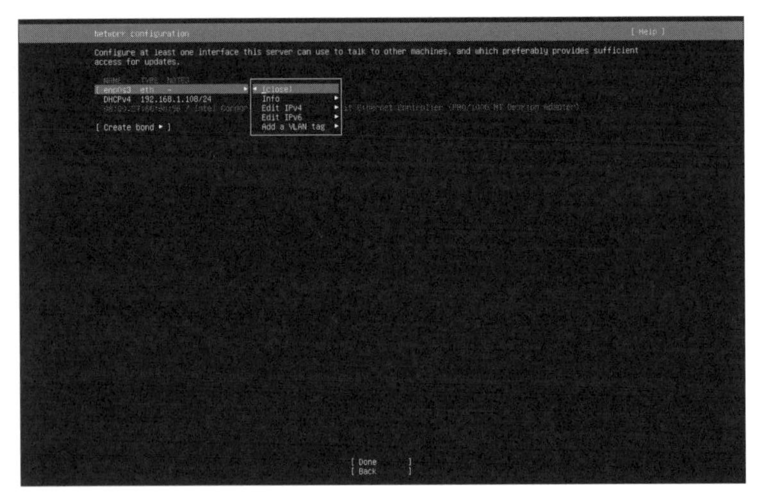

図5.9 IPv4の設定を変更する

デフォルトでは[IPv4 Method]が[Automatic (DHCP)]に設定されているので、ここを[Manual]に変更します。

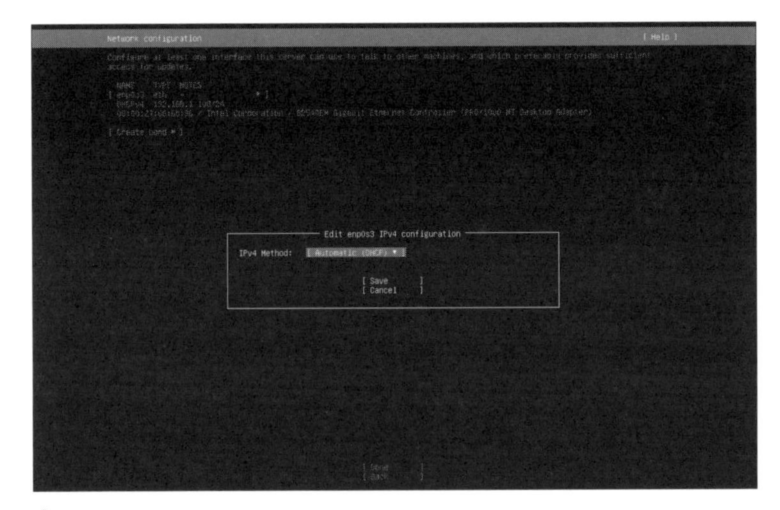

図5.10 設定をManualに変更する

すると、IPアドレスの設定画面が開きます。[Subnet]にはネットワークアドレスとサブネットマスク(`192.168.1.0/24`など)を入力します。[Address]にはサーバーに割り当てるIPアドレス、[Gateway]にはデフォルトゲートウェイのIPアドレス、[Name servers]にはDNSサーバーのIPアドレスを入力します。DNSサーバーはカンマで区切って複数を列挙できます。最後に[Save]を選択して Enter を押します。

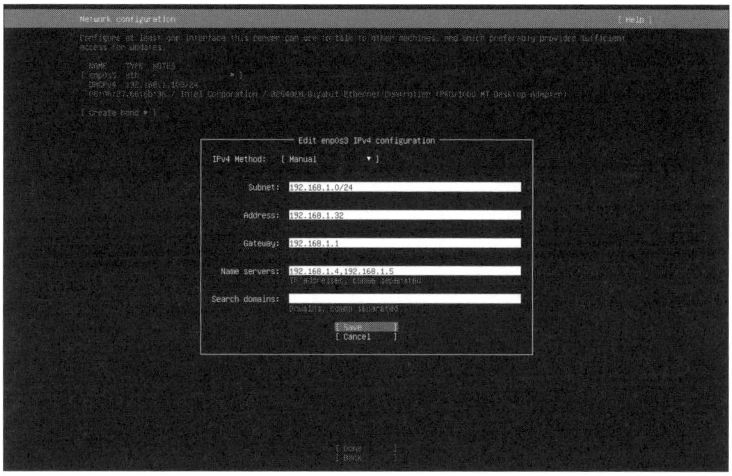

図5.11 IPアドレス等を手動で設定する

インターネットアクセスに使うネットワークプロキシを設定します。会社や大学など、インターネットアクセスにプロキシを経由しなければならない環境の場合は、プロキシのアドレスや認証情報を入力してください。プロキシが不要な環境の場合は、空欄のままで構いません。

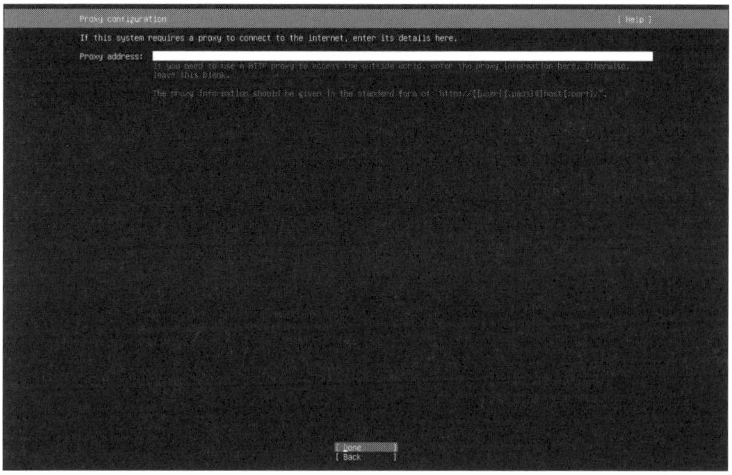

図5.12 プロキシの設定

パッケージのダウンロードに使うリポジトリサーバー(「**02.03.05 アプリケーションのインストールとアンインストール方法**」参照)を設定します。IPアドレスなどの情報から、日本国内であれば自動的に日本のリポジトリサーバー

(jp.archive.ubuntu.com)が選択されているはずです。異なるミラーを使いたい場合は、アドレスを入力してください。

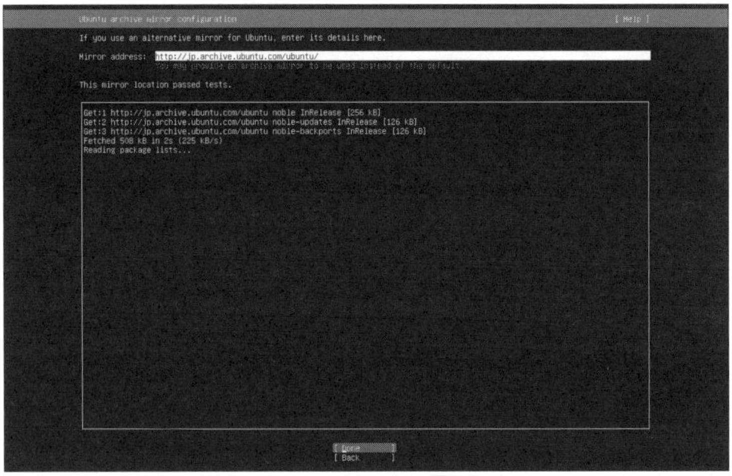

図5.13 リポジトリサーバーの設定

ディスクの構成を選択します。デフォルトでは、ディスク全体を消去してUbuntu専用とする設定になっています。デスクトップ版とは異なり、ボリュームの管理にはデフォルトでLVMが使われます。LVMについては、後述します。ここでは、この構成を前提に解説します。また、[Encrypt the LVM group with LUKS]にチェックを入れると、ディスクを暗号化できますが、本書では扱いません。[Custom storage layout]を選択すると、パーティションレイアウトを手動で自由に設定できますが、これも本書では解説しません。

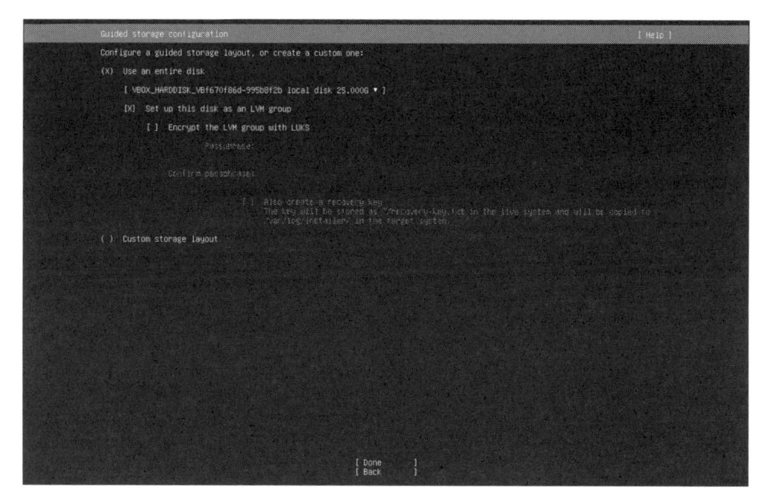

図5.14　ディスクの構成の設定

パーティションレイアウトの確認画面が表示されます。問題ないかを確認した上で[Done]を選択して Enter を押します。

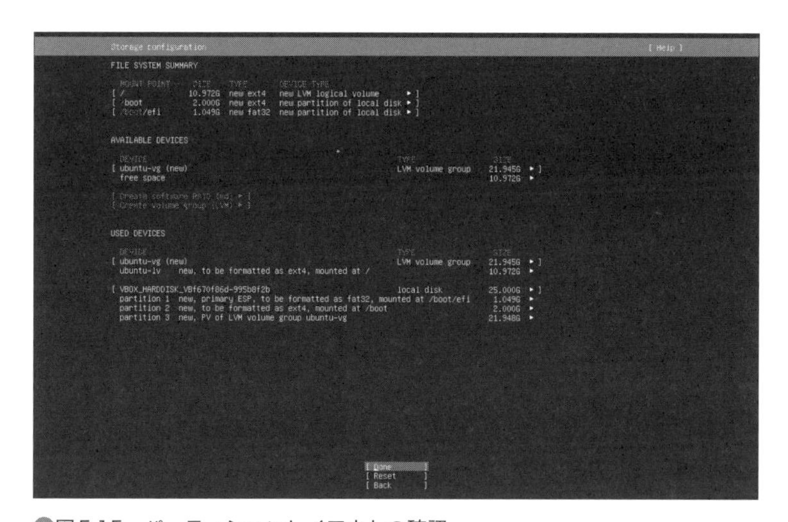

図5.15　パーティションレイアウトの確認

既存のディスクの内容が失われるという警告が表示されます。デスクトップ版のインストールと同様に、ここより先に進むと引き返すことはできません。本当にインストールを実行してよければ[Continue]を選択して Enter を押します。

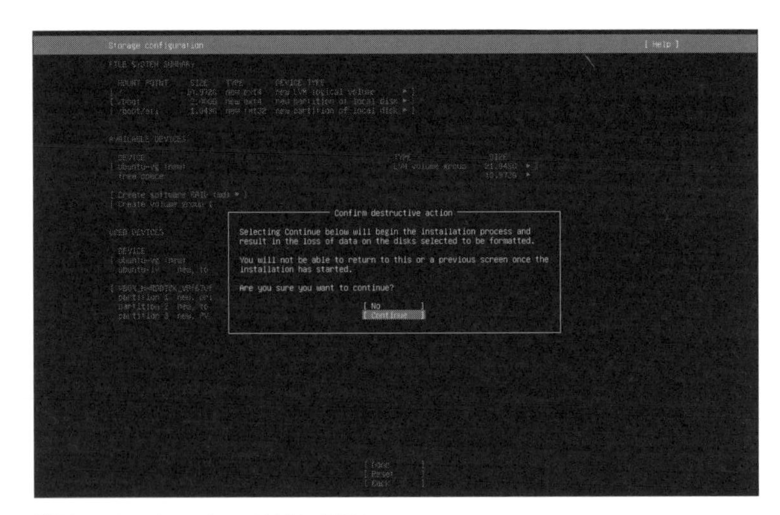

図5.16 インストール続行の確認

ユーザーの作成とサーバーのホスト名の設定を行います。ユーザー名やパスワードなど、内容はデスクトップ版と同じです。デスクトップ版と同様に、ここで作成したユーザーはsudoグループに所属し、rootに昇格する権限を持ちます。

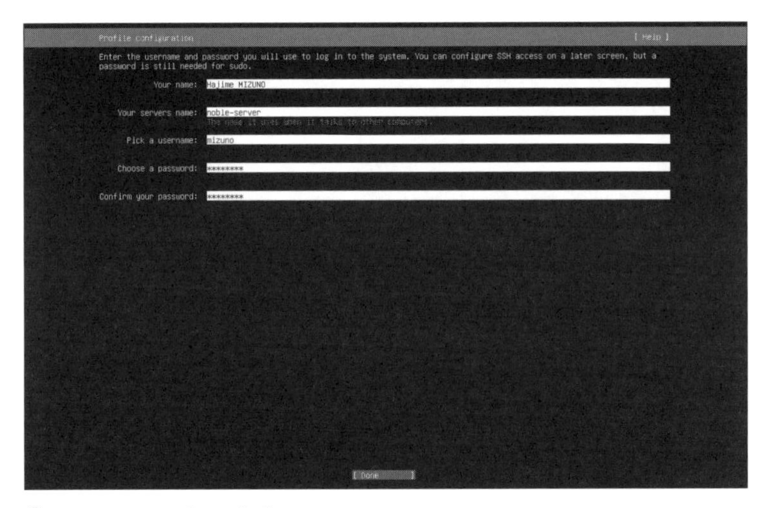

図5.17 ユーザーの作成

次に、有償サポート契約である「Ubuntu Pro」の設定を行います。エンタープライズ用途のサーバーなどでUbuntu Proを利用したい場合は、[Enable Ubuntu Pro]を選択してください。続く画面でUbuntu Proのアタッチ作業を行います。ただし、本書ではUbuntu Proは利用しないため、具体的な手順の解説は省略します。ここでは[Skip for now]を選択して進めます。

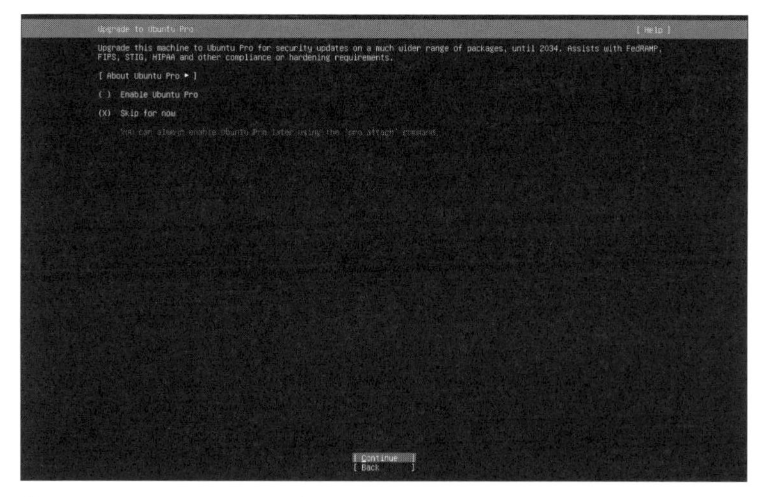

図5.18 Ubuntu Proの設定

この段階で、SSHサーバーをインストールするかどうかを設定します。本書では「**06.04 サーバーへのリモートログイン**」でインストールするため、ここではチェックを入れないでおきます。SSHサーバーをインストールする場合は、同時にSSH公開鍵（「**06.04.02 OpenSSHのセキュリティ**」参照）をGitHubやLaunchpadからダウンロードし、先ほど作成したユーザーに設定できます。一般的なサーバーであれば、この段階でSSHサーバーのインストールと公開鍵設定を完了しておくのがお勧めです。

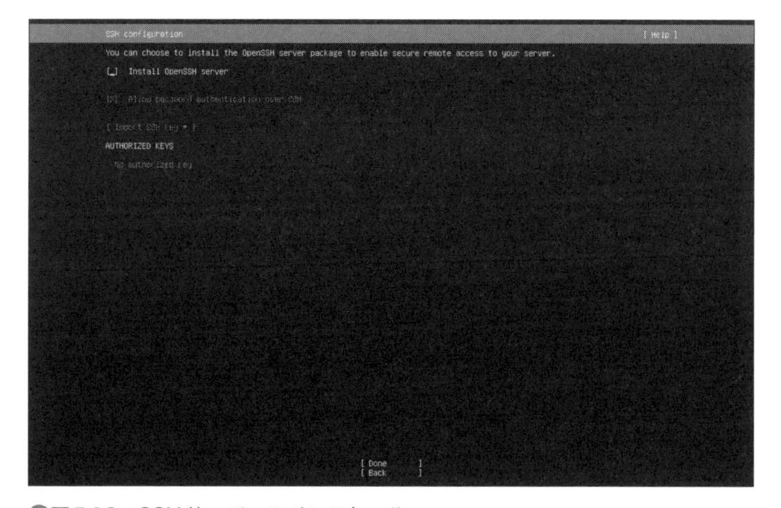

図5.19 SSHサーバーのインストール

次に進むと、サーバー向けの主なSnapパッケージの一覧が表示されます。チェックを入れると、選択したSnapパッケージをインストールできます。たとえば、「**08.02 Nextcloudサーバーの構築**」で解説するNextcloudサーバーも、ここにチェックを入れるだけでインストールできます。ここでは、いずれのパッケージにもチェックを入れないことを前提に解説します。

図5.20 Snapパッケージのインストール

残りのインストールプロセスが実行され、ログが表示されます。完了したら「Reboot Now」と表示されるので、選択した上で Enter を押して進めます。

図5.21 インストール中

[Please remove the installation medium then press ENTER:]と表示されたら、Enterを押してPCを再起動します。実マシンの場合は、この段階でインストール用USBメモリを取り外しておきます。

図5.22 インストールの完了と再起動

Column SSHを経由したインストール

Subiquityでは、SSHを経由してリモートからインストール作業を行うこともできます。起動して最初の言語選択画面で、Tabで［Help］をフォーカスしてEnterを押すと、次のようなメニューが表示されるので、［Help on SSH access］を選択します。

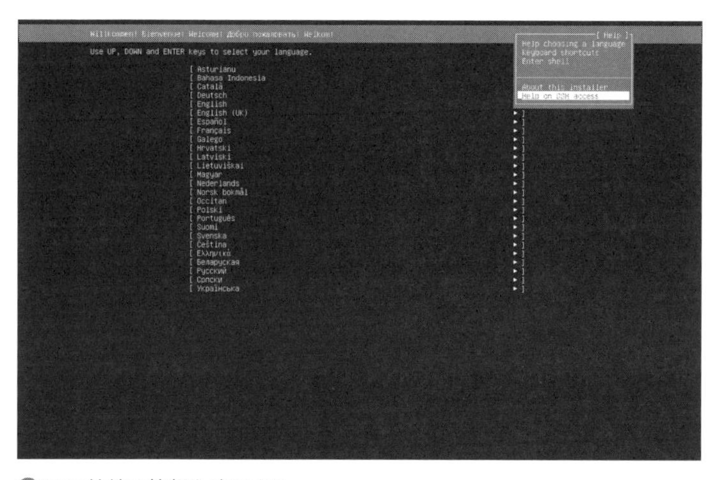

SSH接続の情報を確認する

次のように、SSHの接続情報が表示され、ほかのPCのSSHクライアントからSSH接続できるようになります。SSH接続できれば、以降のインストール作業をリモートから行えます。主に遠隔地に設置されたサーバーのインストールを行う際に、KVMコンソール経由では速度や安定性の面から作業がしづらいといった場面で活躍する機能です。

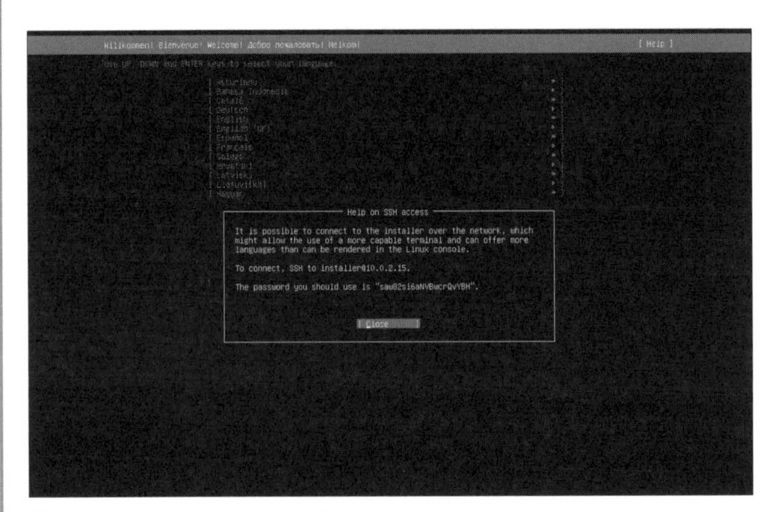

△インストーラーへのSSH接続情報

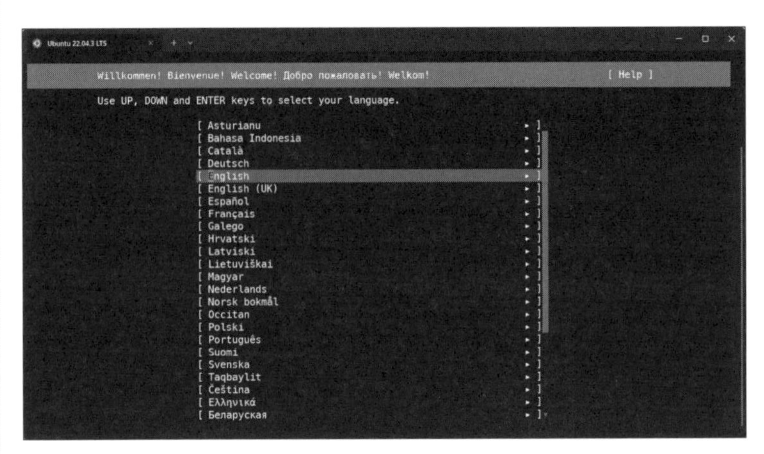

△Windows上のターミナルから、SSH経由でインストーラーに接続した状態

05.01.02 Ubuntuサーバーへのログイン

コンソールからのログイン

Ubuntuサーバーを起動すると、**図5.23**のようなログイン画面が表示されます。デスクトップ環境がインストールされていないため、デスクトップ版とは大きく異なる、テキストだけの素気ないログイン画面です。この画面を**コンソール**と呼びます。コンソールは、サーバーに直接つながっているキーボードと画面のペアのことだと考えるとよいでしょう。

```
Ubuntu 24.04.1 LTS noble tty1

noble login: mizuno
Password:
Welcome to Ubuntu 24.04.1 LTS (GNU/Linux 6.8.0-45-generic x86_64)

 * Documentation:  https://help.ubuntu.com
 * Management:     https://landscape.canonical.com
 * Support:        https://ubuntu.com/pro

 System information as of Sun Oct  6 11:40:07 AM UTC 2024

  System load:             0.82
  Usage of /:              20.9% of 10.70GB
  Memory usage:            2%
  Swap usage:              0%
  Processes:               122
  Users logged in:         0
  IPv4 address for enp0s3: 192.168.1.109
  IPv6 address for enp0s3: 2405:6583:8c20:6400:a00:27ff:febb:717c

Expanded Security Maintenance for Applications is not enabled.

33 updates can be applied immediately.
To see these additional updates run: apt list --upgradable

Enable ESM Apps to receive additional future security updates.
See https://ubuntu.com/esm or run: sudo pro status


The programs included with the Ubuntu system are free software;
the exact distribution terms for each program are described in the
individual files in /usr/share/doc/*/copyright.

Ubuntu comes with ABSOLUTELY NO WARRANTY, to the extent permitted by
applicable law.

To run a command as administrator (user "root"), use "sudo <command>".
See "man sudo_root" for details.

mizuno@noble:~$
```

図5.23 コンソールからのログイン

キーボードからユーザー名とパスワードを入力してログインすると、シェルが操作できるようになります。サーバーの操作は、すべてこのシェルから行います。動いているシェルはBashなので、シェルや各種コマンドの使い方は、今までのGNOME端末と同一です。ただし、GUIのターミナルエミュレーターとは異なり、日本語の表示やマウスの使用、スクロールバックやコピー&ペーストといったGUIならではの便利機能は使えないことに注意してください。特にスクロールバックできないのは致命的で、コマンドの出力が一画面以上の長さになる場合は、ページャにパイプするといった工夫が必要になります。

これでは非常に使い勝手が悪いため、サーバーのコンソールを直接利用するのはメンテナンス時などに限り、普段はデスクトップ環境のターミナルエミュレーターを使って、ネットワーク越しにログインして操作するのが一般的です。サーバーをネットワーク経由で操作するSSHについては「**06.04　サーバーへのリモートログイン**」で解説します。

仮想コンソールの切り替え

サーバーに接続されているコンソールは一組だけではありません。一般的なLinuxは仮想的に複数のコンソールを持っており、これを**仮想コンソール**と呼びます。サーバーにはディスプレイとキーボードの複数のペアがつながっていて、それらを並行して同時に使えるといったイメージです。

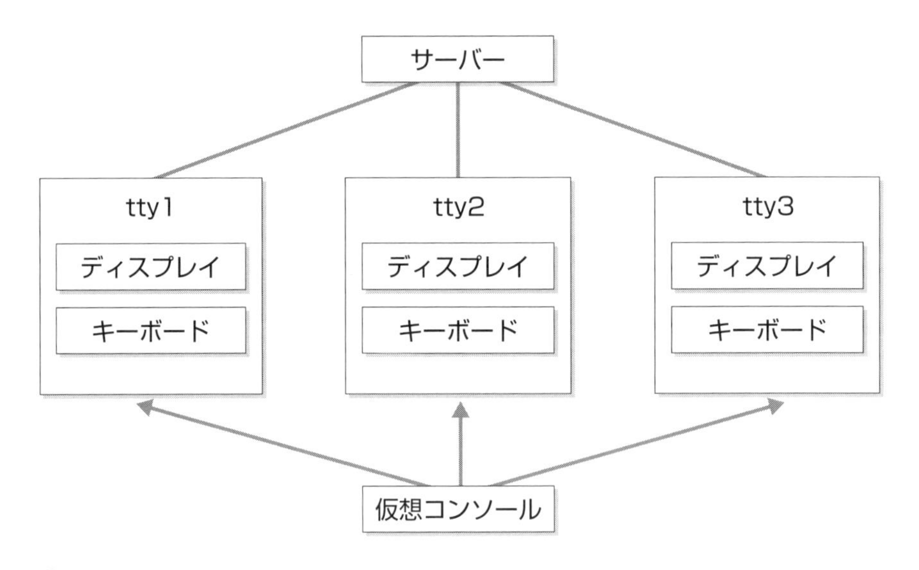

図5.24　仮想コンソールのイメージ

Ubuntuサーバーにはデフォルトで6つの仮想コンソールが用意されており、それぞれtty1 ～ tty6という番号が振られています。現在操作しているコンソールの番号は、ログイン画面に表示されているほか、ttyコマンドでも確認できます。

コマンド5.1　現在操作しているコンソールの番号を確認する

```
$ tty
/dev/tty1 ―――――――――― ここではtty1を操作している
```

複数の仮想コンソールは、いつでも任意に切り替えが可能です。仮想コンソールを切り替えるには、Ctrl＋Alt＋F1～F6を押します。F1がtty1、F2がtty2……と、各ファンクションキーが、それぞれの仮想コンソールに対応しています。仮想コンソールを活用すれば、GUIのないサーバーでも複数のシェルを同時に利用可能です。また、コマンドが暴走してしまい、Ctrl＋Cでの終了ができなくなってしまったような場合でも、仮想コンソールを切り替えてkillコマンドを実行し、復旧できる場合もあるので、覚えておくと便利です。

ちなみに、デスクトップ版のUbuntuでも仮想コンソールは使えます。ただし、仮想コンソールの割り当てがサーバー版とは少し異なります。Ubuntuデスクトップでは、tty1をディスプレイマネージャー(ログイン画面)が使い、ユーザーがログインしているデスクトップ画面はtty2に表示されています。そして、tty3～tty6がサーバーと同様のテキストコンソールになっています。試しに、デスクトップにログインした状態で、Ctrl＋Alt＋F3を押してみましょう。仮想コンソールが切り替わり、テキストのログイン画面が表示されるはずです。Ctrl＋Alt＋F2を押せば、デスクトップ画面に戻れます。

デスクトップであれば複数のGNOMEターミナルを起動できるため、仮想コンソールが役立つのは、やはりトラブル時です。たとえば、デスクトップがフリーズして一切の操作ができなくなってしまった場合でも、tty3に切り替えてテキストログインし、rebootコマンドでPCを安全に再起動させるといったことが可能です。

仮想コンソールからのログアウト

logoutコマンドで、仮想コンソールからログアウトできます。サーバーを不正に操作されないように、使用が終わったら必ずログアウトするクセを付けましょう。また、exitコマンドでログインシェルを終了することでもログアウト可能です。

05.01.03 サーバーの再起動とシャットダウン

Ubuntuサーバーでは、再起動やシャットダウンもコマンドから行います。再起動にはrebootコマンド、シャットダウンにはpoweroffコマンドを使います。

コマンド5.2 Ubuntuサーバーの再起動と終了

```
$ reboot          Ubuntuサーバーを再起動する
$ poweroff        Ubuntuサーバーをシャットダウンする
```

意外に思われるかもしれませんが、コンソールから直接ログインしている場合、これらのコマンドは一般ユーザーでもsudoなしで実行できます。なぜなら、コンソールを直接触っているのであれば、やろうと思えば電源ボタンを押したり、それこそコンセントを抜くことも可能なため、認証はあまり意味がないからです。ただし、SSH経由でリモートログインしている場合はsudoが必要となります。

昔からLinuxを使っている人であれば、shutdownコマンドやhaltコマンドを知っているかもしれません。実は、現在でもこれらのコマンドは使えます。Ubuntuでは、reboot、poweroff、shutdown、haltといったコマンドはすべて、systemctlコマンドへのシンボリックリンクとなっています。

コマンド5.3 Ubuntuを終了させるコマンドの実体

```
$ ls -l /usr/sbin/{reboot,poweroff,shutdown,halt}
lrwxrwxrwx 1 root root 16 Apr 19 14:24 /usr/sbin/halt -> ../bin/sys
temctl
lrwxrwxrwx 1 root root 16 Apr 19 14:24 /usr/sbin/poweroff -> ../bin/
systemctl
lrwxrwxrwx 1 root root 16 Apr 19 14:24 /usr/sbin/reboot -> ../bin/
systemctl
lrwxrwxrwx 1 root root 16 Apr 19 14:24 /usr/sbin/shutdown -> ../
bin/systemctl
```

これらのコマンドは、どれもUbuntuのinitプロセスであるsystemdの電源管理機能にリクエストを送るようになっています。前述の「コンソールでは認証が不要だが、SSH経由では認証が必要」といった認証ポリシーも、systemdによって設定されています。そのため、**コマンド5.4**のように、systemctlコマンドを直接実行しても構いません。systemctlについては「**第6章 Ubuntuサーバーの管理**」で詳しく解説します。

コマンド5.4 Ubuntuの再起動や終了はsystemctlコマンドでも可能

```
$ systemctl reboot
$ systemctl poweroff
```

ただし、コマンドが長くなるため、シンボリックリンクのrebootやpoweroffを使う方法をお勧めします。

05.02 VPSでUbuntuを使う

05.02.01 VPSとは

VPSとは「Virtual Private Server」の略称で、日本語では「仮想専用サーバー」とも呼ばれます。具体的には、仮想化技術を使って1台のサーバー上に複数の仮想サーバーを構築し、その仮想サーバーをレンタルできるサービスです。

サーバーをレンタルできるサービスと聞くと、従来からあるWebホスティングサービスを思い浮かべる人もいるかもしれません※2。WebホスティングとVPSの違いを簡単に表すと、Webホスティングが単なる「ホームページ置き場」に過ぎないのに対して、VPSは仮想マシンを専有できるという点です。Webホスティングでは、事業者が構築したサーバー上に、アプリケーションやWebページを設置するスペースのみが用意されます。セットアップ不要で手軽に使える反面、ユーザーはサーバーの設定を変更したりミドルウェアを自由にインストールしたりはできません。しかし、VPSは仮想サーバーを1台まるごとレンタルできるため、インストールするOSすらもユーザーが自由に選択できます。

日本国内でもさまざまな事業者がVPSサービスを提供しており、誰でも簡単に自分専用のサーバーを持てるため、非常に人気のあるサービスとなっています。2024年現在、個人がインターネット上でサーバーを運用するのであれば、おそらく第一候補に上がる選択肢がVPSでしょう。

※2 日本では、事業者によってはWebホスティングサービスを「レンタルサーバー」と呼ぶところもあります。

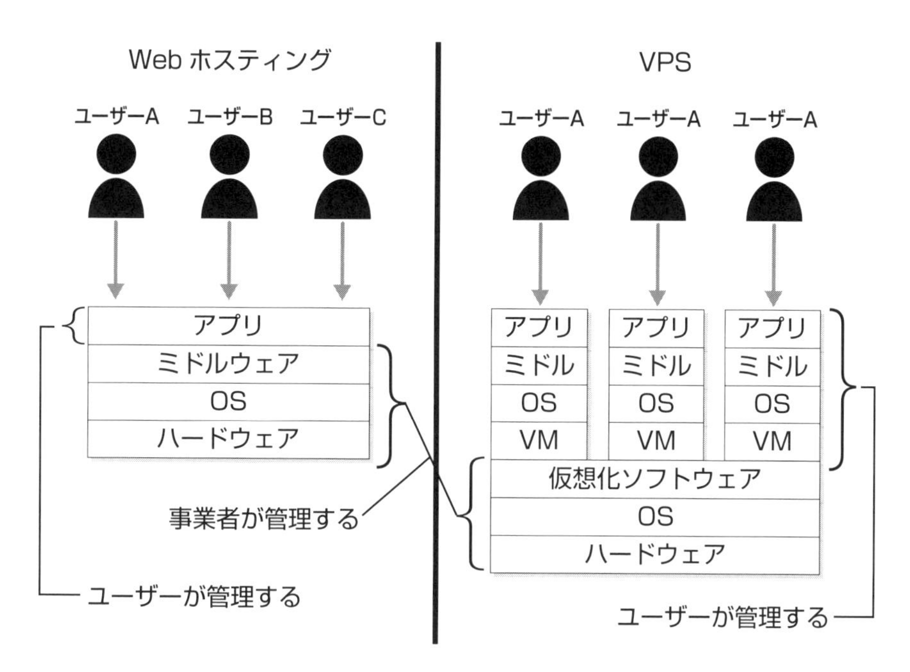

図5.25 WebホスティングとVPSの違い

05.02.02 VPSを使うメリット

サーバーは「サービスを提供するためのコンピューター」です。特に不特定多数に対してサービスを提供するのであれば、24時間365日稼動するのが前提です。また、サービスは、ネットワーク越しに提供されます。家庭内や企業内のサーバーといった一部の例外を除けば、この場合のネットワークとは、通常はインターネットです。つまり、サーバーを運用するためには、インターネットからアクセス可能なネットワークと、24時間365日安定して稼動するコンピューターを確保する必要があるということです。これを個人の自宅で行おうとすると、設置場所、ハードウェアの調達費用、電気代、騒音、インターネット接続性、停電や災害などへの備えといった部分が問題となります。

このうち、特に問題となるのがネットワークです。インターネットからサーバーにアクセスするには、サーバーがグローバルIPアドレスを持っている必要があります。しかし、一般の家庭内LANに設置されたサーバーはグローバルIPアドレスを持っておらず、インターネットと直接通信ができません。そこで、インターネットとLANの間に位置するルーターがアドレスの変換を行う、いわゆる「NAT」の設定が別途必要となります。これにはネットワークの知識が必要となるというだけではなく、特定のポートを1台のサーバーにしか割り当てられないといった制限が発生します。そのため、HTTPやHTTPSで通信するアプリケーション（今時の大半のWebアプリケーションが当てはまるでしょう）を並行稼動させるには、ポートを変更するなどの手間がかかります。

繰り返しになりますが、今時のサービスはインターネットから利用し、通信はSSLによって暗号化されるのが前提となっています（SSL/TLS※3については「08.02.04　NextcloudのHTTPS化」を参照）。以前であれば、自宅内のPCにLinuxサーバーをインストールし、サーバーの学習をすることは、それほど珍しいことではありませんでした。しかし、現代的なサーバーの使い方を学ぶのであれば、インターネットから直接アクセスできない家庭内環境では、ネットワーク的な制約から実現できないことも多く、初心者にはハードルが高すぎるといわざるを得ません。

しかし、VPSであれば、インターネットから直接アクセス可能なグローバルIPアドレスを持った自分専用のサーバーを借りることができます。VPSのレンタルには費用がかかりますが、事業者やプランによっては1か月当たり数百円程度と、非常にリーズナブルな価格設定がなされていることも少なくありません。家庭内LANに特有のネットワークの問題をすべて解決できるため、初心者にこそVPSの利用を推奨します。なお、筆者も自分専用のNextcloudサーバーをVPS上で運用しています（「08.02　Nextcloudサーバーの構築」参照）。

05.02.03 さくらのVPSでUbuntuサーバーを使う

さくらのVPSとは

「さくらのVPS」※4とは、さくらインターネット株式会社が提供しているVPSサービスの名称です。多くの事業者がVPSを提供していますが、ここではさくらのVPSを例に、Ubuntuサーバーを動かすまでの手順を紹介していきます。

さくらのVPSを選択したのは、初期費用無料で使えること、クレジットカード決済の場合は2週間のお試し期間があること、本書執筆時点（2024年7月）でUbuntu 24.04 LTSの仮想サーバーイメージを提供していることなどが理由です。

※3 現在ではSSLの後継プロトコルであるTLSを利用するのが一般的であるため、「SSL/TLS」と表記するべきですが、SSLという名称が広く使われていることもあり、TLSを含む意味で「SSL」とだけ表記することもよくあります。特に後述するSSL/TLSサーバー証明書は、単にSSL証明書と呼ぶことも一般的です。

※4 https://vps.sakura.ad.jp/

図5.26　さくらのVPSのWebページ

さくらのVPSでUbuntuサーバーを起動する

「さくらインターネット会員登録」※5のページから、あらかじめ指示に従って会員登録を行っておきます。詳しい手順は、サポートページ※6を参照してください。

※5 https://secure.sakura.ad.jp/signup3/member-register/input.html
※6 https://help.sakura.ad.jp/purpose_beginner/2545/

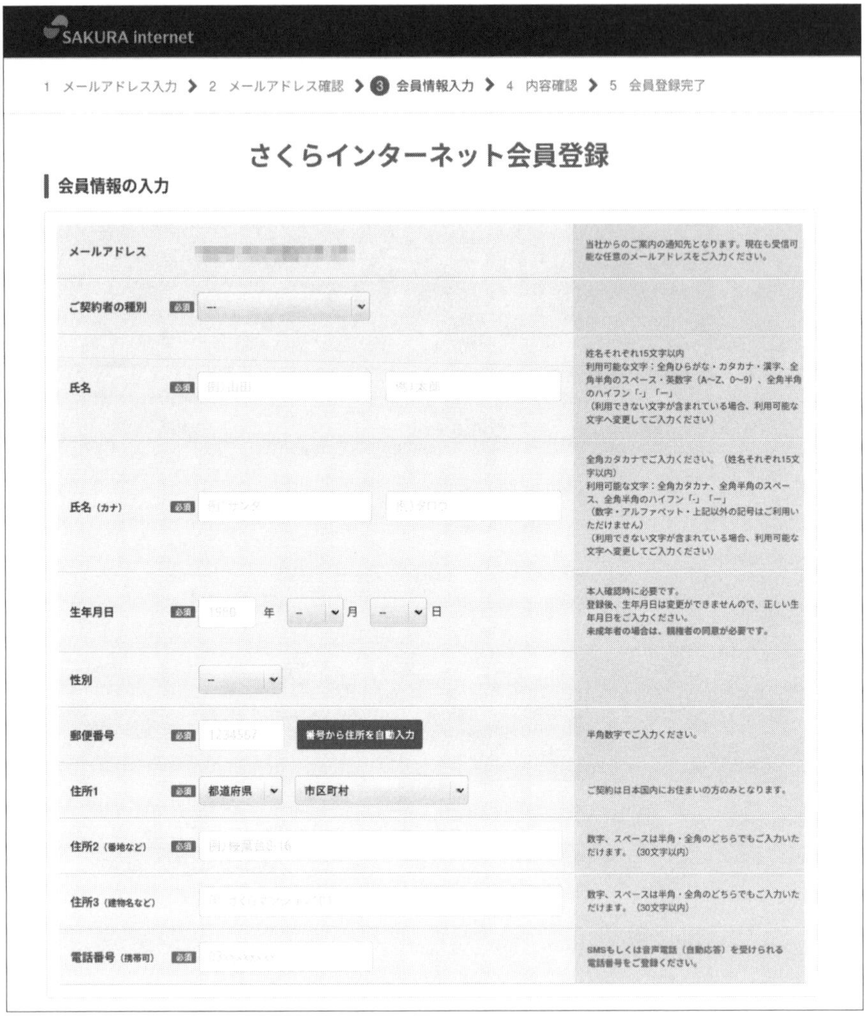

図5.27 さくらインターネット会員登録ページ

会員登録が完了したら、ログインページ※7からログインしてください。会員メニューに遷移するので、支払いに利用するクレジットカードを登録しておきましょう。

※7 https://secure.sakura.ad.jp/auth/login

図5.28 クレジットカードの登録ページ

ログインした状態で、さくらのVPSのトップページから[お申し込み]をクリックします。初回は、電話による認証が必要です。[電話認証をしてください]というダイアログが表示されるので、[電話認証へ]をクリックします。会員登録時に設定した番号に電話がかかってくるので、音声の指示に従って認証コードを入力してください。

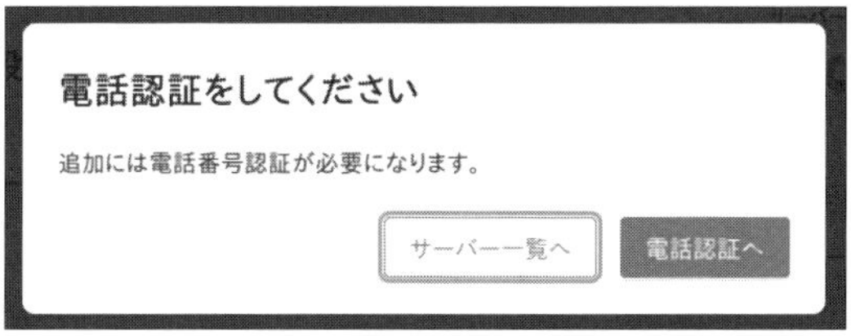

電話認証をしてください

追加には電話番号認証が必要になります。

サーバー一覧へ　電話認証へ

図5.29 電話による本人認証

電話認証が完了すると、新規サーバーの追加画面に遷移します。まずは[Linuxから選ぶ]のタブをクリックし、OSは[Ubuntu]、バージョンは[24.04 amd64]を選択します。次に、サーバーのプランを決定します。スペックの高いプランほど快適ですが、価格も高くなるため、使いたいアプリなどに応じて選択するとよいでしょう。ただし、Ubuntu 24.40 LTSを選択した場合、最も安価な512MBプランは選択できません。そのため、お試しであれば1Gプラン、「**第8章 サーバーアプリケーションを動かそう**」で紹介するNextcloudを動かしてみたいような場合は、2Gプランを選択するとよいでしょう※8。

[リージョン]は、サーバーが収容されるデータセンターの指定です。リージョンごとに微妙な価格差があるため、特にこだわりがないのであれば、最も安価な[石狩]を選択しておけばよいでしょう。購入台数を指定すると、同じ構成のサーバーを同時に複数台起動できますが、通常は1台で問題ありません。

図5.30 サーバーの設定

※8 筆者の個人用のNextcloudサーバーも、さくらのVPSの2Gプランを利用しています。

画面を下にスクロールして、Ubuntuにログインするユーザーの設定を行います。ユーザー名は「ubuntu」で固定です。パスワードは自分で設定するか、システムに自動生成してもらうかを選択できます。Ubuntuのインストールでも説明した通り、強固なパスワードを設定しましょう。また、このパスワードはsudo時に必要になるため、忘れないようにしてください。

VPSはネットワーク越しに操作するのが前提なので、SSHには公開鍵認証を必ず設定すべきです。[公開鍵をサーバーにインストールする]をクリックすると、図のように公開鍵の設定項目が展開されます。[公開鍵をインストールする]を選択して、テキストボックスに公開鍵をコピー＆ペーストしてください。SSH公開鍵については「**第6章　Ubuntuサーバーの管理**」で解説します。

さくらのVPSのファイアウォール設定は、デフォルトでSSHのポートをインターネットに対して公開する設定になっています。したがって、特別な事情がない限り、[パスワードを利用したログインを許可する]には、**絶対にチェックを入れない**でください。

[公開鍵をコントロールパネルに追加する]にチェックを入れておくと、今回追加した公開鍵を、次回以降はチェックを入れるだけでサーバーに追加できるようになります。複数台のサーバーを使う予定があるのであれば、コントロールパネルに追加しておくと便利です。

[スタートアップスクリプト]は、サーバーの設定を自動で行うためのスクリプトです。今回は使用しません。[サーバーの名前]はコントロールパネルに表示されるサーバーの名前です。わかりやすい名前を付けておきましょう。

すべての設定ができたら、[お支払い方法選択へ]をクリックします。

△図5.31　管理ユーザーの設定

VPS費用の支払い方法を設定します。[クレジットカード]を選択すると、先ほど登録したクレジットカードでの支払いとなります。

クレジットカード払いの場合は、2週間の無料お試し期間を利用できます。お試し期間中にキャンセルすれば、費用はかかりません。サーバーのスペック選定に迷っているような場合には、とりあえずお試し期間を利用してみるとよいでしょう。ただし、お試し期間中は、OP25B[※9]の制限がかかり、サーバーから外部へのメール送信が行えません。また、ネットワークの帯域が10Mbpsに制限されます[※10]。Nextcloudのようなサーバーを本格的に運用する場合は、これが足枷となってしまいます。したがって、サーバーをすぐに本格稼動させたい場合は、お試し期間を使わないほうがよい場合もあります。

約款に同意し、画面最下部にある[お支払いを確定する]をクリックすると、サーバーが作成されます。

図5.32　支払い方法と確認

左ペインにある[サーバー]をクリックすると、サーバーの一覧が表示されます。作成された直後のサーバーは停止中なので、まずはこれを起動させましょう。サーバー名のリンクをクリックして、サーバーの詳細画面に遷移します。

※9　「Outbound port 25 Blocking」の略で、メールの送信プロトコル「SMTP」が使用する標準ポートである「25番ポート」への通信を遮断することです。これにより、外部ネットワークにあるメールサーバーに接続できなくなります。

※10　https://faq.sakura.ad.jp/s/article/000001231

△図5.33　サーバー一覧

サーバーの詳細画面では、IPアドレスなどの情報が確認できるほか、パケットフィルター(ファイアウォール)の設定、ネットワーク接続の設定、サーバー監視の設定などが可能です。

上部にある[電源操作]→[起動する]をクリックすると、サーバーが起動します。

△図5.34　サーバーの詳細画面

サーバーの起動が完了すると、上部にある[コンソール]ボタンがアクティブになります。ここから[コンソール]→[VNCコンソール]をクリックしてください。新しいウィンドウが開き、サーバーのコンソールを取得できます。あとは通常のUbuntuサーバーと同様です。ユーザー名は「ubuntu」、パスワードには作成時に設定したものでログインできます。

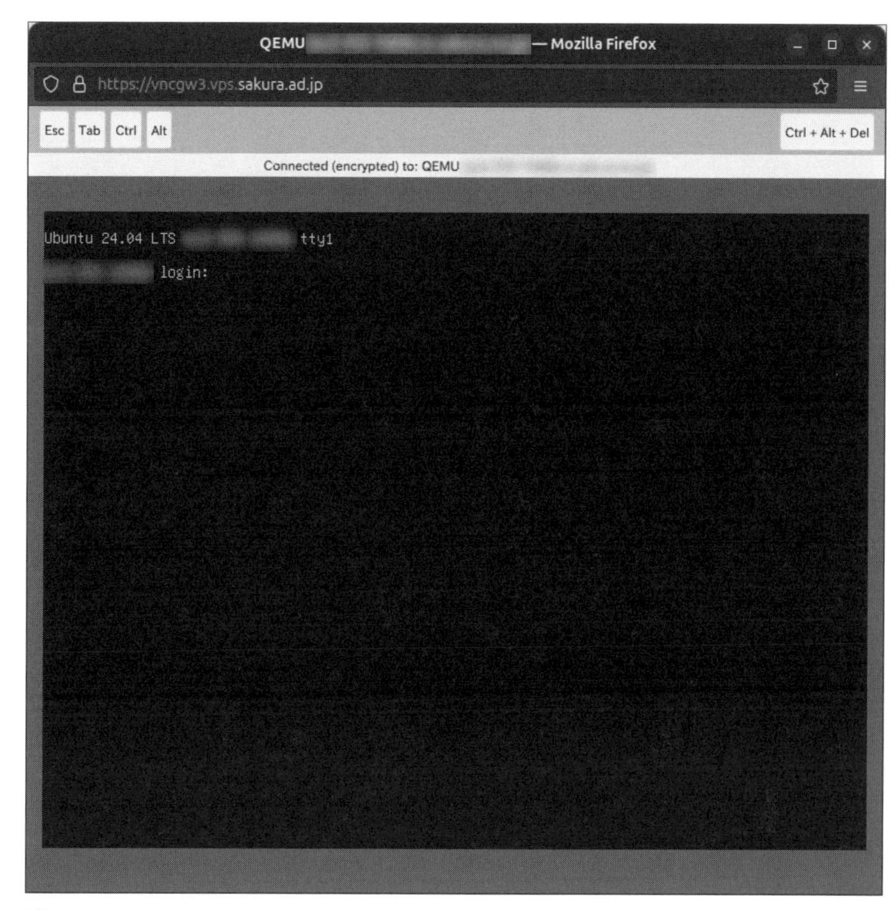

図5.35　VNCコンソール

パケットフィルターの設定

本手順で起動したUbuntuサーバーでは、最初からSSHを利用可能です。Webブラウザーベースのコンソールは操作性が悪いため、SSHが使えるのは便利です。ただし、デフォルトの設定では、22番ポートで任意のホストからの接続を受け付けるようになっています。公開鍵認証を設定していれば、ただちに不正アクセスの被害に遭う可能性は低いはずですが、可能であればそれ以外のセキュリティ施策も行っておくべきです。

さくらのVPSでも、SSHサーバーの待ち受けポート変更が可能です。まず「**06.04.02 OpenSSHのセキュリティ**」の「**サーバーのポート変更による不正アクセスの回避**」を参考に、Ubuntu側でssh.socketの待ち受けポートを変更してください[※11]。

続いて、サーバーの詳細画面から[パケットフィルター設定]タブを開き、[パケットフィルターを設定]をクリックします。ここで、外部から接続可能なポートの設定を行います。デフォルトではTCPの22番ポートに対し、すべてのIPアドレスからの接続が許可されています。[フィルターの種類]を[カスタム]に変更し、[プロトコル]には[TCP]を、[ポート番号]には変更したssh.socketのポート番号を入力してください。

図5.36 パケットフィルターの許可ポートを22番から20022番に変更した例

※11 ここでは例として20022番ポートを使用していますが、待ち受けポートはSSHであることを連想されにくい、ランダムな番号を選択してください。また、使用できるポートの上限は、32767番までです。32768番以上のポートは、Ubuntu自身が通信を開始する際に割り当てるポート（エフェメラルポート）として予約されているため、サーバーが待ち受けに使うことができません。また、こうした背景から、さくらのVPSのパケットフィルターでは、32768番以上のポート番号を指定することができず、これらのポート宛ての通信は常に許可されます。

たとえば、企業などでオフィス以外からは絶対に接続しないなど、接続するIPアドレスが決まっている場合は、IPアドレス制限をかけるのも有効です。その場合は[許可する送信元IPアドレス]を[一部許可]に変更し、許可するIPアドレスを指定してください。

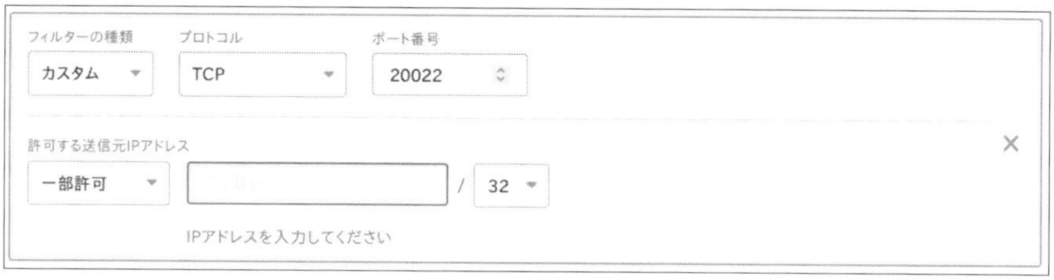

図5.37　アクセス可能なIPアドレスを限定できる

なお、モバイルからのアクセスが必要といった理由で送信元IPアドレスを制限できないような場合は、Ubuntu側でUFWを併用し、SSHのポートにLIMITを設定するのも有効な施策です。UFWについては「**06.05　ネットワークのセキュリティ**」を参照してください[※12]。

最後に[設定を保存する]をクリックすると、既存の22番ポートは閉じられ、新たに設定したポートが解放されます。

サーバーの状態を監視する

サーバーは24時間365日稼動させるのが基本ですが、システムに障害はつきものです。残念ながら、どのようなシステムであっても、障害によるダウンは避けられません。そのため、「障害はいつか起こるもの」という前提で、なるべく早期の復旧を目指す必要があります。システムの早期復旧のためには、何はともあれ、発生した障害を迅速にキャッチする必要があります。そこで活用したいのが、サーバー監視です。

さくらのVPSには、標準で監視機能が搭載されています。これは、ネットワークを通じて定期的にサーバーと通信を行い、その応答を自動的にチェックしてくれる機能です。想定通りの応答が返ってこなかった場合は、サーバーに異常があると判断し、メールやチャットを通じてアラートを送ってくれます。監視機能を利用していないサービスでは、サーバーがダウンしたことに何時間も気付かず、ユーザーからのクレームで障害が発覚するということも珍しくありません。安定したサーバー運用には、欠かせない機能の1つだといえるでしょう。

※12　前述のように、さくらのVPSでは、32768番以上のポートへの通信は常に許可されるため、こうした意味でもOS側にファイアウォールを設定するのは意味があります。

監視機能を有効にするには、サーバーの詳細画面から設定を行います。[サーバー監視情報]タブを開き、[サーバー監視追加]ボタンを押します。

図5.38 サーバー監視の追加

具体的な監視の設定を行います。まず監視対象のサーバーを選択してください。[監視対象]は、どのようなプロトコルでサーバーを監視するかを選択します。今回は、シンプルにネットワークの導通と応答を確認する[ping]を選択しました。メールサーバーやWebサーバーなどを監視する場合は、提供しているサービスに合わせたプロトコルを使用するとよいでしょう。というのも、サーバーOS自体は動作していてpingには応答するものの、Webサーバーがダウンしていてサービスが提供できないといった障害も考えられるからです。したがって、複数の監視項目を併用するのも効果的です。チェック間隔は1分、再通知間隔は2時間(ともにデフォルト値)としました。

[通知先]には、会員登録に使ったメールアドレスを選択しました。また、設定を別途行うことで、SlackやDiscordといったチャットに通知を送信することも可能です。

最後に監視設定に名前を付けて、[サーバー監視を追加]ボタンを押してください。本格的なサーバー運用では、複数の項目を同時に監視することが一般的です。そのため、わかりやすい名前を付けておきましょう。

図5.39 監視設定

左ペインから[サーバー監視]を選択すると、設定された監視項目の一覧が表示されます。作成されたばかりの監視項目は状態が[OFF]になっており、実際の監視は行っていません。有効にするためには、監視名のリンクをクリックします。

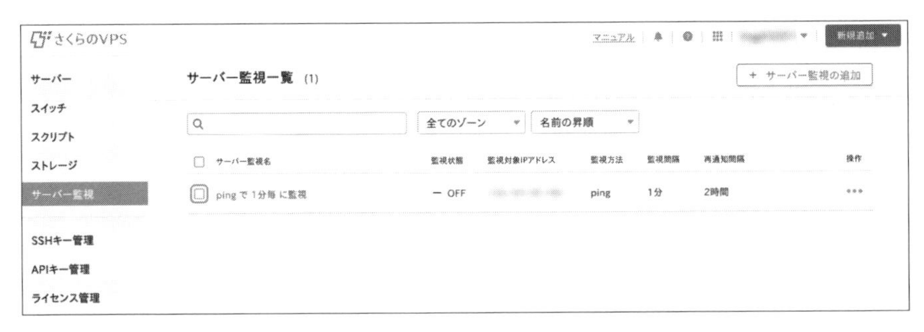

図5.40　サーバー監視一覧

監視の詳細画面に遷移し、[監視ON]を押すと、設定された内容でサーバー監視が始まります。

図5.41　サーバー監視の詳細

監視が始まったら、意図的にサーバーをシャットダウンさせてみましょう。pingの応答が返ってこなくなるため、1分ほど待つと、監視が異常を検出します。

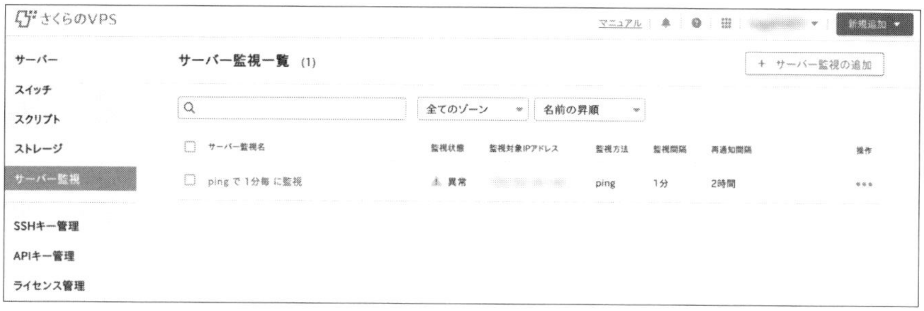

図5.42 サーバーの状態が異常となる

登録したメールをチェックしてみましょう。さくらのVPSから、サーバーの異常を知らせるメールが届いていれば成功です。万が一に備え、監視を設定したら、正しく検出と通知が行われるか、必ず確認しておきましょう。

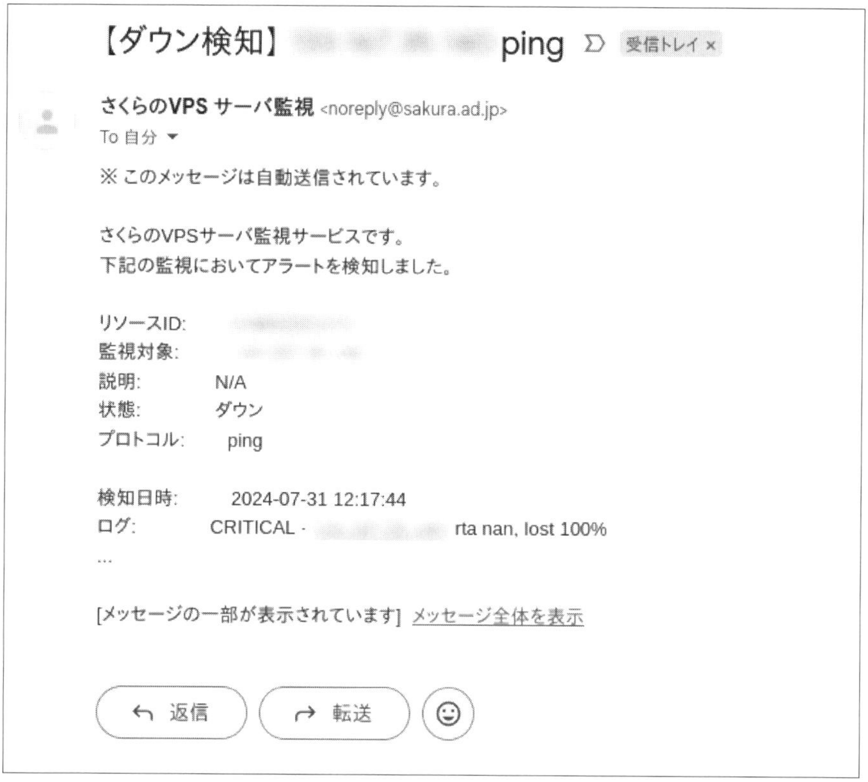

図5.43 サーバーのダウンを知らせるメール

さくらのVPSの解約

VPSサービスは、サーバーが動き続けている限り、課金が続きます。したがって、不要になったサーバーは解約しておきましょう。サーバーを解約するには、サーバーの詳細画面を開き、[契約状態]の横にある[解約する]のリンクをクリックします。サービス解約の画面に遷移するので、画面の指示に従ってください。詳しくは、サポートページ※13も合わせて参照してください。

図5.44 サーバーを解約する

なお、解約して削除されたサーバーのデータは復旧することができません。必要なサーバーを解約しないように、十分注意してください。

05.02.04 Amazon LightsailでUbuntuサーバーを使う

Amazon Lightsailとは

オンラインショッピングサイトとして有名なAmazon.comの子会社であるAmazon Web Servicesが運営するクラウドサービスが「Amazon Web Services」※14、略してAWSです。IaaS型のクラウドサービスとしては世界最大のシェアを誇っており、日本政府が第二期政府共通プラットフォームに採用するなど、官民問わず広く利用されています。

※13 https://help.sakura.ad.jp/purpose_beginner/2566/
※14 https://aws.amazon.com/jp/

図5.45 AWSのWebページ

AWSでは100種類を越えるサービスを提供しており、その中にVPSサービスである「Amazon Lightsail」があります。AWSのアカウントがあれば追加の契約などは一切不要で、AWSのサービス群の一環としてVPSを使うことができます。すでにAWSを利用しているのであれば、最も手軽に使い始められるVPSサービスでしょう。特に、「EC2」（「**05.03.02 Amazon EC2でUbuntuサーバーを使う**」参照）ほどの柔軟性が不要で、安価にサーバーを運用したい場合の有効な選択肢です。

Amazon LightsailでUbuntuサーバーを起動する

まず「サインアップページ」※15からAWSのアカウントを作成し、クレジットカードを登録します。AWSアカウント作成の手順は「ドキュメント」※16を参照してください。

AWSマネジメントコンソールにログインし、[Lightsailのダッシュボード]※17を表示します。[インスタンスの作成]をクリックしてください。

※15 https://signin.aws.amazon.com/signup?request_type=register
※16 https://aws.amazon.com/jp/register-flow/
※17 https://lightsail.aws.amazon.com/ls/webapp/home

図5.46 Lightsailのダッシュボード

AWSを始めとするクラウド事業者は、世界中に複数のデータセンターを持っています。こうしたデータセンターは、地域ごとに「リージョン」や「ゾーン」という単位に分割されています。当然ですが、サーバーを動かすのであれば、利用者から地理的に近いリージョンを選択するのが有利です。AWSの場合、東京リージョン(ap-northeast-1)を選択しておくとよいでしょう。また、AWSの東京リージョンは、3つのアベイラビリティーゾーン(ap-northeast-1a、ap-northeast-1c、ap-northeast-1d)に分かれていますが、本書の例ではゾーンはどこを選択しても構いません。

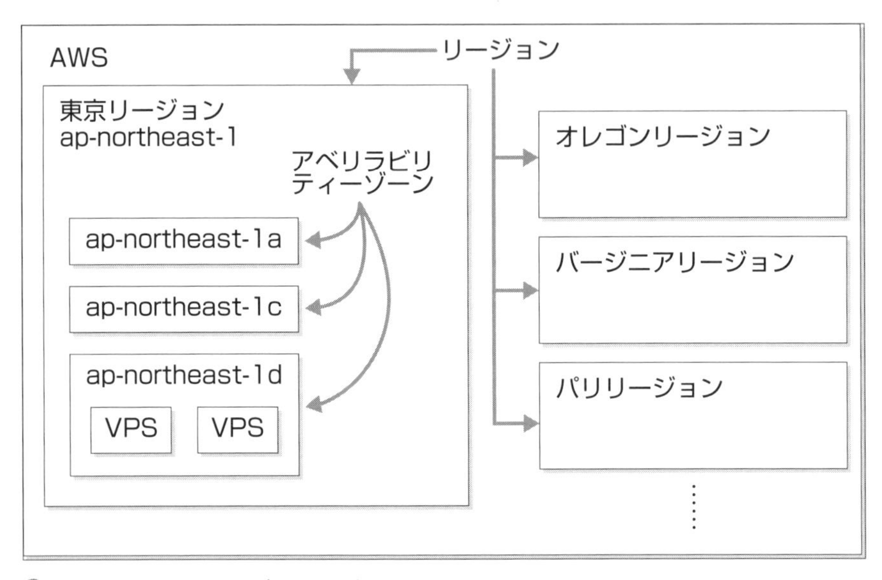

図5.47 リージョンとゾーンの関係

デフォルトではインスタンスロケーションとして[東京]が選択されているはずですが、異なるリージョンが選択されていたら、[AWSリージョンとアベイラビリティーゾーンの変更]をクリックし、東京リージョンに変更してください。

[プラットフォームの選択]は[Linux/Unix]を選択し、[設計図の選択]は[オペレーティングシステム(OS)]をクリックします。利用できるOSの一覧がリストアップされますが、2024年7月現在では、Amazon Lightsailでは24.04 LTSが提供されていません。そのため、ここでは「Ubuntu 22.04 LTS」を選択します。

図5.48　ロケーションとインスタンスイメージの選択

Amazon Lightsailでは、LightsailのVPSインスタンスが作成されるリージョンごとにデフォルトのSSHキーペアを作成します。インスタンスの起動時にデフォルトの公開鍵がインスタンスに保存され、ペアとなるデフォルトの秘密鍵を使用してのログインが可能になります。異なる公開鍵を使用したい場合は、[SSHキーペアの変更]から別のキーペアを作成したり、既存の公開鍵をアップロードしたりすることが可能ですが、ここではデフォルトのキーペアを使うことを前提に、この操作は省略します。

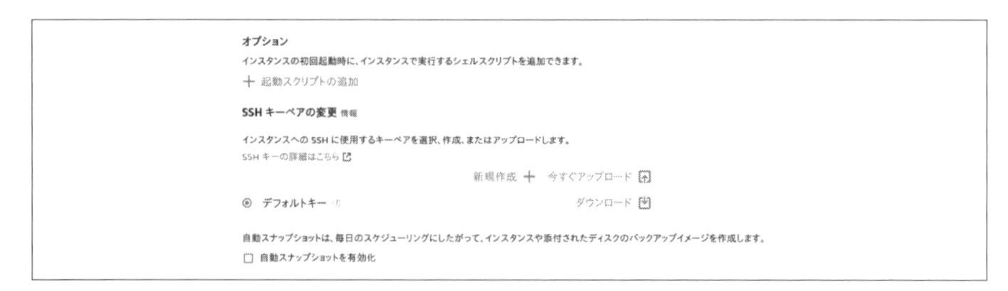

図5.49 オプションとSSHキーペアの設定

ネットワークタイプとインスタンスプランを選択します。ネットワークタイプは、IPv4とIPv6の両方が利用できる[デュアルスタック]あるいは[IPv6のみ]のどちらかを選択します。ここでは[デュアルスタック]を選択します。インスタンスタイプは、さくらのVPSと同様に、CPU、メモリ、ディスクの組み合わせによって料金が異なります。初回に限り、3か月間無料で使用できるプランもあるため、用途に合わせて決定します。また、Lightsailでは送受信されるデータの転送量に対しても課金が行われることに注意してください。プランごとに許容される転送量が決まっており、これを超えると別途料金がかかります。

図5.50 インスタンスプランの選択

[インスタンスを確認]では、Lightsailインスタンスに付ける名前を入力します。わかりやすい名前を付けておきましょう。最後に[インスタンスの作成]ボタンを押すと、インスタンスが起動します。起動した瞬間から課金が開始されるため、注意してください。

インスタンスを確認
Lightsail リソース名は一意であることが必要です。
Ubuntu-1 × 1
タグ付けオプション
Lightsail コンソールでリソースをフィルタリングして分類するには、タグを使用します。キー/値タグは、請求を分類する、および
リソースへのアクセスを制御するためにも使用できます。タグ付けについてさらに学ぶ
キーオンリータグ 情報
+ キーオンリータグの追加
キー値タグ 情報
+ キー値タグの追加
インスタンスの作成
AWS のサービスの使用は、AWS カスタマーアグリーメント の対象になります。

図5.51　インスタンス名の設定

Lightsailのホーム画面に作成されたインスタンスが表示されます。ステータスが[実行中]になるまで待ちましょう。インスタンス名をクリックすると、インスタンスの詳細画面に遷移します。

図5.52　インスタンスの作成完了

インスタンスの「接続」画面では、インスタンスへSSH接続するための情報が表示されます。[デフォルトキーのダウンロード]をクリックすると、SSH接続用の秘密鍵をダウンロードできます。秘密鍵なので、厳重に保管してください。Ubuntuのsshコマンドでインスタンスに接続する場合は、次のように秘密鍵を指定します(SSHについては「**06.04　サーバーへのリモートログイン**」参照)。LightsailのUbuntuのデフォルトユーザー名は「ubuntu」になっています。

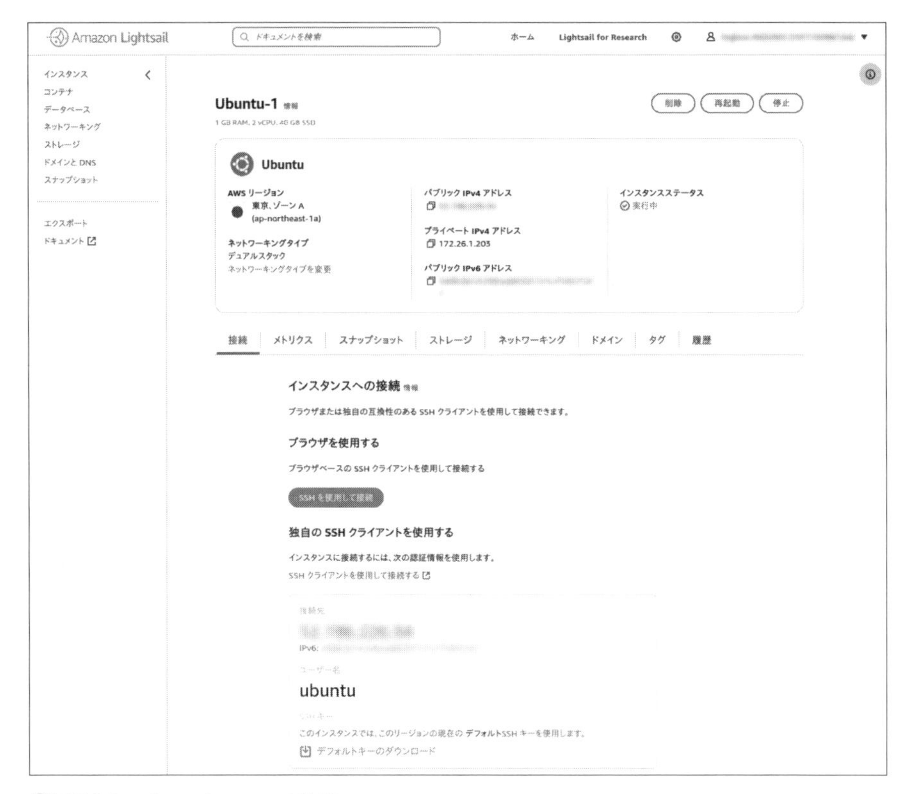

△図5.53 インスタンスへの接続

▽コマンド5.5 秘密鍵の指定

```
$ chmod 400 秘密鍵ファイル
$ ssh -i 秘密鍵ファイル -l ubuntu インスタンスのIPアドレス
```

[SSHを使用して接続]をクリックすると、Webブラウザーからサーバーのコンソールに接続できます。この場合は、鍵の指定やパスワードの入力は必要ありません。なお、Lightsailではユーザーにパスワードは設定されていません。ログインは秘密鍵のみで可能で、sudoはパスワードなしで行えるようになっています。また、通常のUbuntuサーバーと同様に、rootアカウントはロックされています。

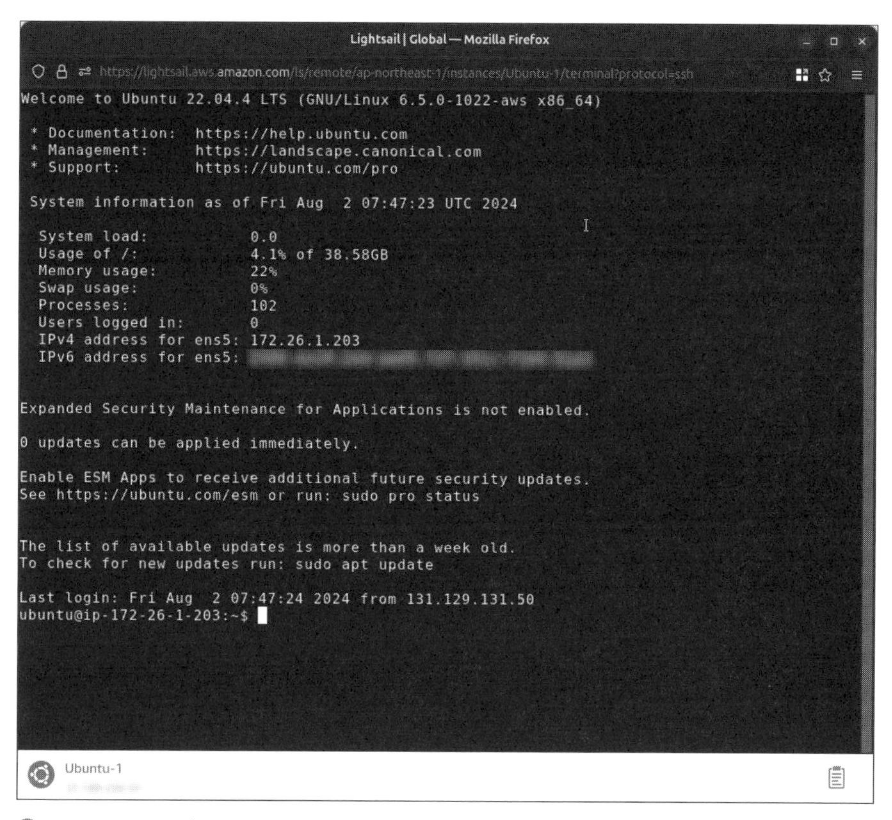

図5.54 WebブラウザからサーバーへのSSH接続

インスタンスの[ネットワーキング]画面では、IPアドレスの確認やファイアウォールの設定が行えます。デフォルトでは、SSH(22)とHTTP(80)が許可されています。

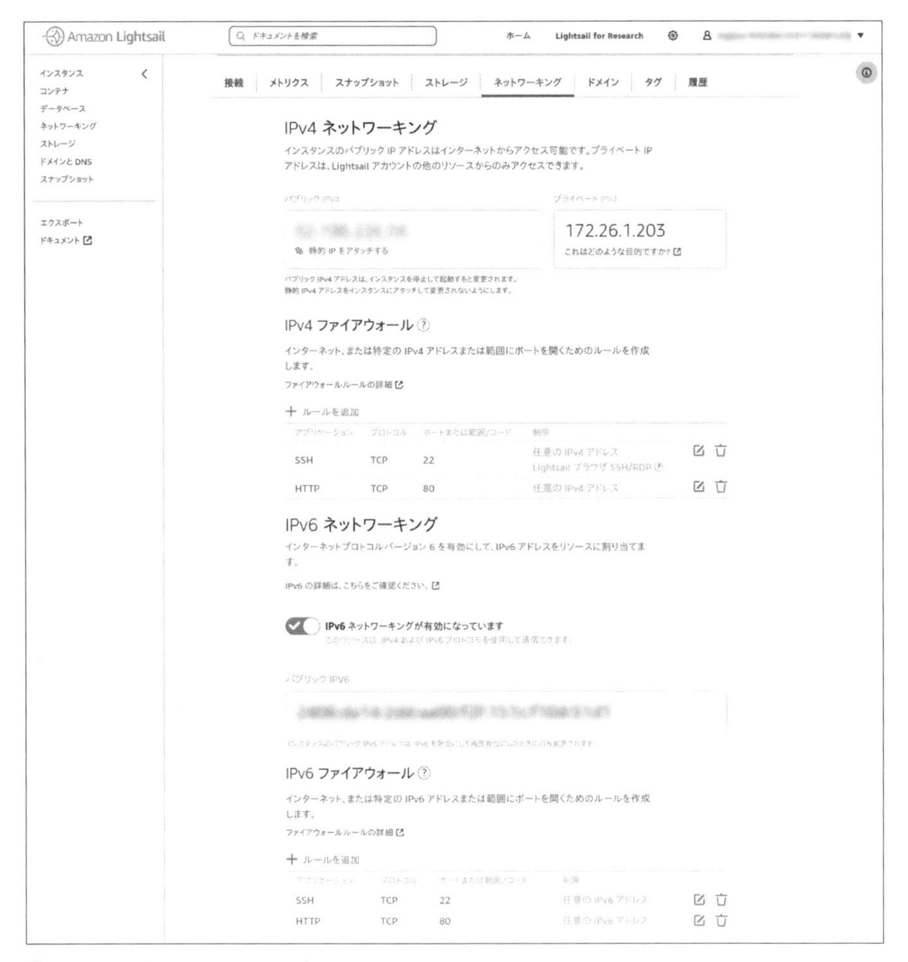

図5.55 ネットワークの設定

SSHサーバーのポートを変更した場合は、ファイアウォールに新しいルールを追加します。[ルールを追加]をクリックして、アプリケーションは[カスタム]、プロトコルは[TCP]を選択し、[ポートまたは範囲]にSSHサーバーに設定したポートを入力します。また、[IPアドレスに制限する]にチェックを入れると、特定のIPアドレスに限定してアクセスを許可できます。

[作成]をクリックすると、ファイアウォールにルールが追加されます。

なお、Lightsailでは、IPv4とIPv6のファイアウォールは、別々にルールを設定する必要があります。ただし、IPv4のルールを作成する際、[IPv6のルールを複製]にチェックを入れておくと、同じルールが自動的に複製され、IPv6のファイアウォールにも追加されます。IPv4/v6のデュアルスタックで運用するのであれば、この機能を活用するとよいでしょう。

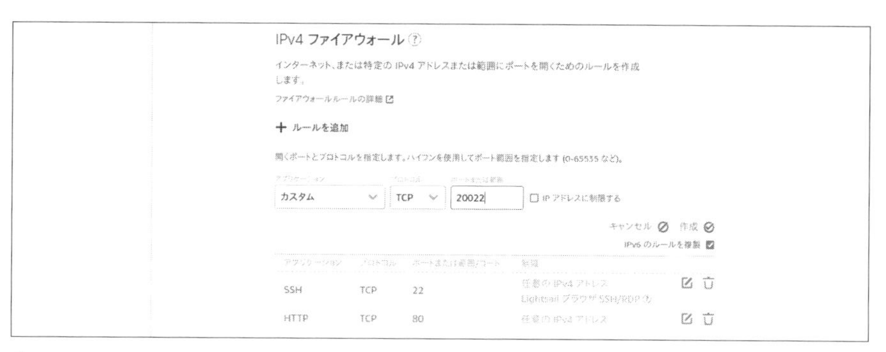

図5.56　ファイアウォールの設定

Amazon Lightsailのサーバーの削除

Lightsailでも、不要になったサーバーは忘れないうちに削除しておきましょう。一度削除したサーバーは元に戻せないため、誤って削除しないように注意するということは、さくらのVPSと同様です。

インスタンスの詳細画面の右上にある[削除]をクリックします。確認のダイアログが表示されるので、削除して問題ないかをよく確認した上で、テキストボックスに「確認」と入力してから、[インスタンスを削除]ボタンを押します。

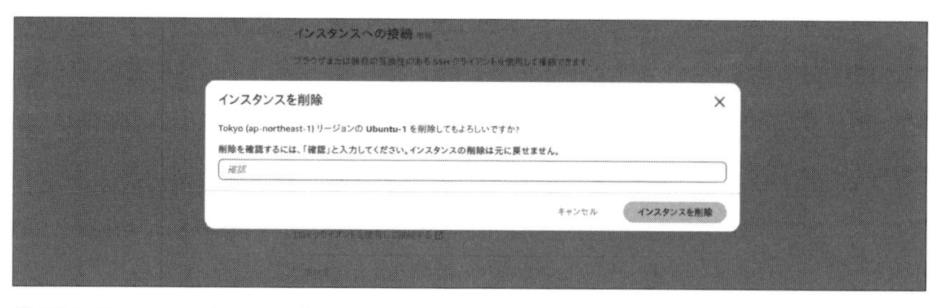

図5.57　インスタンスの削除

05.03 クラウドでUbuntuを使う

05.03.01 クラウドとは

クラウドサービスの分類

クラウドとは、サーバーやアプリケーションといったさまざまなITリソースを、ネットワーク越しに提供するサービスの総称です。クラウドサービスは、その提供形態ごとに、大きく「Software as a Service(SaaS)」「Platform as a Service(PaaS)」「Infrastructure as a Service(IaaS)」の3つに分類されています。

SaaSは、アプリケーションの機能を提供するクラウドサービスです。ユーザーはサーバーやネットワーク、ソフトウェアなどの管理運用を気にすることなく、アプリケーションを利用できます。具体的な例を挙げると、メールサービスの「Gmail」やオフィススイートの「Microsoft 365」などがSaaSに分類されます。

PaaSは、アプリケーションを動かすための環境を提供するクラウドサービスです。開発者はプラットフォーム上で自作のアプリケーションを自由に動せますが、その土台となるOSやミドルウェアの管理運用をクラウド事業者に任せます。具体的なサービス例としては、RubyやJavaなどのアプリケーションをデプロイできる「Heroku」などがあります。

IaaSは、サーバーやネットワークなどのITインフラそのものを提供するクラウドサービスです。IaaSを活用すれば、自前でデータセンターにサーバーを用意する「オンプレミス」に近い、柔軟で大規模なITインフラを構築することも可能です。それでいて、ハードウェアやネットワークを自前で調達する必要がなく、メンテナンスもクラウド事業者に任せられるというメリットがあるため、現在のITシステムの基盤として広く普及しています。前述のAmazon Web Servicesや、Googleが提供するGoogle Cloud、Microsoftが提供するMicrosoft AzureなどがIaaSの代表例です。

これらのクラウドサービスの中でも、特にIaaSのことを指して単に「クラウド」と呼ぶこともよくあります。本書でもIaaSのことをクラウド(サービス)と表記します。

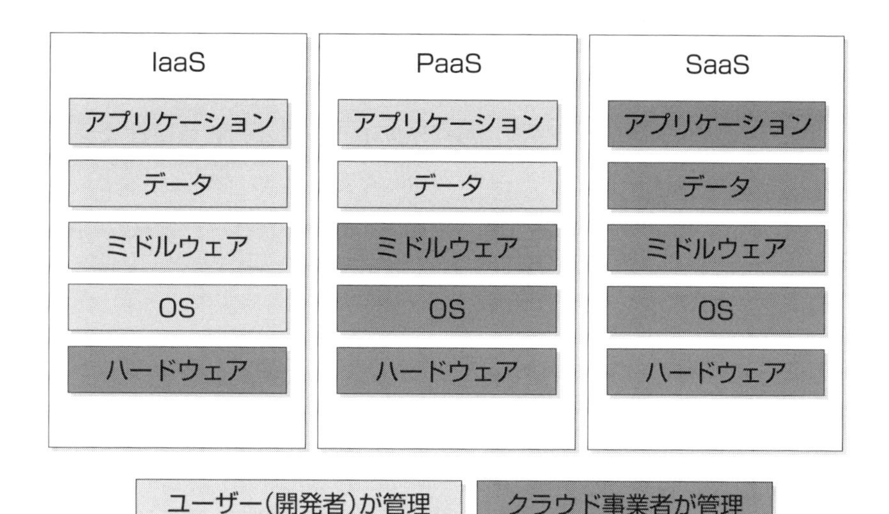

△図5.58 クラウドサービスの形態ごとの違い

VPSとクラウドの違い

VPSもクラウドも、事業者から仮想サーバーをレンタルし、ネットワーク越しに利用するという点では同じものといえます。サービスを提供する事業者によって細かい違いはあるものの、仮想サーバーを作るための基盤技術から、サーバーを占有して好きなOSやアプリケーションを動かせるというサービス内容まで、差異はほとんどありません。VPSとクラウドの大きな違いは、その契約形態と柔軟性、そして提供されているサーバー以外の機能です。

ここまで見てきたように、VPSでは「このプランのサーバーを何台契約する」という形が基本です。サーバーを増やしたい場合はプラン契約を増やす必要があり、サーバーのスペックを変更したい場合も別のプランへの変更という手続きが必要です。それに対してクラウドでは、アカウント単位で使用したリソースに対して従量課金されます。クラウドのほうがスペックの変更や台数の増減を行いやすく[※18]、サーバーの負荷が閾値を越えたときに自動的に台数を増やすような機能(オートスケール)も用意されています。

また、VPSはあくまでもサーバーを貸すサービスですが、クラウドはITインフラ全体を提供するサービスという違いがあります。したがって、クラウドでは、ネットワーク、ストレージ、データベースなど、サーバー以外のサービスも充実しています。

※18 とはいえ、事業者によっては簡単にサーバー台数を増やすスケールアウト機能が提供されているなど、絶対ではありません。1つ1つの機能に限っていえば、VPSとクラウドの差異はほとんどない場合もあります。

費用については、クラウドは柔軟に構成を変更することでコストの最適化がしやすいものの、単位時間あたりの料金は割高になる傾向があります。あくまでも一般論ですが、将来的に拡張したいシステムや、複雑なITインフラが必要となるシステム、頻繁にサーバーの台数を変更したいシステムなどにはクラウドが向いているといえます。対して、構成の変更やサーバー台数の増減などが少なく、小規模なサーバーを長期間運用したいシステムでは、VPSのほうがシンプルで割安となる可能性が高いでしょう。

05.03.02 Amazon EC2でUbuntuサーバーを使う

Amazon EC2とは

AWSにある数多くのサービスの中でも、AWSの根幹を支えるといえる、仮想サーバーを提供するサービスが「Amazon Elastic Compute Cloud」です。一般的には省略して「EC2」と呼ばれています。EC2では、さまざまな用途向けに最適化された仮想サーバーを、自由に利用できます。

Amazon EC2でUbuntuサーバーを起動する

AWSのマネジメントコンソール（「**05.02.04　Amazon LightsailでUbuntuサーバーを使う**」参照）にログインし、EC2のダッシュボードを開きます。ページ右上のユーザー名の隣のリージョン表記が[東京]になっていることを確認してください。別のリージョン（米国東部など）になっている場合は、ここをクリックして[アジアパシフィック(東京)]に変更しておきます。「インスタンスを起動」をクリックします[※19]。

※19　AWSのコンソールは、インターフェイスが変更されることがよくあります。本書の内容は2024年8月時点のものであり、時期によっては掲載内容とはページ構成などが変化している可能性があります。

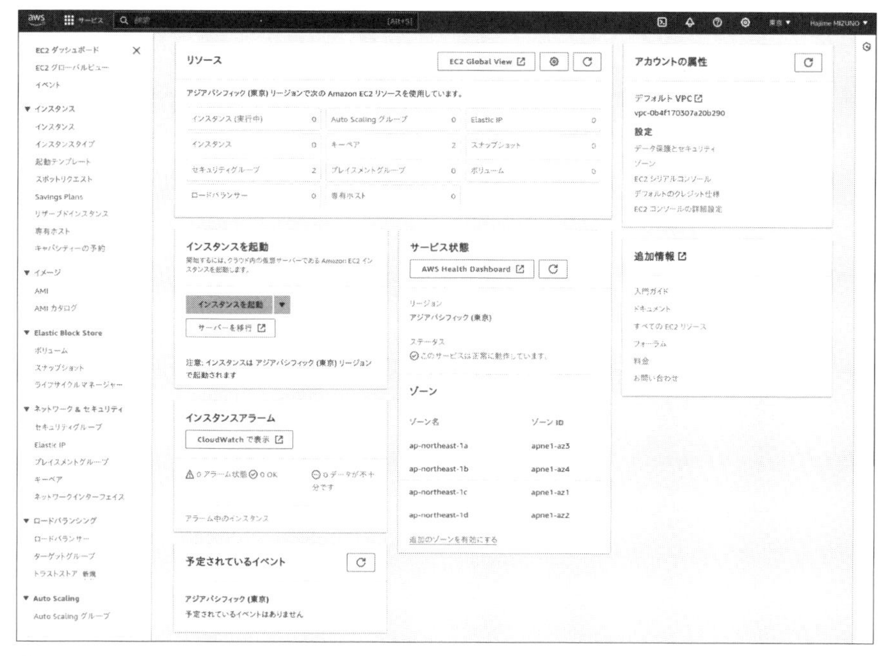

△図5.59　EC2のダッシュボード

仮想サーバーインスタンスの設定を行います。まず[名前]にわかりやすい名前を付けましょう。[アプリケーションおよびOSイメージ]は[クイックスタート]をクリックしてから[Ubuntu]を選択してください。[マシンイメージ]は「Ubuntu Server 24.04 LTS (HVM), SSD Volume Type」※20、[アーキテクチャ]は[64ビット(x86)]です。[インスタンスタイプ]はマシンファミリーとスペックの組み合わせです。試用であれば、無料利用枠の対象である[t2.micro]で十分でしょう。EC2インスタンスタイプについて、詳しくはAWSのドキュメント※21を参照してください。

※20　「ami-」で始まるマシンイメージIDは、時期によって変わる可能性があります。
※21　https://aws.amazon.com/jp/ec2/instance-types/

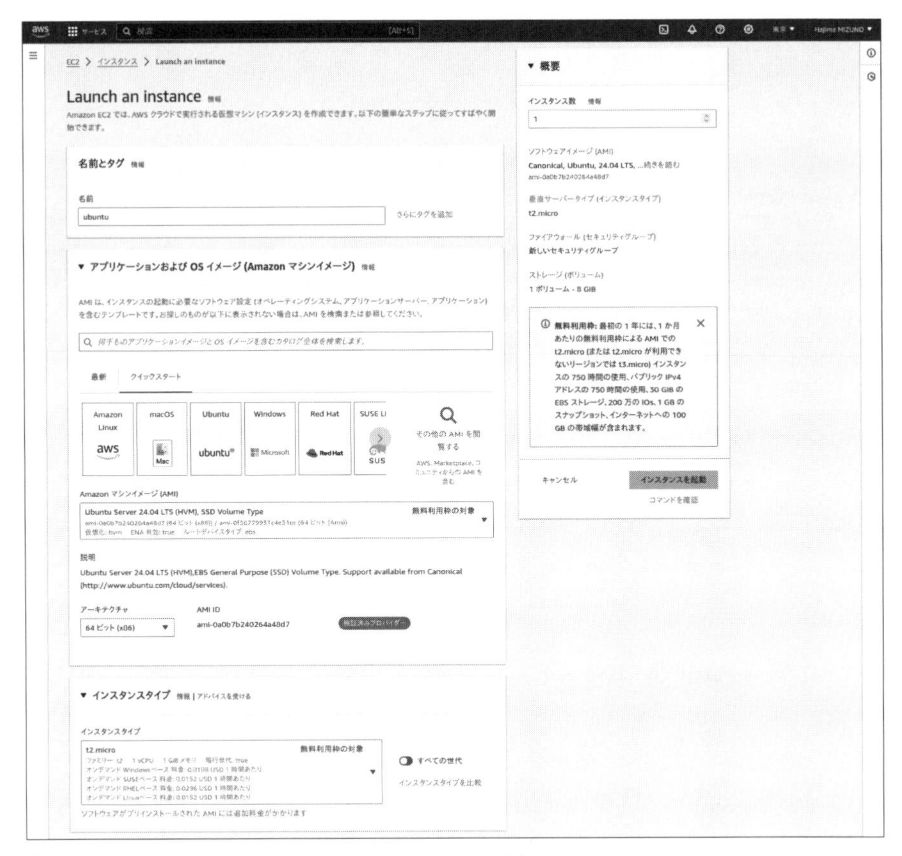

図5.60　マシンイメージとインスタンスタイプの選択

Lightsailと同様に、EC2でもインスタンスにログインするためのSSHキーペアを用意する必要があります。ここでは、[新しいキーペア]をクリックして、新しいキーペアを作成します。「キーペアを作成」の画面が表示されたら、鍵にわかりやすい名前を付けてください。[キーペアのタイプ]は、認証に使用する署名アルゴリズムのタイプを指定します。どちらを選択しても構いませんが、[ED25519]の鍵はまだサポートされていないサービスなども存在するため、この鍵をほかのサービスでも使い回すことを想定している場合、互換性を重視するのであれば[RSA]を、セキュリティを重視するのであれば[ED25519]を選択するとよいでしょう。[プライベートキーファイル形式]は、[.pem]形式を選択します。[キーペアを作成]ボタンを押すとAWS上でキーペアが作成され、自動的にWebブラウザーが秘密鍵ファイルをダウンロードします。秘密鍵は安全な場所に厳重に保管しておいてください。

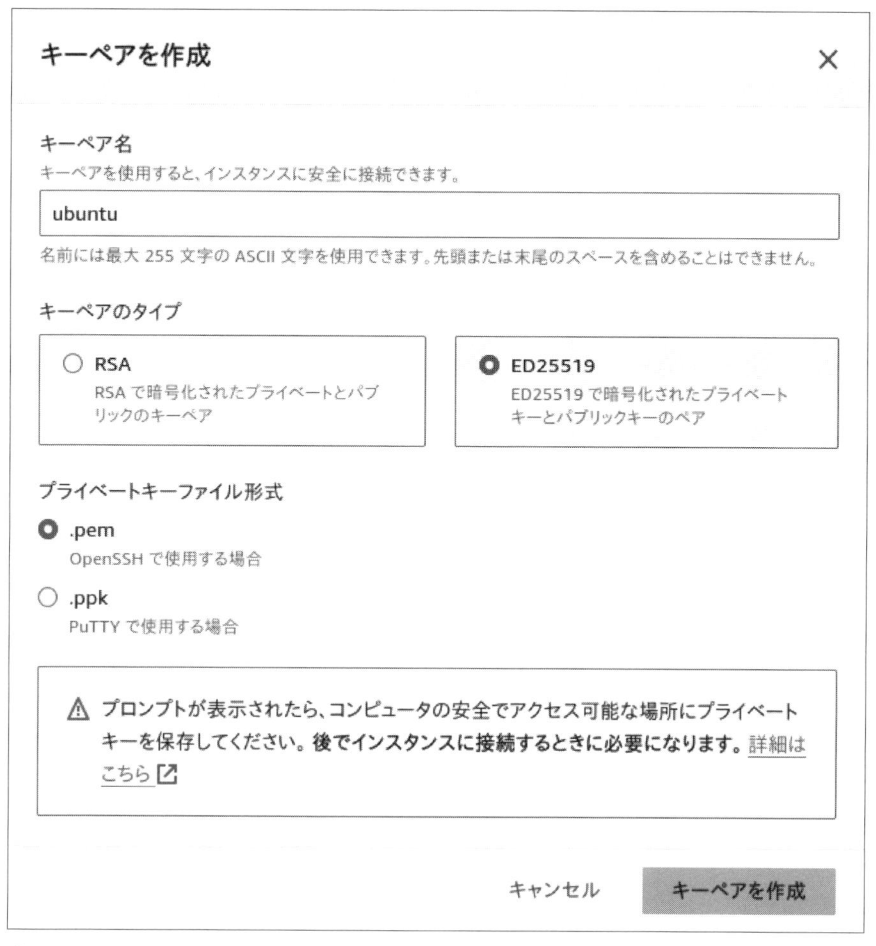

図5.61　名前を付けて新しいキーペアを作成する

［ネットワーク設定］では、インスタンスに関連付けるファイアウォール（EC2ではセキュリティグループと呼びます）を設定します。ここではセキュリティグループを新規作成し、任意の場所からのSSHを許可するルールを追加しています。ただし、これは世界中に対してSSHアクセスを許可する設定となるため、推奨されません。［任意の場所］をクリックすると、自分でIPアドレスを指定できる［カスタム］と、現在AWSにアクセスしている自分自身のIPアドレスを指定する［自分のIP］を選択できるので、状況に応じて変更することを推奨します。特に本番運用するサーバーであれば、そもそも本当にSSHアクセスを開放する必要があるかを検討してみましょう。特に、AWSには、セキュリティグループに穴を開けたり、SSHキーペアを管理することなくコンソールアクセスを可能

にする「AWS Systems Manager Session Manager」といった機能も用意されています[※22]。

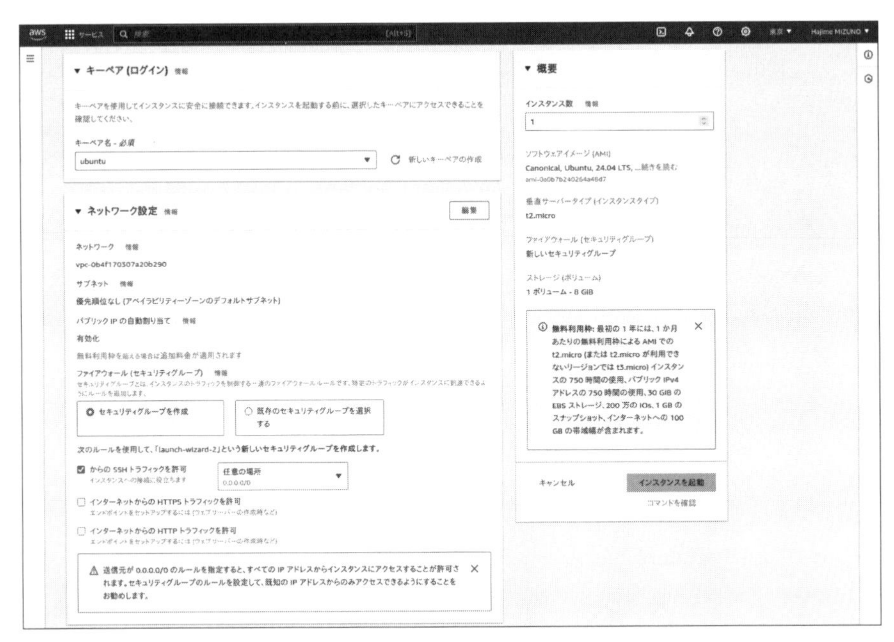

図5.62　キーペアとネットワークの設定

ストレージの設定は、インスタンスにアタッチするストレージのサイズを設定します。サーバーの用途に合わせて設定しますが、試用であればデフォルトの8GiBのままで問題ないでしょう。すべての設定が完了したら、[インスタンスを起動]ボタンを押します。

※22　本書の範囲を超えてしまうため、解説は省略します。

図5.63　ストレージの設定

EC2のダッシュボードに戻り、左ペインにある[インスタンス]をクリックします。一覧に作成したインスタンスが表示されたら、クリックして表示される詳細から[パブリックIPv4アドレス]を確認してください。あとはLightsailのときと同様に、キーペアの作成でダウンロードした秘密鍵を使ってSSH接続が可能です。なお、EC2のUbuntuイメージのデフォルトユーザー名は、Lightsailと同じく「ubuntu」です。パスワードなしでsudoできる点も同一です。

ストレージの容量やファイルのサイズを表す際に、ギガ(G)という単位を使います。通常、ギガは10の9乗(＝10億)を表しますが、2進数をベースとするコンピューターでは、2の30乗(=10億7,374万1,824)を指してギガと呼ぶこともあります。両者にの間にはそれなりの数値的な差があるため、混乱を避ける目的で、後者を「ギビバイト」と呼ぶこともあり、「GiB」と表記します。同様に「キビバイト」や「メビバイト」という単位もあり、それぞれ「KiB」「MiB」と表します。

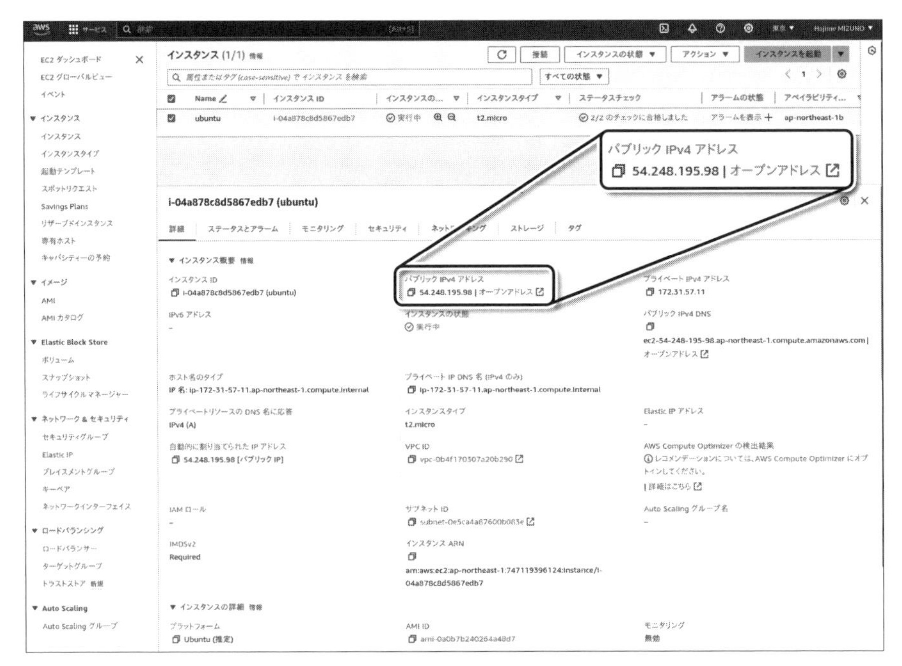

図5.64 インスタンスのパブリックIPv4アドレスの確認

コマンド5.6 秘密鍵の指定

```
$ chmod 400 秘密鍵ファイル
$ ssh -i 秘密鍵ファイル -l ubuntu インスタンスのIPアドレス
```

EC2インスタンスの削除

不要になったEC2インスタンスを削除するには、インスタンスの一覧から削除したいインスタンスにチェックを入れた上で、[インスタンスの状態]→[インスタンスを終了]を選択します。インスタンスを終了してよいかの確認が表示されるので、[終了]ボタンを押します。EC2も、終了したインスタンスを復元できない点は同様です。くれぐれも注意してください。

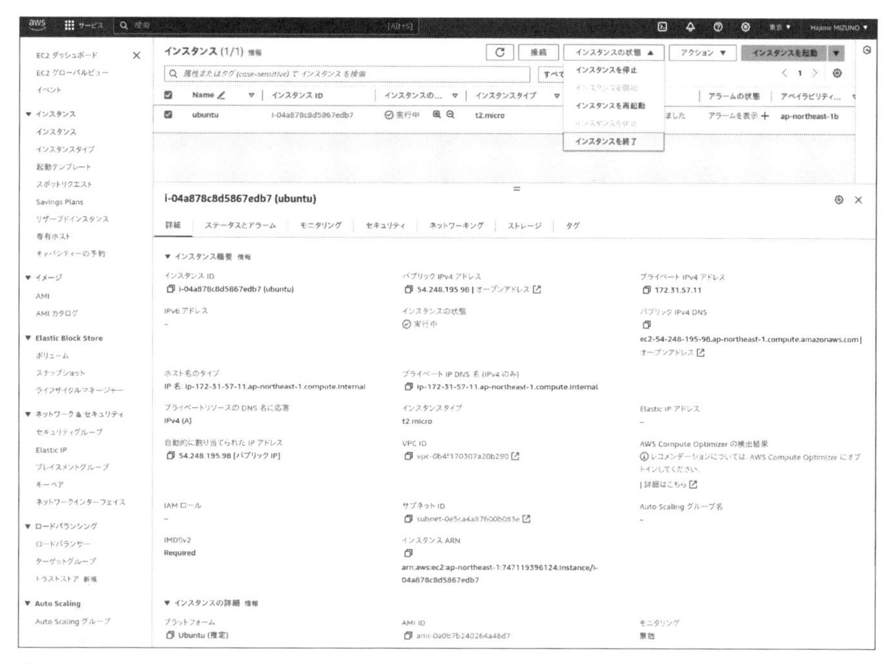

◎図5.65　EC2インスタンスを終了する

なお、EC2では、インスタンスそのものだけでなく、アタッチされているストレージにも課金が発生します。インスタンスを停止するとインスタンスの料金はかからなくなりますが、ストレージの料金はかかり続けるため、不要なインスタンスはストレージごと削除する必要があります。デフォルトではインスタンスの削除時にストレージも削除されますが、設定によってはストレージが削除されずに残ることもあります。このような設定は、データを保全できるという点では便利ですが、ストレージ分の料金がかかることを忘れないように気を付けてください。

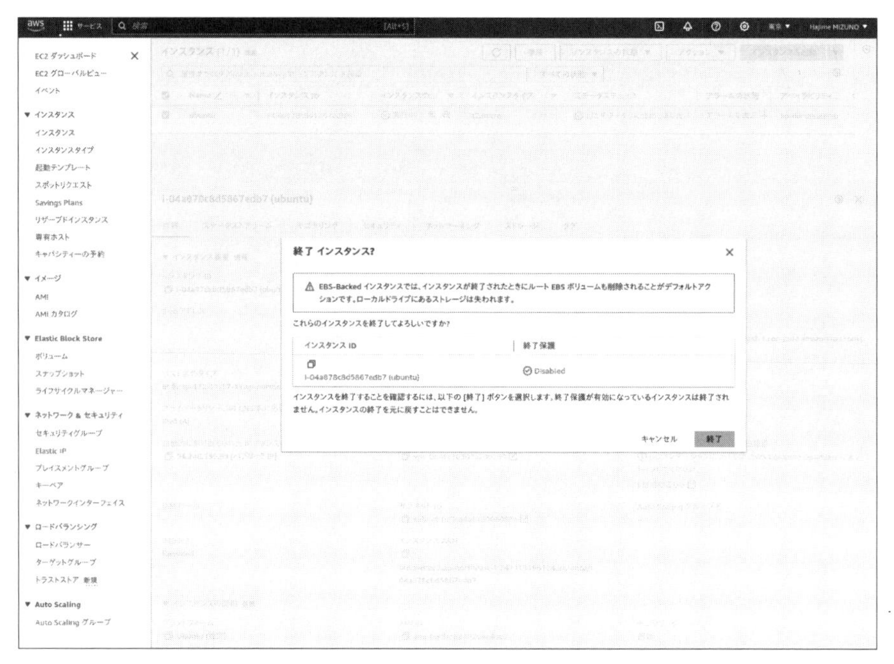

図5.66 インスタンスの終了の確認

Amazon EC2運用上の注意点

EC2の仮想サーバーには、起動するたびにランダムなIPアドレスが割り当てられます。サーバーのIPアドレスを固定するには、「Eastic IPアドレス」※23を使う必要があります。詳しくはAWSのドキュメントを参照してください。

クラウドのメリットは、その柔軟性です。料金も使った分だけの従量課金なので、使用しないときにはサーバーを停止したり台数を減らすことで、コストの最適化もしやすくなっています。非常に便利なクラウドですが、1か月当たり1台いくらというVPSと比較すると、使い方によっては課金金額が青天井になる危険性も孕んでいます。たとえば、意図せずにリソースを使いすぎてしまったり、どのサービスにどれだけ課金されるかのルールを把握していないと、想定外の金額が請求されることも珍しくありません。特に無料利用の範囲を誤解していたといったケースが多く、信じられない額の請求がやってきたというエピソードはネット上に溢れています。AWSは費用を見積もるための料金計算サービスも提供しているので、事前に見積もりをしてみるのがよいでしょう。また、使い終わったリソースの削除忘れがないように、くれぐれも気を付けてください。

※23 https://docs.aws.amazon.com/ja_jp/AWSEC2/latest/UserGuide/elastic-ip-addresses-eip.html

それ以外では、マルウェアに感染したりといった理由でAWSへのアクセス情報を盗まれ、不正利用されてしまったという事案も発生しています。アクセス情報は厳重に管理することはもちろん、現時点で請求されている金額を監視したり、一定の金額を越えた場合にアラートを上げるといった対策も重要です。いわゆる「クラウド破産」を防ぐためにも、こうした措置は必ず講じておきましょう。

ここでは、物理サーバーと同じように、EC2の仮想サーバーを直接利用する方法を紹介しました。しかし、実際にクラウドのサーバーを、この例のように利用するケースは減ってきています。ほとんどないといってしまっても、よいかもしれません。

クラウドには、物理サーバーにはない、数多くの特徴や機能があります。そのため、単なる仮想マシンとして利用するだけでは、クラウド本来の旨味を引き出すことはできないのです。クラウドのメリットを最大限に引き出せるように、クラウドに最適化して設計されたシステムを**クラウドネイティブ**と呼びます。本格的にクラウドを利用するのであれば、Linuxやサーバーの知識だけでなく、こうした学習も必要となるでしょう。

01 02 03 04 05 06 07 08 09 10 A

05.03.03 Compute EngineでUbuntuサーバーを使う

Google Cloudとは

検索エンジンで有名なGoogleが運営するIaaSが、「Google Cloud」です。細かい機能に差はあるものの、基本的にはAWSと同じようなサービスであると理解しておけばよいでしょう。Googleアカウント(Gmailのアカウント)で利用できるため、AWSよりも利用開始までのハードルは低いかもしれません。

Compute Engineとは

Google Cloudには、AWSと同様に、さまざまなサービスが用意されています。その中の仮想サーバーを動かすサービスが「Compute Engine」で、AWSのEC2に相当します。

Compute EngineでUbuntuサーバーを起動する

前述したように、Google Cloudを使うにはGoogleアカウントが必要です。Googleアカウントを持っていない場合は、「Gmailのヘルプ」※24を参考に作成し

※24 https://support.google.com/mail/answer/56256?hl=ja

てください。

Google Cloudを初めて利用する場合は、「無料トライアル」※25が利用できます。まずは、この無料枠を使ってCompute Engineでサーバーを動かしてみるとよいでしょう。なお、無料トライアル中は課金はされませんが、請求先アカウントの作成とクレジットカードの登録は必要になります。詳しくは「Cloud Billingのヘルプ」※26を参照してください。

Googleアカウントを使って「Google Cloudのコンソール」※27にログインします。

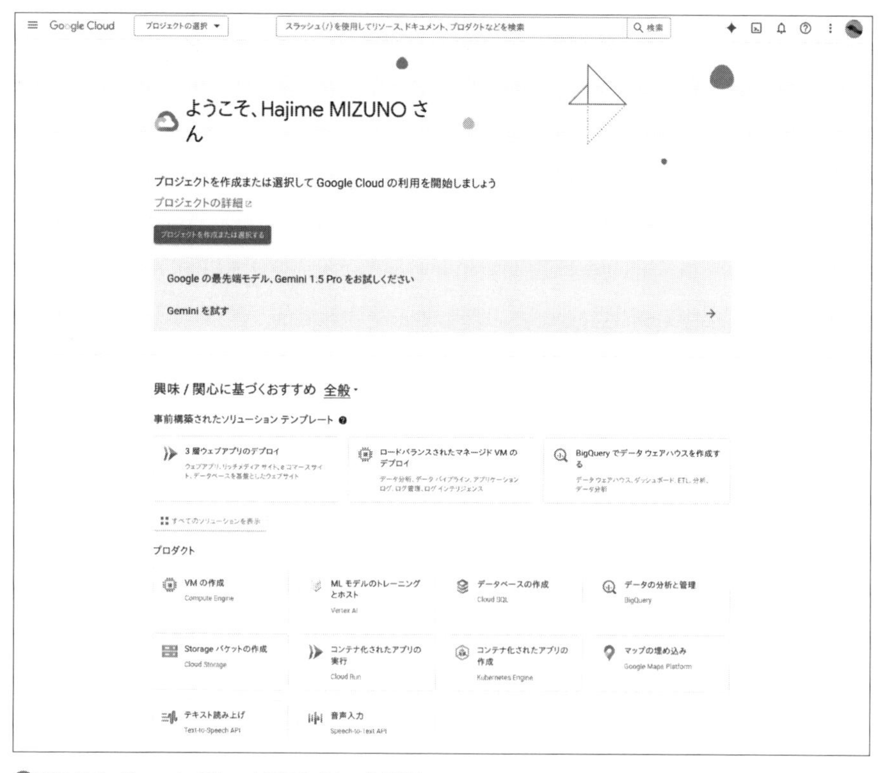

図5.67 Google Cloudのコンソール画面

※25 https://cloud.google.com/free?hl=ja
※26 https://cloud.google.com/billing/docs?hl=ja
※27 https://console.cloud.google.com/welcome/new?hl=ja

Google Cloudでは、「プロジェクト」という単位でリソースを管理します。ウィンドウ上部の[プロジェクトの選択]をクリックすると、プロジェクトの一覧が表示されます。ここで右上にある[新しいプロジェクト]をクリックします。

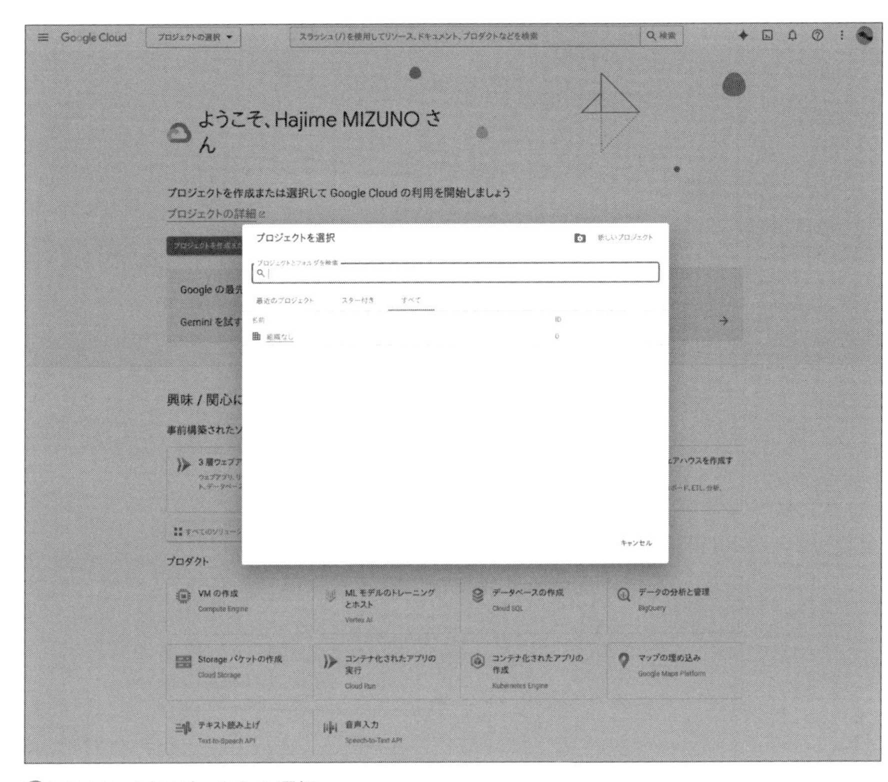

図5.68 プロジェクトの選択

新しいプロジェクトの作成画面に遷移するので、わかりやすいプロジェクト名を入力します。[場所]は[組織なし]で構いません。[作成]ボタンを押して進めます。

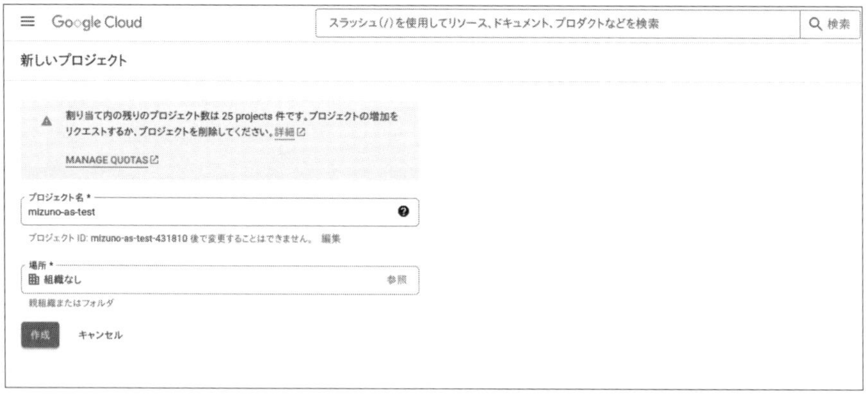

Google Cloud
スラッシュ(/)を使用してリソース、ドキュメント、プロダクトなどを検索
検索
新しいプロジェクト
割り当て内の残りのプロジェクト数は 25 projects 件です。プロジェクトの増加をリクエストするか、プロジェクトを削除してください。詳細
MANAGE QUOTAS
プロジェクト名 *
mizuno-as-test
プロジェクト ID: mizuno-as-test-431810 後で変更することはできません。 編集
場所 *
組織なし
参照
親組織またはフォルダ
作成
キャンセル

△図5.69 新しいプロジェクトの作成

プロジェクトが作成できたら、再度コンソール画面の上部にある[プロジェクトの選択]をクリックしてください。[最近のプロジェクト]に、今作成したばかりのプロジェクトが表示されているはずです。これをクリックしてください。

Google Cloud
プロジェクトの選択
ようこそ、Hajime MIZUNO さん
プロジェクトを作成または選択して Google Cloud の利用を開始しましょう
プロジェクトの詳細
プロジェクトを選択
新しいプロジェクト
プロジェクトとフォルダを検索
最近のプロジェクト
スター付き
すべて
名前
ID
mizuno-as-test
mizuno-as-test-431810
キャンセル
プロダクト
VM の作成
Compute Engine
ML モデルのトレーニングとホスト
Vertex AI
データベースの作成
Cloud SQL
データの分析と管理
BigQuery
Storage バケットの作成
Cloud Storage
コンテナ化されたアプリの実行
Cloud Run
コンテナ化されたアプリの作成
Kubernetes Engine
マップの埋め込み
Google Maps Platform
テキスト読み上げ
Text-to-Speech API
音声入力
Speech-to-Text API

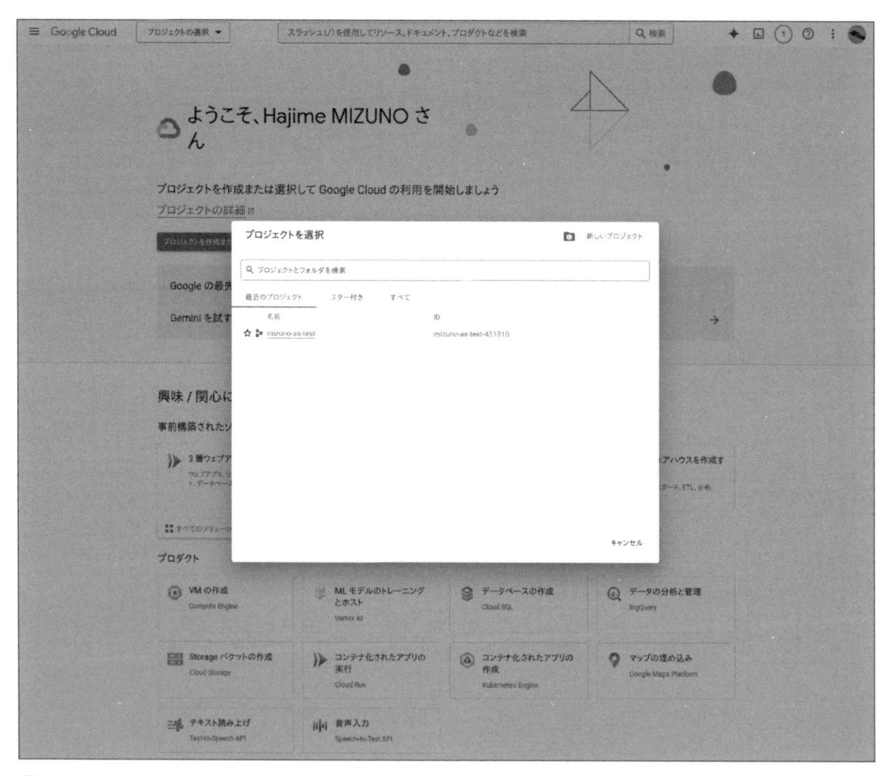

△図5.70 プロジェクトの選択

コンソールに戻ると、[プロジェクトの選択]の部分が、プロジェクト名に変化します。

図5.71　[プロジェクトの選択]の部分が「プロジェクト名」に

コンソール左上のハンバーガーアイコンをクリックすると、ナビゲーションメニューが表示されます。[Comupte Engine]→[VMインスタンス]を選択します。

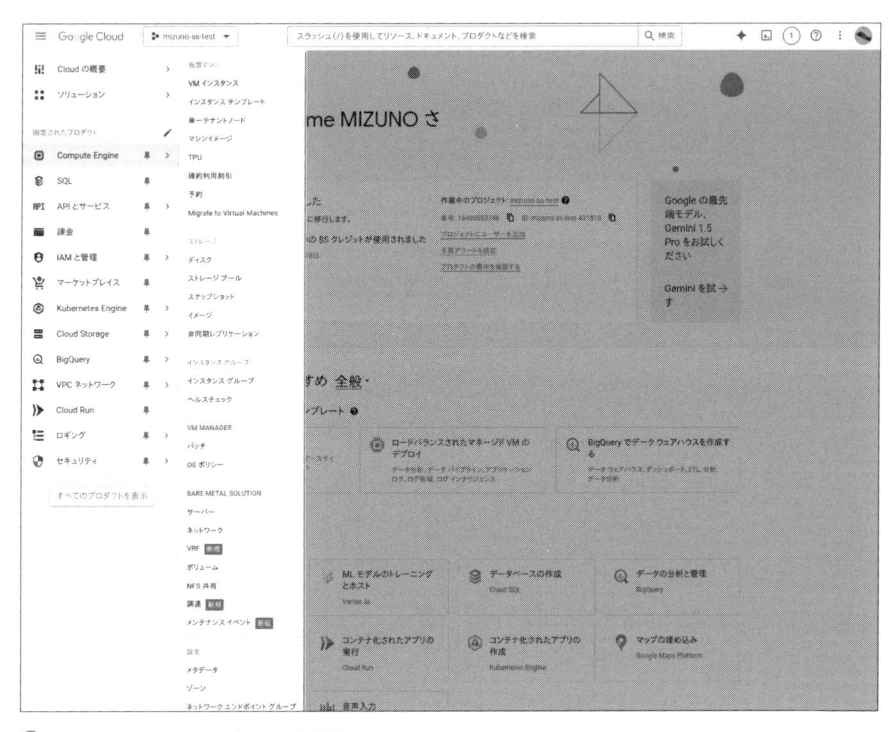

図5.72　VMインスタンスを開く

Google Cloudでは、提供されているさまざまなサービスを利用するにあたって、プロジェクト単位で機能ごとのAPIを有効化する必要があります。[有効にする]をクリックして、Compute Engineでサーバーを起動するための「Compute Engine API」を有効化します。

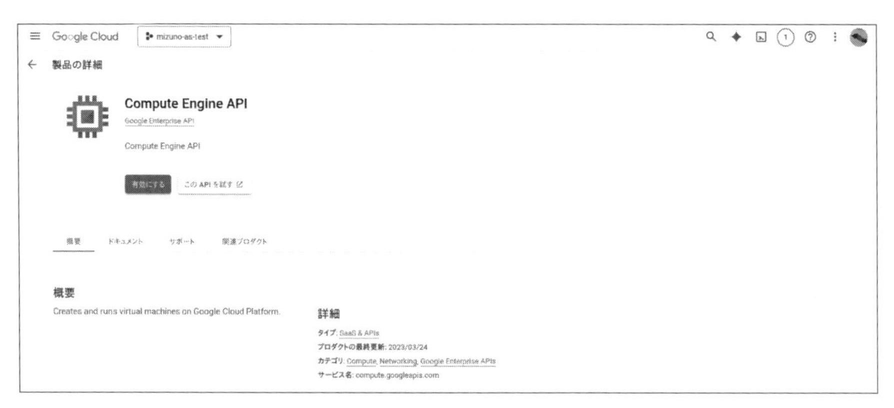

図5.73 Compute Engine APIを有効化する

APIが有効になるには、少し時間がかかります。APIが有効化されたら、再度[Comupte Engine]→[VMインスタンス]を開きます。左ペインから[VMインスタンス]を選択し、上部にある[インスタンスを作成]をクリックします。

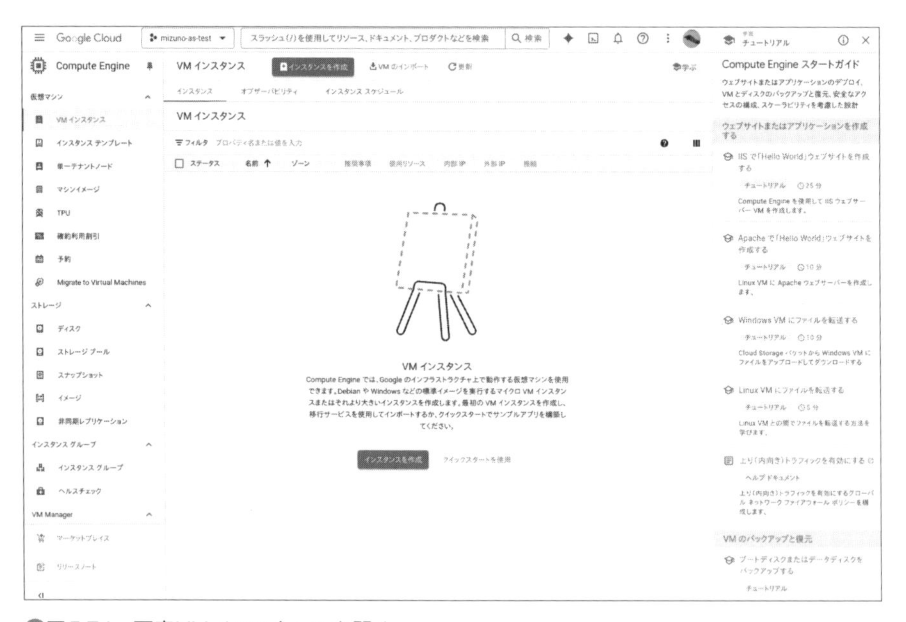

図5.74 再度VMインスタンスを開く

インスタンスの各種設定を行います。[名前]にはインスタンスを識別する名前を入力します。[リージョン」は[asia-northeast1(東京)]を選択しておくとよいでしょう。ゾーンはどこでも構いません。

マシンファミリーとマシンタイプは、EC2のインスタンスタイプに相当する設定です。シリーズは汎用仮想マシンである[E2]、試用であればマシンタイプは比較的小さめな[e2-micro]で十分でしょう。

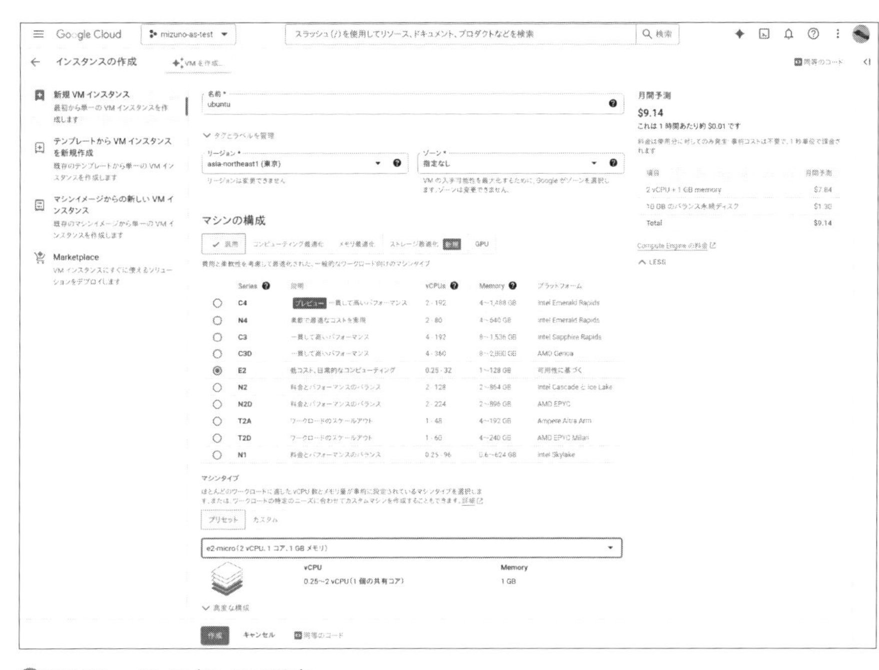

図5.75　インスタンスの設定

OSを起動するブートディスクを選択します。デフォルトではDebian GNU/Linuxのバージョン12が選択されているので、[変更]をクリックします。

ブートディスク

名前	ubuntu
タイプ	新しいバランス永続ディスク
サイズ	10 GB
スナップショット スケジュール	スケジュールが選択されていません
ライセンスの種類	無料
イメージ	Debian GNU/Linux 12 (bookworm)

図5.76　ブートディスクの変更

[公開イメージ]をクリックし、[OS]は[Ubuntu]、[バージョン]は[Ubuntu 24.04 LTS]のx86/64を選択します。CPUアーキテクチャの異なる「Arm64」のブートディスクもリストアップされるため、間違えないよう注意してください。[ブートディスクの種類]は[バランス永続ディスク]、[サイズ(GB)]はデフォルトの[10]で十分です。最後に[選択]ボタンを押します。

ブートディスク

イメージまたはスナップショットを選択してブートディスクを作成するか、既存のディスクを接続します。お探しの情報が見つからない場合は、次の場所にある多数の VM ソリューションをご覧ください:マーケットプレイス

公開イメージ　カスタム イメージ　スナップショット　アーカイブ スナップショット　既存のディスク

OS
Ubuntu

バージョン *
Ubuntu 24.04 LTS
x86/64, amd64 noble image built on 2024-08-06

ブートディスクの種類 *
バランス永続ディスク

ディスクタイプを比較

サイズ(GB) *
10
10～3072 GB でプロビジョニングします

詳細設定を表示

選択　キャンセル

図5.77 Ubuntuのブートディスクの選択

ブートディスクが変更できたら、[作成]ボタンを押すと、仮想サーバーが起動します。

インスタンスの一覧に戻り、起動したインスタンスの[SSH]をクリックしてください。Webブラウザーの新しいウィンドウが開き、Webブラウザーベースの仮想コンソールでインスタンスにSSH接続できます。

図5.78　インスタンスへのSSH接続

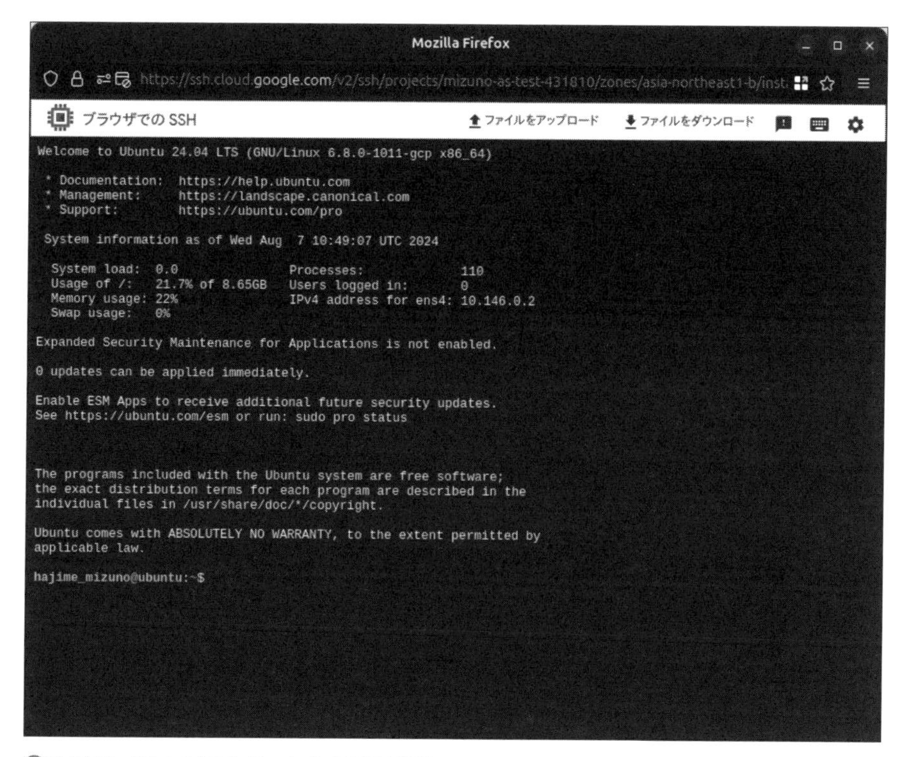

図5.79　WebブラウザーからのSSH接続

とはいえ、WebブラウザーベースのSSHは使いにくいでしょう。そこで、別途SSH公開鍵を追加して、ターミナルエミュレーターから接続できるように設定するのがお勧めです。詳しくは、Google Cloudのドキュメントの「Linux VMへの接続」※28を参照してください。

※28　https://cloud.google.com/compute/docs/connect/standard-ssh?hl=ja#openssh-client

Compute Engineインスタンスの削除

Compute Engineで不要になったインスタンスを削除するには、「Comupte Engine」→「VMインスタンス」を開き、インスタンスのケバブメニュー※29から[削除]を選択します。

図5.80　インスタンスの削除

本当に削除してよいかの確認が表示されるので、[削除]ボタンを押します。削除したインスタンスの復元はできないので、くれぐれも注意して作業してください。

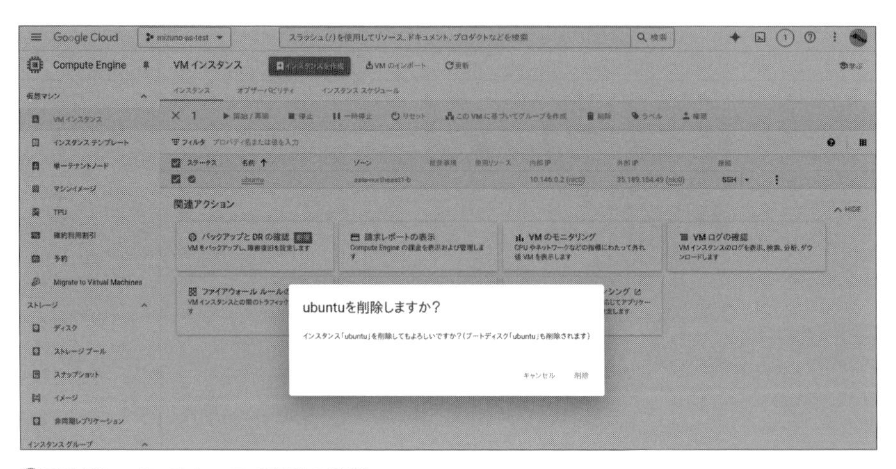

図5.81　インスタンスの削除の確認

※29　●が縦に3つ並んだアイコンをこのように呼びます。

06

第 6 章

Ubuntuサーバーの管理

06.01 LVMによるストレージの管理

06.01.01 LVMとは

デスクトップ版Ubuntuでは、ストレージ内のパーティションに直接ファイルシステムを作成し、システムをインストールしました※1。それに対してサーバー版Ubuntuでは、デフォルトで**LVM**が利用されます。LVMとは「Logical Volume Manager」の略で、その名の通り、ボリュームを抽象化して扱うLinuxの機能です。

LVMでは、ストレージ内のパーティションは、LVMを構成する「物理ボリューム(PV)」として扱います。そして、1つ以上のPVを集めて「ボリュームグループ(VG)」として管理します。このVGの中に「論理ボリューム(LV)」を作成します。このLVが､OSからは従来のパーティションと同じように見えます。つまり、OSは、ファイルシステムをLV上に作成することになります。

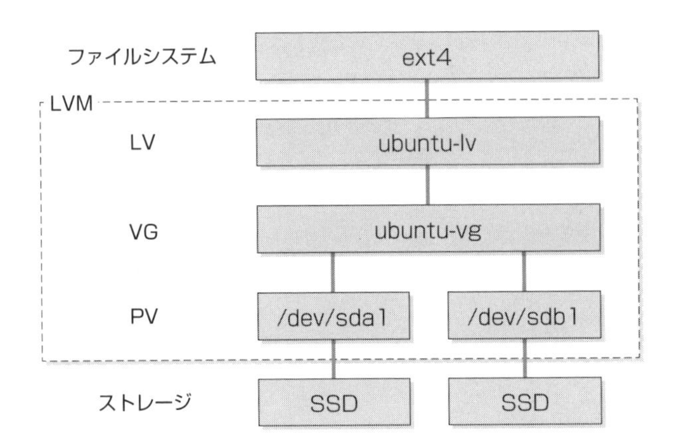

図6.1　LVMの模式図。パーティションをグループ化して抽象化することにより､柔軟なパーティション構成を実現できる。

※1　インストールの解説時にも述べましたが、デスクトップ版でもLVMを利用してインストールすることは可能です。

LVMのメリットは、ストレージの大きさに制約されない、自由なパーティション構成を実現できるところです。従来のパーティションは、当然ですが、そのストレージ内に収まるサイズでしか作れません。たとえ1TBのSSDを2つ用意しても、SSDをまたいだ2TBのパーティションは作れないわけです。しかし、LVMによってストレージを抽象化すれば、こうした物理的な境界を越えて、より大きなパーティションを作ることもできます。具体的には「複数のストレージを束ねて大容量ストレージを実現する」「後からストレージを追加して既存のボリュームに容量を足す」といったことが可能になります。

個人用のデスクトップと異なり、業務に利用しているようなサーバーは、気軽に停止したり入れ替えたりといったことが行えません。LVMを利用してOSをインストールしておけば、容量の拡張が容易に行えたり、後述するスナップショットの機能が使えます。メンテナンスを容易にするためにも、サーバーではLVMの利用をお勧めします。

06.01.02 論理ボリュームを拡張する

サーバー版のインストール途中で、**図6.2**のようなパーティション構成の確認画面が表示されたはずです。この画面を注意深く見てみると、搭載されたストレージの全容量のうち、一部しか利用されていないことに気付くでしょう。

これは、VirtualBoxに128GBの仮想ディスクを接続してインストールを行った例です。ディスクは3つのパーティションに分割されており、そのうち3番目のパーティションが124GBの容量を持ち、PVとして「ubuntu-vg」というVGに参加しています。

そのため、「ubuntu-vg」というVGは124GBの容量を持っているわけですが、そのうち半分の62GBを使って、「ubuntu-lv」というLVが作られています。ここにファイルシステムが作成され、ルートパーティションとしてマウントされています。つまり、VGのうち、残り半分の62GBは未使用となっているわけです。

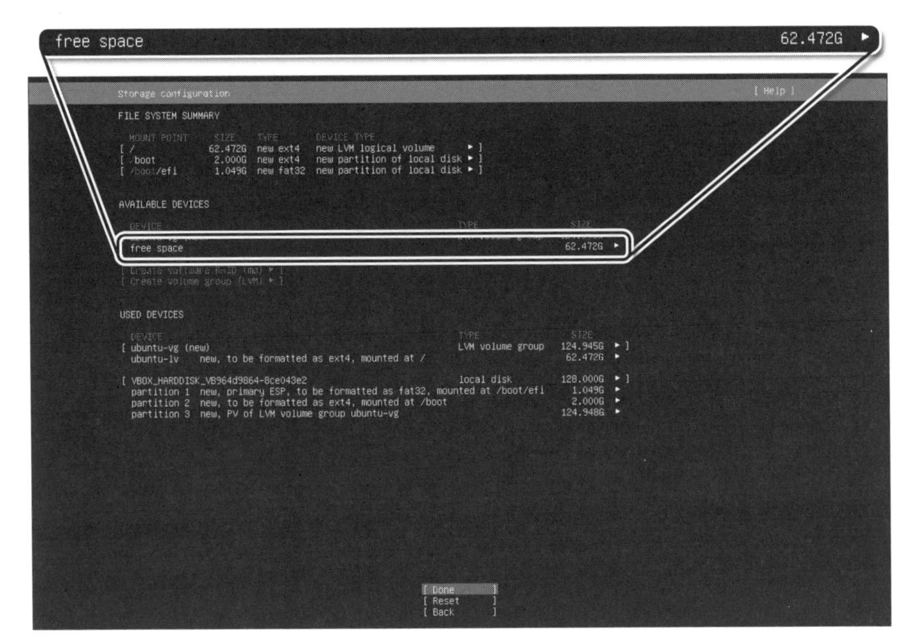

図6.2 インストーラーのパーティション構成の確認画面

これは、Ubuntuのインストーラーの仕様で、ストレージのサイズによって、作成されるLVのサイズを自動的に調整しているからです。具体的には、**表6.1**のようになっています。

表6.1 ストレージのサイズと作られるLVのサイズの関係

ストレージのサイズ	作られるLVのサイズ
10GB未満	ストレージ全体を利用
20GB未満	10GB
200GB未満	ストレージの半分
200GB以上	100GB

パーティションやファイルシステムは、後からサイズを調整できます。この際、ディスクの空き領域を割り当てて拡張するのは、それほど難しくありません。しかし、データが含まれているパーティションを縮小するには、少々面倒な作業が必要になります。また、LVMの特徴は柔軟なボリューム管理ですが、ストレージに空き容量がないと、新規ボリュームの追加やスナップショットの作成ができなくなってしまい、このメリットがスポイルされてしまいます。そこで、

Ubuntuでは、敢えてデフォルトのボリュームサイズを小さく抑え、将来的な拡張の余地を残すようにしています。

とはいえ、数TBあるような巨大なストレージにインストールしたとしても、デフォルトで利用されるのは100GBのみです。サーバーの用途によっては、これでは足りないということもあるでしょう。そこで、LVを拡張する手順を解説します※2。

まず、現在のLVの大きさを確認しておきましょう。LVの情報はlvdisplayコマンドで確認できます。なお、実行にはsudoが必要です。ここでは、「ubuntu-vg」ボリュームグループ内の「ubuntu-lv」論理ボリュームが62GBの容量を持っていることがわかります。

▼コマンド6.1　LVの情報を表示するlvdisplayコマンドの実行

```
$ sudo lvdisplay
  --- Logical volume ---
  LV Path                /dev/ubuntu-vg/ubuntu-lv
  LV Name                ubuntu-lv
  VG Name                ubuntu-vg
  LV UUID                69MaMG-GDS4-USRb-6FRE-xU5v-F6x2-ft9uV1
  LV Write Access        read/write
  LV Creation host, time ubuntu-server, 2024-07-20 02:15:16 +0000
  LV Status              available
  # open                 1
  LV Size                62.47 GiB
  Current LE             15993
  Segments               1
  Allocation             inherit
  Read ahead sectors     auto
  - currently set to     256
  Block device           252:0
```

続いて、VGの残り容量を確認しましょう。VGの情報はvgdisplayコマンドで確認できます。こちらも実行にはsudoが必要です。ここでは、インストーラーの設定通り、半分の62GBが割り当てられており（Alloc PE / Size）、残り半分の62GBが未使用（Free PE / Size）であることがわかります。

※2　詳しくは後述しますが、VGの全容量を使い切ってしまうと、スナップショットを作成できなくなってしまいます。そのため、LVの拡張は計画的に行うように気を付けてください。

▼コマンド6.2 LGの情報を表示するlgdisplayコマンドの実行

```
$ sudo vgdisplay
  --- Volume group ---
  VG Name               ubuntu-vg
  System ID
  Format                lvm2
  Metadata Areas        1
  Metadata Sequence No  2
  VG Access             read/write
  VG Status             resizable
  MAX LV                0
  Cur LV                1
  Open LV               1
  Max PV                0
  Cur PV                1
  Act PV                1
  VG Size               <124.95 GiB
  PE Size               4.00 MiB
  Total PE              31986
  Alloc PE / Size       15993 / 62.47 GiB
  Free  PE / Size       15993 / 62.47 GiB
  VG UUID               aFBA3A-NxDD-m1vu-ECH0-GlyK-AqO1-yX9kdr
```

LVの拡張には、lvextendコマンドを使います。-lオプションで、LVの新しいサイズを指定します。ここでは、VGに対するパーセンテージとして100%を指定し、VGの全容量を使用するように指定しました。また、lvextendコマンドはLVの拡張しか行いません。つまり、LVの上に存在するファイルシステムは拡張されないため、別途拡張処理が必要となってしまいます。しかし、-rオプションを併記することで、ファイルシステムの拡張を同時に行えます。引数には、LVのデバイスファイルを指定してください。当然ですが、sudoが必要です。

▼コマンド6.3 lvextendコマンドでLVを拡張する

```
$ sudo lvextend -l 100%VG -r /dev/ubuntu-vg/ubuntu-lv
```

拡張後に、再度lvdisplayコマンドとvgdisplayコマンドを実行してみましょう。LVが124GBに拡張され、VGの空き容量が0になっていることが確認できます。

▼コマンド6.4 拡張後のlvdisplayコマンドの実行

```
$ sudo lvdisplay
  --- Logical volume ---
  LV Path                /dev/ubuntu-vg/ubuntu-lv
  LV Name                ubuntu-lv
  VG Name                ubuntu-vg
(...略...)
  LV Size                <124.95 GiB
```

▼コマンド6.5 拡張後のvgdisplayコマンドの実行

```
$ sudo vgdisplay
  --- Volume group ---
  VG Name               ubuntu-vg
(...略...)
  Alloc PE / Size       31986 / <124.95 GiB
  Free  PE / Size       0 / 0
```

また、dfコマンドで、ルートファイルシステムの情報を見てみましょう。123GBがルートファイルシステムとしてマウントされている(＝ファイルシステムも拡張されている)ことがわかります。

▼コマンド6.6 拡張後のdfコマンドの実行

```
$ df -h /
Filesystem                          Size  Used Avail Use% Mounted on
/dev/mapper/ubuntu--vg-ubuntu--lv  123G  6.1G  111G   6% /
```

06.01.03 別のストレージを追加する

続いて、2台目のストレージを追加する方法を解説します。ストレージが枯渇してしまった場合でも、LVMを使えば簡単に容量を「継ぎ足す」ことができます。ここでは、前述のLV拡張作業を行った後の仮想マシンに、もう1台のSSDを追加し、LVをさらに拡張する例を紹介します。

SSDを追加したら、lsblkコマンドでブロックデバイスを確認しておきます。

LVMで利用されている既存のsdaのほかに、128GBの容量を持つsdbがシステムに追加されていることがわかります。

▼コマンド6.7 lsblkコマンドの実行

```
$ lsblk
NAME                          MAJ:MIN RM   SIZE RO TYPE MOUNTPOINTS
sda                             8:0    0   128G  0 disk
├─sda1                          8:1    0     1G  0 part /boot/efi
├─sda2                          8:2    0     2G  0 part /boot
└─sda3                          8:3    0 124.9G  0 part
  └─ubuntu--vg-ubuntu--lv 252:0    0 124.9G  0 lvm  /
sdb                             8:16   0   128G  0 disk
```

partedコマンドで、PVとなるパーティションを作成します。次のコマンドを実行すると、/dev/sdb全体を利用する単一のパーティションを作成した上で、LVMに利用するためのフラグを立てられます。

▼コマンド6.8 partedコマンドでパーティションを作成

```
$ sudo parted /dev/sdb -s 'mklabel gpt mkpart primary 0 100% set 1
lvm on print'
```

そして、pvcreateコマンドで作成したパーティションをLVMのPVにします。/dev/sdbに作成した1番目のパーティションなので、デバイスファイルとしては/dev/sdb1となります。

▼コマンド6.9 pvcreateコマンドでPVを作成

```
$ sudo pvcreate /dev/sdb1
```

pvscanコマンドを実行すると、現在のPVの状態を確認できます。インストール時に作成された、「ubuntu-vg」ボリュームグループに参加しているPV(/dev/sda3)と、今作成した新しいPV(/dev/sdb1)の2つが確認できます。

▼コマンド6.10 pvscanコマンドでPVの状態を確認

```
$ sudo pvscan
  PV /dev/sda3   VG ubuntu-vg       lvm2 [<124.95 GiB / 0    free]
```

```
  PV /dev/sdb1                      lvm2 [<128.00 GiB]
  Total: 2 [<252.95 GiB] / in use: 1 [<124.95 GiB] / in no VG: 1
[<128.00 GiB]
```

vgextendコマンドを実行して、PV(/dev/sdb1)を「ubuntu-vg」ボリュームグループに参加させます。

コマンド6.11　vgextendコマンドでPVをボリュームグループに参加させる

```
$ sudo vgextend ubuntu-vg /dev/sdb1
```

pvextendの実行後に再度pvscanを実行すると、/dev/sdb1が、「ubuntu-vg」ボリュームグループに参加できたことが確認できます。

コマンド6.12　pvextendの実行後に再度pvscanを実行

```
$ sudo pvscan
  PV /dev/sda3   VG ubuntu-vg       lvm2 [<124.95 GiB / 0    free]
  PV /dev/sdb1   VG ubuntu-vg       lvm2 [<128.00 GiB / <128.00 GiB free]
  Total: 2 [252.94 GiB] / in use: 2 [252.94 GiB] / in no VG: 0 [0   ]
```

最後に、LVをVG全体に拡張しましょう。先ほどと同様に、lvextedコマンドを実行してください。

コマンド6.13　lvextedコマンドでLVをVG全体に拡張

```
$ sudo lvextend -l 100%VG -r /dev/ubuntu-vg/ubuntu-lv
```

lvdisplayを実行すると、ubuntu-lv論理ボリュームが252GBに拡張されていることが確認できます。

コマンド6.14　lvdisplayコマンドでLVの状態を確認する

```
$ sudo lvdisplay
  --- Logical volume ---
  LV Path                /dev/ubuntu-vg/ubuntu-lv
  LV Name                ubuntu-lv
  VG Name                ubuntu-vg
(...略...)
  LV Size                252.94 GiB
```

06.01.04 スナップショットを活用する

スナップショットとは、「ある瞬間の状態を記録したもの」の呼び名です。VirtualBoxにもスナップショット機能があり、仮想マシンのその瞬間の状態を記録しておけます。たとえば、OSのアップデートなどは非可逆な作業なので、想定外のトラブルが発生して、OSが起動しなくなってしまう可能性もあります。しかし、作業開始前にスナップショットを取っておけば、仮想マシンをいつでもその状態に戻すことができるというわけです。万が一への備えとして、スナップショットは非常に便利です。

LVMにも同様のスナップショット機能があります。ある瞬間のボリュームやファイルの状態を保存し、自由に巻き戻すことができるのです。

この説明では、スナップショットはバックアップのようなものだと思われるかもしれません。確かにスナップショットは、ある瞬間の状態を復元できるという点において、バックアップのようにも利用できる技術です。しかし、バックアップに対して、次のようなアドバンテージがあります。

- システムを停止することなく、ボリューム全体の状態を記録できる
- ファイルの複製を作るわけではないため、スナップショット保存先の容量効率がよい
- ファイルのコピー作業が発生しないため、一瞬で作成できる

LVMのスナップショットは、LVM上に別のLVとして作成されます。また、スナップショットとなるLVは、そのソースとなるLVと、同じVG上に作成する必要があります。言い換えると、スナップショットを作成したいLVが存在するVGに、スナップショットを保存するだけの空き領域が必要であることに注意してください※3。

LVMスナップショットの作成は、`lvcreate`コマンドに`-s`オプションを付けて実行します。ここでは「`ubuntu-vg`」ボリュームグループ上の「`ubuntu-lv`」論理ボリュームのスナップショットを、「`ubuntu-lv-snapshot`」という名前のLVとして作成しています。また、`-L`オプションで、スナップショットボリュームのサイズを指定します。ここでは`20GB`にしています。

※3 ここではサーバー版Ubuntuをインストールした直後の、VGに空き容量がある状態での実行例を紹介します。前述のようにLVをVG全体に拡張してしまっていると、スナップショットを作成できないので注意してください。

コマンド6.15 lvcreateコマンドでスナップショットを作成する

```
$ sudo lvcreate -s -L 20G -n ubuntu-lv-snapshot /dev/ubuntu-vg/ubuntu-lv
```

スナップショットを作成した後に、lvscanコマンドを実行して、LVの状態を確認してみましょう。オリジナルの「ubuntu-lv」論理ボリュームと、それに対するスナップショットの「ubuntu-lv-snapshot」論理ボリュームが存在することがわかります。

コマンド6.16 lvscanコマンドでLVの状態を確認する

```
$ sudo lvscan
  ACTIVE   Original '/dev/ubuntu-vg/ubuntu-lv' [62.47 GiB] inherit
  ACTIVE   Snapshot '/dev/ubuntu-vg/ubuntu-lv-snapshot' [20.00 GiB] inherit
```

論理ボリュームをスナップショット取得時の状態に巻き戻したいときには、lvconvertコマンドに、--mergeオプションを付けて実行します。なお、マージの完了後、スナップショットボリュームが削除されることに注意してください。

コマンド6.17 lvconvertコマンドによるスナップショットの「巻き戻し」

```
$ sudo lvconvert --merge /dev/ubuntu-vg/ubuntu-lv-snapshot
  Delaying merge since origin is open.
  Merging of snapshot ubuntu-vg/ubuntu-lv-snapshot will occur on next activation of ubuntu-vg/ubuntu-lv.
```

スナップショットボリュームとソースボリュームの両方が使用されていない状態であれば、マージは即座に行われます。しかし、この例では、「ubuntu-lv」論理ボリュームは、ルートファイルシステムとしてマウントされているため、「Delaying merge since origin is open.」というメッセージが表示され、即座のマージは行われません。このような場合は、サーバーを再起動するまでマージは保留されます。

スナップショットは非常に便利な機能であるため、サーバー運用における「転ばぬ先の杖」として活用してください。ただし、完全なファイルの複製を作るバックアップとは異なり、ストレージ障害などでソースボリュームが読み取れなくなってしまうと、スナップショットの復元もできなくなるという問題があります。スナップショットは、バックアップではなく、あくまでも復元ポイントの作成であると心得てください。

06.02 ネットワークの管理

06.02.01 ネットワークの確認

ネットワークインターフェイスの確認

サーバーは、ネットワーク越しにサービスを提供するコンピューターです。したがって、まずはネットワークがつながらないことには始まりません。Ubuntuサーバーをインストールしたら、最初にネットワークの確認と設定を行っておきましょう。ネットワークの状態を表示するには、networkctlコマンドを実行します。

コマンド6.18　ネットワーク状態の表示

```
$ networkctl
IDX LINK    TYPE     OPERATIONAL SETUP
  1 lo      loopback carrier     unmanaged
  2 enp0s3 ether    routable    configured

2 links listed.
```

一般的なサーバーであれば、「lo」と「enp0s3」など、最低でも2つ以上のネットワークインターフェイスが表示されるはずです。

「lo」というネットワークインターフェイスは、TYPEが「loopback」となっています。これは、**ループバックインターフェイス**と呼ばれる、自分自身を表す特殊なネットワークインターフェイスです。ループバックインターフェイスの役割は、「自分自身宛ての宛先」を提供することです。これにより、アプリケーションは、自分自身宛ての通信とネットワーク越しの別のコンピューター宛ての通信とを区別なく扱うことができるのです。ループバックインターフェイスには、通常、「127.0.0.1」(IPv4の場合)や「::1」(IPv6の場合)というIPアドレスが割り当てられています。

TYPEが「ether」となっているもう1つが、外部のネットワークと接続されているインターフェイスです。「enp0s3」はイーサネットのネットワークインターフェイスを表す名前で、「イーサネット(en)」の「0番目のバス(p0)」の「3番目のスロット(s3)」を表しています。この名前は、サーバーのハードウェア構成によって変化するため、適宜読み替えてください。なお、Wi-Fiのインターフェイスの場合は、名前が「en」ではなく「wl」となり、TYPEが「wlan」となります。

IPアドレスの確認

インターネットで使われている通信プロトコルの**TCP/IP**は、IPアドレスという固有の番号を使い、通信相手のコンピューターを特定します。たとえば、Webブラウザーで Webページを表示するときも、そのページのURLを知らなければ表示できません[※4]。そのため、ほかのコンピューターからこのサーバー宛てに通信を行う場合も、このサーバーのIPアドレスを知っておく必要があります。

「networkctl status」の引数にインターフェイス名を指定して実行すると、そのインターフェイスのリンク状態を確認できます。このうち「Address」の部分に表示されているのが、このサーバーのIPアドレスです。この例では、IPv4アドレスが「192.168.1.116」、IPv6アドレスが「2405:6583:8580:3000:a00:27ff:fefa:c46f」であることがわかります。本書ではIPv6通信については扱わないので、IPv6アドレスは無視して構いません[※5]。

▼コマンド6.19 ネットワーク状態の表示

```
$ networkctl status enp0s3
● 2: enp0s3
                    Link File: /usr/lib/systemd/network/99-default.
link
                 Network File: /run/systemd/network/10-netplan-enp0s3.
network
                        State: routable (configured)
                 Online state: online
                         Type: ether
                         Path: pci-0000:00:03.0
                       Driver: e1000
                       Vendor: Intel Corporation
                        Model: 82540EM Gigabit Ethernet Controller
(PRO/1000 MT Desktop Adapter)
             Hardware Address: 08:00:27:fa:c4:6f (PCS Systemtechnik
```

※4 URLは文字列ですが、DNSという仕組みを使って内部的にIPアドレスに変換が行われています。
※5 「fe80」で始まるIPv6アドレスは、「リンクローカルアドレス」と呼ばれるアドレスです。その名の通り、ローカルネットワークのみで利用できるアドレスで、IPv6の場合はネットワークに接続するだけで、自動的に割り当てられます。

```
GmbH)
                           MTU: 1500 (min: 46, max: 16110)
                         QDisc: pfifo_fast
IPv6 Address Generation Mode: eui64
    Number of Queues (Tx/Rx): 1/1
            Auto negotiation: yes
                       Speed: 1Gbps
                      Duplex: full
                        Port: tp
                     Address: 192.168.1.116 (DHCP4 via 192.168.1.1)
                              2405:6583:8580:3000:a00:27ff:fefa:c46f
                              fe80::a00:27ff:fefa:c46f
                     Gateway: 192.168.1.1
                              fe80::2a0:deff:fe65:736b
                         DNS: 192.168.1.4
                              192.168.1.5
                              2405:6583:8580:3000::1
                         NTP: 2404:1a8:1102::b
                              2404:1a8:1102::a
           Activation Policy: up
         Required For Online: yes
             DHCP4 Client ID: IAID:0xe2343f3e/DUID
           DHCP6 Client IAID: 0xe2343f3e
           DHCP6 Client DUID: DUID-EN/Vendor:0000ab1150f694e9eb6055a5

Jul 20 04:22:31 noble-server systemd-networkd[605]: enp0s3: Configuri
ng with /run/systemd/network/10-netplan-enp0s3.network.
Jul 20 04:22:31 noble-server systemd-networkd[605]: enp0s3: Link UP
Jul 20 04:22:31 noble-server systemd-networkd[605]: enp0s3: Gained ca
rrier
Jul 20 04:22:31 noble-server systemd-networkd[605]: enp0s3: DHCPv4 ad
dress 192.168.1.116/24, gateway 192.168.1.1 acquired from 192.168.1.1
Jul 20 04:22:32 noble-server systemd-networkd[605]: enp0s3: Gained IP
v6LL
```

ネットワークの疎通確認

pingコマンドは、ICMPというプロトコルを使い、ネットワークの疎通と応答時間を確認するコマンドです。引数に相手のIPアドレスやドメイン名を指定して実行すると、その相手に対してICMPの「Echo Request」というパケットを送信します。そして、このパケットを受信した相手は、「Echo Reply」というパケットを返信します。

ネットワークは、さまざまな要素によって構成されています。たとえば、物理的なネットワークインターフェイス、ケーブルや光ファイバー、ネットワーク同士を中継するルーター、OSやデバイスドライバ、ネットワークインターフェイスの設定、実際に通信を行うアプリケーションなどです。ネットワークが不調のときには、これらのどこに原因があるのかを突き止め、対策を行わなければなりません。pingコマンドは、こうした原因の切り分けに有効です。応答のパケットが正常に戻ってくるかどうかで、少なくともケーブルがきちんと接続されており、IPアドレスを基に相手までパケットが到達が可能であることが確認できます。逆に、応答パケットが返ってこなかったり、応答にやたらと長い時間がかかったりする場合は、ネットワークの結線や設定の間違いや経路上のどこかで障害が発生しているなどの可能性が疑われるというわけです。サーバーの設定を終えた後や、うまく通信ができないときなどは、まずpingコマンドから試してみるとよいでしょう。

ただし、他人が管理しているサーバーにやみくもにpingを打つのは、サーバーに対する攻撃と見なされる可能性があります。したがって、pingは自分が管理しているサーバーに対してのみに使用するか、障害対応など、本当に必要な場合だけに限定しましょう。

なお、pingコマンドは、デフォルトでは無限にpingを打ち続けます。終了するには Ctrl ＋ C を押すか、実行時に-cオプションでpingの回数を指定します。

▼コマンド6.20　pingコマンドの例

```
$ ping 192.168.1.1 ――― 192.168.1.1のサーバーに対してpingを送信する
PING 192.168.1.1 (192.168.1.1) 56(84) bytes of data.
64 bytes from 192.168.1.1: icmp_seq=1 ttl=255 time=0.733 ms
    ――― 応答パケットがどのくらいの時間で返ってきたかが表示される
64 bytes from 192.168.1.1: icmp_seq=2 ttl=255 time=0.747 ms
64 bytes from 192.168.1.1: icmp_seq=3 ttl=255 time=1.26 ms
```

```
64 bytes from 192.168.1.1: icmp_seq=4 ttl=255 time=1.34 ms
^C ――――――――――――――――――――――― Ctrl + C でpingコマンドを終了する
--- 192.168.1.1 ping statistics ---
4 packets transmitted, 4 received, 0% packet loss, time 3004ms
rtt min/avg/max/mdev = 0.733/1.020/1.341/0.281 ms
```

06.02.02 固定IPアドレスを設定する

netplanの設定

「**05.01.01 Ubuntuサーバーのインストール**」で解説しましたが、Ubuntuサーバーのインストーラーは、デフォルトではDHCPを使ってネットワークを自動設定するようになっています。また、Ubuntuサーバーは、インストーラーのネットワーク設定をインストール後も引き継ぎます。そのため、インストール時に手動でIPアドレスを設定しなかったUbuntuサーバーのネットワークは、インストール後もDHCPで動作しています。

DHCPは一切の設定を行うことなく、ケーブルを接続するだけで通信できるという点では非常に便利です。しかし、DHCPを使っていると、自分に割り当てられるIPアドレスを事前に知ることはできませんし、再起動によってIPアドレスが変わってしまう可能性もあります。単にネットワークと通信ができればいいデスクトップであれば、この点は問題にならないでしょう。しかし、クライアントからの通信を受け付ける必要があるサーバーでは、IPアドレスが変化してしまうのは都合がよくありません。

そこで、サーバーではDHCPを使わず、手動で固定のIPアドレスを設定するのが一般的です。Ubuntuでは、ネットワークの設定にNetplanという仕組みを使います。Netplanでは「`/etc/netplan`」以下にYAML形式でネットワークの設定を作成します。デフォルトで「`50-cloud-init.yaml`」という設定ファイルが作成されています。このファイルはUbuntuサーバーのインストーラーが作成したもので、インストール時に選択したネットワーク設定が記述されています。たとえば、デフォルトのDHCP設定でインストールを行った場合は、次のようになっています。

▼コマンド6.21 デフォルト設定時の00-installer-config.yamlの内容

```
$ sudo cat /etc/netplan/50-cloud-init.yaml
# This file is generated from information provided by the datasource.
Changes
# to it will not persist across an instance reboot.  To disable
cloud-init's
# network configuration capabilities, write a file
# /etc/cloud/cloud.cfg.d/99-disable-network-config.cfg with the follo
wing:
# network: {config: disabled}
network:
    ethernets:
        enp0s3:
            dhcp4: true
    version: 2
```

Netplanは、アルファベット順に設定ファイルを読み込み、競合する設定があった場合は、後から読み込んだものが有効になります。そこで、50-cloud-init.yamlよりも後に読み込まれる設定ファイルを作成し、既存のネットワークの設定を上書きします。新規ファイルとして、「/etc/netplan/99-local.yaml」という名前で、次の内容で作成してください。

▼リスト6.1 99-local.yamlの内容

```
network:
  ethernets:
    ネットワークインターフェイス名:
      dhcp4: DHCPの有効/無効の設定
      addresses:
      - 割り当てるIPアドレス/サブネットマスク
      nameservers:
        addresses:
        - DNSサーバーのIPアドレス
      routes:
      - to: default
        via: デフォルトゲートウェイのIPアドレス
  version: 2
```

たとえば、ネットワークインターフェイス名が「enp0s3」、割り当てるIPアドレスが「192.168.1.40」、サブネットマスクが「255.255.255.0」、DNSサーバーのIPアドレスが「192.168.1.4」と「192.168.1.5」、ゲートウェイのIPアドレスが「192.168.1.1」の場合は、次のようになります。

▼リスト6.2　99-local.yamlの例

```
nnetwork:
    ethernets:
        enp0s3:
            dhcp4: false
            addresses:
            - 192.168.1.40/24
            nameservers:
                addresses:
                - 192.168.1.4
                - 192.168.1.5
            routes:
            -   to: default
                via: 192.168.1.1
    version: 2
```

Netplanの設定ファイルは、ほかのユーザーが読み書きできてはいけません。次のコマンドを実行し、所有者をrootにした上で、ほかのユーザーのパーミッションを制限しておきましょう。

▼コマンド6.22　Netplanの設定ファイルのパーミッションを設定

```
$ sudo chown root:root /etc/netplan/99-local.yaml
$ sudo chmod 600 /etc/netplan/99-local.yaml
```

ネットワーク設定の適用

「netplan apply」を実行すると、設定を適用できます。

▼コマンド6.23　netplanで設定を反映する

```
$ sudo netplan apply
```

SSH経由で設定作業を行っている場合、IPアドレスが変更されると、通信は切断されてしまいます。単に切断されただけであれば、新しいIPアドレスで接続し直せばよいでしょう。しかし、設定を間違えていた場合は、サーバーにSSH接続できなくなってしまうことも考えられます。こうなってしまったら直接コンソールを触って修正しなければなりませんが、サーバーが遠隔地にあるなど、気軽に触ることができない場合は、復旧不能になってしまう可能性もあります。

そこで有効なのが「netplan try」です。実行すると、設定を反映するものの、120秒以内に Enter が押されなかったときには自動で設定をロールバックするコマンドです。ネットワークの設定を失敗すると復旧が難しくなる遠隔地のサーバーなどで、試しに設定を反映してみたい場合に有効です。120秒以内に新しいIPアドレスでの接続に成功したら、改めて「netplan apply」するとよいでしょう。

▼コマンド6.24　netplan tryを実行する

```
$ sudo netplan try
Do you want to keep these settings?

Press ENTER before the timeout to accept the new configuration

Changes will revert in 110 seconds
```

――タイムアウト前に Enter を押すと変更が反映され、タイムアウトすると以前の設定に戻る

繰り返しになりますが、Ubuntuサーバーはインストール時のネットワーク設定をインストール後も引き継ぎます。そのため、サーバーに割り当てるIPアドレスが事前に決まっているのであれば、インストールの段階で設定することで、これらの設定作業を省略できます。

06.02.03 ネットワーク関連コマンド

● ip

ipコマンドは、ネットワークインターフェイスやルーティングテーブルなどの設定や確認を行うコマンドです。用途に合わせたサブコマンドを組み合わせて使います。

「ip link」もしくは省略して「ip l」で、ネットワークインターフェイスの一覧を表示します。

▼コマンド6.25　ip linkの実行結果

```
$ ip link
1: lo: <LOOPBACK,UP,LOWER_UP> mtu 65536 qdisc noqueue state UNKNOWN
mode DEFAULT group default qlen 1000
    link/loopback 00:00:00:00:00:00 brd 00:00:00:00:00:00
2: enp0s3: <BROADCAST,MULTICAST,UP,LOWER_UP> mtu 1500 qdisc pfifo_
fast state UP mode DEFAULT group default qlen 1000
    link/ether 08:00:27:fa:c4:6f brd ff:ff:ff:ff:ff:ff
```

「ip address」もしくは省略して「ip a」で、IPアドレスを表示します。

▼コマンド6.26　ip addressの実行結果

```
$ ip address
1: lo: <LOOPBACK,UP,LOWER_UP> mtu 65536 qdisc noqueue state UNKNOWN
group default qlen 1000
    link/loopback 00:00:00:00:00:00 brd 00:00:00:00:00:00
    inet 127.0.0.1/8 scope host lo
       valid_lft forever preferred_lft forever
    inet6 ::1/128 scope host noprefixroute
       valid_lft forever preferred_lft forever
2: enp0s3: <BROADCAST,MULTICAST,UP,LOWER_UP> mtu 1500 qdisc pfifo_
fast state UP group default qlen 1000
    link/ether 08:00:27:fa:c4:6f brd ff:ff:ff:ff:ff:ff
    inet 192.168.1.40/24 brd 192.168.1.255 scope global enp0s3
       valid_lft forever preferred_lft forever
    inet6 2405:6583:8580:3000:a00:27ff:fefa:c46f/64 scope global dyna
mic mngtmpaddr noprefixroute
       valid_lft 2591953sec preferred_lft 604753sec
    inet6 fe80::a00:27ff:fefa:c46f/64 scope link
       valid_lft forever preferred_lft forever
```

「ip route」もしくは省略して「ip r」で、ルートテーブルを表示します。

▼コマンド6.27　ip routeの実行結果

```
$ ip route
default via 192.168.1.1 dev enp0s3 proto static
192.168.1.0/24 dev enp0s3 proto kernel scope link src 192.168.1.40
```

その他の使い方については、「man ip」で確認してください。

ss

ソケットとは、プロセス間で通信を行うための仕組みです。ソケット同士を接続すると、片方のソケットに書き込んだデータは、相手側のソケットから出て行きます。ソケットによって通信が抽象化されるため、アプリケーションは下位のプロトコルを意識することなく、ソケットに対しての読み書きのみで通信が可能なのです。サーバーがサービスを公開して接続を待ち受ける際も、WebブラウザーがWebサーバーにアクセスする際も、内部的にはソケットが作成されています。

「ss -t」で、使用中のTCPソケットを表示します。

コマンド6.28 ss -tの実行結果

```
$ ss -t
State         Recv-Q         Send-Q                         Local Addre
ss:Port                            Peer Address:Port          Process
ESTAB         0              36                       [::ffff:192.168.1.11
6]:ssh                   [::ffff:192.168.1.107]:50250
ESTAB         0              0                         [::ffff:192.168.1.4
0]:ssh                   [::ffff:192.168.1.107]:50774
```

「ss -u」で、使用中のUDPソケットを表示します。

コマンド6.29 ss -uの実行結果

```
$ ss -u
Recv-Q                Send-Q                              Local Address:Po
rt                              Peer Address:Port              Process
0                     0                           192.168.1.174%enp0s3:bo
otpc                             192.168.1.9:bootps
```

「ss -l」で、待ち受け中のソケットを表示します。

コマンド6.30 ss -lの実行結果

```
$ ss -l
Netid   State    Recv-Q    Send-Q
Local Address:Port                        Peer Address:Port   Process
nl      UNCONN   0         0
rtnl:kernel                                    *
nl      UNCONN   0         0
rtnl:systemd-resolve/601                       *
```

```
nl      UNCONN   0        0
rtnl:systemd/1                              *
nl      UNCONN   0        0
rtnl:systemd-resolve/601                    *
nl      UNCONN   0        0
rtnl:systemd/1                              *
(...略...)
```

「ss -p」で、ソケットを使用しているプロセス名を表示します。ただし、このオプションを使うにはsudoが必要です。

▼コマンド6.31 ss -pの実行結果

```
$ sudo ss -p
Netid    State     Recv-Q    Send-Q
Local Address:Port                     Peer Address:Port    Process
u_str    ESTAB     0         0
/run/dbus/system_bus_socket 7693                                *
7692     users:(("dbus-daemon",pid=715,fd=15))
u_dgr    ESTAB     0         0
* 5073                                 * 3917     users:(("systemd-re
solve",pid=601,fd=3))
u_dgr    ESTAB     0         0
/run/systemd/notify 3896                               * 0
users:(("systemd",pid=1,fd=62))
(...略...)
```

また、これらのオプションは組み合わせて使うことも可能です。たとえば、TCPで接続を待ち受けているサービスを表示するには、次のように実行します。

▼コマンド6.32 ss -ltpの実行結果

```
$ sudo ss -ltp
State       Recv-Q      Send-Q          Local Address:Port
Peer Address:Port      Process
LISTEN      0           4096            127.0.0.53%lo:domain
0.0.0.0:*           users:(("systemd-resolve",pid=601,fd=15))
LISTEN      0           4096                127.0.0.54:domain
0.0.0.0:*           users:(("systemd-resolve",pid=601,fd=17))
LISTEN      0           4096                         *:ssh
*:*             users:(("sshd",pid=1051,fd=3),("systemd",pid=1,fd=134))
```

ping

「**06.02.01　ネットワークの確認**」で解説したように、pingはネットワークの疎通を確認するコマンドです。繰り返しになりますが、デフォルトでは[Ctrl]＋[C]が押されるまで指定したアドレスにpingを送り続けます。-cオプションでpingの回数を指定できます。

コマンド6.33　pingの実行結果

```
$ ping -c 4 192.168.1.1
PING 192.168.1.1 (192.168.1.1) 56(84) bytes of data.
64 bytes from 192.168.1.1: icmp_seq=1 ttl=255 time=0.569 ms
64 bytes from 192.168.1.1: icmp_seq=2 ttl=255 time=0.455 ms
64 bytes from 192.168.1.1: icmp_seq=3 ttl=255 time=1.40 ms
64 bytes from 192.168.1.1: icmp_seq=4 ttl=255 time=1.35 ms

--- 192.168.1.1 ping statistics ---
4 packets transmitted, 4 received, 0% packet loss, time 3024ms
rtt min/avg/max/mdev = 0.455/0.942/1.398/0.432 ms
```

host

WebサイトのURLやメールアドレスのドメインパートに、IPアドレスを直接指定することはほとんどないでしょう。数字の羅列であるIPアドレスは人間にとって扱いづらいため、意味のある**ドメイン名**を使うのが一般的だからです。しかし、TCP/IPでは、通信相手はIPアドレスを使って指定しなければなりません。そこで、ドメイン名からIPアドレスを求める仕組みが用意されています。これを**Domain Name System**（**DNS**）と呼び、ドメイン名からIPアドレスを調べることを**名前解決**と呼びます。hostは、引数に指定したドメイン名の名前解決を行うコマンドです。

コマンド6.34　hostの実行結果

```
$ host www.shuwasystem.co.jp          ← www.shuwasystem.co.jpを名前解決する
www.shuwasystem.co.jp is an alias for cdn.shuwasystem.hondana.jp.
cdn.shuwasystem.hondana.jp is an alias for cdn.01.server.hondana.jp.
cdn.01.server.hondana.jp has address 113.43.215.242
  ← いくつかのエイリアスを経由して、最終的に113.43.215.242というIPアドレスであることがわかる
```

デフォルトでは、hostコマンドはIPアドレスを保持する「Aレコード」を調べますが、任意のレコードタイプを指定することも可能です。-tオプションに続いて、調べたいレコードタイプを指定します。たとえば、gmail.comのMXレコード(メールの送信先を指定するレコード)を調べるには、次のように実行します。

▼コマンド6.35 host -tの実行結果

```
$ host -t MX gmail.com
gmail.com mail is handled by 30 alt3.gmail-smtp-in.l.google.com.
gmail.com mail is handled by 5 gmail-smtp-in.l.google.com.
gmail.com mail is handled by 40 alt4.gmail-smtp-in.l.google.com.
gmail.com mail is handled by 10 alt1.gmail-smtp-in.l.google.com.
gmail.com mail is handled by 20 alt2.gmail-smtp-in.l.google.com.
```

● hostnamectl

hostnamectlコマンドは、サーバー自身のホスト名の確認や変更を行うコマンドです。引数なしで実行すると、サーバーのホスト名に加え、マシンIDやOSの情報、ハードウェアのモデルなどが表示されます。

▼コマンド6.36 hostnamectlの実行結果

```
$ hostnamectl
 Static hostname: noble-server
       Icon name: computer-vm
         Chassis: vm
      Machine ID: 354f2f2e51704a1e8d6187a40794c7d5
         Boot ID: 8e29ffc4fc01477aab2eb7a4f37f6da3
  Virtualization: oracle
Operating System: Ubuntu 24.04 LTS
          Kernel: Linux 6.8.0-38-generic
    Architecture: x86-64
 Hardware Vendor: innotek GmbH
  Hardware Model: VirtualBox
Firmware Version: VirtualBox
   Firmware Date: Fri 2006-12-01
    Firmware Age: 17y 7month 2w 4d
```

ホスト名を変更するには、set-hostnameサブコマンドと、引数に新しいホスト名を指定します。なお、ホスト名の変更にはsudoが必要です。

コマンド6.37　hostnamectlでサーバーのホスト名を「ubuntu-server」に変更する

```
$ sudo hostnamectl set-hostname ubuntu-server
```

06.03 サービスの管理

06.03.01 Ubuntuサーバーにおけるサービス

サービスとは

シェルから実行したコマンドやGUIでユーザーが使用するアプリケーションなどは、必要なときにプログラムを実行してプロセスを起動し、仕事を終えるとそのプロセスは終了します。これに対し、OSが起動すると自動的に動き出し、バックグラウンドで動き続けるプロセスも存在します。こうしたプロセスを**サービス**や**デーモン**と呼びます。サーバーが提供するサービス（機能）は、サービス（プロセス）によって実現されています。たとえば、「**06.04　サーバーへのリモートログイン**」で解説するSSHサーバーも、SSHサーバーのプロセスがサービスとして常時起動しているいるため※6、ユーザーはいつでもサーバーにログインできるわけです。ほかにも、Webサーバー（「**08.02　Nextcloudサーバーの構築**」参照）やメールサーバー（「**08.01　送信専用メールサーバーの構築**」参照）なども、それぞれの機能を提供するプログラムをサービスとして動かすのが一般的です。

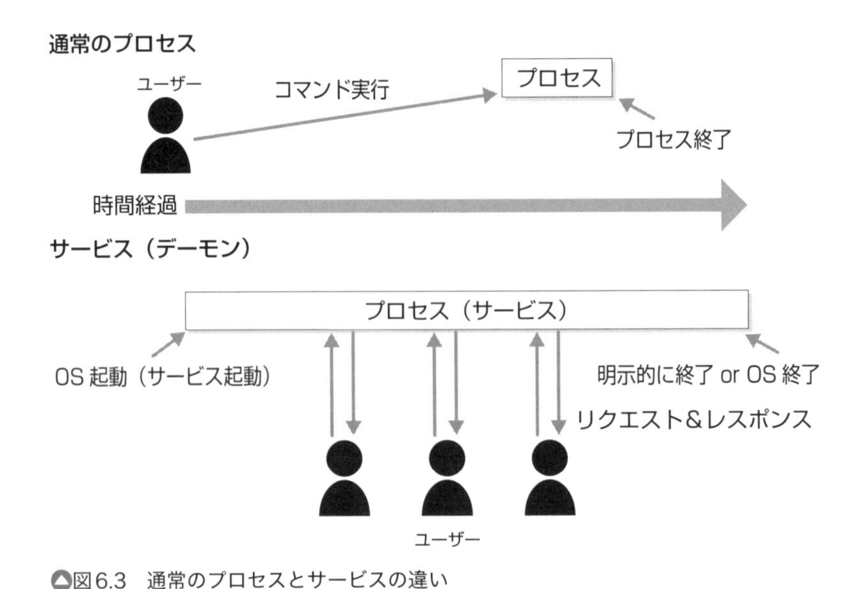

△図6.3　通常のプロセスとサービスの違い

※6　Ubuntu 24.04の場合、SSHサーバーへの接続はsystemdが待ち受けているため、厳密にいえばSSHサーバーは常時起動しているわけではありません。

systemdとは

「**04.03.01　プロセス**」で述べたように、Linuxではカーネルが起動すると、まず最初に「init」と呼ばれる特別なプロセスが起動します。initはほかのすべてのプロセスの親となるプロセスで、Linuxにおいて一番最初に起動されるサービスでもあります。OSの起動時にサービスを起動したり、OS終了時にサービスをシャットダウンする処理も、initによって行われています。

initというのはソフトウェアの固有名詞ではなく機能名であり、initとしての機能を提供するさまざまな実装が存在しています。Ubuntuでは、バージョン6.10からバージョン14.10までは「Upstart」と呼ばれるinitが採用されていました。そしてバージョン15.04から現在まで、「systemd」と呼ばれるソフトウェアが採用されています。

もともとsystemdは、従来の基本的なinitプロセスを置き換えることを目的としていたソフトウェアでした。しかし現在では、イベントログの記録、デバイスマネージメント、ネットワーク設定の管理、ネットワークの名前解決、ユーザーセッションの管理、仮想コンソール、イベントを制御するタイマーなど、さまざまな機能を提供しているソフトウェア群となっています。systemdは、現在ではUbuntu以外にもさまざまなLinuxディストリビューションで採用されている、主流のinitとなっています。

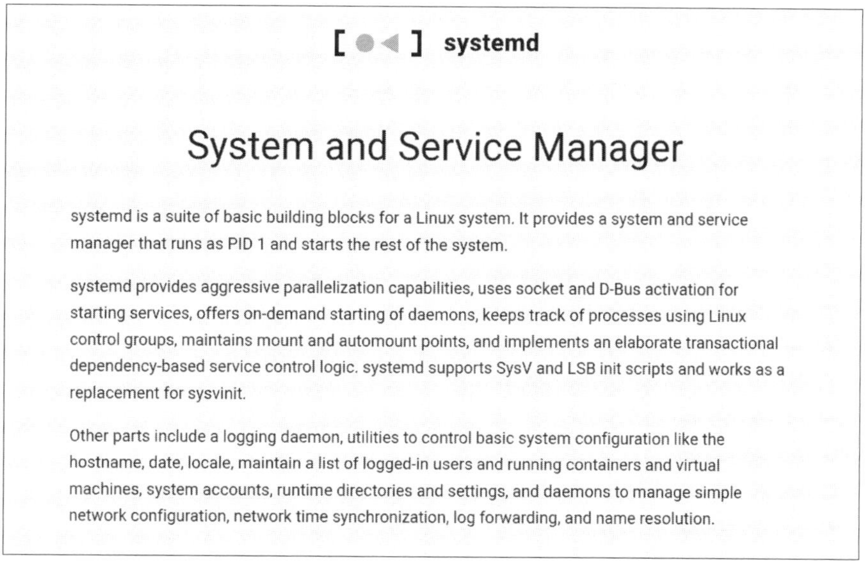

[ ] systemd

System and Service Manager

systemd is a suite of basic building blocks for a Linux system. It provides a system and service manager that runs as PID 1 and starts the rest of the system.

systemd provides aggressive parallelization capabilities, uses socket and D-Bus activation for starting services, offers on-demand starting of daemons, keeps track of processes using Linux control groups, maintains mount and automount points, and implements an elaborate transactional dependency-based service control logic. systemd supports SysV and LSB init scripts and works as a replacement for sysvinit.

Other parts include a logging daemon, utilities to control basic system configuration like the hostname, date, locale, maintain a list of logged-in users and running containers and virtual machines, system accounts, runtime directories and settings, and daemons to manage simple network configuration, network time synchronization, log forwarding, and name resolution.

図6.4　systemdのWebページ
https://systemd.io/

06.03.02 systemctlによるサービスの制御

systemctlコマンドとは

systemdはさまざまな管理対象を「ユニット」という単位で管理しています。ユニットには、サービスを管理するサービスユニットを始めとして、マウントユニット、タイマーユニット、デバイスユニット、ターゲットユニット、ソケットユニットなどが存在します。ユニットごとに、「ユニットファイル」と呼ばれる設定ファイルが用意されており、その中でもサービスユニットは拡張子が「.service」となっているユニットファイルで管理します。

そして、systemdを管理するための基本となるのが、systemctlコマンドです。systemctlコマンドを使うと、任意のユニットにさまざまな命令を送信できます。サービスの起動や終了、状態の確認、有効化、ユニットファイルの一覧表示など、非常に多くの機能が用意されているため、詳しくはマニュアルを参照してください。「**05.01.03 サーバーの再起動とシャットダウン**」で解説したシステムの再起動やシャットダウンも、その実体はsystemctlコマンドが担っています。

systemctl start ／ stop ／ restart

systemctlコマンドは、サブコマンドで動作を指定して使います。その中でも使用頻度が高いサブコマンドは、サービスの起動、停止、再起動を行う「start ／ stop ／ restart」です。引数に対象となるサービスのユニット名を指定して実行します。

▽コマンド6.38 systemctlによるサービスの起動、停止、再起動

```
$ sudo systemctl start nginx.service    ← nginx Webサーバーを起動する
$ sudo systemctl stop nginx.service     ← nginx Webサーバーを停止する
$ sudo systemctl restart nginx.service  ← nginx Webサーバーを再起動する
```

systemctl reload

サービスの設定の読み込みを行うのが「reload」です。サービス固有の設定ファイル（SSHサーバーであれば/etc/ssh/sshd_configなど）を変更した場合に、サービスにその変更を反映するために使用します。ただし、対応していないサービスも存在するため、注意してください。

コマンド6.39 systemctlによる設定の読み込み

```
$ sudo systemctl reload nginx.service
```
nginx Webサーバーに設定を再読み込みさせる

systemctl enable / disable

サービスの有効化と無効化を行うのが「enable / disable」です。OSが起動するとインストールされているサービスも自動的に起動されますが、無効化してサービスを起動しないようにすることが可能です。メンテナンスなどの都合でサービスを一時的に機能を停止しておきたいような場合に有効です。注意点としては、enable / disableは、あくまでも「OSの起動後に自動的にサービスを起動するかどうか」の設定であり、現在のプロセスの状態には影響を与えないということです※7。したがって、disableにしたとしても、現在起動中のサービスは停止しません。また、disableになっていたとしても、手動で起動することを妨げるものではありません。同様に、enableにしたとしても、明示的にstartするか、OSを再起動するまでサービスは起動しません。もちろん、enableになっているサービスを手動で停止することも可能です。

コマンド6.40 systemctlによるサービスの有効化と無効化

```
$ sudo systemctl enable nginx.service
$ sudo systemctl disable nginx.service
```
enable: OS起動時にnginx Webサーバーを自動的に起動させる
disable: OS起動時にnginx Webサーバーを自動的に 起動させない

systemctl status

システム全体、ないしは特定のユニットに関する状態を表示するのが「status」です。引数を指定せずに実行すると、**コマンド6.41**に示すようにシステム全体の情報を表示します。このサブコマンドはシステムへの変更操作を伴わないため、sudoなしで実行できます。

※7 enableとdisableには、「--now」というオプションが用意されています。このオプションを指定すると、サービスを有効にするのと同時に起動させたり、無効にするのと同時に停止させたりできます。

▼コマンド6.41 引数なしのsystemctl statusの実行結果

```
$ systemctl status
● noble-server
    State: running
    Units: 446 loaded (incl. loaded aliases)
     Jobs: 0 queued
   Failed: 0 units
    Since: Sat 2024-07-20 04:46:18 UTC; 38min ago
  systemd: 255.4-1ubuntu8
   CGroup: /
           ├─init.scope
           │ └─1 /sbin/init
           ├─system.slice
           │ ├─ModemManager.service
           │ │ └─787 /usr/sbin/ModemManager
           │ ├─cron.service
           │ │ └─835 /usr/sbin/cron -f -P
(...略...)
```

ユニット名を引数に指定すると、そのユニットに関する情報と、最新のジャーナル(「**06.03.03 journalctlによるログの確認**」参照)のログが表示されます。

▼コマンド6.42 ユニットを指定したsystemctl statusの実行結果

```
$ systemctl status nginx.service
● nginx.service - A high performance web server and a reverse proxy
server
     Loaded: loaded (/usr/lib/systemd/system/nginx.service; enabled;
preset: enabled)
     Active: active (running) since Sat 2024-07-20 05:29:52 UTC;
4min 55s ago
       Docs: man:nginx(8)
   Main PID: 1905 (nginx)
      Tasks: 3 (limit: 4594)
     Memory: 2.5M (peak: 4.4M)
        CPU: 36ms
     CGroup: /system.slice/nginx.service
             ├─1905 "nginx: master process /usr/sbin/nginx -g daem
on on; master_process on;"
```

```
             ├─1976 "nginx: worker process"
             └─1977 "nginx: worker process"

Jul 20 05:29:52 noble-server systemd[1]: Starting nginx.service - A high performance web server and a reverse proxy server...
Jul 20 05:29:52 noble-server systemd[1]: Started nginx.service - A high performance web server and a reverse proxy server.
```

最初に表示されるドット(●)は、ユニットの状態を色と形状によってわかりやすく表しています。サービスの稼動中は緑色のドット、停止中は白い丸(○)、エラー発生時は赤いバツ(×)で表示されます。

「loaded」はユニットがメモリにロードされていることを、続く「enabled」はサービスが有効化されていることを表しています。当然ですが、サービスが無効化されている場合は「disabled」と表示されます。

「Active」には、現在の状態が表示されています。稼働中は「active」、停止中は「inactive」、設定ファイルのエラーなどで起動に失敗したような場合は「failed」と表示されます。

systemctl list-units/list-unit-files

ユニットの一覧を表示するのが「list-units」です。このサブコマンドは、現在実行中のユニットのみを表示します。

▼コマンド6.43 ユニットの一覧を表示する

```
$ systemctl list-units
  UNIT
LOAD   ACTIVE SUB       DESCRIPTION                 >
  proc-sys-fs-binfmt_misc.automount
loaded active running   Arbitrary Executable File F>
  sys-devices-pci0000:00-0000:00:01.1-ata2-host1-target1:0:0-1:0:0:0-block-sr0.device       loaded active plugged   VBOX_CD-ROM
  sys-devices-pci0000:00-0000:00:03.0-net-enp0s3.device
loaded active plugged   82540EM Gigabit Ethernet Co>
  sys-devices-pci0000:00-0000:00:05.0-sound-card0-controlC0.device
loaded active plugged   /sys/devices/pci0000:00/000>
  sys-devices-pci0000:00-0000:00:0d.0-ata3-host2-target2:0:0-2:0:0:0-block-sda-sda1.device  loaded active plugged   VBOX_HARDDISK 1
  sys-devices-pci0000:00-0000:00:0d.0-ata3-host2-target2:0:0-2:0:0:0-
```

```
block-sda-sda2.device  loaded active plugged   VBOX_HARDDISK 2
(...略...)
```

「list-unit-files」は、インストールされているすべてのユニットファイルの一覧を表示します。

▼コマンド6.44 インストールされているユニットファイルの一覧を表示する

```
UNIT FILE                          STATE          PRESET
proc-sys-fs-binfmt_misc.automount  static         -
-.mount                            generated      -
boot-efi.mount                     generated      -
boot.mount                         generated      -
dev-hugepages.mount                static         -
dev-mqueue.mount                   static         -
proc-sys-fs-binfmt_misc.mount      disabled       disabled
(...略..)
```

06.03.03 journalctlによるログの確認

サーバーにおけるログの重要性

ログとは、システム上で何が起きたのかの記録です。たとえば、Webサーバーにいつどこからアクセスがあったかや、メールサーバーが誰にメールを送ったかといった情報は、ログとして記録されています。ログは、プロセスによっては標準出力に流すだけのこともありますが、通常は専用のテキストファイルに保存します。これを**ログファイル**と呼び、Linuxの場合は/var/logディレクトリ以下に集約されています。

サーバーにおいて、ログの保全はとても重要です。なぜなら、サーバーがきちんと動作しているかを確認したり、想定通りに動いていないときにはその原因究明に活用したりと、ログは問題解決の重要な手がかりとなるからです。というのは控え目な表現で、ログがないと何が起きたのかを把握することができないため、トラブルシューティングは事実上不可能になるといっても過言ではありません。特に、不正アクセスや情報漏洩のようなインシデントが発生した際、異常に気付き、いち早く被害状況を確認したり、事後処理を行ったりするためにも、ログの精査は必要不可欠です。

サイバー犯罪の調査においてもログは重要な情報です。それゆえ、「通信履歴の電磁的記録の保全要請」という制度があり、令状による差し押さえの前段階でもログを消去しないように要求できる仕組みになっているほどです。この際の保全要請の期間は90日を上限としているため、どのようなサービスでも最低限その程度の期間はログを保存しておく必要があるでしょう。また、ログは機密情報を含むため、取り扱いには十分注意しなければなりません。

journalctlコマンドとは

Ubuntuでは、システムのログを収集するため「systemd-journald」というサービスが動いています。systemd-journaldが集めたログ(ジャーナル)を閲覧するためのコマンドが、journalctlです。

なお、デフォルトでは、ユーザーは自分のジャーナルしか見ることはできません。システム関連のログを見るにはsudoが必要となる場合もあります。

すべてのログを表示する

「journalctl -b」で、起動時からのすべてのログを表示できます。

コマンド6.45 すべてのログを表示する

```
$ journalctl -b
Aug 18 13:55:17 ubuntu-server kernel: Linux version 5.15.0-46-generic
(buildd@lcy02-amd64-115) (gcc (Ubuntu 11.2.0-19ubuntu1) 11.2.0, GNU
ld (G>
Aug 18 13:55:17 ubuntu-server kernel: Command line: BOOT_IMAGE=/
vmlinuz-5.15.0-46-generic root=/dev/mapper/ubuntu--vg-ubuntu--lv ro
Aug 18 13:55:17 ubuntu-server kernel: KERNEL supported cpus:
Aug 18 13:55:17 ubuntu-server kernel:   Intel GenuineIntel
Aug 18 13:55:17 ubuntu-server kernel:   AMD AuthenticAMD
Aug 18 13:55:17 ubuntu-server kernel:   Hygon HygonGenuine
Aug 18 13:55:17 ubuntu-server kernel:   Centaur CentaurHauls
Aug 18 13:55:17 ubuntu-server kernel:   zhaoxin   Shanghai
(...略...)
```

カーネルのログを表示する

「journalctl -k」で、カーネルのログに絞って表示できます。

コマンド6.46 カーネルのログのみを表示する

```
$ journalctl -k
(...略...)
Jul 20 05:27:15 noble-server kernel: Run /init as init process
Jul 20 05:27:15 noble-server kernel:   with arguments:
Jul 20 05:27:15 noble-server kernel:     /init
Jul 20 05:27:15 noble-server kernel:   with environment:
Jul 20 05:27:15 noble-server kernel:     HOME=/
Jul 20 05:27:15 noble-server kernel:     TERM=linux
Jul 20 05:27:15 noble-server kernel:     BOOT_IMAGE=/vmlinuz-6.8.0-
38-generic
(...略...)
```

メッセージカタログを表示する

メッセージカタログが存在した場合は、「journalctl -x」で追加表示ができます。メッセージカタログとはログの追加テキストのことで、多くの場合はそのログの意味や、対処方法などのヘルプが書かれています。

コマンド6.47 メッセージカタログを表示する

```
$ journalctl -x
(...略...)
Jul 20 04:11:16 noble-server systemd-journald[331]: Journal started
░░ Subject: The journal has been started
░░ Defined-By: systemd
░░ Support: http://www.ubuntu.com/support
░░
░░ The system journal process has started up, opened the journal
░░ files for writing and is now ready to process requests.
(...略...)
```

特定サービスのログだけを表示する

systemdではサービス管理とログ管理が統合されているため、journalctlはユニット単位でログをフィルタできます。「journalctl -u」の引数にユニット名を指定すると、特定のユニットのログだけを表示できます。

コマンド6.48 特定のユニットのログだけを表示する

```
$ journalctl -u nginx.service
Jul 20 05:28:14 noble-server systemd[1]: Starting nginx.service - A high performance web server and a reverse proxy server...
Jul 20 05:28:14 noble-server systemd[1]: Started nginx.service - A high performance web server and a reverse proxy server.
Jul 20 05:28:59 noble-server systemd[1]: Stopping nginx.service - A high performance web server and a reverse proxy server...
Jul 20 05:28:59 noble-server systemd[1]: nginx.service: Deactivated successfully.
(...略...)
```

また、「journalctl _PID=プロセスID」とすると、特定のプロセスのログだけを表示できます。

範囲を絞ってログを表示する

サーバーの異常を調査するようなときは、すべてのログを順に読むのではなく、異常が発生した前後に絞ってログを調査するのが効果的です。「journelctl -S 開始日時 -U 終了日時」とすることで、ログの範囲を時系列で絞り込めます。開始日時と終了日時は両方指定することも、どちらか片方だけを指定することもできます。

コマンド6.49 ログを日時で絞り込む

```
$ journalctl -S "2024-08-18 14:00:00" -U "2024-08-18 14:01:00"
        ──── 2024年8月18日の14時00分から14時01分までのログに絞って表示する
Aug 18 14:00:25 ubuntu-server systemd[1]: Starting Download data for packages that failed at package install time...
Aug 18 14:00:25 ubuntu-server systemd[1]: update-notifier-download.service: Deactivated successfully.
Aug 18 14:00:25 ubuntu-server systemd[1]: Finished Download data for packages that failed at package install time.
Aug 18 14:00:27 ubuntu-server dbus-daemon[652]: [system] Activating
```

```
via systemd: service name='org.freedesktop.timedate1' unit='dbus-org.freede>
Aug 18 14:00:27 ubuntu-server systemd[1]: Starting Time & Date Service...
Aug 18 14:00:27 ubuntu-server dbus-daemon[652]: [system] Successfully activated service 'org.freedesktop.timedate1'
Aug 18 14:00:27 ubuntu-server systemd[1]: Started Time & Date Service.
Aug 18 14:00:28 ubuntu-server snapd[662]: storehelpers.go:722: cannot refresh: snap has no updates available: "core20", "lxd", "snapd"
Aug 18 14:00:28 ubuntu-server snapd[662]: autorefresh.go:539: auto-refresh: all snaps are up-to-date
Aug 18 14:00:57 ubuntu-server systemd[1]: Starting Ubuntu Advantage Timer for running repeated jobs...
Aug 18 14:00:57 ubuntu-server systemd[1]: systemd-timedated.service: Deactivated successfully.
Aug 18 14:00:57 ubuntu-server systemd[1]: ua-timer.service: Deactivated successfully.
Aug 18 14:00:57 ubuntu-server systemd[1]: Finished Ubuntu Advantage Timer for running repeated jobs.
```

ログを監視する

「journalctl -f」でログを継続的に監視できます。このコマンドを実行すると、ログを表示した後、プロンプトに戻らず待機状態となり、新しく追加されたログをリアルタイムに表示します。たとえば、ターミナル上でカーネルのログを監視し、ファイアウォールの動作状況をリアルタイムにチェックするといった際に便利です。

コマンド6.50　nginxのログを監視する

```
$ journalctl -f -u nginx.service
```

ログをJSON形式で出力する

JSONとは、テキストベースのデータ記述言語です。「JavaScript Object Notation」の略ですが、プログラミング言語を問わず利用できるため、最近ではWebアプリケーションのデータのやりとりなどに広く利用されています。

「journalctl --output json」で、ログをJSON形式で出力できます。JSONは、人間にとっては読みづらい部分もありますが、プログラム的には加工しやすいため、ツールでログの特定のフィールドを抜き出して集計するといった処理を行いたい場合はJSON形式で出力すると便利です。

▼コマンド6.51　ログをJSON形式で出力する

```
$ journalctl --output json
{"_TRANSPORT":"kernel","__REALTIME_TIMESTAMP":"1721448676661965","SYS
LOG_IDENTIFIER":"kernel","__CURSOR":"s=5e276678672d4d6d9854819421596f
bf;i=>
{"__SEQNUM_ID":"5e276678672d4d6d9854819421596fbf","_TRANSPORT":"kern
el","_SOURCE_MONOTONIC_TIMESTAMP":"0","__SEQNUM":"619","SYSLOG_FACILI
TY":"0>
{"_SOURCE_MONOTONIC_TIMESTAMP":"0","_TRANSPORT":"kernel","SYSLOG_FACI
LITY":"0","_MACHINE_ID":"354f2f2e51704a1e8d6187a40794c7d5","SYSLOG_ID
ENTIF>
(...略...)
```

06.04 サーバーへのリモートログイン

06.04.01 OpenSSHの活用

SSHとは

SSHとは、「Secure Shell(セキュアシェル)」の略称で、クライアントとサーバー間でセキュアな暗号通信を実現するためのアプリケーション層の通信プロトコルの名称です。あくまでもプロトコルなので、SSHはさまざまな用途に使えますが、主な用途はサーバーへのリモートログインです。

そもそもサーバーは机上にあるPCとは異なり、その本体はサーバールームやデータセンターに設置されており、通常はコンソールに直接触れることはできません。特にクラウドやVPSであれば、ハードウェアに直接触ることは絶対にできません。また、仮にサーバーに直接触れることができるとしても、日本語が表示できず、スクロールバックやマウスによるコピー&ペーストもできない仮想コンソールは使い勝手が悪すぎます。そこで、遠隔地からターミナルエミュレーターを使い、SSHでリモートログインして操作するのが一般的です。

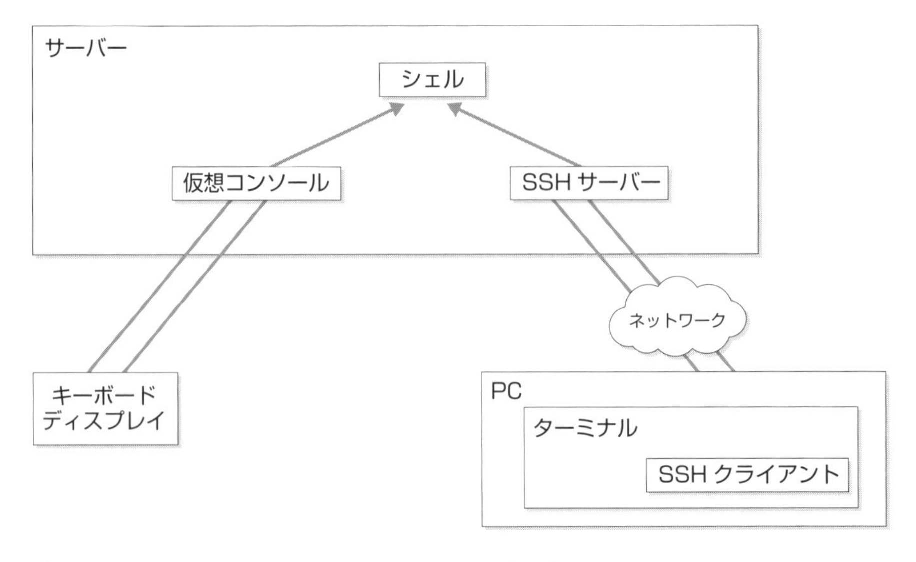

図6.5 仮想コンソールとSSHによるリモート接続の違い

ちなみに、「Telnet」と呼ばれるプロトコルもあります。Telnetもターミナルとサーバーをネットワークを経由して接続するための仕組みで、サーバーにリモートログインする用途で古くから使われてきました。しかし、Telnetはログインパスワードも含めて、すべての通信が暗号化されません。こうしたセキュリティ上の理由により、現在ではルーターなどのネットワーク機器にターミナルを直接つないでメンテナンスするなどの用途に限定されており、インターネット上で使われることはほとんどありません。

OpenSSHサーバーのインストール

Ubuntuを始めとした多くのLinuxディストリビューションでは「OpenSSH」と呼ばれるSSH実装を採用しています。SSHでは、ログインされる(操作される)側でSSHサーバーを動かし、それに対して、操作する(サーバーに接続してログインする)側がSSHクライアントを使って接続します。したがって、遠隔操作の対象となるUbuntuサーバーに、OpenSSHサーバーをインストールしておきます。Ubuntuではopenssh-serverパッケージをインストールするだけです。

ここでは解説の都合上、手動でインストールしていますが、通常はサーバーのインストール時にあわせてインストールしてしまうことをお勧めします(「05.01.01　Ubuntuサーバーのインストール」参照)。

コマンド6.52　OpenSSHサーバーのインストール

```
$ sudo apt install -y openssh-server
```

SSHクライアントの紹介

SSHサーバーに接続するためには、SSHクライアントが必要です。LinuxにおけるSSHクライアントとして最も一般的なのが、OpenSSHのクライアントであるsshコマンドです。Ubuntuではopenssh-clientパッケージに含まれており、デスクトップ版／サーバー版ともにデフォルトでインストールされています。sshコマンドは、Ubuntuだけでなく、macOSやWindowsにも同じものが標準で搭載されているため、基本的な使い方を覚えておくと便利です。

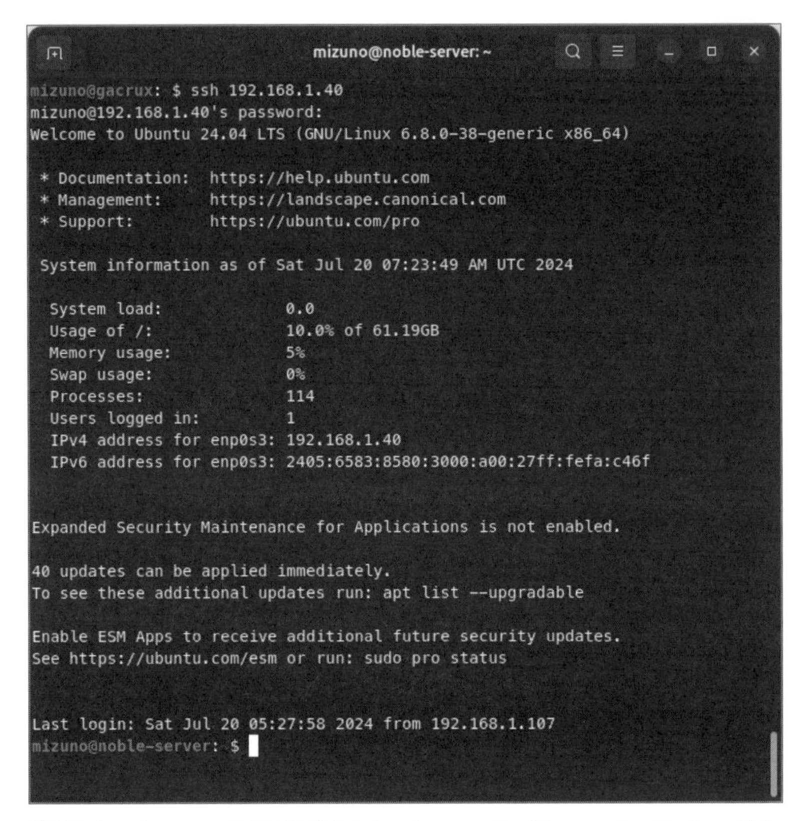

図6.6 UbuntuのGNOME端末からsshコマンドでUbuntuサーバーにログイン

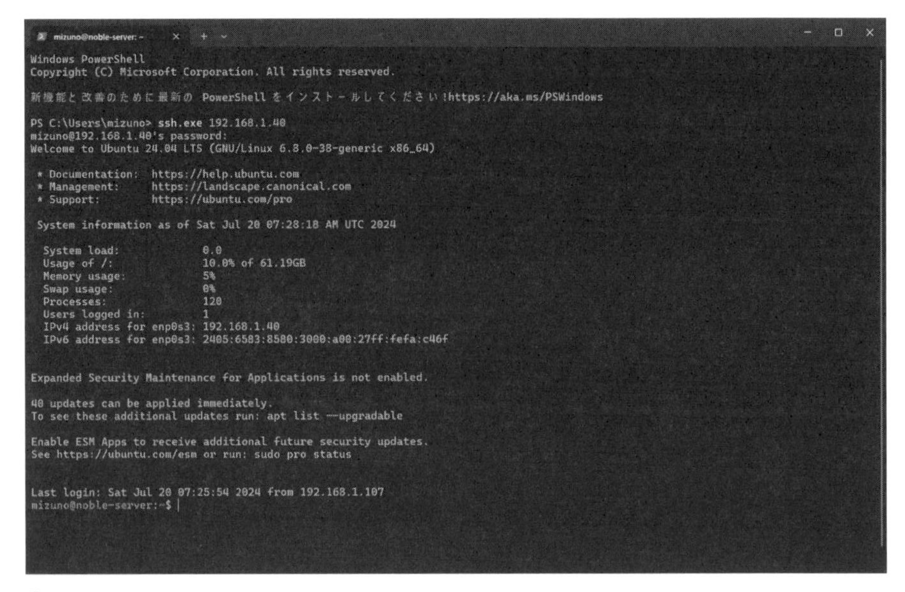

図6.7 WindowsのPowerShell上からsshコマンドでUbuntuサーバーにログイン

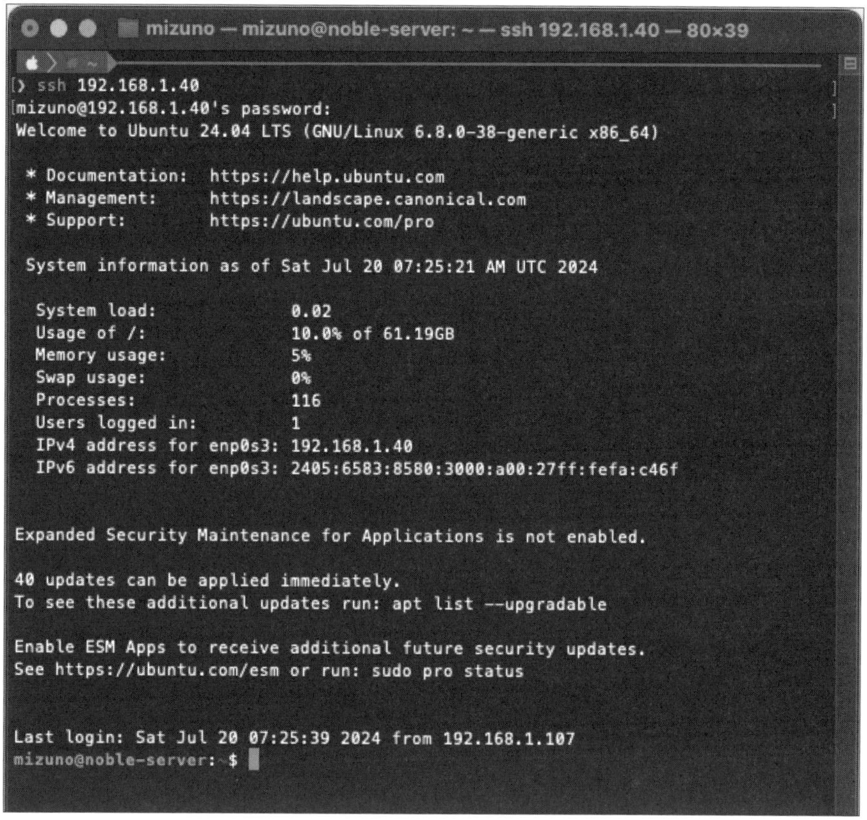

```
mizuno — mizuno@noble-server: ~ — ssh 192.168.1.40 — 80×39
❯ ssh 192.168.1.40
mizuno@192.168.1.40's password:
Welcome to Ubuntu 24.04 LTS (GNU/Linux 6.8.0-38-generic x86_64)

 * Documentation:  https://help.ubuntu.com
 * Management:     https://landscape.canonical.com
 * Support:        https://ubuntu.com/pro

 System information as of Sat Jul 20 07:25:21 AM UTC 2024

  System load:             0.02
  Usage of /:              10.0% of 61.19GB
  Memory usage:            5%
  Swap usage:              0%
  Processes:               116
  Users logged in:         1
  IPv4 address for enp0s3: 192.168.1.40
  IPv6 address for enp0s3: 2405:6583:8580:3000:a00:27ff:fefa:c46f


Expanded Security Maintenance for Applications is not enabled.

40 updates can be applied immediately.
To see these additional updates run: apt list --upgradable

Enable ESM Apps to receive additional future security updates.
See https://ubuntu.com/esm or run: sudo pro status


Last login: Sat Jul 20 07:25:39 2024 from 192.168.1.107
mizuno@noble-server:~$
```

図6.8　macOSのターミナル上からsshコマンドでUbuntuサーバーにログイン

SSHクライアントは、あくまでもサーバーにログインするための道具で、実際に操作するのはサーバー上のシェルです。したがって、どのようなクライアントを使っても、実行できるコマンドやその結果は同一です。Windows向けには、ターミナルと一体になったGUIのSSHクライアントも多数存在します。こうした専用のアプリケーションを使ってもよいでしょう。Windows向けでは「PuTTY」※8や「RLogin」※9などが有名です。

※8　https://www.putty.org/
※9　https://kmiya-culti.github.io/RLogin/

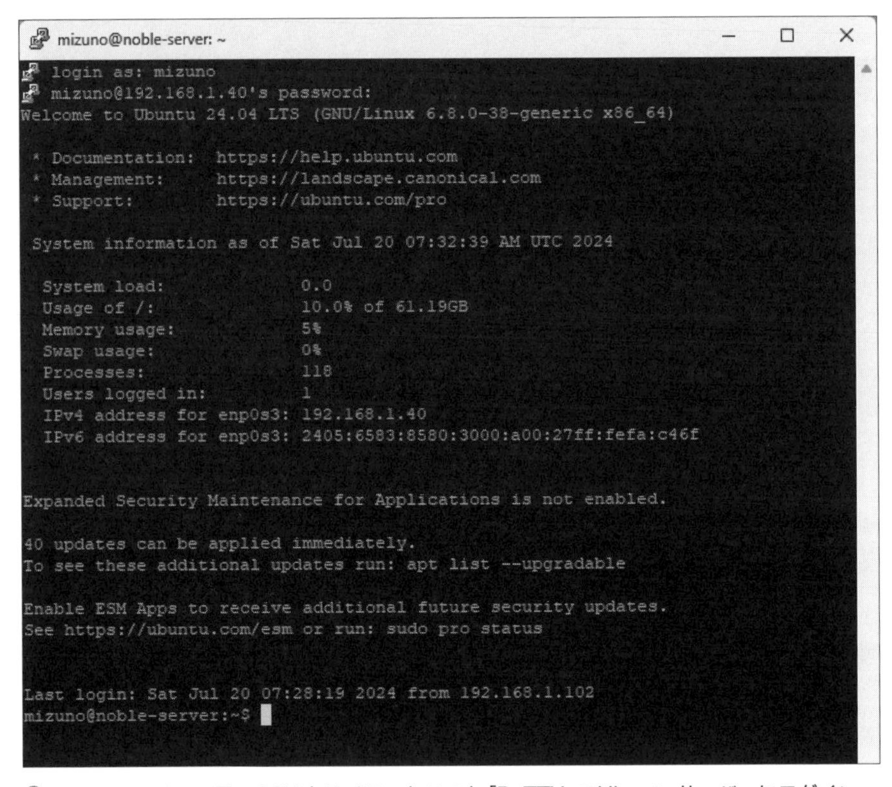

図6.9　Windows用のSSHクライアントソフト「PuTTY」でUbuntuサーバーにログイン

本書では、基本的にUbuntuのGNOME端末からsshコマンドを使うことを前提に解説しますが、ログイン後の操作にクライアントによる違いはありません。

他環境からのリモートログイン

sshコマンドは、サーバーのログインに使うユーザー名と、接続するサーバーのアドレスを指定して使います。たとえば、IPアドレスが「192.168.1.20」のサーバーに、「mizuno」ユーザーでログインする場合は、次のように実行します。

コマンド6.53　SSHによるリモートログイン

```
$ ssh -l mizuno 192.168.1.20
```

ユーザー名とサーバーのアドレスは「@」で区切って、次のように指定することもできます。-lオプションが不要となる上、メールアドレスと同じ形式なので、こちらのほうが覚えやすいでしょう。

▼コマンド6.54 メールアドレスと同じ形式でユーザー名を指定

```
$ ssh mizuno@192.168.1.20
```

また、sshコマンドを実行する環境に現在ログインしているユーザー名と、接続先のユーザー名が同一の場合は、ユーザー名を省略できます。

▼コマンド6.55 ユーザー名を省略してログイン

```
$ whoami ──── 現在ログインしているユーザー名はmizuno
mizuno

$ ssh 192.168.1.20 ──── サーバーのログインに使うユーザー名もmizunoであれば省略可能
```

SSHサーバーは、それぞれ個別の「ホスト鍵」を持っています。SSHクライアントは一度接続したサーバーのホスト鍵を保存しており、次回以降の接続時は、サーバーが通知する鍵と自分が保存している鍵を比較して、接続先のサーバが正当なものかどうかを判断しています。これにより、偽物のサーバーに誘導されるといった攻撃を防ぐことができるわけです。

しかし、初回接続時は正しいサーバーであるかの確認が自動的には行えないため、次のような確認プロンプトが表示されます。ここで「ED25519 key fingerprint ～」と表示されているのが、そのホスト鍵のハッシュ値です。一般的には、サーバーの管理者から正しいハッシュ値が事前に伝えられているはずなので、ハッシュ値に相違がないかを確認した上で「yes」と入力して Enter を押します。その後、サーバーのパスワードが要求されるので、正しいパスワードを入力してサーバーにログインします。以降は、サーバーのコンソールと同様に、サーバー上のシェルでコマンドを実行できます。

▼コマンド6.56 SSHサーバーへの初回ログインの例

```
$ ssh 192.168.1.20
The authenticity of host '192.168.1.20 (192.168.1.20)' can't be estab
lished.
ED25519 key fingerprint is SHA256:Mt4g3tmNBV9tXWs00v8MHghVc47t9PxOBgq
trNURjtg. ──── サーバーのホスト鍵のハッシュ値が表示されるので、これを手がかりに
               正しいサーバーであることを確認する
This key is not known by any other names
Are you sure you want to continue connecting (yes/no/[fingerprint])?
```

```
yes ───── 正しいサーバーであることが確認できたらyesと入力して[Enter]を押す
Warning: Permanently added '192.168.1.20' (ED25519) to the list of kn
own hosts. ─ 192.168.1.20のサーバーのホスト鍵がknown_hostsファイルに追加された
mizuno@192.168.1.20's password: ───── サーバーのパスワードが要求される

(...略...)

$ ───── ログインが成功すると、サーバーのシェルのプロンプトが表示される
```

Column サーバーのホスト鍵の調べ方

自分がサーバー管理者である場合は、サーバー上で次のコマンドを実行して、ホスト鍵のハッシュ値を調べることができます。なお、ここではED25519形式の鍵のハッシュ値を調べていますが、Ubuntu 24.04 LTSの場合、ほかにもRSA形式とECDSA形式の鍵が作成されています。それぞれ「ssh_host_形式_key.pub」というファイル名となっているので、異なる形式の鍵を使っている場合は、適宜読み替えてください。

▼サーバーのホスト鍵のハッシュ値を表示する

```
$ ssh-keygen -l -f /etc/ssh/ssh_host_ed25519_key.pub
256 SHA256:Mt4g3tmNBV9tXWs00v8MHghVc47t9PxOBgqtrNURjtg root@noble-server
(ED25519)
```

Column

前回接続時とサーバーのホスト鍵が異なっていた場合

サーバーが通知してきたホスト鍵と、クライアントが保存している鍵が異なっていた場合、中間者攻撃などの可能性があるため、クライアントは次のような警告を発して接続を拒否します。ホスト鍵が変更されたかどうかなど、サーバー管理者に問い合わせてください。

```
$ ssh 192.168.1.20
@@@@@@@@@@@@@@@@@@@@@@@@@@@@@@@@@@@@@@@@@@@@@@@@@@@@@@@@@@@
@    WARNING: REMOTE HOST IDENTIFICATION HAS CHANGED!     @
@@@@@@@@@@@@@@@@@@@@@@@@@@@@@@@@@@@@@@@@@@@@@@@@@@@@@@@@@@@
IT IS POSSIBLE THAT SOMEONE IS DOING SOMETHING NASTY!
Someone could be eavesdropping on you right now (man-in-the-middle attack)!
It is also possible that a host key has just been changed.
The fingerprint for the ED25519 key sent by the remote host is
SHA256:Mt4g3tmNBV9tXWs00v8MHghVc47t9PxOBgqtrNURjtg.
Please contact your system administrator.
Add correct host key in /home/mizuno/.ssh/known_hosts to get rid of this message.
Offending ECDSA key in /home/mizuno/.ssh/known_hosts:106
  remove with:
  ssh-keygen -f '/home/mizuno/.ssh/known_hosts' -R '192.168.1.20'
Host key for 192.168.1.20 has changed and you have requested strict checking.
Host key verification failed.
```

よくあるのが、自分が管理しているサーバーを再インストールした場合です。再インストールによってホスト鍵が作り直されるため、クライアントが別のサーバーと認識してしまうわけです。このような場合は、クライアントが保存している古いホスト鍵を破棄してしまいましょう。過去に接続したサーバーのホスト鍵は、ホームディレクトリの「~/.ssh/known_hosts」に保存されています。テキストエディタで該当行を削除してもよいのですが、上記の警告メッセージにも表示されている通り、ssh-keygen コマンドを使うのがスマートです。たとえば、「192.168.1.20」の IP アドレスで接続したサーバーのホスト鍵を削除するには、次のようにコマンドを実行します（known_hosts ファイルのパスは適宜読み替えてください）。

```
$ ssh-keygen -f "/home/mizuno/.ssh/known_hosts" -R "192.168.1.20"
```

SSHによるファイル転送

サーバーを運用していると、クライアントからサーバーへとファイルをアップロードしたい、あるいはその逆に、サーバーからファイルをダウンロードしたいといったことがよくあります。SSHは、サーバーへのリモートログインだけではなく、セキュアな通信経路を使って、クライアントとサーバーの間で安全にファイルをコピーすることもできます。SSHサーバーさえ動作していれば使えるため、別途ファイル転送用にFTPサーバーなどを用意する必要がないのもメリットです。

SSHによるファイルの転送方法には**SCP**と**SFTP**があり、それぞれscpコマンドとsftpコマンドを使います。

scpコマンドは、次のようにコピー元とコピー先のパスを指定して実行します。サーバー上のファイルを指定する場合は、パスの前に「ユーザー名@サーバーのアドレス:」を付けるところがポイントです。scpコマンドには、sshコマンドの-lオプションに相当するオプションが存在しないため、「ユーザー名@サーバーのアドレス」の形式でユーザー名を指定する必要があります。また、コピー元がディレクトリで、中身を再帰的にコピーしたい場合は、-rオプションを付けます。

▼コマンド6.57 scpコマンドの書式

```
$ scp コピー元のパス ユーザー名@サーバーのアドレス:コピー先のパス
                    クライアントからサーバーへのコピー(アップロード)
$ scp ユーザー名@サーバーのアドレス:コピー元のパス コピー先のパス
                    サーバーからクライアントへのコピー(ダウンロード)
```

「:」の後に記述するサーバー上のパスは、絶対パスとホームディレクトリからの相対パスのどちらも指定できます。絶対パスの場合は、通常通り「/」からパスを記述します。そうでない場合は、ホームディレクトリからの相対パスとして扱われます。また、パスを省略した場合は、ホームディレクトリを表します。たとえば、ローカルのホームディレクトリにあるworkディレクトリを、サーバー上のホームディレクトリにコピーするには、次のようにコマンドを実行します。

コマンド6.58　ローカルの~/workディレクトリを、サーバー上のホームディレクトリにコピーする

```
$ scp -r ~/work mizuno@192.168.1.20:
```

同様に、サーバーのホームディレクトリにあるworkディレクトリを、ローカルの/tmpディレクトリにコピーするには、次のようにコマンドを実行します。

コマンド6.59　サーバーの~/workディレクトリを、ローカルの/tmpディレクトリにコピーする

```
$ scp -r mizuno@192.168.1.20:work /tmp/
```

このように、scpコマンドは、Linuxのファイルコピーコマンドであるcpコマンドとほぼ同じ使い方ができます。これに対して、従来のFTPのように対話的にファイル操作を行えるのがsftpコマンドです。コマンドの引数に「ユーザー名@サーバーのアドレス」を指定して実行します。

コマンド6.60　sftpコマンドの実行例

```
$ sftp mizuno@192.168.1.20
```

サーバーに接続すると、「sftp>」というプロンプトが表示され、sftpコマンドは対話型モードに入ります。このモード上で各種コマンドを実行し、ファイルのアップロード、ダウンロード、サーバー上のファイルの一覧表示、リネーム、削除などの操作が行えます。sftpで使える主なコマンドは、表6.2の通りです。cdやlsなど、シェル上で使う基本的なコマンドでサーバー上のファイルやディレクトリを操作できるため、特に戸惑うところはないでしょう。また、隠しファイルを表示する「ls -a」など、各種コマンドにはオプションも用意されています。詳しくはsftpコマンドのマニュアルを参照してください。

sftpならではの特徴としては、コマンドの頭文字に「l」を付けたコマンドが用意されている点です。この「l」はローカルを表しており、ローカルマシンのカレントディレクトリを変更したり、ファイルの一覧を表示したりする際に利用します。

01 02 03 04 05 06 07 08 09 10 A

▼表6.2 sftpの主なコマンド

コマンド	用途
get	ファイルをダウンロードする
put	ファイルをアップロードする
ls	サーバーのディレクトリ内のファイル一覧を表示する
lls	ローカルのディレクトリ内のファイル一覧を表示する
cd	サーバーのカレントディレクトリを変更する
lcd	ローカルのカレントディレクトリを変更する
rm	サーバーのファイルを削除する
pwd	サーバーのカレントディレクトリを表示する
lpwd	ローカルのカレントディレクトリを表示する
mkdir	サーバーにディレクトリを作成する
rmdir	サーバーのディレクトリを削除する
rename	サーバーのファイル名を変更する
bye	sftpを終了する
help	ヘルプを表示する

▼コマンド6.61 sftpで対話的に操作する例

```
sftp> get /etc/hosts
Fetching /etc/hosts to hosts
hosts
100%  220   140.2KB/s   00:00
```

サーバーの/etc/hostsファイルをローカルのカレントディレクトリにダウンロードする

▼コマンド6.62 sftpで対話的に操作する例(2)

```
sftp> put example1.txt /tmp
Uploading example1.txt to /tmp/example1.txt
example1.txt
100%    5     2.8KB/s   00:00
```

ローカルのカレントディレクトリにあるexample1.txtをサーバーの/tmpディレクトリにアップロードする

GUIによるSFTP

scpやsftpを使えば、手軽にクライアントサーバー間でのファイル転送が行えます。しかし、ファイル操作はGUIのファイルマネージャーとマウスを使ったほうがずっと直感的に操作できるでしょう。Ubuntuデスクトップの**ファイル**は、SFTPに対応しています。

ファイルを開き、サイドバーにある「他の場所」をクリックします。ウィンドウの下側のボックスに、「sftp://サーバーのアドレス」と入力して「接続」ボタンを押します。

図6.10 「ファイル」からサーバーへ接続

認証のダイアログが表示されたら、サーバーのユーザー名とパスワードを入力して「接続する」ボタンを押します。

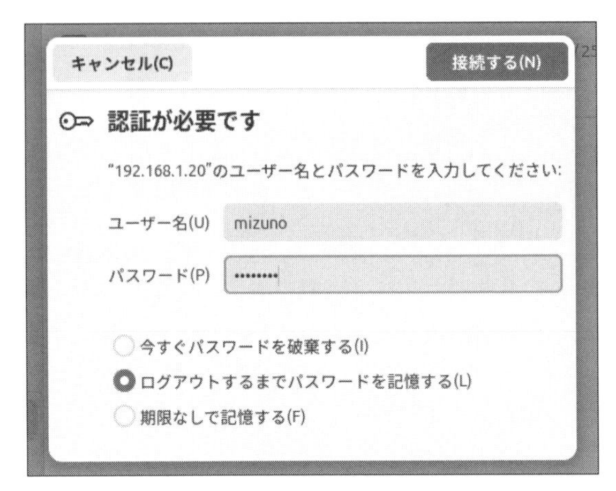

図6.11　サーバーのユーザー名とパスワードを入力

これでサーバーのホームディレクトリがマウントされます。以降は、ローカルのディレクトリと同様に、サーバー上のファイル操作が可能です。

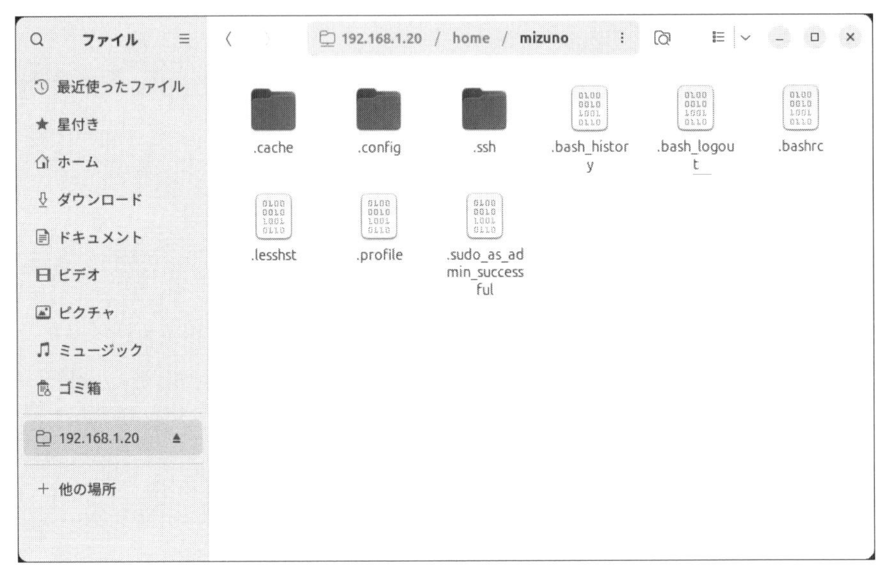

図6.12　GUIでサーバー上のファイルを操作できる

サーバーのディレクトリをアンマウントする場合は、リムーバブルメディア(「**02.03.04　リムーバブルメディアの利用**」参照)と同様に、サイドバーにあるイジェクトボタンを押します。

macOSやWindows向けのGUIのSFTPクライアントアプリケーションも存在します。たとえば、前述のWindows向けSSHクライアントのRLoginは、サーバーにSSHで接続している状態で「ファイル転送」のアイコンをクリックすると、次のような左右分割されたウィンドウが表示され、クライアントサーバー間でのファイルコピーが行えます。

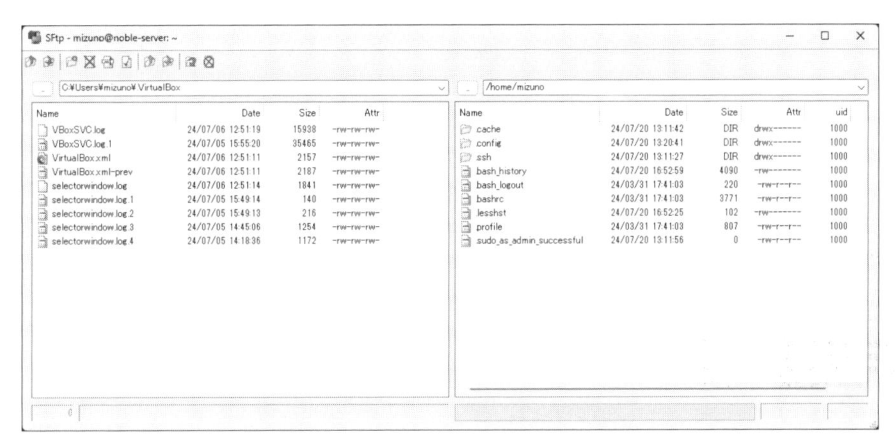

図6.13 RLoginでSFTPを利用する

06.04.02 OpenSSHのセキュリティ

公開鍵による認証

サーバーは、専用のサーバールームやデータンセンターのサーバーラック内に設置されているのが一般的です。これらの施設の入館には身分証明書の提示が必要であり、サーバーラックは厳重に施錠されているため、見知らぬ誰かがコンソールを勝手に操作するといった事態を考慮する必要はありません。しかし、ネットワーク越しにアクセス可能なSSHは事情が異なります。

コンソールであれSSHであれ、Ubuntuへはユーザー名とパスワードを使用してログイン（「**02.02.01　Ubuntuへのログイン**」参照）します。これは、ユーザー名を知っていて、パスワードを突破すれば、誰でもサーバーを自由に操作できてしまうということです。特にsudoが許可されているユーザーの場合、パスワードを突破されることは、完全にサーバーを乗っ取られてしまうことを意味します。つまり、SSHは非常に攻撃されやすいサービスともいえるのです。インターネットに公開しているサーバーであれば、起動した瞬間に攻撃されると考えて間違いありません。したがって、SSHサーバーは、デフォルトの設定のままでは**絶対に**使わないでください。パスワードによるログインは、でたらめなパスワードを打ち込み続ければいつかは突破可能という構造上の欠陥を抱えているため、インターネット上のSSHサーバーでは**絶対に**使ってはいけません。

SSHにおいて、パスワード認証の代わりに使われる認証方式が**公開鍵認証**です。これは**公開鍵**と**秘密鍵**という、1対のキーペアを用いた認証方法です。キーペアのうち、公開鍵を事前にサーバーに登録しておきます。ログイン時に、SSHクライアントは秘密鍵で「電子署名」を作成し、署名検証用の公開鍵とともにサーバーに送信します。サーバーは受け取った電子署名を公開鍵で検証し、正しい署名であることを確認します。そして、その公開鍵が、事前にサーバーに登録された公開鍵と一致する場合に限り、ログインを許可するという仕組みになっています。秘密鍵を持たない人が署名を偽造することは困難であるため、第三者が不正にログインを行える可能性は非常に低いのです。また、一度作成した署名は使い回すことができないので、署名そのものを盗まれる心配も不要です。

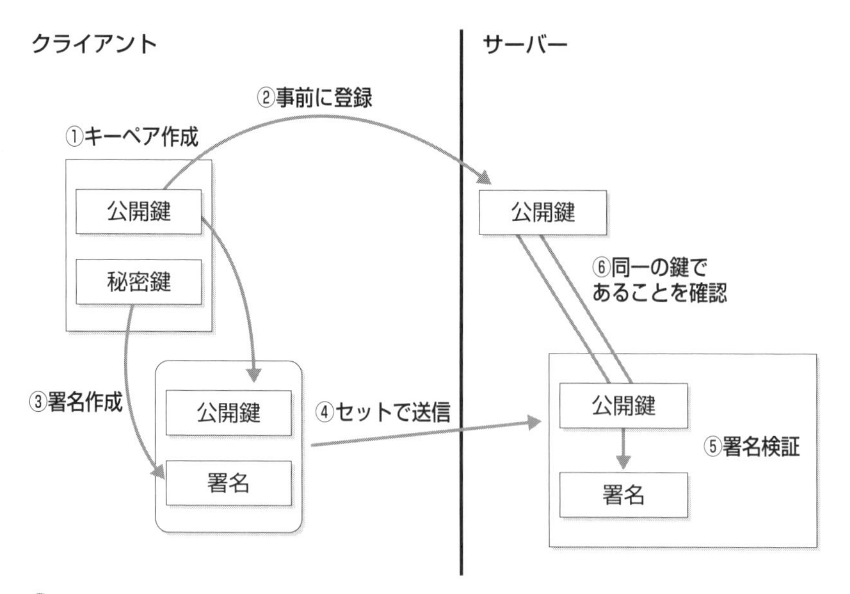

図6.14 公開鍵によるSSHの認証フロー

UbuntuでSSHキーペアを作成するには、ssh-keygenコマンドを使います。-tオプションで鍵のタイプ、-bオプションで鍵のビット数、-Cオプションで鍵を識別するためのコメントを設定します。なお、コメントにはメールアドレスを指定するのが一般的です。

コマンド6.63　SSHキーペアを作成する

```
$ ssh-keygen -t 鍵タイプ -b ビット数 -C 自分のメールアドレス
```

たとえば、一般的なRSA方式で、4,096ビットの鍵長を持つキーペアを作成するには次のようにします。

コマンドを実行すると秘密鍵を保存するファイル名を聞かれるので、ファイル名を入力して Enter を押します。既存の鍵が存在しない場合は、デフォルトのままで構いません。デフォルトのファイル名を使用する場合は、何も入力せずに Enter を押して進めます。続いて、秘密鍵をロックするパスフレーズを2回入力します。これは、秘密鍵を使用する際に必要となるパスワードのようなものです。パスフレーズを設定しないことも可能ですが、その場合は秘密鍵ファイルにアクセスできさえすれば、誰でも秘密鍵を自由に使えてしまいます。秘密鍵ファイルを盗難されたような場合に備え、強力なパスフレーズを設定しておくことを推奨します。

コマンド6.64　RSA方式で4,096ビットの鍵長を持つSSHキーペアを作成する

```
$ ssh-keygen -t rsa -b 4096 -C mizuno@example.com
Generating public/private rsa key pair.
Enter file in which to save the key (/home/mizuno/.ssh/id_rsa):
                                      ――― 秘密鍵を保存するファイル名を入力する
Enter passphrase (empty for no passphrase): ――― 秘密鍵をロックするパスフレーズを入力する

Enter same passphrase again: ――― パスフレーズを再入力する
Your identification has been saved in /home/mizuno/.ssh/id_rsa
Your public key has been saved in /home/mizuno/.ssh/id_rsa.pub
The key fingerprint is:
SHA256:EX0pVHWig4PGNMZEkP1BKbAmmj5xcghA5TUDesJbc/8 mizuno@example.com
The key's randomart image is:
+---[RSA 4096]----+
|o..o.+oOB+oo.oo .|
|o o . +=++=.o. o |
|.+ =..o =oo+o    |
| .=+oo.. ... .   |
| .* o  .S        |
| . =     .       |
|  o      E       |
```

```
|    .           |
|                |
+----[SHA256]-----+
```

サーバーにSSH鍵を登録するには、ssh-copy-idコマンドを使います。-iオプションで登録する公開鍵を、引数で登録先のサーバーとユーザー名を指定します。公開鍵ファイルは、ssh-keygenコマンドで指定した秘密鍵ファイルに、拡張子「.pub」を付けたものになります。また、ユーザー名やサーバーのアドレスの指定方法はscpコマンドと同一です。次に示したのは「~/.ssh/id_rsa.pub」という公開鍵ファイルを192.168.1.20のサーバーに登録する例です。

コマンド6.65 サーバーにSSH鍵を登録する例

```
$ ssh-copy-id -i ~/.ssh/id_rsa.pub 192.168.1.20
/usr/bin/ssh-copy-id: INFO: Source of key(s) to be installed: "/home/
mizuno/.ssh/id_rsa.pub"
/usr/bin/ssh-copy-id: INFO: attempting to log in with the new key(s),
to filter out any that are already installed
/usr/bin/ssh-copy-id: INFO: 1 key(s) remain to be installed -- if you
are prompted now it is to install the new keys
mizuno@192.168.1.20's password:    ← 鍵を登録するため、サーバーにパスワードでログインする必要があるため、パスワードを入力する


Number of key(s) added: 1


Now try logging into the machine, with:   "ssh '192.168.1.20'"
and check to make sure that only the key(s) you wanted were added.
```

登録が完了したら、改めてサーバーにsshコマンドで接続してみましょう。今までならばパスワードを聞かれていたところで、代わりに秘密鍵ファイルのパスフレーズを入力することを促されます。正しいパスフレーズを入力すると、サーバーにログインできます。

Ubuntuデスクトップで GUIの端末を使っている場合は、パスフレーズの入力にGUIのダイアログが表示されます。

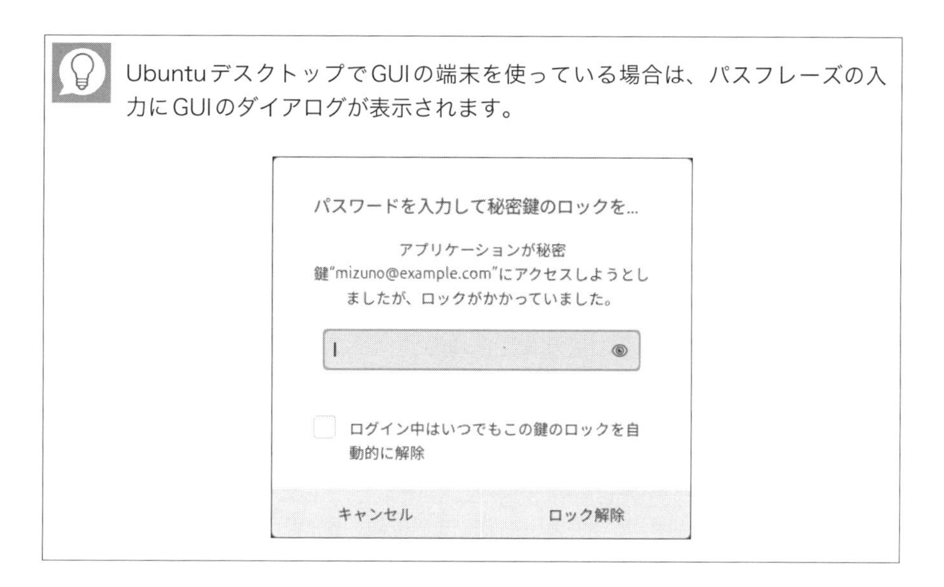

コマンド6.66　公開鍵認証でログインする

```
$ ssh 192.168.1.20
Enter passphrase for key '/home/mizuno/.ssh/id_rsa':
           パスワードのかわりに秘密鍵ファイルのパスフレーズを聞かれるので入力する
Welcome to Ubuntu 24.04 LTS (GNU/Linux 6.8.0-38-generic x86_64)
(...略...)
```

サーバーに公開鍵を登録しても、パスワード認証が有効なままでは意味がありません。そこで、公開鍵で正しくログインできることが確認できたら、SSHサーバーのパスワード認証を禁止しましょう。SSHサーバーの設定は「/etc/ssh/sshd_config」で行います。サーバーにログインしたら、root権限でこのファイルを編集します。

コマンド6.67　sshd_configを編集する

```
$ sudoedit /etc/ssh/sshd_config
```

57行目付近に「PasswordAuthentication yes」という行がありますが、行頭に「#」を付けてコメントアウトされた状態で記述されています。この「#」を削除してコメントを解除した上で、「yes」を「no」に書き換えます。

▼リスト6.3 PasswordAuthenticationを無効にする

```
#PasswordAuthentication yes
↓
PasswordAuthentication no
```

ファイルを上書き保存してテキストエディタを終了したら、次のようにしてSSHサーバーを再起動します。これ以降、SSH経由でのパスワードによるログインはできなくなります。なお、コンソールからの直接ログインは、従来通りのパスワード認証で可能です。

▼コマンド6.68 SSHサーバーを再起動する

```
$ sudo systemctl restart ssh.service
```

ここで紹介した作業は、**必ずサーバーをインターネットに公開する前に**行ってください。というのも、公開鍵を登録するには公開鍵以外の手段(すなわちパスワード)でサーバーにログインする必要があるからです。つまり、一時的にとはいえ、インターネット上にパスワード認証可能なSSHサーバーを晒すことになるためです。

Ubuntuサーバーのインストール時にOpenSSHも導入する場合(「**05.01.01 Ubuntuサーバーのインストール**」参照)は、GitHubやLaunchpadに登録されている公開鍵をインポートできます。また、鍵のインポートと同時にパスワード認証が禁止されるため、最初から堅牢なSSHサーバーを構築できます。ここでは、解説の都合上、手動での鍵登録を行いましたが、SSHサーバーのインストールと鍵のインポートは、可能な限りUbuntuサーバーのインストール時に行うことを推奨します。

Google Authenticatorによる二段階認証

パスワード認証を禁止し、公開鍵認証に限定することで、セキュリティレベルを高めることができます。しかし、鍵認証を行うには、ユーザーが自分で鍵ペアを作成し、厳重に管理しなくてはなりません。前述の手順を見てもわかるように、専門的な知識がないユーザーにとっては、これは少しハードルが高いかもしれません。特に企業などでは、技術職ではないメンバーにも鍵の作成と管理を行ってもらうのは、少し難しいのではないでしょうか。最近のWebサービスは、**TOTP**を使った二段階認証に対応しているものも増えています。TOTPとは「Time-Based One-Time Password Algorithm」の略で、事前に共有したシークレットと現在時刻をベースに一定時間ごとに変化する認証コードを生成し、これを認証に利用する方式です。Webサービスへのログイン時に、パスワードと合わせてGoogle Authenticatorなどのスマホアプリケーションで生成された6桁の数値を入力したことのある人も多いでしょう。

SSHサーバーは、パスワードとTOTPを組み合わせた二段階認証にも対応しています※10。サーバーの利用者に、公開鍵認証に馴染みがないユーザーが多いような場合は、こうした方式でセキュリティを高めるのも有効です。

まず、libpam-google-authenticatorパッケージをインストールします。

コマンド6.69 libpam-google-authenticatorパッケージをインストールする

```
$ sudo apt install -y libpam-google-authenticator
```

続いて「/etc/pam.d/sshd」をテキストエディタで編集します。

コマンド6.70 /etc/pam.d/sshdを編集する

```
$ sudoedit /etc/pam.d/sshd
```

4行目に「@include common-auth」と書かれているので、その直下に「auth required pam_google_authenticator.so」という行を追加します。

リスト6.4 pam_google_authenticator.soを追加する

```
@include common-auth
auth required pam_google_authenticator.so ――――――― この行を追加
```

次に、SSHサーバーの設定を変更します。「/etc/ssh/sshd_config」をテキストエディタで開いてください。

62行目付近に「KbdInteractiveAuthentication no」と書かれた行があるので、「no」を「yes」に書き換えます。また、その下に「ChallengeResponseAuthentication yes」という行も追加します。

※10 この例では、パスワードとTOTPを使って二段階認証を行います。そのためパスワード認証の禁止設定を行っている場合は、設定を元に戻しておいてください。

▼リスト6.5 /etc/ssh/sshd_configを書き換える

```
KbdInteractiveAuthentication no
↓
KbdInteractiveAuthentication yes
ChallengeResponseAuthentication yes
```

また、86行目付近に、「UsePAM yes」と書かれた行があることを確認してください。デフォルトでこの設定となっているはずなので、ここは通常変更する必要はありません。

▼リスト6.6 /etc/ssh/sshd_configの設定を確認する

```
UsePAM yes
```

SSHサーバーを再起動します。

▼コマンド6.71 SSHサーバーを再起動する

```
$ sudo systemctl restart ssh.service
```

続いて、ログインするユーザーごとにTOTPの設定を行います。ログインするユーザーの権限で、google-authenticatorコマンドを実行してください。

認証コードを時刻ベースにするかどうかを聞かれるので、「y」を入力して Enter を押します。そうすると、ターミナルにQRコードが表示されるので、これをスマホのGoogle Authenticatorアプリケーションで読み取って登録します。その後、確認のために生成された認証コードの入力を促されます。スマホの画面に表示された6桁の認証コードを入力してください。

▼コマンド6.72 TOTPの設定

```
$ google-authenticator
Do you want authentication tokens to be time-based (y/n)
                    ← 時刻ベースの認証コードを使うため「y」を入力してEnterを押す

(QRコードが表示される)

Enter code from app (-1 to skip): ← Google Authenticatorアプリケーションで
                                     生成した6桁の認証コードを入力する
```

```
Code confirmed
Your emergency scratch codes are:  ――― 緊急コードが表示されるので、控えておく
  21438XXX
  42349XXX
  64586XXX
  64066XXX
  79068XXX

Do you want me to update your "/home/mizuno/.google_authenticator"
file? (y/n) y  ――― 設定を保存するか訊かれるので「y」を入力して[Enter]を押す

Do you want to disallow multiple uses of the same authentication
token? This restricts you to one login about every 30s, but it increa
ses
your chances to notice or even prevent man-in-the-middle attacks (y/
n) y  ――― 同じ認証コードの使用を制限する。「y」を入力して[Enter]を押す

By default, a new token is generated every 30 seconds by the mobile
app.
In order to compensate for possible time-skew between the client and
the server,
we allow an extra token before and after the current time. This allo
ws for a
time skew of up to 30 seconds between authentication server and clie
nt. If you
experience problems with poor time synchronization, you can increase
the window
from its default size of 3 permitted codes (one previous code, the cu
rrent
code, the next code) to 17 permitted codes (the 8 previous codes, the
current
code, and the 8 next codes). This will permit for a time skew of up
to 4 minutes
between client and server.
Do you want to do so? (y/n) y  ――― サーバーとクライアントの時刻のずれを許容するため、
                                   許容する前後の認証コードの数を増やす。「y」を入力し
                                   て[Enter]を押す

If the computer that you are logging into isn't hardened against
brute-force
login attempts, you can enable rate-limiting for the authentication
```

```
module.
By default, this limits attackers to no more than 3 login attempts ev
ery 30s.
Do you want to enable rate-limiting? (y/n) y
```
30秒に3回までの、認証モジュールのレート制限を有効にする。「y」を入力して[Enter]を押す

これでサーバーの設定は完了です。sshコマンドでログインを試みると、パスワードの入力を求められた後に、認証コードの入力を求められます。なお、この設定では、公開鍵を登録している場合は認証コードの入力なしで(公開鍵のみで)ログインできます。

コマンド6.73 TOTPを設定した場合のログイン

```
$ ssh 192.168.1.20
(mizuno@192.168.1.20) Password:
(mizuno@192.168.1.20) Verification code:

Welcome to Ubuntu 24.04 LTS (GNU/Linux 6.8.0-38-generic x86_64)
(...略...)
```
- Password: パスワードを入力する
- Verification code: アプリケーションが生成したコードを入力する

サーバーのポート変更による不正アクセスの回避

SSHはデフォルトでTCPの22番ポートを使うため、SSHに対する不正アクセスでは、このポートが狙われます。SSHサーバーが待ち受けるポートをランダムに変更してしまえば、大部分の攻撃を回避できるわけです。

従来のUbuntuでは、システムの起動時にSSHサーバーが起動し、このプロセスが直接22番ポートを待ち受けていました。Ubuntu 24.04 LTSでは、SSHサーバーは、systemdのソケットアクティベーション経由で起動されるように変更されました。つまり、22番ポートを待ち受けているのは、SSHサーバーではなくsystemdです。そのため待ち受けポートを変更したい場合は、systemdのユニットファイルを書き換える必要があります。それには次のコマンドを実行します。

コマンド6.74 ユニットファイルの書き換え

```
$ sudo systemctl edit ssh.socket
```

テキストエディタでユニットファイルが開かれます。最初から多くの内容が記述されていますが、「Anything between here and the comment below will become the contents of the drop-in file」というコメント行の下に、上書きしたいパラメータを記述します。次の内容を記述してください。

リスト6.7 ユニットファイルに追記する

```
### Editing /etc/systemd/system/ssh.socket.d/override.conf
### Anything between here and the comment below will become the conte
nts of the drop-in file

[Socket]
ListenStream=10022

### Edits below this comment will be discarded
(...略...)
```

この2行を追加

ここでは、例として10022番ポートを使用しています。しかし、こうしたポート番号は簡単にSSHを連想させる「ありふれた」ポート番号であるため、避けた方が無難です。本来であれば1024～32767の間で、ランダムな数字を使うのが望ましいでしょう。また、ほかのサービスとポートがバッティングすることは避けるべきです。「/etc/services」によく使われるポートの一覧があるので、**このファイル内に書かれていない番号**を選ぶとよいでしょう。

ssh.socketを再起動すると、22番ポートと追加した10022番ポートの両方でSSH接続を待ち受けるようになります。

コマンド6.75 ssh.socketを再起動する

```
$ sudo systemctl restart sshd.socket

$ sudo ss -lntp
(...略...)
LISTEN 0      4096                 *:22                *:*     users
:(("sshd",pid=7219,fd=3),("systemd",pid=1,fd=69))
LISTEN 0      4096                 *:10022             *:*     users
:(("sshd",pid=7219,fd=4),("systemd",pid=1,fd=70))
```

TCPの22番と10022番の両方を待ち受けている

クライアントから10022番ポートを指定してSSH接続を試してみましょう。sshコマンドは-pオプションで接続するポートを指定できます。サーバーの10022番ポートに接続するには、次のようにコマンドを実行します。

コマンド6.76　10022番ポートにSSH接続する

```
$ ssh -p 10022 192.168.1.20
```

新しいポートでの接続に成功したら、再度「sudo systemctl edit ssh.socket」を実行し、22番ポートを閉じてしまいましょう。先ほど追加した2行を次のように書き換えます。

リスト6.8　/etc/ssh/sshd_configの設定を書き換え

```
[Socket]
ListenStream=10022
↓
[Socket]
ListenStream= ──────── 空のListenStreamの行を追加
ListenStream=10022
```

systemdのユニットファイルでは、リストとして解釈される設定は、後から設定したパラメータが追加されていくという仕様になっています。/usr/lib/systemd/system/ssh.socketという大元のユニットファイルで「ListenStream=22」が指定されているため、単に「ListenStream=10022」を追加しただけでは、systemdは22番と10022番の両方のポートで待ち受けてしまうわけです。そこで一旦空の行を挟むことで、デフォルトの「ListenStream=22」というエントリをクリアしているわけです。これにより、その後に指定された「ListenStream=10022」だけが有効となります。

ポート変更と、UFWのLIMIT（「06.04　ネットワークのセキュリティ」参照）を組み合わせれば、SSHへの不正アクセスはほとんどなくなるはずです。これに公開鍵認証やTOTPによる二段階認証を組み合わせれば、セキュリティを突破される可能性は非常に低くなるでしょう。くれぐれもSSHサーバーをデフォルト設定のままインターネットに晒さないように注意してください。

06.05 ネットワークのセキュリティ

06.05.01 Ubuntuサーバーのファイアウォール

UFWとは

インターネットは悪意のある通信に満ちています。繰り返しになりますが、無防備なサーバーをインターネットに直接晒してはなりません。

ネットワークにおいて通信の種類を判別し、その通信を通してよいか、あるいは拒否するかを決定し、サーバーを保護する仕組みを**ファイアウォール**と呼びます。ファイアウォールは、物理的にサーバーの前段に接続されるハードウェア型のものと、OS上でソフトウェアとして動作するものに大きく分けられます。

Linuxカーネルには、ソフトウェアファイアウォールとして、パケットフィルタ機能が用意されています。パケットフィルタとは、文字通り、通信のパケットを条件に応じて選別する機能です。たとえば、送信元のIPアドレスや宛先のポート番号、パケットに付加されているフラグなどを条件に、通信の拒否や許可などを細かく設定できます。

Ubuntuでは、「nftables」というツールを利用することで、カーネルのパケットフィルタを設定できます。しかし、nftablesは使いこなすのが非常に難しいツールでもあります。そこで、より簡単にファイアウォールを抽象的に管理できる設定ツールが用意されています。それが「Uncomplicated FireWall」で、略して「UFW」と呼ばれています。

UFWの設定

Ubuntuサーバーでは、UFWはデフォルトでインストールされています。インストールされていない場合は、ufwパッケージを手動でインストールしてください。

コマンド6.77　UFWのインストール

```
$ sudo apt install -y ufw
```

UFWは、ufwコマンドと、それに続くサブコマンドで操作します。また、各種設定にはroot権限が必要です。「ufw status」で、現在のファイアウォールの状態を確認できます。デフォルトでは無効(inactive)になっています。

▼コマンド6.78 UFWのインストール

```
$ sudo ufw status
Status: inactive
```

UFWは、デフォルトのポリシーとして、外部から内部への通信(Incoming)はすべて拒否し、逆に内部から外部の通信(Outgoing)はすべて許可するという設定になっています。一般に、ファイアウォールは外部からの攻撃に備えるものであることや、日常的にOutgoingに制限を加えると特定のサイトにつながらないなど、使い勝手の面で問題が出ることを考慮すると妥当な設定だといえるでしょう。このポリシーは変更できるので、Outgoingを許可制にすることも可能です。たとえば、企業において、マルウェアに感染して外部へ情報が流出するようなタイプの攻撃の被害を防ぎたいといった場合に有効です(ただし、本書では解説しません)。

デフォルト状態のUFWをいきなり有効にすると、Incoming通信がすべて拒否されるようになってしまいます。SSHでサーバーを操作している場合、新規のSSH接続ができなくなってしまうため、現在の接続が切れてしまうとサーバーにログイン不能になってしまいます。そして、UFWを有効にするタイミングで、SSH接続が切断されてしまう可能性もあります。そこでまず、SSHへのIncoming通信を許可しなければいけません(もちろん、SSHを使っていないのであれば、この手順は省略できます)。

通信を許可するにはallowサブコマンドと、引数に条件を指定します。外部からのSSHへの通信を許可するには、次のようにコマンドを実行します。このように、UFWではポート番号ではなく、プロトコル名やアプリケーション名でもルールの設定が可能になっています。

▼コマンド6.79 UFWで外部からのSSHへの通信を許可する設定

```
$ sudo ufw allow ssh
```

なお、「allow ssh」で許可されるのは、TCPの22番ポート宛ての通信です。つまり、前述のセキュリティ対策でSSHサーバーのポートを変更している場合は、それに合わせてルールを変えなければなりません。TCPの10022番ポートへの通信を許可するのであれば、次のようにコマンドを実行します。この場合は、ポートに対する名前が定義されていないため、数値を直接入力する必要があります。

▼コマンド6.80　UFWでTCPの10022番ポートへの通信を許可する設定

```
$ sudo ufw allow 10022/tcp comment 'SSH Port'
```

allowは、単に指定したポートを開放しているだけです。つまり、それ以外のポート宛ての通信はブロックできるものの、開いているポートに関していえば、ファイアウォールがない状態と変わりません。そこで、もう少し高度な通信制限を行う方法を紹介しましょう。

UFWには、allowの代わりに使えるコマンドとしてlimitがあります。limitは、allowと同様にポートへの通信を許可しますが、「30秒間に6回まで」という回数制限が付いており、それ以上のアクセスを自動的に拒否します。通信の回数が制限されると不便ではないかと思うかもしれません。しかし、SSHは短時間に頻繁にアクセスを繰り返すようなプロトコルではないため、正当な利用者にとっては影響しない制限です。それでいて、大量のアクセスによってサーバーを停止に追い込むタイプの攻撃や、総当たりでパスワード破りを試みるタイプの攻撃に対して、有効な防御となるわけです。SSHのポートに関しては、allowの代わりにlimitを使うことをお勧めします。

▼コマンド6.81　SSHへのアクセスを回数制限つきで許可する例

```
$ sudo ufw limit ssh
```

UFWを有効にする

必要なルールを追加できたら、UFWを有効にしましょう。UFWの有効化には「ufw enable」を実行します。

▼コマンド6.82　UFWを有効にする

```
$ sudo ufw enable
Command may disrupt existing ssh connections. Proceed with operation
(y|n)? y ――― SSH接続が中断される可能性がある警告が表示される。「y」を入力して[Enter]を押す
Firewall is active and enabled on system startup
```

01 02 03 04 05 06 07 08 09 10 A

これでUFWが有効になります。また、次回以降のOS起動時にも、自動的に起動するようになります。

SSH通信を許可するルールが正しく追加されていれば問題ないはずですが、設定したルールに間違いがあると、サーバーにログインできなくなってしまう可能性もあります。そのため、UFWの設定が完了し、SSHログインが可能なことが確認できるまでは、仮想コンソールへのアクセスなど、ネットワークを経由しない別のアクセス手段を確保しておきましょう。

UFWのルールを削除する

サービスを停止したなどの理由で、設定済みのルールを削除したいこともあるでしょう。UFWではルールごとに番号が振られており、この番号を指定することで、既存のルールを削除できます。次のコマンドを実行して、設定済みのルールを番号付きで表示します。

コマンド6.83 UFWのルールを番号付きで表示する

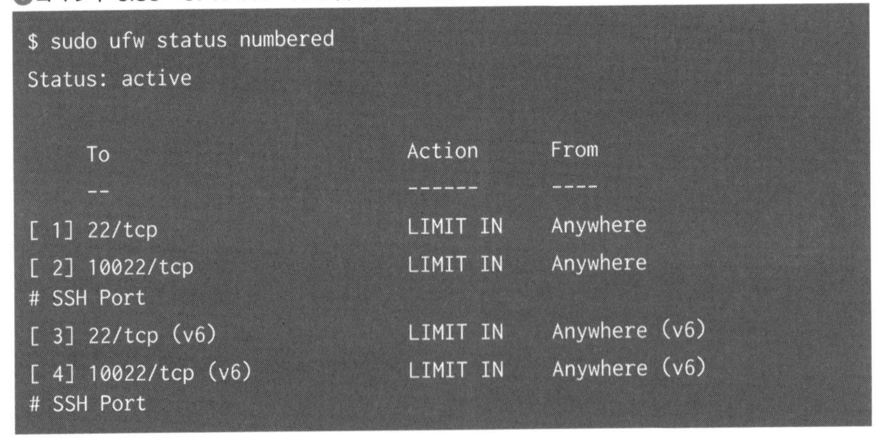

```
$ sudo ufw status numbered
Status: active

     To                         Action      From
     --                         ------      ----
[ 1] 22/tcp                     LIMIT IN    Anywhere
[ 2] 10022/tcp                  LIMIT IN    Anywhere
# SSH Port
[ 3] 22/tcp (v6)                LIMIT IN    Anywhere (v6)
[ 4] 10022/tcp (v6)             LIMIT IN    Anywhere (v6)
# SSH Port
```

「ufw delete」の引数に番号を指定することで、そのルールを削除できます。たとえば、上記のルールから、TCPの22番ポートへのアクセス許可を削除するには、次のようにコマンドを実行します。

コマンド6.84　特定のUFWルールを削除する

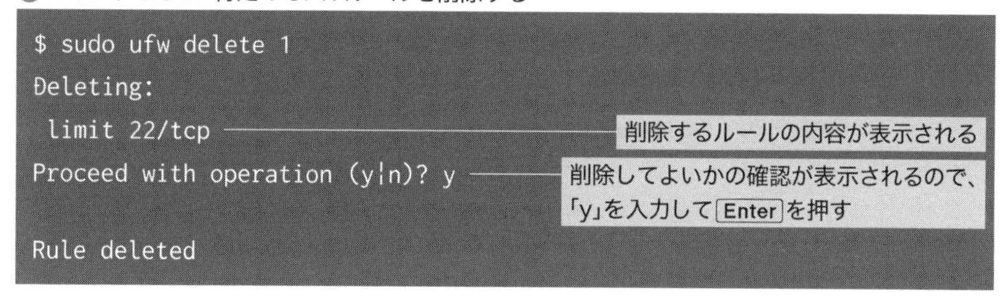

```
$ sudo ufw delete 1
Deleting:
 limit 22/tcp
Proceed with operation (y|n)? y

Rule deleted
```


ルールが削除されると、それより下にあったルールの番号が繰り上がります。そのため、連続してルールを削除する場合は、後続のルールの番号が変化していくことに気を付けてください。うっかり違うルールを削除してしまう事故になりかねないので、ルールを削除するごとに番号を確認しておくとよいでしょう。

コマンド6.85　ルール番号が繰り上がっている

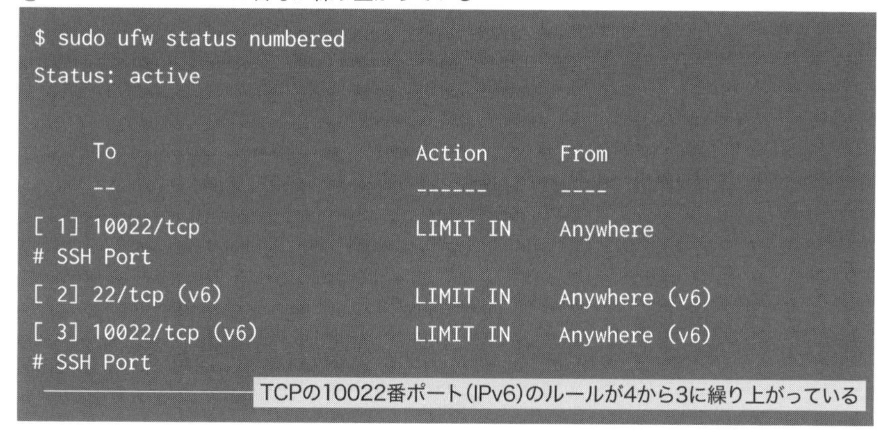

```
$ sudo ufw status numbered
Status: active

     To                         Action      From
     --                         ------      ----
[ 1] 10022/tcp                  LIMIT IN    Anywhere
# SSH Port
[ 2] 22/tcp (v6)                LIMIT IN    Anywhere (v6)
[ 3] 10022/tcp (v6)             LIMIT IN    Anywhere (v6)
# SSH Port
```


必要なルールを削除してしまうと通信障害が起きることもあるため、念入りに確認してから実行してください。

UFWのログの確認

UFWのログは「/var/log/ufw.log」というログファイルに記録されています。不正な通信をブロックした際は、「UFW BLOCK」という行がログに記録されています。どこからどんな通信が来ているのか、確認してみるとよいでしょう。なお、このログファイルは、一般ユーザーには読み込み権限が付与されていないため、参照するにはsudoが必要となります。

具体的には次のようなログが記録されます。送信元IPアドレスと宛先ポートを見れば、どこからどのサービスに対して不正アクセスが来ているかがわかります。

▼リスト6.9 UFWのログの例

```
Aug 19 23:15:13 サーバーのホスト名 kernel: [2618709.815637] [UFW BLO
CK] IN=eth0 OUT= MAC=MACアドレス SRC=送信元IPアドレス DST=サーバーの
IPアドレス LEN=40 TOS=0x00 PREC=0x00 TTL=243 ID=54321 PROTO=プロトコ
ル SPT=送信元ポート DPT=宛先ポート WINDOW=65535 RES=0x00 SYN URGP=0
```

06.06 サーバーのメンテナンス

06.06.01 サーバーの状態を確認する

プロセスの状態を確認する

サーバーを運用していると、コマンドの実行にいつもより時間がかかったり、通信がエラーを起こしたりといったトラブルに遭遇することがあります。サーバーは構築したらそれっきりではなく、常に状態を監視し、異常が発生したら即座に解決しなくてはなりません。そして、トラブルシューティングはまず、サーバーに何が起きているのかを把握するところから始まります。

psコマンドは、プロセスの一覧を表示するコマンドです。オプションなしで実行すると、現在のターミナル上で動作しているプロセスしか表示されないため、すべてのプロセスを表示するオプション（auxや-feなど）を併用するのが一般的です。auxオプションを付けてpsコマンドを実行すると、動作中のすべてのプロセスの詳細な一覧が、プロセスID順に表示されます。各カラムには、プロセスの実効ユーザー、プロセスID、CPU使用率、メモリ使用率、プロセスが確保している仮想メモリ量と物理メモリ量、割り当てられている仮想端末、プロセスの状態、CPU使用時間などが表示されます。psコマンドは、サーバー上で不正なプロセスが動いていないか、あるいは必要なプロセスが暴走していないかなどを確認するときに便利です。

コマンド6.86　psコマンドの実行例

```
$ ps aux ――――――――― すべてのプロセスを表示するauxオプションを指定している
USER         PID %CPU %MEM    VSZ   RSS TTY      STAT START   TIME CO
MMAND
root           1  0.0  0.3  22512 13804 ?        Ss   Jul20   0:10 /
sbin/init
root           2  0.0  0.0      0     0 ?        S    Jul20   0:00
[kthreadd]
root           3  0.0  0.0      0     0 ?        S    Jul20   0:00
[pool_workqueue_release]
```

```
root           4  0.0  0.0      0     0 ?        I<   Jul20   0:00 
[kworker/R-rcu_g]
(...略...)
```

出力をほかのコマンドに渡して、簡単に加工できるのがCLIのメリットです。たとえば、文字列を検索するgrepコマンドにパイプすれば、特定のプロセス名で結果を絞り込むといった使い方ができます。特定のプロセスをkillしたいときは、この方法で名前を手がかりに絞り込み、プロセスIDを調べるとよいでしょう。

コマンド6.87　psコマンドの実行結果をgrepで絞り込む

```
$ ps aux | grep '[s]ystemd'
root         329  0.0  0.4  66884 19120 ?        Ss   Jul20   0:01 /
usr/lib/systemd/systemd-journald
root         380  0.0  0.1  29124  7880 ?        Ss   Jul20   0:00 /
usr/lib/systemd/systemd-udevd
systemd+     573  0.0  0.2  18996  9472 ?        Ss   Jul20   0:01 /
usr/lib/systemd/systemd-networkd
systemd+     592  0.0  0.3  21576 12672 ?        Ss   Jul20   0:00 /
usr/lib/systemd/systemd-resolved
systemd+     599  0.0  0.1  91020  7808 ?        Ssl  Jul20   0:00 /
usr/lib/systemd/systemd-timesyncd
root         715  0.0  0.2  18084  9116 ?        S<s  Jul20   0:00 /
usr/lib/systemd/systemd-logind
message+     716  0.0  0.1  10012  5504 ?        Ss   Jul20   0:03 
@dbus-daemon --system --address=systemd: --nofork --nopidfile 
--systemd-activation --syslog-only
mizuno       967  0.0  0.2  20148 11264 ?        Ss   Jul20   0:00 /
usr/lib/systemd/systemd --user
```

サーバーの負荷を確認する

psコマンドと並んで、プロセスの確認によく使われるのがtopコマンドです。topはリアルタイムにシステムとプロセスの状況をモニタリングできるコマンドで、「システムモニター」のCLI版だと考えてよいでしょう。ページャのlessやエディタのnanoなどと同様に、ターミナルの画面を専有するタイプのコマンドで、プロセスの状態をリアルタイムに表示し続ける画面を対話的に操作できます。具体的には、プロセスの一覧を任意の項目でソートしたり、そこから任意のプロセスを選択してシグナルを送信するといった操作が可能です。

コマンド6.88 topコマンドの実行

```
$ top
```

topコマンドを実行すると、端末の全画面が切り替わり、現在のシステムの情報とプロセスの一覧が表示されます。この状態で[h]を押すとヘルプが表示されるので、一度目を通しておくとよいでしょう。デフォルトの状態では、プロセスは常にCPU利用率(%CPU)の高い順にソートされて表示されています。[<]/[>]を押すと、ソートの条件とするカラムを切り替えられます。具体的には、デフォルトの状態から[>]を一回押すと、(%CPUの右側にある)メモリ使用量(%MEM)でソートされるようになります。もう一度[>]を押すと、さらに右隣にあるCPU使用時間(TIME+)でソートされるといった具合です。逆に[<]を押すと、左側にあるカラムがソート条件となります。[z]を押して表示に色を付けてから[x]を押すと、現在のソート項目がハイライト表示されるため、わかりやすくなります。また、[R]を押すと、ソートの昇順と降順が切り替わります。

```
mizuno@noble: ~
top - 09:59:01 up 1 day, 17:06,  1 user,  load average: 0.13, 0.07, 0.02
Tasks: 230 total,   1 running, 229 sleeping,   0 stopped,   0 zombie
%Cpu(s):  4.7 us,  1.8 sy,  0.0 ni, 93.4 id,  0.0 wa,  0.0 hi,  0.1 si,  0.0 st
MiB Mem :   7925.4 total,   4825.1 free,   1470.4 used,   1929.1 buff/cache
MiB Swap:   4096.0 total,   4096.0 free,      0.0 used.   6455.1 avail Mem

    PID USER      PR  NI    VIRT    RES    SHR S  %CPU  %MEM     TIME+ COMMAND
   4552 mizuno    20   0 5080788 419376 150128 S  23.9   5.2   1:32.37 gnome-s+
  87036 mizuno    20   0  630316  62012  49080 S   1.0   0.8   0:00.42 gnome-t+
   4669 mizuno    20   0  384704  12384   7168 S   0.3   0.2   0:01.13 ibus-da+
  86133 root      20   0       0      0      0 I   0.3   0.0   0:00.06 kworker+
  86149 root      20   0       0      0      0 I   0.3   0.0   0:00.01 kworker+
  87050 mizuno    20   0   10104   5760   3584 R   0.3   0.1   0:00.02 top
      1 root      20   0   23520  14628   9380 S   0.0   0.2   0:32.08 systemd
      2 root      20   0       0      0      0 S   0.0   0.0   0:00.04 kthreadd
      3 root      20   0       0      0      0 S   0.0   0.0   0:00.00 pool_wo+
      4 root       0 -20       0      0      0 I   0.0   0.0   0:00.00 kworker+
      5 root       0 -20       0      0      0 I   0.0   0.0   0:00.00 kworker+
      6 root       0 -20       0      0      0 I   0.0   0.0   0:00.00 kworker+
      7 root       0 -20       0      0      0 I   0.0   0.0   0:00.00 kworker+
     10 root       0 -20       0      0      0 I   0.0   0.0   0:00.00 kworker+
     12 root       0 -20       0      0      0 I   0.0   0.0   0:00.00 kworker+
     13 root      20   0       0      0      0 I   0.0   0.0   0:00.00 rcu_tas+
     14 root      20   0       0      0      0 I   0.0   0.0   0:00.00 rcu_tas+
```

図6.15 topコマンドの画面

まずはロードアベレージ[※11]やCPUの使用率を確認し、システム全体の負荷を確認しましょう。1を押すと、CPUのコアごとの使用率を表示できます。

kを押すと、「PID to signal/kill」というプロンプトが表示され、シグナルを送信するプロセスのプロセスIDの入力が促されます。暴走したプロセスを強制終了したい場合は、psコマンドでプロセスIDを調べてからkillコマンドを実行しても構いませんが、topコマンド上でCPU使用率でプロセスをソートし、見つかったコマンドをtop上からkillするほうが簡単でしょう。

topコマンドを終了してプロンプトに戻るには、qを押します。

ソケットの状態を確認する

ソケットの状態は、ssコマンドで確認できます。Webサーバーなどでは、外部から大量のアクセスが行われ、結果としてサービスが停止するといった事態が起こりがちです。こうしたネットワークの接続状態を確認する用途には、ssコマンドを使うとよいでしょう。ssコマンドの具体的な使い方は、「**06.01.03 ネットワーク関連コマンド**」を参照してください。

ユーザーのセッション状態を確認する

whoコマンドは、現在ログインしているユーザーと、使用しているターミナルを表示します。SSH経由で接続している場合は、ユーザー名のほかにアクセス元のIPアドレスも表示されます。OSの挙動がおかしい場合は、不正なユーザーがログインしていないか、不自然な場所からのログインがないかなども確認すべきポイントです。また、OSの再起動などをする前は、利用中のユーザーがいないかも確認しましょう。

コマンド6.89 whoコマンドの実行

```
$ who
mizuno   tty1         2024-07-20 05:27
mizuno   pts/0        2024-07-22 00:56 (192.168.1.107)
```

また、「systemd-logind」のジャーナルログを確認することで、誰がいつシステムにログインしたかを確認できます。不正アクセスの疑いがあるときは、ログインの履歴も忘れずに確認しておきましょう。

※11 実行を待っている状態のプロセス数のことです。3つの数字が、それぞれ直近1分、5分、15分の平均値を表しています。この数字がCPUのコア数よりも大きければ、CPUに空きがなく、実行を待たされているプロセスが存在すると考えられます。

コマンド6.90　ジャーナルログでログインユーザーを確認する

```
$ journalctl -u systemd-logind
Jul 20 04:11:23 noble-server systemd[1]: Starting systemd-logind.serv
ice - User Login Management...
Jul 20 04:11:23 noble-server systemd-logind[827]: New seat seat0.
Jul 20 04:11:23 noble-server systemd-logind[827]: Watching system but
tons on /dev/input/event0 (Power Button)
Jul 20 04:11:23 noble-server systemd-logind[827]: Watching system but
tons on /dev/input/event1 (Sleep Button)
Jul 20 04:11:23 noble-server systemd-logind[827]: Watching system but
tons on /dev/input/event2 (AT Translated Set 2 keyboard)
Jul 20 04:11:23 noble-server systemd[1]: Started systemd-logind.servi
ce - User Login Management.
Jul 20 04:11:42 noble-server systemd-logind[827]: New session 1 of
user mizuno.
Jul 20 04:12:16 noble-server systemd-logind[827]: New session 3 of
user mizuno.
(...略...)
```

なお、Ubuntuではsystemdのログインマネージャーの機能が使えるため、loginctlコマンドを使ってもよいでしょう。「loginctl list-sessions」で現在ログインしているユーザーのセッションを確認できます。

コマンド6.91　loginctlコマンドでログイン中のユーザーを確認する

```
$ loginctl list-sessions
SESSION  UID USER   SEAT  TTY   STATE  IDLE SINCE
      1 1000 mizuno seat0 tty1  active no   -
    360 1000 mizuno -     pts/0 active no   -

2 sessions listed.
```

先頭に表示されている数字が「セッションID」です。「loginctl terminate-session」の引数にセッションIDを指定すると、そのセッションを終了させることができます。これで、不正なユーザーや、ログインしっぱなしで放置しているユーザーなどを追い出すことができます。なお、自分以外のユーザーのセッションを終了させるにはsudoが必要となります。

▼コマンド6.92 loginctlコマンドで特定のセッションを終了する

```
$ sudo loginctl terminate-session 1 ── セッションID 1のセッションを終了させる
```

06.06.02 サーバーのバックアップ

rsyncによる完全バックアップ

サーバーに限らず、ハードウェアはいつか必ず故障します。ストレージが壊れ、すべてのデータが失われてしまうことも決して珍しくはありません。また、現代ではサイバー攻撃によってランサムウェアに感染し、データが人質に取られてしまうという事件も増えています。こうした重要データの喪失によって、事業が継続できなくなってしまった会社も数多く存在します。そこまで深刻な事態ではないにしても、うっかりファイルを消してしまったり、あるいは間違ったデータで上書きしてしまったというミスは、誰にでも起きうる話です。

そのため、データ喪失に備えたバックアップはとても大切です。規模や用途に応じて、有償無償を問わず、さまざまなバックアップソリューションが提供されています。それらの中のどれを選べばよいのかは、個人用途か業務用途か、バックアップの対象や保存方式、データのサイズや保存期間、ファイル単位かストレージ全体か、バックアップにかけられるコストや手間など、さまざまな条件を考慮して判断する必要があります。したがって、一概に、どの方法が優れているということはできません。

そんな中で、最もシンプルで手軽なバックアップ方法が、単純にファイルのコピーを別の場所に作る方法です。そして、バックアップ用途によく利用される、ネットワーク越しにファイルの同期を行うためのコマンドが「rsync」です。

rsyncコマンドは、コピー元とコピー先を比較して、効率よくファイルを差分転送します。Linuxでは広く利用されているコマンドで、多くの環境ではデフォルトでインストールされています。そのため、商用のバックアップソフトウェアと比べて、導入のハードルが低い点も魅力です。また、rsyncコマンドは内部的にSSHを利用し、ネットワーク越しにファイルを安全にコピーできるため、遠隔地にあるサーバーのバックアップを取得したり、あるいは逆に遠隔地にデータを退避させるといった用途にも利用可能です。

rsyncコマンドは、オプション、コピー元、コピー先を指定して使います。オプションには、コピー元のパーミッションやグループなどを保持する-aオプション、転送中の情報を画面に表示する-vオプション、ファイルを圧縮して転送する-zオプションがよく使われます。この3つのオプションをつなげた-avzはrsyncの決まり文句のようになっています。

コマンド6.93 rsyncコマンドの実行

```
$ rsync (オプション) (コピー元) (コピー先)
```

次に示したのは、/home/mizunoディレクトリを/backupディレクトリ以下に(つまり、/backup/mizunoとして)コピーする例です。

コマンド6.94 rsyncコマンドの実行例

```
$ rsync -avz /home/mizuno /backup
```

rsyncコマンドは、コピー元やコピー先に、SSHサーバーを指定できます。サーバーやサーバー上のパスの指定方法は、scpコマンドと同様です。たとえば、「/home/mizuno」をIPアドレスが「192.168.1.20」のサーバーのホームディレクトリ内にコピーする場合は、次のようにコマンドを実行します。

コマンド6.95 rsyncコマンドでSSHサーバーにコピーする例

```
$ rsync -avz /home/mizuno 192.168.1.20:
```

このように、SSHとrsyncコマンドを使えば、一般的なLinuxが標準的に持つコマンドのみで、リモートのサーバーにデータを完全な状態でバックアップできます。こうしたバックアップを**完全バックアップ**と呼びます。しかも、rsyncコマンドは、2回目以降は変更のあった部分だけを効率よくコピーするため、後述する**増分バックアップ**と同じ効率で、完全バックアップが可能です。

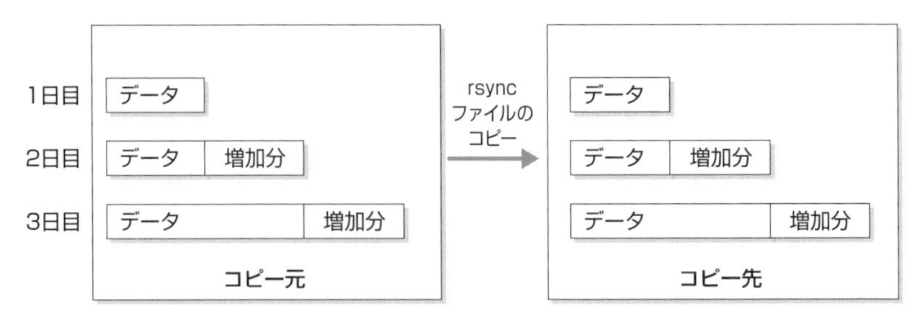

図6.16 完全バックアップのイメージ
コピー元とコピー先のディレクトリはそれぞれ1つで、毎日増加分を差分転送し、コピー元とコピー先は常に同一の状態になっている。

バックアップは外付けのUSBハードディスクドライブなどに取るのが定番ですが、同一拠点に置かれているハードウェアは、地震や火災といった災害によって全滅する可能性があります。そのため、可能であれば、遠隔地のサーバーにバックアップを取ることをお勧めします。

rsyncコマンドを使う場合、ディレクトリとその中身の指定方法が異なる点に気を付けてください。rsyncコマンドでは、コピー元にディレクトリを指定する際、ディレクトリ名の最後にスラッシュを付けると、ディレクトリそのものではなく、ディレクトリの中身を指定したことになります。ありがちなのが、ディレクトリをコピーするつもりがスラッシュを付けてしまったために、ディレクトリの中身をコピー先にバラ撒いてしまうという失敗です。

コマンド6.96 rsyncコマンドのよくある失敗例

```
$ rsync -avz /home/mizuno/ /backup/
```

この場合は/home/mizunoディレクトリそのものではなく/home/mizunoの中身が/backup以下にコピーされてしまう

また、rsyncコマンドは、「コピー元にあるファイルをコピー先にコピーする」だけで、「コピー先とコピー元を同一に保つ」わけではありません。つまり、同じコピー先にrsyncを繰り返していると、コピー元から削除されたファイルがあっても、コピー先には削除されずに残り続けてしまうということが起こります。

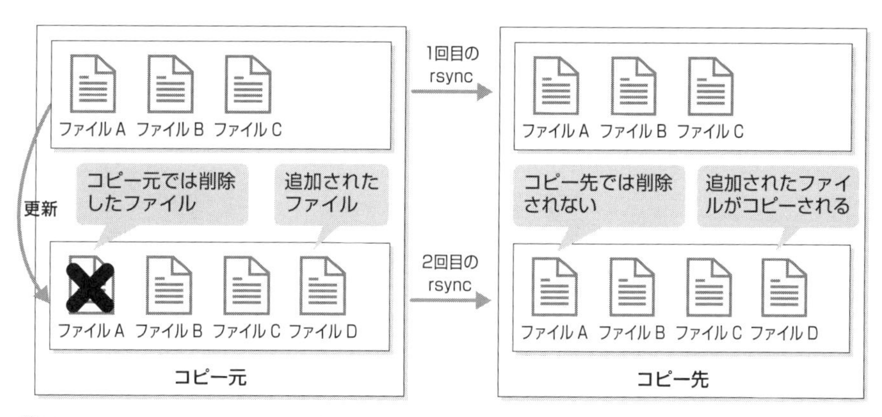

図6.17　rsyncコマンドはコピー先とコピー元を同一に保つわけではない
すでにバックアップ済みのファイルがコピー元で削除された場合も、単にコピーしているだけでは反映されない。

コピー元とコピー先を完全に同一にしたい場合は、rsyncコマンドに--deleteオプションを指定して実行します。これにより、コピー元に存在しなくなったファイルは、コピー先からも削除されます。

コマンド6.97　--deleteオプションを指定してコピー元とコピー先を同一に保つ

```
$ rsync -avz --delete /home/mizuno /backup
```

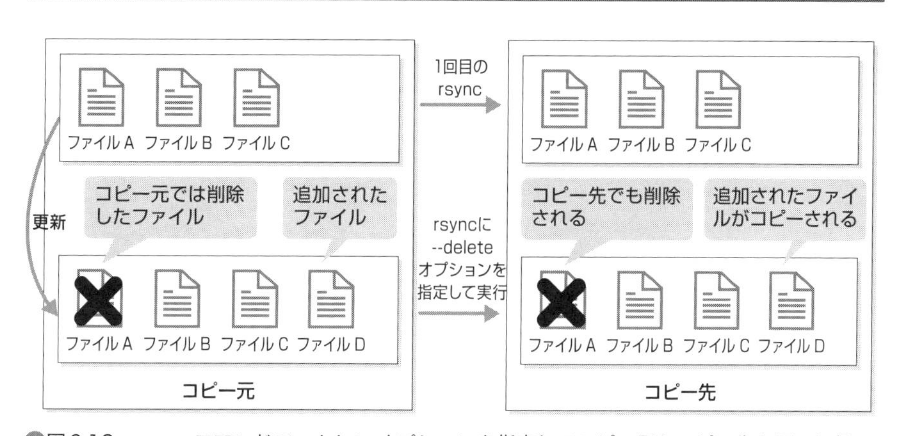

図6.18　rsyncコマンドで--deleteオプションを指定してコピー元とコピー先を同一に保つ

rsyncによる差分バックアップ

普通にrsyncコマンドを実行すると、完全バックアップを簡単に作成できます。しかし、唯一の完全バックアップしか持ってない状態では、「数日前に消したファイルがやっぱり必要だった」といった事態には対応できません。そこで、基準となる完全バックアップを作成してから、2回目以降は完全バックアップに対する差分データのみを「別領域に」バックアップするのが**差分バックアップ**です。

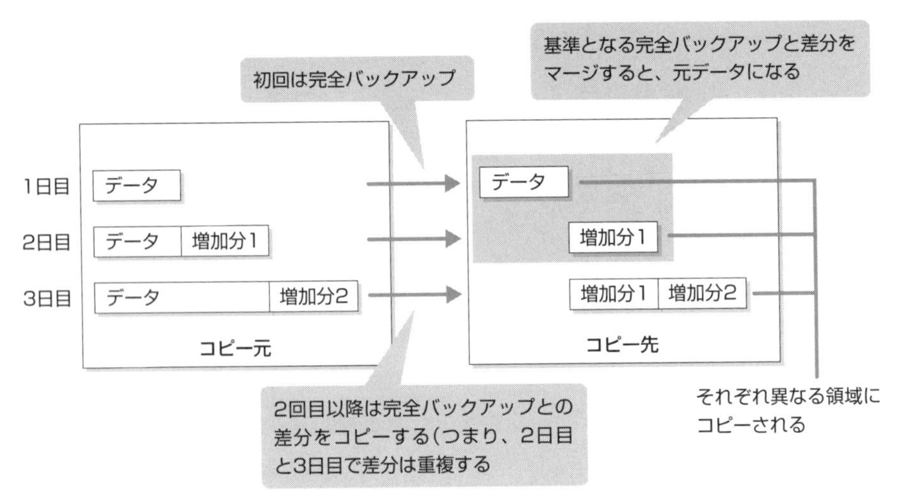

△図6.19 差分バックアップのイメージ
コピー元のディレクトリは1つで、コピー先は差分ごとにそれぞれ別ディレクトリになる。

rsyncコマンドでは、--compare-destオプションを指定することで、差分バックアップが行えます。実行のたびに異なるディレクトリに差分を取得すれば、複数世代のバックアップを管理することも可能です。

▽コマンド6.98 --compare-destオプションを指定して差分バックアップを行う

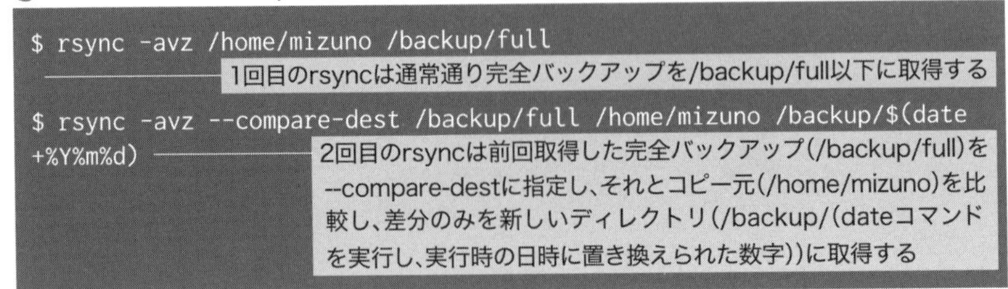

```
$ rsync -avz /home/mizuno /backup/full
$ rsync -avz --compare-dest /backup/full /home/mizuno /backup/$(date +%Y%m%d)
```


rsyncによる増分バックアップ

差分バックアップでは、差分のみを別ディレクトリに保存することで、複数世代のバックアップを持つことができます。しかし、差分バックアップには、完全バックアップと差分バックアップを区別して管理しなければならないというデメリットが存在します。また、基準となる完全バックアップからの差分を毎回取得するため、完全バックアップを取得した時点から日数が経過して差分が大きくなればなるほど、重複した差分を毎日取得することになってしまいます。つまり、日々バックアップ効率が落ちてしまうため、定期的に基準となる完全バックアップを更新する必要が出てくるということです。完全バックアップであればバックアップをまるごとコピーするだけでデータを復元できますが、差分バックアップからデータを復元するには、基準となる完全バックアップと差分バックアップをマージする必要があります。

こうした問題を解決するのが**増分バックアップ**です。増分バックアップも、コピー元と前回のバックアップとを比較し、追加、変更があったファイルのみを別ディレクトリにコピーする点では差分バックアップと同一です。しかし、差分バックアップと異なるのは、「変更のなかったファイルは、前回のバックアップを取ったファイルに対してハードリンクを張る」という挙動です。つまり、ハードリンクを利用して前回のバックアップとのマージが自動的に行われているため、差分バックアップよりも効率よく増分のみをバックアップしつつ、すべてのバックアップを完全バックアップと同一に扱えるというわけです。

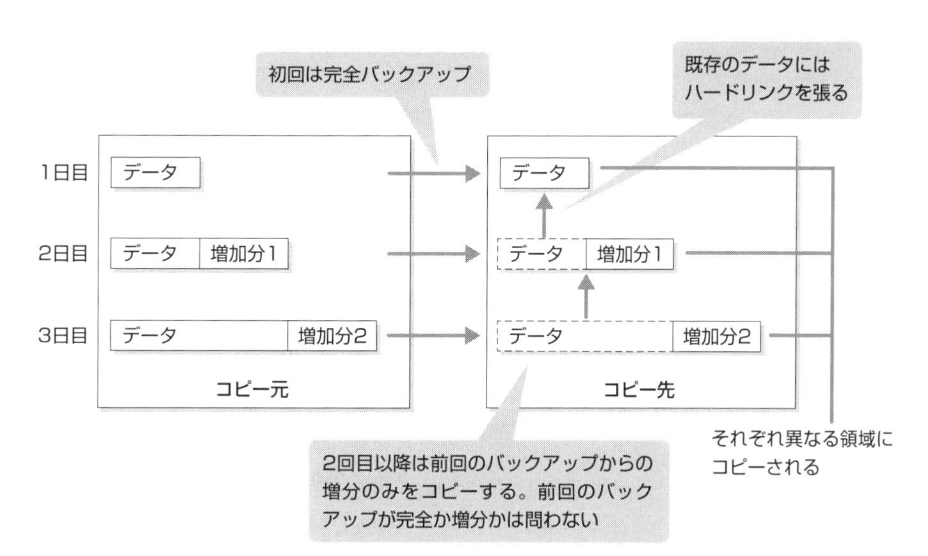

図6.20 増分バックアップのイメージ

rsyncコマンドでは、--link-destオプションを指定することで、増分バックアップが行えます。

▼コマンド6.99 --link-destオプションを指定して増分バックアップを行う

```
$ rsync -avz /home/mizuno /backup/full
```
1回目のrsyncは通常通り完全バックアップを/backup/full以下に取得する

```
$ rsync -avz --link-dest /backup/full /home/mizuno /backup/$(date +%Y%m%d)
```
2回目のrsyncは前回取得したバックアップ(/backup/full)を--link-destに指定し、それとコピー元(/home/mizuno)比較し、差分のみを新しいディレクトリ(/backup/(ここはdateコマンドを実行し、実行時の日時に置き換えられる))に取得する

rsyncコマンドによる増分バックアップでは、前回から更新のなかったファイルに対しては、新しいバックアップディレクトリ内に、前回のバックアップディレクトリ内のファイルへのハードリンクを作成します。これにより、差分のみをバックアップしつつ、常に完全バックアップを取っているのと同じことになります。

差分バックアップの--compare-destオプションは毎回同じ基準となるディレクトリを指定すればよかったのに対し、増分バックアップの--link-destオプションには、「前回取得したバックアップ」を指定しなければならないという点に注意してください。オプションに指定するディレクトリがバックアップを実行するたびに変化する上に、初回バックアップ時のみは、オプションなしで完全バックアップを取得する必要があります。そのため、自動的にオプションを調整できるように、簡単なシェルスクリプトを組むことをお勧めします。シェルスクリプトについては「**10.01 シェルスクリプト**」を参照してください。

ただし、どの方法でバックアップするにしろ、バックアップは人間が手動で行うべきではありません。なぜなら、人間は面倒な仕事は絶対に忘れてしまうものであり、手作業ではミスも発生してしまうためです。バックアップは忘れずに行うためにも、「**06.06.03 コマンドを定期的に実行する**」を参考に自動実行させるべきです。

また、バックアップは、取得したらそれで終わりではありません。そもそもバックアップは何らかの障害が発生したときにデータを復元できるように備えるものです。バックアップは復元できてその意味を成すものであるため、復元できないバックアップに存在価値はありません。障害が起きた後に「実はバックアップが取れていませんでした」と発覚するのも、非常にありがちなケースです。そのため取得したバックアップがきちんと復元できるか、あらかじめ確認しておくことも大切です。少なくとも、バックアップを設定したら、1回は復元テストを行っておきましょう。

Duplicityによるバックアップ

rsyncは非常に便利なコマンドですが、あくまでもファイルをコピーするコマンドであるため、バックアップツールとして考えると原始的すぎる面もあります。たとえば、複数のバックアップを世代管理をしたければ、前述のように複雑なコマンドを組み立て、場合によってはシェルスクリプトを組む必要があるかもしれません。そこで、専用のバックアップツールの利用も検討してみるとよいでしょう。Ubuntuには「Duplicity」というバックアップツールが用意されています。

Duplicityを使うには、まずduplicityパッケージをインストールします。

コマンド6.100 duplicityパッケージのインストール

```
$ sudo apt install -y duplicity
```

Duplicityのコマンド名は、duplicityです。引数にバックアップ対象のディレクトリと、バックアップ先を指定して使います。たとえば、/etcディレクトリを/backupディレクトリ以下にバックアップするには、次のようにコマンドを実行します。なお、Duplicityでは、バックアップ先にはスキーマを追加して「file://」のように指定します。

Duplicityは、デフォルトでバックアップを暗号化して保存します。コマンドを実行すると、復号のためのパスフレーズを聞かれるので、任意のパスフレーズを設定します。ただし、--no-encryptionオプションを指定すると、バックアップの暗号化を省略できます。

コマンド6.101 duplicityコマンドによるバックアップ

```
$ sudo duplicity /etc file:///backup
Local and Remote metadata are synchronized, no sync needed.
Last full backup date: none
GnuPG passphrase for decryption: ──── 復号用のパスフレーズを入力
Retype passphrase for decryption to confirm: ── 復号用のパスフレーズを再入力
No signatures found, switching to full backup.
--------------[ Backup Statistics ]--------------
StartTime 1721610987.61 (Mon Jul 22 01:16:27 2024)
EndTime 1721610988.07 (Mon Jul 22 01:16:28 2024)
ElapsedTime 0.46 (0.46 seconds)
SourceFiles 1761
```

```
SourceFileSize 3394336 (3.24 MB)
NewFiles 1761
NewFileSize 3394336 (3.24 MB)
DeletedFiles 0
ChangedFiles 0
ChangedFileSize 0 (0 bytes)
ChangedDeltaSize 0 (0 bytes)
DeltaEntries 1761
RawDeltaSize 2344942 (2.24 MB)
TotalDestinationSizeChange 634220 (619 KB)
Errors 0
-------------------------------------------------
```

初回実行時は完全バックアップを行いますが、次回以降は差分のみをバックアップします。

「duplicity collection-status」で、バックアップの状態を確認できます。引数としてバックアップが保存されているディレクトリを指定します。次の例では、/backup以下に、完全バックアップと、それから1世代の差分バックアップが保存されていることがわかります。

▼コマンド6.102　バックアップの状態を確認する

```
$ sudo duplicity collection-status file:///backup/
Last full backup date: Mon Jul 22 01:16:18 2024
Collection Status
-----------------
Connecting with backend: BackendWrapper
Archive dir: /root/.cache/duplicity/3fe07cc0f71075f95f411fb55ec60120

Found 0 secondary backup chain(s).

Found primary backup chain with matching signature chain:
-------------------------
Chain start time: Mon Jul 22 01:16:18 2024
Chain end time: Mon Jul 22 01:18:11 2024
Number of contained backup sets: 2
Total number of contained volumes: 2
 Type of backup set:                            Time:      Num volum
```

```
es:
                Full        Mon Jul 22 01:16:18 2024
1
         Incremental        Mon Jul 22 01:18:11 2024
1
-------------------------
No orphaned or incomplete backup sets found.
```

バックアップを復元するには、引数にバックアップ先と復元先を指定して実行します。たとえば、/backup以下にある最新のバックアップを、/tmp/restore以下に復元するには次のように実行します。復号用のパスフレーズを聞かれるので、バックアップ時に設定したパスフレーズを入力します。

▼コマンド6.103　duplicityでバックアップを復元する

```
$ sudo duplicity file:///backup /tmp/restore
Local and Remote metadata are synchronized, no sync needed.
Last full backup date: Mon Jul 22 01:16:18 2024
GnuPG passphrase for decryption: ──────────── 復号用のパスフレーズを入力
```

パッケージ情報のバックアップ

バックアップの対象となるのは、「失われたら2度と取り戻せないデータ」や「復元が困難なデータ」が基本です。具体的には、ユーザーが作成したデータ(ホームディレクトリ)、サーバーの設定が保存されている「/etc」、サーバーのログが集約されている「/var/log」、サーバーがデータを保存する「/var/lib」などが該当するでしょう。逆に、/usr以下にあるコマンドなどは、多くはパッケージからインストールされたものなので、バックアップする必要はありません。必要であれば、パッケージをインストールし直すだけで同じ環境を復元できるからです。

しかし、「そのサーバーにどんなパッケージがインストールされているのか」という情報は保存しておくべきです。この情報があるのとないのとでは、サーバーを再構築する際の手間が大きく変わってきます。apt-markコマンドを使うと、インストールされているパッケージのリストを取得できます。「apt-mark showmanual」で手動でインストールしたパッケージを、「apt-mark showauto」で自動でインストールされたパッケージの一覧を表示できます。

▼コマンド6.104 手動でインストールしたパッケージを表示する例

```
$ apt-mark showmanual
base-files
bash
bsdutils
dash
diffutils
(...略...)
```

▼コマンド6.105 自動でインストールされたパッケージを表示する例

```
$ apt-mark showauto
adduser
amd64-microcode
apparmor
apport
(...略...)
```

これらのリストは、次のようにリダイレクトを使って、テキストファイルとして保存しておくとよいでしょう。

▼コマンド6.106 インストール済みのパッケージリストをテキストファイルとして保存する

```
$ apt-mark showmanual > manual.txt
$ apt-mark showauto > auto.txt
```

このリストに列挙されたパッケージを「apt install」に渡せば、別のサーバーでも同一のパッケージ構成を再現することが可能です。このようなときには、コマンド置換(「**03.02.17 シェル展開**」参照)を使うと便利です。

▼コマンド6.107 コマンド置換によってパッケージ構成を再現する

```
$ sudo apt install -y $(cat manual.txt auto.txt)
```

ただし、**コマンド6.107**のように実行すると、(「apt install」の対象にしているため)リストにあるすべてのパッケージが手動でインストールしたものとして扱われてしまいます。そこで、「apt-mark auto」を使って自動でインストールされていたパッケージには、自動インストールのフラグを設定しておきましょう。

コマンド6.108　自動インストールされたパッケージにはフラグを設定する

```
$ sudo apt-mark auto $(cat auto.txt)
```

ただし、あくまでも「同じ名前のパッケージをインストールしている」ため、タイミングによってインストールされるパッケージのバージョンが異なる可能性があります。

06.06.03 コマンドを定期的に実行する

個人用crontabによるコマンドの自動実行

バックアップ処理に代表されるような定期的に実行する必要のある作業は、人間が手動で行うのではなく、サーバーに自動実行させるべきです。こうしたコマンドの自動実行を行うために、Linuxで伝統的に使われているタスクスケジューラーが**Cron**です。crontabというファイルに設定を記述することで、「毎朝9時」「毎週月曜の午前0時」「5分おき」「OSの起動時」といった、任意のタイミングで実行可能なタスクをスケジュールすることが可能です。

crontabファイルには、サーバー管理者が設定するシステムワイドなものと、一般ユーザーが設定できる個人用のものの2種類が存在します。個人用のcrontabファイルの操作には、crontabコマンドを使います。crontabコマンドには、次のオプションが存在します。

表6.3　crontabコマンドのオプション

コマンド	用途
crontab -l	現在のcrontabファイルの内容を表示する
crontab -e	テキストエディタを起動してcrontabファイルを編集する
crontab -r	現在のcrontabファイルの内容をすべて破棄する

表6.3のように、-eオプションで内容を編集することになるのですが、その隣にあるキーの-rオプションで、既存の内容がすべて消えてしまうことに注意してください。うっかりのタイプミスが、取り返しのつかない事態を招く可能性があります。そのため、まず「crontab -l」を実行し、現在のcrontabファイルの内容を確認しておきましょう。その結果をGUIのテキストエディタといった

別の場所にペーストしておけば、最悪の事態を避けることができます。

なお、crontabが設定されていない場合、その旨のメッセージが表示されます。

コマンド6.109 「crontab -l」で現在のcrontabの内容を確認する

```
$ crontab -l
no crontab for mizuno ──────── crontabが設定されていない場合
```

続いて「crontab -e」を実行して、crontabファイルを編集します。初回実行時は、次のように、編集に使用するテキストエディタの選択が表示されます。特にこだわりがなければ Enter を押して、デフォルトのnanoを使うとよいでしょう。

コマンド6.110 crontabファイルを編集する(初回時)

```
no crontab for mizuno - using an empty one

Select an editor.  To change later, run 'select-editor'.
  1. /bin/nano        <---- easiest
  2. /usr/bin/vim.basic
  3. /usr/bin/vim.tiny
  4. /bin/ed

Choose 1-4 [1]: ──────── 使いたいテキストエディタの番号を入力して Enter を押す
```

テキストエディタが起動して、crontabファイルが開かれます。「#」で始まる行はコメント行で、crontabファイルの解説が記述されています。英語ですが、一度目を通しておくと理解が深まるのでお勧めです。

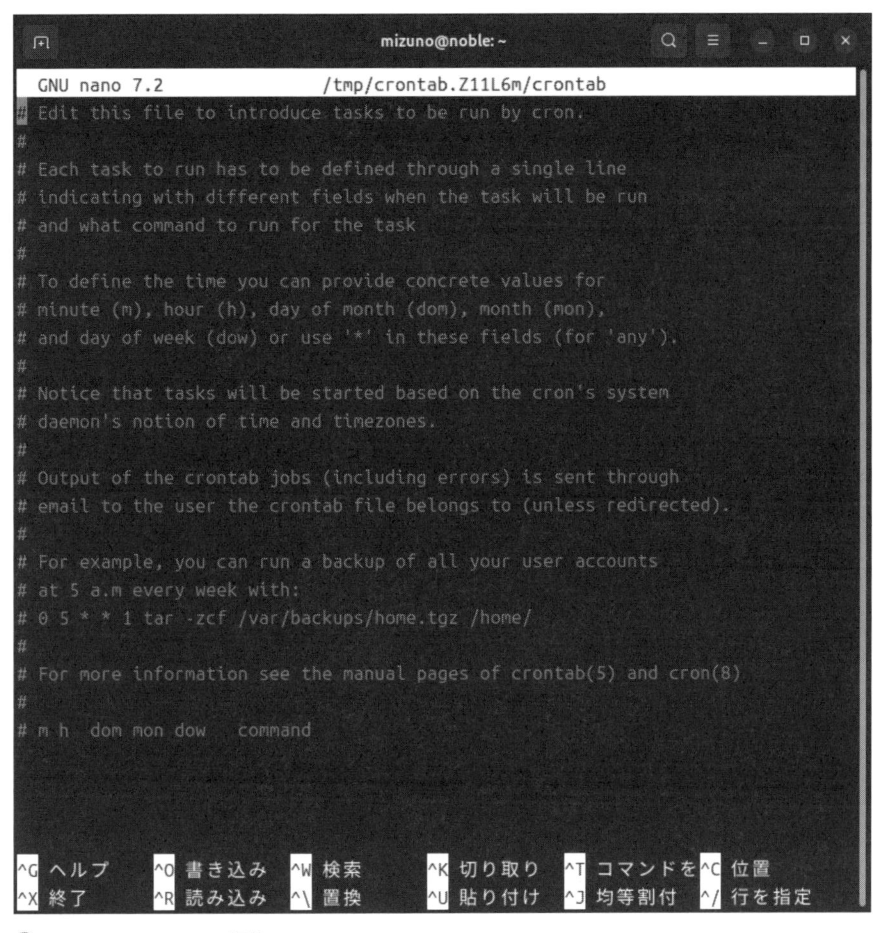

図6.21　crontabの編集

crontabファイルは「コマンドを実行する分　時　日　月　曜日　実行したいコマンド」というフォーマットで、それぞれのフィールドをスペースで区切って記述します。実行タイミングを指定するそれぞれのフィールドには、**表6.4**の値が設定できます。

表6.4 crontabのフォーマットで指定できる値※12

要素	指定できる値
分	0～59
時	0～23
日	1～31
月	1～12もしくはjan～dec
曜日	0～7もしくはsun～sat

曜日の数字表記は少し特殊で、日曜日を0、月曜日を1、火曜日を2……と数字で表します。また、7は0と同じく日曜日を表します。

これらの数値は、複数、あるいは範囲を同時に指定できます。たとえば、分のフィールドに「0-9」と記述すると、0分から9分までを表します。「1,3,5,7,9」と記述すると、1分、3分、5分、7分、9分を表します。これらを組み合わせて、「1-3,10-13」のような記述も可能です。また、取りうるすべての数字を意味する「*(アスタリスク)」を指定することもできます。「*」を指定すると、フィールドごとに「毎分」「毎時」「毎日」「毎月」「毎曜日」という意味になります。また、「*/2」のような表記も可能です。これを分のフィールドに記述すると、「2分おき」という意味になります。

つまり、次の例は、毎週月曜日の午前5時ちょうどに、tarコマンドで/home/mizunoディレクトリを/var/backups/home.tgzというファイルにアーカイブするという意味になります。

リスト6.10 crontabの設定例

```
0 5 * * 1 tar -zcf /var/backups/home.tgz /home/mizuno
```

分、時、日、月、曜日の5つのフィールドの代わりに、次の特殊な文字列を指定することも可能です。

※12 曜日や月の名前は、大文字と小文字の区別なく動作します。

表6.5 crontabのフォーマットで指定できる特殊な文字列

文字列	意味
@reboot	OSの起動時に1度だけ実行する
@yearly	1月1日の0時0分に実行する
@annually	@yearlyと同等
@monthly	毎月1日の0時0分に実行する
@weekly	毎週日曜日の0時0分に実行する
@daily	毎日0時0分に実行する
@midnight	@dailyと同等
@hourly	毎時0分に実行する

ユーザーの権限で自動実行させたいタスクがある場合は、ファイルの末尾にこれらのフォーマットで追記していきましょう。

システムワイドなcrontabによるコマンドの自動実行

システム全体で使われるcrontabとしては、/etc/crontabと/etc/cron.dディレクトリ以下に置かれた任意のファイルが使われます。これらのcrontabファイルは、テキストエディタを使って編集します。まずは/etc/crontabファイルを見てみましょう。前述の個人用crontabファイルと同様に、スケジュールと実行するコマンドが書かれています。大きく異なるのは、スケジュールとコマンドの間に、コマンドを実行するユーザー名を指定するフィールドがある点です。

コマンド6.111 /etc/crontabファイルの内容

```
$ cat /etc/crontab
# /etc/crontab: system-wide crontab
# Unlike any other crontab you don't have to run the `crontab'
# command to install the new version when you edit this file
# and files in /etc/cron.d. These files also have username fields,
# that none of the other crontabs do.

SHELL=/bin/sh
# You can also override PATH, but by default, newer versions inherit
it from the environment
#PATH=/usr/local/sbin:/usr/local/bin:/sbin:/bin:/usr/sbin:/usr/bin
```

```
# Example of job definition:
# .---------------- minute (0 - 59)
# ¦  .------------- hour (0 - 23)
# ¦  ¦  .---------- day of month (1 - 31)
# ¦  ¦  ¦  .------- month (1 - 12) OR jan,feb,mar,apr ...
# ¦  ¦  ¦  ¦  .---- day of week (0 - 6) (Sunday=0 or 7) OR sun,mon,tu
e,wed,thu,fri,sat
# ¦  ¦  ¦  ¦
# *  *  *  *  * user-name command to be executed
17 *    * * *   root    cd / && run-parts --report /etc/cron.hourly
25 6    * * *   root    test -x /usr/sbin/anacron ¦¦ ( cd / && run-
parts --report /etc/cron.daily )
47 6    * * 7   root    test -x /usr/sbin/anacron ¦¦ ( cd / && run-
parts --report /etc/cron.weekly )
52 6    1 * *   root    test -x /usr/sbin/anacron ¦¦ ( cd / && run-
parts --report /etc/cron.monthly )
```

Cronは決められた時間にコマンドを実行するための仕組みですが、その時間にPCの電源が入っていなかったら、コマンドは実行されません。そこで、OSの起動時にCronの状態をチェックし、実行されていないタスクがあった場合に実行してくれるのがanacronコマンドです。その性質上、anacronコマンドは、Ubuntuデスクトップにはデフォルトでインストールされていますが、Ubuntuサーバーにはインストールされていません。

Ubuntuでは、デフォルトで毎時(17分)、毎日(6時25分)、毎週(日曜日の6時47分)、毎月(1日の6時52分)に実行するスケジュールが設定されています。内容は、anacronコマンドの存在を確認し、コマンドが存在しなかった場合は「run-parts」というコマンドを実行するというものです(ただし、毎時のタスクのみはanacronコマンドの有無にかかわらず実行されます)。

run-partsは「指定されたディレクトリの中にあるスクリプトやコマンドをすべて実行する」というコマンドです。そして、それぞれ「/etc/cron.hourly」「/etc/cron.daily」「/etc/cron.weekly」「/etc/cron.monthly」というディレクトリが引数に指定されています。つまり、デフォルトのcrontabには、毎時、日次、週次、月次のタイミングで、これらのディレクトリ内にあるコマンド(実際はスクリプト)を実行するというスケジュールが設定されているわけです。

/etc/cron.dailyの下を見てみましょう。最初からいくつかのスクリプトがインストールされていることがわかります。

▼コマンド6.112 /etc/cron.daily以下にあるファイル

```
$ ls /etc/cron.daily/
apport  apt-compat  dpkg  logrotate  man-db  sysstat
```

/etc/cron.daily/logrotateは、ログのローテーションを行うスクリプトです。Linuxでは/var/logディレクトリにさまざまなログが出力されますが、何もしなければ、いつかはディスクを使い果たします。したがって、定期的にログファイルを切り替え、古いログを削除する必要があります。これを**ログローテーション**と呼びます。Ubuntuではデフォルトのcrontabによって、ログローテーション用のスクリプトが毎日実行されるように設定されています※13。バックアップなど、毎日決まった時間に行いたい処理がある場合は、自作のスクリプトをこのディレクトリに配置するとよいでしょう。weeklyやmonthlyも同様です。

より詳細に、任意の時間を指定してタスクを実行したい場合は、/etc/cron.d以下に個別のcrontabファイルを作成しましょう。このディレクトリには、任意の名前でcrontab形式のファイルを作成し、自由に編集できます。なお、デフォルトの/etc/crontabにタスクを追加することもできますが、前述の定時タスクの実行がスケジュールされているため、誤編集を避ける意味でも、このファイルを直接編集するのはお勧めしません。また、「/etc/cron.daily」や「/etc/cron.weekly」には、実行したいスクリプトそのものを入れるのに対し、「/etc/cron.d」には「crontabファイルを入れる」という違いにも注意してください。

systemd.timerによるコマンドの自動実行

systemdは、任意のタイミングで任意のコマンドの実行をスケジュールできる「タイマー」という機能も提供しています。そのためには、あらかじめユニットファイルを作成し、systemdのサービスとして定義しておく必要があります。

では、Duplicityによるホームディレクトリのバックアップを、systemd.timerで自動化してみましょう。**コマンド6.113**を実行し、「/etc/systemd/system/duplicity.service」というファイルを**リスト6.11**の内容で作成します※14。これは「ExecStart」に書かれたコマンドを実行するサービスです。

※13 実際はlogrotateスクリプトの中でsystemdの存在を確認し、systemdが動作している場合は動作をスキップするようになっています。というのも、ログローテート処理のスケジュールは後述するsystemd.timerでも設定されており、systemdが動作している場合はそちらから起動されるためです。

※14 ここではパスフレーズ入力を省略するために、--no-enctyptionオプションを付けて、暗号化を行わずにバックアップを行っています。そのため、リストア時にも同様のオプションを付けて実行する必要があります。

▼コマンド6.113 duplicity.serviceのユニットファイルを作成する

```
$ sudo systemctl --force --full edit duplicity.service
```

▼リスト6.11 /etc/systemd/system/duplicity.serviceの内容

```
[Unit]
Description=Duplicity backup

[Service]
Type=oneshot
ExecStart=/usr/bin/duplicity backup --no-encryption /home file:///bac
kup/home
```

続いて、**コマンド6.114**を実行し、「/etc/systemd/system/duplicity.timer」というファイルを**リスト6.12**の内容で作成します。

▼コマンド6.114 duplicity.timerのユニットファイルを作成する

```
$ sudo systemctl --force --full edit duplicity.timer
```

実行するサービスを「Unit」で、実行スケジュールは「OnCalendar」で指定します。ここでは、毎日午前4時0分に、**リスト6.11**で作成した「duplicity.service」を実行するという内容を設定しています。

▼リスト6.12 /etc/systemd/system/duplicity.timerの内容

```
[Unit]
Description=Duplicity timer

[Timer]
OnCalendar=*-*-* 4:00:00
Persistent=true
Unit=duplicity.service

[Install]
WantedBy=default.target
```

最後に、次のコマンドで、タイマーを有効化します。これ以降、毎朝4時にDuplicityによるバックアップが実行されます。

コマンド6.115　タイマーを有効化する

```
$ sudo systemctl daemon-reload
$ sudo systemctl enable --now duplicity.timer
```

タイマーの状態は、「systemctl list-timers」で確認できます。前回実行時刻や、次回のスケジュールが確認できます。

コマンド6.116　タイマーの状態を確認する

```
NEXT                                    LEFT LAST
PASSED UNIT                                     ACTIVATES
(...略...)
Mon 2024-07-22 04:00:00 UTC 1h 18min -
- duplicity.timer                         duplicity.service
(...略...)
```

systemd.runによるコマンドの自動実行

たとえば「1時間後にサーバーを再起動したい」というように、1度だけコマンドを実行したい場合もあるでしょう。こういったときに便利なのが、一時的なタイマーをスケジュールできるsystemd.runです。これは、systemd-runコマンドを使って設定できます。

次のコマンドを実行すると、「reboot」という名前のユニットを作成し、120秒後にrebootコマンドを実行します。

コマンド6.117　systemd.runで一時的なタイマーを設定する

```
$ sudo systemd-run --unit=reboot --on-active=120 reboot
```

list-timersを見てみると、タイマーとサービスが登録され、2分後に実行されるようにスケジュールされていることがわかります。

コマンド6.118　一時的なタイマーを設定されていることを確認する

```
$ systemctl list-timers
NEXT                                    LEFT LAST
PASSED UNIT                                     ACTIVATES
Mon 2024-07-22 02:44:58 UTC 1min 49s -
- reboot.timer                            reboot.service
```

```
(...略...)
```

「reboot.service」のステータスを確認すると、/usr/sbin/rebootコマンドの実行は、「reboot.timer」によってトリガーされていることがわかります。

▼コマンド6.119 reboot.serviceのステータス内容

```
$ systemctl status reboot.service
○ reboot.service - /usr/sbin/reboot
     Loaded: loaded (/run/systemd/transient/reboot.service; transie
nt)
  Transient: yes
     Active: inactive (dead)
TriggeredBy: ● reboot.timer
```

07

第7章

コンテナでUbuntuを使おう

07.01 DockerでUbuntuを使う

07.01.01 コンテナとは

Linuxにおけるコンテナ

近年、サーバーに関する話題で必ず登場する技術トピックの1つが**コンテナ**です。一般的にいうと、コンテナとは荷物を保管・輸送するための容れ物の名称です。船や鉄道に積載されている四角い箱といえば、どのようなものか想像できるでしょう。

Linuxはマルチプロセスの OS なので、複数のプロセスを同時に起動できます。デスクトップを使っていれば複数のアプリケーションを同時に動かすのは当然ですし、Webサーバー、メールサーバー、データベースサーバーなどを1台のサーバー上に共存させることもできます。しかし、これらのプロセスは、どれも同一のユーザー空間内で起動しています。したがって、psコマンドを実行すれば同じプロセスリストに表示されて、同じルートファイルシステムにアクセスでき、ネットワークインターフェイスやIPアドレスを共有しています。

しかし、これでは困ることもあります。IPアドレスを共有しているため、1台のサーバーで用途の異なるWebサーバーを2つ同時に起動しようとしても、ポートの奪い合いになってしまい、正常に動かすことはできません。また、ルートファイルシステムも共通なので、/etc以下にあるOSレベルの設定をアプリケーションごとに変えるといったこともできません。

Linuxにおけるコンテナとは、ホストOSから隔離された空間を作り出し、その中でプロセスを動かす技術の名称です。各コンテナは、独立した名前空間、IPアドレス、ルートファイルシステムなどを持つため、ほかのプロセスに干渉されることなく、あたかもOSを専有しているように動作します。また、コンテナごとに割り当てるCPUやメモリを指定できるため、プロセス単位で使用するリソースに制限をかけることが可能です。これは、Linuxカーネルが持つ「namespace」や「cgroup」といった技術を用いて実現されています。

コンテナは**コンテナ型仮想化**と呼ばれることもあります。コンテナは、特定のプロセスだけが動く専用の仮想マシンを用意するようなものです。しかし、仮想マシンがハードウェアをまるごとソフトウェア的に再現して仮想マシンごとにOSを動かす必要があるのに対し、コンテナはホストとカーネルを共有してプロセスのみを起動します。コンテナは、内部から見れば独立したOSが動いているように見えますが、ホストから見れば単にプロセスが起動しているだけに過ぎません。仮想マシンはOSをインストールして起動するため、イメージのサイズが大きくなりがちで、起動にも時間がかかります。コンテナはプロセスを実行するだけなので、仮想マシンに比べて高速に起動します。また、コンテナイメージも、仮想マシンイメージに比べて軽量になり、少ないリソースで動作が可能です。

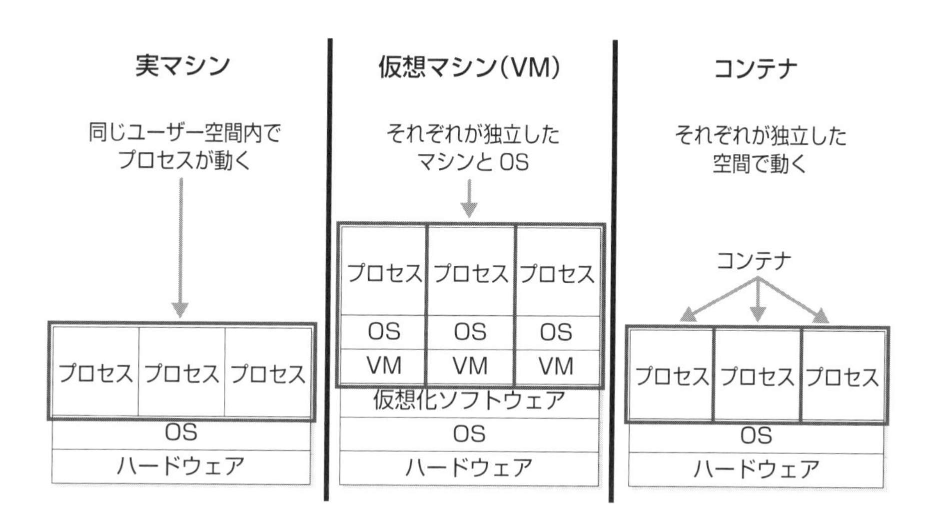

△図7.1　実マシン、仮想マシン、コンテナの違い

コンテナを使う理由

現在のアプリケーションは非常に複雑な構成になっており、多くの場合、さまざまなライブラリやコンポーネントに依存しています。従来であれば、必要なライブラリやミドルウェアのすべてを整合性が取れるようにしてOS上にインストールする必要がありました。たとえば、「**第8章　サーバーアプリケーションを動かそう**」で紹介するNextcloudの場合、Webサーバー、PHP、データベースサーバー、キャッシュサーバー、各種ライブラリを正しくインストールして設定しなければなりません。これは非常に手間のかかる作業です。

エンドユーザーが利用するアプリケーションは、ソフトウェアの中でも非常に進化が速い部類に属します。積極的に新しい機能を使いたい場合は、Ubuntuが用意しているパッケージでは対応できず、手動でより新しいバージョンをインストールする必要もあるでしょう。新しいバージョンを動かすには、依存しているライブラリのバージョンも新しくしなければならない場合が多々あります。しかし、ほかのアプリケーションと共有しているOSの共有ライブラリのバージョンを迂闊に上げてしまうと、ほかのアプリケーションが正常に動作しなくなったり、最悪の場合はUbuntuの動作に支障をきたす可能性さえあるのです。

コンテナは、アプリケーションが必要とする環境一式を隔離された環境内に閉じ込め、ホストOSと切り離すことができる技術です。コンテナ内にはアプリケーションを動作させるための環境があらかじめセットアップされているため、ユーザーは面倒なインストールや調整作業から開放されます。

コンテナは独立したルートファイルシステムを持っているので、コンテナ内のライブラリのバージョンを上げても、ホストOSやほかのアプリケーションには一切影響を与えません。アプリケーションは、OSに直接インストールする場合、どうしてもOSのライフサイクルに縛られてしまいます。しかし、コンテナ化することによって、OSとアプリケーションのライフサイクルを切り離すことが可能になり、より自由なバージョン選定が可能になります。このあたりの考え方は、「**04.05.03　Snapパッケージシステム**」で解説したSnapパッケージと共通しています。

コンテナは、**コンテナイメージ**という単位で管理されます。コンテナイメージとは、コンテナを動かすために必要なコンポーネント一式を詰め込んだファイルシステムです。同一のコンテナイメージを使えば、異なるマシンや異なるOS上でも、常に同一の環境を再現できます。ソフトウェアの開発現場では、「開発者の手元では動くのに、なぜか本番サーバーでは動かない」という事態がよく起こりますが、アプリケーションをコンテナに閉じ込めることで、こうした環境に起因するトラブルも回避できます。このように、コンテナ化により、アプリケーションのポータビリティは飛躍的に向上します。

アプリケーションのバージョンアップは、検証も含めて非常に面倒な作業ですが、コンテナであればイメージを新しいバージョンに差し替えるだけでバージョンアップは完了します。また、アプリケーションの新バージョンに不具合が見付かり、古いバージョンにロールバックしたくなることもあるでしょう。インストールというのは本来は非可逆的な作業であるため、サーバー上に直接インストールしたアプリケーションをロールバックするのは困難です。しかし、コンテナであれば、ロールバックもイメージを差し替えるだけで完了します。したがって、

「試しに使ってみて、困ったら元に戻す」といった戦略も取りやすくなり、インフラ管理の労力を大幅に軽減できます。

こうしたメリットは、特にサーバーサイドのアプリケーション開発と相性がよく、現在のアプリケーション実行基盤としてコンテナは広く普及しています。

07.01.02 Dockerとは

Dockerとは

Linux上でコンテナを動かすための実装は数多く存在しますが、2024年現在、世界で最も利用されているであろうコンテナ実行環境が**Docker**（ドッカー）です。

Dockerは、アプリケーションを開発、転送、実行するためのプラットフォームと位置付けられています。特に、ベースOSとコンテナ（アプリケーション）を分離してポータビリティを向上させて、アプリケーションを効率よくデリバリーすることを主目的としています。

近年のアプリケーションは、Dockerで動かすことを前提として、構築済みのイメージやイメージをビルドするための設定などが開発元から配布されていることも非常に一般的になっています。

01
02
03
04
05
06
07
08
09
10
A

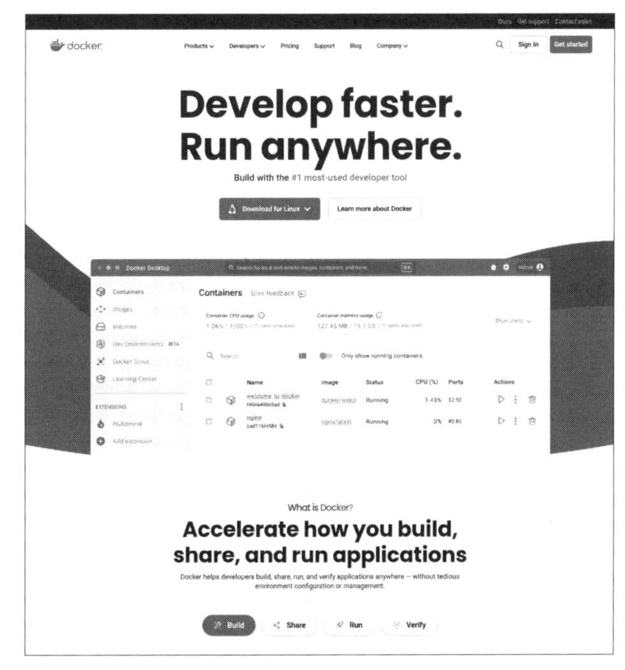

△図7.2　DockerのWebページ
https://www.docker.com/

Dockerのセットアップ

UbuntuにDockerをインストールする方法は、大きく次の3種類に分かれます。

1. Ubuntuが提供しているDebパッケージを使う方法
2. Dockerが公式に配布しているUbuntu向けパッケージを使う方法
3. Snapパッケージを使う方法

Ubuntuが用意しているパッケージとDocker公式のパッケージは、どちらを使っても大きな違いはないため、好みで選んで構いません。しいていうと、常に最新のDocker使いたいのであればDocker公式版のパッケージ、Ubuntuとの整合性や安定性を重視するのであればUbuntu版のパッケージを使うとよいでしょう。

Snapパッケージは、コンテナだけではなく、DockerそのものもUbuntuと切り離して管理できるため、一見便利そうに思えます。しかし、Snapパッケージ独自の制約のため、Debパッケージで提供されているバージョンと異なる挙動をする可能性が否定できません。実際に、過去には一部のファイルが読み込めず、Dockerが意図通りに動作しないといった問題もありました。

そのため、本書ではインストールの手軽さと安定を考慮し、Ubuntuが提供しているDockerをAPTでインストールすることを前提に解説します。

UbuntuにおけるDockerのパッケージ名は「docker.io」です。過去に、まったく別のアプリが「docker」というパッケージで提供されていたため、「.io」を付加して区別していた名残りです。「docker」パッケージは、Ubuntu 24.04では削除されているため、取り違える心配はないでしょう※1。ただし22.04など、古いバージョンのUbuntuを使っている場合は、「docker」パッケージがまだ残っているため、間違えないように注意してください。

コマンド7.1 dockerのインストール

```
$ sudo apt install -y docker.io
```

Dockerをインストールすると、コンテナを管理するサービスであるDockerデーモン（dockerd）が起動します。Dockerデーモンに対して、クライアントがRESTful APIを通して通信することでコンテナを操作するのが、Dockerの基本アーキテクチャです。RESTful APIを利用できるのであればクライアントの種類

※1 このパッケージは、現在では「wmdocker」というパッケージ名に変更されています。

は問いませんが、通常は専用のdockerコマンドを利用します。

Ubuntuの場合、Dockerデーモンと通信できるのは、rootユーザーかdockerグループに所属しているユーザーのみに限定されています。Dockerデーモンが待ち受けているUnixドメインソケットのパーミッションが、次のように設定されているためです。

コマンド7.2 docker.sockのパーミッション

```
$ ls -l /var/run/docker.sock
srw-rw---- 1 root docker 0 Jul 23 02:02 /var/run/docker.sock
```

そのため、常にsudoを付加してdockerコマンドを実行するか、あらかじめユーザーをdockerグループに追加する必要があります。ただし、sudoなしで誰もがdockerコマンドを実行できる状態は、セキュリティ的に非推奨とされています。これは、Dockerが抱える構造的な問題に由来しています。Dockerでは、意図的に「ルートレスモード」を設定しない限り、コンテナはroot権限で動作します。これにより、コンテナ内からホストOSを攻撃することが可能になってしまうのです。そのため、本書では、常にsudoを付けてdockerを実行します。詳しくはDockerのマニュアルの「Docker daemon attack surface」※2を参照してください。

インストールが完了したら、「docker version」を実行して、エラーが出ないことを確認しておきましょう。

コマンド7.3 「docker version」を正常に実行できた例（サーバーのバージョンが表示されている）

```
$ sudo docker version
Client:
 Version:           24.0.7
 API version:       1.43
 Go version:        go1.22.2
 Git commit:        24.0.7-0ubuntu4
 Built:             Wed Apr 17 20:08:25 2024
 OS/Arch:           linux/amd64
 Context:           default

Server:
 Engine:
```

※2 https://docs.docker.com/engine/security/#docker-daemon-attack-surface

```
 Version:          24.0.7
 API version:      1.43 (minimum version 1.12)
 Go version:       go1.22.2
 Git commit:       24.0.7-0ubuntu4
 Built:            Wed Apr 17 20:08:25 2024
 OS/Arch:          linux/amd64
 Experimental:     false
containerd:
 Version:          1.7.12
 GitCommit:
runc:
 Version:          1.1.12-0ubuntu3
 GitCommit:
docker-init:
 Version:          0.19.0
 GitCommit:
```

07.01.03 コンテナの実行

コンテナイメージの入手

コンテナを動かすため、まずはコンテナイメージを入手します。

コンテナイメージは、インターネット上にあるコンテナイメージの集積場である「コンテナレジストリ」と呼ばれる場所に集められています。コンテナレジストリ内には、イメージ名ごとに**コンテナリポジトリ**が作られています。コンテナリポジトリ内は、複数のバージョンのコンテナイメージを含んでいます。

Dockerには、「Docker Hub」[※3]という、誰もが無料で自作のコンテナイメージを公開できるコンテナレジストリが用意されています。dockerコマンドでは、デフォルトでDocker Hubを利用するように設定されていることもあり、多くのディストリビューションやアプリケーションの開発元が、公式のコンテナイメージの公開場所として利用しています。もちろん、Ubuntuの公式コンテナイメージもDocker Hubに存在しています。

Dockerのコンテナイメージは、「イメージ名」と「タグ」で管理されています。たとえば、Ubuntuの公式コンテナイメージのイメージ名は「ubuntu」です。そして、タグとは、同名のイメージのバージョンを区別するため、特定のイメージに

※3 https://hub.docker.com/

対して付けられたラベルです。Ubuntuのコンテナリポジトリ内には、インストールされたUbuntuのバージョンが異なる複数のイメージが存在していますが、それぞれのイメージにはバージョン番号がタグとして関連付けられているため、ユーザーはバージョンを取り違えることなく、目的のコンテナイメージを選択できるようになっています。タグは、イメージ名のあとに、コロンを挟んで指定します。たとえば、Ubuntu 24.04 LTSのコンテナイメージを指定したい場合は「ubuntu:24.04」と表記します。

1つのイメージに複数のタグを関連付けたり、あるいはタグを一切付けないことも可能です。Ubuntuのイメージであれば、バージョン番号である「24.04」というタグが関連付けられたイメージには、同時にリリース名である「noble」のタグも関連付けられています。そのため、ユーザーはどちらの名前でも同じコンテナイメージにアクセスできます。

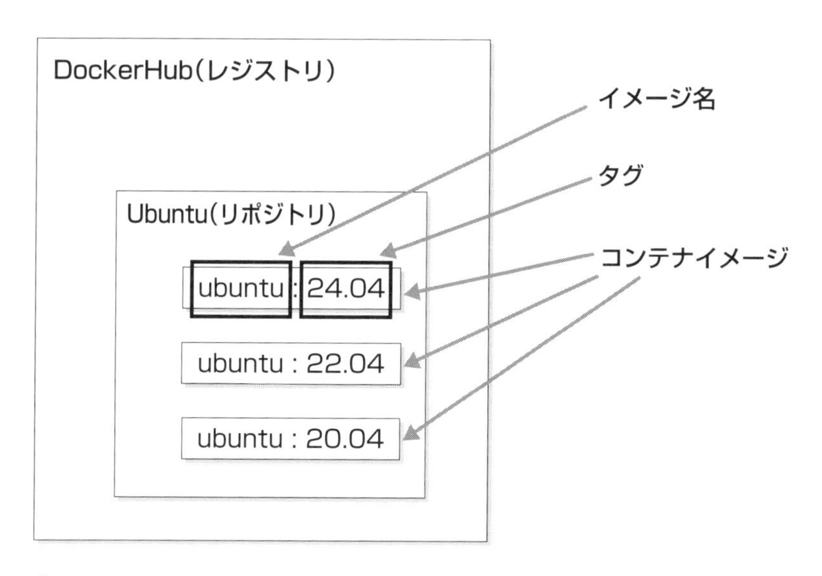

図7.3 コンテナレジストリとリポジトリ、コンテナイメージとタグの関係

レジストリからコンテナイメージをダウンロードするには、「docker image pull」コマンドを実行します。引数としてイメージ名とタグを指定します。次のコマンドでUbuntu 24.04 LTSのイメージをダウンロードできます。

コマンド7.4 Ubuntu 24.04 LTSのDockerイメージをダウンロードする例

```
$ sudo docker image pull ubuntu:24.04
```

「latest」というタグは、常に最新のイメージに付けられる特別なタグです。タグ名を省略した際は、暗黙的にlatestが指定されたものとして扱われます。ここで問題になるのは、latestタグが指すイメージは、時間とともに変わる可能性があるということです。したがって、latestを指定していると、意図しないタイミングでコンテナイメージのアップデートが起きることがあります。複数のサーバーでコンテナを並列稼動させているような場合は、サーバーを起動したタイミングによって異なるバージョンのコンテナが動いてしまったという事態にもなりかねません。トラブルの原因となることもあるため、明示的に使用するバージョンを指定することをお勧めします。

「docker image list」を実行すると、ダウンロード済みのコンテナイメージ一覧を確認できます。「IMAGE ID」とは、コンテナイメージごとに付与されたユニークなIDです。Ubuntuのコンテナイメージは、Ubuntuのパッケージアップデートに伴い、日々更新されています。「24.04」というタグが指し示すコンテナイメージも「latest」と同様に、更新とともに差し替えらえており、常に同一のイメージが使われるわけではありません。そのため、実行のタイミングによっては、IMAGE IDが本書の記載と異なることがありますが、適宜読み替えてください。

▼コマンド7.5 ダウンロード済みのコンテナイメージ一覧を表示する

```
$ sudo docker image ls
REPOSITORY    TAG       IMAGE ID       CREATED       SIZE
ubuntu        24.04     35a88802559d   6 weeks ago   78.1MB
```

コンテナの起動

「docker image pull」でイメージをダウンロードできたら、このイメージをベースにコンテナを起動しましょう。コンテナの起動には「docker container run」を実行します。引数に使用するコンテナイメージ(ubuntu:24.04)と、コンテナ内で実行するコマンド(/bin/bash)を指定します。-tオプションはコンテナ内で起動したプロセス(bash)にターミナルを割り当て、-iオプションは標準入力を受け付けるオプションです。この例のように、コンテナ内のプロセスを対話的に操作する際は、この2つのオプションが必要になります。

▼コマンド7.6 Ubuntu 24.04のDockerコンテナを起動する

```
$ sudo docker container run -t -i ubuntu:24.04 /bin/bash
```

コンテナの内部でroot権限のBashが起動し、操作できるようになります。

▲図7.4 docker container runの実行例

「docker container ls」で、実行中のコンテナの一覧を表示できます。別のターミナルを起動して、試してみましょう。

▼コマンド7.7 実行中のコンテナの一覧を表示する

```
$ sudo docker container ls
CONTAINER ID   IMAGE          COMMAND       CREATED          STATUS
PORTS     NAMES
d8dd38efae62   ubuntu:24.04   "/bin/bash"   2 minutes ago    Up 2 minu
tes             wonderful_lamport
```

実行中のコンテナには、それぞれユニークなコンテナIDとランダムな名前が割り当てられます。コンテナの停止や削除といった作業を行う場合は、コンテナIDや名前を使って操作対象を指定します。なお、1つのコンテナイメージから、独立した複数のコンテナを同時に起動することもできます。繰り返しになりますが、それぞれのコンテナは独立した空間で実行されているため、相互に干渉したりはしません。

コンテナ内のシェルが取得できたので、コンテナ内でコマンドを実行してみましょう。psコマンドでプロセスリストを取得してみます。

▼コマンド7.8 コンテナ内のプロセス一覧を表示する

```
$ ps aux
USER         PID %CPU %MEM    VSZ   RSS TTY      STAT START   TIME CO
MMAND
root           1  0.0  0.0   4588  3840 pts/0    Ss   03:05   0:00 /
bin/bash
root           9  0.0  0.1   7888  4096 pts/0    R+   03:11   0:00 ps
aux
```

通常のLinuxであれば、プロセスID「1」は、すべてのプロセスの親となるinitプロセスが動作しているはずです。また、それ以外にもさまざまなプロセスがバックグラウンドで動作しているはずです。ところが、コンテナ内では、プロセスID「1」として、コンテナ起動時に指定した/bin/bashが起動しており、それ以外はプロセスリストを表示するために実行したpsコマンドしか動作していません。コンテナ内がホストOSとは切り離された空間であること、そしてOSを丸ごと起動している仮想マシンとは異なり、あくまでも特定のプロセスだけを隔離しているということが理解できるでしょう。

コンテナの終了と削除

プロセスID「1」として起動したプロセスが終了すると、そのコンテナは終了します。したがって、この例であれば、exitコマンドでBashを抜けるだけでコンテナを終了できます。

ただし、後述するWebサーバーのように、コンテナは通常はバックグラウンドで起動し、内部のシェルを直接操作することはほとんどありません。そこで、コンテナの停止には「docker container stop」を使用します。引数には、停止したいコンテナのコンテナIDを指定します。また、コンテナIDは、あらかじめ「docker container ls」を実行して調べておく必要があります。

▼コマンド7.9　コンテナを終了する

```
$ sudo docker container stop d8dd38efae62
```

「docker container ls」のリストには起動中のコンテナしか表示されません。停止したコンテナを確認したい場合は、-aオプションを付けて実行します。停止したコンテナのステータスが「Exited」となっていることが確認できます。

▼コマンド7.10　停止したコンテナを確認する

```
$ sudo docker container ls -a
CONTAINER ID   IMAGE          COMMAND       CREATED          STATUS
PORTS     NAMES
d8dd38efae62   ubuntu:24.04   "/bin/bash"   10 minutes ago   Exited
(137) 2 minutes ago             wonderful_lamport
```

また、停止したコンテナは「docker container start」で再起動できます。停止したコンテナを削除するには、「docker container rm」を実行します。同様に、引数には削除するコンテナのコンテナIDを指定します。

▼コマンド7.11 停止したコンテナを削除する

```
$ sudo docker container rm d8dd38efae62
```

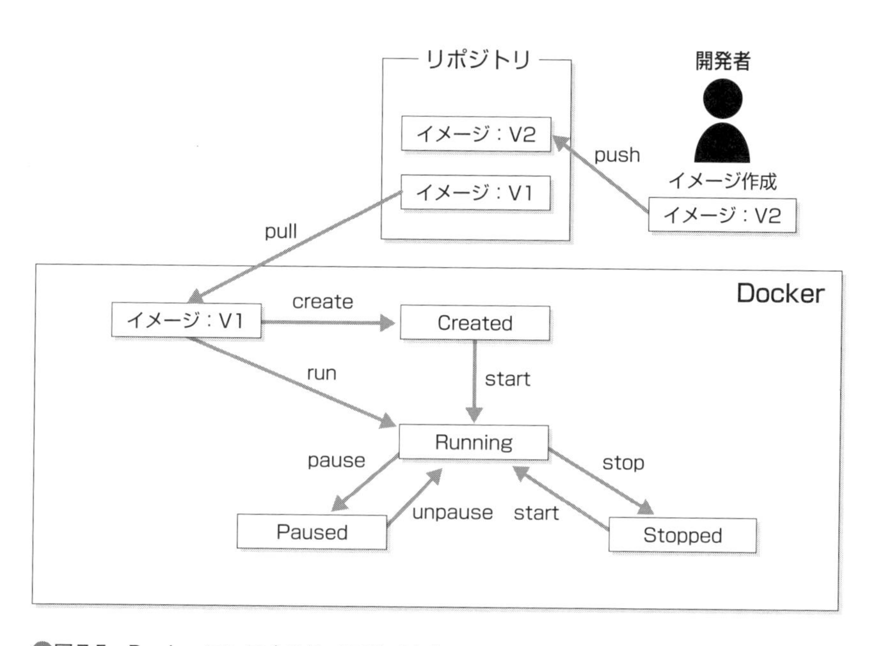

▲図7.5 Dockerコンテナのライフサイクル

コンテナは、ベースとなるコンテナイメージを、独立した環境に展開して動いています。起動したコンテナ内でファイルを作成したりアプリケーションを追加でインストールしたりすることも可能ですが、こうした情報はコンテナの終了時にすべて失われてしまいます。そのため、コンテナの中で恒久的にデータを保存したい場合は、データを永続化する方法を考慮しておかなくてはなりません。コンテナにインストールされているアプリケーションを更新したい場合、新バージョンがインストールされたイメージを新たに作り直す必要があります。

Dockerコンテナは、仮想マシンのように「状態」を持たせず、イメージから取り出したまま使い、役目が済んだら「使い捨てる」のが基本です。こうしたコンテナ特有の「お作法」は、慣れないと戸惑いがちなポイントです。しかし、コンテナとはこういうものなので、慣れるしかありません。

コンテナ内でWebサーバーを動かす

もう少し現実的な例として、Webサーバーの**nginx**(エンジンエックス)※4をDockerで動かしてみましょう。nginxは、HTMLや画像データといった静的コンテンツを高速に配信することを得意とするWebサーバーです。また、ロードバランサーやリバースプロキシとしての機能も備えており、今時のWebアプリケーションを構成する定番のWebサーバーとして、非常に高い人気を誇っています。

nginxのコンテナイメージ名は「nginx」です。ここではタグを省略して、最新のバージョン(latest)を使用しています。

コマンド7.12 nginxのDockerイメージを取得する

```
$ sudo docker image pull nginx
```

nginxはWebサーバーなので、HTMLや画像などのコンテンツを保存するディレクトリが必要です。コンテナイメージにそのようなものは含まれていないので、何らかの方法で、自前のコンテンツを起動したコンテナ内に持ち込まなくてはなりません。nginxコンテナの場合、ホスト上に作成したディレクトリをコンテナ内にマウントすることで実現します。そこで、まずホスト側の**ユーザーのホームディレクトリ内に**「www」というディレクトリを作成します。

コマンド7.13 ホームディレクトリ内に「www」というディレクトリを作成する

```
$ mkdir ~/www
```

この中に、デフォルトのWebページである「index.html」というファイルを作成します。テストなので、内容は単なるテキストで構いません。

コマンド7.14 テスト用のHTMLファイルを作成する

```
$ echo 'Hello nginx!' > ~/www/index.html
```

コンテナを起動しますが、この際に、いくつかのオプションが必要になります。

-vオプションは、コンテナ内にボリュームをマウントします。オプションの引数として「マウントしたいホスト上のディレクトリ:コンテナ内のマウントポイント」を指定します。ここでは、先ほど作成したホームディレクトリ

※4 https://nginx.org/

にあるwwwディレクトリを、nginxのドキュメントルートである「/usr/share/nginx/html」にマウントしています。

nginxはWebサーバーなので、80番ポートで通信を待ち受けます。しかし、コンテナ内でnginxのプロセスがポートを待ち受けているだけでは、ユーザーはコンテナ内にアクセスできません。コンテナのポートを外部に対して公開する必要があります。-pオプションによって、コンテナのポートとホストのポートを接続します。オプションの引数として「ホストのポート：コンテナのポート」を指定します。ここでは、ホストの8080番ポートにあったアクセスを、コンテナ内の80番ポートに転送しています。

-dオプションは、コンテナをバックグラウンドで起動させます。先ほどのBashを対話的に操作する例とは異なり、nginxサーバーをフロントエンドで起動する必要はありません。こうした「動いてさえいればいい」コンテナは、バックグラウンドで起動するのが基本です。

▼コマンド7.15　nginxのコンテナを起動する

```
$ sudo docker container run -v ~/www:/usr/share/nginx/html -p 8080:80
-d nginx
```

コンテナが起動したらWebブラウザーを開き、「http://localhost:8080」[※5]にアクセスしてみましょう。作成したindex.htmlの内容が表示されれば成功です。

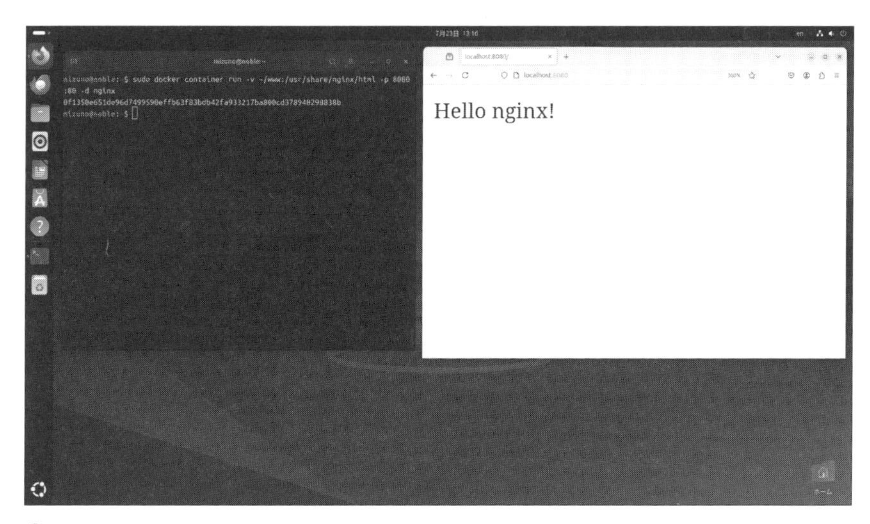

▲図7.6　Webブラウザーからコンテナ内のWebサーバーにアクセスする

※5 アドレスには、Webブラウザーから見たDockerホストのIPアドレスを指定します。ここではUbuntuデスクトップ上でブラウザーとDockerを動かしているためlocalhost（自分自身）を指定しています。別のサーバーでDockerを動かしている場合は、サーバーのIPアドレスを指定してください。

「docker container stop」でコンテナを停止すると、Webサーバーも停止します。そして、コンテナを削除してしまえば、その形跡を残さず、片付けができます。このように、コンテナを使えば、どのような複雑なアプリケーションであっても、ホストOSの環境を一切汚さずに動かすことができるのです。

07.01.04 独自のコンテナイメージを作成する

Dockerfileとは

先ほどのnginxのようなWebサーバーなどであれば、公式に提供されているコンテナイメージをそのまま動かすだけで用が足りる場合がほとんどでしょう。しかし、自作のアプリケーションを動かしたいような場合は、独自のコンテナイメージをビルドする必要があります。

Dockerでは、「Dockerfile」というファイルに基づいて、コンテナイメージをビルドします。Dockerfileとは、イメージの作成手順をまとめた、いわばコンテナイメージの設計図となるテキストファイルです。Dockerfileを記述し、「docker image build」コマンドを実行すると、独自のイメージをビルドできます。

独自Dockerfileの作成

Dockerfileは、命令(INSTRUCTION)と、それに対する引数(arguments)の集まりです。命令と引数はスペースで区切って、1行につき1命令で記述します。よく使われる命令としては、コマンドを実行する「RUN」、コンテナ起動時に実行されるコマンドを指定する「ENTRYPOINT」、コンテナ内にファイルをコピーする「COPY」などがあります。命令は大文字と小文字を区別しませんが、可読性を上げるために、命令は大文字で、引数は小文字で記述するのが慣習となっています。第三者が読むことも考慮し、なるべく慣習には従うようにするとよいでしょう。

コンテナイメージは完全にまっさらな状態から作ることも、既存のイメージをベースとして、何かを付け足して作ることもできます。とはいえ、アプリケーションを動かす環境をフルスクラッチで整えるのは大変です。そこで、最初は、既存のディストリビューションのコンテナをベースにするとよいでしょう。先ほども利用したUbuntuの公式イメージをベースにアプリケーションをインストールすれば、簡単にUbuntuベースのアプリケーションコンテナを作成できます。ベースとするコンテナイメージは「FROM」命令で指定します。Dockerfileは、必ず

FROM命令から始めなければいけません。

例として、「hello」パッケージを追加し、実行時にメッセージを表示するだけのコンテナイメージを作ってみましょう。まずホームディレクトリに、作業用のhello-imageディレクトリを作成します。

▼コマンド7.16 作業用ディレクトリを作成する

```
$ mkdir ~/hello-image
```

作成したディレクトリの中に、テキストエディタでDockerfileを次のような内容で作成します。

▼リスト7.1 Dockerfileの内容

```
FROM ubuntu:24.04
RUN apt-get install -U -y hello
ENTRYPOINT ["/usr/bin/hello"]
```

ベースとなるイメージは「ubuntu:24.04」とします。「RUN」はコンテナ内で実行するコマンドの指定です。ここでは、apt-getコマンドで、パッケージのインストールを行っています[※6]。「ENTRYPOINT」はコンテナ起動時に実行される、文字通り「エントリーポイント」となるコマンドのパスを指定します。ここでは、インストールしたhelloパッケージに含まれるhelloコマンドを指定しています。

ここではシンプルにパッケージをインストールしているだけですが、実際にはもっと複雑な構築手順を実行する必要があるでしょう。ビルドはDockerfileに記述された命令を上から順に実行していきますが、その際にコマンドを実行する順番が重要となることがあります。

Dockerのコンテナイメージは、イメージへの変更差分をミルフィーユのように層を重ねたレイヤー構造を取っており、そのレイヤーはDockerfileに記述された命令ごとに作られます。そして、Dockerはイメージをレイヤー単位でキャッシュし、使い回せるものは積極的に使い回すことで、ビルド時間を短縮します。たとえば、OSの設定ファイルを決まった内容に変更する手順が必要だとしましょう。こうした処理は、何度実行しても同じ結果となるため、一度実行すれば、そのキャッシュを使い回せるわけです。これに対し、実行するたびに結果が変わるような処理も存在します。こうした処理をDockerfileの先頭近くに書いてし

※6 aptコマンドは人間が対話的に操作することを前提としているため、Dockerfileの中などで利用する場合は、apt-getコマンドの使用が推奨されています。

まうと、後続の処理も結果が変わってしまうため、キャッシュの再利用効率が落ちてしまうのです。Dockerfileを記述する際は、定型処理は前半に、そうでない処理は後半に持ってくることで、効率のよいビルドが可能になります。

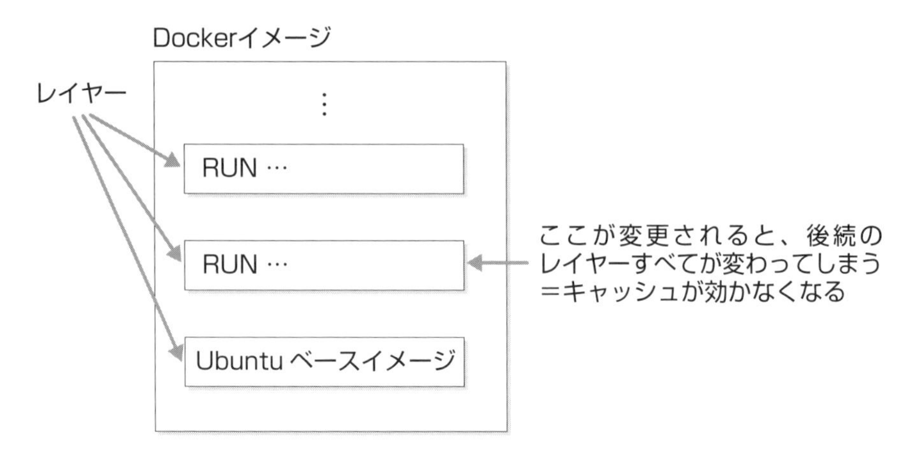

図7.7 Dockerのコンテナイメージのレイヤー構造

コンテナイメージのビルド

Dockerfileが記述できたら、実際にイメージをビルドしてみます。ビルドは「docker image build」で行います。この際、引数として、「コンテナイメージに付けるイメージ名」「今回のバージョンに付けるタグ」「ビルドに使用するDockerfileのパス」を指定します。たとえば、イメージ名を「hello」、タグを「latest」としてビルドする場合は、次のようにコマンドを実行します。

コマンド7.17 Dockerイメージをビルドする

```
$ sudo docker image build -t hello:latest ~/hello-image
```

ビルドが成功したら、「docker image ls」でイメージを確認してみましょう。

コマンド7.18 ビルドしたDockerイメージを確認する

```
$ sudo docker image ls
REPOSITORY   TAG      IMAGE ID       CREATED          SIZE
hello        latest   4783a6f68958   3 minutes ago    117MB
nginx        latest   fffffc90d343   4 weeks ago      188MB
ubuntu       24.04    35a88802559d   6 weeks ago      78.1MB
```

Ubuntuやnginxのイメージと同様に、「docker container run」で起動できます。

コマンド7.19 ビルドしたDockerイメージを起動する

```
$ sudo docker container run hello
Hello, world!
```

コンテナ内でhelloコマンドが実行され、メッセージが表示されました。プロセスID「1」で起動したhelloコマンドが、メッセージの出力とともに終了するため、コンテナも即座に終了します。

これが独自イメージをビルドする基本の手順となります。また、こうしてビルドしたイメージは、Docker Hubに公開して、世界中のユーザーと共有することもできます。

07.01.05 Docker互換のコンテナ実行環境Podmanを使う

Dockerが抱える問題

繰り返しになりますが、現在最も広く利用されているコンテナ実行環境はDockerであることは間違いありません。しかし、Dockerには、いくつかの構造上の問題が指摘されています。

これまでの例を見てもわかる通り、Dockerは明示的に設定を行わない限り、その利用には原則としてroot権限（sudo）が必要です。Dockerデーモンもroot権限でシステムに常駐し、そこから起動されるコンテナもroot権限を持っています。これは、決して少なくないケースで、セキュリティ的な問題を引き起こします。

また、Ubuntuを始めとする現代的なLinuxディストリビューションでは、initとして起動するsystemdが、システム上で動作するさまざまなサービスの管理を一手に引き受けています。たとえば、システムの起動時に、Webサーバーのコンテナを自動的に起動したいと思ったならば、systemdのサービスを作成するのが自然です。ところがDockerは、すべてのコンテナをDockerデーモンが管理すべきだと考えており、systemdの介入を極端に嫌います。そのため、コンテナの自動起動設定も、Dockerデーモン側で制御するのが一般的です。systemdを中心に構成されたOSにとって、サービスを管理する仕組みが別

01
02
03
04
05
06
07
08
09
10
A

に存在するのは、運用の手間を考えても、あまり好ましくないでしょう。また、Dockerデーモンがすべてのコンテナを管理するため、ここが**単一障害点**となってしまいます。

Podmanとは

「Open Container Initiative」(OCI)とは、コンテナイメージのフォーマットや実行環境に関する標準規格を定めることを主目的とした標準化団体です。Dockerが登場した当初は、DockerのコンテナはDockerだけの独自仕様でした。しかし、現在ではOCIによる標準化が進み、Docker以外の環境でも広く利用できるものとなっています。そのため、本来であれば、正しくは「OCIコンテナ」と呼ぶべきですが、Dockerの知名度が圧倒的なため、現在でも伝わりやすさを優先して、「Dockerコンテナ」と呼ばれることが多いようです。

コンテナイメージのフォーマットや、その実行方法が標準化されているということは、OCI標準に準拠してさえいれば、実行環境は自由に交換可能だということです。事実、Docker(OCI)コンテナイメージをそのまま実行できる、Docker以外の実行環境も多数存在します。

その中でも、Dockerの完全な代替となることを目指して開発されているのがPodmanです。PodmanはDockerが抱えている「root権限が必要」「デーモンが常駐する」「systemdとの相性の悪さ」といった多くの問題を解消し、かつツールとして完全な互換性を持つことを目指して開発されています。Dockerと同じ使用感を実現しながら、デフォルトの状態でDockerよりもセキュアなコンテナ実行環境を手軽に実現できます。

Podmanのインストールと使い方

本書の内容は、Dockerの代わりにPodmanを使っても試すことができます。Ubuntu 24.04 LTSでは、Podmanは次のコマンドでインストールできます。

▼コマンド7.20 Podmanのインストール

```
$ sudo apt install -y podman
```

また、「**08.03.02 Docker Composeを使ったWordPressサーバーの構築**」で紹介する**Docker Compose**をPodmanで利用するには、次のようにしてpodman-composeコマンドもインストールしておいてください。

コマンド7.21 podman-composeのインストール

```
$ sudo apt install -y podman-compose
```

Podmanは「podman」コマンドで操作します。このコマンドは、Dockerの「docker」コマンドとほぼ完全な互換性を持ち、dockerコマンドが持つ機能は、基本的にすべてそのまま実行できるようになっています※7。本書で紹介したdockerコマンドの実行例も、コマンド名をそのままpodmanに置き換えるだけで、同じように実行できます。Podmanは一般ユーザーの権限で動作しているため、sudoは必要ありません。

ただし、コンテナの短縮名の扱いについては、少し注意が必要です。Dockerは、コンテナレジストリとして暗黙的にDocker Hubを参照します。そのためUbuntu 24.04 LTSのイメージを取得したければ、次のように短縮したリポジトリ名のみを指定することができました。

コマンド7.22 Dockerでイメージを取得する例

```
$ sudo docker image pull ubuntu:24.04
```

Podmanは、さまざまなレジストリを同じように扱い、Docker Hubだけを特別扱いしません。そのため、次のように、完全なレジストリ名を指定する必要があります※8。

コマンド7.23 Podmanでイメージを取得する例

```
$ podman image pull docker.io/library/ubuntu:24.04
```

本書の内容をPodmanで試す場合は、この点に気を付けてください。

※7 Podmanは、Podman自身はコンテナオーケストレーションを行わないという思想の下に開発されています。そのため、Dockerが持つ「Swarm機能」は意図的に実装されていません。つまり、docker swarmコマンドに相当するコマンドは未実装です。
※8 別途設定を行うことで、指定したレジストリに短縮名でアクセスさせることもできます。

Column

dockerコマンドでPodmanを操作する

podmanコマンドはdockerコマンドと機能的な互換性がありますが、そもそも名前が違うという問題があります。そのため、DockerからPodmanに乗り換えようとすると、「ついクセでdockerコマンドを実行してしまう」「内部でdockerコマンドを実行しているスクリプトが動かなくなった」といった問題が起きることもあるでしょう。こうした問題を解消できるのが、「podman-docker」パッケージです。次のようにインストールします。

▼podman-dockerパッケージのインストール

```
$ sudo apt install -y podman-docker
```

このパッケージをインストールすると、「/usr/bin/docker」という名前で、podmanコマンドを呼び出すラッパースクリプトがインストールされます。コマンド名の違いを吸収できるため、このパッケージをインストールしておけば、本書の内容をそのままPodmanで実行することもできます。

07.02 LXDでUbuntuを使う

07.02.01 LXDとは

Dockerは非常に便利なツールです。しかし、特定のプロセスだけを隔離するという特性上、一般的なサーバーや仮想マシンとは少々扱い方が異なるのも事実です。たとえば、開発中のアプリケーションの動作テストなどの目的で、Linuxが動いている環境一式がほしいということはよくあります。Dockerで独自のアプリケーションを動かそうと思ったら、`Dockerfile`を記述し、イメージをビルドしなければなりません。また、動くのは特定のプロセスのみであるため、Dockerは「軽量な仮想マシン上に構築されたLinux環境を作る」という用途には向いていません。

とはいえ、仮想マシンを作成してOSをインストールするのも面倒です。そういった場合にお勧めなのが**LXD**です。

LXDとは、Canonicalが開発している、次世代のコンテナ管理システムの名称です。Dockerが単一のプロセスをコンテナ化した「アプリケーションコンテナ」を動かすことを主目的としているのに対して、LXDはLinuxシステム全体をコンテナ化した「システムコンテナ」を動かすことを主目的としています。Dockerと同様に、LXDのコンテナもカーネルはホストと共有していますが、Dockerとは異なり、LXDのコンテナ内では`init`以下のOSを構成するすべてのプロセスが動作しています。コンテナ内で新たにサービスを起動するなど、複数のプロセスを同時に動かすことも可能です。つまり、Dockerでは難しかった「軽量な仮想マシン」感覚でコンテナを利用できることになります。

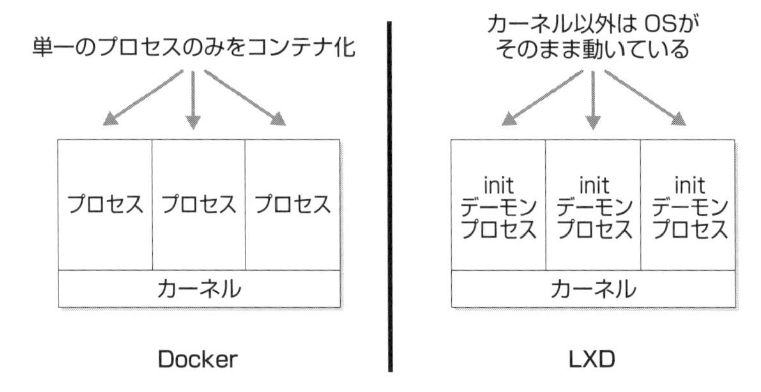

図7.8　アプリケーションコンテナとシステムコンテナの違い

07.02.02 LXDのセットアップ

Dockerがインストール済みの環境にLXDを共存させると、ネットワーク関連の設定が衝突し、思わぬトラブルを起こす可能性があります。LXDの動作を試すのであれば、Dockerがインストールされていない別の仮想マシンを用意することをお勧めします。

LXDを導入する最も簡単な方法は、Snapパッケージからのインストールです。次のコマンドを実行します。

コマンド7.24　SnapパッケージでLXDをインストールする

```
$ sudo snap install lxd
```

Dockerを操作できるのが、rootとdockerグループのメンバーだけであったのと同様に、LXDを操作できるのも、rootとlxdグループのメンバーに制限されています。そのため、sudoを併用するか、LXDを利用するユーザーをlxdグループに追加する必要があります。ただし、サーバー版Ubuntuの場合、インストール時に作成したユーザーは、最初からlxdグループに所属しているため、特別な設定やsudoなしでLXDを利用できます。

本書では、サーバー版のデフォルトの設定に従い、ユーザーをlxdグループに追加することを前提に解説します。デスクトップ版UbuntuにLXDをインストールした場合は、次のようにしてユーザーをグループに追加した上で、Ubuntuを再起動してください。

コマンド7.25 mizunoユーザーをlxdグループに追加する例

```
$ sudo gpasswd -a mizuno lxd
```

インストールが完了したら、初期設定を行います。「lxd init」をroot権限で実行します。いくつかの質問に答える必要がありますが、基本的にはすべてデフォルトのまま Enter を押して構いません。

コマンド7.26 LXDの初期設定を行う

```
$ sudo lxd init
Would you like to use LXD clustering? (yes/no) [default=no]:
 ──────────────── LXDを別PC上のLXDとクラスタ化するか
Do you want to configure a new storage pool? (yes/no) [default=yes]:
 ──────────────── 新しいストレージプール(コンテナの保存先)を作成するか
Name of the new storage pool [default=default]:
 ──────────────── 新しいストレージプールの名前
Name of the storage backend to use (dir, lvm, powerflex, zfs, btrfs,
ceph) [default=zfs]: ──────────────── ストレージプールのバックエンド
Create a new ZFS pool? (yes/no) [default=yes]: ─ 新しいZFSプールを作成するか
Would you like to use an existing empty block device (e.g. a disk or
partition)? (yes/no) [default=no]: ──── 既存のブロックデバイスを使用するか
Size in GiB of the new loop device (1GiB minimum) [default=12GiB]:
 ──────────────── ストレージプールのサイズ
Would you like to connect to a MAAS server? (yes/no) [default=no]:
 ──────────────── MAASサーバーに接続するか
Would you like to create a new local network bridge? (yes/no) [defaul
t=yes]: ──────────────── 新しいネットワークブリッジを作成するか
What should the new bridge be called? [default=lxdbr0]:
 ──────────────── 新しいネットワークブリッジの名前
What IPv4 address should be used? (CIDR subnet notation, “auto” or
“none”) [default=auto]: ──────────────── コンテナが使うIPv4アドレスの設定
What IPv6 address should be used? (CIDR subnet notation, “auto” or
“none”) [default=auto]: ──────────────── コンテナが使うIPv6アドレスの設定
Would you like the LXD server to be available over the network? (yes/
no) [default=no]: ──────── LXDサーバーをネットワーク越しに使用可能にするか
Would you like stale cached images to be updated automatically? (yes/
no) [default=yes]: ──── ダウンロードしたコンテナイメージを自動的に更新するか
```

```
Would you like a YAML "lxd init" preseed to be printed? (yes/no) [def
ault=no]: ──────────────── lxd initの結果をYAML形式で表示するか
```

07.02.03 Ubuntuコンテナの起動

LXDもDockerと同様に、コンテナイメージを取得し、それを元にコンテナを起動します。「lxc launch」を実行すると、イメージサーバーからコンテナイメージをダウンロードし、コンテナの初期化と起動を行います。実行するのは、先ほど初期設定を行ったlxdコマンドではなく、lxcコマンドである点に注意してください。引数には、使用するコンテナイメージ名と、起動するコンテナに付ける名前を指定します。

たとえば、次のコマンドでは、Ubuntu 24.04 LTSのイメージをダウンロードし、それをベースにnobleという名前のコンテナを起動します。

コマンド7.27 LXDでコンテナを起動する

```
$ lxc launch ubuntu:24.04 noble
```

07.02.04 コンテナの操作

コンテナの操作は、lxcコマンドにサブコマンドを指定して行います。よく使う主なサブコマンドを紹介しておきましょう。なお、特定のコンテナを対象とするコマンドは、引数にコンテナ名を指定します。

「lxc list」で、コンテナの一覧を表示します。起動中のコンテナはSTATEフィールドが「RUNNING」となり、IPV4／IPV6フィールドに割り当てられているネットワークインターフェイスやIPアドレスも表示されます。

コマンド7.28 「lxc list」でコンテナの一覧を表示する

```
$ lxc list
+-------+---------+----------------------+--------------------------
-------------------+----------+-----------+
| NAME  | STATE   |         IPV4         |                      IPV6
|   TYPE    | SNAPSHOTS |
+-------+---------+----------------------+--------------------------
```

```
-------------------+-----------+-----------+
| noble | RUNNING | 10.143.146.108 (eth0) | fd42:cf93:2fc7:203:216:3e
ff:fe57:b511 (eth0) | CONTAINER | 0         |
+-------+---------+----------------------+--------------------------
-------------------+-----------+-----------+
```

「lxc info」で、コンテナの詳細な情報を表示できます。名前、状態、アーキテクチャ、作成時刻、プロセスの起動数、ディスク、CPU、メモリの使用状況、ネットワークの情報などが含まれています。

コマンド7.29 「lxc info」でコンテナの詳細を表示する

```
$ lxc info noble
Name: noble
Status: RUNNING
Type: container
Architecture: x86_64
PID: 4905
Created: 2024/07/24 07:00 UTC
Last Used: 2024/07/24 07:00 UTC

Resources:
  Processes: 24
  Disk usage:
    root: 4.45MiB
  CPU usage:
    CPU usage (in seconds): 6
  Memory usage:
    Memory (current): 106.01MiB
  Network usage:
    eth0:
      Type: broadcast
      State: UP
      Host interface: veth0b78178f
      MAC address: 00:16:3e:57:b5:11
      MTU: 1500
      Bytes received: 296.37kB
      Bytes sent: 10.71kB
      Packets received: 162
```

```
    Packets sent: 127
    IP addresses:
      inet:  10.143.146.108/24 (global)
      inet6: fd42:cf93:2fc7:203:216:3eff:fe57:b511/64 (global)
      inet6: fe80::216:3eff:fe57:b511/64 (link)
  lo:
    Type: loopback
    State: UP
    MTU: 65536
    Bytes received: 1.15kB
    Bytes sent: 1.15kB
    Packets received: 12
    Packets sent: 12
    IP addresses:
      inet:  127.0.0.1/8 (local)
      inet6: ::1/128 (local)
```

「lxc stop」で、起動中のコンテナを停止します。停止したコンテナは「lxc list」のSTATEフィールドに「STOPPED」と表示されます。

コマンド7.30 「lxc stop」でコンテナを停止する

```
$ lxc stop noble
```

また、「lxc pause」で起動中のコンテナを一時停止できます。一時停止中のコンテナは「lxc list」のSTATEフィールドに「FROZEN」と表示されます。

コマンド7.31 「lxc pause」でコンテナを一時停止する

```
$ lxc pause noble
```

停止中や一時停止中のコンテナは「lxc start」で再開できます。

コマンド7.32 「lxc start」で一時停止中のコンテナを再開する

```
$ lxc start noble
```

停止中のコンテナは「lxc delete」で削除できます。

コマンド7.33 「lxc delete」でコンテナを削除する

```
$ lxc delete noble
```

07.02.05 コンテナ内でのコマンドの実行

コンテナの中でコマンドを実行するには、「lxc exec」を使います。引数に対象のコンテナ名と実行したいコマンドを指定します。この際、実行したいコマンドにハイフンから始まるオプションを付けていると、lxcコマンド自身がオプションとして解釈してしまい、意図した動作が行われないことがあります。そのような場合は、実行したいコマンドの前に「--」を付けます。なお、オプションにハイフンが含まれない場合、「--」は不要です。

コマンド7.34 コンテナの中でコマンドを実行する

```
$ lxc exec noble hostname
noble
$ lxc exec noble ls -la ――― コンテナ内で実行したいlsコマンドのオプションにハイフンが含まれるため、エラーになる
Error: unknown shorthand flag: 'l' in -la
$ lxc exec noble -- ls -la ― ハイフンを含むオプションがあるコマンドを実行するには、lxcコマンドと実行したいコマンドを「--」で分離する
total 7
drwx------  3 root root    5 Jul 10 08:37 .
drwxr-xr-x 21 root root   25 Jul 10 08:41 ..
-rw-r--r--  1 root root 3106 Apr 22 13:04 .bashrc
-rw-r--r--  1 root root  161 Apr 22 13:04 .profile
drwx------  2 root root    3 Jul 24 07:00 .ssh
```

「lxc shell」で、指定したコンテナのroot権限のシェルを取得できます。連続してコマンドを実行したい場合や、テキストエディタで設定ファイルを書き換えたい場合など、コンテナ内に入って作業を行う際は、この方法が便利です。シェルを終了したい場合はexitコマンドを実行します。

コマンド7.35 コンテナのroot権限のシェルを取得する

```
$ lxc shell noble
root@noble:~#
```

07.02.06 コンテナをネットワーク上に公開する

「lxd init」でデフォルト値を設定している環境では、ホスト上に「lxdbr0」というブリッジインターフェイスが作成され、その下にLXDの各コンテナが所属するNATネットワークが作成されます。つまり、LXDコンテナ内でサーバーを立ち上げても、コンテナが所属するネットワークはホストのネットワークと分離されているため、外部(別のPCなど)からはコンテナ内のサーバーに接続することができません。

LXDコンテナ内で動作しているサーバーを外部に公開する方法はいくつか考えられますが、最も簡単なのは**macvlan**を使い、コンテナをホストと同じネットワークに接続させることです。macvlanとは、1つのネットワークインターフェイスに対して、異なるハードウェアアドレスを持つ複数の仮想ネットワークインターフェイスを作成できるネットワークドライバです。ホストのネットワークインターフェイスを親とするmacvlanサブインターフェイスをコンテナに割り当てて、ホストと同じネットワーク上のサーバーのように扱えるようになります。

VirtualBoxの仮想マシン上でLXDを動かしている場合は、まずネットワークインターフェイスのプロミスキャスモードを有効にする設定を行います(実マシンで動かしている場合は必要ありません)。仮想マシンの設定を開き、「ネットワーク」→「割り当て」を「ブリッジアダプター」に変更します。その上で、[プロミスキャスモード]を[すべて許可]にしてください。

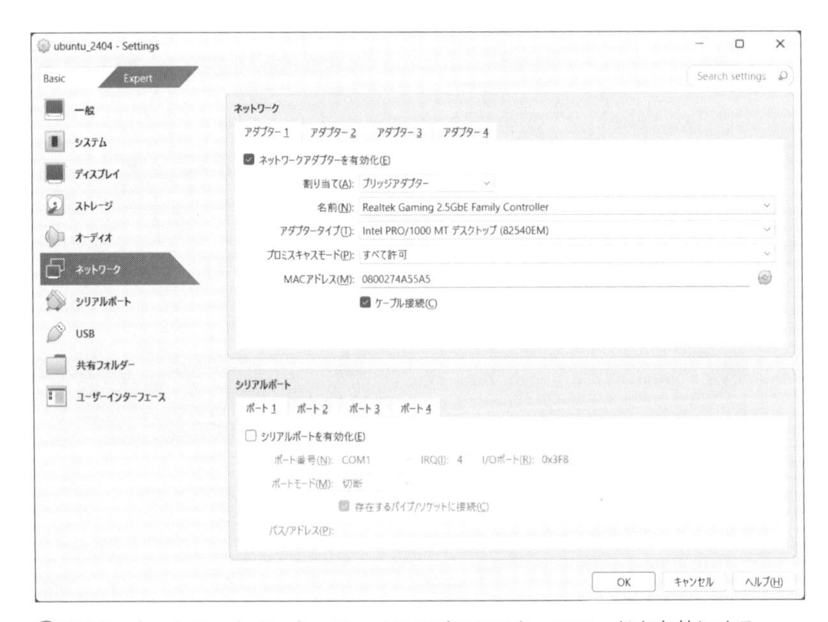

図7.9 ネットワークインターフェイスのプロミスキャスモードを有効にする

次に、LXDを動かしているUbuntu上で、次のコマンドを実行します[※9]。「enp0s3」の部分は実際のネットワークインターフェイス名に読み替えてください(ネットワークインターフェイスの調べ方は「**06.02.01 ネットワークの確認**」を参照)。

コマンド7.36 LXD上のUbuntuのネットワークインターフェイスもプロミスキャスモードを有効にする

```
$ sudo ip link set enp0s3 promisc on
```

コンテナにネットワークインターフェイスを追加します。たとえば、先ほど起動したnobleコンテナに、ホストのenp0s3というインターフェイスを親とする、eth1という名前のインターフェイスを追加する場合は、次のように実行します。ここも「enp0s3」の部分は適宜読み替えてください。

コマンド7.37 LXD上のUbuntuに仮想的なネットワークインターフェイスを追加する

```
$ lxc config device add noble eth1 nic nictype=macvlan parent=enp0s3
```

インターフェイスは追加しただけでは動作しません。通常のUbuntuサーバーと同様に、コンテナ内にネットワークの設定を追加しなくてはなりません。「lxc shell」でコンテナ内に入り、「**06.02.02 固定IPアドレスを設定する**」を参考に、IPアドレスの設定を行ってください。「/etc/netplan/99-eth1.yaml」といった名前でNetplanの設定ファイルを作成し、次の内容を記述してください。なお、IPアドレスなどは、環境に合わせて適宜読み替えてください。

リスト7.2 /etc/netplan/99-eth1.yamlの内容

```
network:
  ethernets:
    eth1:
      addresses:
      - eth1に割り当てるIPアドレス/サブネットマスク(例: 192.168.1.30/24)
      nameservers:
        addresses:
        - DNSサーバーのIPアドレス(例: 192.168.1.1)
      routes:
      - to: default
        via: デフォルトゲートウェイのIPアドレス(例: 192.168.1.1)
```

※9 この設定はUbuntuを再起動すると失われてしまうため、再度実行する必要があります。

```
  version: 2
```

コンテナ内で「netplan apply」を実行すれば※10、追加したインターフェイスの設定は完了です。ホストに戻り「lxc list」を実行すると、インターフェイスが追加され、固定IPアドレスが割り当てられていることを確認できます。

コマンド7.38 「lxc list」でネットワークインターフェイスの設定を確認する

```
$ lxc list
+-------+---------+----------------------+-------------------------
--------------------+-----------+-----------+
| NAME  |  STATE  |         IPV4         |                     IPV6
|   TYPE    | SNAPSHOTS |
+-------+---------+----------------------+-------------------------
--------------------+-----------+-----------+
| noble | RUNNING | 192.168.1.30 (eth1)    | fd42:cf93:2fc7:203:216:3e
ff:fe57:b511 (eth0)  | CONTAINER | 0         |
|       |         | 10.143.146.108 (eth0) |
2405:6583:8580:3000:216:3eff:feb9:cd83 (eth1) |           |           |
|
+-------+---------+----------------------+-------------------------
--------------------+-----------+-----------+
```

以降は、ネットワーク内の別のPCなどから、eth1に割り当てたIPアドレスにアクセスすることで、コンテナ内のサービスに直接接続できるようになります※11。たとえば、コンテナ内で次のコマンドを実行し、Apache HTTPDサーバーをインストールしてください。LAN内のPCでWebブラウザーを起動し、macvlanインターフェイスのIPアドレスにアクセスすると、Apacheのデフォルトページが表示されます。

コマンド7.39 Apache HTTPDサーバーをインストールする

```
# apt install -y apache2
```

※10 第6章の「固定IPアドレスを設定する」を参考に、パーミッションの設定も行ってください。

※11 macvlanを使った方法の場合、ホストとコンテナ間の通信はできません。具体的には、Ubuntuデスクトップ内でLXDを動作させ、そのUbuntuデスクトップ上のFirefoxからコンテナに割り当てたIPアドレスにアクセスしようとしても、接続できません。LAN内の別PCやスマホで試したり、VirtualBoxを使っている場合はホストPCのWebブラウザーなどを利用してください。

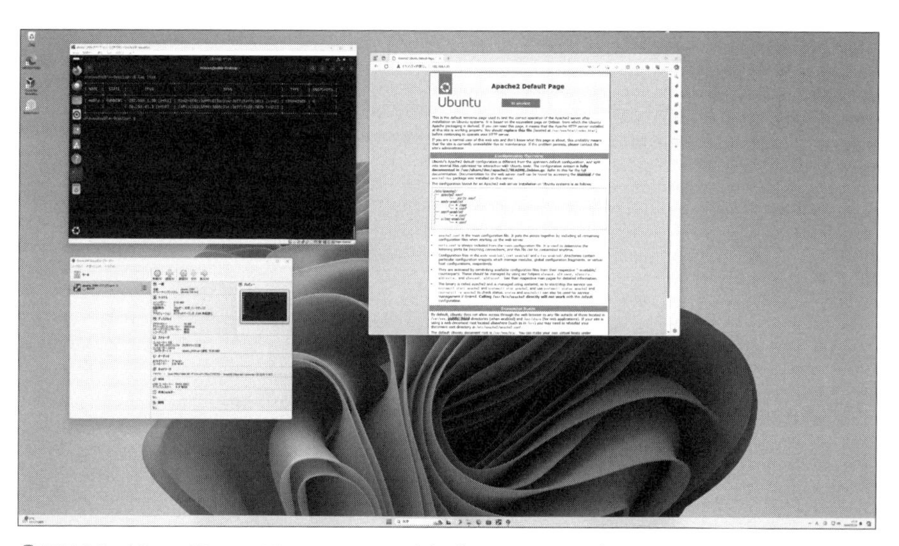

△図7.10　VirtualBoxのUbuntuでLXDを起動し、コンテナ内にApache HTTPDサーバーを導入した例

08

第 8 章

サーバーアプリケーションを動かそう

08.01 送信専用メールサーバーの構築

08.01.01 昨今のメールサーバー事情

「メールサーバー」とは、電子メールを送受信するサーバーのことです。電子メールを現実の郵便に例えると、メールサーバーは郵便局のような役割を持っています。従来、メールサーバーといえばビジネスに必須という扱いでした。しかし、2024年現在、メールサーバーを自前で運用するメリットは減ってきています。

メールサーバーは個人情報や機密情報の宝庫ともいえるため、クラッカーの攻撃の標的にされやすいという問題を常に抱えています。多くのWebサービスは、メールアドレスとパスワードで認証を行います。そして、パスワードを忘れてしまったときには、メールアドレスを入力することでパスワードの「初期化」ができるサービスも一般的です。言い換えると、メールサーバーに侵入し、メールボックスを盗み見ることができるのであれば、ほかのサービスのアカウントを乗っ取ることも可能になるということです※1。ECサイトのアカウントを乗っ取ることができれば、クレジットカードの不正利用にもつながります。

また、現在ではスパムメールが世界的な問題となっています。メールサーバーを乗っ取られてしまうと、スパムメールの発射台として悪用されてしまう危険もあります。この場合は、クラッキングの被害者であると同時に、スパマーの片棒を担ぐ加害者にもなってしまいます。

そして、メールは、24時間365日、いつどこから届くかわかりません。特に業務用のメールサーバーはビジネス的なインパクトも大きく、自分の都合で停止することは許されません。こうした背景から、メールサーバーは運用の難易度が高く、サーバー管理者の悩みの種であり続けてきました。

それでいて、メールサーバーができることは、**メールの送受信だけ**です。つまり、自前で運用するリスクや管理コストに対して、メリットが釣り合わないのです。Gmailなどの安価で高性能なメールサービスが利用できる点や、SlackやLINEなどの普及で、そもそもメール自体の利用頻度が落ちている点も拍車をかけています。

※1 「とにかく二段階認証を設定しろ」と、口うるさくいわれる理由が理解できるでしょう。

それに加えて、現在ではスパムメールの送信を防ぐため、一般的なインターネットプロバイダーやクラウドサービスでは、メールサーバーを構築してのメール送信そのものが制限、ないしは禁止されているケースがほとんどです。メールサーバーはTCPの25番ポートを使用してメールを送受信しますが、このポートの通信を制限することで、不正なメール送信ができないようにしているのです。この施策を**OP25B**と呼びます。

メールサーバーは、「リスクが大きい」「メリットが少ない」「そもそも制限がある」という理由により、気軽に運用できず、運用しないほうがよいサーバーの筆頭であるといってよいでいょう。

08.01.02 Gmailへリレーする Postfixの構築

家庭内のサーバーからメールを送信するには

ここまで説明したように、一般的なユーザーがメールを送受信するメールサーバーは、よほどの事情がない限り、自前で運用しないのが現在の定石です。しかし、サーバーがエラーを起こした際に通知を送りたいといった理由で、メールの送信のみを行いたいという要求は依然として存在します。ところが、現在ではOP25Bの実施により、家庭内に作ったサーバーから勝手にメールを送信することはできません。家庭内に限らず、AWSやGoogle Cloudといったクラウド上のサーバーであっても、メールの送信が制限されているケースは増えています。たとえば、「**05.02.03　さくらのVPSでUbuntuサーバーを使う**」で紹介したさくらのVPSも、試用期間中および、本登録から72時間の間はOP25Bが適用され、メールサーバーからのメール送信ができません。

「でも自宅のPCからメールを送れているよ？」と思った人もいるかもしれません。OP25Bで禁止しているのは、TCPの25番ポートを使って、インターネット上のサーバーと直接通信することです。通常、契約しているプロバイダーが用意したメールサーバーとの通信はブロックされないため、正しいメールサーバーを経由すれば問題なくメールを送信することができるのです。また、Gmailなどのインターネット上のメールサーバーを利用する場合は、25番ポートの代わりにサブミッションポートと呼ばれる別のポート（一般的にはTCPの587番）を使って通信することで、OP25Bの制限を回避できます。

自宅内のサーバーからメールを送る場合も同様です。自前のサーバーがインターネット上のメールサーバーに直接メールを配送するのではなく、サブミッションポート経由で正規のメールサーバーを経由することで、OP25Bを回避してメールを送信できます。これを「メールのリレー」と呼びます。こうした用途のため、世の中には「SendGrid」や「MailGun」など、メールのリレー先となり、送信を代行してくれるサービスが存在します。また、AWSには「Amazon Simple Email Service」というメール送信サービスが用意されています。

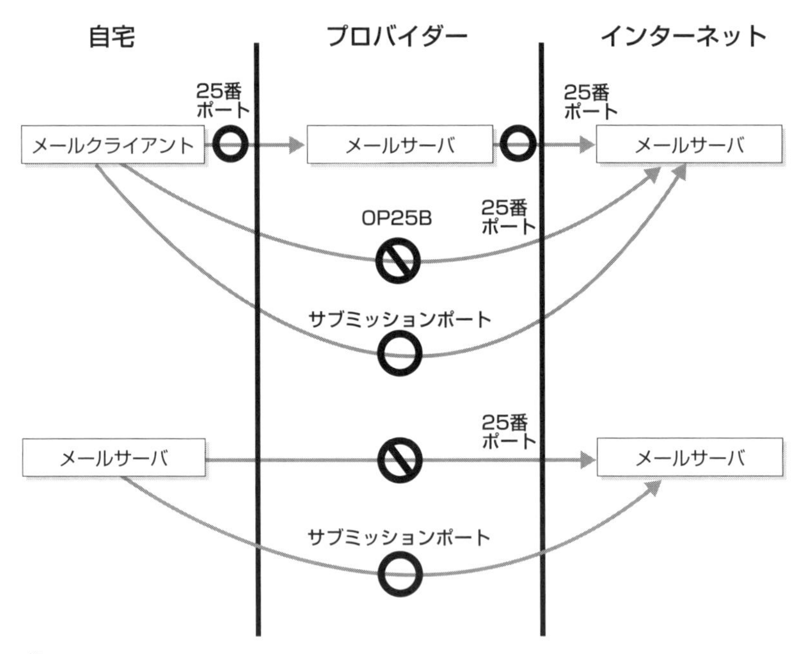

図8.1 OP25Bによって自宅からインターネットのメールサーバーと直接通信することはできない

実は、Gmailにもメールサーバーとしての機能があります。ここでは例として、Gmailをリレーしてメールを送出する、送信専用のメールサーバーを家庭内に構築する方法を紹介します。ただし、Gmailの個人アカウントを経由するため、あくまでも家庭内での試用に留めておくのが無難でしょう。場合によっては、Gmail側で送信がブロックされる可能性もあります。企業などで本格的に運用するシステムであれば、SendGridなどのサービスの導入を検討してください。また、あくまでもサーバー自身がメールを送信するための方法であり、メールを受信することはできません。

Gmailのアプリケーションパスワードの発行

Gmailを経由してメールを送信するため、当然ですがGoogleアカウントが必要です。また、最近ではGmailのセキュリティ上の理由で、単純なアカウントとパスワードだけではメールを送ることはできません。サーバーがGmailのメールサーバーを利用するためには、「アプリケーションパスワード」を発行しておく必要があります。アプリケーションパスワードの発行方法は「Gmailヘルプ」の「アプリケーション パスワードでログインする」※2を参照してください。

なお、アプリケーションパスワードを発行するには、事前に二段階認証を設定しておく必要があることにも注意してください。二段階認証を有効にする手順は「Gmailヘルプ」の「2段階認証プロセスを有効にする」※3が参考になります。

これらの情報を参考に、アプリケーションパスワードを生成したら、手元に控えておいてください。

01
02
03
04
05
06
07
08
09
10
A

※2 https://support.google.com/mail/answer/185833
※3 https://support.google.com/accounts/answer/185839

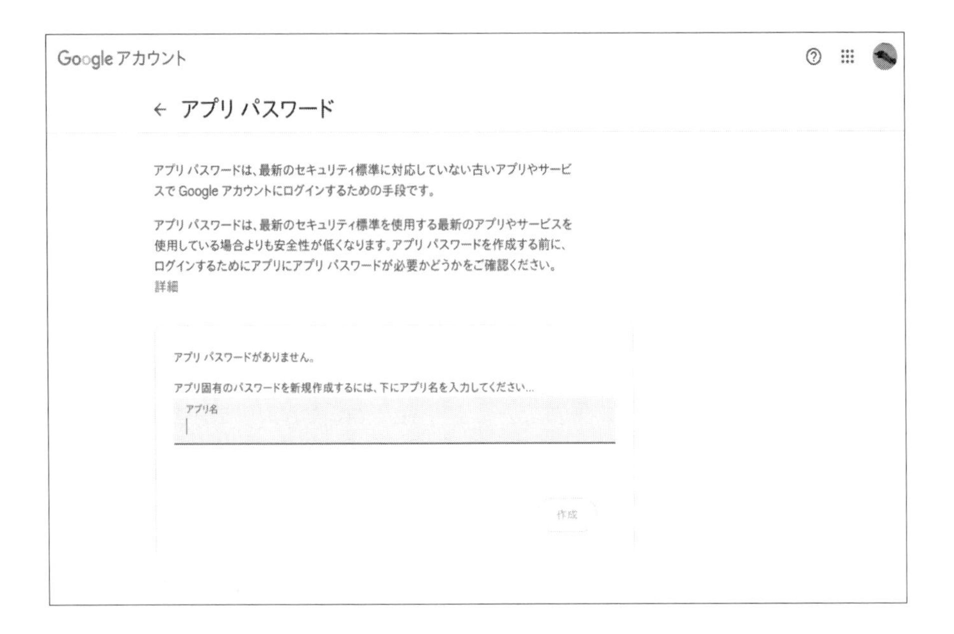

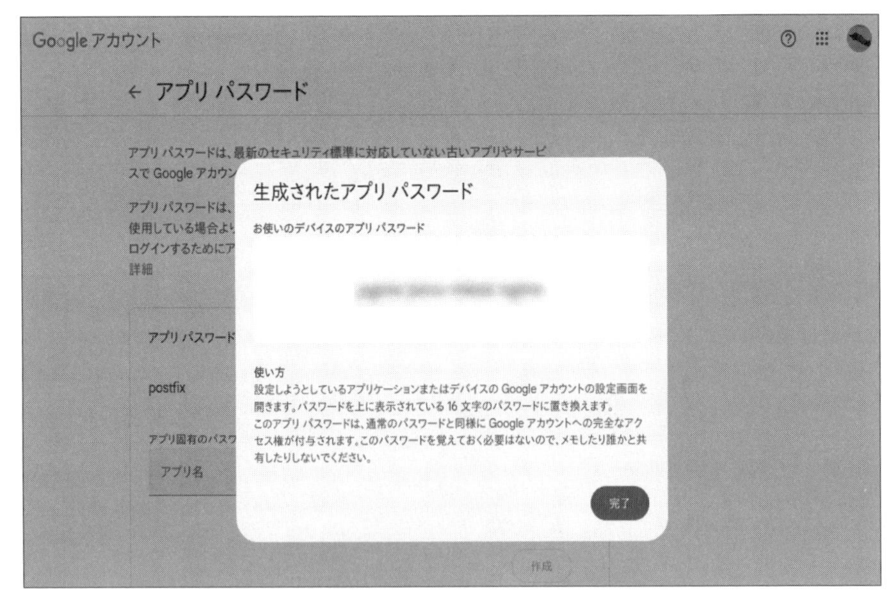

図8.2　Googleアカウントのアプリケーションパスワードの生成

Postfixとは

Postfix[※4]は、世界的に非常に人気のあるオープンソースのメールサーバーです。Linuxベースのメールシステムでは、おそらくデファクトスタンダードといってよいでしょう。Ubuntuでは`postfix`パッケージをインストールするだけで、メールサーバーとして動かすことができます。

QUICK LINKS
Home
Announcements
Non-English Info
Feature overview
Web sites (text)
Download (source)
Mailing lists
Press and Interviews
Documentation
Howtos and FAQs
Add-on Software
Packages and Ports
Becoming a mirror site
Search

The Postfix Home Page

All programmers are optimists -- Frederick P. Brooks, Jr.

First of all, thank you for your interest in the Postfix project.

What is Postfix? It is Wietse Venema's mail server that started life at IBM research as an alternative to the widely-used Sendmail program. Now at Google, Wietse continues to support Postfix.

Postfix attempts to be fast, easy to administer, and secure. The outside has a definite Sendmail-ish flavor, but the inside is completely different.

About this website

This website has information about the Postfix source code distribution. Built from source code, Postfix can run on UNIX-like systems including AIX, BSD, HP-UX, Linux, MacOS X, Solaris, and more.

Postfix is also distributed as ready-to-run code by operating system vendors, appliance vendors, and other providers. Their versions may have small differences with the software that is described on this website.

図8.3　PostfixのWebページ

Postfixのインストールとリレーの設定

Ubuntuサーバーに`postfix`パッケージをインストールします。

コマンド8.1　postfixパッケージのインストール

```
$ sudo apt install -y postfix
```

パッケージのインストール中に、次のような画面が表示されます。これは、メールサーバーをどのような用途でセットアップするかの選択です。ここでは「Internet with smarthost」を選択します。スマートホストとは、メールの送信を肩代わりしてくれるサーバーのことです。

※4 https://www.postfix.org/

Postfix Configuration
Please select the mail server configuration type that best meets your needs.
No configuration:
Should be chosen to leave the current configuration unchanged.
Internet site:
Mail is sent and received directly using SMTP.
Internet with smarthost:
Mail is received directly using SMTP or by running a utility such
as fetchmail. Outgoing mail is sent using a smarthost.
Satellite system:
All mail is sent to another machine, called a 'smarthost', for
delivery.
Local only:
The only delivered mail is the mail for local users. There is no
network.
General mail configuration type:
No configuration
Internet Site
Internet with smarthost
Satellite system
Local only
<Ok>
<Cancel>

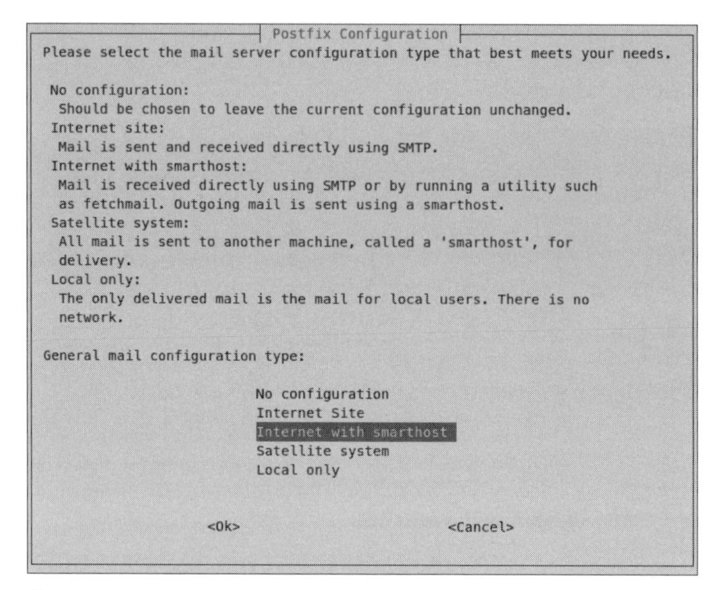

図8.4 メールサーバーのタイプを選択する

メールシステムの名称を入力します。ここで設定されたドメイン宛てのメールは自分自身宛てのメールと判断され、インターネット宛てに送出せず、ローカル配送されます。今回はインターネットからメールを受信することを想定していないので、自分自身のホスト名を入力しておけばよいでしょう。

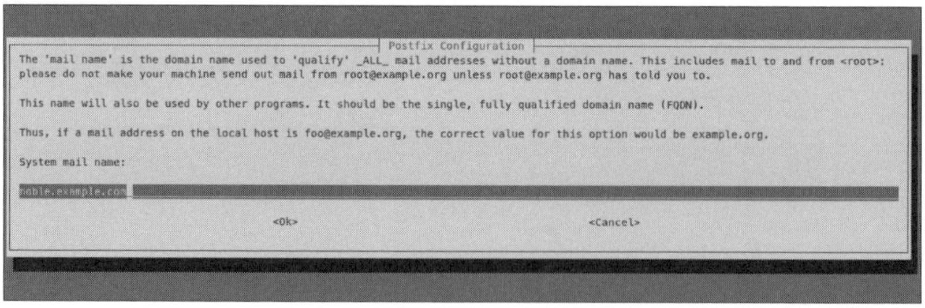

Postfix Configuration
The 'mail name' is the domain name used to 'qualify' _ALL_ mail addresses without a domain name. This includes mail to and from <root>:
please do not make your machine send out mail from root@example.org unless root@example.org has told you to.
This name will also be used by other programs. It should be the single, fully qualified domain name (FQDN).
Thus, if a mail address on the local host is foo@example.org, the correct value for this option would be example.org.
System mail name:
noble.example.com
<Ok>
<Cancel>

図8.5 メールシステムの名称を設定する

メールをリレーするサーバーを設定します。Gmailをリレーするので「[smtp.gmail.com]:587」と入力します。サブミッションポートを経由して送信するため、サーバーのアドレスを角括弧で囲い、コロンで区切ってポート番号を指定するところがポイントです。

```
Postfix Configuration
Please specify a domain, host, host:port, [address] or [address]:port. Use the form [destination] to turn off MX lookups. Leave this
blank for no relay host.

Do not specify more than one host.

The relayhost parameter specifies the default external host to send mail to when no entry is matched in the optional transport(5) table.
When no relay host is given, mail is routed directly to the destination.

SMTP relay host (blank for none):

[smtp.gmail.com]:587

<Ok>                                    <Cancel>
```

図8.6 リレー先のサーバーを設定する

Gmailのサーバーを利用するための認証情報を設定します。まず、テキストエディタで/etc/postfix/sasl_passwdというファイルを作成し、次の内容を記述します。/etc以下にファイルを書き込むため、root権限が必要です。

コマンド8.2 /etc/postfix/sasl_passwdを編集する

```
$ sudoedit /etc/postfix/sasl_passwd
```

/etc/postfix/sasl_passwdに記述する内容は、次の通りです。

リスト8.1 /etc/postfix/sasl_passwdの内容

```
[smtp.gmail.com]:587 Gmailのメールアドレス:発行されたアプリケーション
パスワード
```

次に、postmapコマンドで、このファイルをPostfixが読める検索テーブルに変換します。sasl_passwd.dbというファイルが生成されたら、第三者に読み出されないようにパーミッションを変更しておきます。また、アプリケーションパスワードが直接書かれた変換前のファイルは不要なので、必ず削除しておきましょう。

コマンド8.3 Postfixの検索テーブルに変換し、パーミッションを変更する

```
$ sudo postmap /etc/postfix/sasl_passwd
$ sudo chmod 600 /etc/postfix/sasl_passwd.db
$ sudo rm /etc/postfix/sasl_passwd
```

postconfコマンドを使い、メールサーバーに認証などの設定を行います。次のコマンドをすべて実行してください。最後に変更を反映させるため、postfix.serviceを再起動します。

コマンド8.4　postconfコマンドを実行し、postfixを再起動する

```
$ sudo postconf -e 'smtp_use_tls = yes'
$ sudo postconf -e 'smtp_sasl_password_maps = hash:/etc/postfix/sasl_
passwd'
$ sudo postconf -e 'smtp_sasl_mechanism_filter = plain'
$ sudo postconf -e 'smtp_sasl_tls_security_options = noanonymous'
$ sudo postconf -e 'smtp_sasl_auth_enable = yes'
$ sudo systemctl restart postfix.service
```

テストメールの送信

設定が完了したら、メール送信をテストしてみましょう。メールクライアントとして、mailutilsパッケージをインストールします。

コマンド8.5　mailutilsパッケージをインストールする

```
$ sudo apt install -y mailutils
```

次のコマンドでメールを送信できます。最初は、自分自身のGmailアドレスに送ってみるとよいでしょう。

コマンド8.6　テストメールの送信

```
$ echo 'メール本文' | mail -s "メールの件名" 宛先メールアドレス
```

図8.7　PostfixからGmailにメールを送信した例

```
Received: from noble (
        by smtp.gmail.com with ESMTPSA id d9443c01a7336-200bb8fd737sm3563845ad.116.2024.08.09.18.37.25
        for <mizuno@               >
        (version=TLS1_3 cipher=TLS_AES_256_GCM_SHA384 bits=256/256);
        Fri, 09 Aug 2024 18:37:25 -0700 (PDT)
From: Hajime MIZUNO
X-Google-Original-From: Hajime MIZUNO <mizuno@noble>
Received: by noble (Postfix, from userid 1000) id 5CD892C09D9; Sat, 10 Aug 2024 10:37:23 +0900 (JST)
Subject: test mail
To:
User-Agent: mail (GNU Mailutils 3.17)
Date: Sat, 10 Aug 2024 10:37:23 +0900
Message-Id: <20240810013723.5CD892C09D9@noble>

test
```

図8.8 届いたメールのヘッダ。自宅のIPアドレスから、Postfixがメールを送信していることがわかる

これで送信専用のメールサーバーが構築できました。Webアプリによっては、通知やパスワードリセットなどにメールを利用するものも数多く存在します。こうしたWebアプリを家庭内で運用する際は、送信専用メールサーバーがあると非常に便利です。

08.02 Nextcloudサーバーの構築

08.02.01 Nextcloudとは

実用的なサーバーとして、**Nextcloud**サーバーを構築してみましょう。

Nextcloudとは「セルフホストできる生産性プラットフォーム」であると、開発元は謳っています。簡単にいってしまえば、Dropboxのようなサービスを自前で運用できるWebアプリケーションです。特別な操作をしなくても、複数のPCやスマホ間で自動的にファイルを同期できます。現在ではさまざまな便利機能が拡張され、ファイル共有だけに留まらない、Webベースのコラボレーションプラットフォームに成長しています。

家庭内での利用はもちろん、セキュリティポリシーやその他の理由でDropboxなどのクラウドサービスが利用できない企業においても非常に有用なアプリケーションです。筆者も執筆した原稿などをVPS上のNextcloudで管理しており、もはやこれがないと生活が成り立たないというレベルで依存しています。

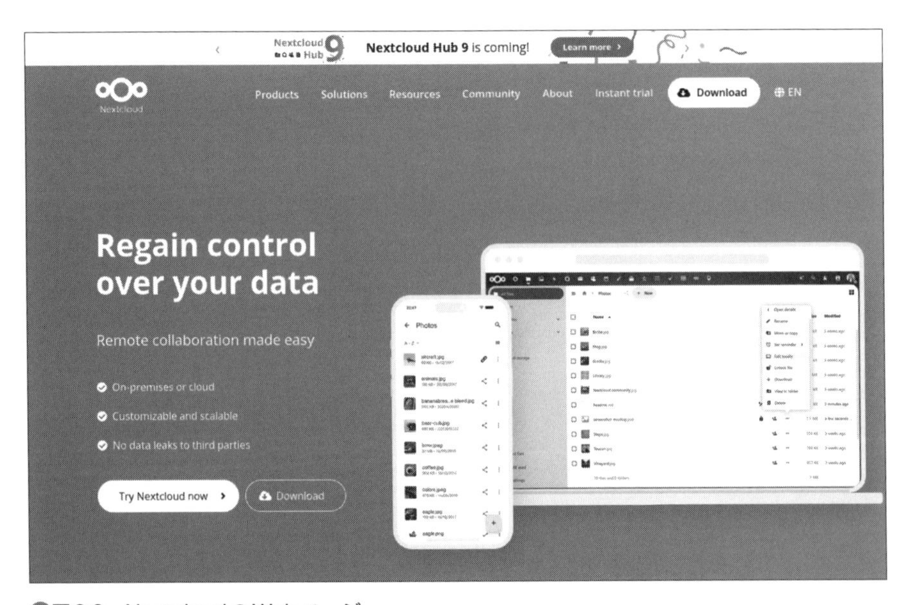

図8.9　NextcloudのWebページ
https://nextcloud.com/

Nextcloudは、インターネットからアクセスできることで、その真価を発揮します。とはいえ「05.02.02 VPSを使うメリット」で述べたように、家庭内サーバーは騒音や場所、電気代といった理由で24時間365日の運用が困難であったり、サーバーをネットに公開するにはネットワークの知識が必要になるなど、ハードルが高いのが現実です。そこで今回は、さくらインターネットが提供する「さくらのVPS」を利用して、インターネット上にNextcloudサーバーを構築します。具体的には、次のような条件を前提とします。

- 独自のドメイン(example.comなど)を取得していること
- VPSが上記ドメインで名前解決できる状態になっていること

ドメインの取得とDNSの設定は、本書の範囲を越えるため割愛します。

08.02.02 Snapを使うメリット

Nextcloudは、PHP製のWebアプリケーションです。そのため、Nextcloudを動かすには、WebサーバーとPHPが必要となります。それ以外にも、データを記録するデータベースサーバーやキャッシュサーバーなど、数多くのコンポーネントを個別にインストールし、適切に設定して連携させる必要があります。また、Webアプリケーションは、インストールして動いたら終わりではありません。その後も、各コンポーネントに対してセキュリティアップデートを行い、Nextcloudが機能不全にならないようにメンテナンスし続けなければなりません。専門のサーバー管理者であっても、これは非常に面倒で難易度の高い作業といえるでしょう。

そこでお勧めなのが、「04.05.03 Snapパッケージシステム」で解説したSnapパッケージです。Snapパッケージは、Debパッケージとは異なり、そのアプリケーションが動作するのに必要なすべてのコンポーネントが、単一のパッケージ内に最適化された状態で収められています。したがって、WebサーバーとデータベースサーバーCの連携設定などをユーザーが考慮する必要はなく、単にパッケージをインストールするだけでアプリケーションを動かすことができるわけです。各コンポーネントのバージョンアップも、Nextcloudのパッケージを更新するだけで完了します。

つまり、Nextcloudサーバーを構築するのであれば、絶対にSnapパッケージ版がお勧めなのです。

08.02.03 Nextcloudサーバーの構築

「**05.02.03　さくらのVPSでUbuntuサーバーを使う**」を参考に、さくらのVPSを契約し、新しいサーバーを起動しておきます。OSはUbuntu 24.04 LTSを選択してください。サーバーにかかる負荷によって最適なプランは異なりますが、Nextcloudを試すだけなら、安価な1Gプランでも問題ありません。ちなみに、筆者は個人用のNextcloudサーバーを、さくらのVPSの2Gプランで運用しています。

図8.10　Nextcloud用のVPSを契約する

サーバーが起動したら、仮想コンソールかSSHでログインします。さくらのVPSのUbuntu 24.04 LTSには、Snapがインストールされていないので、まずはsnapdパッケージをAPTでインストールします。

コマンド8.7 APTでsnapdパッケージをインストール

```
$ sudo apt install -y snapd
```

続いて、snapコマンドで、nextcloudパッケージをインストールします。

コマンド8.8 NextcloudのSnapパッケージのインストール

```
$ sudo snap install nextcloud
```

「snap changes」を実行すると、パッケージに対してどのような操作が行われたのかを確認できます。nextcloudパッケージが正しくインストールされたことを確認してください。

コマンド8.9 nextcloudパッケージの状態を確認する

```
$ snap changes nextcloud
ID   Status  Spawn                Ready                Summary
2    Done    today at 13:12 JST  today at 13:13 JST  Install "nextcloud" snap
```

パッケージのインストールが完了したら、Nextcloudの管理者ユーザーを作成します。次のコマンドを実行してください。

コマンド8.10 Nextcloudの管理者ユーザーを作成する

```
$ sudo nextcloud.manual-install ユーザー名 パスワード
```

次に、Nextcloudへのアクセスに使用するドメインを設定します。DNSに設定したサーバーのFQDNを指定します。なお、ここで指定したドメイン以外の名前でアクセスが行われた場合、Nextcloudはそのアクセスを拒否します。

コマンド8.11 Nextcloudを使用するドメインを設定する

```
$ sudo nextcloud.occ config:system:set trusted_domains 1 --value=Next
cloudにアクセスするドメイン(nextcloud.example.comなど)
```

ここまでできたら、UFWにルールを追加し、HTTP(TCPの80番)を開放します。また、さくらのVPSのパケットフィルター機能を利用している場合は、こちらにもHTTPを解放する設定を行う必要があります。さくらのVPSのパケットフィルターでは、「フィルターの種類」に「Web」を選択すると、HTTPとHTTPSのポートを同時に解放できます。後述するように、本書ではHTTPSも利用するため、この時点でこの設定を行っておくのがよいでしょう。HTTPだけに限定してポートを解放したい場合は、「フィルターの種類」に「カスタム」を選択し、80番ポートを指定します。

なお、管理者ユーザーを作成する前に、インターネットに対してポートを開放しないように注意してください。なぜなら、NextcloudはWebブラウザーからサイトにアクセスすることでも、管理者ユーザーの作成などの初期設定が行えるためです。初期設定のページはパスワードなどで保護されておらず、サーバーにアスセス可能であれば誰でも行えるため、インストール直後のNextcloudを乗っ取られる可能性を否定できません。Webブラウザーから初期設定を行うのであれば、UFWでIPアドレスを制限するなどの対策を行ってください。

▼コマンド8.12　UFWにHTTPを開放するルールを追加する

```
$ sudo ufw allow http
```

▲図8.11　さくらのVPSのパケットフィルターを設定する

これで、Nextcloudインストールは完了です。WebブラウザーからNextcloudのURLにアクセスして、作成した管理者アカウントでログインしてみましょう。

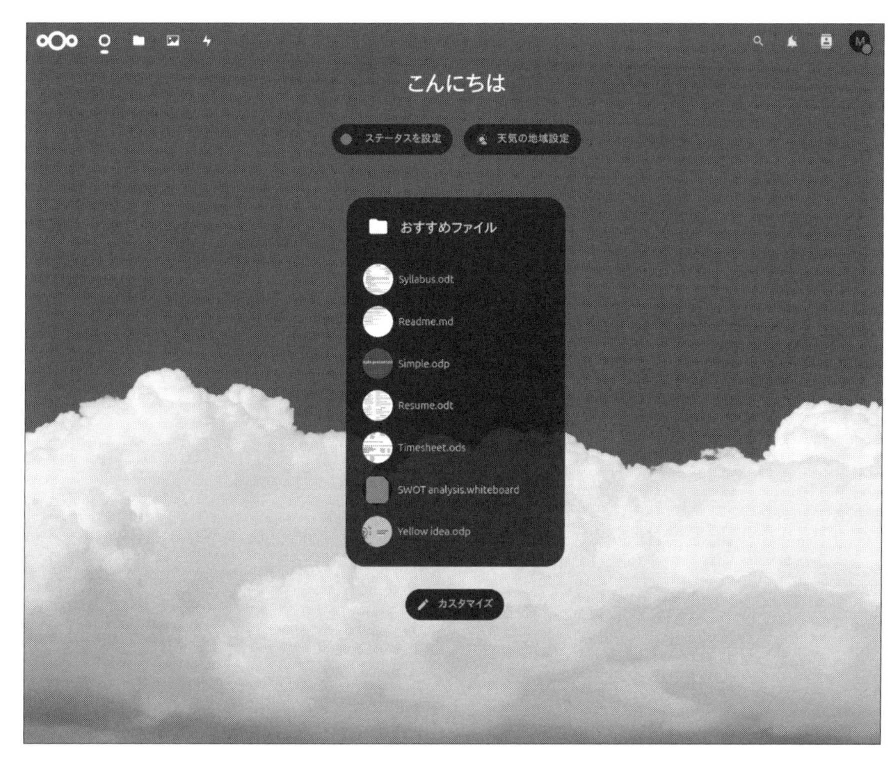

図8.12　WebブラウザでNextcloudにログインした状態

08.02.04 NextcloudのHTTPS化

HTTPSとは、HTTP通信をセキュアに行うためのプロトコルです。より厳密にいえば、SSL/TLSで保護された接続の上で、HTTP通信を行うことを意味します。従来であれば、パスワードの入力などの機密情報の送受信を伴うページのみをHTTPSで保護すれば十分とされていました。しかし現在では、すべての通信をHTTPS化することが推奨されており、平文（ひらぶん）で表示されるWebページに対しては、Webブラウザーが警告を発するようになっています。

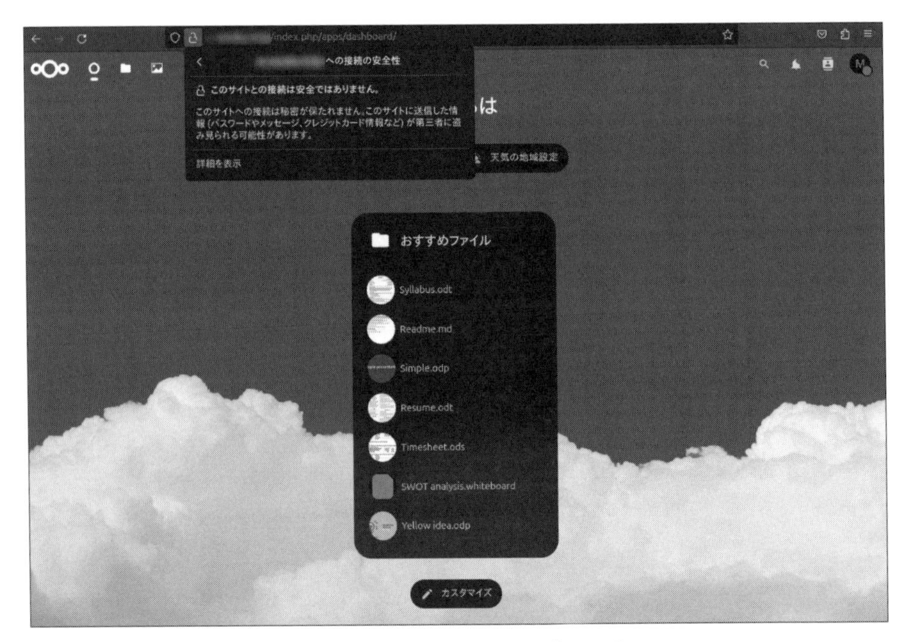

△図8.13 Nextcloudの画面。セキュリティ保護なしの警告が表示されている

Nextcloudは、ログインパスワードはもとより、インターネットを通じて個人的なデータを送受信することになるので、HTTPS化は必須といえるでしょう。HTTPSで通信を行うには、サーバーにSSL/TLS証明書をインストールしなくてはなりません。しかも、SSL/TLS証明書は単に自分で作ればよいというものではなく、正規の認証局に発行を依頼しなくてはなりません。そのためには、CSRと呼ばれる署名リクエストを作成したり、認証局に費用を支払う必要があるなど、初心者が試すにはハードルが高いのも事実です。

そういった場合に利用できるサービスとして、「Let's Encrypt」※5があります。これは非営利団体である「Internet Security Research Group」によって運営されているオープンな認証局で、SSL/TLS証明書を無料で発行してもらうことができます。非営利団体が発行する無料の証明書と聞くと、本当に信頼していいのか、不安になる人もいるかもしれません。しかし、Let's Encryptは、全世界で4億5000万以上（2024年8月現在）のドメインで利用されている、世界最大の認証局です。公的機関でも利用されており、たとえばアメリカのホワイトハウスのWebサイトは、Let's Encryptが発行した証明書を利用しています。詳しくは、Let's EncryptのWebサイト※6を参照してください。

※5 https://letsencrypt.org/ja/
※6 https://letsencrypt.org/ja/stats/

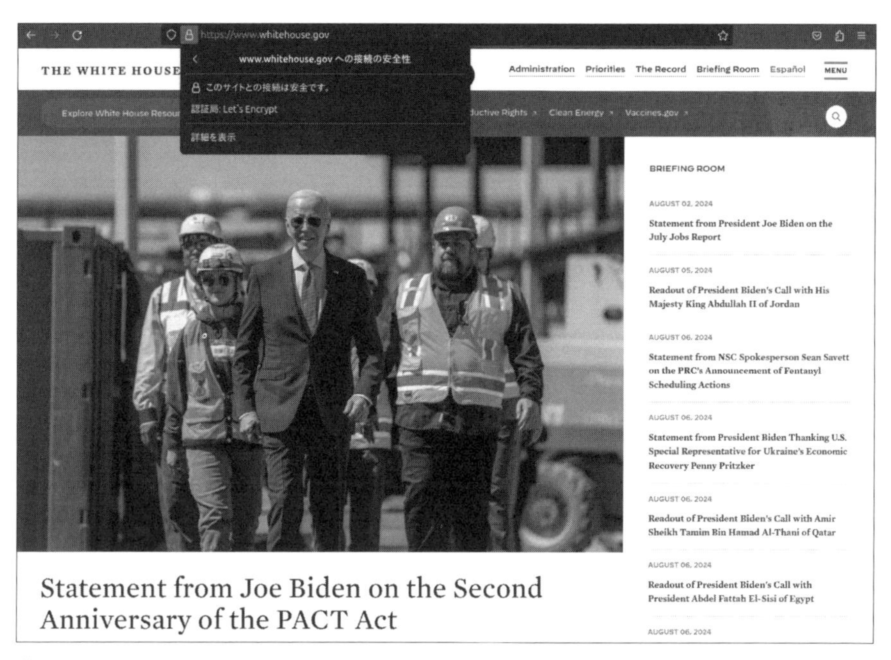

図8.14　米ホワイトハウスのサイト（https://www.whitehouse.gov/）
Let's Encryptの証明書を利用していることがわかる。

そして、Snap版のNextcloudには、Let's Encryptを使ったSSL/TLS証明書を簡単に取得できるコマンドが同梱されています。ドメイン名によるサーバーの名前解決が可能で、HTTPでのアクセスが許可されていれば、次のコマンド[※7]で、SSL/TLS証明書の発行とNextcloudのWebサーバーへのインストールが自動的に行えます。

コマンド8.13　SSL/TLS証明書の発行とNextcloudのWebサーバーへのインストールを自動的に行う

```
$ cd /tmp
$ sudo nextcloud.enable-https lets-encrypt
In order for Let's Encrypt to verify that you actually own the
domain(s) for which you're requesting a certificate, there are a
number of requirements of which you need to be aware:

1. In order to register with the Let's Encrypt ACME server, you must
   agree to the currently-in-effect Subscriber Agreement located
```

※7　ubuntuユーザーが、自分のホームディレクトリをカレントディレクトリにした状態でnextcloud.enable-httpsコマンドを実行すると、「Failed to restore initial working directory: /home/ubuntu: Permission denied」というエラーとなり、証明書の発行に失敗します。そこで、ここではエラーを回避するために、事前にカレントディレクトリをtmpに変更しています。

```
   here:

      https://letsencrypt.org/repository/

   By continuing to use this tool you agree to these terms. Please
   cancel now if otherwise.

2. You must have the domain name(s) for which you want certificates
   pointing at the external IP address of this machine.

3. Both ports 80 and 443 on the external IP address of this machine
   must point to this machine (e.g. port forwarding might need to be
   setup on your router).

Have you met these requirements? (y/n) ───── 問題がなければ「y」を入力
Please enter an email address (for urgent notices or key recovery):
 ───────────────────────────── 自分のメールアドレスを入力
Please enter your domain name(s) (space-separated):
 ───────────────────── Nextcloudで利用するドメイン名を入力
Attempting to obtain certificates... done
Restarting apache... done
```

SSL/TLS証明書の取得が完了したら、UFWにルールを追加し、HTTPS（TCPの443番）を開放します。

コマンド8.14　UFWにHTTPSを開放するルールを追加する

```
$ sudo ufw allow https
```

WebブラウザーでNextcloudにアクセスして、自動的にHTTPSにリダイレクトされることを確認してみてください。

図8.15 SSL/TLSにより通信が保護されている状態

08.02.05 Nextcloudクライアントのインストール

NextcloudにWebブラウザーでアクセスし、ファイルのアップロードやダウンロードを行うことも可能ですが、これでは単なるファイル置き場に過ぎません。実際にNextcloudを運用するなら、デスクトップクライアントをインストールし、自動的な同期を行うべきでしょう。Nextcloudのデスクトップクライアントは、Windows／macOS／Linux版が用意されています。詳しくは、「Nextcloudのインストールページ」※8を参照してください。

Nextcloud公式が配布しているLinux向けのデスクトップクライアントは、「AppImage」というパッケージ形式となっています。これは、Snapと同様のユニバーサルパッケージシステムです。インストール不要で動作するなどメリットも多いのですが、パッケージの自動アップデートに対応していないなど、運用上で不便な面も存在します。そこで、本書では、「PPA」(「04.05.02　PPAの活用」参照)で提供されているDebパッケージ版※9を使用する方法を紹介します。次のコマンドを実行してください。

※8 https://nextcloud.com/install/#install-clients
※9 https://launchpad.net/~nextcloud-devs/+archive/ubuntu/client

▼コマンド8.15 PPAのリポジトリを追加する

```
$ sudo add-apt-repository ppa:nextcloud-devs/client
```

PPAのリポジトリが追加されたら、aptコマンドでnextcloud-desktopパッケージをインストールします。

▼コマンド8.16 NextcloudのLinux向けのデスクトップクライアントを導入する

```
$ sudo apt install -y nextcloud-desktop
```

アプリケーションリストから「Nextcloudデスクトップ同期クライアント」を起動します。

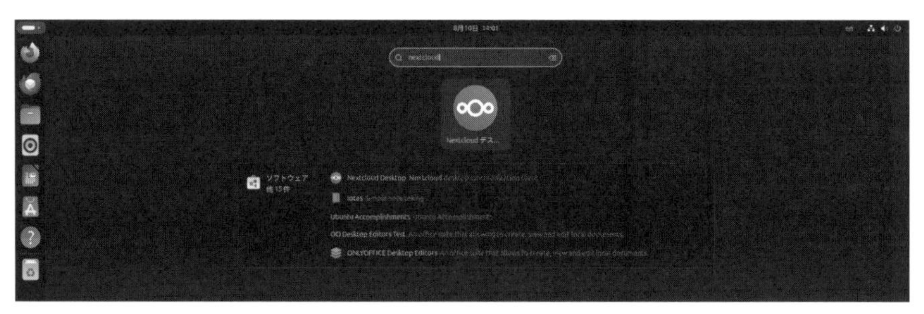

▲図8.16 Nextcloudクライアントの起動

［ログイン］ボタンを押して、ログインします。

図8.17 Nextcloudにログインする

構築したNextcloudサーバーのURLを入力して、［次へ］ボタンを押します。

図8.18 サーバーのURLを入力

自動的にWebブラウザーが開くので、[ログイン]ボタンを押します。

△図8.19　アカウントへの接続

ユーザー名とパスワードを入力してログインします。

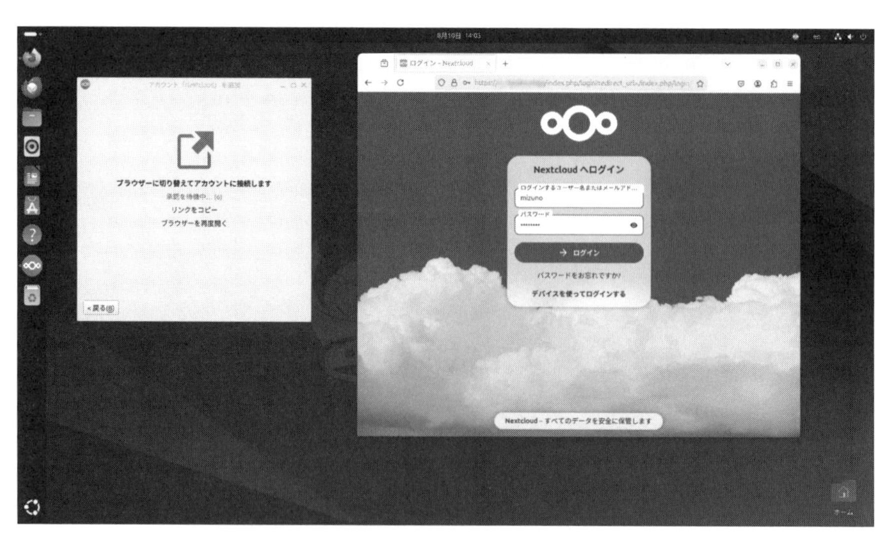

△図8.20　ユーザー名とパスワードを入力

デスクトップクライアントにアクセス許可を与えるかの確認が表示されるので、[アクセスを許可]ボタンを押します。

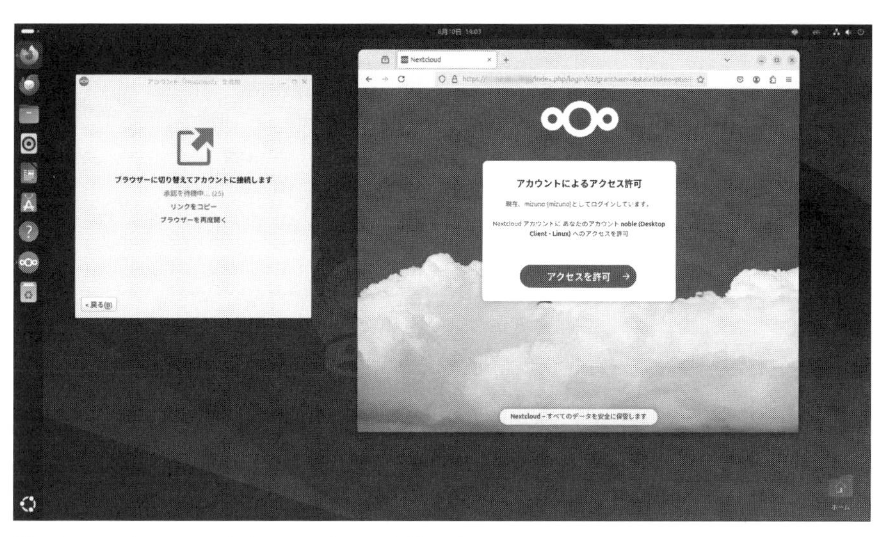

△図8.21 クライアントからのアクセスを許可する

アカウントが接続済みになったら、Webブラウザーを閉じます。

デスクトップクライアントに戻ると、同期フォルダの設定画面に遷移します。デフォルトではサーバー上にあるすべてのファイルを同期します。

[指定された容量以上のフォルダーは同期前に確認]にチェックを入れると、指定した以上のサイズのフォルダは自動的に同期されなくなります。外出先のモバイル回線などで、意図せず巨大なフォルダがダウンロードされてしまうような事態を防げます。

[外部ストレージを同期する前に確認]は、Nextcloudサーバーに接続された外部ストレージを同期前に確認するかの設定です。Nextcloudには、ファイルサーバーやオブジェクトストレージなど、Nextcloudサーバー外にあるストレージをマウントして、透過的に利用する機能があります。この設定を有効にすることで、外部ストレージ上にあるファイルをすべてダウンロードしてしまうような事故を防げます。

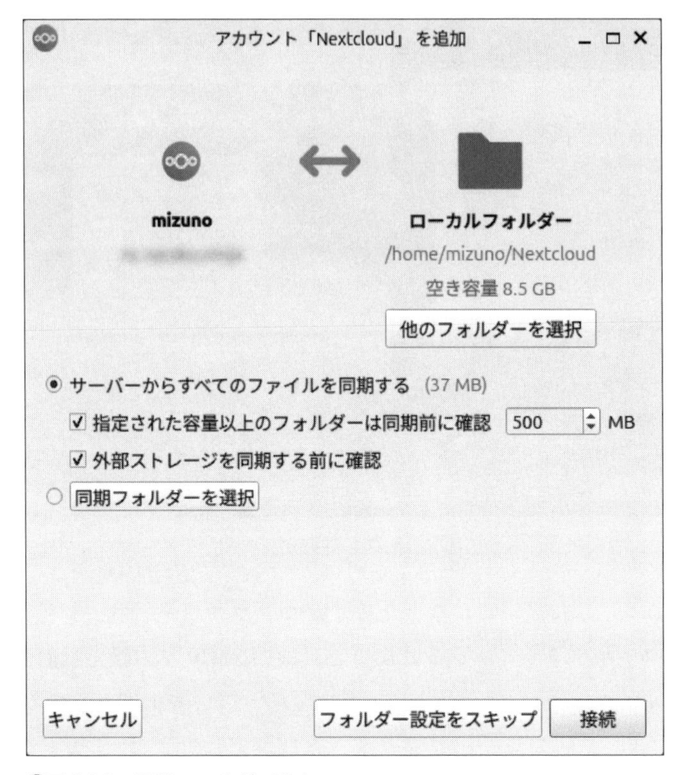

図8.22 同期フォルダの設定

なお、[同期フォルダーを選択]を選択すると、同期するフォルダーを手動で個別に設定できます。

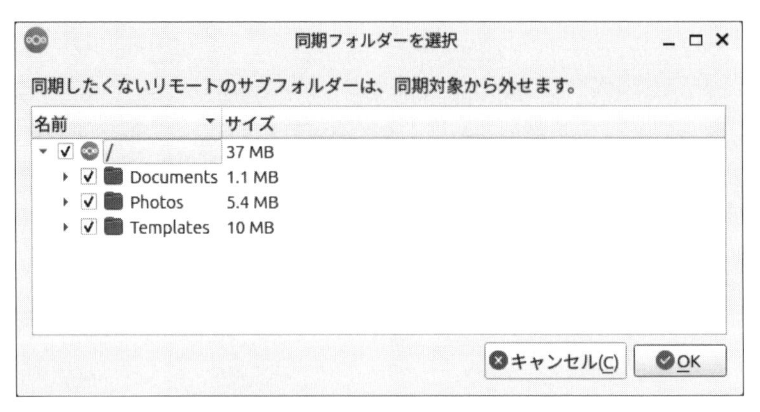

図8.23 フォルダ単位で同期の有無を設定できる

[接続]ボタンを押すと、サーバーとの同期が始まります。

図8.24　サーバーとの同期の開始

Nextcloudクライアントは、Ubuntuのスタートアップアプリケーションに登録されるので、以降はログイン時に自動的に起動するようになります。

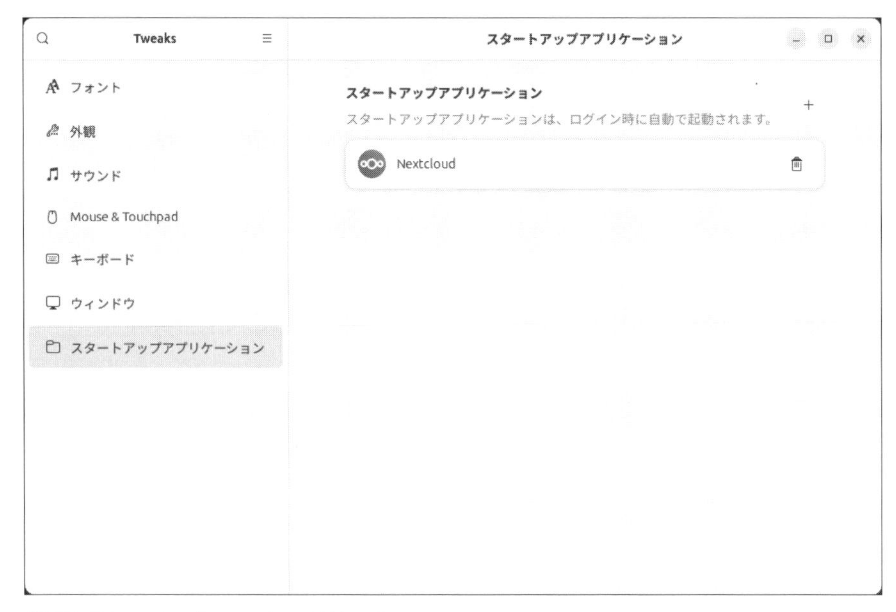

図8.25 スタートアップアプリケーション

Nextcloudクライアントの起動中は、システムメニュー横にアイコンが表示されます。設定を変更したい場合は、ここから操作を行ってください。

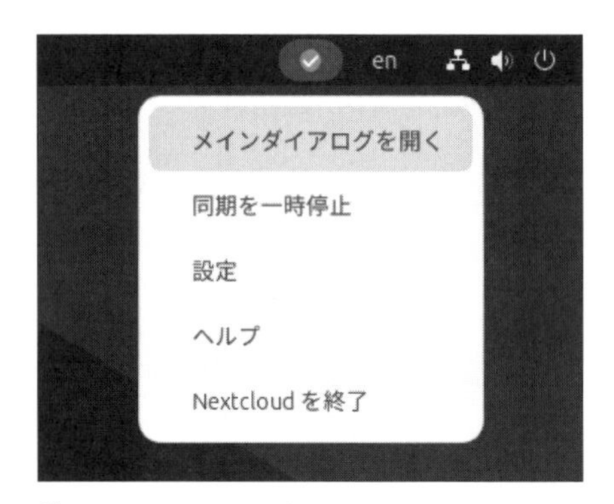

図8.26 メインダイアログや設定を開く

これでホームディレクトリ内のNextcloudディレクトリが、Nextcloudサーバーと自動的に同期されるようになりました。WindowsやmacOS版でもクライアントをインストールして同様の操作を行うことで、PC間でのファイル同期も可能になります。

08.03 コンテナによるWordPressサーバーの構築

08.03.01 Composeとは

「**第7章　コンテナでUbuntuを使おう**」では、Dockerコンテナとそのメリットについて紹介しました。ここでは、その応用として、世界で最も人気のあるCMS（コンテンツマネジメントシステム）である**WordPress**サーバーをDockerを使って構築してみましょう。

WordPressを動かすには、アプリケーション本体をホストするWebサーバーと、データを保存するためのデータベースサーバーが必要です。第7章で紹介したように、Dockerコンテナの中では特定のプロセスのみを動かすのが原則であるため、Webサーバーコンテナとデータベースコンテナという2つのコンテナを用意しなくてはなりません。

しかし、単に2つのコンテナを起動すればよいというものではありません。当然ですが、コンテナ同士は相互に通信できなければなりません。また、WordPressのデータを保存するデータベースコンテナは、WordPress本体よりも先に起動している必要があります。さらに、データベースのユーザー名、パスワード、接続先アドレス、ポート番号などを、何らかの方法でWordPressに知らせる必要もあります。こうした複雑な手順を手動で行うのは、現実的ではありません。

そこで、依存関係を持った複数のコンテナの集まりを巧みに管理するためのツールが登場しました。これを「コンテナオーケストレーションツール」と呼びます。単一ホストで動作しているDocker環境において、デファクトスタンダードとも言えるオーケストレーションツールが**Compose**です[※10]。Composeは、複数のコンテナやネットワークの設定を、専用のファイルに記述します。そして、その定義に基いて、サービスをコマンド1つで起動できます。

※10　https://docs.docker.com/compose/

08.03.02 Docker Composeを使ったWordPressサーバーの構築

例として、ホストにはさくらのVPSを利用します。ここでは、まっさらのVPSを新規に用意する前提で解説します※11。Nextcloudの時と同様に、サーバーの名前をDNSで解決できる状態にしておいてください。また、「**第7章　コンテナでUbuntuを使おう**」を参考にして、VPSにDockerをインストールしてください。今回はComposeを利用するので、docker-compose-v2パッケージも同時にインストールしておきます。

▼コマンド8.17　dockerとdocker-composeパッケージのインストール

```
$ sudo apt install -y docker.io docker-compose-v2
```

コンテナを終了すると、コンテナ内にあるデータはすべて失われてしまいます。たとえば、アプリのバージョンアップも、コンテナイメージを入れ替えることで行いますが、そのたびにデータが失われてしまっては困ります。そこで、何らかの方法でコンテナ内のデータを恒久的に保持しなくてはなりません。ここでは、コンテナ内のデータが書き込まれるディレクトリにホストのディレクトリをマウントすることで、データの永続化を行います。

まず、次のコマンドで、データ保存用のディレクトリを作成します。

▼コマンド8.18　データ保存用のディレクトリの作成

```
$ sudo mkdir -p /srv/wordpress/{db,html}
```

続いて、ユーザーのホームディレクトリ内に、作業用のディレクトリを作成し、カレントディレクトリを変更します。

▼コマンド8.19　作業用のディレクトリの作成とカレントディレクトリの変更

```
$ mkdir ~/wordpress && cd ~/wordpress
```

作業ディレクトリ内に、「compose.yml」というファイルを**リスト8.2**のような内容で作成します。

※11　すでにNextcloudをインストール済みのサーバーにWordPressを共存させたい場合は、「08.03.05 Snap版NextcloudとWordPressを共存させるには」を参照してください。

リスト8.2 compose.ymlの内容

```
services:
  db:
    image: mysql:8.4.0
    restart: always
    volumes:
      - /srv/wordpress/db:/var/lib/mysql
    environment:
      MYSQL_ROOT_PASSWORD: ${MYSQL_ROOT_PASSWORD}
      MYSQL_DATABASE: ${MYSQL_DATABASE}
      MYSQL_USER: ${MYSQL_USER}
      MYSQL_PASSWORD: ${MYSQL_PASSWORD}

  wordpress:
    depends_on:
      - db
    image: wordpress:6.6.1
    restart: always
    volumes:
      - /srv/wordpress/html:/var/www/html
    ports:
      - "8080:80"
    environment:
      WORDPRESS_DB_HOST: db:3306
      WORDPRESS_DB_NAME: ${MYSQL_DATABASE}
      WORDPRESS_DB_USER: ${MYSQL_USER}
      WORDPRESS_DB_PASSWORD: ${MYSQL_PASSWORD}
```

同じく作業ディレクトリ内に、「.env」というファイルを次の内容で作成してください。いうまでもありませんが、パスワードには、十分に複雑な文字列を設定しましょう。

リスト8.3 .envの内容

```
MYSQL_ROOT_PASSWORD=MySQLデータベースのrootユーザーのパスワード
MYSQL_DATABASE=MySQLのWordPress用のデータベース名(例:wordpress)
MYSQL_USER=MySQLのWordPress用のユーザー名(例:wordpress)
MYSQL_PASSWORD=MySQLのWordPress用のユーザーのパスワード
```

.envファイルは機密情報が含まれるため、第三者が読み出せないパーミッションを設定しておきます※12。

▼コマンド8.20 .envファイルのパーミッションを設定

```
$ chmod 600 .env
```

作業ディレクトリ内で、次のコマンドを実行します。

▼コマンド8.21 Docker Composeでコンテナ一式を起動する

```
$ sudo docker compose up -d
```

では、ssコマンドで、ポートの待ち受け状況を確認してみましょう。dockerが8080番ポートを待ち受けていれば成功です。

▼コマンド8.22 ポートの待ち受け状況の確認

```
$ sudo ss -lntp
State       Recv-Q    Send-Q     Local Address:Port     Peer Address:
Port   Process
LISTEN      0         4096              0.0.0.0:8080
0.0.0.0:*        users:(("docker-proxy",pid=10865,fd=4))
LISTEN      0         4096            127.0.0.1:46143
0.0.0.0:*        users:(("containerd",pid=9619,fd=11))
LISTEN      0         4096                 [::]:8080
[::]:*       users:(("docker-proxy",pid=10872,fd=4))
(...略...)
```

起動したコンテナ一式を終了するには、作業ディレクトリ内で次のコマンドを実行してください。

▼コマンド8.23 コンテナ一式の終了

```
$ sudo docker compose down
```

WordPressのデータは、ホスト上の「/srv/wordpress」以下のディレクトリに保存されいます。そのため、コンテナを削除してしまったとしても、同じcompose.ymlを使用して新しいコンテナを起動すれば、いつでも同じ環境を

※12 現在のUbuntuのホームディレクトリは、デフォルトで本人しか読めないようにパーミッションが設定されています。そのため、この作業は行わなくても、実用上は問題ありません。とはいえ、機密情報なので、扱いに気を配りすぎて困るということもありません。

復元できます。このような環境の再現性がコンテナの強みです。compose.yml（と.env）と、「/srv/wordpress」以下のディレクトリさえバックアップしておけば、ほかのホストへの移行も簡単です。

08.03.03 リバースプロキシの構築

起動したWordPressは、TCPの8080番ポートで接続を待ち受けています。ファイアウォールでこのポートを解放し、Webブラウザーからポートを指定してアクセスすれば※13、WordPressを使うことは可能です。しかし、非標準のポートをいちいち指定してアクセスするのは不便ですし、一般公開するサイトとしては不適当です。そこで、WordPressの前段に「リバースプロキシ」を配置して、通常のHTTP（80番ポート）でアクセスできるようにしましょう。

「プロキシ（proxy）」は「代理」という意味の英単語です。インターネットの文脈では、クライアントのインターネットアクセスを中継し、代理として目的のサイトにアクセスする役割を担うサーバーを「プロキシサーバー」と呼びます。プロキシサーバーは、キャッシュを利用したアクセスの高速化やクライアントの保護などを目的として、主に企業や学校といったネットワークによく設置されています。

これに対し、サーバー側に設置され、外部からのアクセスを中継し、内部サーバーへのアクセスを肩代わりするプロキシを「リバースプロキシ」と呼びます。リバースプロキシは、主にアクセスの制御や負荷分散の目的で設置されます。実際にアプリケーションが動作しているサーバーの前段にリバースプロキシを設置し、SSL/TLSの処理を任せたり、アクセスに使われたドメイン名によってプロキシ先を切り替えるといった構成は一般的です。ここでは、リバースプロキシに80番と443番ポートを待ち受けさせ、SSL/TLSを処理した上で、アクセスを8080番ポートに転送するようにサーバーを構成します。

01 02 03 04 05 06 07 08 09 10 A

※13 ポートを指定してアクセスする場合は、URLの後にコロンとポート番号を指定します（例：http://www.example.com:8080）。

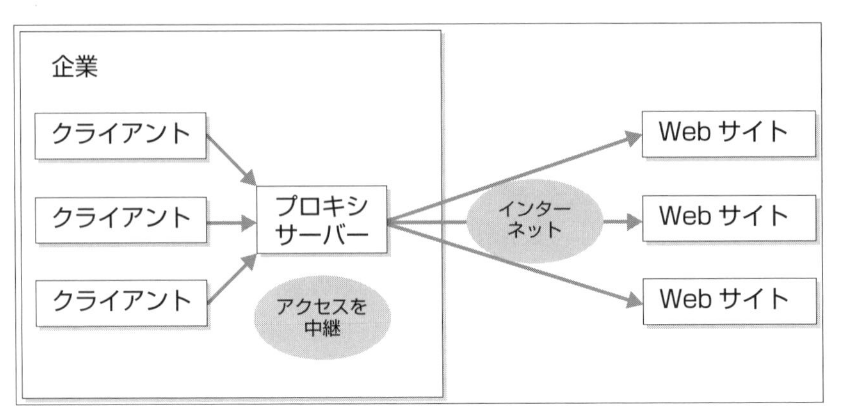

図8.27 一般的なプロキシサーバーの例

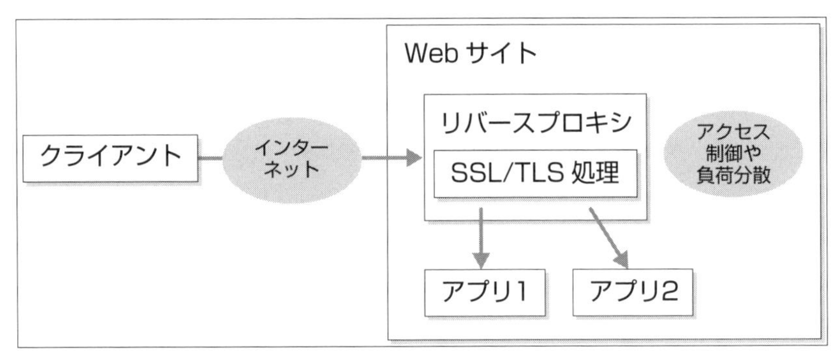

図8.28 Webサイトに設置されるリバースプロキシの例

リバースプロキシとしては、「**07.01.03 コンテナの実行**」でも紹介したWebサーバーのnginxを利用します。次のコマンドでnginxをインストールしてください。

コマンド8.24 nginxのインストール

```
$ sudo apt install -y nginx
```

/etc/nginx/sites-available/wordpressというファイルを、次のような内容で作成します。

▼リスト8.4 /etc/nginx/sites-available/wordpressの内容

```
server {
    listen 80;
    listen [::]:80;
    server_name DNSに登録したWordPressサイトのドメイン名;

    proxy_set_header Host $host;
    proxy_set_header X-Forwarded-For $proxy_add_x_forwarded_for;
    proxy_set_header X-Forwarded-Host $host;
    proxy_set_header X-Forwarded-Server $host;
    proxy_set_header X-Real-IP $remote_addr;

    client_max_body_size 0;

    location / {
        proxy_pass http://localhost:8080;
    }
}
```

作成した「/etc/nginx/sites-available/wordpress」に対して、「/etc/nginx/sites-enabled/wordpress」という名前でシンボリックリンクを張ります。

▼コマンド8.25 シンボリックの作成

```
$ sudo ln -s /etc/nginx/sites-{available,enabled}/wordpress
```

nginxを再起動します。

▼コマンド8.26 nginxの再起動

```
$ sudo systemctl restart nginx.service
```

Webブラウザから、WordPressのドメイン名にアクセスしてみましょう。WordPressの初期設定画面が表示されたら成功です。

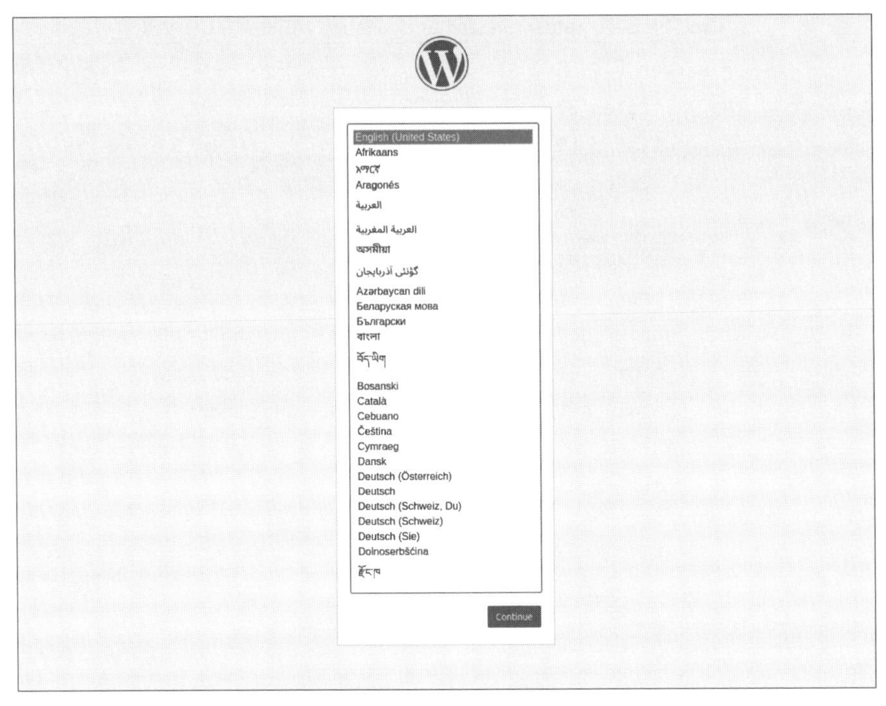

図8.29 WordPressの初期設定画面

08.03.04 Let's EncryptによるSSL証明書の取得

これで、リバースプロキシを介して、Dockerで動作しているWordPressにアクセスできるようになりました。しかし、まだ平文(HTTP)での通信にしか対応していません。前述したように、今時のインターネットサイトは、すべての通信をHTTPSで行うのが常識です。このWordPressのサイトも、SSl/TLSに対応させましょう。証明書は、Nextcloudと同じくLet's Encryptで取得します。

Snap版のNextcloudでは、コマンド1つで証明書の取得と設定が可能でしたが、今回はこの作業を自力で行います。まず証明書を取得するツールとして、Certbotと、nginx用のプラグインをインストールします。

コマンド8.27 certbot、nginx用のプラグインのインストール

```
$ sudo apt install -y certbot python3-certbot-nginx
```

次のコマンドで、証明書を取得します。

コマンド8.28 証明書の取得

```
$ sudo certbot --nginx -d WordPressサイトのドメイン名
Saving debug log to /var/log/letsencrypt/letsencrypt.log
Enter email address (used for urgent renewal and security notices)
 (Enter 'c' to cancel): ――――――――― メールアドレスを入力
- - - - - - - - - - - - - - - - - - - - - - - - - - - - - - - - - - - - - - -
- - - - -
Please read the Terms of Service at
https://letsencrypt.org/documents/LE-SA-v1.4-April-3-2024.pdf. You
must agree in
order to register with the ACME server. Do you agree?
- - - - - - - - - - - - - - - - - - - - - - - - - - - - - - - - - - - - - - -
- - - - -
(Y)es/(N)o: ――――― Let's Encryptの利用規約に同意するか(Yesを入力)
- - - - - - - - - - - - - - - - - - - - - - - - - - - - - - - - - - - - - - -
- - - - -
Would you be willing, once your first certificate is successfully iss
ued, to
share your email address with the Electronic Frontier Foundation, a
founding
partner of the Let's Encrypt project and the non-profit organization
that
develops Certbot? We'd like to send you email about our work encrypti
ng the web,
EFF news, campaigns, and ways to support digital freedom.
- - - - - - - - - - - - - - - - - - - - - - - - - - - - - - - - - - - - - - -
- - - - -
(Y)es/(N)o: ―― 登録したメールアドレスでニュース等を受け取るか(Noでも構いません)
Account registered.
Requesting a certificate for (WordPressサイトのドメイン名)


Successfully received certificate.
Certificate is saved at: /etc/letsencrypt/live/(WordPressサイトのドメ
イン名)/fullchain.pem
Key is saved at:         /etc/letsencrypt/live/(WordPressサイトのドメ
イン名)/privkey.pem
This certificate expires on 2024-11-09.
These files will be updated when the certificate renews.
```

```
Certbot has set up a scheduled task to automatically renew this certi
ficate in the background.

Deploying certificate
Successfully deployed certificate for (WordPressサイトのドメイン名)
to /etc/nginx/sites-enabled/wordpress
Congratulations! You have successfully enabled HTTPS on https://(Word
Pressサイトのドメイン名)

- - - - - - - - - - - - - - - - - - - - - - - - - - - - - - - - - - - -
- - - - - -
If you like Certbot, please consider supporting our work by:
 * Donating to ISRG / Let's Encrypt:   https://letsencrypt.org/donate
 * Donating to EFF:                    https://eff.org/donate-le
- - - - - - - - - - - - - - - - - - - - - - - - - - - - - - - - - - - -
- - - - - -
```

Certbotのnginxプラグインにより「/etc/nginx/sites-available/wordpress」が自動的に書き換えられ、HTTPSの設定が追加されています。この時点でHTTPSでの通信自体は可能になっているのですが、これだけではWordPressへのログインが無限ループしてしまい、正しく動作しません。この問題を修正するため、「HTTP_X_FORWARDED_PROTO」ヘッダを指定します。「/etc/nginx/sites-available/wordpress」を次のように書き換えてください。

リスト8.5 /etc/nginx/sites-available/wordpressに追記

```
server {
    server_name WordPressサイトのドメイン名;

    proxy_set_header Host $host;
    proxy_set_header X-Forwarded-Proto https; ―――――― この行を追加
    proxy_set_header X-Forwarded-For $proxy_add_x_forwarded_for;
```

nginxを再起動します。

コマンド8.29 nginxの再起動

```
$ sudo systemctl restart nginx.service
```

再度、WebブラウザーからWordPressにアクセスしてみましょう。自動的にHTTPSにリダイレクトされ、セキュアに通信が行われます。

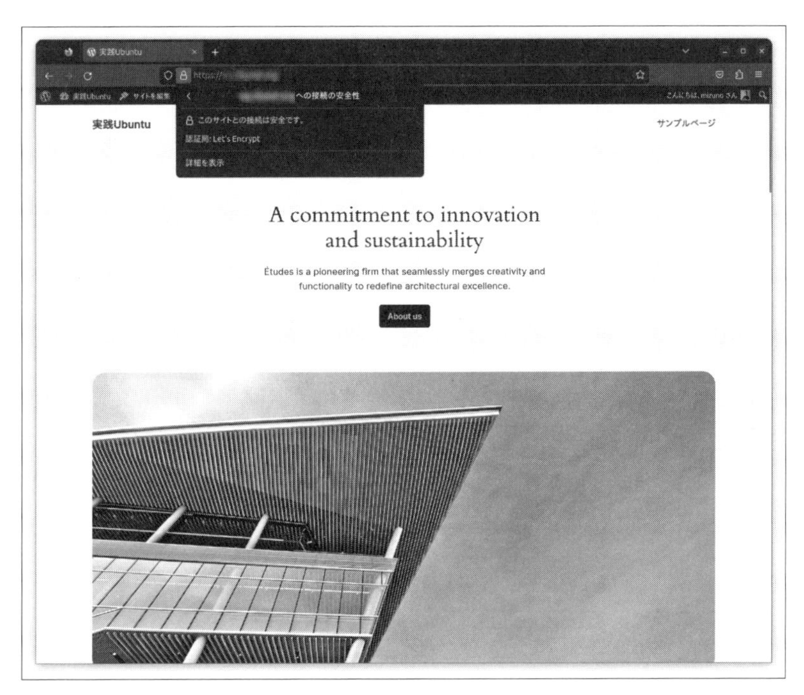

図8.30 HTTPS化されたWordPress

08.03.05 Snap版NextcloudとWordPressを共存させるには

すでに、VPS上に前述のNextcloudサーバーを構築してしまっている場合もあるでしょう。Docker上で動かすWordPressは、Snap版のNextcloudサーバーと共存させることが可能です。ただし、そのためには、あらかじめNextcloudの設定を変更したり、Nextcloud用のSSL証明書を、自分で取得し直す必要が出てきます。これではSnapの手軽さがスポイルされてしまうため、可能であればNextcloudにはサーバーを占有させることをお勧めします。とはいえ、VPSを2台契約するとなると、費用的な問題も無視できません。ここでは、参考情報として、1台のVPS上で、Snap版のNextcloudと、Docker Composeを使ったWordPressサイトを共存させる方法を紹介します。

NextcloudのSnapパッケージにはWebサーバーが含まれており、このWebサーバーが、ホストの80番と443番ポートを待ち受けます。そのため、Dockerの前段にリバースプロキシを配置しようとすると、Nextcloudとnginxがポートを奪い合ってしまい、正しく動かせません。

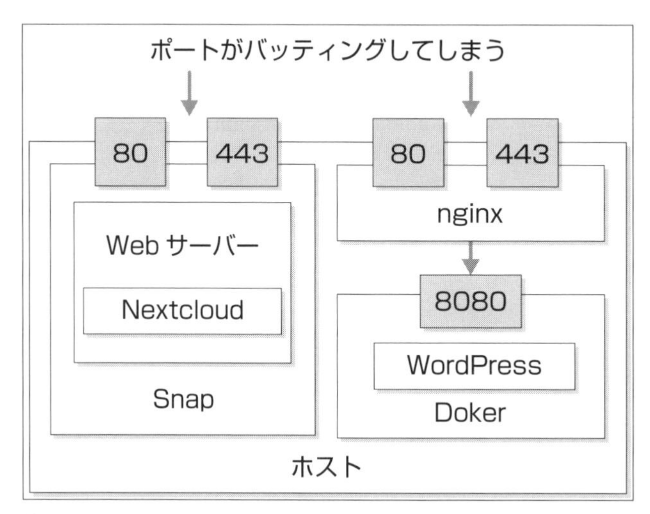

図8.31 Nextcloudとnginxがポートを奪い合ってしまう

この問題を解決するため、Nextcloudもリバースプロキシの配下に置きます。

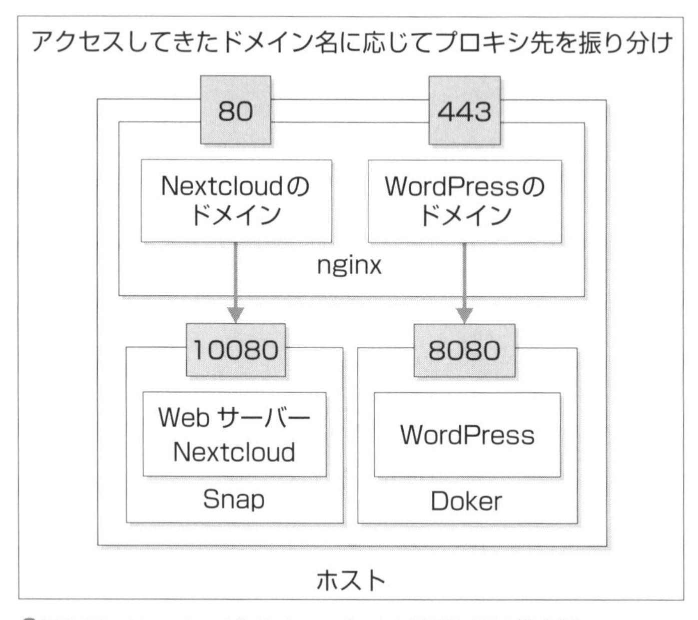

図8.32 Nextcloudをリバースプロキシ配下に置く構成例

リバースプロキシは、アクセスしてきたドメイン名によってプロキシ先を判断します。DNSに、Nextcloud用とWordPress用の2つのドメイン名を登録し、どちらも同じVPSのIPアドレスを指すように設定しておきます。

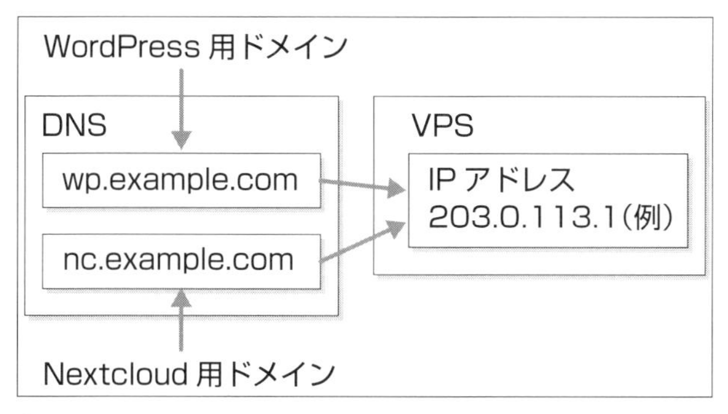

図8.33 1台のサーバーに複数の名前を付ける

Nextcloud側でHTTPSを有効にしている場合、次のコマンドで無効状態に戻します。

コマンド8.30 NextcloudでHTTPSを無効にする

```
$ sudo nextcloud.disable-https
```

続いて次のコマンドを実行し、Nextcloudの待ち受けポートを変更します。ここでは、10080番ポートに変更しています。ここまでの作業を行ってから、nginxをインストールし、WordPressサーバーの構築を行ってください。

コマンド8.31 Nextcloudの待ち受けポートを変更

```
$ sudo snap set nextcloud ports.http=10080
```

WordPressサーバーの構築が完了したら、続いてNextcloud用のリバースプロキシを設定します。「/etc/nginx/sites-available/nextcloud」というファイルを、次の内容で作成してください。内容はWordPressのものとほぼ同一で、「server_name」に指定するドメイン名と、「proxy_pass」に指定するプロキシ先のポート番号のみが異なります。

▼リスト8.6 /etc/nginx/sites-available/nextcloudの内容

```
server {
    listen 80;
    listen [::]:80;
    server_name DNSに登録したNextcloudサイトのドメイン名;

    proxy_set_header Host $host;
    proxy_set_header X-Forwarded-For $proxy_add_x_forwarded_for;
    proxy_set_header X-Forwarded-Host $host;
    proxy_set_header X-Forwarded-Server $host;
    proxy_set_header X-Real-IP $remote_addr;

    client_max_body_size 0;

    location / {
        proxy_pass http://localhost:10080;
    }
}
```

作成した「/etc/nginx/sites-available/nextcloud」に対し、「/etc/nginx/sites-enabled/nextcloud」という名前でシンボリックリンクを張ります。

▼コマンド8.32 シンボリックの作成

```
$ sudo ln -s /etc/nginx/sites-{available,enabled}/nextcloud
```

nginxを再起動します。

▼コマンド8.33 nginxの再起動

```
$ sudo systemctl restart nginx.service
```

次のコマンドで、証明書を取得します。同一サーバーにおける2回目の証明書の取得になるため、利用規約の確認やメールアドレスの登録はスキップされます。

▼コマンド8.34 証明書の取得

```
$ sudo certbot --nginx -d Nextcloudサイトのドメイン名
```

Nextcloudをリバースプロキシ下で動かすため、いくつかの設定を追加します。WordPressのときと同様に、「HTTP_X_FORWARDED_PROTO」ヘッダを指定します。「/etc/nginx/sites-available/nextcloud」を次のように書き換えてください。

▼リスト8.7 /etc/nginx/sites-available/nextcloudへの追記内容

```
server {
    server_name DNSに登録したNextcloudサイトのドメイン名;

    proxy_set_header Host $host;
    proxy_set_header X-Forwarded-Proto https;  ―――― この行を追加
    proxy_set_header X-Forwarded-For $proxy_add_x_forwarded_for;
```

nginxを再起動します。

▼コマンド8.35 nginxの再起動

```
$ sudo systemctl restart nginx.service
```

Nextcloudに、信頼できるリバースプロキシを追加します。「/var/snap/nextcloud/current/nextcloud/config/config.php」というファイルの末尾を、次のように書き換えてください。

▼リスト8.8 /var/snap/nextcloud/current/nextcloud/config/config.phpの変更点

```
(...略...)
  'maintenance' => false,
  'trusted_proxies' => ['127.0.0.1'],  ―――― この行を追加
);
```

これで設定は完了です。Nextcloud用のドメインでアクセスするとNextcloudが、WordPress用のドメインでアクセスするとWordPressのサイトが、それぞれ表示されることを確認しておきましょう。

09

第 9 章

Windows上でUbuntuを使おう

09.01 WSLでUbuntuを使う

09.01.01 WSLとは

WSLとは「Windows Subsystem for Linux」の略で、Bashなどのシェル、各種Linuxコマンド、GUIアプリといったLinux向けのコンポーネントを、Windows上で直接実行できるシステムの名称です。WSLはMicrosoftが公式に提供しているプロダクトであるため、安心して利用できます。また、OSの入れ替えやVirtualBoxなどの仮想マシンのセットアップも不要なので、導入のハードルが非常に低い点もメリットです。Linuxサーバー上で動作するアプリを開発する開発者やLinuxの学習を始めたい人など、普段のデスクトップとしてはWindowsを使いたいけれど、ツールとしてはLinuxの持つ強力なコマンドやシェルを使いたい人にとって最適な選択肢です。

WSLには、従来のWSL（WSL1）と、より新しいWSL2が存在します。WSL1とWSL2の大きな違いは、内部アーキテクチャです。WSL1では、Linuxカーネルそのものは動いておらず、LXCoreやLXSSというサブシステムがカーネルの機能をエミュレーションしていました。それに対してWSL2では、本物のLinuxカーネルがWindows上で動作しているため、システムコールに完全な互換性があります。また、WSL1に比べて、パフォーマンスも大きく向上しています。そのため、現在では、よほど特別な理由がない限り、WSL2を利用することが一般的です※1。

ここでは、WIndows 11のバージョン23H2上でWSL2を動かすことを前提に解説します。

09.01.02 WSLのセットアップ

Windows 11では、WSLはコマンド1つでインストールできるようになっています。まずスタートメニューから、「ターミナル」あるいは「Terminal」を検索し、実行します。

※1 例外として、WSL内からWindowsのファイルシステムへのアクセス速度に関しては、WSL1のほうが優れています。そのため、場合によっては、あえてWSL1を使うほうが好ましいこともあります。

図9.1　ターミナルを起動する

Windowsターミナルが起動し、PowerShellのプロンプトが表示されます。Windowsターミナルは、現在のWindowsの標準ターミナルです。

「wsl --list --online」コマンドを実行すると、インストールできるWSLのディストリビューションの一覧が表示されます。

```
Windows PowerShell
Copyright (C) Microsoft Corporation. All rights reserved.

新機能と改善のために最新の PowerShell をインストールしてください!https://aka.ms/PSWindows

PS C:\Users\mizuno> wsl --list --online
インストールできる有効なディストリビューションの一覧を次に示します。
既定の分布は ' * ' で表されます。
 'wsl --install -d <Distro>'を使用してインストールします。

  NAME                                   FRIENDLY NAME
* Ubuntu                                 Ubuntu
  Debian                                 Debian GNU/Linux
  kali-linux                             Kali Linux Rolling
  Ubuntu-18.04                           Ubuntu 18.04 LTS
  Ubuntu-20.04                           Ubuntu 20.04 LTS
  Ubuntu-22.04                           Ubuntu 22.04 LTS
  Ubuntu-24.04                           Ubuntu 24.04 LTS
  OracleLinux_7_9                        Oracle Linux 7.9
  OracleLinux_8_7                        Oracle Linux 8.7
  OracleLinux_9_1                        Oracle Linux 9.1
  openSUSE-Leap-15.6                     openSUSE Leap 15.6
  SUSE-Linux-Enterprise-15-SP5           SUSE Linux Enterprise 15 SP5
  SUSE-Linux-Enterprise-Server-15-SP6    SUSE Linux Enterprise Server 15 SP6
  openSUSE-Tumbleweed                    openSUSE Tumbleweed
PS C:\Users\mizuno>
```

図9.2インストール可能なWSLのディストリビューション一覧

この中から、Ubuntu 24.04 LTSをインストールするため、「wsl --install -d Ubuntu-24.04」を実行します。インストールには管理者権限が要求され、「このアプリがデバイスに変更を加えることを許可しますか」のダイアログが数回表示されるので、すべて[はい]ボタンを押して進めます。

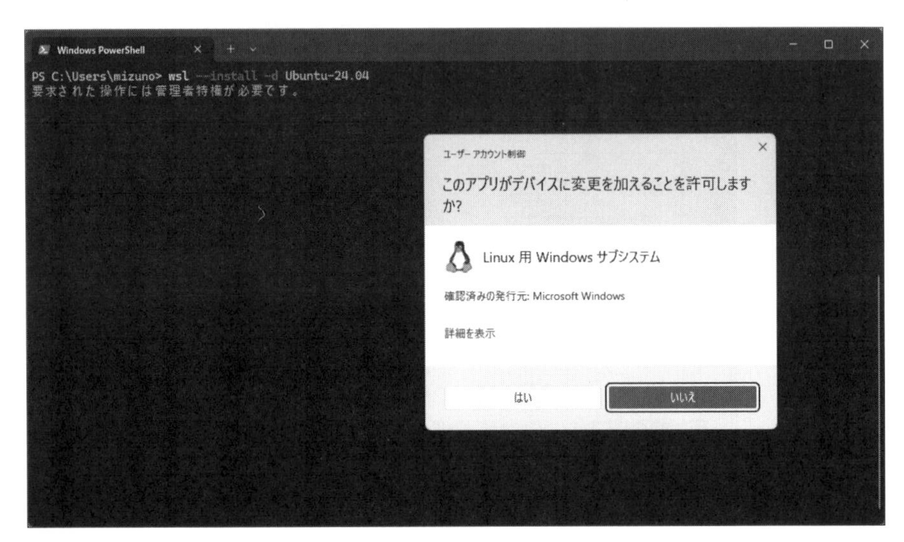

△図9.3 WSLのインストールコマンドを実行する

インストールが始まるので、終了するまでしばらく待ちましょう。終了したらWindowsを再起動します。

△図9.4 インストールの完了

再起動してWindowsにログインすると、自動的にターミナルが起動し、必要なファイルの展開作業が行われます。「Enter new UNIX username:」のプロンプトが表示されたら、WSL上に作成するユーザー名を入力します。続いて、「New password:」のプロンプトが表示されるので、ユーザーに設定するパスワードを入力します。この際、Ubuntuのsudoと同様に、パスワードのエコーバックは行われません。「Retype new password:」に続いて、パスワードを再入力します。初期設定が完了すると、WSL上でUbuntuのシェル（Bash）が起動します。

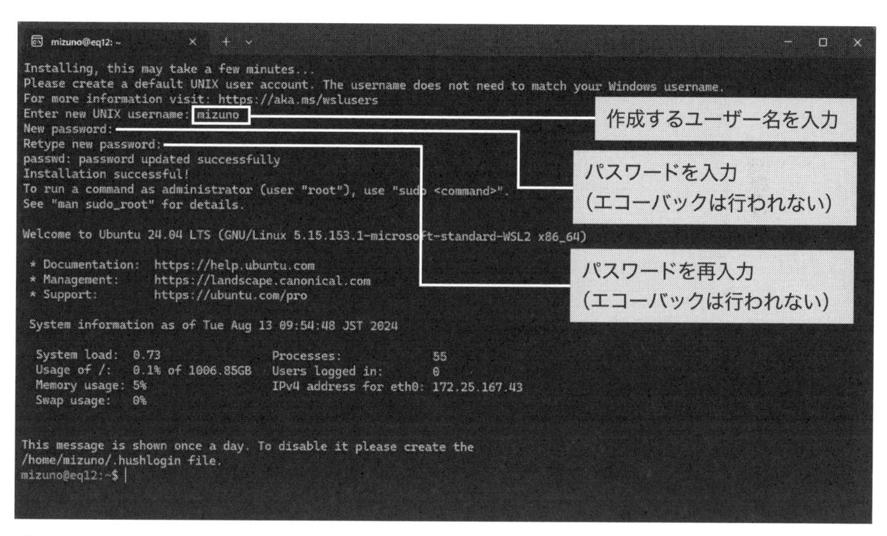

図9.5　Ubuntuの初期設定と起動

次回以降は、スタートメニューから「Ubuntu」を起動すると、このターミナルが開いてシェルを操作できるようになります。

△図9.6　スタートメニューからUbuntuを実行する

インストールが完了したら、手始めにパッケージを最新の状態にアップデートしておきましょう。WSLの環境はWindows上とはいえ、実際のUbuntuとほぼ同じです。したがって、aptコマンドが使えます。しかし、デフォルトではリポジトリサーバーがUbuntu本家の「archive.ubuntu.com」を参照するようになっているので、日本のミラーを使うように設定を変更しておきましょう。使用するリポジトリサーバーの設定は「/etc/apt/sources.list.d/ubuntu.sources」です。例として、富山大学のミラーサーバーを使う場合は、次のコマンドを実行します。

▽コマンド9.1　リポジトリサーバーを富山大学のサーバーに変更する

```
$ sudo sed -i -e 's/archive.ubuntu.com/ubuntutym.u-toyama.ac.jp/' /
etc/apt/sources.list.d/ubuntu.sources
```

変更が完了したら、アップデートを行います。

▽コマンド9.2　リポジトリのアップデートを行う

```
$ sudo apt -U -y full-upgrade
```

09.01.03 日本語ロケールの設定

インストール直後のWSLのUbuntuは、ロケールが日本語になっていません。英語表示のまま使うのであればそのままでも構いませんが、日本語ロケールに切り替えておいたほうが何かと便利でしょう。次のコマンドを実行してください。

コマンド9.3 日本語ロケールに変更する

```
$ sudo apt install -y language-pack-ja
$ sudo update-locale LANG=ja_JP.UTF-8
```

一度ターミナルを閉じて開き直すと、ロケールが日本語に切り替わっています。

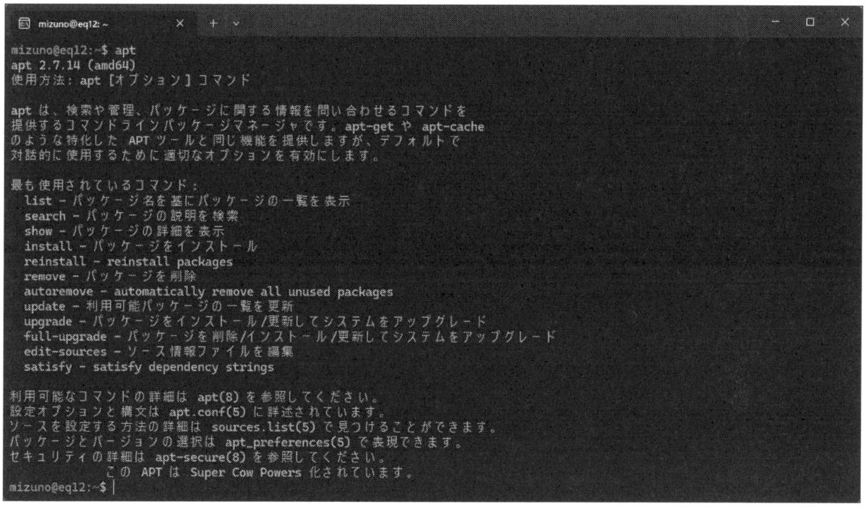

```
mizuno@eq12: ~
mizuno@eq12:~$ apt
apt 2.7.14 (amd64)
使用方法: apt [オプション] コマンド

apt は、検索や管理、パッケージに関する情報を問い合わせるコマンドを
提供するコマンドラインパッケージマネージャです。apt-get や apt-cache
のような特化した APT ツールと同じ機能を提供しますが、デフォルトで
対話的に使用するために適切なオプションを有効にします。

最も使用されているコマンド:
  list - パッケージ名を基にパッケージの一覧を表示
  search - パッケージの説明を検索
  show - パッケージの詳細を表示
  install - パッケージをインストール
  reinstall - reinstall packages
  remove - パッケージを削除
  autoremove - automatically remove all unused packages
  update - 利用可能パッケージの一覧を更新
  upgrade - パッケージをインストール/更新してシステムをアップグレード
  full-upgrade - パッケージを削除/インストール/更新してシステムをアップグレード
  edit-sources - ソース情報ファイルを編集
  satisfy - satisfy dependency strings

利用可能なコマンドの詳細は apt(8) を参照してください。
設定オプションと構文は apt.conf(5) に詳述されています。
ソースを設定する方法の詳細は sources.list(5) で見つけることができます。
パッケージとバージョンの選択は apt_preferences(5) で表現できます。
セキュリティの詳細は apt-secure(8) を参照してください。
              この APT は Super Cow Powers 化されています。
mizuno@eq12:~$ |
```

図9.7 日本語ロケールに切り替わった状態

09.01.04 WSLのディレクトリツリーについて

WSLでは、インストールしたディストリビューションごとに独立したフォルダーが用意され、その中にのLinuxのルートファイルシステム一式が作成されます。エクスプローラーのサイドバーにある「Linux」をクリックするか、アドレスバーに「\\wsl$」と入力することで、このフォルダーにアクセスできます。Windowsで作成したファイルをUbuntuのホームディレクトリにコピーしたいような場合に便利です。

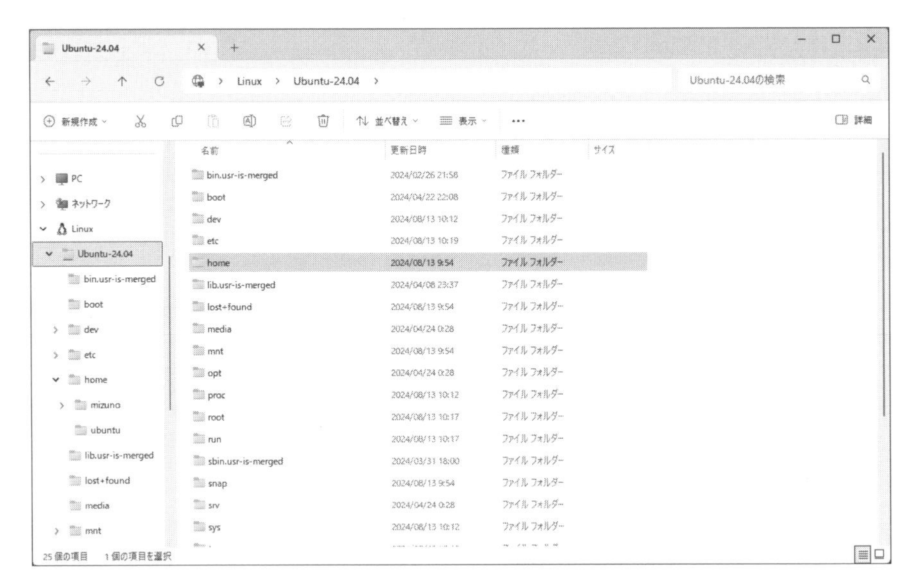

図9.8　エクスプローラーのサイドバーからWSLのフォルダーにアクセスできる

逆に、Windowsのドライブは「/mnt/ドライブ番号」以下にマウントされるので、WSL上からWindowsのフォルダーにアクセスすることもできます。

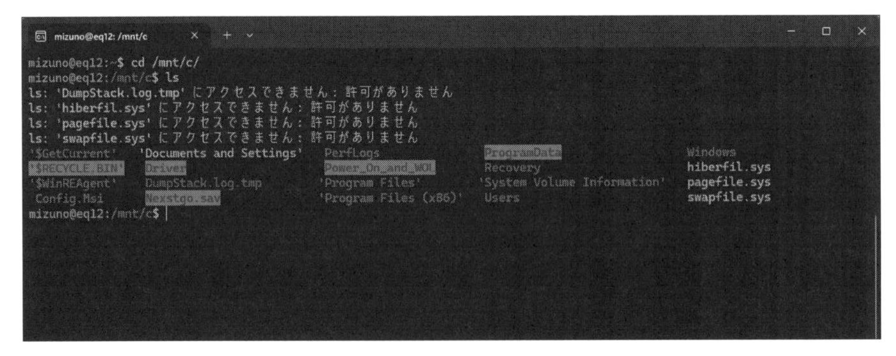

図9.9　WSL上では、Windowsのドライブは/mnt以下にマウントされている

09.02 GUIアプリケーションの実行

09.02.01 WSLgとは

現在のWSL2では、Linux向けのGUIアプリケーションをWindows上で動かすことができます。この機能を「Windows Subsystem for Linux GUI」、略して**WSLg**と呼びます。WSLgは、LinuxのGUIアプリケーションをWindowsとシームレスに統合することを目標としています。実際に、Windowsのスタートメニューから直接Linuxのアプリケーションを起動し、Windowsのネイティブアプリケーションとの違いを意識せず使えるようになっています。

Windowsは最も普及しているPC向けデスクトップ環境なので、わざわざLinux用のアプリケーションが必要となる場面はそれほど多くはないでしょう。しかし、Linux向けにしか提供されていないGUIアプリケーションというものも、少なからず存在します。WSLgを使えば、普段使いのデスクトップとしてWindowsを使いつつ、こうしたLinux向けアプリケーションを同一のデスクトップ上で併用できるのです。

09.02.02 GUIアプリケーションのインストールと実行

ターミナルを開き、Linux向けのGUIアプリケーションをインストールしてみましょう。ここでは、例としてGNOMEのテキストエディタである「Gedit」をインストールしてみます。

コマンド9.4　Geditをインストールする

```
$ sudo apt install -y gedit
```

シェルから`gedit`コマンドを実行するか、スタートメニューのUbuntuフォルダー以下にある「Text Editor (Ubuntu)」をクリックすることでGeditを起動できます。

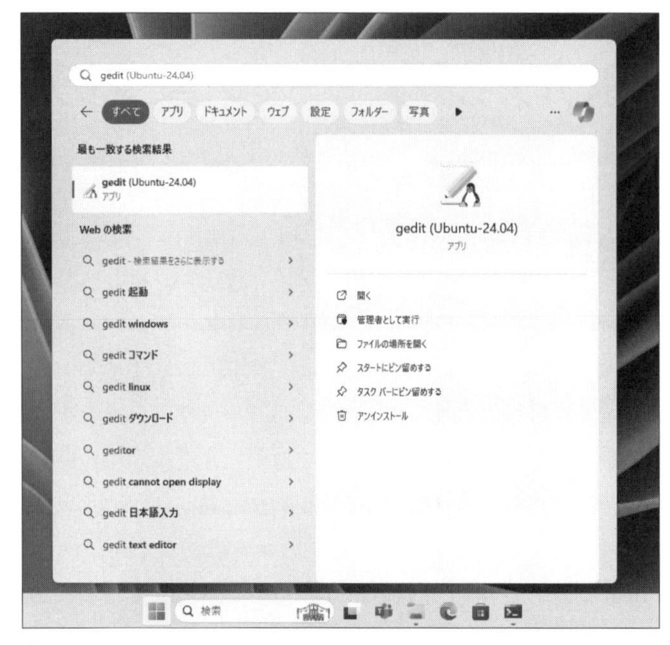

図9.10 スタートメニューからUbuntuのGUIアプリケーションを起動する

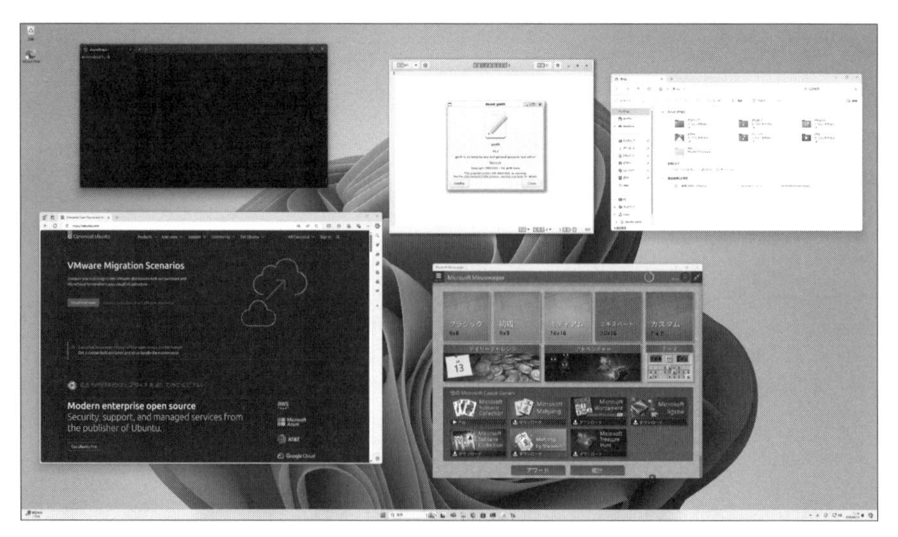

図9.11 Windowsアプリケーションと並んで起動しているGedit

09.02.03 日本語フォントの追加

Geditのインストール自体は完了しても、起動してみると、メニューの日本語部分が化けて、いわゆる「豆腐」になっています。日本語のテキストファイルを開いても同様です。これは、WSL上のUbuntuに日本語フォントがインストールされていないことが原因です。

図9.12　WSL上のGeditで日本語テキストを開いても、フォントがないため文字が「豆腐」になっている

次のコマンドで、日本語フォントをインストールします。ここでは「Notoフォント」をインストールしていますが、好みの日本語フォントで構いません。

コマンド9.5　Notoフォントをインストールする

```
$ sudo apt install -y fonts-noto-cjk
```

Geditを再起動すると、日本語が表示可能になります。

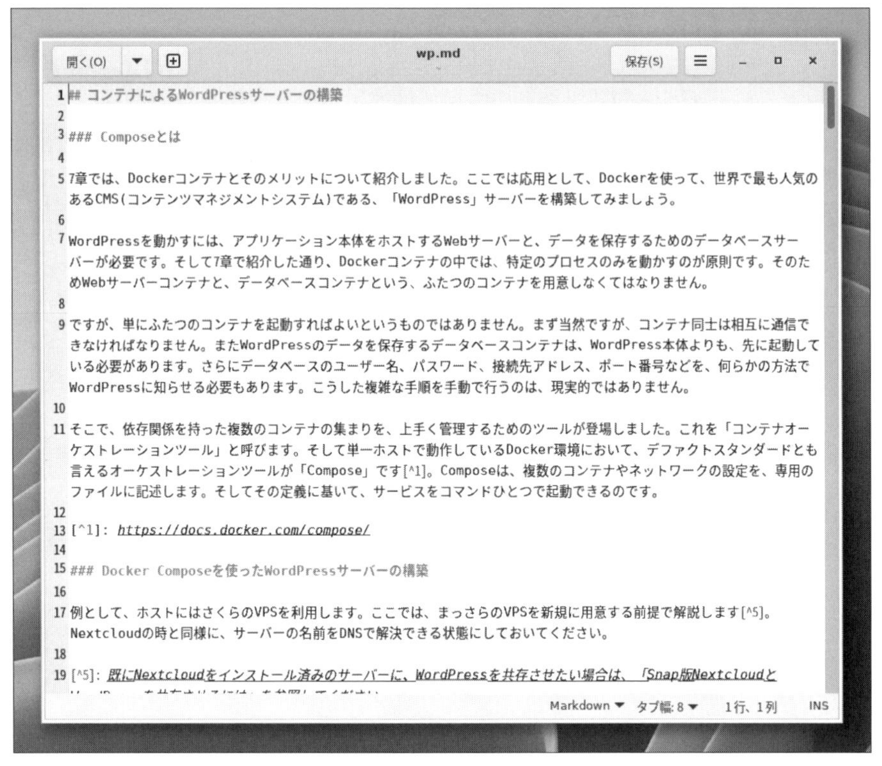

図9.13　正しく日本語が表示できるようになった状態

09.02.04 日本語入力の設定

フォントをインストールしただけでは、日本語の表示はできても入力はできません。そこで、WSLに日本語入力環境をインストールします。fcitx5-mozcパッケージをインストールしてください。

コマンド9.6　fcitx-mozcパッケージをインストールする

```
$ sudo apt install -y fcitx5-mozc
```

日本語入力を有効にするには、いくつかの設定が必要です。まずは、ログインシェルの起動時に読み込まれる設定を追加します。「/etc/profile.d/99-local.sh」というファイルを次に示す内容で作成してください。

▽リスト9.1 /etc/profile.d/99-local.shの内容

```
export GTK_IM_MODULE=fcitx
export QT_IM_MODULE=fcitx
export XMODIFIERS=@im=fcitx
export DefaultIMModule=fcitx
fcitx5 >/dev/null 2>&1 &
```

この状態で、一度ターミナルを再起動するか、次のコマンドで設定を読み込みます。

▽コマンド9.7 /etc/profile.d/99-local.shを読み込む

```
$ sourrce /etc/profile.d/99-local.sh
```

さらに、キーボードの設定を行います[※2]。`fcitx5-configtool`コマンドを実行します。入力メソッドの設定ダイアログが開いたら、「キーボード - 英語(US)」をダブルクリックして削除します。続いて、右側の「有効な入力メソッド」にある「キーボード - 日本語」をダブルクリックして追加します。

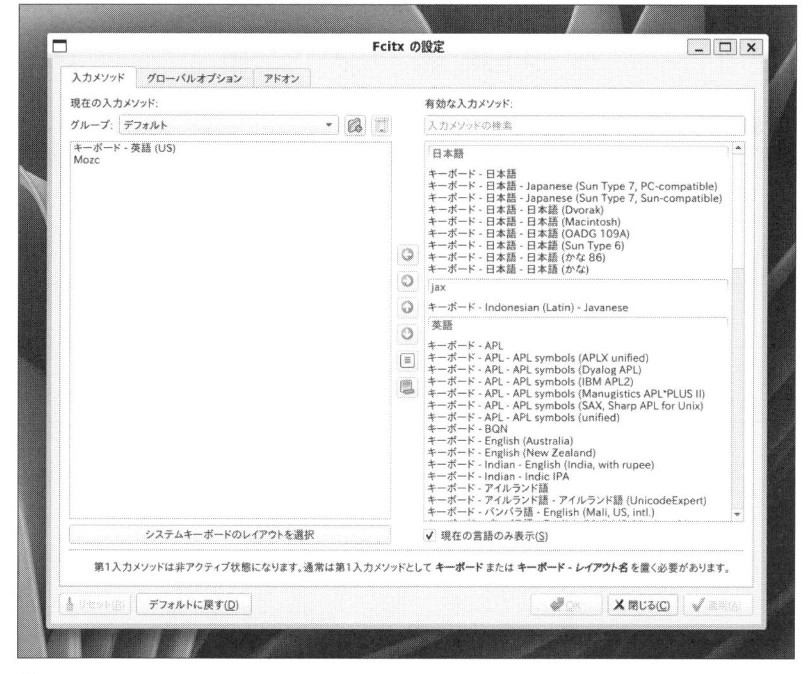

△図9.14 「キーボード - 英語(US)」を削除する

※2 日本語キーボードを使っている場合の設定です。英語キーボードを使っている場合は必要ありません。

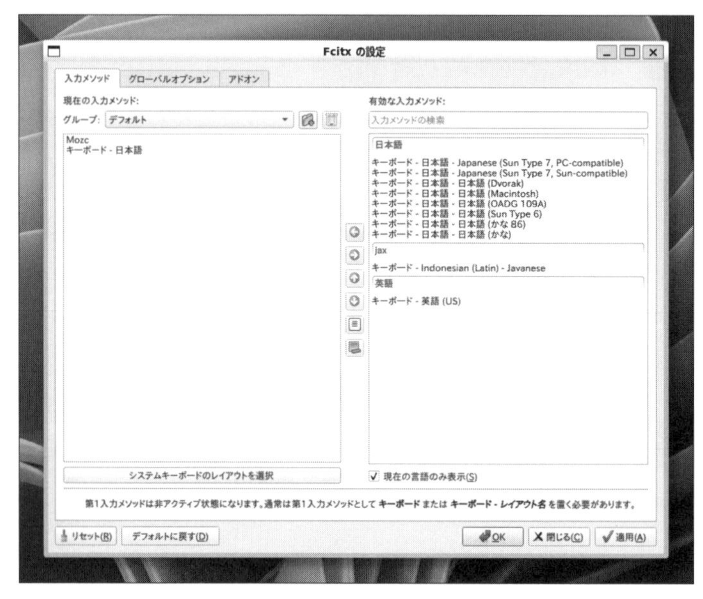

△図9.15　日本語キーボードが入力メソッドとして追加された状態

以降は、GUIアプリケーション上で[半角/全角]か[Ctrl]+[Space]を押すと、日本語入力ができるようになります。

△図9.16　Geditで日本語を入力している例

09.03 その他のWSLディストリビューション

09.03.01 異なるディストリビューションのインストール

Ubuntu 22.04 LTSのインストール

冒頭で確認したインストールできるディストリビューションの一覧にあるように、2024年8月現在、WSLではUbuntuの18.04 LTS／20.04 LTS／22.04 LTS／24.04 LTSという4つのバージョンが並行して配布されています。先ほどは「-d」オプションで、24.04 LTSを指定してインストールしました。このオプションの引数を変更すると、異なるバージョンのUbuntuをインストールすることもできます。複数のWSLディストリビューションを共存させて、同時に起動できるため、用途に応じて使い分けることも可能です。実際に、24.04 LTSのとあるツールの挙動に問題があったため、筆者は現在でもWSLの22.04 LTSを、24.04 LTSと並行して稼動させています。

たとえば、Ubuntu 22.04 LTSをインストールしたい場合は、PowerShellを起動し、次のコマンドを実行します。なお、WSL本体のインストール時はOSの再起動が必要でしたが、2回目以降のディストリビューションのインストール時は、OSの再起動は不要となっています。

▼コマンド9.8　WSLでのUbuntu 22.04 LTSのインストール

```
$ wsl --install -d Ubuntu-22.04
```

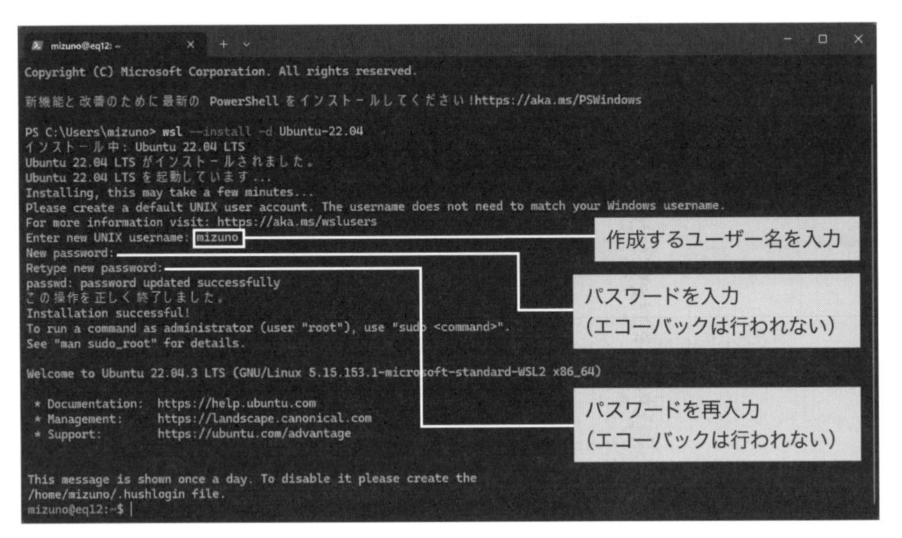

図9.17 Ubuntu 22.04 LTSのインストール

エクスプローラーを開くと、サイドバーの「Linux」以下に、「Ubuntu-22.04」が追加されていることを確認できます。

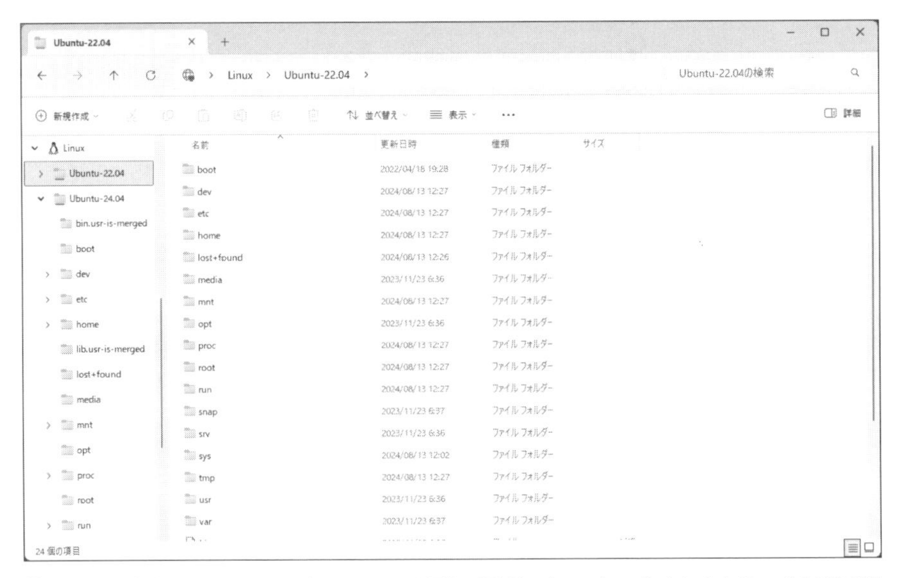

図9.18 複数のディストリビューションは別の領域にインストールされるため、共存が可能

22.04 LTSを使いたい場合は、スタートメニューから[Ubuntu 22.04.3 LTS]を実行します[※3]。

※3 ポイントリリースの番号は、時期によって異なる可能性があります。

△図9.19　インストールしたディストリビューションは、独立してスタートメニューに登録される

Windowsターミナル内で、ディストリビューションを指定して開くこともできます。Windowsターミナルで起動できるシェルは、プロファイルという単位で管理されています。Ubuntuを始めとするWSLディストリビューションをインストールすると、プロファイルが自動的に追加されます。タブ一覧の右側にある下向き矢印ボタンをクリックすると、新しいタブで選択したプロファイルを起動できます。複数のディストリビューションを異なるタブで同時に実行できるため、便利です。

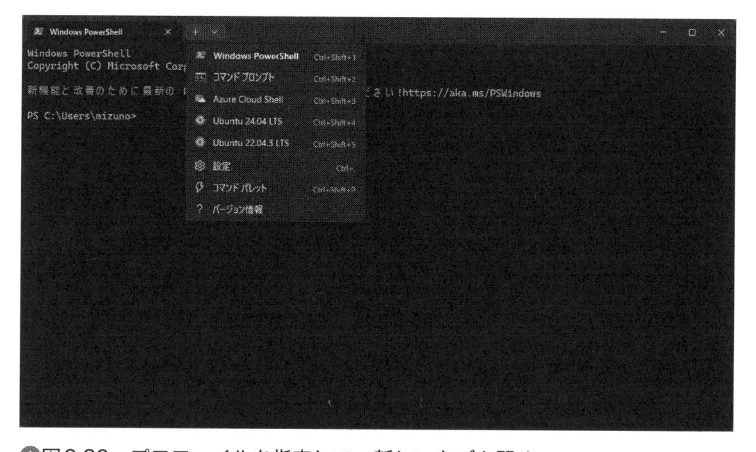

△図9.20　プロファイルを指定して、新しいタブを開く

Windowsターミナルを起動すると、最初に起動するシェルはPowerShellです。新しいタブを開いた際に使われるデフォルトのプロファイルとして、PowerShellが設定されているためです。PowerShellよりもUbuntuをメインに利用するのであれば、デフォルトのプロファイルをUbuntuに変更してしまいましょう。

タブの右側にある下向きの矢印アイコンをクリックして、[設定]を開きます。[スタートアップ]にある[規定のプロファイル]のプルダウンボックスをクリックして、デフォルトで起動したいディストリビューションを選択します。最後に[保存]ボタンを押します。以降は、新しいタブを開くと、PowerShellではなく、選択したディストリビューションが起動するようになります。

図9.21 規定のプロファイルにUbuntu 24.04 LTSを指定する

同じ方法で、Debian GNU/LinuxやopenSUSEを、WSL上で利用することもできます。興味があれば、Ubuntu以外のディストリビューションに触れてみるのもよいでしょう。

10

第10章

Ubuntuでスクリプティング

10.01 シェルスクリプト

10.01.01 シェルスクリプトの基礎知識

シェルスクリプトとは

さまざまな機能を詰め込んだGUIのアプリとは異なり、Linuxのコマンドの多くは「1つの仕事だけをうまくやる」という思想のもとに設計されています。そして、これらのコマンドは、単体で実行するだけでなく、組み合わせて使うことができます。そうした使い方の1つが、コマンドを直列につなげ、連携させることで複雑な処理を可能にする「パイプ」です(「03.02.16 標準入力と標準出力」参照)。

パイプとは異なり、複数のコマンドを連続して実行し、複雑な一連の処理を組み立てるのが**シェルスクリプト**です。パイプがコマンドを横につなげるのに対して、シェルスクリプトはコマンドを縦につなげるといってもよいでしょう。シェルスクリプトは、シェル上で動く簡易的なプログラミング言語です。そのため、条件分岐、ループ、サブルーチンの呼び出しといった一般的なプログラミング言語が持つ機能を備えています。

パイプ

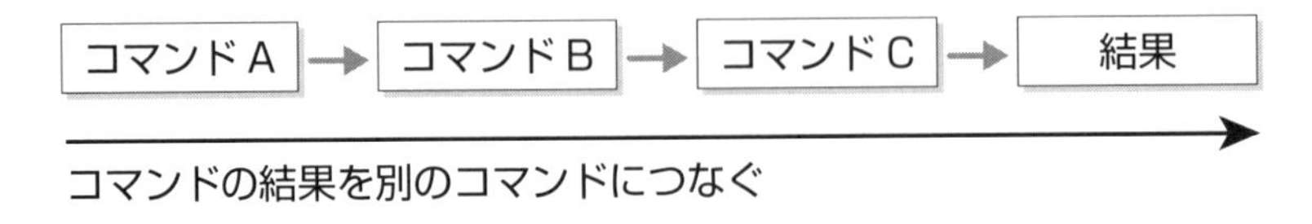

シェルスクリプト

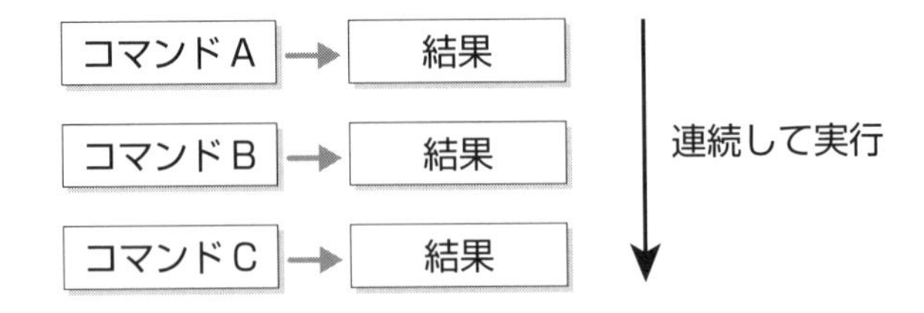

図10.1 コマンドを横につなげるパイプと、縦につなげるシェルスクリプト

プログラミングでは、さまざまなロジックを組み合わせて機能を実装します。しかし、すべてのロジックを自前で作ることは稀で、ライブラリによって提供される機能を組み合わせることが一般的です。シェルスクリプトもそれと同じで、既存の機能を組み合わせて機能を実装します。シェルスクリプトにおける「既存の機能」とは、Linuxに用意されたコマンド群です。そのため、すでにある機能(コマンド)同士をつなげる言語という意味で、「グルー(接着剤)言語」と呼ばれることもあります。

プログラミングは、「新しくコードを書けば書くほどバグが混入する確率が高まる」というジレンマを抱えています。それゆえ、すでに存在する機能を再実装することは可能な限り避け、実績のあるライブラリを採用することで信頼性を上げるのが定石です。シェルスクリプトは、長い歴史を持ち、世界中で広く利用されているLinuxコマンドを組み合わせて実装するため、個々の機能に自分でバグを作り込んでしまう余地がありません。

また、完成されているコマンドを組み合わせるだけなので、実装にも時間がかかりません。プログラミングと聞くと、開発ツールを使い、長い時間をかけてコードを書くことを想像するかもしれません。しかし、シェルスクリプトであれば、複雑な処理であっても非常に手軽に組み立てられるようになります。それこそテキストエディタすら使わず、シェル上で複雑なロジックを「その場で組み立てて使い捨てる」ことすら可能です。シェルをより深く活用するなら、必須のテクニックだといってもよいでしょう。

コマンドのシェルスクリプト化は、複数のコマンドからなる複雑な手順を簡略化でき、スクリプト名だけで呼び出せるというメリットがあります。つまり、手順の簡略化と、コマンドの再利用のしやすさが向上するわけです。たとえば、Cron(「**06.06.03　コマンドを定期的に実行する**」参照)を使ってコマンドの実行を自動化するような場合、実行する手順をスクリプト化しておくのは必須となります。

シェルスクリプトの実行方法

シェルスクリプトは、シェル上でキーボードから入力して実行できるコマンドを、そのまま記述したテキストファイルです。そのテキストファイルをシェルの引数として渡すと、書かれている一連のコマンドを上から順に実行します。

リスト10.1の内容のテキストファイルを、「`script1.sh`」という名前で作成してください。シェルスクリプトは、拡張子を「`.sh`」とすることが一般的です。

ただし、後述するように、スクリプトファイルに実行権限を付け、一般的なコマンドと同じように利用する場合は、あえて拡張子を省略することもよくあります。たとえば、「**06.04.02　OpenSSHのセキュリティ**」で紹介したssh-copy-idコマンドの実体は、シェルスクリプトです。

▼リスト10.1　「script1.sh」の内容

```
#!/bin/sh


date
uname -a
lsb_release -a
```

作成したスクリプトファイルを、次のようにshコマンドの引数に指定して実行してみましょう。スクリプト内に書かれた「date」「uname -a」「lsb_release -a」が順に実行されます。

▼コマンド10.1　「script1.sh」を実行する

```
$ sh script1.sh
Wed Aug 14 10:37:59 JST 2024
Linux noble 6.8.0-40-generic #40-Ubuntu SMP PREEMPT_DYNAMIC Fri Jul
5 10:34:03 UTC 2024 x86_64 x86_64 x86_64 GNU/Linux
No LSB modules are available.
Distributor ID: Ubuntu
Description:    Ubuntu 24.04 LTS
Release:    24.04
Codename:   noble
```

スクリプトの1行目に書かれているのは、「シバン(shebang)」と呼ばれる特殊な指定です。シバンは「#!/bin/sh」のように「#!」から始まり、その後に実行したいコマンドを記述します。1行目がシバンで始まっているテキストファイルに実行権限を付けて実行すると、シェルはシバンに記述されているコマンドの引数に、そのテキストファイル自身を指定して実行します。たとえば、次のようにスクリプトに実行権限を付けておけば、スクリプト名を指定するだけ、**コマンド10.1**の「sh script1.sh」と同様の処理が行われます。

▼コマンド10.2 「script1.sh」に実行権限を付与する

```
$ chmod +x script1.sh
$ ./script1.sh
```

なお、この方法でスクリプトを起動するには、スクリプト名を相対パスか絶対パスで呼び出す必要があります(「**03.02.13　コマンドサーチパス**」参照)。パスの指定なしに、スクリプト名だけで実行したいのであれば、そのスクリプトをパスが通ったディレクトリにインストールするか、逆にスクリプトをインストールしたディレクトリにパスを通しておく必要があります。

スクリプトを実行するシェルの違い

「**03.02.01　シェルとは**」で説明したように、シェルには複数の実装が存在しています。シェルは、それぞれ搭載している機能が異なるため、シバンはどのように書いたらいいのか迷うことがあるかもしれません。

Ubuntuで標準的に使われているシェルは「Dash」(/bin/sh)と「Bash」(/bin/bash)です。基本的には、処理速度の点から、シェルスクリプトのシバンには「/bin/sh」と記述し、Dashで動かしたほうが有利です。しかし、Bashには、Dashが備えていない便利な拡張機能が数多く存在します。具体的には、この後で紹介する「select」などが該当しますが、こうした機能を使いたいのであれば、シバンには「/bin/bash」と記述しなくてはなりません。「/bin/sh」と記述した上で、selectなどのBash拡張機能を使うと、そのシェルスクリプトはエラーとなって動作しません。

注意が必要なのは、ディストリビューションによっては「/bin/sh」が「bash」へのシンボリックリンクとなっている場合があることです。具体的には「Red Hat Enterprise Linux」や「Fedora」などが該当するのですが、こうしたディストリビューションでは、シバンに「/bin/sh」を指定した上でBash拡張構文を書いても、シンボリックリンクを経由してBashが起動されてしまうため、エラーとならずに動いてしまうのです。そのため、世の中には「本来エラーとなるはずなのに、ディストリビューションの仕様によってたまたま動いてしまっている」スクリプトが数多く存在しています。こうしたスクリプトは「Fedoraでは動いていたけれど、Ubuntuにコピーしてきたら動かなくなった」といった事態を引き起こすため、注意が必要です。なお、そのスクリプトがBash拡張構文を使っているかどうかは、checkbashismsコマンドで確認できます(「**10.01.03　シェルスクリプトのデバッグ**」参照)。

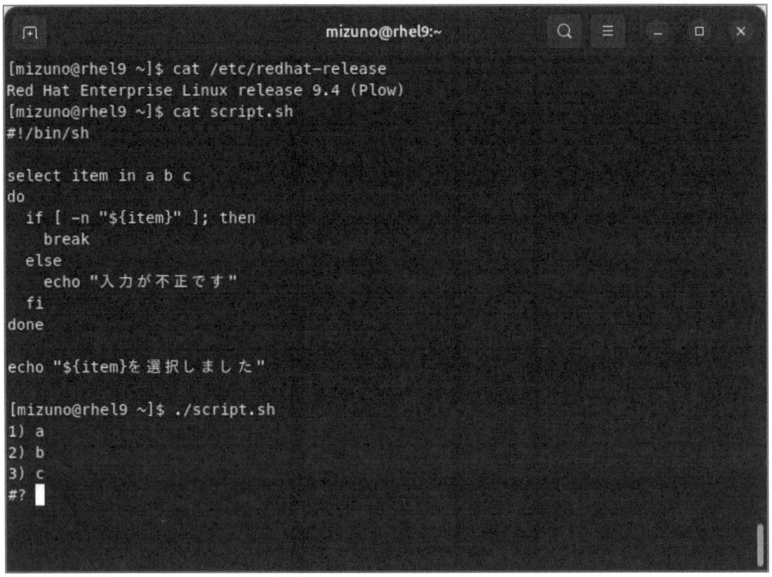

mizuno@rhel9:~
[mizuno@rhel9 ~]$ cat /etc/redhat-release
Red Hat Enterprise Linux release 9.4 (Plow)
[mizuno@rhel9 ~]$ cat script.sh
#!/bin/sh

select item in a b c
do
  if [-n "${item}"]; then
    break
  else
    echo "入力が不正です"
  fi
done

echo "${item}を選択しました"

[mizuno@rhel9 ~]$ ./script.sh
1) a
2) b
3) c
#?

図10.2　select文を含むシェルスクリプトを実行した例

シバンに/bin/shを指定しているが、Red Hat Enterprise Linux 9.4で動かしているため、エラーとならない。

mizuno@noble: ~
mizuno@noble: $ lsb_release -d
No LSB modules are available.
Description: Ubuntu 24.04 LTS
mizuno@noble: $ cat script.sh
#!/bin/sh

select item in a b c
do
  if [-n "${item}"]; then
    break
  else
    echo "入力が不正です"
  fi
done

echo "${item}を選択しました"
mizuno@noble: $ ./script.sh
./script.sh: 3: select: not found
./script.sh: 4: Syntax error: "do" unexpected
mizuno@noble: $

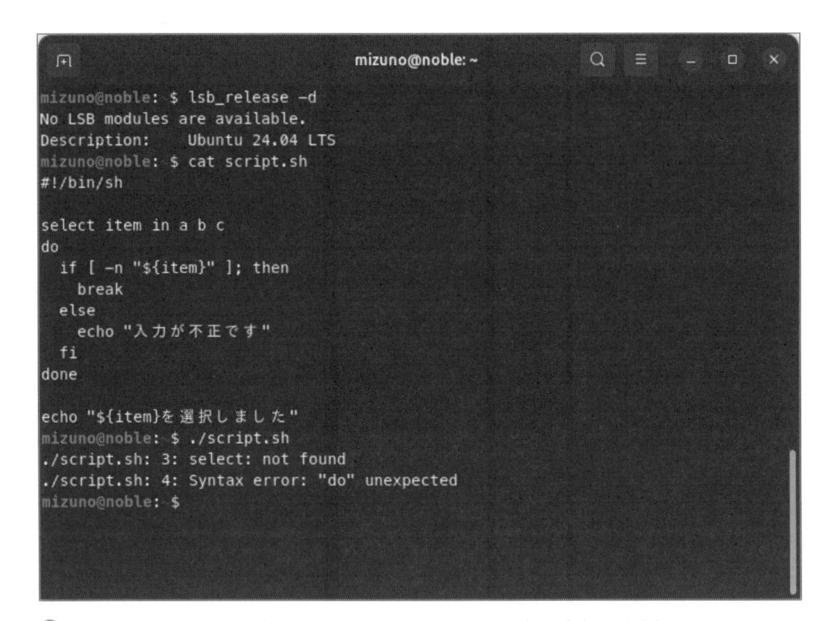

図10.3　同じスクリプトを、Ubuntu 24.04 LTS上で実行した例

Dashにはselect文が存在しないため、エラーとなっていることがわかる。本来的には、Ubuntuでの動作(エラーとなる)が正しい。

10.01.02 シェルスクリプトの書き方

コマンドライン引数を処理する

シェルスクリプトには、一般的なコマンドと同じように引数を渡すことができます。渡し方も同じで、スクリプト名の後に値を列挙するだけです。「**03.02.10 特殊な変数**」で説明したように、スクリプトに渡した引数は、自動的に特殊な変数に代入されます。スクリプト内では、**表10.1**に示した変数を読み出すことで、渡された引数を扱えます。

▼表10.1 シェルスクリプト内で扱える特殊な変数

変数	内容
$0	呼び出されたコマンド名
$#	コマンドライン引数の数
$1 ～ $9	それぞれの引数の内容
$@	$0以外のすべての引数の内容

「args.sh」という名前で、次のようなスクリプトを作成してください。

▼リスト10.2 「args.sh」の内容

```
#!/bin/sh

echo "スクリプトの名前: $0"
echo "引数の数: $#"
echo "すべての引数: $@"
echo "1番目の引数: $1"
echo "2番目の引数: $2"
echo "3番目の引数: $3"
echo "4番目の引数: $4"
```

そして、このスクリプトに「foo」「bar」「baz」という3つの引数を渡して実行してみましょう。

コマンド10.3 「args.sh」を実行する

```
$ ./args.sh foo bar baz
スクリプトの名前: ./args.sh
引数の数: 3
すべての引数: foo bar baz
1番目の引数: foo
2番目の引数: bar
3番目の引数: baz
4番目の引数:
```

4番目の引数は存在しないため、$4は空となる。$5〜$9も同様

実行するたびに任意の値を渡すことができる「$1」〜「$9」の引数はともかく、スクリプト自身の名前が代入される「$0」は存在する意味がわからないかもしれません。これは、スクリプトが異なる名前で呼び出されたときに真価を発揮します。ファイルの別名といえば、「**02.02.06 Ubuntuのディレクトリツリーとファイルの管理**」で紹介したシンボリックリンクです。たとえば、「args.sh」に「symlink.sh」というシンボリックリンクを張り、シンボリックリンク経由でスクリプトを実行すると、次のようになります。

コマンド10.4 「args.sh」にシンボリックリンクを張り、それを実行する

```
$ ln -s args.sh symlink.sh
$ ./symlink.sh foo bar baz
スクリプトの名前: ./symlink.sh
引数の数: 3
(...略...)
```

これと後述するif文を利用すれば、自分自身が呼び出された名前によって処理を分岐するといったことが可能になります。「**04.01.02 グループの管理**」で紹介した「addgroup」も、実装こそシェルスクリプトではなくPerl言語ですが、これと同様の仕組みを利用しています。

ifによる条件分岐

プログラムの基本の1つが、条件によって処理の流れを分岐する「条件分岐」です。シェルスクリプトでは「if」の後に実行するコマンドを書き、そのコマンドの終了コードが「0」かそれ以外かで処理の分岐が可能です。if文の構造は、次の

通りです。条件となるコマンドが成功した場合、then ～ fiのブロック内の処理が実行されます。

リスト10.3 ifの構文

```
if コマンド
then
    コマンドが正常に終了した時に実行する処理
fi
```

次の例では、分岐の条件として「grep Ubuntu /etc/lsb-release」というコマンドを実行しています。「grep」は指定したパターンの文字列をファイルや標準入力から検索するコマンドで、一致する部分があった場合は終了コードとして「0」を返します。つまり、OSの情報が記載された「/etc/lsb-release」というファイル内に「Ubuntu」という文字列が存在した場合、「then ～ fi」で囲まれた部分のコマンドが実行され、「Hello Ubuntu」というメッセージが表示されるというわけです。

なお、ここでは、「grepコマンドが指定された文字列を見つけられたかどうか」の結果を判定できればよいため、見つけた文字列そのものは出力する必要がありません。むしろ、出力すると、邪魔ですらあります。そこで、grepコマンドの標準出力は、「/dev/null」にリダイレクトしています。「/dev/null」は、ここに書き込まれたデータはすべて捨てられ、ここから読み込みを行っても何のデータも返さないという特殊なファイルです。出力したくないデータを「/dev/null」に捨てるという処理は、シェルスクリプトにおける定番テクニックの1つです。

リスト10.4 ifの例

```
if grep Ubuntu /etc/lsb-release > /dev/null
then
    echo "Hello Ubuntu"
fi
```

ifでは、「elif」と「else」を使って、多岐分岐が可能です。elifは、複数記述できます。if文の多岐分岐構造は、次の通りです。すべてのコマンドが失敗した場合に実行されるelseブロックのみは、thenの記述が不要な点に注意してください。

▼リスト10.5　ifの多岐分岐構造

```
if コマンドA
then
    コマンドAが正常に終了した時に実行する処理
elif コマンドB
then
    コマンドAが失敗し、コマンドBが正常に終了した時に実行する処理
elif コマンドC
then
    コマンドA、Bが失敗し、コマンドCが正常に終了した時に実行する処理
(...略...)
else
    すべてのコマンドが失敗した時に実行する処理
fi
```

具体的な例で、if文の動作を確認してみましょう。次のスクリプトを「if.sh」という名前で作成してください。

▼リスト10.6　ifを使ったシェルスクリプト「if.sh」

```
#!/bin/sh
version=$(lsb_release -r -s)

if [ "$version" = "24.04" ]
then
  echo "noble"
elif [ "$version" = "22.04" ]
then
  echo "jammy"
elif [ "$version" = "20.04" ]
then
  echo "focal"
elif [ "$version" = "18.04" ]
then
  echo "bionic"
else
  echo "other"
fi
```

スクリプトを実行すると次のような結果になります。まず「lsb_release -r -s」でOSのバージョンを取得し、「version」という変数に結果を代入しています。そして、その変数の内容をと文字列を比較し、その結果によってUbuntuのコードネームを画面に表示しています。

▼コマンド10.5　Ubuntu 24.04 LTSでの「if.sh」の実行結果

```
$ ./if.sh
noble
```

ifでは、コマンドを実行して、その終了コードによって分岐すると説明しました。この例に登場する（ifの後に置かれている）「[」も、実はコマンドです※1。このコマンドは引数として渡された条件を評価し、その結果の真偽を返します。そのため、一般的なプログラミング言語のような見た目で、条件を記述することができるわけです。また、andやorを使って複雑な条件を書くこともできます。非常に柔軟な指定が可能なため、詳しくは「[」のマニュアルを参照してください。

caseによる条件分岐

ある変数が取りうる値が複数あり、その値ごとに異なる処理を行いたいような場合に使うのが「case」です。ifのような柔軟で複雑な条件は書けませんが、単純にパターンによって分岐するのであれば、caseを使ったほうがシンプルに記述できる場合があります。caseの構造は**リスト10.7**の通りです。caseの後に判定の対象となる値を記述し、「in ～ esac」の間にパターンと処理の内容を記述します。パターンは上から順に照合され、一致したパターンの後に書かれた処理が実行されます。また、処理の最後には「;;」を記述する必要があります。パターンに「*」と記述すると、すべてのパターンに一致するようになります。

▼リスト10.7　caseの構文

```
case 式
in
    パターンA) 式がパターンAと一致した場合に実行する処理 ;;
    パターンB) 式がパターンBと一致した場合に実行する処理 ;;
    パターンC) 式がパターンCと一致した場合に実行する処理 ;;
    *) 上記すべてのパターンに一致しなかった場合に実行する処理 ;;
esac
```

※1 /usr/bin以下に「[」というコマンドが存在しますが、通常はシェル内部に組み込まれたビルトインコマンドが呼び出されます。

リスト10.6に示したUbuntuのバージョンごとに分岐する「if.sh」は、caseを使うと、すっきりと記述できます。

▼リスト10.8 「if.sh」をcaseを使って書き換える

```
version=$(lsb_release -r -s)

case "$version"
in
  "24.04") echo "noble" ;;
  "22.04") echo "jammy" ;;
  "20.04") echo "focal" ;;
  "18.04") echo "bionic" ;;
  *) echo "other" ;;
esac
```

パターンは「¦」でつないで複数指定することもできます。次の例では、Ubuntuのバージョンが「24.04」「22.04」「20.04」「18.04」のいずれかだった場合は「LTS」と表示し、それ以外であった場合は「non-LTS」と表示します。

▼リスト10.9 複数のパターンをつないだcaseの例

```
version=$(lsb_release -r -s)

case "$version"
in
  "24.04" | "22.04" | "20.04" | "18.04") echo "${version} is LTS" ;;
  *) echo "${version} is non-LTS" ;;
esac
```

whileによる繰り返し

条件分岐と並ぶプログラムの基本が、決められた処理を繰り返す「ループ」です。シェルスクリプトでループ構造を作る制御構文には、「while」「until」「for」があります。

whileの構造は、**リスト10.10**の通りです。whileは、ifと同様に、条件となるコマンドを指定して使います。まず条件となるコマンドを実行し、そのコマンドが成功した場合はブロック内の処理を実行する点はifと同じです。ブロックの終端まで到達すると、ループの先頭に戻って再度条件となるコマンドを実行します。コマンドが成功したのであれば、再びループの中に入りブロック内の処理を実行し……と、条件のコマンドが失敗するまで、「do ～ done」の間のコマンドを実行し続けます。

リスト10.10　whileの構文

```
while コマンド
do
    コマンドが成功している間、繰り返される処理
done
```

次に示したのは、ループカウンタの変数「i」が5以下の場合にループするという例です。

リスト10.11　ループカウンタを使ったwhileの例

```
i=1 ――――――――――――――――――――――――――――――――――― ループカウンタを1に初期化
while [ $i -le 5 ] ――――――― 変数iが5以下(-le 5で5以下を表す)であればループする
do
  echo "$i回目のループ" ―――――――――――――――――――――――― 現在のループ回数を表示
  i=$(( i + 1 )) ―― 算術式展開を使い、変数iの値に 1を足したものを、新しい変数iの値とする
done
```

whileはコマンドが成功している間はループを繰り返し続け、ループ回数の上限は決められていません。そのため、次のように、常に成功の終了コードを返すtrueコマンドと組み合わせると、簡単に無限ループを作ることができます。

リスト10.12　whileによる無限ループ

```
while true
do
  無限に繰り返したいコマンド
done
```

untilによる繰り返し

untilは、whileと同様にループを行います。条件としてコマンドを指定する使い方も同じです。ただし、whileがコマンドが「成功している間」ループするのに対し、untilは「失敗している間」ループするという違いがあります。たとえば、「普段は存在しないファイルを監視し、ファイルが作られたら何かしらのアクションを起こす」といったスクリプトを作りたい場合、whileで実装すると次のようになります。

▼リスト10.13 whileループによってファイルの存在を確認する

```
while [ ! -f example.txt ] ―― ファイルが存在するか確認し、その条件を「!」で否定している
do
  sleep 1 ―――――――――――――――――――――― 1秒間処理を停止する
done

example.txtファイルが作られたときに実行したいコマンド
```

「[-f ファイル名]」は、そのファイルが存在する場合に真となる条件です。この条件を「!」を付けて否定することで、ファイルが存在しない間だけループするwhileを作っています。そして、「example.txt」というファイルが作成されると、条件が満たされなくなるためにループを脱出し、後続のコマンドが実行されるというわけです。

このループをuntilを使って書き直すと、次のようになります。

▼リスト10.14 untilループによってファイルの存在を確認する

```
until [ -f example.txt ]
do
  sleep 1
done

example.txtファイルが作られたときに実行したいコマンド
```

untilでできることは、本質的にはwhileと同じです。したがって、無理に使う必要はありませんが、条件によってはuntilで書き換えたほうがコードの可読性が向上するため、うまく使い分けるとよいでしょう。

forによる繰り返し

条件を満たす間だけループするwhileやuntilとは異なり、与えられたリストの各要素に対して順にアクセスするタイプのループが「for」です。実行回数があらかじめ決まっているループということもできるでしょう。ただし、forという名前ではありますが、C言語などのforループのように「ループカウンタを使って指定回数だけループする」ということはできません。どちらかというと、一般的なプログラミング言語の「foreach」のような、いわゆる「イテレータ」に相当します。forの構造は次の通りです。

リスト10.15 forの構文

```
for 変数 in リスト
do
    実行する処理
done
```

ループが繰り返されるたびに、リスト内の要素が先頭から順に変数に代入されます。この変数を利用して、リスト内の各要素を順に処理することができるわけです。

forに与えるリストは、セパレーターで区切られたリストであれば何でも構いません。たとえば、lsコマンドの出力を渡し、カレントディレクトリの全ファイルに対して処理を行うといったこともできます。**リスト10.16**では、lsコマンドが出力したファイルのリストがforに与えられ、ループを繰り返すごとに、リストの各要素が順に変数fileに代入されています。そして、ループ内では変数fileを引数としてstatコマンドを実行し、各ファイルの詳細情報を順に表示しています。

リスト10.16 forループによってディレクトリ内のファイルの詳細情報を表示する

```
for file in $(ls)
do
  stat $file
done
```

ループカウンタを使った指定回数のループはできないと先に述べましたが、「ループしたい回数と同じ数の要素を持ったリスト」を作れば、回数を指定したループも可能です。これは、「**03.02.17　シェル展開**」で説明したブレース展開を使えば簡単です。次に示したのは、「1 ～ 10」のリスト作ることで、10回のループを行う例です。

▼リスト10.17　ブレース展開による回数を指定したforループ

```
for i in {1..10}
do
  10回繰り返したい処理
done
```

なお、ブレース展開はBash拡張構文なので、Dashでは動作しない点に注意してください。

●break とcontinue

ループは最初に実行する条件を指定しますが、必ず最後までループを回し切るとは限りません。エラーが発生したなど、特定の状況では実行中のループを中断したい場合もあります。こうしたときに使うのが、現在の制御構造そのものから脱出する「break」と、ループの残りの部分をスキップして、次のループの先頭に戻る「continue」です。

リスト10.18に示したスクリプトを「break.sh」という名前で作成してください。これは「1 ～ 5」までのリストに対してforでループを行い、要素が「3」であった場合にbreakする例です。

▼リスト10.18　breakでforループから抜ける例（break.sh）

```
#!/bin/sh

for i in 1 2 3 4 5
do
  if [ $i -eq 3 ]
  then
    break
  fi
  echo $i
done
```

このスクリプトを実行すると、次のようになります。変数iに「3」が代入された3回目のループでifブロック内に入ってbreakが実行されます。これによりループ全体から脱出し、後続の処理は行われないことがわかります。

コマンド10.6 「break.sh」の実行結果

```
$ ./break.sh
1
2
```

これに対して、**リスト10.19**に示したのは、breakの代わりにcontinueする例です。「continue.sh」という名前でこのスクリプトを作成してください。

リスト10.19 continueでforループから抜ける例（continue.sh）

```
#!/bin/sh

for i in 1 2 3 4 5
do
  if [ $i -eq 3 ]
  then
    continue
  fi
  echo $i
done
```

このスクリプトを実行すると、次のようになります。3回目のループでifブロック内に入るのは同様ですが、breakではなくcontinueが実行されます。これにより、ループの後続処理（echoコマンド）はスキップされるものの、ループそのものの実行は継続され、4回目のループが開始されます。

コマンド10.7 「continue.sh」の実行結果

```
$ ./continue.sh
1
2
4
5
```

このように、リストの特定の要素に対しての処理をスキップしたり、無限ループと組み合わせて特定の条件が達成されたときにループを脱出するなど、より複雑な条件のループを組み立てることが可能です。また、breakは、後述するselect文を使う際にも重要な要素となります。ただし、これらはプログラミングのフロー構造を破壊してしまうため、コードの可読性が落ちたりバグを生む原因となったりする可能性もあります。利用にあたっては、こうした点には十分に注意してください。

selectによる対話的な選択

「**03.01.07 コマンドライン上のテキストエディタ**」の説明でテキストエディタを選択したときのように、ユーザーに選択肢を表示し、キーボードからの対話的な選択を行いたいことがあります。シェルスクリプトでこうした対話的なメニューを作成できるのが「select」です。

selectの構造は、次の通りです。forとまったく同じ構造を持っており、リストが持つ各要素を番号付きで画面に表示した上で、キーボードからの入力を待機します。キーボードから文字が入力されると、入力と対応するリストの項目を変数に代入します。

リスト10.20 selectの構文

```
select 変数 in リスト
do
    実行する処理
done
```

selectは、実質的にはリストの内容を表示する機能が付いた無限ループといえます。ブロックの末尾に到達するとループの先頭に戻り、再びキーボードからの入力を待機します。したがって、selectから脱出するためには、breakするための選択肢を用意することが必須となります。次の内容のスクリプトを「select.sh」という名前で作成してください。「foo」「bar」「baz」「exit」という選択肢を表示し、選択された番号に応じた内容を表示するselectの使用例です。たとえば、キーボードから「4」を入力すると、変数itemに「exit」が代入され、この場合はif内のブロックが実行されるとともに、breakによってselectのループから脱出しています。

▼リスト 10.21　selectで対話的なメニューを作る例（select.sh）

```
#!/bin/bash

select item in foo bar baz exit
do
    if [ "$item" = "exit" ]
    then
        break
    fi
    echo "${item}が選択されました"
done
```

このスクリプトを実行すると、次のようになります。

▼コマンド 10.8　「select.sh」の実行結果

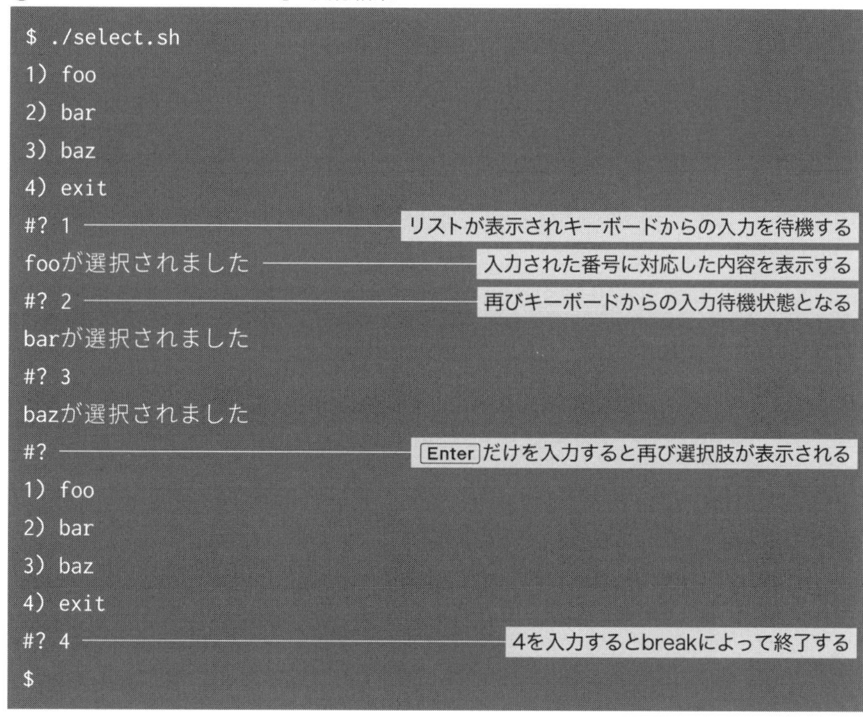

なお、繰り返しになりますが、selectはBash拡張構文なので、Dashでは動作しません。

10.01.03 シェルスクリプトのデバッグ

実行内容の出力

どのようなプログラミング言語であっても、作成したプログラムが一度で思った通りに動くということは稀でしょう。シェルスクリプトも例外ではありません。原因のよくわからない、想定と違う挙動に遭遇することもよくあります。そんなときは、プログラムを正しく修正する、いわゆる**デバッグ**が必要になります。そして、デバッグの第一歩は、プログラムが現在何を行っているのかを正しく把握することです。

デバッグ手法はいろいろありますが、最も簡単なのが、現在の状態を都度画面に表示する**printデバッグ**と呼ばれる手法です。シェルスクリプトが想定と違う挙動を示したら、コマンドの終了コードや変数の内容をechoコマンドで出力し、想定通りに動いているか、逐次確認しながら調査してみましょう。

スクリプト内にechoコマンドを埋め込まなくても、簡単にシェルスクリプトの挙動を確認する方法もあります。Bashは-vオプションを付けて実行すると、すべてのコマンドを実行する前に表示するようになります。たとえば、「ifの条件判定を間違えており、実行されるべきコマンドが実行されていなかった」ときなどは、この方法を使えば失敗箇所の特定をしやすくなります。

▼コマンド10.9 「script1.sh」(リスト10.1)を-vオプション付きで実行した例

```
$ bash -v script1.sh
#!/bin/sh

date                                          dateコマンドを実行する(-vによる出力)
Wed Aug 14 12:21:27 JST 2024                  dateコマンドの実行結果(通常の出力)
uname -a                                      uname -aコマンドを実行する(-vによる出力)
Linux noble 6.8.0-40-generic #40-Ubuntu SMP PREEMPT_DYNAMIC Fri Jul
5 10:34:03 UTC 2024 x86_64 x86_64 x86_64 GNU/Linux   uname -aコマンドの実行結果(通常の出力)

lsb_release -a                                lsb_release -aコマンドを実行する(-vによる出力)
No LSB modules are available.                 lsb_release -aコマンドの実行結果(通常の出力)
Distributor ID: Ubuntu
Description:    Ubuntu 24.04 LTS
Release:        24.04
Codename:       noble
```

また、Bashは-xオプションを付けて実行すると、置換や展開、代入なども含めたコマンドの処理結果を表示するようになります。echoデバッグよりも強力に、スクリプトの内容を把握することが可能です。先頭に「+」が付いている行が、-xオプションによるデバッグ出力を表しています。

▼コマンド10.10 「if.sh」(リスト10.6)を-xオプションつきで実行した例

```
$ bash -x if.sh
++ lsb_release -r -s          ← lsb_release -r -sコマンドを実行する
+ version=24.04               ← コマンドの実行結果(24.04)が変数「version」に代入される
+ '[' 24.04 = 24.04 ']'       ← 変数versionの値と文字列「24.04」を比較する
+ echo noble                  ← echo nobleコマンドが実行される
noble                         ← 実際の出力
```

シェルスクリプトのエラーハンドリング

最初にディレクトリやファイルを作成するスクリプトがあったとしましょう。しかし、ディレクトリやファイルの作成は、パーミッションの不足やストレージ容量の枯渇、ストレージのエラーなどによって、失敗する可能性があります。こうしたエラーが起きたままスクリプトの処理を継続しても、後続の処理は想定通りに動きません。失敗する可能性のあるコマンドの実行結果は、きちんと確認し、エラーが起きた場合は適切な回復処理、もしくは処理の中断を行わなくてはなりません。これを**エラーハンドリング**と呼びます。

コマンドの終了コードは、「**03.02.10 特殊な変数**」で解説したように、特殊な変数「$?」で調べることができます。終了コードが0の場合は正常、0以外の場合はエラーとして扱うのが一般的です。そこで、この変数をifで判定して、0かそれ以外かで処理を分岐させるのがよいでしょう。たとえば、**リスト10.22**に示したのは、カレントディレクトリにworkというディレクトリを作成する例です。mkdirコマンドが0以外の終了コードを返した場合にはメッセージを表示し、exitコマンドでスクリプト自体を終了しています。書き込み権限のないディレクトリでこのスクリプトを実行すると、その挙動を確認できます。

リスト10.22 カレントディレクトリにworkディレクトリを作成する例

```
#!/bin/sh
mkdir work

if [ $? -ne 0 ]
then
    echo "ディレクトリの作成に失敗しました"
    exit 1
fi
```

なお、exitコマンド自体も、引数で終了コードを指定することが可能です。ここでは、スクリプトがエラーで終了するために「1」を指定しており、この終了コードはスクリプトを呼び出したシェルに返されるため、スクリプトの呼び出し元でも、この終了コードを使ってさらなるエラーハンドリングが可能です。

また、-eオプションを付けてシェルを実行すると、スクリプト内でコマンドが0以外の終了コードを返したら、即座にスクリプトを終了します。エラーが絶対に許されないような場合、このオプションを設定するとよいでしょう。なお、こうしたオプションは、スクリプト内でsetコマンドを使って設定するのが一般的です。

リスト10.23 スクリプト内でsetコマンドを使ってシェルのオプションを指定する

```
#!/bin/sh

set -e
(...略...)
```

一時的にファイルを作るようなスクリプトで、かつ「set -e」でエラー発生時に即座に終了したいような場合、スクリプトの処理の途中で終了すると、この一時ファイルがゴミとしてストレージ上に残ってしまいます。そういう場合は「**04.03.01 プロセス**」で説明したtrapコマンドを使うと、コマンドのエラーを補足して処理を割り込ませることが可能です。これをうまく使うことで、スクリプトがエラー終了した際の後始末が可能になります。

次のスクリプトではmktempコマンドを使い、ランダムな名前のファイルを作成しています。そして、エラーが発生した場合に「rm $TMPFILE」を呼び出すトラップを設定しています。「set -e」でエラー発生時に即座に終了する設定を行った上で、常に失敗の終了コードを返すfalseコマンドを実行しています。

▼リスト10.24 ランダムな名前のファイルを作成するスクリプト

```
#!/bin/bash

set -e ―――― コマンドが0以外の終了コードを返したらスクリプトを即時終了させる設定
trap 'rm $TMPFILE' ERR ― エラーが発生した際に実行するコマンドをトラップとして設定

TMPFILE=$(mktemp) ―――― ランダムな名前の一時ファイルを作成するコマンド
false ―――― 失敗の終了コードを返す
```

このスクリプトを「trap.sh」という名前で作成し、-xオプション付きで実行すると、次のようになります。

▼コマンド10.11 「trap.sh」（リスト10.24）を-xオプション付きで実行した例

```
$ bash -x trap.sh
+ set -e
++ mktemp
+ TMPFILE=/tmp/tmp.2eKTZOPZrj ―――― 「/tmp/tmp.2eKTZOPZrj」という名前のファイルが作成され、ファイル名を変数「TMPFILE」に代入
+ trap 'rm $TMPFILE' ERR ―――― トラップを設定
+ false ―――― falseコマンドを実行（終了コードが1となるため、エラー発生）
++ rm /tmp/tmp.2eKTZOPZrj ― トラップに設定したコマンドが実行され、ファイルが削除された
```

このように適切なトラップを設定することで、想定外のエラーが発生した際にも「ゴミ」を残さずにスクリプトの後片付けをすることが可能になります。

ツールによる文法チェック

echoや-xオプションによる目視デバッグは手軽ですが、人力に頼ることになるため、自動的に処理することはできません。シンプルな文法エラーなどは、ツールを使って機械的にチェックするのがお勧めです。

「ShellCheck」は、シェルスクリプトの文法をチェックしてくれるツールです。Ubuntuでは、shellcheckパッケージをインストールするだけで利用可能です。

▼コマンド10.12 shellcheckパッケージのインストール

```
$ sudo apt install -y shellcheck
```

shellcheckコマンドの引数に、チェックしたいスクリプトを渡して実行します。問題のある部分と、その理由が表示されるため、スクリプトのエラーの解決や品質向上に役立ちます。たとえば、次のようなechoコマンドのみを書いたシェルスクリプトを「random.sh」という名前で作成しておきます。

▼リスト10.25 「random.sh」の内容

```
echo $RANDOM
```

このスクリプトをshellcheckでチェックすると、次のようにエラーが表示されます。ファイルの先頭にシバンが存在しないため、ターゲットとなるシェルを特定できないというエラーです。シェルは実装によって機能が異なるため、シェルを特定できないと、そもそもチェックができないわけです。

▼コマンド10.13 random.shをshellcheckでチェックする

```
$ shellcheck random.sh

In random.sh line 1:
echo $RANDOM
^-- SC2148 (error): Tips depend on target shell and yours is unknown.
Add a shebang or a 'shell' directive.

For more information:
  https://www.shellcheck.net/wiki/SC2148 -- Tips depend on target she
ll and y...
```

そこで、random.shの先頭にシバンを追加して修正します。

▼リスト10.26 修正した「random.sh」の内容

```
#!/bin/sh
echo $RANDOM
```

再度shellcheckを実行すると、今度は**コマンド10.14**のような警告が表示されます。RANDOMという変数はBashが持っている特殊変数であり、shでは定義されていないという警告です。定義されていない変数は空になるため、スクリプト自体が停止することはありませんが、echoコマンドは何も表示しません。

コマンド10.14　改めてrandom.shをshellcheckでチェックする

```
$ shellcheck  random.sh

In random.sh line 2:
echo $RANDOM
     ^-----^ SC3028 (warning): In POSIX sh, RANDOM is undefined.

For more information:
  https://www.shellcheck.net/wiki/SC3028 -- In POSIX sh, RANDOM is un
defined.
```

そこで、random.shを次のように修正します。これで、スクリプトは想定通りに動くようになり、shellcheckも警告やエラーを報告しなくなります。

リスト10.27　再度修正した「random.sh」の内容

```
#!/bin/bash
echo $RANDOM
```

shellcheck以外のチェック機構として、checkbashismsがあります。その名の通り「シバンに/bin/shを指定しているにもかかわらず、スクリプト内部でBash拡張を使ってるかどうかをチェックする」ものです。checkbashismsはdevscriptsパッケージに含まれています。

コマンド10.15　aptコマンドでdevscriptsパッケージをインストールする

```
$ sudo apt install -y devscripts
```

checkbashismsもshellcheckと同様で、引数にチェックしたいスクリプトを指定して使います。たとえば、selectを含むスクリプトのシバンを「#!/bin/sh」とすると、次のような警告が表示されます。

コマンド10.16　Bash拡張を含むスクリプトをcheckbashismsでチェックする

```
$ checkbashisms select.sh
possible bashism in select.sh line 3 ('select' is not POSIX):
```

こうしたスクリプトはFedoraなどでは動作してしまうため、潜在的な問題に気付いていないケースが多く存在します。互換性のためにも、チェックしておくことをお勧めします。

10.02 PowerShell

10.02.01 PowerShellのスクリプト

PowerShellスクリプトの書き方

「03.04 PowerShellの活用」で紹介したPowerShellにも、スクリプト機能が用意されています。PowerShellのスクリプトも、基本的にはシェルスクリプトと同じで、その内容はPowerShellで実行できるコマンドを列挙したテキストファイルです。なお、PowerShellスクリプトの拡張子は「.ps1」とするのが慣習になっています。

PowerShellでも変数が使えますが、シェルスクリプトと異なり、代入する際にも変数名に「$」が必要です。また、「=」の前後にスペースを入れられるほか、「$変数名」と入力するだけで変数に代入されている値を表示することもできます。なお、変数名では大文字と小文字は区別されません。PowerShellでは、文字列以外にも、数値、配列、ハッシュテーブルなど、任意の種類のオブジェクトを変数に代入できます。

コマンド10.17 PowerShellは、変数名の大文字と小文字を区別しない

```
PS> $msg = 'hello'
PS> $msg
hello
PS> $MSG
hello
```

ifによる条件分岐も可能です。一般的なプログラミング言語と同様に、条件式が真であった場合、ブロック内のコードが実行されます。リスト10.28に示したのは、example1.txtというファイルが存在した場合、その内容を表示する例です。

▼リスト10.28 example1.txtの存在を調べ、その内容を表示するスクリプト

```
if (Test-Path example1.txt) {
  Get-Content example1.txt
}
```

elseif ～ elseを使い、多岐分岐させることもできます。**リスト10.29**に示したのは、example1.txtというファイルが存在した場合は、その内容を表示し、存在しなかった場合はexampe2.txtというファイルを調べ、どちらもなかった場合はメッセージを表示する例です。

▼リスト10.29 example1.txtかexample2.txtの存在を調べ、その内容を表示するスクリプト

```
if (Test-Path example1.txt) {
  Get-Content example1.txt
} elseif (Test-Path example2.txt) {
  Get-Content example2.txt
} else {
  Write-Host "ファイルが存在しません"
}
```

繰り返し処理を行うループ構造を作ることもできます。ループカウンタを使い、指定された回数のループを行うにはforが便利です。

▼リスト10.30 ループカウンタを使ったforループ

```
for (($i = 1), ($total = 0); $i -le 10; $i++) {
  $total = $total + $i
  "$i : $total"
}
```

シェルスクリプトのforのように、リストの各要素に対して処理を行うループを作るにはforeachを使うとよいでしょう。次に示したのは、Get-ChildItemコマンドレットでカレントディレクトリ内のファイル一覧を取得し、その各ファイルに対して処理を行うループを実行する例です。ループ内では、ファイルサイズ(lengthプロパティ)を調べ、100KBより大きかった場合にファイル名を表示しています。Get-ChildItemが取得するのは単なる文字列ではなくオブジェクトなので、プロパティを参照して高度な処理が行えるのがPowerShellならではの強みです。

リスト10.31 foreachループの例

```
foreach ($file in Get-ChildItem) {
  if ($file.length -gt 100KB) {
    Write-Host $file
  }
}
```

そのほかのループ構造として、「do ～ while」があります。また、PowerShellには「try」「catch」「throw」を使った、より高度な例外処理も用意されています。それぞれの詳しい機能については、PowerShellのスクリプトについてのドキュメント※2を参照してください。

最後に、ここまでに紹介した機能を使って、簡単なスクリプトを書いてみましょう。例として、ループと条件分岐を使用した「FizzBuzz」を実装してみます。FizzBuzzとは、1から順にカウントアップしていく数値を表示するプログラムで、数値が3の倍数のときは数値の代わりに「Fizz」、5の倍数のときは「Buzz」、3と5の公倍数の時は「FizzBuzz」と表示するというものです。プログラミングの基礎的な演習として、よく取り上げられる課題でもあります※3。テキストエディタで、次の内容を「fizzbuzz.ps1」という名前で作成してください。

リスト10.32 foreachループの例

```
for ($i = 1; $i -le 30; $i++) {
    if ($i % 15 -eq 0) {
        Write-Host "FizzBuzz"
    } elseif ($i % 3 -eq 0) {
        Write-Host "Fizz"
    } elseif ($i % 5 -eq 0) {
        Write-Host "Buzz"
    } else {
        Write-Host $i
    }
}
```

- for ($i = 1; $i -le 30; $i++) { ― 1から30までのforループを作る
- if ($i % 15 -eq 0) { ― 剰余演算子(%)を使いループカウンタを15で割り、余りが0と等しいかを比較演算子(-eq)で評価する
- Write-Host "FizzBuzz" ― 15で割り切れた場合(3と5の公倍数の場合)はFizzBuzzと表示する
- } elseif ($i % 3 -eq 0) { ― 3で割り切れた場合
- } elseif ($i % 5 -eq 0) { ― 5で割り切れた場合
- } else { ― 3でも5でも割り切れなかった場合

※2 https://learn.microsoft.com/ja-jp/powershell/scripting/overview?view=powershell-7.4
※3 https://ja.wikipedia.org/wiki/Fizz_Buzz

PowerShellスクリプトの実行方法

PowerShell上でスクリプトを実行するには、実行したいスクリプトファイルを、絶対パスまたは相対パスで指定するだけです。たとえば、先ほど作成したfizzbuzz.ps1を実行するには、次のようにします。相対パスで指定するため、カレントディレクトリを表す「./」を付けることを忘れないでください。

コマンド10.18　PowerShellスクリプトの実行

```
PS> ./fizzbuzz.ps1
1
2
Fizz
4
Buzz
Fizz
(...略...)
```

Column Windowsで自作のPowerShellスクリプトを実行する

PowerShellスクリプトは、PowerShellさえインストールされていれば、Windows上でもUbuntu上でも同じものが動作する点がメリットです。しかし、Windows上のPowerShellのデフォルト設定では、自作のスクリプトは動作しません。セキュリティ上の理由から、信頼された発行元によって署名されていないスクリプトの実行は禁止されているためです。

Windows上では自作のスクリプトは実行できない

そこで、自作のスクリプトを実行したい場合は、管理者権限で起動したPowerShell上で、次のコマンドレットを実行してポリシーを変更します。ただし、署名されていないスクリプトを実行できるようになるため、悪意のあるスクリプトを実行してしまうリスクがある点には注意してください。これは初回に一度だけ実行すればよく、PowerShellの起動のたびに行う必要はありません。変更は即座に反映されるため、PowerShellやWindowsの再起動も不要です。

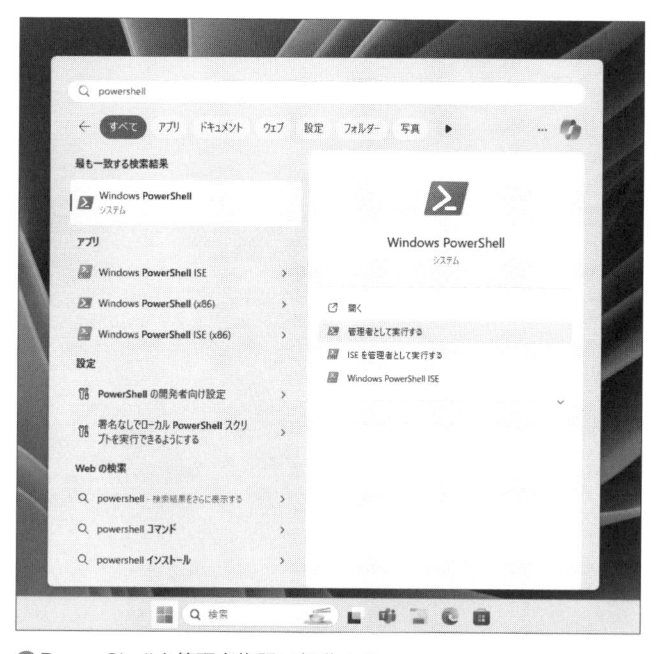

△PowerShellを管理者権限で起動する

自作スクリプトを実行するためのポリシー変更

```
PS> Set-ExecutionPolicy Unrestricted
```

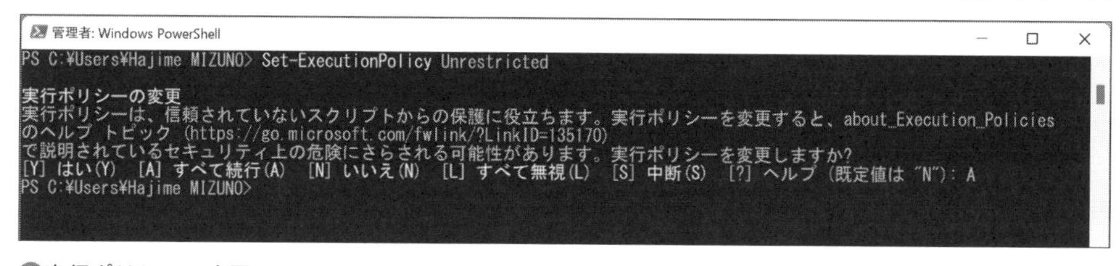

△実行ポリシーの変更

10.03 Python

10.03.01 Pythonとは

Pythonは、世界的に人気のあるスクリプト言語の1つです。特にライブラリが充実しており、最近では機械学習などの分野でも広く使われていることでも有名です。

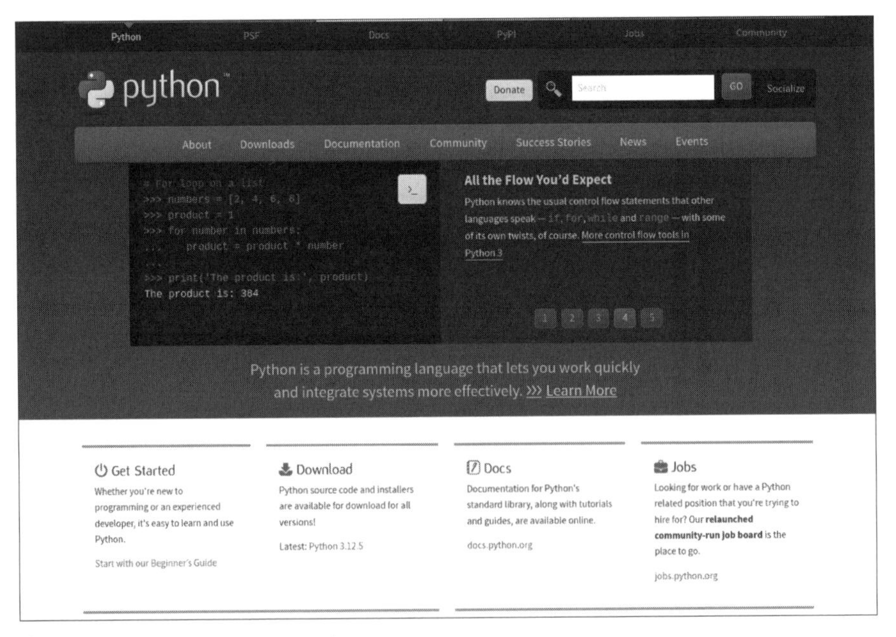

図10.4 PythonのWebページ
https://www.python.org/

Linuxでは、システムを管理するツールにもPython製のものが多く利用されています。そのため、多くのディストリビューションでPythonは標準でインストールされるようになっています。つまり、処理系を特別にインストールすることなく、簡単に使い始められるということです。これは、Pythonが持つ、RubyやPHPに対するアドバンテージの1つです。

シェルスクリプトは、基本的にLinuxの各種コマンドを組み合わせることで処理を実装しました。既存のコマンドを最大限に活かせるという意味では非常に手軽ですが、Linuxコマンドでは手に負えないような高度なロジックや計算処理などを実装するのは荷が勝ち過ぎる部分もあります。そういう場合は、Pythonのようなスクリプト言語の出番です。

Pythonの基本的な使い方はシェルスクリプトと同じで、テキストファイルでスクリプトを実装し、Pythonインタプリタによって実行します。たとえば、キーボードから文字列の入力を受け付け、それを表示する次のスクリプトを「hello.py」という名前で作成してください。なお、シェルスクリプトと同様に、1行目にはPythonインタプリタで実行するためのシバンを指定しています。また、Pythonスクリプトは、拡張子を「.py」にするのが慣習となっています。

リスト10.33　キーボードからの入力を受け付けて、それを表示するPythonスクリプト

```
#!/usr/bin/python3

string = input("input string: ")
print("Hello", string)
```

このスクリプトに実行権限を付けて、実行してみましょう。

コマンド10.19　Pythonスクリプトの実行

なお、Python自体の文法などは、本書の範囲を越えるため解説しません。公式のドキュメントや専門の書籍などを参照してください。

10.03.02 Python開発環境の構築

異なるバージョンのPythonを使い分ける

ちょっとしたツールを自作して動かすだけであれば、Ubuntuにデフォルトでインストールされているpythonをそのまま使えばよいでしょう。しかし、本格的にアプリケーションを開発しようとすると、Pythonそれ自体や、周辺ライブラリのバージョンを選定し、固定する必要があります。作るアプリによって必要とされるライブラリやPythonのバージョンは異なるでしょう。そのため、Ubuntuがパッケージとして提供しているPythonやライブラリでは要求を満たせないという場合もよくあります。

こうした理由から、多くのプログラミング言語では実行環境やライブラリのバージョンを個別に管理するシステムが用意されています。Pythonの場合は、「pyenv」という仕組みを使うことで、OS上に複数のバージョンのPythonをインストールし、使い分けることが可能になります。

pyenvのインストールには、curlコマンドとgitコマンドが必要です。また、pyenvはPythonをソースコードからビルドするため、ビルド時に依存しているツールやライブラリをインストールしておく必要があります。次のコマンドを実行して、必要なパッケージをインストールしてください※4。

コマンド10.20 pyenvに必要となるパッケージのインストール

```
$ sudo apt install -y curl git make build-essential libssl-dev
zlib1g-dev libbz2-dev libreadline-dev libsqlite3-dev wget curl llvm
libncurses-dev xz-utils tk-dev libxml2-dev libxmlsec1-dev libffi-dev
liblzma-dev
```

インストーラーを利用して、pyenvをインストールします。次のコマンドを実行してください。

コマンド10.21 pyenvのインストール

```
$ curl https://pyenv.run | bash
```

さらに、「~/.bashrc」の末尾に次の設定を追記します。

※4 curlやgitパッケージなどは、環境によってはインストール済みの場合もあります。

▼コマンド10.22　~/.bashrcの末尾に追記する内容

```
export PYENV_ROOT="$HOME/.pyenv"
[[ -d $PYENV_ROOT/bin ]] && export PATH="$PYENV_ROOT/bin:$PATH"
eval "$(pyenv init -)"
```

設定ファイルの編集が完了したら、次のコマンドでシェルを起動し直して設定を反映します。これ以降、pyenvコマンドが使えるようになります。なお、シェルの再起動は、GNOME端末を閉じて開き直したり、あるいはSSH接続を切断して再接続したりする方法でも構いません。

▼コマンド10.23　シェルを再起動する

```
$ exec $SHELL
```

再起動したシェルで「pyenv install --list」を実行すると、インストールできるPythonのバージョン一覧が表示されます。

▼コマンド10.24　インストールできるPythonのバージョン一覧を表示する

```
$ pyenv install --list
Available versions:
  2.1.3
  2.2.3
  2.3.7
  2.4.0
  2.4.1
(...略...)
```

Ubuntu 24.04 LTSにデフォルトでインストールされているPythonのバージョンは3.12.3なので、ここでは例としてバージョン3.12.5をインストールしてみましょう。

▼コマンド10.25　pyenvによるPython 3.12.5のインストール

```
$ python3 --version
Python 3.12.3

$ pyenv install 3.12.5
```

```
Downloading Python-3.12.5.tar.xz...
-> https://www.python.org/ftp/python/3.12.5/Python-3.12.5.tar.xz
Installing Python-3.12.5...
```

「pyenv versions」を実行すると、現在インストールされているPythonのバージョン一覧が表示されます。「system」とはOSが提供しているバージョンです。また、バージョン番号の前の「*」は、現在使用中のバージョンを表しています。OSが提供しているバージョンに加えて、3.12.5が追加されたことがわかります。

コマンド10.26 「pyenv versions」の実行結果

```
$ pyenv versions
* system (set by /home/mizuno/.pyenv/version)
  3.12.5
```

「pyenv global」にバージョン番号を指定して実行すると、使用するバージョンを切り替えることができます。なお、Ubuntuにおける Pythonのコマンド名は、歴史的事情により「python3」ですが、pyenvでインストールしたPythonのコマンド名は「python」となります。

コマンド10.27 「pyenv global」による使用するバージョンの切り替え

```
$ pyenv global 3.12.5

$ pyenv versions
  system
* 3.12.5 (set by /home/mizuno/.pyenv/version)

$ python --version
Python 3.12.5
```

また、「pyenv local」で、Pythonのバージョンをディレクトリごとに設定できます。異なる開発プロジェクトごとに、簡単にPythonのバージョンを使い分けることが可能になります。

コマンド10.28 「pyenv local」でディレクトリごとに使用するバージョンを切り替える

```
$ pyenv versions  ← デフォルトのPythonのほかに、3.12.4と3.12.5がインストールされている

* system (set by /home/mizuno/.pyenv/version)
  3.12.4
  3.12.5

$ mkdir project1 project2  ← project1とproject2ディレクトリを作成する
$ cd project1
$ pyenv local 3.12.4  ← project1ディレクトリ内では、3.12.4を使用する
$ python --version
Python 3.12.4

$ cd ../project2
$ pyenv local 3.12.5  ← project2ディレクトリ内では、3.12.5を使用する
$ python --version
Python 3.12.5
```

独立したPython開発環境を構築する

pyenvを使うことで、Python自体は異なるバージョンを使い分けることができるようになりました。しかし、ライブラリをシステムワイドにインストールしてしまうと、あるライブラリのバージョン1を要求する開発プロジェクトと、バージョン2を要求する開発プロジェクトが存在した場合、バージョンの衝突が起きてしまいます。そこで、複数のPythonの実行環境を用意し、それぞれを隔離する仕組みが「Virtualenv」です。Virtualenvを使うことで、プロジェクトごとに独立し、ほかのプロジェクトに影響されないPython実行環境を持つことができます。こうした環境を**仮想環境**と呼びます。

近年のPython界隈では、「Poetry」というツールを使って仮想環境を管理するのが一般的になっています。Poetryは、Virtualenvやライブラリのパッケージ管理を行う「pip」のフロントエンドとして動作するソフトウェアで、これらの操作をpoetryコマンドとそのサブコマンドで、一元的に行えます。pyenvとpoetryを使うことで、1台のPCの中で、バージョンの異なるPython、バージョンの異なるライブラリを使った複数のPython開発プロジェクトを並立させることができるのです。

Poetryは、**コマンド10.29**のようにしてインストールできます。

▼コマンド10.29 Poetryのインストール

```
$ sudo apt install -y python3-poetry
```

Poetryでは、そのアプリケーションで利用するライブラリとそのバージョンを宣言することで、インストールと管理を行います。まず専用のディレクトリを作成し、その中で「pyenv local」を実行して使用するPythonのバージョンを設定します。

▼コマンド10.30 「pyenv local」の実行

```
$ mkdir python-test
$ cd python-test
$ pyenv local 3.12.5
```

続いて「poetry init」を実行します。アプリケーションに関する情報を聞かれるので、対話的に入力を行います。

▼コマンド10.31 「poetry init」の実行

```
$ poetry init
This command will guide you through creating your pyproject.toml conf
ig.

Package name [python-test]:  python-test ── このアプリのパッケージ名を入力する
Version [0.1.0]:  0.1.0 ── バージョン番号を入力する
Description []:  test project ── パッケージの概要を入力する
Author [None, n to skip]:  Hajime MIZUNO ── 作者名を入力する
License []:  MIT ── ライセンスを入力する
Compatible Python versions [^3.12]: ── 互換性のあるPythonのバージョンを入力する

Would you like to define your main dependencies interactively? (yes/
no) [yes] no ── 依存パッケージを手動で設定する。ここでは「no」を入力する
Would you like to define your development dependencies interactively?
(yes/no) [yes] no ── 依存する開発パッケージを手動で設定する。ここでは「no」を入力する
Generated file

[tool.poetry] ── 設定した内容が出力される
name = "python-test"
version = "0.1.0"
```

```
description = "test project"
authors = ["Hajime MIZUNO"]
license = "MIT"
readme = "README.md"

[tool.poetry.dependencies]
python = "^3.12"


[build-system]
requires = ["poetry-core"]
build-backend = "poetry.core.masonry.api"


Do you confirm generation? (yes/no) [yes] yes
```

問題なければ「yes」を入力して[Enter]を押す

依存パッケージを追加するには、「poetry add」を実行します。たとえば、日付や時刻を便利に扱えるpendulumパッケージを追加するには、次のように実行します。

コマンド10.32 「poetry add pendulum」によるパッケージの追加

```
$ poetry add pendulum
Creating virtualenv python-test-h8qSggGs-py3.12 in /home/mizuno/.cac
he/pypoetry/virtualenvs
Using version ^3.0.0 for pendulum

Updating dependencies
Resolving dependencies... (0.4s)

Package operations: 4 installs, 0 updates, 0 removals

  - Installing six (1.16.0)
  - Installing python-dateutil (2.9.0.post0)
  - Installing tzdata (2024.1)
  - Installing pendulum (3.0.0)

Writing lock file
```

「poetry add」は、自動的にパッケージの適切なバージョンを見付け、指定されたパッケージと、存在する場合はさらに依存しているパッケージをインストールします。また、pyproject.tomlファイルに、依存パッケージの指定を追加します。

コマンド10.33　パッケージの追加によって変更された「pyproject.toml」の内容

```
$ cat pyproject.toml
[tool.poetry]
name = "python-test"
version = "0.1.0"
description = "test project"
authors = ["Hajime MIZUNO"]
license = "MIT"
readme = "README.md"

[tool.poetry.dependencies]
python = "^3.12"
pendulum = "^3.0.0"


[build-system]
requires = ["poetry-core>=1.0.0"]
build-backend = "poetry.core.masonry.api"
```

pendulumパッケージのバージョン3.0.0以上という依存関係が設定されている

インストールしたpendulumパッケージを利用するスクリプトを、Poetryの仮想環境内で実行してみましょう。次のような内容のスクリプトを「script.py」という名前で作成してください。東京の現在時刻を表示した後、タイムゾーンをトロントに変更して表示するだけの簡単なスクリプトです。

リスト10.34　「script.py」の内容

```
import pendulum

now = pendulum.now("Asia/Tokyo")
print(now)

tz = pendulum.timezone("America/Toronto")
in_tronto = tz.convert(now)
print(in_tronto)
```

仮想環境内でスクリプトを実行するには、「poetry run」を使います。引数に仮想環境内で実行したいコマンドを指定します。次に示したのは、仮想環境内でpythonコマンドを使い、script.pyスクリプトを実行する例です。

コマンド10.34 仮想環境内でpythonコマンドを実行してPythonスクリプトを実行する例

```
$ poetry run python script.py
2024-08-14 14:09:20.231886+09:00 ―― 東京(UTC+9)の現在時刻
2024-08-14 01:09:20.231886-04:00 ―― トロント(UTC-4)の現在時刻
```

このスクリプトを仮想環境の外で直接実行してみると、次のようにpendulumパッケージが見付からないというエラーで停止してしまいます。

コマンド10.35 OSで提供されているPythonで「script.py」を実行した結果

```
$ python script.py
Traceback (most recent call last):
  File "/home/mizuno/python-test/script.py", line 1, in <module>
    import pendulum
ModuleNotFoundError: No module named 'pendulum'
```

このように、Poetryを使うことで、システム自体のPython環境を汚さず、独立した環境内でパッケージの管理ができていることがわかります。

Appendix

付録

Appendix 付録

A.01 コマンドカタログ

コマンド	機能
arch	CPUのアーキテクチャを表示する
base64	Base64のエンコード/デコードを行う
basename	ファイルのパス名からディレクトリや拡張子を取り除く
cat	ファイルを結合する
chgrp	ファイルの所有グループを変更する
chmod	ファイルモードを変更する
chown	ファイルの所有者と所有グループを変更する
comm	2つのファイルを行単位で比較する
cp	ファイルをコピーする
csplit	テキストをパターンで分割する
cut	ファイルから指定した部分を抽出する
date	日時を表示、設定する
dd	ファイルの変換とコピーを行う
df	ファイルシステムの情報を表示する
dig	DNSサーバーと通信する
dirname	ファイルのパス名からファイル名部分を取り除く
du	ファイルのディスク使用量を表示する
echo	指定した文字列を表示する
expand	タブをスペースに変換する
expr	数値計算を行う
factor	因数分解を行う
fmt	テキストを整形する
fold	テキストを指定した幅で改行する
gpasswd	ユーザーが所属するグループを管理する

groups	所属しているグループを表示する
head	テキストの先頭部分のみを表示する
host	名前解決を行う
hostname	ホスト名を表示する
hostnamectl	ホスト名を変更する
id	ユーザーIDとグループIDを表示する
install	ファイルのモードや所有者を指定してコピーする
ip	ネットワークインターフェイスやルーティングテーブルの設定・確認を行う
join	ファイルを共通する要素で連結する
journalctl	ジャーナルを表示する
kill	プロセスにシグナルを送信する
less	ファイルの内容を表示するページャ
ln	ハードリンク・シンボリックリンクを作成する
localectl	ロケールを表示、設定する
loginctl	systemdのログインマネージャーを制御する
ls	ファイルのリストを表示する
mkdir	ディレクトリを作成する
mktemp	一時ファイルを安全に作成する
mv	ファイルを移動する
nice	プロセスの優先度を変更する
nl	ファイルの内容を行番号を付けて表示する
numfmt	数値を読みやすく整形する
paste	ファイルを行単位で連結する
printf	文字列を整形して表示する
ps	プロセスリストを表示する
pwd	カレントディレクトリを表示する
readlink	シンボリックリンクのリンク先を表示する
realpath	相対パスからファイルの絶対パスを取得する
rm	ファイルを削除する

rmdir	空のディレクトリを削除する
seq	連続した数字のリストを出力する
shred	ファイルやディスクを安全に消去する
shuf	ファイルを行単位でシャッフルする
sleep	指定した時間、処理を待機する
sort	ファイルを行単位でソートする
split	ファイルを分割する
ss	ソケットの状態を表示する
stat	ファイルの詳細情報を表示する
systemctl	systemdのサービスを制御する
tac	ファイルの内容を逆順で表示する
tail	ファイルの末尾部分だけを表示する
tee	標準入力から受け取った内容を、標準出力と指定したファイルの両方に出力する
test	さまざまな条件判定を行う
timedatectl	日時を表示、設定する
top	現在のプロセスの稼動情報を表示する
touch	ファイルのタイムスタンプを変更する
tr	文字の置換や削除を行う
tree	ディレクトリツリーを表示する
uname	システム情報を表示する
unexpand	連続したスペースをタブに変換する
uniq	ソート済みのファイルから重複行を取り除く
update-alternatives	Alternativesのリンクを変更する
uptime	システムが起動してからの時間を表示する
users	ログイン中のユーザー名を表示する
wc	文字数や行数を数える
whoami	自分のユーザー名を表示する
yes	停止するまで指定した文字を無限に出力し続ける

A.02 デスクトップアプリカタログ

GIMP

Adobe Photoshopのようなフォトレタッチツール。

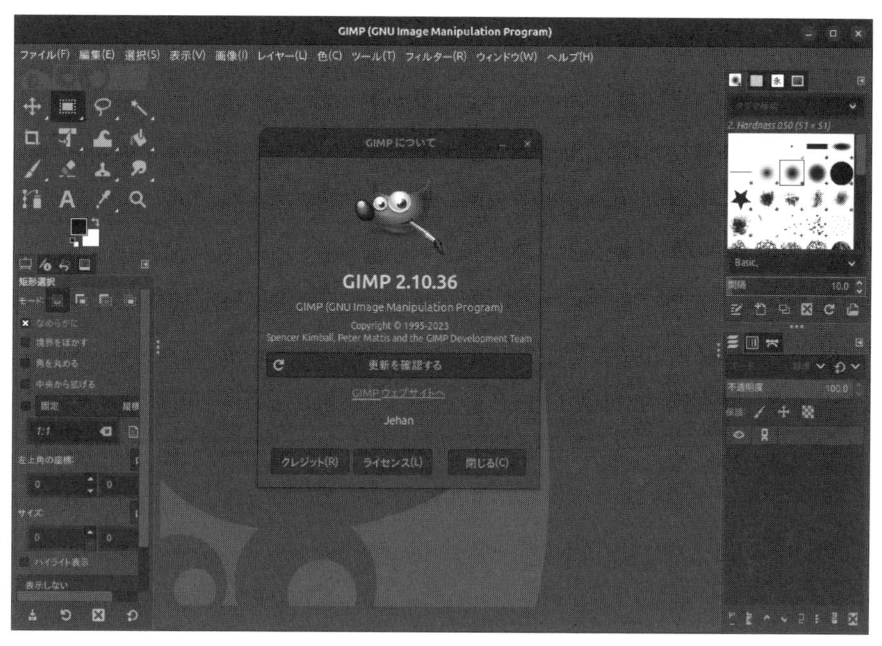

GIMP

公式サイト
https://www.gimp.org/

インストール方法(Deb版)

```
$ sudo apt install -y gimp
```

インストール方法(Snap版)

```
$ sudo snap install gimp
```

VLC

さまざまなフォーマットに対応したマルチメディアプレイヤー。

▲VLC

公式サイト
https://www.videolan.org/vlc/

インストール方法（Deb版）

```
$ sudo apt install -y vlc
```

インストール方法（Snap版）

```
$ sudo snap install vlc
```

Blender

3DCGアニメーション制作のための統合環境アプリケーション。

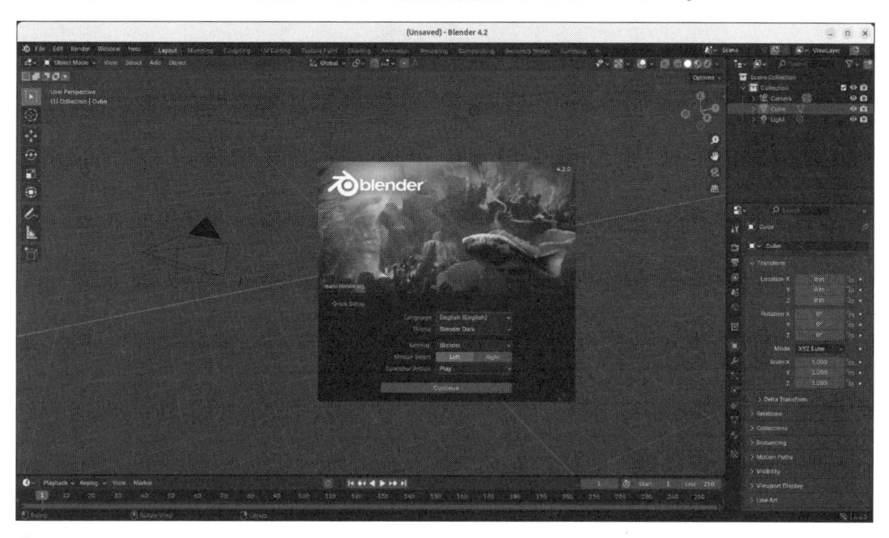

Blender

公式サイト
https://www.blender.org/

インストール方法（Deb版）

```
$ sudo apt install -y blender
```

インストール方法（Snap版）

```
$ sudo snap install blender --classic
```

Inkscape

ベクター形式画像の編集アプリケーション（ドローツール）。

Inkscape

公式サイト
https://inkscape.org/

インストール方法（Deb版）

```
$ sudo apt install -y inkscape
```

インストール方法（Snap版）

```
$ sudo snap install inkscape
```

darktable

写真管理・RAW画像の編集アプリケーション。

△darktable

公式サイト
https://www.darktable.org/

インストール方法(Deb版)

```
$ sudo apt install -y darktable
```

インストール方法(Snap版)

```
$ sudo snap install darktable
```

Visual Studio Code（VS Code）

Microsoft製のプログラマー向けソースコードエディタ。

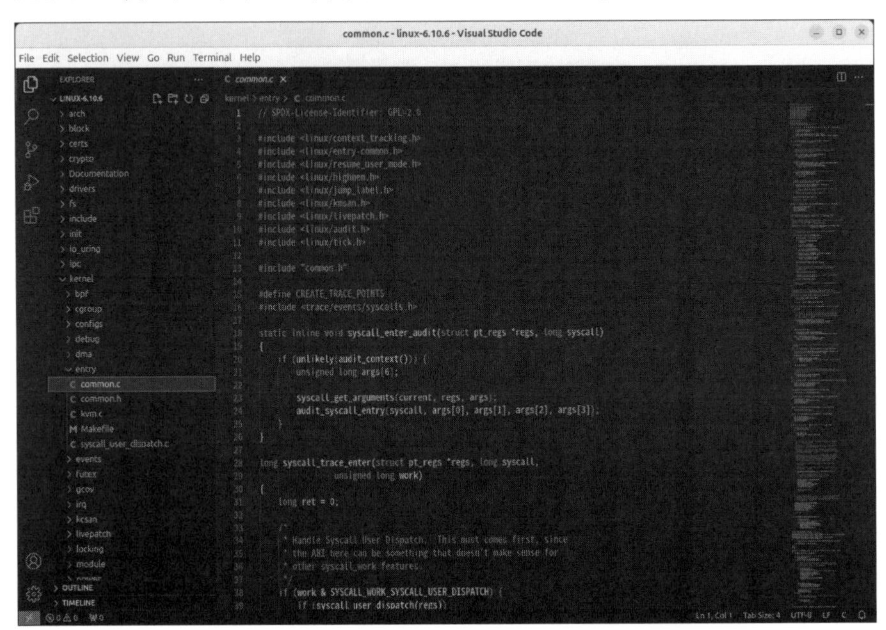

Visual Studio Code

公式サイト
https://code.visualstudio.com/

インストール方法（Snap版）

```
$ sudo snap install code --classic
```

インストール方法（Deb版）
https://code.visualstudio.com/DownloadからDebパッケージをダウンロードして、インストールする。

Google Chrome

Google製のWebブラウザー。

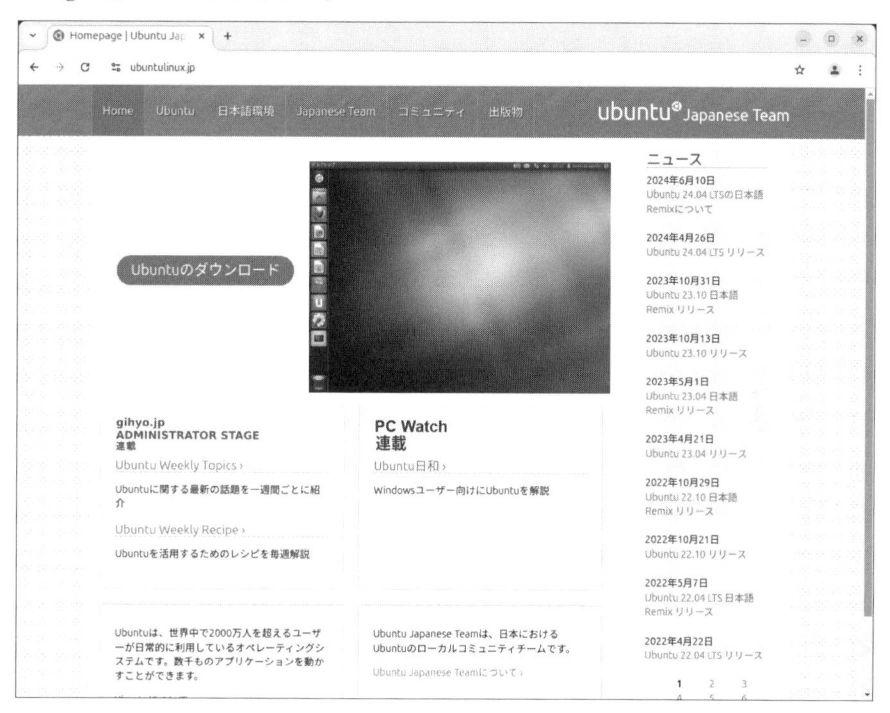

▲Google Chrome

公式サイト
https://www.google.com/chrome/

インストール方法（Deb版）
https://www.google.com/intl/ja_jp/chrome/からDebパッケージをダウンロードして、インストールする。

Evolution

Microsoft Outlookに似た、個人情報管理(PIM)アプリケーション。

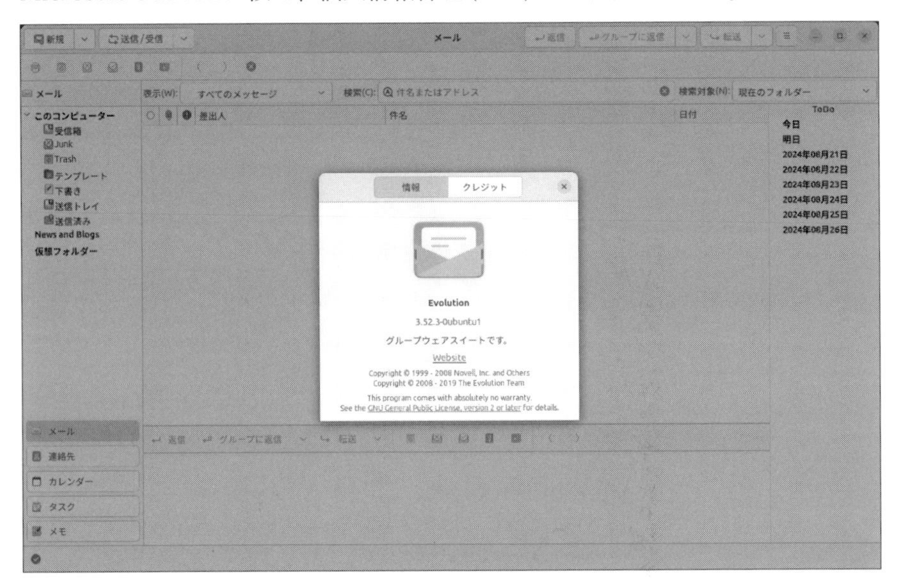

Evolution

公式サイト
https://gitlab.gnome.org/GNOME/evolution/-/wikis/home

インストール方法(Deb版)

```
$ sudo apt install -y evolution
```

VirtualBox

マルチプラットフォームの仮想化アプリケーション。

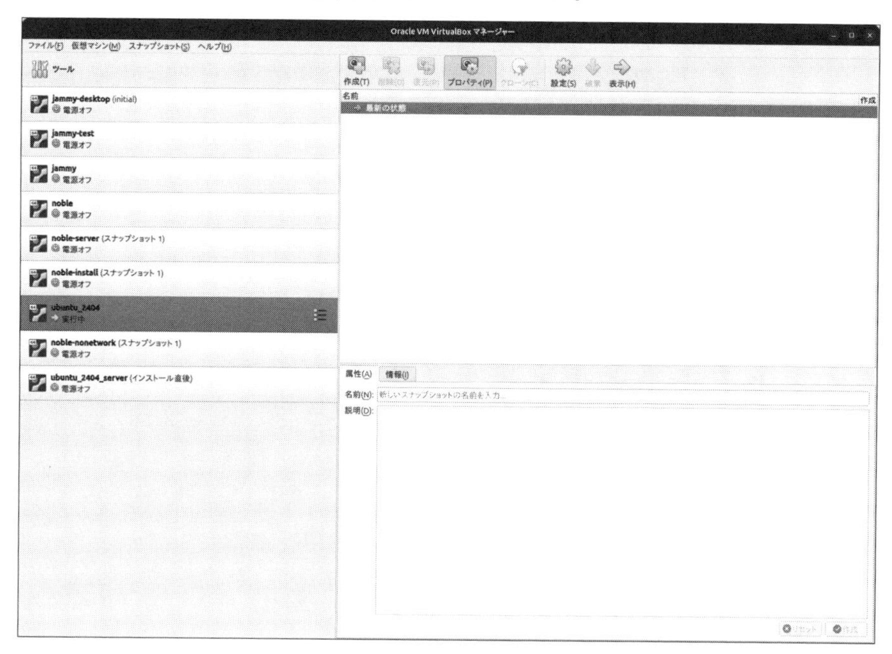

VirtualBox

公式サイト
https://www.virtualbox.org/

インストール方法(Deb版)

```
$ sudo apt install -y virtualbox
```

Steam

世界最大規模のゲーム配信プラットフォーム「Steam」のクライアントアプリケーション。

Steam

公式サイト
https://store.steampowered.com/

コミュニティサイト
https://steamcommunity.com/

インストール方法（Deb版）

```
$ sudo dpkg --add-architecture i386
$ sudo apt install -U -y steam-installer
```

Krita

オープンソースのお絵描きツール。

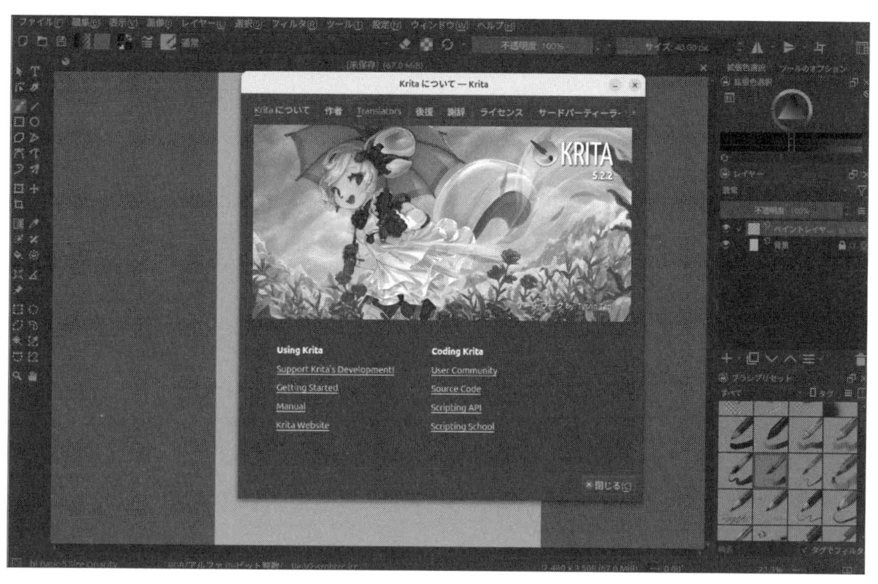

△Krita

公式サイト
https://krita.org/jp/

インストール方法（Deb版）

```
$ sudo apt install -y krita krita-l10n
```

インストール方法（Snap版）

```
$ sudo snap install krita
```

01 02 03 04 05 06 07 08 09 10 A

A.03 オンラインリソース

Ubuntu公式サイト

- Ubuntuの公式サイト
  https://ubuntu.com/

Canonical公式サイト

- Canonical社の公式サイト
  https://canonical.com/

Launchpad

- Ubuntuの開発サイト
  https://launchpad.net/

Official Ubuntu Documentation

- Ubuntuの公式ドキュメント
  https://help.ubuntu.com/

Ubuntu Server Guide

- Ubuntuサーバーの構築運用ガイド
  https://ubuntu.com/server/docs

Ask Ubuntu

- コミュニティによるUbuntuに関する質問・回答サイト（英語）
  https://askubuntu.com/

Ubuntu Forums

- Ubuntuの公式フォーラム（英語）
  https://ubuntuforums.org/

Ubuntu Wiki

- Ubuntuの公式Wiki(英語)
  https://wiki.ubuntu.com/

Ubuntu Discourse

- Ubuntu公式のディスカッションフォーラム
  https://discourse.ubuntu.com/

Ubuntu Mailing Lists

- Ubuntuに関するメーリングリストの一覧
  https://lists.ubuntu.com/

Ubuntu Security Notices

- Ubuntuのパッケージに対するセキュリティ情報
  https://ubuntu.com/security/notices

Ubuntu CVE reports

- Ubuntuに影響を与えるCVEカタログ
  https://ubuntu.com/security/cves

Ubuntu Japanese Team

- Ubuntu Japanese Teamのサイト
  https://www.ubuntulinux.jp/

Ubuntu日本語フォーラム

- Ubuntu Japanese Teamが運営する日本語フォーラム
  https://forums.ubuntulinux.jp/

Ubuntu日本語Wiki

- Ubuntu Japanese Teamが運営する日本語Wiki
  https://wiki.ubuntulinux.jp/

あとがき

クラウドの利用が当たり前となり、オンプレミスでLinuxサーバーに触れる機会は、ますます減ってきています。しかし、コンテナを利用した開発の普及などにより、Linuxの利用そのものは、むしろ増加の一途を辿っているというのが筆者の感想です。Windows上でWSLを使い、Visual Studio Codeでアプリケーションを開発するのも、決して珍しくない光景となりました。このようにクラウドやコンテナが当たり前になった現代だからこそ、アプリケーション開発者にもLinuxやインフラの知識が求められている状況は、2年前から変わっていないのではないでしょうか。

本書では、旧版に続き、現代的なLinuxシステムを扱う上で知っておくべきことを一通り網羅したつもりです。とはいえ、本書で解説している範囲は、あくまでも入門レベルに留まります。Linuxカーネル、シェルスクリプト、Git、コンテナ、クラウドといった技術トピックに精通しようと思ったら、本書の内容だけではとても足りません。まえがきでも述べたように、本書はあくまでも「ガイドブック」です。「こういう技術がある」ということを知ってもらい、「技術の基礎体力」をつけることこそが、本書の役割であると考えて執筆しました。

知識というのは三次元的に展開するものです。本書で「知るべきこと」の面を広げて知識の地図を作ったら、次は専門の文献などに当たり、より知識を深く掘り下げていってください。

水野 源

著者プロフィール

水野 源（みずの はじめ）

日本仮想化技術株式会社 技術部所属。

普段は、クラウドを活用したDevOps案件を主に担当する、インフラ寄りのエンジニア。主にAWSを利用したインフラ構築とその自動化や、CI/CDを始めとするDevOpsパイプラインの構築などを担当している。

Ubuntu Japanese Teamでは2008年から活動しており、雑誌連載やイベント登壇などの普及活動も行っている。Linux専門雑誌の『日経Linux』（日経BP）では、2014年5月号から最終号となった2024年1月号まで、9年8か月にわたってLinuxの活用方法を紹介する記事を連載した。

主な著書に、『Ubuntu Linux入門キット12.04対応』『Ubuntu Linux入門キット14.04対応』（秀和システム）、『いちばんやさしい新しいサーバーの教本 人気講師が教える動かして理解する基礎からコンテナまで』（インプレス）、『そろそろ常識？　マンガでわかる「Linuxコマンド」』（C&R研究所）などがある。

趣味は野生動物や星の写真を撮ることで、北海道に移住してレンズ沼にハマる。犬と猫のどっちが好きかと聞かれたら、犬の可愛いさと猫の萌えを兼ね揃えたキタキツネと答えるタイプ。好きなエディタはEmacsで、好きなシェルはzsh。ゲーム機はSEGAで、お菓子はたけのこ派。

索引

記号・数字

.... 109, 195
.bash_login 249
.bash_profile 249
.bashrc .... 249 〜 252, 666
.NET Framework 264
.profile 249
- 272, 286
$ 189, 200, 223, 231, 272
* 227, 230, 242, 243, 530, 643, 668
, ... 240, 272
: 272
; 214
? 215, 227, 242, 653
[.......... 643
_ 272
` 231, 242
~ 200, 202, 230, 240, 272
\ 214, 230, 231
+ 261, 272, 288, 304
8進数 .... 288 〜 290

A 〜 C

add-apt-repository コマンド 321
addgroup コマンド 279
adduser コマンド .... 272, 273, 275, 279 〜 281
alternatives 115, 209, 210
Amazon Lightsail 412, 413, 415, 421
Amazon Web Services 412, 422
AMD 314
AMD-V 026
anacron コマンド 532
Apache HTTP Server 007
Apache License 007
API 003, 438
AppImage 325, 591
APT 313, 315, 318, 325, 542, 585
apt-cache 318
apt-get 252, 318, 319, 553
apt コマンド .... 172, 177, 255, 315 〜 318, 322, 366, 553, 592, 620
Arch Linux 009
AT & T 004
awk コマンド 264
AWS .... 412 〜 415, 424 〜 428, 432, 433, 573, 574
A レコード 466
Bash .... 212 〜 219, 222, 223, 232, 249 〜 252, 264, 264, 267, 389, 547, 548, 551, 616, 619, 652, 657
bash-completion 219, 220
Bash拡張構文 637, 648, 651
Bazzar 253
beta 328, 329
bg コマンド 305
Bitbucket 254
break .... 648 〜 650
BSD Licenses 007
BSD オプション 298
BSD ライセンス 007
Btrfs 308
bzip2 .... 351, 353
candidate 328
Canonical 017, 018, 068, 146, 162, 361, 369, 370, 559, 690
cd コマンド 201, 202, 267, 287
cgroup 538
Character User Interface 185
checkbashisms コマンド 637
chgrp コマンド 285
chmod コマンド 288, 290, 291
chown コマンド 284, 288
CLI .... 077, 180, 184 〜 191, 196, 198, 205, 212, 376, 512
cmd.exe 213
Command Line Interface 184
continue 648, 649
CP932 354
Cron 360, 527, 532, 635
crontab .... 199, 527 〜 533
Csh 213
CSR 588
CUI 185
curl コマンド 666
CVS 253

D～F

darcs 358
darktable 683
Dash 213, 637, 638, 648, 651
ddコマンド 300
Debian GNU/Linux 009, 161, 162, 315, 318, 320, 439, 632
Debパッケージ 169, 315, 542, 583, 591, 684, 685
delgroupコマンド 282
deluserコマンド 278, 282
dfコマンド 309, 311, 449
DHCP 026, 379, 458
DNS 380, 455, 460, 465, 583, 585, 600, 611
Docker ......541～560, 562, 599, 600, 602, 606, 609, 610
Docker Compose 557, 600, 609
Docker Hub 544, 555, 557
Dockerfile ......552～554, 559
do-release-upgradeコマンド 336, 340, 341
Dropbox 582
Duplicity 523, 533, 534
EC2 ......413, 424～427, 429～433, 439
ECDSA形式 486
echoデバッグ 653
ED25519形式 486
edge 328, 329
Emacs 157, 326, 328, 329
en_US.UTF-8 226
End-User License Agreement 007
ESM 016, 178, 366
etckeeper ......263, 358～360
EULA 007
exec 295, 565
exFAT 308
exitコマンド 244, 391, 548, 565, 653, 654
ext4 ......110, 308
Extended Security Maintenance 016, 361
falseコマンド 215, 654
FAT 308
Fedora 637, 658
fgコマンド 304, 305
Firefox ......007, 055, 056, 066, 074, 077, 084～087, 135, 190, 325, 568
FizzBuzz 661
Flatpak 325
for 644, 647, 648, 650, 660
fork 295
Format-List 266
FQDN 585
FreeBSD 007

G～J

Gedit ......623～625
General Public License 005
Get-ChildItem 265, 266, 660
GIMP 169, 170, 172, 186, 679
Git ......210, 253～258, 260, 263, 329, 358, 359
GitHub 254, 255, 257, 385, 498
GitLab 254
Gmail ......088, 422, 433, 572～575, 578～580
GNOME端末 ......189～191, 217, 249, 267, 389, 484, 667
GNU GPL 005, 007, 025
GNU Screen 341
GNUロングオプション 298
Google Cloud ......422, 433～435, 438, 441, 573
gpasswdコマンド 277, 280, 281
Graphical User Interface 184
groupaddコマンド 279
groupsコマンド 280
GUI ......022, 077, 109, 152, 181, 184～187, 190, 191, 205, 314, 336, 366, 367, 372, 376, 389, 391, 468, 483, 491, 493, 497, 527, 616, 623, 628, 634
gzip 351, 353
Heroku 422
HISTFILESIZE 250
HISTSIZE 250
hostnamectlコマンド 466
hostコマンド 466
IaaS 412, 422, 433
IBM 006
ICMP 457
idコマンド 280, 496
Incoming 506
init 296, 392, 469, 548, 555, 559
Intel 006, 314,
Intel VT-x 026
IoT 012, 013, 015, 378
IPアドレス ......026, 128, 129, 379～381, 395, 396, 404, 406, 407, 419, 420, 427, 432, 454～466, 484, 487, 505, 510, 514, 517, 538, 551, 562, 567, 568, 586, 611
ISOイメージ 036, 300
ja_JP.UTF-8 226
Java 422
jobsコマンド 304

journalctl コマンド..475
JSON..478, 479

K～N

kill コマンド.......217～220, 298～301, 391, 514
ksh..213
Launchpad............017, 320, 363, 385, 498, 690
Layout..377
less コマンド..197
LINE..572
Linus Torvalds...004
Linux..004～009
Linux カーネル......................009, 014, 025, 253, 325, 368, 505, 538, 616
Linux ディストリビューション......007～009, 013, 107, 161, 212, 273, 469, 481, 555
LoCo..018
logout コマンド...391
lsblk コマンド..............................307, 310, 449
ls コマンド.................109, 111, 114, 194～197, 201, 234, 238, 264, 265, 287, 647
LTS......011～013, 016, 331, 332, 336, 361, 644
LXCore..616
LXSS..616
macvlan...566, 568
MailGun...574
man コマンド..............................196, 197, 199
Mark Shuttleworth.......................................009
Markdown..257
Mercurial...253
Microsoft Azure...422
minimized...378
MIT License...007
mkdir コマンド..................................256, 653
mkfs コマンド...310
mount コマンド..................................309, 311
Mozilla Public License..................................007
MX レコード...466
namespace...538
nano.........................204～207, 210, 245, 246, 248, 257, 259, 513, 528
NAT..................................041, 374, 396, 566
NEC...006
Netplan..............................458～460, 567
networkctl コマンド.....................................454
Nextcloud......386, 396, 400, 403, 539, 582～593, 595, 597, 598, 600, 606, 609～611, 613
nftables..505
NTFS..308

O～R

OCI...556
OP25B................................403, 573, 574
Operating System..002
Open Container Initiative...............................556
OpenSSH.............................480, 481, 498
Outgoing..506
PaaS..422
parted コマンド.................................307, 450
passwd コマンド.......................277, 290, 295
PHP..................................539, 583, 664
PID.......................294, 296, 298, 300, 301
ping コマンド...................................217, 457
pip...669
Podman..555～558
podman-compose コマンド.................................557
Poetry............................669, 670, 672, 673
poweroff コマンド.......................................392
PowerShell.................213, 264～267, 617, 629, 632, 659～663
PPA..............................320～322, 591, 592
printenv コマンド.......................................224
print デバッグ..652
pstree コマンド...296
ps コマンド.....................296, 298, 299, 511, 512, 514, 538, 547, 548
pwd コマンド..200
pwsh コマンド...267
pyenv...666～670
Python........................030, 664～670, 673
QR コード...500
RCS...253
reboot コマンド..................391, 392, 535, 536
Red Hat Enterprise Linux.......009, 325, 637, 638
RESTful API...542
RHEL..009, 325
Robot Operating System..................................013
root ユーザー.....................189, 238, 243, 244, 271, 274, 277, 286, 543
ROS...013
RSA 形式..486
rsync コマンド..................................516～522
Ruby..422, 664
run-parts コマンド......................................532

S～T

SaaS..422
SCP...488
select............................637, 650, 651, 657

SendGrid......574
Set-Location......267
setコマンド......237, 654
SFTP......488, 491, 493
SGIDビット......290, 291
sh......213
shebang......636
ShellCheck......655
SIGHUP......299
SIGINT......217, 299, 301
SIGKILL......218, 299
SIGTERM......218, 299
Slack......408, 572
Snap...107, 169, 266, 323〜328, 334, 386, 540, 542, 560, 583〜585, 589, 591, 606, 609
SRU......324
SSH......151, 249, 340, 341, 385, 387, 388, 390, 392, 401, 405〜407, 415〜420, 426〜429, 440, 441, 461, 468, 470, 480〜485, 488, 493〜509, 514〜517, 585, 667
ssh-copy-idコマンド......496
ssh-keygenコマンド......487, 494, 496
SSL/TLS......396, 587〜590, 603, 606
ssコマンド......514, 602
stable......328〜331
statコマンド......112, 647
sttyコマンド......222, 252
Subiquity......376, 387
Subversion......253
sudo......164, 172, 210, 244, 245, 248, 276, 277, 281, 285, 384, 392, 401, 418, 429, 447, 448, 464, 467, 471, 475, 493, 504, 509, 515, 543, 555, 557, 560, 619
sudoedit......245, 248
SUIDビット......290, 291, 295
SUSE Linux Enterprise Server......009
systemctlコマンド......392, 470
tar......343, 350, 353
tarコマンド......350〜354, 530
TCP/IP......004, 105, 455, 465
Telnet......481
TOP500......005
topコマンド......303, 512〜514
TOTP......499, 500, 504
trapコマンド......301, 654
trueコマンド......215, 645
TTY......297

U〜Z

Ubuntu Japanese Team......018, 173, 333, 356, 691
Ubuntu Local Community......018
Ubuntu Pro......015, 068, 163, 178, 361〜368, 384
Ubuntu日本語 Remix......356
UFW......340, 407, 504〜509, 586, 590
umask......293
umountコマンド......311
UNIX......004
UNIXオプション......298
UnixライクなOS......004, 007, 105, 180, 205, 213,264
until......644, 646, 647
unzipコマンド......354, 357
useraddコマンド......273, 279
userdelコマンド......278
usermodコマンド......275, 277, 281
UTF-8......354
Variant......377
vi......205〜207, 209, 303, 304, 378
vim......206〜211, 326,
Virtualenv......669
VPS......025, 340, 394〜396, 401, 412, 413, 423, 424, 432, 480, 582, 583, 600, 609, 611
VT100......188
W3Techs......012
Webホスティング......394, 395
wgetコマンド......305
Where-Object......266
while......644〜647
whoコマンド......236, 514
Windowsターミナル......617, 631, 632
WSL......616〜622, 625, 626, 629, 631, 632
WSL1......616
WSL2......616, 623
WSLg......623
WSLディストリビューション......629, 631
X.Org......007, 180, 182
X11......180〜182
xfs......308
xz......351
YAML形式......458
yesコマンド......217
zipコマンド......353, 354
zsh......213
zstd......351

あ行

アーカイブ..........014, 161, 214, 343 ～ 354, 530
アスタリスク..242, 530
アプライアンス..013
アプリケーションソフトウェア........................002
アプリケーションコンテナ......................552, 559
アプリケーションパスワード..................575, 579
アルファベット小文字....................................272
アンダースコア..272
インクリメンタルサーチ................................221
インクリメント..241
インスタンス............................415 ～ 419, 421,
426 ～ 431, 439 ～ 442
エイリアス....233 ～ 235, 237, 249, 252, 267, 328
エクスプローラー.... 078, 079, 105, 212, 621, 630
エクスポート.........................108, 224, 232, 355
エコーバック............................... 244, 277, 619
エスケープ.................................. 230, 231, 242
エラーハンドリング................215, 301, 653, 654
円記号...214
演算子................................227, 241, 288, 289
エントリーポイント..553
オートスケール..423
オープンソースソフトウェア........... 007, 253, 254
オブジェクト指向..................................264, 266
オプション............ 031, 056, 078, 157, 195, 196,
214, 219, 220, 223, 233, 234, 251,
273, 279, 281, 296, 298, 299, 309, 316,
351 ～ 355, 464, 471, 488, 489, 511, 517,
522, 527, 533, 546, 550, 551, 565, 629, 654
親プロセス..295
オンプレミス..422

か行

カーネル........004, 008, 009, 013, 022, 105, 107,
108, 127, 162, 180, 198, 199, 236,
294, 296, 319, 368, 370, 372, 469,
476, 478, 505, 539, 559, 616
書き込み権限 ...285, 287, 289, 292, 345, 347, 653
隠しファイル.................081, 109, 110, 195, 489
頭文字...........................060, 166, 223, 272, 489
仮想コンソール.....................249, 390, 391, 440,
469, 480, 508, 585
仮想端末...511
カレントジョブ..304
カレントディレクトリ..........189, 194, 200 ～ 204,
226, 233, 242, 243, 267, 284, 350, 353, 354,
489, 490, 589, 600, 647, 653, 660, 662, 677
環境変数.....................224 ～ 226, 232, 355, 357
完全バックアップ........ 516, 517, 519 ～ 522, 524
キャラクタデバイス..............................287, 307
共有ライブラリ.......................107, 314, 324, 540
組み込みシステム..005
クラウド............... 012, 015, 022, 025, 254, 276,
340, 422 ～ 424, 432, 433, 480, 573
クラウドネイティブ..433
クラウド破産..433
グラフィカルシェル..............................070, 212
グロブ...242, 243
グロブ展開...242
公開鍵..........272, 401, 415, 494, 496 ～ 498, 502
公開鍵認証............. 401, 405, 494, 498, 499, 504
公開鍵ファイル..496
広義のOS...008
コピー＆ペースト 186, 190, 191, 217, 389, 480
子プロセス..224, 295
コマンドインタプリタ............................212, 264
コマンドサーチパス..............................231, 232
コマンド置換...242, 526
コマンドライン.............105, 106, 172, 214, 218,
220, 221, 243, 301, 303, 359
コマンドラインシェル.............212, 213, 264, 266
コマンドライン引数..............................225, 639
コマンドレット............................ 267, 660, 663
コミット.............................257 ～ 262, 359, 360
コミットハッシュ..329
コミットログ.......... 210, 259, 260, 262, 359, 360
コミュニティ.................005, 013, 163, 361, 690
コンソール............ 180, 287, 389, 390, 392, 404,
405, 418, 461, 480, 485, 493, 498
コンテナ.................... 015, 378, 538 ～ 557, 559,
562 ～ 568, 599, 600, 602
コンテナ型仮想化..538
コンテナリポジトリ..............................544, 545

さ行

最小権限の原則..272
さくらのVPS.......396, 397, 399 ～ 401, 406, 407,
411, 412, 416, 421, 573, 583 ～ 586, 600
サブミッションポート.................... 573, 574, 578
差分バックアップ.........................519 ～ 522, 524
算術式展開...241, 242
シェル...... 188 ～ 191, 193, 200, 201, 212 ～ 218,
220, 222 ～ 226, 228, 230, 231, 235, 237,
240 ～ 244, 248 ～ 250, 252, 264, 273, 295,
301 ～ 303, 355, 389, 391, 468, 483, 485,

489, 547, 548, 565, 616, 619, 620, 623, 631, 632, 634, 635, 637, 643, 654, 656, 667
シェル関数……235～237, 252
シェルスクリプト……213, 215, 225, 228, 236, 301, 522, 523, 634~641, 644, 650, 652, 653, 655, 656, 659, 660, 665
シェル変数……215, 223, 224, 237
シグナル……217～220, 298～301, 512, 514, 677
システムコンテナ……559
実行権限……285～287, 289～292, 636, 665
実効ユーザー……295, 511
実ユーザー……295
自動化……056, 186, 533, 635
シバン……636, 637, 656, 657, 665
ジャーナル……472, 475, 677
ジャーナルログ……514
終了コード……215, 225, 640 ,641, 643, 645, 652～654
剰余……241
ジョブ……301～305
ジョブ番号……304, 305
所有グループ……283～286, 288, 289, 291, 676
所有者……110, 195, 265, 266, 274, 283～286, 288～292, 460, 676, 677
シリアル接続……188
シングルクオート……230, 231
シンボル……288, 289
スーパーコンピューター……005
数字……060, 099, 215, 223, 272, 273, 465, 515, 530, 678
スティッキービット……289～292
ステージングエリア……258, 259
スナップショット……445～447, 452, 453
スパムメール……572, 573
スペシャルファイル……198
スマートホスト……577
セカンダリグループ……276, 280
セクション……178, 198, 199
絶対パス……202～204, 227, 231, 234, 240, 488, 637, 662, 677
セミコロン……214
相対パス……201～204, 231, 488, 637, 662, 677
増分バックアップ……517, 520～522
ソースコード……005, 007, 253, 254, 329, 343, 358, 666
ゾーン……414, 439,
ソケット……004, 463, 464, 470, 514, 678

た行・な行

ターミナル…164, 188～194, 197, 204, 205, 212, 216, 217, 222, 238, 251, 252, 296, 297, 299, 300, 303, 341, 478, 481, 483, 500, 511, 512, 514, 546, 547, 616, 619, 620, 621, 623, 627
ターミナルエミュレーター……188, 389, 390, 441, 480
ターミナルマルチプレクサ……341
大は小を兼ねない……372
タイムスタンプ……195, 678
タイムゾーン……061, 148, 672
対話的シェル……249
ダブルクオート……231
単一障害点……556
端末……105, 123, 125, 154, 188, 189, 192, 497, 513
逐次検索……221
長期サポート……011, 336
チルダ……200, 202, 230, 272
通信履歴の電磁的記録の保全要請……475
ディストリビューション……008, 009, 014, 015, 207, 236, 270, 325, 331, 544, 552, 617, 621, 629, 631, 632, 637, 664
ディレクトリ展開……240
デーモン……328, 468, 542, 556
テキストコンソール……391
デクリメント……241
デバイスファイル……105, 108, 287, 307～310, 448, 450
デバッグ……164, 652, 653
電子署名……494
ドット……109, 110, 195, 241, 473
ドットファイル……109, 110
ドメイン名……457, 465, 589, 603, 605, 611
名前解決……465, 469, 583, 589, 677
二条項BSDライセンス……007
二段階認証……498, 499, 504, 572, 575
認証局……588

は行

バージョン管理システム……253, 254, 358
パーティション……058, 059, 104, 306～310, 382, 383, 444～446, 450
パーミッション……109, 110, 195, 248, 270, 278, 283～285, 287, 460, 517, 543, 568, 572, 602, 653
排他的論理和……242
ハイフン……272, 286, 298

パイプ.....238, 239, 264, 266, 301, 389, 512, 634
パイプライン 265, 266
パケットフィルタ ....404 ～ 406, 505, 586
パス .... 080, 082, 103, 114, 115, 194, 201 ～ 204, 206, 226, 230, 231 ～ 233, 354, 487, 488, 517, 553, 554, 637
パスフレーズ .... 495 ～ 497, 523, 525, 533
バッククオート 242
バックグラウンドジョブ.................................302
バックスラッシュ 214
パッケージ管理システム...............161, 313 ～ 315
ハッシュテーブル 659
ハッシュ値..485, 486,
パラメータ.................................. 194, 503, 504
引数 .... 164, 194 ～ 196, 199, 201, 202, 206, 207, 214, 216, 219, 220, 223, 225, 234, 236, 248, 258, 276, 278, 288, 293, 301, 304, 309, 310, 316, 321, 326, 327, 354, 448, 455, 457, 465 ～ 467, 470 ～ 472, 477, 489, 496, 506, 508, 515, 523 ～ 525, 532, 545, 546, 548 ～ 552, 554, 562, 656, 629, 635, 636, 639, 640, 643, 647, 654, 656, 657, 673
日立 006
左ビットシフト 241
秘密鍵..........415, 417, 418, 426, 429, 494 ～ 496
標準エラー出力 238, 239
標準出力..............237 ～ 240, 246, 280, 474, 641
標準入力..................... 237 ～ 239, 252, 546, 641
平文 587, 606
ピリオド 201
ファイアウォール ....340, 401, 404, 407, 419, 420, 427, 478, 505 ～ 507, 603
ファイルシステム ....003, 059, 104 ～ 106, 110, 114, 160, 283, 285, 306, 308 ～ 310, 444 ～ 446, 448, 449, 540 ,616, 676
ファイルタイプ 135, 274, 285, 286
ファイルディスクリプタ................................239
ファイルモード ....274, 285 ～ 293, 676
フィールドセパレータ...................................226
フォアグラウンドジョブ..........................302, 303
富士通 006
プライマリグループ ....280, 282 ～ 284, 291
プラス 272
ブランチ 329
フリーソフトウェア 005, 007, 014, 015, 025, 057, 093, 162
ブリッジインターフェイス 566
ブレース展開 240, 648
プロセス.........004, 108, 217, 224, 239, 271, 272, 294 ～ 301, 303, 304, 324, 341, 463, 468, 469, 471, 474, 477, 502, 511 ～ 514, 538, 539, 546, 548, 551, 559, 563, 599, 678
プロセス管理 003, 008
ブロックデバイス 287, 307, 449
プロパティ 265, 266, 660
プロンプト......189, 197, 200, 221, 222, 226, 244, 302, 303, 478, 489, 514, 617, 619
ページャ..........198, 217, 224, 337, 389, 512, 677
冪乗 241
ベル研究所..004
変数展開................................231, 232, 240, 243
変数展開演算子 223, 226, 227
ポイントリリース 013, 035, 332, 372
ホームディレクトリ ..... 107 ～ 109, 189, 194, 200, 202 ～ 204, 226, 230, 232, 238, 240, 243, 249, 256, 270, 272 ～ 275, 278, 283, 310, 487 ～ 489, 492, 517, 525, 533, 550, 553, 589, 598, 600, 602, 621
ホスト鍵.. 485 ～ 487
ホスト名.........226, 384, 466, 467, 510, 578, 677

ま行・や行

マウント .... 082, 105, 107, 159, 160, 306, 307, 309 ～ 311, 445, 449, 453, 492, 550, 551, 595, 600, 622
マウントポイント 107, 159, 160, 306, 309, 550
マルウェア..433, 506
マルチプロセス 294, 538
右ビットシフト 242
ミドルウェア 008, 022, 394, 422, 539
メモリ 002, 003, 025, 026, 038, 294, 297, 303, 373, 416, 473, 511, 538, 563
メモリ管理...003, 008
メモリ空間.................................. 003, 294, 295
メモリ保護..294
目視デバッグ 655
ユーザー ID 226, 273, 274
ユーザーアカウント 270, 275, 277, 278
ユニット ....470 ～ 474, 477, 502, 503, 535
ユニバーサルパッケージ.........................325, 591
読み込み権限 285, 287, 289, 509

ら行・わ行

ライセンス............................005, 007, 015, 025, 028, 057, 094, 162
ライブラリ......008, 161, 162, 314, 324, 539, 540, 635, 664, 666, 669, 670
ラッパースクリプト................274, 278, 279, 558
ランサムウェア...516
ランダムな数字...503
リージョン......................400, 414, 415, 424, 439
リスト形式.................................... 195, 235, 264
リダイレクト.......... 238, 239, 526, 590, 609, 641
リバースプロキシ..................550, 603, 604, 606, 610, 611, 613
リポジトリ.....................015, 022, 155, 161, 162, 164～166, 178, 254, 256～259, 261, 266, 315～317, 320～323, 328, 335, 356, 359, 361, 557, 592
リリースチャネル..328
履歴の検索...221
リンクローカルアドレス.................................455
ルートディレクトリ.........103, 105, 194, 203, 306
ルートファイルシステム...449, 453, 538, 540, 621
ループバックインターフェイス.......................454
ローカルコミュニティ....................................018
ロードバランサー...550
ログ...................272, 328, 386, 472, 474～479, 509, 510, 525, 533
ログインシェル.......................244, 249, 391, 626
ログファイル................................ 474, 509, 533
ログローテーション.......................................533
ロケール..621
ロングオプション..................................196, 351
論理積...242
論理否定..242
論理和...242
ワイルドカード.....................................242, 243

●カバーデザイン　米谷 テツヤ（パス）

Linuxをマスターしたい人のための
実践Ubuntu［第2版］

発行日　2024年 12月　1日　　第1版第1刷

著　者　水野　源

発行者　斉藤　和邦
発行所　株式会社　秀和システム
〒135-0016
東京都江東区東陽2-4-2　新宮ビル2F
Tel 03-6264-3105（販売）Fax 03-6264-3094
印刷所　日経印刷株式会社

ISBN978-4-7980-7324-8 C3055